D1665040

Müller/Krauß

Handbuch für die Schiffsführung

Fortgeführt von

Martin Berger † · Walter Helmers
Karl Terheyden · Gerhard Zickwolff

Achte, neubearbeitete und erweiterte Auflage
in 3 Bänden

Springer-Verlag
Berlin Heidelberg GmbH 1986

Band 1

Navigation

Teil C

Funkpeilwesen, Hyperbelnavigation,
Radar, integrierte Navigation, Physik,
Datenverarbeitung

Herausgegeben von

Karl Terheyden · Gerhard Zickwolff

Unter Mitarbeit von

Bernhard Berking, K. Heinz Cepok,
Jochen Gimm, Karl-Heinrich Hamer, Ludwig Hangen,
Hermann Junge, Heinz-Jürgen Röper

Mit 273 Bildern

Springer-Verlag Berlin Heidelberg GmbH 1986

Dr.-Ing. Karl Terheyden
Kapitän, Professor, Oberseefahrtschuldirektor a. D.
Walter-Delius-Str. 52, 2850 Bremerhaven 1

Dr. Gerhard Zickwolff
Präsident und Professor des Deutschen Hydrographischen Instituts
Sülldorfer Kirchenweg 35, 2000 Hamburg 55

CIP-Kurztitelaufnahme der Deutschen Bibliothek
Müller, Johannes:
Handbuch für die Schiffsführung : in 3 Bd. / Müller ; Krauss. Fortgef. von Martin Berger . . .

Teilw. mit d. Erscheinungsorten Springer-Verlag Berlin Heidelberg GmbH.
NE: Krauss, Joseph: ; Berger, Martin [Bearb.]
Bd. 1. Navigation.
Teil C. Funkpeilwesen, Hyperbelnavigation, Radar, integrierte Navigation, Physik, Datenverarbeitung. –
8., neubearb. u. erw. Aufl. – 1986
Navigation / hrsg. von Karl Terheyden ; Gerhard Zickwolff.

(Handbuch für die Schiffsführung / Müller ; Krauss ; Bd. 1)
NE: Terheyden, Karl [Hrsg.]
Teil C. Funkpeilwesen, Hyperbelnavigation, Radar, integrierte Navigation, Physik, Datenverarbeitung /
unter Mitarb. von Bernhard Berking . . . – 8., neubearb. u. erw. Aufl.

ISBN 978-3-662-21925-6   ISBN 978-3-662-21924-9 (eBook)
DOI 10.1007/978-3-662-21924-9

NE: Berking, Bernhard [Mitverf.]

Satz: Graphischer Betrieb Konrad Triltsch, Würzburg;

2060/3020/543210

Vorwort zu Band 1 C

Im Jahre 1911 gab Johannes Müller das jetzt unter dem Namen MÜLLER/ KRAUSS bekannte Handbuch der Schiffsführung zum ersten Mal heraus. Von der 2. Auflage (1925) an war Joseph Krauß Mitherausgeber. Beiden zu Ehren soll das Werk weiterhin ihre Namen tragen.

Bei der 3. Auflage (1938) trat Martin Berger als Mitherausgeber hinzu und war bis zu seinem Tode am 19. Januar 1978 Motor des Werkes.

Seit der 6. Auflage sind Walter Helmers und Dr.-Ing. Karl Terheyden Mitherausgeber. Bei der nun vorliegenden 8. Auflage ist Dr. Gerhard Zickwolff Mitherausgeber des Bandes 1.

Die Weiterentwicklung und die vielen Innovationen auf allen Gebieten der navigatorischen Schiffsführung machten die Erweiterung und völlige Neubearbeitung des Bandes 1 notwendig; zusätzliche Wissensgebiete mußten aufgenommen werden. Daher erscheint Band 1 der 8. Auflage in drei Teilbänden.

Der Band 1 A enthält die Kapitel Richtlinien für den Schiffsdienst, Gestalt der Erde, Seekarten und nautische Bücher, terrestrische Navigation, Wetterkunde und eine Formelsammlung für die terrestrische Navigation.

Der Band 1 B behandelt die Mathematik, den Magnet- und Kreiselkompaß, die sonstigen Kreiselgeräte für die Navigation, das Selbststeuer, die Trägheitsnavigation, die astronomische Navigation, die Gezeitenkunde und enthält eine Formelsammlung für die Kompaßkunde, Gezeitenkunde und astronomische Navigation.

Der vorliegende Band 1 C umfaßt die Themen Funkpeilwesen, Hyperbelnavigation, Radar, integrierte Navigation, Physik und Datenverarbeitung sowie eine Formelsammlung für die Funknavigation.

Die integrierte Navigation und das Satellitennavigationsverfahren NAVSTAR GPS wurden als neue Gebiete aufgenommen. Das so wichtige Navigationshilfsmittel Radar wurde umfassender als bisher und die zeichnerische und automatische Auswertung des Radarbildes zur Kollisionsverhütung besonders ausführlich behandelt.

Dozenten der nautischen Ausbildungsstätten und Mitarbeiter der für die Seefahrt tätigen Institute wirkten bereitwillig an der Neugestaltung mit: Im vorliegenden Band 1 C bearbeiteten

Dr. Bernhard Berking	Kap. 3.2.3, 3.4, 3.5, 3.7, 4 (außer 4.2)
K. Heinz Cepok	Kap. 7
Jochen Gimm	Kap. 1.2.1
Karl-Heinrich Hamer	Kap. 3.9
Ludwig Hangen	Kap. 1 (außer 1.2.1), 2, 3.1 bis 3.2.2, 3.2.4 bis 3.2.11, 4.2
Dr. Hermann Junge	Kap. 3.3, 3.8
Heinz-Jürgen Röper	Kap. 3.6

(siehe auch Inhaltsverzeichnis). Ihnen gebührt Dank für die Mühen in ihrer Freizeit. Ebenso gebührt Dank dem Deutschen Hydrographischen Institut, dem Seewetteramt, allen Reedereien und sonstigen Firmen, die die Autoren mit Rat und Material unterstützten.

Das Werk befindet sich auf dem neuesten Stand des Wissens, der Technik sowie der Gesetze, Verordnungen und Verträge. Zum besseren Verständnis wurde gelegentlich die geschichtliche Entwicklung aufgezeigt. Erstmalig wurden die Benennungen, Abkürzungen, Formelzeichen und graphischen Symbole verwendet, die für die Navigation in See- und Luftfahrt nach DIN 13 312 vorgesehen sind.

Auf das umfangreiche Sachverzeichnis am Ende des Bandes wird besonders hingewiesen. Darin sind zur Erleichterung des Gebrauchs einige im Text verwendete Begriffe zusätzlich noch durch andere in der Praxis ebenfalls übliche Ausdrücke bezeichnet.

Das Buch soll in erster Linie der Bordpraxis in allen Fahrtbereichen dienen. Es wird aber auch an Land Nutzen bringen, insbesondere den Reederei-Inspektoren, den Mitarbeitern der Schiffahrtsbehörden und sonstigen Schiffahrtsinstitutionen, nicht zuletzt den Dozenten und Studenten an den nautischen Ausbildungsstätten.

Die Verfasser wissen, wie wenig freie Zeit die Nautiker heutzutage haben. Wenn sie trotzdem bitten, ihnen Verbesserungsvorschläge – möglichst formlos – mitzuteilen, so geschieht dies, um das Standardwerk der Schiffsführung immer vollkommener werden zu lassen (Anschriften der Herausgeber siehe Seite IV).

Bremerhaven und Hamburg,   Karl Terheyden   Gerhard Zickwolff
im Oktober 1985

Inhaltsverzeichnis

Inhalt der Bände 1 A, 1 B, 2, 3 A und 3 B

1 Funkpeilwesen

1.1 Grundlagen der Funknavigation

1.1.1 Verfahrensübersicht

Die nautische Schiffsführung kann gegenwärtig eine Vielzahl von Verfahren zur Navigation und zur Kollisionsverhütung nutzen, deren Signale mit Hilfe von elektromagnetischen Wellen (Funkwellen) übertragen werden. Dabei ist in der technischen Entwicklung dieses Jahrhunderts immer die Kommunikation und nicht die Navigation erster Nutzer der drahtlosen Technik gewesen. Wichtige Stationen der für die Seefahrt wesentlichen Entwicklung waren die folgenden:[1]

- 1888 Heinrich Hertz entdeckt die Signalübertragung mit Hilfe von elektromagnetischen Wellen durch den freien Raum.
- 1892 Mit Hilfe einfacher Dipole bestimmt Hertz die Einfallsrichtung von Funkwellen.
- 1900 J. Zenneck entwickelt eine Antennenanordnung mit einer Richtcharakteristik in Form einer Herzkurve (Kardioidendiagramm).
- 1904 C. Hülsmeyer erhält ein Patent für eine „Funkmeßeinrichtung". Sein Gerät erlaubt, Schiffe mit Hilfe reflektierter Funkwellen zu orten.
- 1907 E. Bellini und A. Tosi verwenden die Richtwirkung einer Rahmenantenne.
- 1911 A. Meißner schlägt den „Telefunken-Kompaß" als Drehfunkfeuer vor.
- 1926 R. Watson-Watt entwickelt den Sichtfunkpeiler.
- 1930 M. Harms stellt die grundlegenden Gedanken zur Hyperbelnavigation mit Hilfe der Phasendifferenzmessung dar.
- 1939/40 E. Kramar baut das Drehfunkfeuer mit mehreren Leitstrahlen — Elektra-Sonne — auf. Seit dem Ende des Zweiten Weltkrieges arbeitet es unter dem Namen Consol.
- 1941 Entwicklung der Radartechnik im Zentimeterwellenbereich mit azimuts- und abstandsgetreuer Darstellung auf einem Braunschen Rohr.
- 1941 Das Hyperbelnavigationsverfahren Decca wird von der gleichnamigen Firma entwickelt.
- 1942 Das Weitbereichs-Hyperbelnavigationsverfahren Loran wird am Massachusetts Institute of Technology (MIT) entwickelt. Gemessen wird die Laufzeitdifferenz von Impulsen. Es wird am Nordatlantik installiert. Weitbereichsnavigationsverfahren wie Dectra, Omega oder Cytac haben in dieser Zeit ihren Ursprung.
- 1957 Start des ersten künstlichen Erdtrabanten „Sputnik"; Beginn der Entwicklung satellitengestützter Navigationsverfahren.

---

1 Eine ausführliche Darstellung der Geschichte der Navigation findet man bei H. C. Freiesleben: Geschichte der Navigation. Wiesbaden 1976.

- 1967 Freigabe des Navy Navigation Satellite System (NNSS) für die zivile Schiffahrt.
- 1972 Einsatz von Rechnern zur Auswertung in Radaranlagen an Bord.
- 1974 Kopplung zwischen Ortungs- und Bahnführungssystemen in der Handelsschiffahrt (Nautomat) wird vorgestellt.

Die Einführung funktechnischer Hilfsmittel für die nautische Schiffsführung folgte häufig Entwicklungen im militärischen Bereich.

Der gesamte Frequenzbereich elektromagnetischer Wellen wird elektromagnetisches Spektrum genannt. Der Frequenzbereich der Funkwellen bildet davon nur den unteren Teil. An ihn schließen sich in Richtung steigender Frequenz die Wärmestrahlung, das infrarote, das sichtbare und das ultraviolette Licht an. Die kosmischen Strahlen bilden den oberen Abschluß des elektromagnetischen Spektrums (vgl. Bild 1.1).

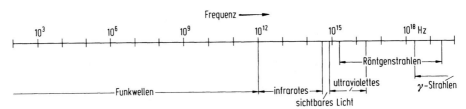

Bild 1.1. Spektrum der elektromagnetischen Wellen (aufgetragen nach steigender Frequenz f)

Die einzelnen in der nautischen Schiffsführung verwendeten Verfahren werden in den folgenden Kapiteln beschrieben. Sie haben sich im Laufe der Entwicklung in diesem Jahrhundert als ein Kompromiß zwischen dem nautisch Wünschenswerten, dem jeweils technisch Machbaren und dem ökonomisch Durchsetzbaren ergeben. In Bild 1.2 sind die in der Handelsschiffahrt verwendeten Verfahren in einer Frequenzübersicht zusammengestellt.

Das älteste Verfahren ist die Funkpeilung (siehe Kap. 1.2). Schon nach dem Ersten Weltkrieg wurden bordverwendungsfähige Empfänger und Peilantennen zur Messung der Richtung einfallender Funkwellen entwickelt. Funkfeuer werden ergänzend zu Leuchtfeuern eingesetzt. Sie haben diesen gegenüber wesentlich größere Reichweite und können unabhängig von den Sichtverhältnissen genutzt werden. Erst mit Hilfe der Funkpeilung wurde eine gezielte Suche nach in Seenot geratenen Schiffen möglich. Die Synchronisation der Funksignale mit vom gleichen Ort abgestrahlten Schallsignalen des Nebelschallsenders gestattete bald an vielen Orten neben der Peilung auch die Bestimmung des Abstandes und damit eine vollständige Ortsbestimmung. Funkfeuer werden im Lang- und Grenzwellenbereich betrieben. Neuerdings werden auch Peiler im Ultrakurzwellenbereich (UKW) auf Fahrzeugen des Seenotrettungsdienstes zum Einpeilen von UKW-Sprechfunkstellen an Bord in Seenot geratener Schiffe und zur landseitigen Präzisionspeilung von Fahrzeugen im Bereich von Verkehrsführungssystemen (vgl. Kap. 4) eingesetzt.

Aus den Funkfeuern, die in alle Richtungen des Horizontes gleichmäßig strahlen (Kreisfunkfeuer), wurden durch besondere Anordnung der Senderantennen Richtfunkfeuer entwickelt. Sie erzeugen in festgelegten Richtungen Leitstrahlen beispielsweise zur Kennzeichnung eines Fahrwassers und können von Empfängern ohne zusätzliche Peileinrichtung empfangen und genutzt werden. Die Weiterentwicklung des Richtfunkfeuers führte auf das Drehfunkfeuer. Hier kann die

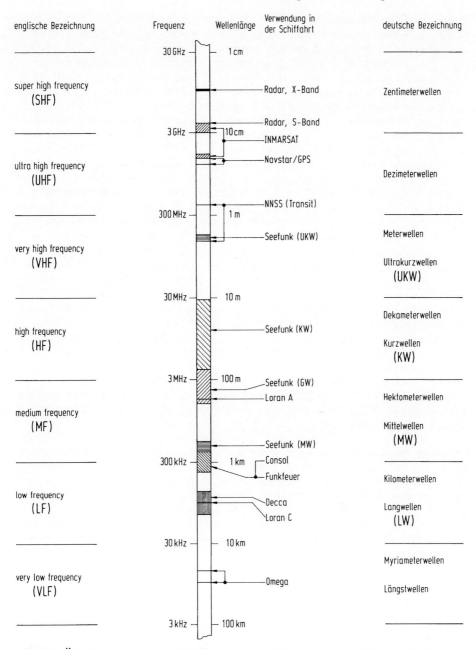

Bild 1.2. Übersicht über in der Schiffahrt genutzte Navigations- und Kommunikationsverfahren

Peilung aus dem rotierenden Leitstrahl bestimmt werden. Bereits vor dem Zweiten Weltkrieg wurden weitere Verfahren mit höherer Reichweite und geringerer Meßunsicherheit entwickelt, die dann während des Krieges militärisch genutzt wurden. Beim Consol-Verfahren (ehemals Elektra-Sonne), das eine Verfeinerung des Drehfunkfeuerprinzips darstellt, wird das rotierende Leitstrahlenschema durch Interferenz von Wellen erzeugt, die von nahe beieinanderstehenden Antennen des Senders abgestrahlt werden (siehe Kap. 1.3 und 1.4).

Bei den Hyperbelnavigationsverfahren gewinnt man die hyperbelartigen Standlinien aus der Bestimmung der Entfernungsdifferenz zu den Stationen eines Senderpaares. Beim Decca-Verfahren (siehe Kap. 2.3) wird dazu die Phasendifferenz der beteiligten Funkwellen, beim Loran-Verfahren (siehe Kap. 2.2) die Laufzeitdifferenz abgestrahlter Impulse gemessen. Ein Hyperbelnavigationsverfahren mit weltweiter Bedeckung, das Omega-Verfahren, arbeitet im Längstwellenbereich ebenfalls mit Phasendifferenzmessung (siehe Kap. 2.4). Es steht, was die weltweite Nutzbarkeit angeht, in Konkurrenz mit dem für die amerikanische Marine entwickelten satellitgestützten Navigationsverfahren Transit (siehe Kap. 2.5). Die heute übliche Bezeichnung ist Navy Navigation Satellite System (NNSS). Die Nutzbarkeit dieses recht genauen Verfahrens wird dadurch eingeschränkt, daß zwischen den einzelnen Ortungen mehrere Stunden liegen können. Im Aufbau befindet sich ebenfalls von seiten der USA das Global Positioning System (GPS) „Navstar", das in den neunziger Jahren eine dreidimensionale Ortung hoher Genauigkeit zu jeder Zeit an jedem Ort zulassen soll (siehe Kap. 4.4).

Neben diesen reinen Ortungsverfahren spielt das Funkmeßverfahren Radar (siehe Kap. 3) eine besondere Rolle für die Handelsschiffahrt. Auch bei verminderter optischer Sicht lassen sich nach dem Echoprinzip mit der Radaranlage andere Objekte entdecken und deren Peilung und Abstand bestimmen. Dieses Verfahren läßt sich deshalb nicht nur zur Navigation, sondern insbesondere auch zur Kollisionsverhütung einsetzen. Für die Sicherheit der Seefahrt hat das Radar deshalb sehr große Bedeutung.

Die technische Entwicklung macht zunehmend automatische Informationsverarbeitung möglich. Radaranlagen werden mit selbsttätigen Echoverfolgungseinrichtungen und Auswertehilfen ausgestattet. Empfänger spezieller Navigationsverfahren geben statt der verfahrensspezifischen Koordinaten gleich die daraus ermittelten geographischen Koordinaten an. In integrierten Navigationssystemen (siehe Kap. 4) werden Ortungsinformationen von verschiedenen Sensoren zu einem Ergebnis ausgewertet und ggf. auch direkt zur Bahnführung verwendet. Darüber hinaus sind auf vielen Revieren an Land Verkehrsführungs- oder Beratungssysteme eingerichtet worden, die die nautische Schiffsführung unterstützen.

1.1.2 Funktechnische Grundlagen

Die elektromagnetischen Wellen werden von einem Sender über eine Antenne angeregt. Sie breiten sich aus und können in einer anderen Antenne wiederum elektrische Schwingungen erzeugen, die einem Empfänger zugeführt werden können. Bild 1.3 zeigt den grundsätzlichen Aufbau einer solchen Übertragungsstrecke. Kennzeichnende Größen der Schwingung sind ihre Amplitude x und ihre Periodendauer T (vgl. Bild 1.4). Kehrwert der Periodendauer ist die Frequenz $f = 1/T$. Ihre Einheit ist das Hertz (Hz); $1 \text{ Hz} = 1/s = 1 \text{ s}^{-1}$. Wegen der Breite des Frequenzspektrums der elektromagnetischen Schwingungen sind SI-Vorsätze üblich, wie die nachfolgende Übersicht der Bezeichnung von Frequenzen und zugehörigen Periodendauern zeigt (siehe auch Kap. 5).

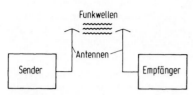

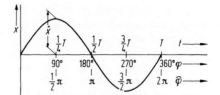

Bild 1.3. Prinzip einer Nachrichten-verbindung

Bild 1.4. Kennzeichnende Größen einer harmonischen Schwingung.
x Sinusgröße; $\hat{x}$ Amplitude; t Zeit; T Periodendauer; φ Phasenwinkel; $\hat{\varphi}$ Bogenmaß des Phasenwinkels

Frequenz	Einheit	Periodendauer	Einheit
10^3 Hz = 1 kHz	Kilohertz	10^{-3} s = 1 ms	Millisekunde
10^6 Hz = 1 MHz	Megahertz	10^{-6} s = 1 µs	Mikrosekunde
10^9 Hz = 1 GHz	Gigahertz	10^{-9} s = 1 ns	Nanosekunde

Der momentane Schwingungszustand wird als Phase bezeichnet. Es ist üblich, die Phase durch den Phasenwinkel φ anzugeben (vgl. Bild 1.4).

Die Ausbreitungsgeschwindigkeit der elektromagnetischen Wellen ist im freien Raum gleich der Vakuumlichtgeschwindigkeit $c \approx 300\,000$ km/s. Für wellenförmige Ausbreitung gilt, daß das Produkt aus Frequenz und Wellenlänge der einzelnen Schwingung gleich der Ausbreitungsgeschwindigkeit ist; $c = f \cdot \lambda$ (Wellenformel). Wenn die Frequenz oder die Wellenlänge bekannt ist, so läßt sich mit Hilfe der obigen Beziehung leicht die jeweils andere Größe gewinnen.

Beispiel: Für die internationale Telegrafie-Seenotfrequenz $f = 500$ kHz ergibt sich die Wellenlänge zu

$$\lambda = c/f = \frac{300\,000 \text{ km/s}}{500 \text{ kHz}} = 600 \text{ m}.$$

In der Nähe der Sendeantenne — im Nahfeld — ist die elektromagnetische Welle recht komplex. Erst in größerer Entfernung bleibt das einfach zu beschreibende Fernfeld übrig. Hier läßt sich ein Ausschnitt aus der Wellenfront als Ebene betrachten.

In der elektromagnetischen Welle des Fernfeldes schwingen zwei Felder phasengleich miteinander — das elektrische und das magnetische Feld. Die elektrische

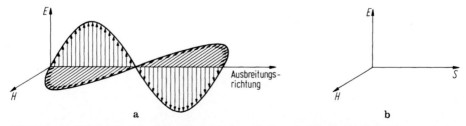

Bild 1.5 a, b. Die Felder der elektromagnetischen Welle und ihr vektorieller Zusammenhang mit der Energiestromdichte (Momentaufnahme).
E elektrische Feldstärke; H magnetische Feldstärke; S Energiestromdichte

Feldstärke E (Einheit V/m) und die magnetische Feldstärke H (Einheit A/m) schwingen senkrecht zueinander und senkrecht zur Ausbreitungsrichtung der Welle. Der von der Welle transportierte Energiestrom bezogen auf die senkrecht durchstoßene Fläche wird Energiestromdichte S (Einheit W/m²) genannt. Es gilt $S = E \cdot H$. Alle drei Größen sind gerichtete Größen und können als Vektoren dargestellt werden; $S = E \times H$. In Bild 1.5 sind beide Darstellungen angegeben. Beide Feldstärken stehen in einem festen Verhältnis zueinander. Ihr Quotient wird Wellenwiderstand Z genannt; $Z = E/H$. Für den freien Raum ist $Z = 376,7\ \Omega$.

Polarisation. Die Schwingungsebene der elektrischen Feldstärke einer Funkwelle wird als *Polarisationsebene* bezeichnet. Bei einer vertikal polarisierten Welle schwingt die elektrische Feldstärke senkrecht, bei einer horizontal polarisierten parallel zur Erdoberfläche. In beiden Fällen heißt sie linear polarisiert, da sich die Polarisationsrichtung nicht ändert und sich an einem festen Ort die Spitze des Vektors E im zeitlichen Verlauf auf einer geraden Linie bewegt. Im allgemeinen Fall spricht man von elliptisch polarisierter Welle und im Sonderfall, wenn sich nicht die Amplitude, sondern nur die Schwingungsrichtung ändert, von zirkular polarisierter Welle (vgl. Bild 1.6).

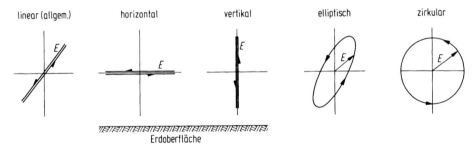

Bild 1.6. Verschiedene Polarisationsformen (dargestellt ist der Schwingungsverlauf der elektrischen Feldstärke E) an einem festen Ort

Brechung und Reflexion. Funkwellen sind bei ihrer Ausbreitung mannigfachen Einflüssen aus dem Medium, in dem sie sich ausbreiten, unterworfen. Art und Größe des Einflusses sind frequenzabhängig. Ändert sich im Medium die Brechzahl n (siehe Kap. 5), so erfährt eine sich dort ausbreitende Funkwelle eine *Brechung* zum (optisch) dichteren Medium hin, da dort die Ausbreitungsgeschwindigkeit der Welle geringer ist. Bei sprunghafter Änderung der Dichte an einer Trennschicht zwischen zwei Bereichen tritt neben der Brechung, die in

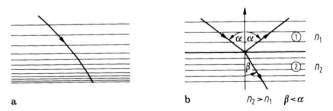

Bild 1.7. Brechung eines Funkstrahls.
a Strahlenverlauf in einem Medium mit stetiger Änderung der Brechzahl; **b** Brechung und Reflexion einer elektromagnetischen Welle an einer Trennebene von Bereichen mit unterschiedlicher Brechzahl (n Brechzahl)

diesem Fall eine plötzliche Richtungsänderung der Welle bewirkt, auch eine *Reflexion* auf. Dabei gilt auch hier die aus der Optik herrührende Gesetzmäßigkeit, daß der Ausfallswinkel des reflektierten Strahls gleich dem Einfallswinkel ist und daß der weiterlaufende Strahl zum optisch dichteren Medium hin gebrochen wird (vgl. Bild 1.7).

Beugung. Eine elektromagnetische Welle kann auch hinter ein Hindernis gelangen, und zwar um so weiter, je größer die Wellenlänge im Verhältnis zur Ausdehnung des Hindernisses ist. Die Schattenzone hinter dem Hindernis wird von dessen Rändern her beleuchtet. Das Phänomen der teilweisen Richtungsänderung der Funkwelle an einem Hindernis nennt man *Beugung*.

Interferenz. Treffen zwei Wellen gleicher Frequenz von unterschiedlicher Ausbreitungsrichtung zusammen, so kommt es zu *Interferenzerscheinungen*. Je nach örtlicher Phasenlage der einzelnen Wellen sind zwischen Addition und Subtraktion beider Amplituden alle Überlagerungen möglich.

Die Energiestromdichte der Funkwelle nimmt mit der Entfernung vom Sender ab. Zum einen durchströmt die vom Sender abgestrahlte Energie eine gemäß der Kugeloberfläche wachsende Fläche. Die Energiestromdichte nimmt also mindestens proportional $1/r^2$ ab. Zum andern entstehen Verluste auf Grund von Absorption und Streuung. Die Absorption wirkt sich z. B. für sehr hohe Frequenzen aus, wenn es im Ausbreitungsmedium zu Molekülresonanzen kommt, bei niedrigen Frequenzen ist sie in Bereichen mit freien Ladungsträgern wesentlich.

Bodenwelle. Funkwellen niedriger Frequenz werden normalerweise durch senkrecht auf der Erdoberfläche errichtete Antennen abgestrahlt. Sie breiten sich entlang dem in diesem Frequenzbereich gut leitfähigen Erdboden oder an der noch wesentlich besser leitenden Meeresoberfläche aus. Diese *Bodenwellen* reichen wesentlich weiter als bis zum geometrischen Horizont. Die Energie dringt allerdings teilweise in den Boden ein. Auf Grund dieser Verluste ist in größerer Entfernung die Energiestromdichte bodennah kleiner als in der Höhe. In Bild 1.8 sind diese Verhältnisse durch ein vertikales Strahlungsdiagramm dargestellt.

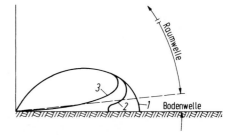

Bild 1.8. Entfernungsabhängige Einschnürung eines vertikalen Strahlungsdiagramms durch Absorption des Energiestroms im Boden. *1* kleine; *2* mittlere; *3* große Entfernung

Ionosphäre und Raumwelle. Bei der Wellenausbreitung mit niedrigen und mittleren Frequenzen bis hin zu den Kurzwellen spielt die *Ionosphäre* eine besondere Rolle. Die Ionosphäre ist der etwa 60 km über der Erdoberfläche beginnende Bereich der Atmosphäre, in dem das dort vorhandene Gasgemisch durch energiereiche Sonneneinstrahlung ionisiert wird (Trennung vorher neutraler Moleküle in Elektronen und positive Molekülreste). Gleichzeitig verläuft der entgegengesetzte Vorgang der Rekombination. Die Ladungsträgerdichte ist somit abhängig von der Gaskonzentration und der eingestrahlten Sonnenenergie, der Aufbau der Iono-

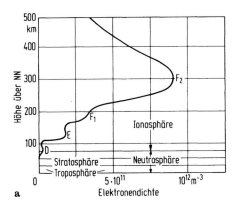

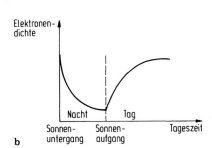

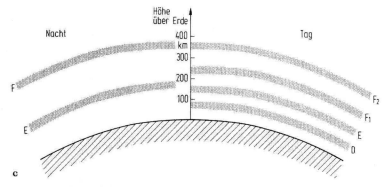

Bild 1.9. Aufbau der Ionosphäre.
a Beispiel für die Höhenverteilung der Elektronendichte in der Ionosphäre mit alphabetischer Bezeichnung der Schichten (entnommen aus: Meinke, H.; Gundlach, F. W. (Hrsg.): Taschenbuch der Hochfrequenztechnik, 3. Aufl. Berlin, Heidelberg, New York: Springer 1968); **b** Tagesgang der Elektronendichte in der Ionosphäre; **c** schematischer Aufbau der Ionosphäre am Tage und in der Nacht

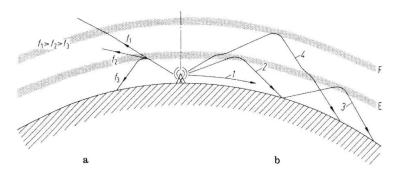

Bild 1.10. Einfluß der Ionosphäre auf die Wellenausbreitung.
a Abhängigkeit der Brechung von der Frequenz; **b** verschiedene Ausbreitungstypen: *1* Bodenwelle; *2* Raumwelle mit einmaliger Reflexion an der E-Schicht; *3* Raumwelle mit zweimaliger Reflexion an der E-Schicht; *4* Raumwelle mit einmaliger Reflexion an der F-Schicht

sphäre an einem Ort ist damit tages- und jahreszeitabhängig. Bild 1.9 gibt ein Beispiel für eine Höhenverteilung der Elektronendichte. Das Bild enthält auch die Bezeichnung für die einzelnen Schichten. Zu jeder Ladungsträgerkonzentration gehört eine kritische Frequenz, bei der eine senkrecht eingestrahlte Welle reflektiert wird. Wellen mit höherer Frequenz gehen durch die Schicht durch. Bei schrägem Einfall wird der kritische Reflexionspunkt zu höheren Frequenzen hin verschoben (vgl. Bild 1.10). Funkwellen, die auf dem Umweg über die Ionosphäre den Empfänger erreichen, heißen *Raumwellen*. Sie spielen für die Weitbereichskommunikation eine große Rolle. In der Navigation sind sie je nach System störend oder hilfreich. Sonnenaktivitäten können die Ausbreitungsverhältnisse über die Ionosphäre wesentlich beeinträchtigen.

Für die Ausbreitung von Längstwellen stellt der Bereich zwischen Erdoberfläche und Ionosphäre praktisch einen Wellenleiter dar. Hier bildet sich das Wellenfeld ähnlich wie in einem Hohlleiter aus (vgl. Bild 1.11). Bei sehr hohen Frequenzen, also oberhalb des Kurzwellenbereiches, breiten sich die Wellen *quasioptisch* aus und reichen nur knapp über den von der Antenne aus sichtbaren Horizont hinaus. In Bild 1.12 sind die drei Größen geometrischer Horizont, (optische) Kimm und Radarhorizont für normale atmosphärische Verhältnisse dargestellt.

Nimmt die Brechzahl mit zunehmender Höhe stärker ab als hier vorausgesetzt, so wird der Funkstrahl stärker gekrümmt (Superrefraktion), und es kommt zu Überreichweiten. Bei schwächerer Abnahme der Brechzahl (Subrefraktion) reicht die Funkwelle nicht so weit hinter den geometrischen Horizont. Der Effekt wird als Unterreichweite bezeichnet. Neben der Temperatur bestimmt besonders der Wasserdampfgehalt die Höhe der Brechzahl. Je höher beide sind, desto höher ist auch die Brechzahl. Bei Inversionswetterlagen (z. B. Föhn) kann sich der Verlauf der Brechzahl über einen Höhenbereich auch umkehren. Statt der Abnahme er-

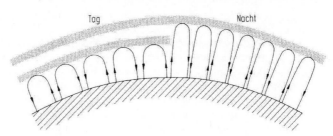

Bild 1.11. Ausbreitung eines Längstwellenfeldes im Wellenleiter zwischen Erdoberfläche und Ionosphäre. Die charakteristische Ausbreitungsgeschwindigkeit ist am Tage höher, weil die Wellenlänge auf Grund der geringeren Höhe des Wellenleiters größer wird

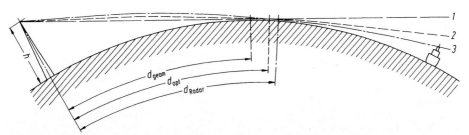

Bild 1.12. *1* geometrischer Horizont; *2* Kimm; *3* Radarhorizont im Vergleich

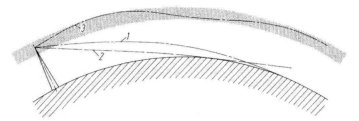

Bild 1.13. Ausbreitungsanomalien im Hoch- und Höchstfrequenzbereich.
1 Überreichweite (Superrefraktion); *2* Unterreichweite (Subrefraktion); *3* Wellenleiterbildung (duct)

folgt dort eine Zunahme dieses Wertes. Ein solcher Bereich wirkt als Wellenleiter (duct) und ist in der Lage, die hoch- oder höchstfrequenten Funkwellen weit jenseits des Horizontes zu führen (vgl. Bild 1.13 und Feuer in der Kimm im Kap. 4.7.1 des Bandes 1A sowie Radarhorizont, Über- und Unterreichweiten in Kap. 3.3.2 dieses Bandes).

Nachrichtenverbindung. Die über Funk zu übertragende Nachricht wird zum Zweck der Übermittlung einer Trägerschwingung aufgeprägt. Diese liegt in ihrer Frequenz wesentlich höher als die Frequenz der zu übertragenden Nachricht. Die Umsetzung auf eine höhere Frequenz hat im wesentlichen zwei Gründe:

- Empfängerseitig sind zwei gleichzeitig ankommende Signale dann trennbar, wenn sie auf unterschiedlichen Trägerschwingungen ankommen.
- Die Trägerschwingung kann in einem Frequenzbereich abgestrahlt werden, der den geforderten Übertragungsbedingungen entspricht.

Der grundsätzliche Aufbau einer Nachrichtenverbindung ist in Bild 1.14 dargestellt. Im Sender wird durch den Trägerfrequenzoszillator die Trägerschwingung erzeugt. Sie wird im Modulator mit der Nachricht „beaufschlagt". Nach gehöriger Verstärkung wird dann über die Antenne die Senderenergie als elektromagnetische Welle abgestrahlt. Der Empfänger muß mit Empfangsantenne und Eingangsteil auf die Sendefrequenz abgestimmt sein. Die so empfangene modulierte Trägerschwingung wird in der Mischstufe mit einer im Empfänger erzeugten Hilfsschwingung gemischt. Ihre Frequenz wird so eingerichtet, daß sich aus der Mischung mit der empfangenen Trägerschwingung eine gerätetypische Frequenz, die Zwischenfrequenz (ZF), ergibt. Im Empfänger wird dieses Signal nun weiter gefiltert und verstärkt. Schließlich wird im Demodulator wieder die im Sender aufgeprägte Nachricht zurückgewonnen. Empfänger, bei denen die hier geschilderte Technik der Umsetzung der Eingangsfrequenz auf eine Zwischenfrequenz durch-

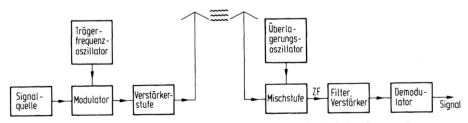

Bild 1.14. Prinzip einer Nachrichtenübertragungseinrichtung (ZF Zwischenfrequenz)

geführt wird, bezeichnet man als Überlagerungsempfänger. Empfänger mit der ursprünglichen, heute nur noch in Sonderfällen angewandten Technik der ausschließlichen Verstärkung und Siebung im Eingangsfrequenzbereich heißen Geradeausempfänger.

Modulation. Es gibt mannigfaltige Arten, der Trägerschwingung eine Nachricht aufzuprägen, sie zu modulieren. Hier werden nur zwei genannt:

- Bei der Amplitudenmodulation wird die Amplitude der Trägerschwingung im Rhythmus und im Ausmaß des zu übertragenden Signals verändert.
- Bei der Frequenzmodulation wird die Frequenz der Trägerschwingung im Rhythmus und im Ausmaß des Signals verändert.

Die Signalübertragung mit der Frequenzmodulation ist gegenüber Störungen auf dem Freiraumübertragungsweg weniger anfällig. Allerdings beansprucht diese Modulationsart zur Erzielung der besseren Störsicherheit auch eine größere Bandbreite. Mit Bandbreite wird dabei der Umfang des zur Übertragung nötigen Frequenzbereiches bezeichnet.

Zusammenstellung der Bezeichnung der Sendearten, die vom 1. Januar 1982 an im Seefunkdienst verwendet werden (in Klammern die bisherigen Bezeichnungen)

A 1 A	(A 1)	Amplitudenmodulation, Zweiseitenband; Telegrafie durch Ein-Aus-Tastung eines unmodulierten Trägers (Morsetelegrafie)
A 2 A [a]	(A 2)	Amplitudenmodulation, Zweiseitenband; Telegrafie durch Ein-Aus-Tastung eines tonmodulierten Trägers (z. B. Morsetelegrafie, Zeichen der Seenotfunkboje)
A 2 B [a]	(A 2)	Wie A 2 A, jedoch für automatischen Empfang (Telegrafiefunk-Alarmzeichen für den Empfang mit dem selbsttätigen Telegrafiefunk-Alarmgerät)
H 2 A [a]	(A 2 H)	Wie A 2 A, jedoch Einseitenband mit vollem Träger (z. B. Morsetelegrafie, Sprechfunk-Alarmzeichen, nautisches Warnzeichen)
H 2 B [a]	(A 2 H)	Wie H 2 A, jedoch für automatischen Empfang (Telegrafiefunk-Alarmzeichen für den Empfang mit dem selbsttätigen Telegrafiefunk-Alarmgerät, Selektivrufsignal (SSFC))
A 3 E	(A 3)	Amplitudenmodulation, Zweiseitenband; Fernsprechen (z. B. Sprechfunk der tragbaren Funkanlagen für Rettungsboote und -flöße auf 2182 kHz)
H 3 E	(A 3 H)	Wie A 3 E, jedoch Einseitenband mit vollem Träger (z. B. Aussendungen auf 2182 kHz)
R 3 E	(A 3 A)	Wie A 3 E, jedoch Einseitenband mit vermindertem Träger (Sprechfunk auf Grenz- und Kurzwellen)
J 3 E	(A 3 J)	Wie A 3 E, jedoch Einseitenband mit unterdrücktem Träger (Sprechfunk auf Grenz- und Kurzwellen)
F 1 B	(F 1)	Frequenzmodulation (Funkfernschreiben, Selektivrufsignal (digitales Selektivrufsystem))
F 1 C	(F 4)	Frequenzmodulation (Faksimileaussendungen schwarz/weiß)
G 3 E	(F 3)	Phasenmodulation; Fernsprechen (Sprechfunk auf UKW und UHF)

a Die Unterscheidung zwischen den Sendearten A 2 A und A 2 B bzw. H 2 A und H 2 B wirkt sich nur auf der Empfangsseite aus (höhere technische Anforderungen an Geräte für automatischen Empfang).

Antennen. Die Antenne vermittelt die elektromagnetische Energie eines Senders an das Übertragungsmedium oder umgekehrt vom Übertragungsmedium an den Empfänger. Zur optimalen Wirkung muß die Antenne richtig bemessen sein. Dabei gelten für Sende- und Empfangsantennen gleiche Prinzipien. Die Grundform der Antenne ist der Hertzsche Dipol. Er besteht aus zwei in einer Achse liegenden Leitern, die jeweils ein Viertel der Wellenlänge der abzustrahlenden Schwingung lang sind. Die Einspeisung der Leistung erfolgt in der Mitte (vgl. Bild 1.15b). Ein solcher Dipol erzeugt ein Wellenfeld, dessen elektrisches Feld in der Symmetrieebene parallel zur Achse gerichtet ist.

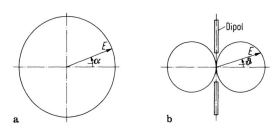

Bild 1.15.   Strahlungsdiagramm eines Dipols in zwei Ebenen. **a** kreisförmiges Diagramm in der Ebene, die durch die Mitte des Dipols geht und senkrecht zur Dipolachse liegt; **b** Doppelkreisdiagramm in der die Dipolachse enthaltenden Ebene

Strahlungsdiagramm. Mißt man die Energiestromdichte einer solchen Antenne in einer Ebene im freien Raum senkrecht zur Drahtachse, dann stellt man fest, daß sie in einem festen Abstand von der Antenne überall gleich groß ist. Aufgetragen in einem Polarkoordinatendiagramm ergibt sich ein kreisförmiges *Strahlungsdiagramm* dieser Antenne in dieser Ebene (vgl. Bild 1.15a). Bewegt man sich nun senkrecht zu dieser Ebene auf einem Kreisbogen zur Drahtachse, dann stellt man einen im Bild 1.15b dargestellten Verlauf der Energiestromdichte in Abhängigkeit vom Erhebungswinkel ϑ fest. In Richtung der Drahtachse strahlt der Dipol überhaupt nicht. Durch Kombination mehrerer Dipolelemente lassen sich andere gewünschte Strahlungscharakteristiken erzeugen.

Zur Beschreibung der Richtwirkung einer Antenne definiert man ihren Gewinn G im Vergleich zur örtlichen Energiestromdichte eines Kugelstrahlers, d.h. eines in alle Richtungen des Raumes gleichmäßig abstrahlenden Strahlers, bei gleicher abgestrahlter Leistung. Näherungsweise kann man zur Berechnung das Verhältnis der tatsächlich eingestrahlten Fläche zur Kugeloberfläche bilden. Für scharf bündelnde Antennen, bei denen die Winkelbreite der Strahlungscharakteristik in einer Richtung klein bleibt, läßt sich der allgemein gültige Ausdruck für den Gewinn $G = 4 \cdot \pi/\Omega$ (Ω Raumwinkel) nach Skolnik[2] näherungsweise ersetzen durch

$$G \approx \frac{4 \cdot \pi}{\Delta\alpha \cdot \Delta\vartheta} = \frac{4 \cdot \pi \cdot (180/\pi)^2}{\Delta\alpha/1° \cdot \Delta\vartheta/1°}.$$

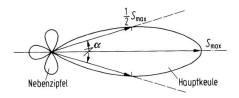

Bild 1.16. Strahlungsdiagramm einer Richtantenne. Definition der Halbwertsbreite einer Strahlungskeule als Winkel zwischen den Richtungen mit der Hälfte der maximalen Energiestromdichte (3-dB-Punkte)

2 Skolnik, M.: Radar Handbook. New York 1970.

Wegen der Verluste in der Antenne setzt man für $4 \cdot \pi \cdot (180/\pi)^2 \approx 41\,253$ den Wert $32\,000$ ein, so daß man als logarithmisches Maß erhält:

$$g/\text{dB} = 10 \cdot \lg G \approx 10 \cdot \lg \frac{32\,000}{\Delta\alpha/1° \cdot \Delta\vartheta/1°} = 30 + 10 \cdot \lg \frac{32}{\Delta\alpha/1° \cdot \Delta\vartheta/1°} \, .$$

Bild 1.16 zeigt die typische Strahlungscharakteristik einer Richtantenne. Als Halbwertsbreite bezeichnet man den Winkel zwischen den Richtungen, in denen bei gleicher Entfernung des Empfangsorts von der Antenne die Hälfte der maximalen Energiestromdichte beobachtet wird.

1.1.3   Vorschriften

Auf der Basis des internationalen Übereinkommens von 1974 zum Schutz des menschlichen Lebens auf See (SOLAS 1974, Safety of Life at Sea) enthält die Schiffssicherheitsverordnung (SchSV) von 1980 in der jeweils gültigen Fassung weitgehende Vorschriften über die Ausrüstung deutscher Schiffe mit nautischen Anlagen, Geräten, Instrumenten und Drucksachen. Generell gilt, daß alle nautischen Anlagen, Geräte und Instrumente vor ihrer Zulassung zum Einsatz auf deutschen Schiffen eine Baumusterprüfung beim Deutschen Hydrographischen Institut (DHI) erfolgreich durchlaufen müssen.

Auf allen Schiffen ist ein *Gerätetagebuch* zu führen, dessen Form und Inhalt vom DHI festgelegt werden. Das Gerätetagebuch ist ein Ringbuch mit Register und Inhaltsverzeichnis. In ihm sind von der Schiffsführung — auf Einhängeheftern zusammengefaßt — unter der jeweils zutreffenden Registernummer alle Vorgänge abzuheften, die die nautischen Anlagen, Geräte und Instrumente betreffen. Solche Vorgänge sind z. B. Genehmigungen, Mängelanzeigen, Prüfberichte, Reparatur- und Wartungsbescheinigungen (Service-Reports), Berichte über Regulierungen der Magnet-Regel- und -Steuerkompasse, Berichte und Unterlagen über die Kompensierung der Peilfunkanlagen, ferner Bemerkungen, Hinweise und Erläuterungen der Schiffsführung. Es wird empfohlen, in das Reserveregister auch Unterlagen über die Geräte aufzunehmen, für die das Führen des Gerätetagebuches nicht vorgeschrieben ist (z. B. für Barometer und Barographen, Thermometer, Chronometer und Winkelmeßinstrumente).

Das Gerätetagebuch enthält ein Merkblatt des DHI, dem alle Einzelheiten über Fragen der Ausrüstung mit nautischen Anlagen, Geräten und Instrumenten sowie deren Prüfung und Überprüfung entnommen werden können. Ein in Form und Inhalt den Vorschriften entsprechendes Gerätetagebuch wird hergestellt und vertrieben durch die Formularus-Verlag-Druckerei Paul Moehlke OHG, Ost-West-Straße 45, 2000 Hamburg 11.

Da die Bestimmungen über die Ausrüstung von Seeschiffen mit nautischen Anlagen, Geräten und Instrumenten sowie deren Prüfung und Überprüfung von Zeit zu Zeit geändert werden müssen, um sie dem technischen Fortschritt und den neueren Vorschriften anzupassen, ist die Schiffssicherheitsverordnung in der jeweils letzten Fassung zu beachten.

Schiffsführer, Eigentümer oder Besitzer eines Schiffes, die nicht dafür sorgen, daß an Bord ein Gerätetagebuch geführt wird, handeln ordnungswidrig.

Das DHI *prüft* nautische Anlagen, Geräte und Instrumente vor ihrer Verwendung an Bord. Das DHI kann sich hierfür geeigneter Personen als Hilfsorgane bedienen (beauftragte Prüfer). Diese Prüfungen sind gebührenpflichtig.

Das DHI *überwacht* die Einhaltung der Vorschriften über die Ausrüstung der Schiffe mit nautischen Anlagen, Geräten, Instrumenten und Drucksachen und führt die dazu erforderlichen Kontrollen durch.

Wiederholungsprüfungen nautischer Anlagen, Geräte und Instrumente werden nicht mehr durchgeführt. Statt dessen sind für einen Teil der nautischen Anlagen, Geräte und Instrumente in regelmäßigen, vom DHI vorgeschriebenen Abständen und nach wesentlichen Instandsetzungsarbeiten Überprüfungen durch vom DHI anerkannte Betriebe vornehmen zu lassen. Für Schiffsbarometer, Schiffsthermometer, Schiffschronometer, Winkelmeßinstrumente (Sextanten) und Wendeanzeiger wird die Überprüfung in regelmäßigen Abständen empfohlen.

Mit Erfolg vor ihrer Verwendung an Bord geprüfte nautische Anlagen, Geräte und Instrumente (durch DHI beauftragte Personen) werden mit einer *Prüfplakette* gekennzeichnet, mit Erfolg überprüfte (durch anerkannten Betrieb) erhalten eine *Prüfmarke*. Sowohl aus der Prüfplakette als auch aus der Prüfmarke sind — ähnlich wie bei der TÜV-Plakette für Autos — u. a. Monat und Jahr zu ersehen, in dem die jeweilige Gültigkeit erlischt.

Der Schiffsführung obliegt es, den durch die Prüfplakette oder die Prüfmarke bestätigten funktionstüchtigen Zustand der nautischen Anlagen, Geräte und Instrumente durch regelmäßige Wartung, sachgemäße Bedienung, Behandlung und Pflege aufrechtzuerhalten.

1.1.4 Nautische Unterlagen

Das Deutsche Hydrographische Institut (DHI) veröffentlicht die für die einzelnen Funknavigationsverfahren zur nautischen Nutzung nötigen Daten und hält sie durch periodisch erscheinende Nachträge auf dem neuesten Stand. Im vierbändigen Nautischen Funkdienst enthält Band II (NF II) die Angaben zu den Navigationsverfahren. Für das in Bild 1.17 bezeichnete Fahrtgebiet wird als einbändige Ausgabe der Sprechfunk für Küstenschiffahrt herausgegeben. Die Nachträge erscheinen monatlich. Der ebenfalls vom DHI herausgegebene Jachtfunk-

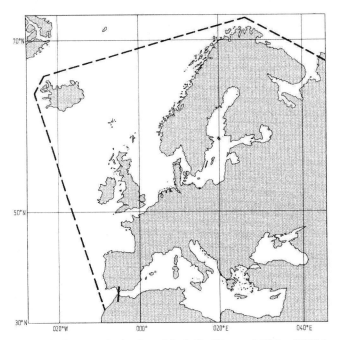

Bild 1.17. Grenzen der im Sprechfunk für Küstenschiffahrt (SfK) beschriebenen Gebiete

dienst mit einer Ausgabe für Nord- und Ostsee und einer für das Mittelmeer einschließlich Schwarzes Meer erscheint jährlich vor Beginn der Wassersportsaison neu. Nachträge werden dafür nicht vertrieben. Siehe auch Bd. 1 A, Kap. 3.4.

1.2 Funkpeilung

1.2.1 Funkeigenpeilung

Funkpeilerprinzip

Drehrahmenpeiler. In Bild 1.18 a sind die elektrische und die magnetische Feldstärke einer Funkwelle in Abhängigkeit von der Zeit dargestellt. In einer Hochantenne induziert die elektrische Feldstärke eine ihr phasengleiche Spannung U_H;

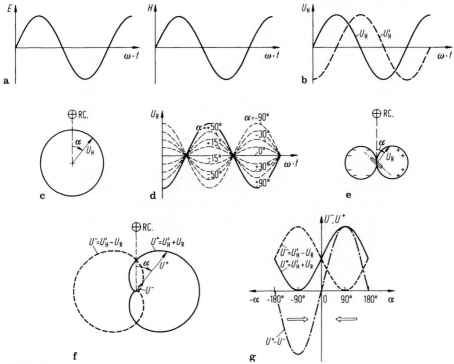

Bild 1.18. Prinzip des Funkpeilens.
a Verlauf der elektrischen Feldstärke E und der magnetischen Feldstärke H einer Funkwelle in Abhängigkeit von der Zeit t; **b** Verlauf der in einer Hochantenne durch das elektrische Feld induzierten Spannung U_H (U_H' ist die um $90°$ gegen U_H in der Phase verschobene Spannung); **c** Horizontaldiagramm einer vertikalen Hochantenne: Kreisdiagramm (RC, deutet das weit entfernte Funkfeuer als Bezugsrichtung an); **d** Verlauf der in der Schleife durch das magnetische Feld induzierten Spannung U_R für verschiedene Stellungen α der Schleife bezogen auf den Einfallswinkel des Funkstrahls. Wenn die Normale (Senkrechte) auf der Spulenfläche auf das Funkfeuer zeigt, ist α gleich Null; **e** Horizontaldiagramm einer Schleife oder eines Drehrahmens: Doppelkreisdiagramm; **f** Horizontaldiagramm aus der Überlagerung von Rahmenspannung und phasengleicher Hilfs(Hoch-)antennenspannung: Herzkurve (Kardioide). Die gestrichelte Herzkurve entsteht, wenn die Spannung des Rahmens zuvor umgepolt wird; **g** Spannungsverläufe aus der Kardioide als Funktion der Stellung α der Suchspule

vgl. Bild 1.18 b. Sie ist unabhängig von der Einfallsrichtung der Funkwelle; vgl. Bild 1.18 c. In einem Rahmen, einer Schleife, wird durch das magnetische Feld die Spannung U_R induziert. Sie ist proportional der *Änderung* der magnetischen Feldstärke. Deshalb ist die Spannung um eine Viertelperiode gegen die anregende Feldstärke verschoben. Die Amplitude dieser Spannung ist davon abhängig, wie weit das magnetische Feld tatsächlich die Rahmenfläche durchsetzt; vgl. Bild 1.18 d. Als Antennendiagramm entsteht der Doppelkreis; vgl. Bild 1.18 e. Die Spannung verschwindet, wenn die Senkrechte auf der Rahmenfläche, ihre Normale, auf den Sender zeigt. In der Umgebung dieser Stellung ändert sich die Spannung beim Drehen des Rahmens am schnellsten. Hier in der Umgebung des Spannungsminimums ist die Peilung am empfindlichsten möglich. Solche Peiler werden deshalb auch als *Minimumpeiler* bezeichnet. Dreht man den Rahmen weiter, dann erkennt man, daß nach 180° Drehung ein weiteres Minimum auftritt. Die Peilung ist also doppeldeutig.

Seitenbestimmung. Damit die Peilung eindeutig wird, muß ggf. bestimmt werden, von welcher Seite die Funkwelle ankommt. Durch Addition der Rahmenspannung U_R und der dem Höchstwert der Rahmenspannung angeglichenen und durch eine Phasenverschiebung von 90° gleichphasig gemachten Hochantennenspannung U_H' erhält man beim Herumdrehen des Rahmens einen Spannungsverlauf in Form einer Herzkurve (Kardioide); vgl. Bild 1.18 f. Diese Kurve hat ein Minimum bei $\alpha = 270°$ und ein Maximum bei $\alpha = 90°$. Zur Seitenbestimmung bei einer Peilung ist nach Zuschaltung der phasenrichtigen Hilfsantennenspannung der Rahmen einmal um 90° und dann um 270° aus der Minimumstellung herauszudrehen. Die Peiler sind elektrisch so geschaltet, daß die richtige Seite dann durch die geringere Spannung (Lautstärke) gekennzeichnet ist.

Minimumcharakter. Störende, gegenüber dem anregenden Feld phasenverschobene Felder, lassen in der Minimumstellung die Spannung nicht ganz verschwinden. Diese *Trübung* des Minimums wird durch eine Spannung kompensiert, die man aus der Hilfsantenne entnimmt und nach Bedarf zuschaltet. Ein scharfes Minimum entsteht, wenn die Eingangsspannung hoch ist, ein breites bei kleiner Eingangsspannung; vgl. Bild 1.19.

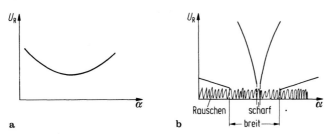

Bild 1.19. Peilminima.
a trübes Minimum; **b** scharfes und breites Minimum

Kreuzrahmen. Durch zwei elektrisch voneinander unabhängige Schleifen, wovon eine in der Längsschiffsebene, die andere dazu senkrecht in der Querschiffsebene angeordnet ist, läßt sich die Einfallsrichtung einer Funkwelle elektrisch übertragen. Wie Bild 1.20 zeigt, sind die in den beiden Schleifen induzierten Spannungen so mit der Einfallsrichtung verknüpft, daß beide, vektoriell addiert, die Funkseitenpeilung darstellen. Ein moderner kompakter Kreuzrahmen ist in Bild 1.25 abgebildet.

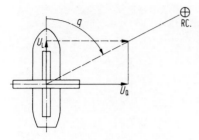

Bild 1.20. Spannungsverhältnisse am Kreuzrahmen. U_L im Längsrahmen induzierte Spannung; U_Q im Querrahmen induzierte Spannung

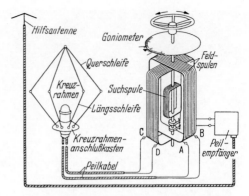

Bild 1.21. Prinzip einer Goniometeranlage

Goniometer-Peilanlage. Die im Kreuzrahmen induzierten Spannungen werden getrennt auf die ebenfalls senkrecht zueinander stehenden Spulen des Goniometers übertragen, in deren Innenraum sich eine Suchspule drehen kann. Das von beiden Spulen erzeugte Magnetfeld hat bezüglich des Goniometers die gleiche Richtung wie das Feld der Funkwelle bezogen auf den Kreuzrahmen. Es wird von der Suchspule in der gleichen Weise abgetastet wie beim Minimumverfahren beschrieben. Zur Seitenbestimmung wird die beim Drehrahmenpeilverfahren notwendige Drehung der Suchspule um 90° ersetzt durch eine Drehung des Feldes um diesen Winkel. Man erreicht dies durch Vertauschen der Rahmenanschlüsse. Das Goniometerprinzip ist in Bild 1.21 dargestellt.

Doppelkanalsichtfunkpeiler nach Watson-Watt. Die Spannungen aus den beiden Schleifen des Kreuzrahmens werden bei diesem Verfahren an die zueinander

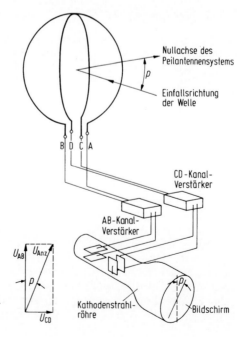

Bild 1.22. Prinzip eines Doppelkanalsichtfunkpeilers

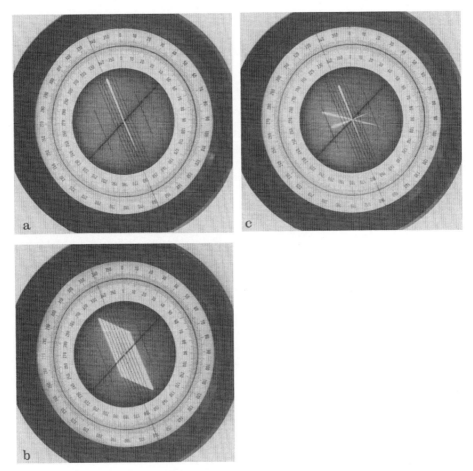

Bild 1.23. Anzeigen eines Doppelkanalsichtfunkpeilers.
a Anzeige einer Station; **b** Anzeige zweier Stationen, die auf benachbarten Frequenzen senden (Peilungen werden jeweils parallel zu den Kanten des Parallelogramms entnommen); **c** gleichzeitige Anzeige von vier Loran-C-Stationen

senkrecht angeordneten Plattenpaare des Ablenksystems einer Braunschen Röhre gegeben. Der auf dem Schirm entstehende Leuchtstrich ist in bezug auf die Plattenpaare genauso orientiert wie die Einfallsrichtung der Funkwelle zum Kreuzrahmen; vgl. Bild 1.22 und 1.23a. Um Abbildungsfehler zu vermeiden, müssen in beiden Kanälen Verstärkung und Phasendrehung gleich sein. Vor jeder Peilung ist deshalb ein Eichvorgang durchzuführen.

Im Gegensatz zu Minimumpeilungen, die große peiltechnische Erfahrung der Beobachter erfordern, lassen sich Sichtfunkpeilungen ohne besondere Kenntnisse durchführen. Die sofortige Peilanzeige vermittelt zugleich das Tasten der Kennung des betreffenden Funkfeuers oder im Seenotfall von SOS-Zeichen. Für den Sichtfunkpeiler hat man von vornherein eine Nutzspannung, die etwa hundertmal so groß ist, wie diejenige, die für die Minimumpeilung zur Verfügung steht. Noch bei sehr kleinen Empfangsfeldstärken der Größenordnung 1 µV/m, wo Minimumpeilungen wegen zu großer Minimumbreiten nicht mehr möglich sind, gelingt es mit dem Sichtfunkpeiler im allgemeinen, noch brauchbare navigatorische Peilungen zu erhalten. Für den praktischen Peilbetrieb ist es von besonderer Bedeutung, daß Sichtfunkpeiler auch beim Vorhandensein eines benachbarten Störsenders einwandfreie Peilungen ermöglichen. Die Sichtanzeige wird dabei zu einem Parallelogramm auseinandergezogen, dessen Kanten die Richtungen zu den beiden Sendern anzeigen. Den richtigen Sender, das zu peilende Funkfeuer, erkennt man dann leicht an der Kennung; vgl. Bild 1.23 b.

Impulsgetastete Sendungen, wie sie z. B. von Loran-C-Stationen auf der Frequenz 100 kHz ausgestrahlt werden, lassen sich mit dem Sichtfunkpeiler ebenfalls peilen und können für Langstreckennavigation sehr nützlich sein. Da die Sendertastungen intermittierend erfolgen, werden mehrere Loran-C-Stationen, ihren Peilungen entsprechend, als gekreuzte Strichanzeigen dargestellt; vgl. Bild 1.23 c.

Beim Doppelkanalverfahren ist entscheidend, daß die Peilergebnisse auf einer Kathodenstrahlröhre dargestellt werden. Man kann an der Form der Peilanzeige sofort die Peilqualität beurteilen und abschätzen, ob die Peilung noch brauchbar ist oder nicht. So wird z. B. bei Peilungen über größere Entfernungen während der Dämmerung und nachts, wenn die Bodenwelle und eine gegen die Bodenwelle phasenverschobene Raumwelle gleichzeitig einfallen, anstelle eines stabilen Striches eine in Form, Größe und Richtung sich fortlaufend ändernde Ellipse angezeigt. Bei Entfernungen bis zu ca. 50 sm treten im Navigationsfrequenzbereich in der Regel auch in der Dämmerung und nachts keine oder nur geringe Raumwellenstörungen auf.

Die mit Sichtfunkpeilern erzielten Peilgenauigkeiten sind auch bei starken atmosphärischen Störungen oder beim Vorhandensein von Störsendern benachbarter Frequenz noch relativ hoch. Die Peilunsicherheit liegt, wie Langstreckenpeilungen auf dem Südatlantischen Ozean bestätigt haben, bei Entfernungen bis zu 600 sm im allgemeinen zwischen 0,5° und 1°.

Automatische Funkpeilung. Der Vergleich der beiden Spannungen $U^+ = U_H' + U_R$ und $U^- = U_H' - U_R$, wie sie in den beiden Kardioiden in Bild 1.18f in Abhängigkeit vom Winkel α der Suchspule dargestellt sind, zeigt, daß im Bereich $0 < \alpha < 180°$ die Summenspannung größer ist als die Differenzspannung; $U^+ > U^-$. Im Bereich $0 > \alpha > -180°$ ist dagegen immer die Differenzspannung größer als die Summenspannung. In Bild 1.18g ist die Differenz $U^+ - U^-$ zusätzlich einge-

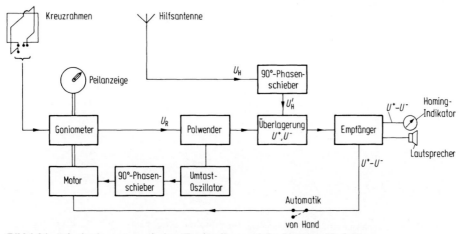

Bild 1.24. Prinzip des automatischen Funkpeilers und des Homing-Verfahrens

zeichnet. Man erkennt, daß das Vorzeichen dieser Spannung den Drehsinn (siehe Pfeilrichtung) angeben kann, mit dem die Suchspule in die seitenrichtige Minimumstellung zu drehen ist. In dieser Stellung sind die zu vergleichenden Spannungen U^+ und U^- gleich groß, ihre Differenz ist gleich Null. Zur Beobachtung müssen beide Spannungen zur Verfügung stehen. Das geschieht durch schnelles Umtasten der Rahmenspannung mit jeweiliger Vertauschung der Polarität der Spannung (vgl. Bild 1.24). Beim *Homing*-Verfahren wird die Differenz $U^+ - U^-$ auf ein Zeigerinstrument gegeben, dessen neutrale Mittelstellung angibt, daß die Peilung mit dem am Peillineal eingestellten Wert übereinstimmt. Abweichungen davon lassen den Zeiger nach links oder rechts ausschlagen. Diese Spannungsdifferenz kann auch zur drehrichtungsrechten Ansteuerung eines Motors, der die Suchspule automatisch in die richtige Peilstellung dreht, genutzt werden. Das Funktionsprinzip dazu ist ebenfalls dem Bild 1.24 zu entnehmen. Ein solcher automatischer Peiler wird auch *Radiokompaß* genannt.

Bordpeilanlagen

Die Schiffssicherheitsverordnung (SchSV, 1980, letzte Änderung von 1983) schreibt für alle Schiffe mit einem Bruttoraumgehalt von 500 und mehr Registertonnen — außer in der Küsten- und Wattfahrt — die Ausrüstung mit einer Peilfunkanlage der Klasse I vor. Sie muß bestimmten technischen Mindestanforderungen entsprechen und von den zuständigen Behörden (Deutsche Bundespost und DHI) geprüft und zugelassen sein.

Zusätzlich zur navigatorischen Eignung wird der *Zielfahrtfähigkeit* auf der Sprechfunk-Notfrequenz 2182 kHz erhöhte Aufmerksamkeit geschenkt. Die Fähigkeit zur Zielfahrt auf 2182 kHz kann für die Sicherheit der Besatzung und der Schiffe von ausschlaggebender Bedeutung sein und wird deshalb von Beauftragten des Deutschen Hydrographischen Instituts in regelmäßigen Abständen (in der Regel alle zwei Jahre) überprüft und bestätigt.

Deutsche Schiffe mit einem Bruttoraumgehalt von 300 bis 499 Registertonnen unterliegen der Ausrüstungspflicht mit einer Peilfunkanlage der Klasse II mit etwas abgemilderten technischen Forderungen. Die heute verwendeten Funkpeiler sind Spezialempfänger mit hoher Eingangsempfindlichkeit, großer Frequenzselektivität und separater Hoch- und Niederfrequenzverstärkung.

Bild 1.25. Kreuzrahmen mit integrierter Hilfsantenne

Bild 1.26. Automatischer Funkpeiler DEBEG 7410

Die früher oft verwendete drehbare Rahmenantenne findet bei modernen Anlagen keine Anwendung mehr (abgesehen von einigen kleinen, meist tragbaren Peilgeräten für die Sportschiffahrt). Statt dessen wird der freitragende, fest installierte Ringkreuzrahmen mit Hilfsantenne benutzt; vgl. Bild 1.25. Als Hilfsantenne dient hierbei entweder ein separater Antennenstab, der in der Mitte des Kreuzrahmens angeordnet ist, oder die beiden Rahmen (Antennenschleifen) werden elektrisch so geschaltet, daß aus ihren azimutabhängigen Spannungen eine Rundempfangsspannung resultiert.

Am Funkpeiler lassen sich in der Regel an zwei konzentrischen Peilskalen sowohl die Seitenpeilung als auch die Kreisel-Funkpeilung ablesen. Voraussetzung ist natürlich, daß eine Kreiselkompaßtochter eingebaut und an den Verteiler des Mutterkompasses angeschlossen ist. Die Zuverlässigkeit des Kompasses ist wesentliche Voraussetzung für die Güte der Funkpeilung, denn jeder Fehler des Kompasses geht mit seinem vollen Wert in die Peilung ein. Die abgelesene Kreisel-Funkpeilung ist sorgfältig mit der Kreiselkompaßfehlweisung nach dem anliegenden Kreiselkompaßkurs zu beschicken. Man beachte, daß die Funkbeschickung nach der abgelesenen Funkseitenpeilung zu erfolgen hat.

Automatischer Peilempfänger DEBEG 7410. Dieses Gerät arbeitet im Langwellenbereich von 235 bis 530 kHz und im Grenzwellenbereich von 2100 bis 2300 kHz, schließt also die beiden Seenotfrequenzen 500 kHz und 2182 kHz ein; vgl. Bild 1.26. Das Hauptmerkmal des Peilempfängers ist die automatische, seitenrichtige Peilanzeige durch ein minimumsuchendes, motorgetriebenes System. Hierdurch wird die Durchführung einer Funkpeilung in kurzer Zeit und mit geringem Bedienungsaufwand ermöglicht.

Im automatischen Betrieb folgt die Anzeige (Zeiger) jeder Kursänderung. Diese Eigenschaft ermöglicht die Anwendung als *Radiokompaß* für die Zielfahrt. Schnelle und genaue Einstellung der Empfangsfrequenz erfolgt mit Hilfe eines elektronischen Frequenzzählers und digitaler Frequenzanzeige. Neben dem automatischen Betrieb kann die Funkpeilung auch von Hand durchgeführt werden. Bei beiden Betriebsarten finden die Prinzipien des Minimumverfahrens Anwendung.

Im Zusammenhang mit einer Seenotfunkboje, z.B. DEBEG 7520, und einem Wachempfänger, z.B. dem DEBEG 2340, bildet der Funkpeilempfänger ein System zur Kennzeichnung, Alarmierung und Bestimmung einer Seenotposition.

Eine Kursskala ermöglicht die Tochteranzeige des Kreiselkompaßkurses und damit neben der Funkseitenpeilung auch die Kreisel-Funkpeilung. Zu der Anlage gehört der Kreuzrahmen PR 310 als Peilantenne. Für nichtausrüstungspflichtige Schiffe kann auch der kleinere Peilrahmen DEBEG 7470 Verwendung finden. Eine ausführliche Betriebs- und Bedienungsanleitung ist in dem jeder Peilanlage zugehörigen technischen Handbuch enthalten. Eine Kurzform auf Plastikfolie, zur Wandbefestigung geeignet, gehört ebenfalls zum Lieferumfang; vgl. Bild 1.27.

Automatischer Sichtfunkpeiler PLATH SFP 7000 FIDUS. Der Sichtfunkpeiler SFP 7000 FIDUS (C. Plath GmbH, Hamburg) dient sowohl der Schiffahrt als Navigationshilfsmittel wie auch als ortsfeste Funkpeilstation für den Seenotdienst. Die Peilungen erfolgen im Frequenzbereich 70 kHz bis 4 MHz. Durch Anwendung des Doppelkanalpeilverfahrens wird die Peilung verzögerungsfrei als Strichanzeige auf einer Kathodenstrahlröhre dargestellt und kann an den beiden konzentrischen Peilskalen sowohl als Seitenpeilung als auch gleichzeitig als Kreisel-Funkpeilung abgelesen werden. Mit Hilfe eines dritten Empfangskanals wird auf Knopfdruck die falsche Seite der zunächst doppeldeutigen Anzeige dunkelgesteuert. Gleichzeitig mit der Peilung kann das Signal abgehört werden.

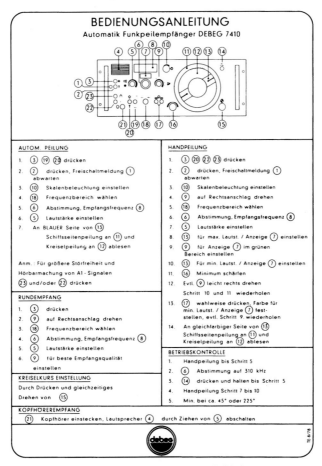

Bild 1.27. Bedienungsanleitung für DEBEG 7410

Bild 1.28. Doppelkanalsichtfunkpeiler. C. Plath GmbH; SFP 7000 Fidus

Die Eichung der beiden Peilkanäle auf absolute Gleichheit in bezug auf Verstärkung und Phasenverschiebung geschieht automatisch. Die Frequenzabstimmung erfolgt mit einem Synthesizer über ein Tastenfeld auf 100 Hz genau; vgl. Bild 1.28.

Das Peilgerät SFP 7000 ist ein Dreikanal-Empfänger mit zweifacher Frequenzumsetzung. Als erster Oszillator dient ein Frequenzsynthesizer, als zweiter ein Frequenzoszillator (9062 kHz). Die Abstimmung des Empfängers erfolgt ausschließlich durch Eingabe über ein Tastenfeld. Die Antennenspannungen werden in den HF-Verstärkerstufen um 10 dB verstärkt und dann dem ersten Mischer zugeführt. Die Oszillatorfrequenz für diese Mischstufe wird von der Frequenzdekade (Synthesizer) geliefert. Sie liegt immer bei 9 MHz minus der Empfangsfrequenz. Das am Ausgang der Mischstufe vorhandene erste ZF-Signal (9 MHz) gelangt über je eine Treiberstufe zum Bandpaß-Quarzfilter 9 MHz, das die erste Selektionsstufe bildet. Dem Filter folgt ein Regelverstärker, der den Signalpegel um maximal 60 dB anheben kann. Dieser Verstärker arbeitet in den beiden Peilkanälen (AB und CD) in zwei Stufen: die erste Regelung ist bei dem 9-MHz-Signal im Kanal AB (CD) wirksam, die zweite Regelung erfolgt bei dem 62-kHz-Signal im Kanal CD (AB). Auf diese Weise ist der variable Verstärkungsfaktor in den beiden Kanälen AB und CD stets gleich. Das 9-MHz-Signal verläßt den Regelverstärker nach dem ersten Regelschritt und gelangt zur zweiten Mischstufe, in der es auf 62 kHz herabgemischt wird. Die Oszillatorfrequenz für diese zweite Mischstufe liefert ein Quarzoszillator über ein Phasenglied und eine Treiberstufe. Die Phasenglieder dienen zur Phasenkorrektur beim Eichvorgang, der von der Eichautomatik gesteuert wird. Der HA-Kanal hat seinen eigenen Phasenschieber, damit die Helltastung der Braunschen Röhre seitenrichtig eingestellt werden kann. Die 62-kHz-ZF-Spannung wird einer Verstärkerstufe mit zwei lose gekoppelten Resonanzkreisen und dann erneut dem oben erwähnten Regelverstärker zugeführt. Hinter diesem wird die 62-kHz-Spannung ausgekoppelt und in eine zweite Resonanzverstärkerstufe und einen nachgeschalteten Regelverstärker eingespeist. Mit dieser Pegelregelung werden kleine Restunterschiede der beiden Peilspannungen ausgeglichen. Bevor die Peilspannungen auf die Ablenkverstärker für die Kathodenstrahlröhre gegeben werden, passieren sie eine Stufe, in der die Verstärkung für den AB- und den CD-Kanal getrennt eingestellt wird. Diese Kompensation dient zur Korrektur eines etwaigen D-Wertes (viertelkreisiger Fehler).

Im HA-Kanal wird das ZF-Signal über ein logisches Gatter an einen Schaltverstärker herangebracht. Bei Betätigung der Drucktaste „S" (Seite) steuert das HA-Signal, das zu einer Rechteckspannung umgeformt wurde, den Wehneltzylinder der Kathodenstrahlröhre. Dabei wird die „falsche" Hälfte der Strichanzeige dunkel- und die „wahre" Hälfte hellgetastet. Eine D-Wert-Kompensation ist im HA-Kanal nicht notwendig.

Für Abhörzwecke wird ebenfalls die 62-kHz-Spannung des HA-Kanals ausgenutzt. Zum A1A-Empfang dient ein Schmalbandverstärker, für A2A, A3E und J3E wird eine gesonderte breitbandige ZF-Stufe mit getrennter Pegelregelung verwendet. Aus dem Demodulator für die 62-kHz-HA-Spannung gelangt das Hörsignal auf den Leistungsverstärker und von diesem auf Lautsprecher und Kopfhörer; siehe Zusammenstellung der Beziehung der Sendearten im Kap. 1.1.2.

Die Bedienung des Gerätes ist einfach und sicher. Nach der einmaligen Grundeinstellung der Bedienelemente können nach der Frequenzeingabe über das Tastenfeld sofort die Funkseitenpeilung und die Kreiselkompaßpeilung an den beiden Azimutskalen abgelesen werden. Die in Bild 1.29 gezeigte Bedientafel gehört zum Lieferumfang jeder Anlage.

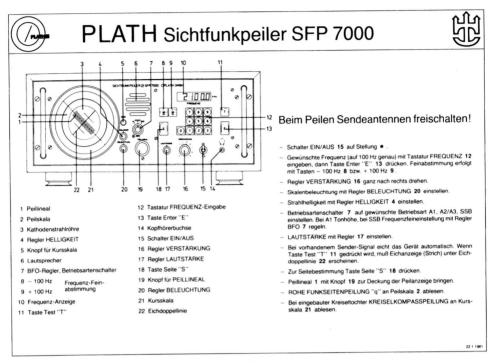

PLATH Sichtfunkpeiler SFP 7000

Beim Peilen Sendeantennen freischalten!

- Schalter EIN/AUS **15** auf Stellung ● .
- Gewünschte Frequenz (auf 100 Hz genau) mit Tastatur FREQUENZ **12** eingeben, dann Taste Enter "E" **13** drücken. Feinabstimmung erfolgt mit Tasten – 100 Hz **8** bzw. + 100 Hz **9** .
- Regler VERSTÄRKUNG **16** ganz nach rechts drehen.
- Skalenbeleuchtung mit Regler BELEUCHTUNG **20** einstellen.
- Strahlhelligkeit mit Regler HELLIGKEIT **4** einstellen.
- Betriebsartenschalter **7** auf gewünschte Betriebsart A1, A2/A3, SSB einstellen. Bei A1 Tonhöhe, bei SSB Frequenzfeineinstellung mit Regler BFO **7** regeln.
- LAUTSTÄRKE mit Regler **17** einstellen.
- Bei vorhandenem Sender-Signal eicht das Gerät automatisch. Wenn Taste Test "T" **11** gedrückt wird, muß Eichanzeige (Strich) unter Eichdoppellinie **22** erscheinen.
- Zur Seitebestimmung Taste Seite "S" **18** drücken.
- Peillineal **1** mit Knopf **19** zur Deckung der Peilanzeige bringen.
- ROHE FUNKSEITENPEILUNG "q" an Peilskala **2** ablesen.
- Bei eingebauter Kreiseltochter KREISELKOMPASSPEILUNG an Kursskala **21** ablesen.

1	Peillineal	12	Tastatur FREQUENZ-Eingabe
2	Peilskala	13	Taste Enter "E"
3	Kathodenstrahlröhre	14	Kopfhörerbuchse
4	Regler HELLIGKEIT	15	Schalter EIN/AUS
5	Knopf für Kursskala	16	Regler VERSTÄRKUNG
6	Lautsprecher	17	Regler LAUTSTÄRKE
7	BFO-Regler, Betriebsartenschalter	18	Taste Seite "S"
8	– 100 Hz Frequenz-Fein-	19	Knopf für PEILLINEAL
9	+ 100 Hz abstimmung	20	Regler BELEUCHTUNG
10	Frequenz-Anzeige	21	Kursskala
11	Taste Test "T"	22	Eichdoppellinie

22 1 1981

Bild 1.29. Bedienungsanleitung für SFP 7000 Fidus

Goniometer-Peilempfänger GPE 277 ANGULUS. Dieses Gerät der Firma C. Plath, Hamburg, ist als Nachfolgemodell der früheren Version GPE 52 als Navigationspeiler für Schiffe aller Größen bestimmt. Es entspricht den einschlägigen Sicherheitsbestimmungen (SSV, SOLAS); siehe Bild 1.30. Die Anlage ermöglicht die Funkpeilung von Sendern im Frequenzbereich von 240 bis 540 kHz und von 2120 bis 2240 kHz mit allen für diese Bereiche üblichen Modulationsarten. Die Peilung kann wahlweise nach der Minimummethode oder nach dem Homing-Verfahren durchgeführt werden; siehe dazu Abschnitt „Automatische Funkpeilung" in diesem Kapitel. Das Homing-Verfahren hat einige beachtenswerte Vorteile gegenüber der Minimummethode:

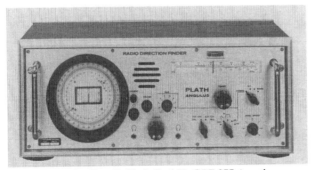

Bild 1.30. Funkpeiler. C. Plath GmbH; GPE 277 Angulus

- Nachdem der Peilempfänger auf die Frequenz des Senders abgestimmt worden ist, wird der Zeiger des sich innerhalb der Peilskala befindlichen Instrumentes entweder nach rechts oder nach links aus der „0"-Lage abgelenkt, je nachdem, ob sich der gesuchte Sender rechts oder links relativ zur Richtung des Peillineals befindet.
- Der Peilvorgang besteht nun lediglich darin, daß das Peillineal mit der durch Pfeile markierten Seite in die Richtung gedreht wird, die von dem Zeiger des Intrumentes angegeben wird, bis der Zeiger auf „0" steht.
- Durch diesen Vorgang wird auch die Eindeutigkeit der Peilung gewährleistet. Eine zusätzliche Seitenbestimmung, wie sie nach dem Minimum-Peilverfahren erforderlich ist, entfällt hier also.
- Im Gegensatz zum Minimum-Peilverfahren kann das Peilsignal auch dann noch mitgehört werden, wenn das Peillineal in die Richtung des Senders gestellt ist. Dies ist vorteilhaft, da das mitgehörte Unterscheidungssignal des gepeilten Senders immer gewährleistet, daß es sich tatsächlich um den gewünschten Sender handelt.
- Das hier angewandte Verfahren bringt eine höhere „Peilschärfe" als beim Minimum-Peilverfahren, da es keinem „Trübungseffekt" unterworfen ist. Eine Minimum-Enttrübung ist deshalb auch nicht erforderlich.

Bemerkenswert ist ferner, daß bei Auftreten von solchen Rückstrahlern an Bord, die beim Minimum-Peiler eine Trübung des Minimums hervorrufen, die Peilgenauigkeit mit dem Homing-Verfahren größer ist. Die Trübung des Peilminimums kann nämlich folgende zwei Ursachen haben:

- Durch den sogenannten „Hochantenneneffekt" wirkt der Kreuzrahmen zusätzlich und unerwünschterweise auch als Vertikalantenne. Die hierdurch aufgenommene Rundspannung ist in ihrem Phasenverlauf gegenüber der Rahmenspannung definiert und läßt sich deshalb mit einer in der Phase um 180° verschobenen Hilfsantennenspannung fehlerfrei kompensieren.
- Die durch Rückstrahlungen von metallischen Gebilden in der Nähe der Peilantenne erzeugte Trübungsspannung ist in ihrer Phasenlage zur Peilspannung nicht definierbar, sie hat jedoch dieselbe Wirkung. Wird nun die gleiche Enttrübung eingesetzt wie zur Kompensierung des Antenneneffektes, so können Peilfehler auftreten, wenn die verursachende Spannung und die Kompensationsspannung nicht um 180° phasenverschoben sind.

Das Auftreten dieser Peilfehler ist bei dem Homing-Peilverfahren ausgeschlossen, da die beiden zur Umtastung gehörenden Kardioiden absolut spiegelgleich sind und eine Enttrübung nicht erforderlich ist.

Als Antennensystem für den Peilempfänger dient der gleiche Kreuzrahmen FRA 1200 mit integrierter Hilfsantenne wie für den Sichtfunkpeiler SFP 7000.

Funkbeschickung

Grundlagen. Durch die ankommende Funkwelle werden Masten, Schornsteine, Bordwände, Antennen, Ladegeschirr usw. erregt und in elektrische Schwingungen versetzt. Von dort wird die Energie zum Teil wieder zurückgestrahlt. An der Peilantenne überlagern sich das Originalfeld und das Rückstrahlfeld der Funkwelle vektoriell. Die Richtung dieses aus der Überlagerung entstandenen Feldvektors weicht von der Richtung des Originalfeldes ab. Da durch die Peilung die Richtung des resultierenden Feldes ausgemessen wird, ist diese Abweichung einem Peilfehler gleich.

Die *abgelesene Funkseitenpeilung* (Formelzeichen *q*) ist der Winkel zwischen der Rechtvorausrichtung des Schiffes und der vom Funkpeiler angezeigten Richtung, aus der die Funkwelle einzufallen scheint.

Die *beschickte Funkseitenpeilung* (Formelzeichen *p*) ist der Winkel zwischen der Rechtvorausrichtung des Schiffes und der Richtung, aus der die Funkwelle einfällt.

Die *Funkbeschickung* (Formelzeichen *f*), auch *Funkdeviation* genannt, ist der Winkel zwischen der Richtung, aus der die Funkwelle einfällt, und der Richtung, aus der sie einzufallen scheint.

Nach dieser Definition gilt die Beziehung

$$p = q + f.$$

Die Größe der Funkbeschickung hängt von der abgelesenen Funkseitenpeilung, der Frequenz der Funkwelle und der Überwasserstruktur des Schiffes ab. Je niedriger die Frequenz, desto kleiner ist normalerweise die Funkbeschickung. Zum besseren Verständnis des Verlaufs der Funkbeschickung und ihrer Größe werden im folgenden zwei typische Rückstrahler hinsichtlich ihrer Wirkung dargestellt.

In Bild 1.31 a ist ein Schiff mit Masten und Ladegeschirr dargestellt. Ein Mast wirkt als hochantennenartiger Rückstrahler. Seine Anregung und damit sein Rückstrahlfeld sind unabhängig von der Einfallsrichtung der Funkwelle; vgl. Kap. 1.1.2. Das Rückstrahlfeld steht immer senkrecht auf der Verbindungslinie zwischen Mast und Peilantenne. In Bild 1.31 b ist diese Situation dargestellt. Dreht man das Schiff über die Backbordseite, dann bleibt die Richtung des Originalfeldes bezüglich des Funkfeuers erhalten, das Rückstrahlfeld dreht allerdings mit dem Schiff mit. Das Gesamtfeld ändert mit der Drehung des Schiffes seine Richtung. Der Verlauf der

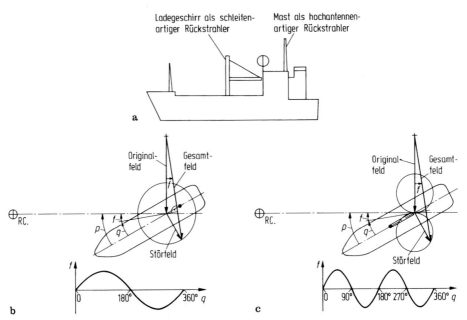

Bild 1.31. Ursachen der Funkbeschickung.
a Schiff mit typischen Rückstrahlern: Mast als hochantennenartiger Rückstrahler; Ladegeschirr als schleifenartiger Rückstrahler; **b** Verlauf der von einem hochantennenartigen Rückstrahler (Mast) verursachten halbkreisigen Funkbeschickung; **c** Verlauf der von einem schleifenartigen Rückstrahler (Ladegeschirr) verursachten viertelkreisigen Funkbeschickung

Funkbeschickung aufgrund eines hinter der Antenne stehenden Mastes ist in Bild 1.31b qualitativ dargestellt. Es ist eine Sinusfunktion mit halbkreisigem Charakter; $f \sim \sin q$. Bei dieser Darstellung ist nur der mit dem Originalfeld gleichphasige Anteil des Rückstrahlfeldes berücksichtigt worden.

In Bild 1.31c ist das Ladegeschirr als geschlossene Schleife Ursache des Rückstrahlfeldes. Wie in Kap. 1.1.2 dargestellt, ist die Anregung der Schleife abhängig von der Einfallsrichtung der Welle. Das Rückstrahlfeld, das auch senkrecht auf der Verbindungslinie zwischen Schleife und Peilantenne steht, ändert bei Drehung des Schiffes dementsprechend seine Größe (Doppelkreisdiagramm der Schleife). Verfolgt man auch hier die Funkbeschickung bei der Drehung des Schiffes, so beobachtet man bezogen auf die abgelesene Funkseitenpeilung einen viertelkreisigen Verlauf, wie er in Bild 1.31c dargestellt ist; $f \sim \sin 2q$.

Funkbeschickungsformel. Ein aufrechtstehender Mast hat als hochantennenartiger Rückstrahler auch eine halbkreisige Funkbeschickung der Form $f \sim \cos q$, eine nichtsymmetrische Schleife eine Funkbeschickung der Form $f \sim \cos 2q$ zur Folge. Insgesamt kann die Funkbeschickung f gut angenähert durch die Formel

$$f = A + B \cdot \sin q + C \cdot \cos q + D \cdot \sin 2q + E \cdot \cos 2q + K \cdot \sin 4q$$

dargestellt werden. Im allgemeinen wird für mittschiffs und gut aufgestellte Funkpeiler nur der Koeffizient D von wirklicher Bedeutung sein. Dieser Koeffizient kann allerdings bis 20° betragen. Die Berechnung der Koeffizienten erfolgt nach den Formeln:

$$A = \frac{f_0 + f_{90} + f_{180} + f_{270}}{4}; \qquad B = \frac{f_{90} - f_{270}}{2}; \qquad C = \frac{f_0 - f_{180}}{2};$$

$$D = \frac{f_{45} - f_{135} + f_{225} - f_{315}}{4}; \qquad E = \frac{f_0 - f_{90} + f_{180} - f_{270}}{4};$$

$$\sin K \approx \frac{\sin^2 D}{2} \quad \text{oder} \quad K \approx \frac{D^2}{2 \cdot 57{,}3°} \quad \text{(vgl. Bild 1.32)};$$

K kann auch berechnet werden nach:

$$K = \frac{f_{22{,}5} - f_{67{,}5} + f_{112{,}5} - f_{157{,}5} + f_{202{,}5} - f_{247{,}5} + f_{292{,}5} - f_{337{,}5}}{8}.$$

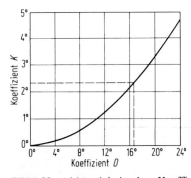

Bild 1.32. Abhängigkeit des Koeffizienten K von D

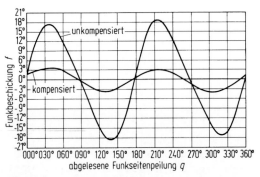

Bild 1.33. Funkbeschickungskurve eines großen Schiffes

In diesen Formeln bezeichnen die Zahlenindizes an f die abzulesenden Funkseitenpeilungen q, für die die Funkbeschickungen f gelten.

Verstimmte Hochantennen erzeugen eine Trübung des Minimums. Daher beeinträchtigen auch stark verstimmte Schiffsantennen, besonders aber nahe am Funkpeilrahmen angebrachte Rundfunkantennen, das Ergebnis der Peilung. Siehe auch Koeffizient B in der nachfolgenden Tabelle der Koeffizienten der Funkbeschickungsformel.

Mit den vorstehenden Formeln erhält man aus der unkompensierten Funkbeschickungskurve des Bildes 1.33:

$$A = \frac{+1,0° - 0,8° + 2,0° - 1,4°}{4} = +0,2°; \qquad B = \frac{-0,8° + 1,4°}{2} = +0,3°;$$

$$C = \frac{+1,0° - 2,0°}{2} = -0,5°;$$

$$D = \frac{+17,4° + 17,8° + 18,0° + 17,2°}{4} = +17,6°;$$

$$E = \frac{+1,0° + 0,8° + 2,0° + 1,4°}{4} = +1,3°;$$

$$K = \arcsin\left(\frac{\sin^2 17,6°}{2}\right) = 2,6° \quad \text{oder} \quad K = \frac{(17,6°)^2}{2 \cdot 57,3°} = 2,7°.$$

Kompensation der Koeffizienten D, A und E. Sie kann bei allen Peilfunkanlagen neuerer Fertigung getrennt für die Navigationsfrequenz (312 kHz) und die Grenzwellenfrequenz (2169 kHz) erfolgen. Die Umschaltung der Kompensationsmittel erfolgt dabei automatisch bei Betätigung des Frequenzbereich-Umschalters. Als Kompensationsmittel werden im Navigationsbereich Spulen, im Grenzwellenbereich Widerstände verwendet. Eine besonders bequeme Art der Kompensation ergibt sich beim Zweikanal-Peilempfänger, denn hier wird die Kompensation durch Einschaltung einer Dämpfung (mittels Potentiometer) im gewünschten Kanal vorgenommen. Für wechselnde Tiefgänge müssen getrennte Funkbeschickungskurven aufgenommen und bei Funkpeilungen jeweils berücksichtigt werden. Mechanische Funkbeschicker werden bei neueren Funkpeilanlagen nicht mehr verwendet.

Die Aufnahme der Funkbeschickung. Nach SchSV (1980) sind Peilfunkanlagen durch das DHI vor Inbetriebnahme und in Abständen von zwei Jahren kompensieren zu lassen. Außerdem ist die Funkbeschickung regelmäßig zu kontrollieren. Die Aufzeichnungen über die Kompensierungen und die Funkbeschickungskontrollen sind in das Peilfunkbuch aufzunehmen.

Aufgrund der obigen Verordnung ist die Funkbeschickung im Frequenzbereich der Funkfeuer vollkreisig aufzunehmen. Es ist sicherzustellen, daß auf der Sprechfunk-Notfrequenz eine eindeutige Zielfahrt möglich ist. Das bedeutet nach SOLAS, 1974, Kap. IV, Regel 12, daß in einem Sektor von 30° zu beiden Seiten des Bugs die Peilung mit eindeutiger Seitenbestimmung möglich sein muß. Die Schiffsführung sollte diese Forderung besonders ernst nehmen, kann doch von dieser Zielfahrtfähigkeit das Auffinden eines durch eine Seenotfunkboje gekennzeichneten Seenotfalls abhängen. Zur Aufnahme der Funkbeschickung stehen weltweit speziell eingerichtete Funkfeuer auf Anforderung zur Verfügung. In der

Die Koeffizienten der Funkbeschickungsformel

Koeffizient	Vorzeichen der Funkbeschickung bei positivem Koeffizienten	Ursachen	Beseitigung
A	konstant 000° + + 270°——090° + + 180°	*Elektrisches A:* a) wenn Peilrahmen mittschiffs, seitlich zur Mittschiffsebene stehende verstimmte Schleifen, b) wenn Peilrahmen nicht mittschiffs, der Schiffskörper als verstimmte Längsschleife. Elektrisches A tritt in Verbindung mit E bzw. D und K auf. *Mechanisches A:* Peilrahmen nicht ausgerichtet (bei genau längsschiffs stehendem Rahmen muß Peilscheibe 90° oder 270° zeigen).	Kompensation in Verbindung mit E durch Drehen der Kompensationsrahmen aus der Längsschiffsrichtung oder Wechsel des Aufstellungsortes des Peilrahmens. Verdrehung des Rahmens gegen die Peilscheibe.
B	halbkreisig 000° − + 270°——090° − + 180°	Abgestimmte Hochantenne oder als solche wirkende Masten, Stage usw. vor oder hinter dem Peilrahmen. Die Schiffs- und Rundfunkantennen[a] müssen deshalb beim Peilen abgeschaltet, dürfen aber nicht geerdet sein. Niemals dürfen sie auf die Peilwelle abgestimmt sein. Im übrigen ist B meistens klein.	Wird nicht kompensiert.
C	halbkreisig 000° + + 270°——090° − − 180°	Abgestimmte Hochantennen oder als solche wirkende Pardunen usw. querab vom Peilrahmen. C ist meist Null. Wegen Schiffs- und Rundfunkantennen siehe bei B.	Wird nicht kompensiert.
D	viertelkreisig 000° − + 270°——090° + − 180°	Verstimmte Längs- oder Querschiffsschleifen oder ähnliche Rückstrahler. Für geschlossene (induktive) Schleifen gelten die Vorzeichen:		Innenfeld	Außenfeld		Längsschleife	−	+		Querschleife	+	−	Für offene (kapazitive) Schleifen gelten die umgekehrten Vorzeichen. An Bord gewöhnlich ein positives D, da Peiler sich meistens im Außenfeld des als geschlossene Längsscheife wirkenden Schiffskörpers befindet. Da nur der Überwasserteil wirksam ist, ist D bei Leertiefgang größer als bei beladenem Schiff. D kann Werte über 20° erreichen.	Kompensation durch 2 längsschiffs stehende geschlossene Rahmen, in deren Innenfeld sich der Peilrahmen befindet (D < 0). Durch Kurzschließen von mehr oder weniger Drahtschleifen in den Spulenkästen können beliebige D-Werte kompensiert werden. Die Spulenkästen wasserdicht schließen, sonst Störung! Behelfsmäßige Kompensation durch entsprechende Längsschleife (D < 0). Bei Goniometerpeilern Kompensation durch Schalten von Spulen.
E	viertelkreisig 315° + 045° − − 225° + 135°	Siehe Ursachen für elektrisches A.	Siehe Beseitigung des elektrischen A.
K	achtelkreisig 315° 000° 045° − + 270°——090° + − 225° 180° 135°	Begleiterscheinung des Koeffizienten D.	Verschwindet mit der Kompensation des D.

a Durch Rundfunkantennen sind schon Funkbeschickungsänderungen bis zu 6° erzeugt worden, die je nach deren Lage nur in dem einen oder anderen Quadranten auftreten können. Daher ist größte Vorsicht geboten. Rundfunkantennen bei Nebelfahrten abschalten!

Bundesrepublik werden im Mittelwellenbereich die Frequenzen 312,6 kHz und 313,5 kHz sowie im Grenzwellenbereich die Frequenz 2168 kHz genutzt. Außer in der Bundesrepublik werden nur noch in der DDR und auf Hawaii speziell zur Funkbeschickung Signale auf Grenzwelle abgestrahlt.

Abstand bei der Funkbeschickungsaufnahme. Folgende Gesichtspunkte bestimmen den Abstand vom Funkfeuer bei der Aufnahme:

- Der Abstand soll größer als die fünffache Wellenlänge der verwendeten Senderfrequenz sein. Im unteren Mittelwellenbereich ist die Wellenlänge etwa 1 km. Die obige Forderung ist also bei einem Abstand von mehr als 2,5 sm erfüllt.
- Der Abstand sollte so groß sein, daß ein parallaktischer Fehler aufgrund der horizontalen Entfernung zwischen Peilrahmen und optischer Peilscheibe nicht größer als 0,3° wird.

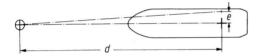

Bild 1.34. Parallaktischer Fehler aufgrund des horizontalen Abstandes zwischen Peildiopter und Kreuzrahmen

Daraus folgt, daß der Abstand zum Funkfeuer mehr als zweihundertmal so groß wie der horizontale Abstand zwischen Peilrahmen und Peildiopter sein muß; $d \geqq 200 \cdot e$ (vgl. Bild 1.34). Im Grenzwellenbereich geht die Wellenlänge etwa auf ein Siebtel zurück, der Mindestabstand also auf dreieinhalb Kabellängen (0,35 sm).

Beispiel: Auf einem Schiff beträgt der horizontale Abstand zwischen Peilrahmen und Peildiopter etwa 20 m. Wie groß ist der Mindestabstand zum Funkfeuer für eine Funkbeschickung auf Mittel- und auf Grenzwelle?

Die größte Forderung ist die fünffache Wellenlänge der Mittelwelle: Mindestabstand 2,5 sm. Die Forderung auf Begrenzung der Parallaxe auf 0,3° führt auf den Mindestabstand $200 \cdot 20$ m $\approx 2,2$ sm. Im Grenzwellenbereich beträgt der Mindestabstand etwa 0,35 sm.

Aufnahmeverfahren. Das übliche Verfahren zur vollständigen Aufnahme der Funkbeschickung ist, in der Nähe eines Funkfeuers unter Beachtung des Mindestabstandes zu drehen. Etwa im Abstand von 10° zu 10° werden die Funkseitenpeilung q und dazu die optische Seitenpeilung p gemessen und notiert. Die Differenz beider ergibt die Funkbeschickung f; $f = p - q$. Sie wird auf Millimeterpapier oder einem speziellen Diagrammvordruck aufgetragen. Die durch die Meßpunkte ausgleichend hindurchgelegte Kurve hat normalerweise viertelkreisigen Verlauf. Dieser Kurve entnimmt man die Werte für die Eintragung in eine Funkbeschickungstabelle. Diese sollte nach Möglichkeit die drei Spalten für q, f und p enthalten, wie nachfolgend angegeben:

q	f	p
000°	000,6°	000,6°
005°	005,3°	010,3°
⋮	⋮	⋮

Für eine zuverlässige Funkbeschickungsaufnahme benötigt man eine Person zum Funkpeilen, eine zum optischen Peilen und eine zum Aufschreiben. Bei guter Vorbereitung sollte eine Rundschwoiung etwa in einer halben Stunde möglich sein. Bei

Messungen von 10° zu 10° ergeben sich mindestens 36 Messungen, das ist etwa eine Messung pro Minute.

Weitere Aufnahmeverfahren sind:

- Das Schiff wird mit einem mobilen Sender im Boot oder im Flugzeug in hinreichendem Abstand umkreist.
- Bei weit entferntem — nicht mehr sichtbarem — Funkfeuer aber genau bekannter eigener Position kann man die Funkbeschickung aus dem Vergleich von Kreisel-Funkpeilung und rechtweisender Großkreispeilung bestimmen. Allerdings gehen Kompaßfehler dann mit in die Funkbeschickung ein.

Ein abgekürztes Verfahren der Funkbeschickungsaufnahme, das sich bei Zeitmangel gut bewährt hat, ist folgendes: Es wird gedreht und die Funkbeschickung bei den abgelesenen Funkseitenpeilungen 000°, 045°, 090°, 135°, 180°, 225°, 270° und 315° bestimmt. Man berechnet die Koeffizienten nach den vorstehenden Formeln und daraus die Funkbeschickung von 10° zu 10° mit Hilfe der NT 11 oder mit einem Taschenrechner.

Kontrolle der Funkbeschickung beim Passieren eines Feuerschiffs. Man sollte die Funkbeschickung, ebenso wie die Deviation der Magnetkompasse, so oft wie möglich kontrollieren, nicht nur wegen der Abhängigkeit von Tiefgang und Wellenlänge, sondern auch, weil geringfügige Änderungen an Stagen, Antennen-Niederführungen, ferner nasse Faggleinen usw. oft großen Einfluß auf die Funkbeschickung haben. Jedenfalls sollte dies bei jeder Ausreise auf lange Fahrt geschehen, und zwar am besten bei einem Feuerschiff. Wenn zur vollen Rundschwoiung keine Zeit ist, verfahre man wie in Bild 1.35. Anstatt das Feuerschiff auf geradem Kurse AB anzusteuern, ändere man im Abstande von etwa 9 sm langsam den Kurs nach Stb. und passiere es in etwa 3 sm Abstand an Bb. Danach gehe man langsam auf die alte Kurslinie zurück. Man erhält auf diese Weise alle Seitenpeilungen von etwa 15° über 270° bis 165°. Die fehlenden Teile der Kurve kann man leicht zeichnerisch ergänzen, wenn man es nicht vorzieht, bei einem anderen Feuerschiff das Verfahren nach der anderen Seite hin zu wiederholen. Der Vorteil des Verfahrens liegt in dem geringen Zeitverlust — Umweg in Bild 1.35 etwa 3 sm — und dem langsamen Auswandern der Seitenpeilung, was durch zeitweilige Verringerung der Fahrt noch unterstützt werden kann.

Änderungen der Funkbeschickung. Da das Schiff mit seiner Überwasserstruktur die Funkbeschickung bestimmt, verursachen Änderungen dort auch andere Werte der Funkbeschickung.

Man sollte durch häufige Kontrollpeilungen jede Veränderung von Werten der Funkbeschickung und, soweit dies möglich ist, auch deren Ursache (evtl. nach Beratung durch das DHI) feststellen und in das Peilfunkbuch eintragen.

Ursachen für die Änderung der Funkbeschickung können sein:

- Die Peilung erfolgte auf einer anderen *Frequenz* als der für die Funkbeschickungskurve geltenden.
- Das Schiff befindet sich nicht im selben Zustand wie bei der Aufnahme der Funkbeschickung.
  - ●● Das Schiff hat einen wesentlich anderen *Tiefgang* als bei der Aufnahme der Funkbeschickung (Änderungen bis 6° wurden beobachtet). Es hat sich als praktisch erwiesen, die Werte der Funkbeschickung für den kleinsten und den größten Tiefgang des Schiffes als unterschiedlich gezeichnete Kurven aufzutragen (siehe Bild 1.36). Man kann dann die für den jeweiligen Tiefgang gültige Funkbeschickung durch Einschalten leicht finden.

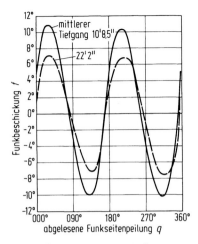

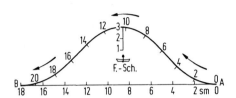

Bild 1.35. Kontrolle der Funkbeschickung beim Passieren eines Feuerschiffes

Bild 1.36. Beispiel für die Änderung der Funkbeschickung mit dem Tiefgang

- •• Hohe Decksladung erfordert ggf. eine neue Funkbeschickungskurve.
- •• Die *Schiffsantennen* waren *nicht abgeschaltet.* Die größten Fehler entstehen, wenn die Schiffsantennen zufällig auf die Peilwelle abgestimmt sind. Erden der Antennen genügt nicht!
- •• In der Nähe des Peilers befinden sich *Rundfunkantennen*, die nicht abgeschaltet sind. Erden der Antennen genügt nicht!

Funkbeschickung und Unsicherheit der Eigenpeilung

Küsteneffekt. Bei der Ausbreitung der Funkwellen kann es zu Wegablenkungen aufgrund von Brechungs- und Beugungserscheinungen kommen (vgl. Kap. 1.1.2). Aufgrund der gegenüber dem Seewasser schlechteren Leitfähigkeit des Landes

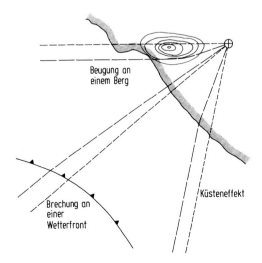

Bild 1.37. Wegablenkung der Funkwelle

wird die Funkwelle beim Übergang von Land auf See vom Einfallslot auf die Küstenlinie weggebrochen. Die daraus resultierende Funkfehlweisung ist in Bild 1.37 dargestellt. Entsprechendes gilt, wenn die Funkwelle durch eine Wetterfront von einem feuchtwarmen Bereich in einen trockenkalten Bereich übertritt; vgl. Bild 1.37. Der oben beschriebene *Land-See-Effekt* wirkt sich bei Seefunkfeuern praktisch nicht aus, da diese direkt an der Küste oder auch im Wasser stehen. Bei Flugfunkfeuern, die landeinwärts stehen, muß man bei Peilungen um so mehr damit rechnen, je spitzer der Winkel zwischen Peilung und Küstenlinie ist. Hinzu können Beugungserscheinungen an Hindernissen, deren Abmessungen wesentlich größer als die Wellenlänge der Funkwelle sind, kommen; siehe Bild 1.37.

Dämmerungs- und Nachteffekt. Am Tage hat die Ionosphäre praktisch keinen Einfluß auf die Funkpeilung. Die dann dort vorhandene untere Schicht absorbiert die eintreffenden Funkwellen. Erst wenn in der Dämmerung sich die unterste Schicht auflöst, werden von der darüberliegenden Schicht die Wellen zum Erdboden zurückgeworfen und überlagern sich mit der Bodenwelle. Der Umweg über die Ionosphäre bewirkt für die Funkwelle eine gegenüber der Bodenwelle andere Phasenlage und eine geänderte Polarisation. Der erste Effekt bringt Schwankungen in der Empfangsfeldstärke mit sich, der zweite Trübung und Fehlweisung bei der Peilung. Sie sind im Sichtfunkpeiler besonders deutlich zu beobachten. Man erkennt den Raumwelleneinfluß an diesen Schwankungen. Derartige Peilungen können nicht verwertet werden. Zusätzlich können Störungen durch *magnetische Stürme* auftreten, die mit Sonnenflecken einhergehen und den Funkverkehr vom Lang- bis zum Kurzwellenbereich beeinträchtigen.

Funkbeschickung bei Krängung. Bei einem gekrängten Schiff wird der Längsschiffsrahmen des Kreuzrahmens durch das Magnetfeld der Funkwelle vermindert durchsetzt. Dadurch erscheint das Funkfeuer jeweils mehr querab als vor- oder achteraus. Näherungsweise läßt sich die notwendige Funkbeschickung f aufgrund einer Krängung um den Winkel i mit der Formel $f \approx -57,3° \cdot \sin \dfrac{i}{2} \cdot \sin 2q$ bestimmen (hinreichend für $i < 45°$).

Peilungsunsicherheit. Die geschilderten Fehler gehen mehr oder weniger in die Unsicherheit der Funkpeilungen ein. Die Abschätzung der Qualität einer Peilung setzt Erfahrung, die man durch häufige eigene Funkpeilungen erwirbt, voraus. Bei einer Peilunsicherheit von $\Delta\alpha = 1°$ wird man von einem guten Ergebnis sprechen, Abweichungen von $5°$ sind durchaus realistisch. Man bedenke, daß ein Peilfehler sich mit zunehmender Annäherung an das Funkfeuer schwächer auswirkt. Die seitliche Versetzung bei einer Peilunsicherheit von $\Delta\alpha$ beträgt $\Delta s \approx \dfrac{\Delta\alpha}{57,3°} \cdot d$, wobei d die Distanz zum Funkfeuer ist; vgl. Bild 1.38. Das heißt, bei einer Entfernung von etwa 60 sm zum Funkfeuer ist die Unsicherheit in der in Seemeilen gemessenen seitlichen Versetzung der Standlinie etwa gleich der in Grad gemessenen Peilunsicherheit.

Bild 1.38. Zusammenhang zwischen Peilungsgenauigkeit $\Delta\alpha$ und seitlicher Versetzung Δs

Wahl des Rahmenplatzes an Bord

Die elektromagnetischen Wellen erregen nicht nur die Rahmen der Peilantenne, sondern auch die metallischen Aufbauten des Schiffes und den Schiffskörper selbst, die Schleifen oder Antennen darstellen. Die Folge davon sind Rückstrahlfelder, die am Aufstellungsort des Kreuzrahmens Ablenkungen des Peilstrahls und Trübungen des Minimums erzeugen. Lineare metallische Leiter wie z. B. Masten haben eine um so stärkere Rückstrahlwirkung, je mehr sich ihre Länge bei einseitiger Erdung einem Viertel der Wellenlänge nähert. Schleifenförmige Rückstrahler hingegen wirken um so mehr, je stärker sie gegenüber der Wellenlänge verstimmt sind. Daraus ergibt sich, daß an Bord im wesentlichen der Mast auf dem Peildeck oder in seiner Nähe sowie schleifen- bzw. flächenförmige Teile der Aufbauten auf den Kreuzrahmen einwirken. Je kürzer die Wellenlänge ist, d. h. bei höheren Frequenzen, desto stärker werden an Bord die Rückstrahlungen, insbesondere in der Nähe des Peildecks.

Um die geforderte Zielfahrtfähigkeit auf der Seenotfrequenz 2182 kHz zu erreichen, sind bei der Auswahl des Aufstellungsortes für die Kreuzrahmenantenne deshalb besondere Vorkehrungen erforderlich. Diese Maßnahmen sind nach ausführlichen Untersuchungen in einer Empfehlung des Internationalen Beratenden Ausschusses für den Funkdienst (CCIR) der Internationalen Fernmeldeunion niedergelegt worden und sollten in allen Projektabteilungen der Werften und Reedereien bereits bei der Planung neuer Schiffe Beachtung finden. Die wichtigsten Punkte der Empfehlung sind nachstehend aufgeführt:

- Das Antennensystem des Funkpeilers (einschließlich der Hilfsantenne) sollte so weit wie möglich entfernt von allen Rückstrahlern errichtet werden.
- Das Antennensystem sollte vorzugsweise auf der Mitschiffslinie errichtet werden.
- Bei Aufstellung eines Antennensystems auf einem Mast sollte die Installation vorzugsweise symmetrisch auf der Mastspitze erfolgen.
- Die Auswirkungen rückstrahlender Antennendrähte können minimiert werden, wenn sinnvoll angeordnete Antennenisolatoren eingeschaltet werden.
- Rückstrahlungen von der Takelage (wie von Stagen, Drähten, Wanten usw.) sollten durch Einschaltung von Isolatoren so reduziert werden, daß die Resonanzfrequenz des längsten Teiles erheblich über der höchsten genutzten Frequenz bzw. erheblich über 2182 kHz liegt.
- Die Bildung „geschlossener Schleifen", z. B. durch die Takelage, sollte durch Einfügen von Isolatoren an geeigneten Stellen vermieden werden.
- Um unsichere elektrische Verbindungen zu vermeiden, sollen die Verbindungspunkte beweglicher Teile der Takelage, Verbindungen zwischen Masten und Ladebäumen sowie Drähten usw., soweit wie möglich geerdet sein.

Bei Beachtung dieser Empfehlungen ist in aller Regel gewährleistet, daß die noch verbleibenden Funkfehlweisungen für die navigatorische Nutzung des Funkpeilers relativ gering sind. Insbesondere bei Errichtung des Kreuzrahmens auf der Mastspitze haben sich sehr gute Ergebnisse gezeigt, da hier die Antenne so weit wie überhaupt möglich vom gesamten Rückstrahlfeld des Schiffes entfernt ist. Die Restfehler bleiben dann weitgehend stabil und ändern sich auch kaum mit dem Tiefgang des Schiffes oder der Höhe der Deckladung (Container!).

Da die Zuverlässigkeit der Peilergebnisse, wie oben angeführt, wesentlich vom Aufstellungsort des Kreuzrahmens beeinflußt wird, ist diesem besondere Aufmerksamkeit zu schenken; siehe Bild 1.39.

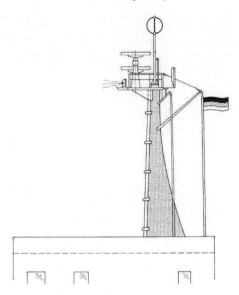

Bild 1.39. Beispiel für die Aufstellung des Kreuzrahmens

Navigatorische Nutzung der Eigenpeilung

Nautische Unterlagen. Zur rationellen Nutzung der Funkpeilung sollten bei der Vorausplanung einer Reise die unter Beachtung der jeweiligen Reichweite nutzbaren Funkfeuer festgehalten werden. Dazu empfiehlt es sich, die zur Durchführung der Peilung benötigten Angaben (Frequenz, Sendeart, Kennung, Reichweite und Sendefolge) in der Reihenfolge des Auftretens während der Reise zu notieren. Ein entsprechender Eintrag in der Seekarte, dem jeweiligen Funkfeuer zugeordnet, erleichtert die Navigation gerade bei ungünstigem Wetter sehr.

In der Seekarte sind die verschiedenen Funkfeuer gemäß Bild 1.40 eingetragen. Vollständige Angaben findet man im *Nautischen Funkdienst, Band II* (NF II) oder im *Sprechfunk für Küstenschiffahrt* (SfK). Die Reihenfolge der Eintragung der Seefunkfeuer ist gleich der Aufeinanderfolge der Feuer bei einer Reise entlang der jeweiligen Küste. Flugfunkfeuer sind in einem getrennten Abschnitt nach Ländern geordnet verzeichnet. Das Auffinden eines Feuers wird durch die für See- und

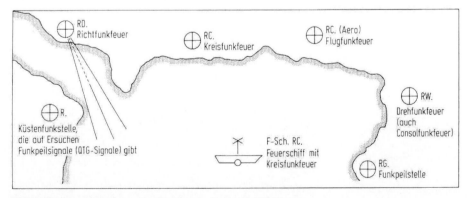

Bild 1.40. Darstellung von Funkstellen in deutschen Seekarten

2005

Kennung		Reichweite sm	Sendefolge	Klarwettersendung h+...
	Ameland			(nied.) 53° 27,0′ N 005° 37,6′E
	Borkum			53° 34,8′ N 006° 40,1′E

Frequenz: 298,8 kHz A 2 A

Kennung		Reichweite sm	Sendefolge	Klarwettersendung h+...
AD	Ameland	20	1, 3, 5	–
BE	Borkum	20	2, 4, 6	00 – 60

Bild 1.41. Angaben im *Nautischen Funkdienst, Band II* (NF II) und im *Sprechfunk für Küstenschiffahrt* (SfK) zu den Funkfeuern Borkum und Ameland

Flugfunkfeuer gemeinsame *Namensliste* erleichtert. Über die *Liste der Kennungen* läßt sich ein im Empfänger beobachteter, zunächst unbekannter Sender identifizieren. Siehe auch Bd. 1 A, Kap. 3.4.4.

In Bild 1.41 ist ein Beispiel für den Eintrag von Seefunkfeuern wiedergegeben. Die beiden Stationen Borkum und Ameland sind unter ihrer vierstelligen Ordnungskennzahl angegeben. Neben den jeweiligen geographischen Daten sind die Frequenz der beiden in einem Sendezyklus nacheinander arbeitenden Stationen und ihre Sendeart angegeben. Der Angabe der Reichweite folgt die Eintragung der Sendefolge. Diese gibt die Minute — oder die Minuten — an, in der ein mit bis zu fünf anderen Stationen in einer Kette zusammenarbeitendes Funkfeuer sendet. Die fortwährend wiederholten Sendezyklen dauern je sechs Minuten. Der erste Zyklus

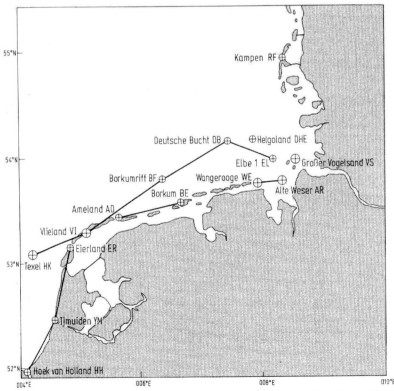

Bild 1.42. Kreisfunkfeuer und Sendeketten in der Deutschen Bucht. (Hinter dem Namen des Funkfeuers ist jeweils seine Kennung angegeben.)

in einer Stunde beginnt mit deren erster Minute. Die Sendefolge 2, 4, 6 bei Borkum bedeutet also, daß dieses Funkfeuer in jeder 2., 4., 6., 8., 10. usw. Minute jeder Stunde sendet. Die letzte Eintragung weist aus, daß Borkum auch bei klarem Wetter sendet, Ameland dagegen nur bei schlechter Sicht. Sendeketten bei Funkfeuern sind navigatorisch bequem, weil man innerhalb kurzer Zeit mehrere Standlinien gewinnen kann, ohne neu den Empfänger abstimmen zu müssen. Bild 1.42 zeigt eine Übersichtskarte über die in der südlichen Nordsee arbeitenden Ketten.

Zusätzlich zu den Kreisfunkfeuern strahlen auch *Küstenfunkstellen* auf Ersuchen Funkpeilsignale ab. Das Signal ist mit der Buchstabengruppe QTG anzufordern (QTG-Signale). Diese Küstenfunkstationen sind auch in den deutschen Seekarten eingetragen.

Durchführung der Messung. Vor der Peilung muß man sich überzeugen, daß sich das Schiff im peilklaren Zustand befindet, d. h., das Ladegeschirr an Deck muß seeklar, die Hauptantenne der Funkstation freigeschaltet sein. Die zu verwendende Funkbeschickungstabelle muß auch für den jeweiligen Ladezustand gelten. Nach einem ggf. durchzuführenden Empfängertest wird das Gerät auf die Frequenz des Funkfeuers abgestimmt. Auf jeden Fall muß dabei die Station auch mit ihrer Kennung identifiziert werden. Zum Aufsuchen der Station sollte man, wenn möglich, eine große Bandbreite am Empfänger wählen. Ist das Feuer gefunden, sollte man zur Abwehr von Störungen auf schmale Bandbreite gehen. Nach Durchführung der Peilung und der Seitenbestimmung liest man am Peillineal die seitenrichtige Funkseitenpeilung q und ggf. an der installierten Kompaßtochteranzeige die Kreisel-Funkpeilung ab und notiert sie. Nach Möglichkeit sollte man zur Ortsbestimmung gleich weitere Peilungen durchführen.

Bestimmung der rechtweisenden Funkpeilung. Die abgelesene Funkseitenpeilung q ist mit dem aus der Funkbeschickungstabelle für q entnommenen Wert der Funkbeschickung f zu berichtigen auf die beschickte Funkseitenpeilung p; vgl. auch vorher Kap. „Funkbeschickung". Somit ist

$$p = q + f.$$

Addiert man zur beschickten Funkseitenpeilung p den rechtweisenden Kurs α_{rw}, so erhält man die rechtweisende Funkpeilung (Abkürzung rwFuP), auch Funkazimut (Abkürzung FuAz) genannt; siehe auch Kap. 7 (Formelsammlung). Für die rwFuP gilt dann

$$rwFuP = p + \alpha_{rw}.$$

Bei Funkpeilern, bei denen über eine Kompaßtochter die Kreisel-Funkpeilung (Abkürzung KrFuP) abgelesen werden kann, sind an den angezeigten Wert sowohl die Funkbeschickung als auch die Kreiselkompaßfehlweisung (Abkürzung KrFw) anzubringen. Dabei ist die Funkbeschickung f für die abgelesene Funkseitenpeilung q der Funkbeschickungstabelle und die Kreiselkompaßfehlweisung für den Kreiselkompaßkurs den entsprechenden Unterlagen zu entnehmen. Man erhält die rwFuP nach

$$rwFuP = KrFuP + f + KrFw.$$

Siehe hierzu im Bd. 1 A, Kap. 4.7.2 (Peilungen) und im Bd. 1 B, Kap. 2.2.5 (Kreiselkompaßfehlweisung).

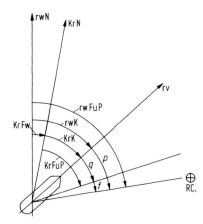

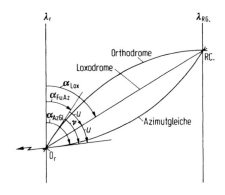

Bild 1.43. Richtungen und Winkel bei der Funkeigenpeilung

Bild 1.44. Orthodrome, Loxodrome und Azimutgleiche zwischen Bezugsort und Funkfeuer in der Mercatorkarte

Im Bild 1.43 sind die verschiedenen Winkel bei einer Funkpeilung mit Hilfe des Kreiselkompasses zusammengestellt. Bei geringem Längenunterschied zwischen Schiffsort und Funkfeuer ($\Delta\lambda < |1°|$) kann man die rwFuP wie eine optische Peilung in der Seekarte verwenden.

Beispiel: Auf dem KrK 345° (KrFw $-2°$) wird die KrFuP 186,5° gemessen ($q = 201,5°$ und lt. Funkbeschickungstabelle des Schiffes $f = +7,5°$). Die rwFuP ist zu berechnen.

Kreiselfehlweisung	KrFw	$-2,0°$	(für KrK 345°)
Funkbeschickung	f	$+7,5°$	(für $q = 201,5°$)
	KrFw $+f$	$+5,5°$	
Kreisel-Funkpeilung	KrFuP	186,5°	
rechtweisende Funkpeilung	rwFuP	192,0°	

Azimutgleiche. Die Standlinie für die Funkpeilung ist die Azimutgleiche. Auf ihr stehen alle Empfänger, die das Funkfeuer in derselben rwFuP empfangen. Die Funkwelle kommt auf dem kürzesten Weg, also auf dem Großkreis vom Funkfeuer zum Empfänger. In der Mercatorkarte, in der die Loxodrome als Gerade abgebildet wird (vgl. Bd. 1A, Kap. 3.2.2), ist der Großkreis polwärts, die Azimutgleiche dagegen äquatorwärts gegenüber der geradlinig dargestellten Loxodrome gekrümmt. In Bild 1.44 sind die drei Kurven zwischen dem Funkfeuer und dem Bezugsort O_r in einer Seekartenskizze eingetragen; in der Praxis wird als Bezugsort gewöhnlich der Koppelort gewählt.

Der Winkel zwischen der Azimutgleiche und der rechtweisenden Funkpeilung ergibt sich aus

$$\tan v = \tan \Delta\lambda \cdot \sin \varphi_m .$$

Darin ist $\Delta\lambda = \lambda_{RC} - \lambda_r$ der Längenunterschied zwischen Funkfeuer- und Bezugsort und $\varphi_m = (\varphi_{RC} + \varphi_r)/2$ die Mittelbreite zwischen beiden Orten.

Mit normalerweise hinreichender Genauigkeit setzt man dafür

$$v \approx \Delta\lambda \cdot \sin \varphi_m .$$

Die Loxodrombeschickung (Formelzeichen u), der an die Großkreisrichtung anzubringende Winkel zur Beschickung auf die loxodromische Richtung (siehe Bild 1.44), ist ungefähr halb so groß

$$u \approx \frac{v}{2} \approx \frac{\Delta\lambda}{2} \cdot \sin\varphi_m \,.$$

Nach dieser Gleichung ist die Nautische Tafel Nr. 8 berechnet.

Bei vollkreisiger Darstellung der rwFuP und vorzeichengerechter Angabe der geographischen Koordinaten gilt für die Loxodromrichtung

$$\alpha_{Lox} = rwFuP + u$$

und für die Azimutgleiche

$$\alpha_{AzGl} = \alpha_{Lox} + u \,.$$

Bei viertelkreisiger Darstellung gilt immer: Die Loxodromrichtung erhält man, indem man an die rwFuP die Loxodrombeschickung u äquatorwärts anbringt; die Richtung der Azimutgleiche erhält man, indem man an die Loxodromrichtung ein weiteres Mal die Loxodrombeschickung u äquatorwärts anbringt.

Auswertung in der Seekarte. Zur Auswertung in der Mercatorkarte wird zunächst die Richtung der Loxodrome durch äquatorwärtiges Anbringen der Loxodrombeschickung u an die rwFuP bestimmt. Die Loxodrome wird am Funkfeuerort in entgegengesetzter Richtung angetragen. Ist die Loxodrombeschickung kleiner als $1°$, kann man die Loxodrome selbst als Standlinie verwenden, im anderen Fall wird zunächst ein Leitpunkt (Abkürzung Lt) bestimmt.

Der Leitpunkt ergibt sich als Schnittpunkt der Loxodrome mit dem Meridian oder dem Breitenparallel des Bezugsortes. Im Leitpunkt wird dann als Standlinie die Tangente an die Azimutgleiche eingetragen.

Auswertung in der Großkreiskarte. Bei orthodromischen Karten (vgl. Bd. 1 A, Kap. 3.2.4) sind die Großkreise als Geraden abgebildet. Man legt in diesen Karten bei der Auswertung die rwFuP am Meridian des Bezugsortes an und verschiebt das Kursdreieck dann parallel, bis die rwFuP (Großkreis) durch den Funkfeuerort führt. Man erhält dann wiederum als Schnittpunkt des Großkreises mit dem Meridian des Bezugsortes einen Leitpunkt. Durch Anbringen der Beschickung $2u \approx v$ erhält man die gesuchte Standlinie als Tangente an die Azimutgleiche; vgl. Bild 1.45.

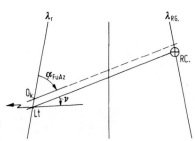

Bild 1.45. Auswertung einer Funkeigenpeilung in einer Großkreiskarte (orthodromischer Entwurf)

Auswertung außerhalb der Karte. Insbesondere bei Peilungen über große Distanzen bei großem Längenunterschied wird die Auswertung in einer Karte, die sowohl das Funkfeuer als auch den Empfängerort enthält, nicht immer möglich sein. Im folgenden werden deshalb noch zwei Verfahren zur Ermittlung von Referenzpunkten für die Konstruktion der Standlinien angegeben.

Im ersten Verfahren (vgl. Bild 1.46) wird dazu ein Leitpunkt mit Hilfe der Besteckrechnung nach vergrößerter Breite (siehe Bd. 1 A, Kap. 4.10.5) berechnet. Dabei wird wiederum eine Koordinate des Bezugsortes als die eine Leitpunktkoordinate festgelegt. Für die rwFuP zwischen 045° und 135° sowie zwischen 222° und 315° sollte man die geographische Länge des Bezugsortes wählen und dazu die geographische Breite berechnen, in den übrigen Bereichen verfahre man umgekehrt. Die beiden Fälle sind im folgenden dargestellt:

Länge des Leitpunktes (λ_{Lt}) ist gleich Länge des Bezugsortes (λ_r).	Breite des Leitpunktes (φ_{Lt}) ist gleich Breite des Bezugsortes (φ_r).

$$\lambda_{Lt} = \lambda_r$$
$$l^* = (\lambda_{RC} - \lambda_r) \cdot 60/1°$$
$$\Delta\Phi = l^* \cdot 1/\tan \alpha_{Lox}$$

$$\varphi_{Lt} = \varphi_r$$

Aus φ_{RC} und φ_r erhält man die zugehörigen vergrößerten Breiten nach

$$\Phi = (10\,800/\pi) \cdot \ln \tan\left(\frac{\varphi}{2} + 45°\right)$$

oder mit Hilfe der Nautischen Tafel Nr. 5.

$$\Phi_{Lt} = \Phi_{RC} - \Delta\Phi$$

Aus Φ_{Lt} erhält man φ_{Lt} mit dem Taschenrechner nach
$$\varphi_{Lt} = 2 \cdot \arctan e^x - 90° \quad \text{für}$$
$x = \Phi_{Lt} \cdot \pi/10\,800$ oder mit Hilfe der Nautischen Tafel Nr. 5.

$$\Delta\Phi = \Phi_{RC} - \Phi_r$$
$$l^* = \Delta\Phi \cdot \tan \alpha_{Lox}$$
$$\lambda_{Lt} = \lambda_{RC} - \frac{l^*}{60} \cdot 1°$$

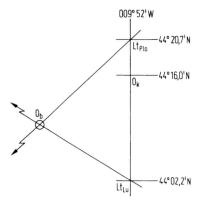

Bild 1.46. Funkort

Beispiel: Am Bezugsort (Koppelort) peilt man die Funkfeuer Ploneis und Lugo[3] wie unten angegeben. Die Auswertung erfolgte mit dem Taschenrechner.

Funkfeuer	Ploneis		Lugo	
Funkfeuer φ_{RC}; λ_{RC}	48° 01,1′ N; 004° 12,9′ W		43° 14,9′ N; 008° 00,4′ W	
Koppelort φ_k; λ_k	44° 16,0′ N; 009° 52,0′ W		44° 16,0′ N; 009° 52,0′ W	
$\Delta\lambda = \lambda_{RC} - \lambda_r$		005° 39,1′ E		001° 51,6′ E
Mittelbreite φ_m	46,1425° N		43,76° N	
	q	138,5°	200,5°	
	f	− 4,7°	+ 8,2°	
	$p = q + f$	133,8°	208,7°	
	rwK	271,0°	271,0°	
	rwFuP	404,8°	479,7°	
		044,8°	119,7°	
	u	+ 2,0°	+ 0,65°	
	α_{Lox}	046,8°	120,35°	
	u	+ 2,0°	+ 0,65°	
	α_{AzGl}	048,8°	121,00°	
	λ_{Lt}	009° 52′ W	009° 52′ W	
	l^*	+5,6516° · 60/1° = + 339,1	+ 1,86° · 60/1° = + 111,6	
	$-\Delta\Phi$	− 318,44	+ 65,34	
	Φ_{RC}	3293,17	2883,51	
	Φ_{Lt}	2974,73	2948,85	
	φ_{Lt}	44° 20,7′ N	44° 02,2′ N	

Standlinienauswertung nach Bild 1.46

		a =	− 12,5 sm
b =	+ 07,3 sm	l =	− 17,4 sm
$\Delta\varphi$ =	07,3′ N	$\Delta\lambda$ =	17,4′ W
φ_{Lt} = 44° 02,2′ N		λ_{Lt} = 009° 52,0′ W	
φ_b = 44° 09,5′ N		λ_b = 010° 09,4′ W	

Für die Auswertung mit einem Taschenrechner ist das im folgenden erläuterte, sich an die Höhenmethode der astronomischen Navigation anlehnende Verfahren (siehe auch Bd. 1 B, Kap. 4.16.4) einfach zu handhaben.

---

3 Funkfeuer Lugo besteht nicht mehr.

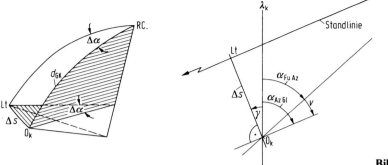

Bild 1.47

Man berechnet zunächst für den Koppelort mit Hilfe der Großkreisrechnung (vgl. Bd. 1 A, Kap. 4.12.3) die rechtweisende Funkpeilung rwFuP$_r$ entsprechend dem Großkreisanfangskurs und die Großkreisdistanz d_GK zum Funkfeuer. Aus der Differenz $\Delta\alpha$ zwischen beobachteter rechtweisender Funkpeilung rwFuP$_b$ und berechneter rwFuP$_r$ wird dann die Verschiebungsstrecke Δs bestimmt (vgl. auch Bild 1.47), um die die Funkstandlinie parallel zu verschieben ist. Die Richtung der Verschiebung ist die Senkrechte zur Azimutgleiche. Dabei ergibt sich, wenn man vom Koppelort zum Funkfeuer schaut, eine Verschiebung nach links, wenn die rwFuP$_r$ kleiner als die rwFuP$_b$ ist, und eine Verschiebung nach rechts, wenn rwFuP$_r$ größer ist als die rwFuP$_b$. Anhand Bild 1.47 lassen sich folgende Gleichungen nachvollziehen:

$$\Delta\alpha = \text{rwFuP}_b - \text{rwFuP}_r\,;$$

$$\Delta s/\text{sm} \approx 60 \cdot \Delta\alpha/1° \cdot \sin\left(\frac{d_\text{GK}/\text{sm}}{60} \cdot 1°\right);$$

$$\gamma = \alpha_\text{AzGl} - 90°\,.$$

Eine erneute Berechnung der rwFuP$_r$ für den Leitpunkt zur Konstruktion der Standlinie (vgl. Bild 1.47) gibt Aufschluß über die Güte des Verfahrens. Auch kann wie bei der Höhenmethode an Stelle des Koppelortes ein Referenzort gewählt werden.

Ort aus zwei Eigenpeilungen. Liegen zwei Standlinien in der obigen Form vor, läßt sich die Versetzung zwischen beobachtetem und gekoppeltem Ort auch rech-

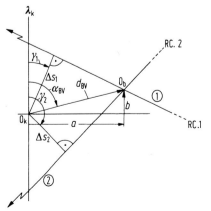

Bild 1.48

nerisch einfach auswerten; vgl. auch Bd. 1 B, Kap. 4.17.2. Gemäß Bild 1.48 gelten die folgenden Beziehungen:

$$a = \frac{\Delta s_2 \cos \gamma_1 - \Delta s_1 \cos \gamma_2}{\sin(\gamma_2 - \gamma_1)}; \qquad b = \frac{\Delta s_1 \sin \gamma_2 - \Delta s_2 \sin \gamma_1}{\sin(\gamma_2 - \gamma_1)}.$$

In Polarkoordinaten ergibt sich daraus sogleich die Besteckversetzung zu

$$\mathrm{REC}(b; a) \;\Rightarrow\; \mathrm{POL}(d_{BV}; \alpha_{BV}).$$

Die rechnerische Auswertung von mehr als zwei Standlinien zu einem Ort ist auch möglich. Die zeichnerische Lösung führt normalerweise auf einen von Standlinien eingegrenzten Bereich, dessen Schwerpunkt allgemein als Ort angenommen wird. Die Größe dieser Fläche ist ein Anzeichen für die Unsicherheit der Ortsbestimmung. Zur Kontrolle sollte man von dem so erhaltenen Funkort die rechtweisenden Funkpeilungen zu den Funkfeuern berechnen.

Beispiel: Am Koppelort peilte man die Funkfeuer Ploneis und Lugo[4]. Die Auswertung nach dem vorstehenden Beispiel (Taschenrechner) ergab:

Funkfeuer		Ploneis	Lugo
Mittelbreite	φ_m	46,14° N	43,76° N
Längenunterschied	$\Delta\lambda = \lambda_{RC} - \lambda_k$	005,65° E	001,86° E
beobachtete rechtweisende Funkpeilung	$\mathrm{rwFuP_b}$	044,8°	119,7°
Richtung der Azimutgleiche im Leitpunkt	α_{AzGl}	048,8°	121,0°

Mit Hilfe der Großkreisrechnung erhält man:

		Ploneis	Lugo
Großkreisdistanz vom Koppelort bis Funkfeuer	d_{GK}	325,2 sm	101,1 sm
beobachtete rechtweisende Funkpeilung	$\mathrm{rwFuP_b}$	044,8°	119,7°
berechnete rechtweisende Funkpeilung	$\mathrm{rwFuP_r}$	044,2°	126,5°
Peilungsunterschied	$\Delta\alpha$	+ 0,6°	− 6,8°
Verschiebungsstrecke	Δs	+ 3,40 sm	− 12,00 sm
Verschiebungsrichtung	γ	318,8°	031,0°

Mit Hilfe der rechnerischen Auswertung erhält man:

		Ploneis	Lugo
Breitendistanz	b	− 6,5 sm	
Breitenunterschied	$\Delta\varphi = \varphi_{RC} - \varphi_k$	6,5′ S	
Abweitung	a		− 12,5 sm
Äquatormeridiandistanz	l		− 17,4 sm
Längenunterschied	$\Delta\lambda = \lambda_{RC} - \lambda_k$		17,4′ W
Koppelort	$\varphi_k; \lambda_k$	44° 16,0′ N	009° 52,0′ W
beobachteter Ort	$\varphi_b; \lambda_b$	44° 09,5′ N	010° 09,4′ W

Funkfeuer		Ploneis	Lugo
Kontrolle	$\mathrm{rwFuP_r}$	044,8°	119,6°

4 Siehe Fußnote 3 auf Seite 41.

Funkzielfahrt. Bei der Zielfahrt wird ein Funkfeuer (Feuerschiff, Hafeneinfahrt, Schiff in Seenot, Seenotfunkboje) mit Hilfe des Funkpeilers angesteuert. Das Funkfeuer wird direkt voraus, also in $p = 000°$ genommen. Aus der beschickten Funkseitenpeilung $p = 000°$ ist die am Peiler einzuhaltende Funkseitenpeilung q zu bestimmen. Häufig liegt die Funkbeschickung f nur in einer Tabelle über q aufgelistet vor. Um den gesuchten Wert von q zum Wert $p = 000°$ zu erhalten, empfiehlt es sich, eine zusätzliche Zeile für p aus der Summe von q und f zu berechnen. Daraus läßt sich dann nach Interpolation der Wert für q für die Zielfahrt entnehmen. Hierunter ist ein Ausschnitt aus einer Funkbeschickungstabelle in der Umgebung von $p = 000°$ entsprechend ergänzt worden.

q	340°	345°	350°	355°	000°	005°	010°	
$+f$	+ 19°	+ 16°	+ 12°	+ 8°	+ 4°	+ 1°	− 2°	…
p	359°	001°	002°	003°	004°	006°	008°	

Für $p = 000°$ ergibt sich in diesem Fall eine Einstellung von etwa $q = 343°$.

Will man verhindern, daß das Schiff durch Strom- oder Windeinfluß seitlich von der Bahn versetzt wird, muß man entsprechend vorhalten. Bei einer Zielfahrt muß dann die beschickte Funkseitenpeilung gleich der Beschickung für Wind und Strom (Abkürzung BWS, Formelzeichen β) sein, $p = \beta$. Beispielsweise wäre bei einer Beschickung von $\beta = +8°$ gemäß obiger Funkbeschickungstabelle $q \approx 010°$. Wird die Zielfahrt bei schlechter Sicht durchgeführt, so ist insbesondere darauf zu achten, daß das Funkfeuer nicht überlaufen wird, wie es 1934 dem Feuerschiff Nantucket vor New York passierte. Neben der Abstandsbestimmung mit Radar ist unbedingt auf Nebelsignale des Funkfeuerträgers zu achten.

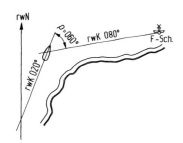

Bild 1.49. Einsatz des Funkpeilers zur Vermeidung von Gefahren

Wenn es nicht möglich ist, das Funkfeuer auf direktem Kurs anzusteuern, wie in Bild 1.49 skizziert, so lege man die Kurse fest und laufe den ersten so lange, bis man das Ziel in der Seitenpeilung p hat, die der Differenz der beiden Kurse entspricht. Auch hierbei ist p vorher in q zu verwandeln. Dieses Verfahren wird auch vielfach zur Meidung von Gefahrenbereichen verwendet.

Peilung und Abstandsbestimmung. Bei manchen Funkfeuern wird bei schlechter Sicht mit dem Peilfunksignal ein Luft-Nebelsignal synchronisiert abgestrahlt. Die Laufzeit des Schallsignals bestimmt man aus der Differenz im Eintreffen zwischen Funk- und Nebelsignal. Die Ausbreitungsgeschwindigkeit des Schalls — etwa 0,18 sm/s — multipliziert mit der Laufzeit liefert den momentanen Abstand vom Funkfeuer, dessen Azimut durch Funkpeilung bestimmt wird. Einzelne Angaben zu solchen Funkfeuern finden sich in den nautischen Unterlagen (vgl. Bild 1.53).

1.2.2 Funkfremdpeilung

Grundlagen. Zur Ermittlung des Schiffsortes können sich Schiffe mit Mittel- oder Grenzwellenstationen von Peilfunkstellen an Land einpeilen lassen. Zu einem Peilfunknetz zusammengefaßte Stationen können darüber hinaus aus den einzelnen Peilungen auch unmittelbar den Ort bestimmen. Die Ergebnisse solcher Peilungen sind normalerweise genauer und zuverlässiger als Eigenpeilungen von Bord aus. Wesentliche Gründe dafür sind:

- Die Bezugsrichtung rwN steht eindeutig fest.
- Kompaßfehler treten nicht auf.
- An Land können Erfahrungen mit den Peilungen systematisch verfolgt werden. Ungenaue und unzuverlässige Winkelbereiche für Peilungen sind bekannt. Sie werden ggf. auch in den nautischen Unterlagen veröffentlicht.
- Fehler durch Einflüsse der Umgebung sind im wesentlichen bekannt und können als Beschickung in die Peilung eingearbeitet werden.
- Der technische Aufwand ist an Land höher als an Bord, das trifft sowohl für den Empfänger als auch für die Antennenanlage zu.
- Durch Einsatz einer Adcock-Antenne kann der Dämmerungs- und Nachteffekt wesentlich reduziert werden. Anders als beim Peilrahmen besteht die Adcock-Antenne aus mehreren senkrechten Hochantennenpaaren. Sie werden nur durch die vertikalen Anteile des elektrischen Feldes der Funkwelle angeregt, so daß sich eine mögliche Drehung der Polarisationsebene bei der Raumwelle auf die Peilung nicht auswirkt.

Verfahren bei der Fremdpeilung. Namen, Rufzeichen und Lage der Peilfunkstellen entnimmt man dem NF oder dem Handbuch Seefunk. In den deutschen Seekarten ist ihr Ort mit dem Zeichen ⊕ RG. (Radio Gonio) bezeichnet, wobei das eingedruckte Kreiszeichen ⊕ mit einem äußeren violetten Kreis versehen ist. Vielfach sind einzelne Peilfunkstellen durch Kabel untereinander und mit einer Küstenfunkstelle verbunden. Diese Peilleitstelle übernimmt die Leitung des Peildienstes. So ist beim deutschen Peilfunknetz Nordsee die Station Norddeich (DAN) die Leitstelle für die Peilfunkstellen St. Peter-Ording (DAG), Elbe-Weser (DAE) und Norddeich (DAQ).

Wünscht ein mit einer Funkstation ausgerüstetes Schiff seine Peilung oder seinen Schiffsort von den Peilstellen zu erhalten, so ruft es die Leitstelle an und erbittet entweder die Einzelpeilungen oder den Schiffsort. Die dabei anzuwendenden Abkürzungen sind:

QTE? – Wie ist meine rwFuP?

QTF? – Wie ist mein Standort nach Funkpeilung?

Die Leitstelle bittet die Schiffsstation, auf einer bestimmten Frequenz Peilzeichen zu geben (zwei Striche von je 10 s Dauer und das Rufzeichen). Die einzelnen Peilfunkstellen stellen die Peilungen fest und melden das Ergebnis der Leitstelle, die dem Schiff die rwFuP, von den Peilstellen aus gesehen, oder den Schiffsort übermittelt, außerdem die von der Peilstelle geschätzte Güteklasse der Peilungen durch einen der Buchstaben A (± 2°), B (± 5°) oder C (± 10°).

Beispiel: „1125 QTE DAG 228 A DAE 288 A DAQ 052 B" mit der Bedeutung: Um 11.25 Uhr UTC peilten Sie St. Peter-Ording in der rwFuP 228°, Elbe-Weser in der rwFuP 288°, Norddeich in der rwFuP 052°; die Peilungen wurden von St. Peter-Ording und Elbe-Weser auf ± 2°, die von Norddeich auf ± 5° genau eingeschätzt.

Auswertung der Fremdpeilung. Die Leitstelle teilt dem Schiff die von den Peilfunkstellen aus ermittelten rwFuP mit. In diesem Falle ist die Funkstandlinie der

Großkreis zwischen Peilfunkstelle und Schiff. Zur schnellen Auswertung wird vom DHI die Funkortungskarte für Nordsee und Kanal Nr. 2651 herausgegeben.

Benutzt man eine Funkortungskarte (Großkreiskarte), dann ist die an der Peilfunkstelle RG. im mitgeteilten Funkazimut (rwFuP) angetragene Gerade die Funkstandlinie, da alle Großkreise in einer Großkreiskarte (gnomonischer Entwurf) als Geraden abgebildet werden. Der durch den Schnitt zweier oder mehrerer Standlinien in der Funkortungskarte gefundene Schiffsort wird in die Mercatorkarte übertragen.

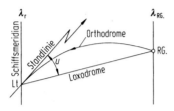

Bild 1.50. Fremdpeilung in der Mercatorprojektion

In der Seekarte (Mercatorentwurf) fällt, wenn der Längenunterschied zwischen RG. und dem Schiffsort kleiner als 1° ist, der Großkreis nahezu mit der Loxodrome zusammen, so daß man in solchen Fällen die mitgeteilte rwFuP von der Peilfunkstelle aus als Gerade in die Seekarte eintragen und als Standlinie ansehen kann. Bei größerem Längenunterschied weicht der Großkreis (die Orthodrome) zwischen der Peilfunkstelle RG. und dem Schiffsort in mittleren und hohen geographischen Breiten merklich von der Loxodrome ab (siehe auch Bild 1.50). Für die Standlinienkonstruktion ermittelt man wiederum einen Leitpunkt nahe dem vermutlichen Schiffsort; vgl. auch „Navigatorische Nutzung der Eigenpeilung" im vorstehenden Kapitel. Bei der Fremdpeilung verfährt man bei viertel- oder halbkreisiger Darstellung der rwFuP wie folgt:

- Man beschickt die rwFuP (Großkreis) auf die loxodromische Richtung, indem man die Loxodrombeschickung u äquatorwärts an die übermittelte rwFuP anbringt.
- Dann trägt man die so erhaltene loxodromische Richtung α_{Lox} in RG. an.
- Diese Loxodrome schneidet den Meridian des Bezugsortes (gewöhnlich der Koppelort) im Leitpunkt Lt.
- Im Leitpunkt Lt trägt man die Loxodrombeschickung u an die loxodromische Gegenrichtung an. Sein freier Schenkel ist die Tangente an den Großkreis und somit die gesuchte Standlinie.

Wie bei der Eigenpeilung bestimmt man die Loxodrombeschickung mit dem Taschenrechner nach der Näherungsformel $u \approx (\Delta\lambda/2) \cdot \sin\varphi_m$. Man kann sie auch der Tafel im NF oder der Nautischen Tafel Nr. 8 entnehmen.

Bei vollkreisiger Zählweise der rwFuP und vorzeichengerechter Angabe der geographischen Koordinaten bei der Berechnung der Loxodrombeschickung u gelten für die Loxodromrichtung α_{Lox} in RG. und für die Großkreisrichtung α_{GK} im Leitpunkt (vgl. auch Kap. 7 (Formelsammlung)) die beiden Formeln

$$\alpha_{Lox} = rwFuP - u \quad \text{und} \quad \alpha_{GK} = \alpha_{Lox} - u.$$

Güte der Fremdpeilung. Es sind alle möglichen Maßnahmen zur Erzielung einer genauen Peilung der Schiffe getroffen, jedoch übernehmen die Verwaltungen, denen die Peilfunkstellen unterstehen, keine Verantwortung für die Folgen einer unzuverlässigen Peilung. Im allgemeinen ist bei guten Stationen, die nicht zu weit entfernt sind, mit einer Unsicherheit von 1 bis 2° zu rechnen.

Große Sorgfalt ist auf die Abstimmung und auf die Gleichmäßigkeit der vom Schiff ausgesandten Peilzeichen zu verwenden. Die Senderenergie muß dem Abstand von der Peilstelle angepaßt sein, da durch überstarkes Senden das Peilminimum unscharf wird.

Die Funkwellen werden namentlich an den Küsten, also beim Übergang von Wasser nach Land und umgekehrt, ferner durch atmosphärische Einflüsse abgelenkt (siehe Kap. 1.1.2), doch scheinen diese Störungen nicht so groß zu sein, wie vielfach angenommen wurde. Bei einigen Peilfunkstellen sind Peilungen aus gewissen Richtungen unzuverlässig und als solche im Nautischen Funkdienst bezeichnet. Die Peilungen aus den „kalibrierten" Sektoren sind nachgeprüft und werden als zuverlässig befunden. Alle im NF angegebenen Richtungen gelten als von der betreffenden Peilfunkstelle aus gesehen.

Während der Morgen- und Abenddämmerung und auch nachts muß wegen des „Dämmerungs- und Nachteffekts" mit größeren Peilfehlern gerechnet werden, jedoch nicht bei Adcock-Peilern, wie sie z.B. im deutschen Peilfunknetz verwendet werden.

Um zuverlässige Fremdpeilungen zu erhalten, lasse man sich mehrmals in kurzen Abständen peilen, da sich dann die Peilstelle besser auf die Bordstation einstellen kann und evtl. eine Mittelung erfolgt.

Man probiere das Fremdpeilverfahren bei klarem Wetter und von bekanntem Schiffsort aus, um Zutrauen hierzu zu gewinnen. Über solche Kontrollpeilungen gebe man Berichte an die zuständige im NF genannte Verwaltung, etwa nach dem Schema:

Schiffsname	MS .....
Datum	10. Juni 1983
Uhrzeit	14.55 Uhr UTC
Peilfunkstelle	RG. .....
Frequenz und Sendeart	375 kHz; A2A
Erhaltene rwFuP	269,5° A
Loxodrombeschickung u	− 1,2°
Loxodromrichtung α_{Lox}	268,3°
Loxodromrichtung vom beobachteten Schiffsort	270,0°
Peilabweichung	1,7°
Schiffsort nach optischer Peilung	$\varphi_b = 53° 44,3'$ N; $\lambda_b = 005° 19,0'$ E
Entfernung Schiff bis Peilstelle	90 sm

1.2.3 Zukünftige Entwicklung der Funkpeilung

Das heute gebräuchliche Funkpeilverfahren wurde in seinen technischen Merkmalen im Jahre 1951 festgelegt. Die zunächst nur für den europäischen Bereich geltenden Vereinbarungen wurden später weltweit übernommen. Das Übereinkommen entsprach dem damaligen Stand der Technik und lieferte für drei Jahrzehnte bis heute die Basis für ein universelles Navigationsverfahren. Mit der raschen Entwicklung auf dem Gebiet der Elektronik und der Funktechnik haben modernere Funknavigationssysteme Eingang in die Schiffahrt gefunden. Es darf jedoch nicht außer acht gelassen werden, daß diese Systeme (Satellitennavigation, Omega, Loran usw.) der militärischen Verwaltung unterstehen, so daß beispielsweise in Konfliktfällen nicht die universelle Nutzbarkeit gegeben ist.

Modernisierungsvorschlag. Die Welt-Funkverwaltungskonferenz 1979 hat den dort vertretenen Verwaltungen der einzelnen Länder empfohlen, mit Nachdruck die technischen Merkmale und die Verteilung der Seefunkfeuer zu überdenken. Daraufhin hat die internationale Vereinigung der für die Seezeichen und Seefunkfeuer zuständigen nationalen Behörden (IALA, International Association of Lighthouse Authorities) eine Studie zur Vorlage bei der Funkverwaltungskonferenz erarbeitet. Danach sollen bei der zukünftigen Entwicklung der Seefunkfeuer folgende drei wesentlichen Punkte berücksichtigt werden:

- Die Zahl der Seefunkfeuer soll erhöht werden. Dazu ist die Kanalbreite und damit der Kanalabstand bei den Seefunkfeuern wesentlich zu reduzieren. Statt 2,3 kHz wie bisher soll der von einem Kanal beanspruchte Frequenzbereich maximal noch 1 kHz breit sein. In dem für die Seefunkfeuer zur Verfügung stehenden Frequenzband läßt sich dann ein Mehrfaches an Stationen unterbringen.
- Die von den Seefunkfeuern abgestrahlte Information ist zu erweitern. Neben dem Peilsignal und der Kennung sollen u. a. die geographischen Koordinaten

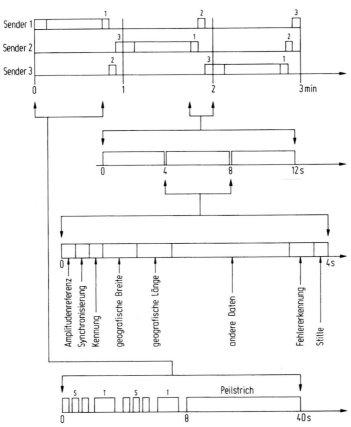

Bild 1.51. Organisation der Abstrahlung von drei in einer Kette arbeitenden Seefunkfeuern nach IALA-Vorschlag

des Funkfeuers übermittelt werden. Ein mit einem entsprechenden Rechner ausgestatteter Empfänger kann dann die Peilung automatisch auswerten. Wegen der angestrebten Reduzierung der Kanalbreite wird auf eine Tonmodulation verzichtet. Vorgesehen ist eine Codierung durch Tastung des Trägers sowie durch schmalbandige Frequenz- und Phasenumtastung.

- Die Anzahl der in einer Kette arbeitenden Stationen soll auf drei begrenzt werden. Damit wäre eine vollständige Ortsbestimmung innerhalb von drei Minuten möglich.

In Bild 1.51 sind weitere Einzelheiten dieses Vorschlages zusammengefaßt.

Die technischen Merkmale und die Verteilung der Seefunkfeuer sollen zunächst auf einer regionalen Funkverwaltungskonferenz im Frühjahr 1985 festgelegt werden. Dabei wird auch eine Rolle spielen, wie gering die Peilunsicherheit zu sein hat und wie groß demnach der Schutzabstand zwischen Nutz- und Störsignal gewählt werden muß.

1.3 Richtfunkfeuer

Durch geeignete Senderanordnung an Land lassen sich funktechnisch Leitstrahlen markieren. Zur navigatorischen Nutzung an Bord ist dann nur ein Funkempfänger und keine Peileinrichtung erforderlich. Man unterscheidet Richtfunkfeuer und Drehfunkfeuer. Letztere werden im nächsten Kapitel erläutert. Richtfunkfeuer erzeugen ein oder mehrere Leitstrahlenpaare, die geographisch festliegen. Mit ihnen werden seitlich begrenzte Fahrwasser gekennzeichnet.

Verfahrensprinzip. Die Erzeugung eines Leitstrahls ist im Prinzip die Umkehrung des Peilens eines Funkfeuers mit Hilfe des im Abschnitt „Automatische Funkpeilung" des Kap. 1.2.1 beschriebenen Umtastverfahrens. Die Überlagerung der Abstrahlung einer Vertikalantenne und der phasenrichtigen, im Kennungsrhythmus umgepolten Abstrahlung eines Rahmens ergeben als Strahlungsdiagramm eine entsprechend fortwährend umklappende Kardioide. In der Richtung senkrecht zur

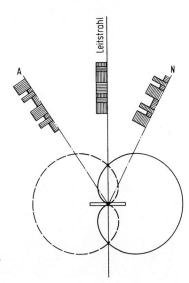

Bild 1.52. Strahlungsdiagramm einer Antennenanordnung bei einem Richtfunkfeuer

Rahmenebene ändert sich die Feldstärke durch das Umtasten nicht. Hier befindet sich der Leitstrahl. Daneben wird zunehmend mit der Abweichung vom Leitstrahl der eine oder der andere Tastbereich erkennbar. Wie in Bild 1.52 als Beispiel gezeigt, wird bei der Umtastung der Rahmenspannung im Rhythmus lang-lang-kurz-kurz usw. auf der einen Seite des Leitstrahls das Morsezeichen für den Buchstaben ‚A‘, auf der anderen Seite für ‚N‘ gehört. Andere brauchbare Buchstabenpaare sind E-T, D-U, L-F. Durch die oben beschriebene Anordnung wird ein Leitstrahlenpaar erzeugt. Die Rahmenantenne kann auch durch ein Vertikalantennenpaar ersetzt werden.

2295 R Cabo Estay, Rcht-FF   42° 11,1′ N 008° 48,8′ W
Frequenz: 296,5 kHz A2A   *Reichweite:* 7 sm
Kennung: VS
Richtsignal: A bzw. N, siehe Karte
Kurslinie: 69,3°   *Strichzone:* 2°
Sendefolge: ununterbrochen
Klarwettersendung:
tags   keine
nachts ununterbrochen
Abstandsbestimmung durch Gleichschaltung von PFS und LNS. Der Beginn des ersten Tons des LNS ist mit dem Beginn des 1. Buchstabens der Kennung (V) synchronisiert

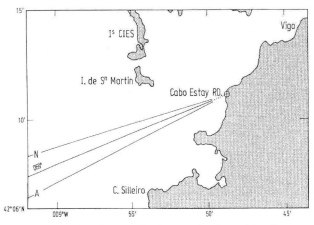

Bild 1.53. Richtfunkfeuer Cabo Estay mit Abstandsbestimmung durch Gleichschaltung von Peilfunksignal (PFS) und Luftnebelsignal (LNS); aus NF II

Nutzung. In Bild 1.53 sind als Beispiel die Eintragungen im Nautischen Funkdienst für das Richtfunkfeuer Cabo-Estay wiedergegeben. Dabei wird mit Strichzone der Winkelbereich bezeichnet, in dem das Gleichsignal gehört wird. Mit der Synchronisation mit einem Luftnebelsignal besteht hier die Möglichkeit der vollständigen Ortsbestimmung. Die Reichweite der Richtfunkfeuer ist normalerweise gering. Dadurch wird der störende Raumwelleneinfluß vermieden. Abweichungen des Leitstrahls von der Sollinie können beispielsweise aufgrund des Küsteneffektes vorkommen. Sie werden, soweit bekannt, in den nautischen Unterlagen angegeben.

1.4 Drehfunkfeuer

1.4.1 Langwellendrehfunkfeuer

Beim Drehfunkfeuer rotiert ein Leitstrahl um den Sender als Mittelpunkt. Wie beim Richtfunkfeuer kommt auch hier das den Leitstrahl kennzeichnende Gleichsignal durch im Punktrhythmus umgetastete Antennenkombinationen zustande. Die Anzahl der Punkte, gezählt vom Beginn der Abstrahlung des Richtsignals bis zum Durchgang des Leitstrahls, ergibt eine Großkreispeilung des Schiffes vom Sender aus. Die Peilung entnimmt man aus einer Peiltafel des betreffenden Drehfunkfeuers. Derartige Drehfunkfeuer sind besonders rund um Japan installiert, doch ist ihre Güte bei einer Reichweite von etwa 100 sm recht gering. Die Peiltafeln werden in den deutschen nautischen Unterlagen nicht mehr veröffentlicht.

1.4.2 UKW-Drehfunkfeuer

Derzeit wird eine Neuentwicklung eines Drehfunkfeuers in englischen Küstengewässern erprobt. Es arbeitet im Meterwellenbereich. Seine Reichweite ist im gewählten Frequenzbereich durch den UKW-Horizont gegeben, sie liegt dementsprechend bei etwa 20 sm. Um dieses Verfahren mit der Sprechfunkausstattung im UKW-Bereich an Bord nutzen zu können, muß die Zuteilung eines, wenn auch schmalen Frequenzbereiches innerhalb der Seefunkkanäle erreicht werden; vgl. Bild 1.54.

Bei diesem Verfahren dreht sich der wiederum als Gleichsignal aus einem Punkteschema erkennbare Leitstrahl gleichmäßig über einen Winkelbereich von 120° um den Sender. Jedes der während der Drehung erzeugten Punktsignale entspricht einem Winkel von 2°. Die Drehung des Leitstrahls dauert 30 s. Die Referenzpeilung ist für jede Station festgelegt. Bei ihr beginnt die Drehung des Leitstrahls mit dem Zählwert von fünf Punkten. Zur Auswertung gibt es mehrere Möglichkeiten.

- Man zählt die Punkteanzahl (Zählwert n) bis zum Leitstrahldurchgang. Vermindert man den Zählwert n um 5 und multipliziert den so erhaltenen Wert mit

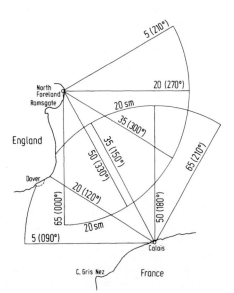

Bild 1.54. Beispiel für UKW-Drehfunkfeuer. (An den Strahlen sind die dort geltenden Zählwerte und in Klammern die rwFuP eingetragen.)

2°, so bekommt man den Winkel, der an die Referenzpeilung FuP_r anzubringen ist, um die rwFuP zu erhalten, unter der das Drehfunkfeuer erscheint. Man kann für das Drehfunkfeuer auch eine Peiltafel mit der Zuordnung von Zählwert und rwFuP anlegen. Es gilt somit

$$rwFuP = FuP_r + 2° \cdot (n - 5).$$

- Man stoppt vom Beginn der Drehung an (5. Zählpunkt) die Zeit t_5, die bis zum Durchgang des Leitstrahls verstreicht. Die mit der Winkelgeschwindigkeit 4°/s multiplizierte Zeit t_5 liefert den an die Referenzpeilung FuP_r anzubringenden Winkel, um die eigene rwFuP des Drehfunkfeuers zu erhalten. Es ist danach

$$rwFuP = FuP_r + 4° \cdot t_5/s.$$

- Letztlich kann man ein durchsichtiges Kunststofflineal, in dem die den Zählwerten zugeordneten rwFuP eingeprägt sind, verwenden.

Die bisherigen Erfahrungen mit diesem Verfahren sind vollauf zufriedenstellend. Nach Klärung der Frequenzfrage dürfte dieses Verfahren den Nutzern in der küstennahen Fahrt zugute kommen.

1.4.3 Consol

Verfahrensprinzip. Consolfunkfeuer (Abkürzung CFF) sind Drehfunkfeuer mit großer Reichweite im Langwellenbereich. Die Consolstation strahlt einen Leitstrahlfächer ab; vgl. Bild 1.55. In einem Zeitraum von 30 s überstreicht jeder Leitstrahl einen Winkelbereich (Sektor) und erreicht die Anfangsposition des benachbarten Leitstrahls. Diese Drehung (Tastzyklus) wird durch sechzig im Rhythmus ⅛ s zu ⅜ s abgestrahlte Signale — Punkt- und Strichsignale — eingeteilt. In einem A-Sektor (Punktsektor) hört man zu Beginn des Tastzyklus Punkte, in einem B-Sektor Striche. Die bis zum Durchgang des am Gleichsignal erkennbaren Leitstrahls gezählten Zeichen bestimmen die Standlinie durch den Beobachtungsort.

Die Consol-Sendeanlage besteht aus drei Vertikalantennen, die von einem Sender gespeist werden. Die beiden Außenantennen stehen, etwa drei Wellenlängen von der Mittelantenne entfernt, symmetrisch mit ihr auf der Antennenbasislinie. Zu Beginn eines Tastzyklus ist die Phasenlage des Antennenstroms in der einen Außenantenne 90° voreilend, der in der anderen Außenantenne 90° nacheilend gegenüber dem Strom in der Mittelantenne. Während des Tastzyklus werden diese Phasenlagen gleichmäßig um insgesamt 180° verschoben, um die Drehung des Leitstrahlfächers zu erreichen. Bei der Überlagerung der von den drei Antennen abgestrahlten elektromagnetischen Wellen kommt es zur *Interferenz*. Überall dort, wo die Phasenlage der von den beiden Außenantennen herrührenden Felder einander entgegengesetzt ist, heben diese sich auf, und es wird nur das Feld der Mittelantenne empfangen. An diesen Orten befindet man sich auf einem Leitstrahl. Der Wegunterschied $2 \cdot \Delta d = d_1 - d_2$, vgl. Bild 1.56, muß hier entweder Null oder ein Vielfaches der Wellenlänge sein. Kurven, auf denen die Entfernungsdifferenz zu zwei festen Punkten konstant ist, sind Hyperbeln. Die Standlinien beim Consolverfahren sind eine Schar konfokaler Hyperbeln mit den beiden Außenantennen als Brennpunkte. Die Mittelsenkrechte ist ebenfalls eine Standlinie; auf ihr verschwindet die Entfernungsdifferenz zu den Außenantennen. Sie heißt im Consolsystem *Hauptleitstrahl*.

Bis zu einem Abstand von etwa 25 sm von der Consolstation ist das Verfahren nicht nutzbar, da hier die Phasenverhältnisse zwischen den Feldern von Außen-

Stavanger (Varhaug)   58° 37′ 32″ N 005° 37′ 49″ O
Frequenz: 319 kHz 1,5 kW A1A
Kennung: LEC
Tastzyklus: 30 s
Sendezeit: ununterbrochen

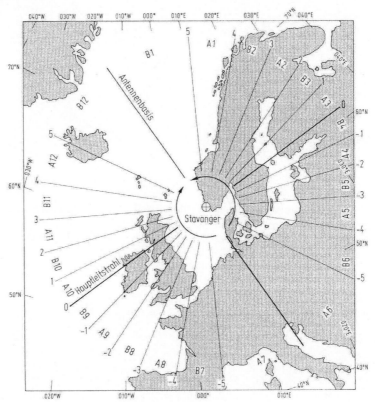

Unregelmäßigkeiten in der Ausstrahlung der norwegischen CFF werden von den unten an-
geführten KFSt in norwegischer und englischer Sprache bekanntgegeben

Sendezeit:
1. nach Eingang und im Anschluß an die nächste Funkstille
2. 0903   1603   2103

Frequenz: GW-Arbeitsfrequenz der jeweiligen KFSt

CFF Stavanger = KFSt Rogaland
    Andöya = Björnöya, Bodö, Harstad, Jan Mayen, Tromsö, Rörvik, Ålesund
    Björnöya
    Jan Mayen = Björnöya, Bodö, Harstad, Jan Mayen, Tromsö, Vardö

Bild 1.55. Leitstrahlfächer und Daten des CFF Stavanger (NF II)

und Mittelantennen keine eindeutige Auswertung zulassen (Verwirrungsgebiet).
Jenseits dieses Bereichs sind die hyperbelförmigen Standlinien praktisch durch
ihre Asymptoten zu ersetzen. Das sind die Geraden, an die sich die hyperbelähnlichen Kurven des Consolverfahrens bei hinreichendem Abstand von der
Mittelantenne anschmiegen. Für die Asymptoten sind die Beziehungen einfach
darstellbar; vgl. Bild 1.57. Für die Entfernungsdifferenz zu dem weit entfernten

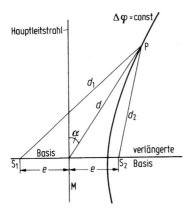

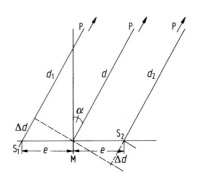

Bild 1.56. Darstellung der hyperbelförmigen Standlinie in der Nähe der Antennenbasis

Bild 1.57. Wegunterschied Δd zu dem weit entfernten Aufpunkt P

Aufpunkt P gilt bei Verwendung der im Bild benutzten Bezeichnungen $2 \cdot \Delta d = 2 \cdot e \cdot \sin \alpha$. Für die Leitstrahlen gilt, daß die Entfernungsdifferenz $2 \cdot \Delta d$ gleich einem ganzzahligen Vielfachen der Wellenlänge sein muß, und zwar

$$2 \cdot \Delta d = n \cdot \lambda \quad \text{mit} \quad n = 0, 1, 2, \dots, 2 \cdot \Delta d / \lambda.$$

Drückt man den Abstand e der beiden Außenantennen S_1 und S_2 von der Mittelantenne M auch als Vielfaches der Wellenlänge aus, also durch

$$e = p \cdot \lambda,$$

so erhält man für die Richtungen der am Hauptleitstrahl orientierten Leitstrahlen, welche die Sektoren bilden (vgl. auch Bild 1.55), die Gleichung

$$\sin \alpha = \frac{n \cdot \lambda / 2}{p \cdot \lambda} = \frac{n}{2 \cdot p}.$$

In den Sektoren werden durch die 60 Zeichen eines Tastzyklus weitere 60 Standlinien festgelegt. Ist N der Zählwert des Tastzyklus und n die Nummer des den Sektor nach unten begrenzenden Leitstrahls, dann gilt allgemein für die am Hauptleitstrahl orientierte Richtung einer Standlinie

$$\sin \alpha = \frac{n + N/60}{2 \cdot p}.$$

Vom Hauptleitstrahl mit $n = 0$ wächst n beim Fortschreiten in Richtung des Drehsinns des Leitstrahlfächers und wird zunehmend negativ, wenn man entgegengesetzt zur Drehrichtung fortschreitet. In Bild 1.55 sind die Leitstrahlnummern zusätzlich eingetragen.

Die Winkelbreite $\Delta \alpha$ einer getasteten Standlinie ist abhängig von dem Winkel α zwischen Hauptleitstrahl und der jeweils getasteten Standlinie. Die Breite Δs dieser Standlinie ist außerdem proportional zum Abstand d des Aufpunktes P auf der Standlinie von der Mittelantenne M aus (vgl. Bild 1.56). Aus der Differentiation der vorstehenden Formel nach N erhält man für die Winkeländerung $\Delta\widehat{\alpha}$ einer getasteten Standlinie die Näherungsformel

$$\Delta\widehat{\alpha} \approx \frac{1}{120 \cdot p \cdot \cos\alpha}.$$

Nach der allgemein gültigen Beziehung $s = r \cdot \widehat{\alpha}$ des Kreisbogens s für den Kreisradius r und den Zentriwinkel $\widehat{\alpha}$ kann man für die Änderung Δs der Standlinienbreite im Abstand d des Aufpunktes P vom Sender bei einer Winkeländerung $\Delta\widehat{\alpha}$

$$\Delta s \approx d \cdot \Delta\widehat{\alpha}$$

schreiben.

Diese Beziehungen machen deutlich, daß die Breite der Sektoren und damit auch die Breite der getasteten Standlinien vom Hauptleitstrahl zur Antennenbasis hin zunimmt. In der Umgebung der Antennenbasis ist das Consolverfahren deshalb unbrauchbar.

Beispiel: Bei einem Antennenabstand untereinander von drei Wellenlängen ($p = 3$), einem Abstand $d = 360$ sm des Aufpunktes P vom Sender und einem Winkel $\alpha = 60°$ zwischen Hauptleitstrahl und Standlinie ergibt sich die Winkelbreite für eine Tastung

$$\Delta\widehat{\alpha} \approx \frac{1}{120 \cdot 3 \cdot \cos 60°} = \frac{1}{180}$$

und damit die Breite der getasteten Standlinie am Aufpunkt zu

$$\Delta s \approx 360\,\text{sm} \cdot \frac{1}{180} = 2\,\text{sm}.$$

Ortungsbereich. Der Ortungsbereich des Consolverfahrens liegt zwischen 25 und 1500 sm, variiert aber in den verschiedenen Seegebieten, wie nachstehende Übersicht zeigt.

Consolfunkfeuer-Reichweiten (in sm)

Über See				Über Land	
Atlantik			Mittelmeer	N-Europa Flachland	Süd-Afrika
Breite	55°	35°	0°		
Tag	1200	1000	700	900	700	500
Nacht	1500	1200	700	1200	1200	900

Im gesamten Ortungsbereich ist die Zuverlässigkeit der Zählwerte und damit die Peilunsicherheit unterschiedlich. Man sollte daher stets 5 bis 10 Zählungen mitteln, besonders bei großen Entfernungen.

Im Umkreis von 25 sm um das CFF und im unbrauchbaren Gebiet sind die Zählwerte nicht verwendbar.

Im Entfernungsbereich zwischen 25 und etwa 200 sm vom CFF wird am Tage und in der Nacht fast ausschließlich die Bodenwelle beobachtet. Alle beobachteten Zählwerte sind sehr zuverlässig.

Im Entfernungsbereich zwischen 200 und etwa 400 sm von CFF fallen nachts die Bodenwelle und Raumwelle resultierend ein, so daß die Zählungen wertlos werden. Am Tage ist die Einwirkung der Raumwelle nur gering, so daß die Beobachtung als zuverlässig gelten kann.

Im Entfernungsbereich über 400 sm vom CFF wird kräftig und regelmäßig die Raumwelle empfangen, während die Bodenwelle kaum noch Einfluß ausübt. Der Nachteffekt verschwindet fast ganz. Tag- und Nachtbeobachtungen sind brauchbar.

Die Unsicherheit der Consolstandlinien hängt ab:

- Von der Zuverlässigkeit des Sendebetriebes.
- Von einem etwaigen Zählfehler.
- Von der Position des Schiffes zum Hauptleitstrahl. In der Nähe des Hauptleitstrahls ist der Peilfehler für 1 Signal am kleinsten, in der Nähe der Antennenbasis nimmt er rasch zu. Den Peilfehler für 1 Zeichen kann man auch den Peiltafeln für die Consolfunkfeuer entnehmen.
- Vom Abstand Empfänger (Schiff) zum Sender.

Vorteile des Consolverfahrens:

- Keine Gebühren.
- Kein Spezialempfänger.
- Problemlose Auswertung.
- Große Reichweite.
- Von beliebig vielen nutzbar.
- Fortwährender Betrieb.

Navigatorische Nutzung. Die Daten des auszuwertenden CFF findet man im Nautischen Funkdienst, Band II, oder im Sprechfunk für Küstenschiffahrt; vgl. Bild 1.55 und Tab. 1.1. Man zählt die Zeichen der Tastung **vor** dem Durchgang des Leitstrahls und getrennt die **danach** kommenden Zeichen. Die Hälfte der von den 60 Zeichen nicht aufgenommenen Zeichen wird dem Zählwert zugeschlagen. Der so korrigierte Wert bestimmt die Standlinie.

Beispiel:	Zählwert vor dem Leitstrahldurchgang	14
	Zählwert nach dem Leitstrahldurchgang	41
	Summe der abgehörten Zeichen	55
	Halbe Differenz zu 60 (gerundet)	3
	Zählwert vor dem Leitstrahldurchgang	14
	Zählwert der getasteten Standlinie	17

Der zutreffende Sektor muß getrennt bestimmt werden. Normalerweise wird der Koppelort für die Bestimmung der Sektoren hinreichend genau bekannt sein. Manche CFF strahlen außerhalb von Tastzyklus und Kennung noch ein Peilsignal ab, das für mit einem Funkpeiler ausgerüstete Schiffe zur Feststellung des Sektors dienen kann. Zur Auswertung stehen mehrere Methoden zur Verfügung:

- Einfach, schnell und sicher ist die Auswertung in einer Karte mit eingedruckten Standlinienscharen einer oder mehrerer Stationen; zwischen den eingetragenen Standlinien muß für den ausgezählten Wert ggf. eingeschaltet werden; vgl. Bd. 1A, Kap. 3.1.2.

Tabelle 1.1. Peiltabelle des CFF Stavanger (NF, Bd. II)

Ge-zählte Punkte	A-Sektoren Richtsignal beginnt mit Punkten											
	1	2	3	4	5	6	7	8	9	10	11	12
0	023,0	046,7	067,0	087,3	111,0			203,0	226,7	247,0	267,3	291,0
2	022,5	046,3	066,7	087,0	110,6			203,4	227,0	247,3	267,7	291,5
4	022,0	045,9	066,3	086,6	110,1			203,9	227,4	247,7	268,1	292,0
6	021,5	045,6	066,0	086,3	109,7			204,3	227,7	248,0	268,4	292,5
8	021,0	045,2	065,7	085,9	109,2			204,8	228,1	248,3	268,8	293,0
10	020,6	044,9	065,3	085,6	108,8			205,2	228,4	248,7	269,1	293,4
12	020,1	044,5	065,0	085,2	108,3			205,7	228,8	249,0	269,5	293,9
14	019,6	044,1	064,7	084,9	107,9			206,1	229,1	249,3	269,9	294,4
16	019,1	043,8	064,3	084,5	107,4	152,6	161,4	206,6	229,5	249,7	270,2	294,9
18	018,6	043,4	064,0	084,2	107,0	149,4	164,6	207,0	229,8	250,0	270,6	295,4
20	018,1	043,1	063,7	083,8	106,6	147,2	166,8	207,4	230,2	250,3	270,9	295,9
22	017,6	042,7	063,3	083,5	106,2	145,4	168,6	207,8	230,5	250,7	271,3	296,4
24	017,1	042,3	063,0	083,2	105,7	143,9	170,1	208,3	230,8	251,0	271,7	296,9
26	016,6	042,0	062,7	082,8	105,3	142,5	171,5	208,7	231,2	251,3	272,0	297,4
28	016,0	041,6	062,3	082,5	104,9	141,2	172,8	209,1	231,5	251,7	272,4	298,0
30	015,5	041,2	062,0	082,1	104,5	140,0	174,0	209,5	231,9	252,0	272,8	298,5
32	015,0	040,9	061,7	081,8	104,1	138,9	175,1	209,9	232,2	252,3	273,1	299,0
34	014,4	040,5	061,3	081,4	103,6	137,9	176,1	210,4	232,6	252,7	273,5	299,6
36	013,9	040,1	061,0	081,1	103,2	136,9	177,1	210,8	232,9	253,0	273,9	300,1
38	013,3	039,8	060,7	080,8	102,8	136,0	178,0	211,2	233,2	253,3	274,2	300,7
40	012,8	039,4	060,3	080,4	102,4	135,1	178,9	211,6	233,6	253,7	274,6	301,2
42	012,2	039,0	060,0	080,1	102,0	134,2	179,8	212,0	233,9	254,0	275,0	301,8
44	011,6	038,6	059,7	079,7	101,6	133,3	180,7	212,4	234,3	254,3	275,4	302,4
46	011,0	038,2	059,3	079,4	101,2		181,5	212,8	234,6	254,7	275,8	303,0
48	010,4	037,9	059,0	079,0	100,8		182,3	213,2	235,0	255,0	276,1	303,6
50	009,8	037,5	058,7	078,7	100,4		183,0	213,6	235,3	255,3	276,5	304,2
52	009,2	037,1	058,3	078,4	100,0		183,8	214,0	235,6	255,7	276,9	304,8
54	008,6	036,7	058,9	078,0	099,6		184,5	214,4	236,0	256,0	277,3	305,4
56	007,9	036,3	057,7	077,7	099,2		185,2	214,8	236,3	256,3	277,7	306,1
58	007,3	036,0	057,3	077,3	098,0		185,9	215,2	236,7	256,7	278,0	306,7
60	006,6	035,6	057,0	077,0	098,4		186,6	215,6	237,0	257,0	278,4	307,4

Rechtweisende Peilung vom Consolfunkfeuer aus.

Warnung. Die Werte im A6-Sektor von den Punkten 46 bis 60 ergeben infolge ständiger Verzerrung für die Navigierung unbrauchbare Peilungen. Das Gebiet erstreckt sich keilförmig vom Sender aus über Skagerrak, Samsö-Belt und Sund bis zur pommerschen Küste.

Östlich des Verzerrungsgebietes sind Nachtpeilungen im Skagerrak und Kattegat unbrauchbar, obwohl man sich hier im Bodenwellenbereich befindet.

- Liegt eine solche Consolkarte nicht vor, so ist zunächst aus dem Zählwert und dem Sektor die rwFuP den Peiltafeln in den nautischen Unterlagen (NF II oder SfK) zu entnehmen; vgl. Tab. 1.1. Die rwFuP läßt sich auch mit Hilfe der oben abgeleiteten Formel für den Winkel zwischen Hauptleitstrahl und Standlinie berechnen. Dieser Winkel ist dann an die Richtung des Hauptleitstrahls für die jeweilige CFF-Station anzutragen.

- In einer Funkortungskarte ist diese vom CFF aus abgetragene rwFuP direkt die Standlinie.
- In einer Mercatorkarte ist bei großen Entfernungen vom Schiffsort zum CFF wie bei der Fremdpeilung zunächst ein Leitpunkt für die Konstruktion der Consol-standlinie zu berechnen. Zur Auswertung mit dem Taschenrechner empfiehlt sich hier das bereits bei der Auswertung der Eigenpeilung vorgestellte Verfahren analog zur Höhenmethode der astronomischen Navigation. Die Ver-schiebung geschieht senkrecht zu der durch Tastung erhaltenen rwFuP. Siehe dazu „Navigatorische Nutzung der Eigenpeilung" in Kap. 1.2.1.

2 Hyperbelnavigation

2.1 Grundlagen

Bei den Hyperbelnavigationsverfahren werden Standlinien aus der indirekten Messung von Entfernungsdifferenzen zwischen dem Schiff als Empfänger und zwei Senderorten festgelegt. An Bild 2.1 läßt sich das Entstehen einer solchen Standlinienschar nachvollziehen. Die konzentrischen Kreise um die beiden Brennpunkte H und N sind jeweils Orte für konstante Abstände von H bzw. N, die sich von Kreis zu Kreis um die Strecke a unterscheiden. Im Punkt P_1 im Bild 2.1 schneidet der 24. Kreis um H den 22. Kreis um N. Die Entfernungsdifferenz $\Delta e = \overline{HP_1} - \overline{NP_1}$ ist dort $2 \cdot a$. Im Punkt P_2 schneidet der 23. Kreis um H den 21. Kreis um N usw. Die Entfernungsdifferenz ist wiederum $2 \cdot a$. Verbindet man die so gefundenen Schnittpunkte konstanter Entfernungsdifferenz, dann erhält man eine Hyperbel, für die in jedem ihrer Punkte gilt, daß die Entfernungsdifferenz den Wert $\Delta e = 2 \cdot a$ hat. Aus Bild 2.1 folgt, daß die Verbindung der Schnittpunkte der Abstandskreise mit gleicher Abstandsdifferenz zu den Brennpunkten jeweils eine Hyperbel liefert; die für die einzelnen Hyperbeln der Schar geltenden Entfernungsdifferenzen sind eingetragen. Aus der Darstellung erkennt man weiterhin, daß

- die Entfernungsdifferenz Δe nicht größer als die Länge der Basis $\overline{HN}$ werden kann,
- dieser größte Werte auf der verlängerten Basislinie auftritt,
- die Entfernungsdifferenz auf der Mittelsenkrechten von $\overline{HN}$ verschwindet ($\Delta e = 0$),
- der Abstand zweier Hyperbeln auf der Basislinie gleich dem halben Unterschied ihrer Entfernungsdifferenzen ist,
- die Hyperbeläste symmetrisch zur Mittellinie sind,
- die Hyperbeläste mit zunehmender Entfernung vom Mittelpunkt und zusätzlich mit der Annäherung an die verlängerte Basislinie auseinanderstreben (divergieren).

In Bild 2.2 ist der Divergenzeffekt dargestellt. Angegeben ist das Verhältnis der Streifenbreite (Breite des Streifens zwischen zwei benachbarten Hyperbeln) am Ort zur Streifenbreite auf der Basis. Die eingetragenen Konturen gelten für den Faktor 1,5 bis 5. Der im Bild dargestellte Vergrößerungsfaktor ergibt sich aus dem Winkel zwischen den Strahlen vom Aufpunkt P zu den beiden Brennpunkten H und N zu $1/\sin(\gamma/2)$. Die Richtung der Winkelhalbierenden ist gleich der Richtung der dortigen Tangente an die Hyperbel.

Die Darstellung in den Bildern 2.1 und 2.2 gilt für die Ebene. Auf der gekrümmten Erdoberfläche ergeben sich hyperbelähnliche Kurven. Beim Satellitennavigationsverfahren NNSS (Navy Navigation Satellite System) liegen die Brennpunkte auf der Umlaufbahn des beobachteten Satelliten. Die Orte konstanter

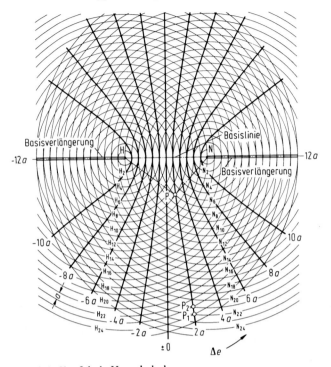

Bild 2.1. Konfokale Hyperbelschar.
H_i Abstandskreis i um den Brennpunkt H; N_k Abstandskreis k um den Brennpunkt N; a Radiuszuwachs der Abstandskreise; Δe Abstandsdifferenz

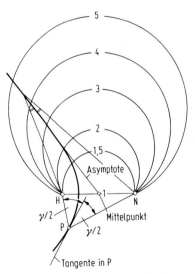

Bild 2.2. Divergenzeffekt bei Hyperbelsystemen

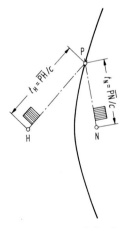

Bild 2.3. Hyperbel als Ort konstanter Laufzeitdifferenz von Impulsen

Entfernungsdifferenz sind hier Rotationshyperboloide, wie sie bei der Drehung der Hyberbelschar um die Basislinie beschrieben werden. Die Standlinien ergeben sich als Schnittkurven zwischen den Rotationshyperboloiden und (im Falle der Schiffahrt) der Erdoberfläche; siehe Bild 2.7.

2.1.1 Meßprinzipien

Bei den in diesem Kapitel dargestellten Hyperbelnavigationsverfahren werden zur Signalübertragung elektromagnetische Wellen benutzt. Ihre Ausbreitungsgeschwindigkeit beträgt $c \approx 3 \cdot 10^8$ m/s. Die die jeweilige Hyperbel bestimmende Entfernungsdifferenz ist damit direkt der *Laufzeitdifferenz* von Signalen zwischen Sendern in H und N und dem Empfänger in P proportional. Aus Bild 2.3 entnimmt man für die Laufzeitdifferenz $\Delta t = t_H - t_N = (\overline{PH}/c) - \overline{PN}/c = \Delta s/c$.

In Bild 2.4 sind für eine Basislänge von $\overline{HN} = 360$ km die jeweiligen Laufzeitdifferenzen an den Hyperbeln im Abstand von 200 µs eingetragen. Zur Vermeidung von betragsgleichen Meßwerten symmetrisch zur Mittelsenkrechten wird bei dem im Kap. 2.2 beschriebenen LORAN-Verfahren die Abstrahlung von einem Sender so verzögert, daß die am Empfänger gemessene Zeit zwischen dem Eintreffen der beiden Signale immer positiv ist. Die Verzögerung ist gleich der Laufzeit des Signals vom Hauptsender H zum Nebensender N zuzüglich des auf der verlängerten Basis bei N angegebenen Meßwertes.

Im Beispiel des Bildes 2.4 ist die Basislänge $\overline{HN} = 360$ km. Bei einer Ausbreitungsgeschwindigkeit der Signale von 300 m/µs ergibt sich für diese Strecke

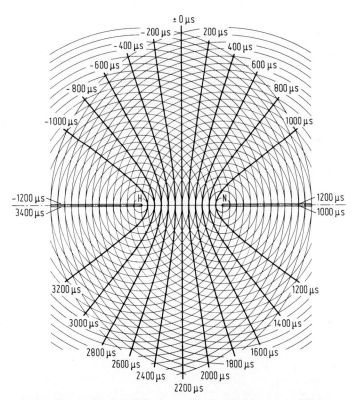

Bild 2.4. Hyperbelschar mit Angabe von Laufzeitdifferenzen für eine Basislänge von 360 km

eine Signallaufzeit von 1200 µs. Hinzu kommen 1000 µs als Meßwert auf der verlängerten Basis. Insgesamt ist also die Abstrahlung der Signale vom Nebensender gegenüber dem Hauptsender um 2200 µs verzögert. Zur Vermeidung von Mehrdeutigkeiten wird der Abstand zwischen den Abstrahlungen einer Station so groß gewählt, daß das Signal in dieser Zeit den Ortungsbereich verläßt. Die im Bild 2.4 unterhalb der Senderbasis angegebenen Hyperbelwerte erhält man durch die um 2200 µs verzögerte Abstrahlung der Impulse von der Station N.

Statt der Laufzeitdifferenz der Impulse kann auch der Phasenunterschied am Empfangsort P der beiden von den Stationen H und N frequenz- und phasengleich abgestrahlten Wellen als Maß für die Entfernungsdifferenz, die die Hyberbel kennzeichnet, genutzt werden. In Bild 2.5 sind die beiden Entfernungen jeweils durch die Wellenlänge λ ausgedrückt, $\overline{HP} = n_H \cdot \lambda + (\varphi_H/2\pi) \cdot \lambda$ und $\overline{NP} = n_N \cdot \lambda + (\varphi_N/2\pi) \cdot \lambda$. Darin sind n_H und n_N die Anzahl der ganzen Wellenlängen, $\varphi_H/2\pi$ und $\varphi_N/2\pi$ der jeweilige Bruchteil einer Wellenlänge. Die Differenz beider liefert die auf die Wellenlänge λ bezogene Entfernungsdifferenz Δe; $\Delta e/\lambda = n_H - n_N + (\varphi_H - \varphi_N)/2\pi = n_H - n_N + \Delta\varphi/2\pi$. Der ganzzahlige Anteil $n_H - n_N$ läßt sich aus dem Vergleich der Schwingungsphasen nicht bestimmen. Die von den ankommenden Funkwellen im Empfänger angeregten Schwingungen haben also einen Phasenunterschied $\Delta\varphi = (\Delta s/\lambda) \cdot 2\pi$.

In Bild 2.6 sind die Hyperbeln für die Entfernungsdifferenzen, die aufeinanderfolgende, ganzzahlige Vielfache der Wellenlänge λ sind, dargestellt. Auf diesen Standlinien ist die Phasendifferenz gleich Null. Sie werden deshalb als Nullhyperbeln bezeichnet. Die Bereiche zwischen jeweils zwei benachbarten Nullhyperbeln werden Hyperbelstreifen genannt. Sie wurden durchnumeriert.

Bewegt sich der Empfänger auf der Basislinie, so ändert sich der Entfernungsunterschied zu den beiden Sendern doppelt so schnell wie sein eigener Weg, d.h., der Entfernungsunterschied von einer Wellenlänge wird bereits nach einer zurückgelegten Strecke von $\lambda/2$ erreicht. Die Breite der Hyperbelstreifen auf der Basis ist

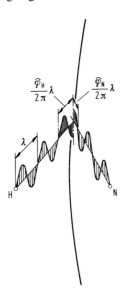

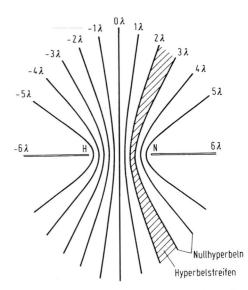

Bild 2.5. Hyperbel als Ort konstanter Phasendifferenz der von den Stationen H und N synchron abgestrahlten Wellenzüge

Bild 2.6. Hyperbelschar mit Nullhyperbeln der Phasendifferenzmessung

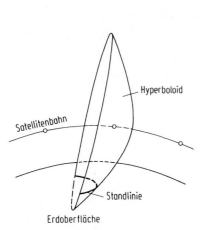

Hyperboloid

Satellitenbahn

Standlinie

Erdoberfläche

Bild 2.7. Hyperboloid als Standfläche
der Satellitennavigation

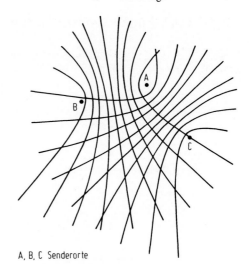

A, B, C Senderorte

Bild 2.8. Bedeckung eines Ortungsbereiches
mit zwei Hyperbelscharen

also $\lambda/2$, und die Anzahl der Hyperbelstreifen ist gleich der Basislänge $\overline{\text{HN}}$ geteilt durch die halbe Wellenlänge.

Bei dem im Kap. 2.5 dargestellten Satellitennavigationsverfahren (NNSS) bewegen sich diese künstlichen Himmelskörper relativ schnell auf ihrer Bahn. Die zu Beginn und am Ende eines im Satelliten festgelegten Zeittaktes eingenommenen Bahnpunkte sind die jeweiligen Senderorte in den Brennpunkten von Hyperboloidscharen als Standfläche. Die jeweilige Standlinie auf der Erdoberfläche ist die Schnittkurve zwischen Hyperboloid und Erdoberfläche; vgl. Bild 2.7. Die konstituierende Entfernungsdifferenz bestimmt man aus dem Vergleich der Frequenz der am Empfangsort P aufgenommenen Satellitensignale mit der stabilen Frequenz eines Oszillators im Empfänger. Die Empfangsfrequenz ändert sich proportional zur Annäherungsgeschwindigkeit des Satelliten an den Empfänger (Dopplereffekt); vgl. Dopplereffekt, Kap. 5.2. Damit erscheint der im Satelliten konstante Zeittakt im Empfänger bei Annäherung verkürzt und beim Wegfliegen verlängert. Die im Empfänger bestimmten Zählwerte sind deshalb kleiner bzw. größer als die Anzahl der Schwingungen während des Taktes im Sender.

Wesentlich für dieses System ist die Kenntnis der Bahnposition des Satelliten. Dazu strahlt dieser Bahndaten ab, die im Rechner des Empfängers dann zusammen mit den Meßergebnissen zu einem geographischen Ort ausgewertet werden.

Zur Ortsbestimmung werden generell mindestens zwei Standlinien benötigt. Bild 2.8 zeigt die Bedeckung eines Ortungsbereiches mit 2 Hyperbelscharen. Dazu sind senderseitig zwei Senderpaare erforderlich. Zur Sicherung der Ortung und zur Abschätzung der Ortungsqualität ist eine weitere Hyperbelschar nützlich.

Zur Nutzung dieser Systeme sind spezielle Empfänger erforderlich. Die Auswertung erfordert spezielle Unterlagen in Form von Karten oder Tabellen. Zunehmend erfolgt eine Ausstattung der Empfänger mit Rechnern, die eine Auswertung der Meßergebnisse automatisch durchführen und direkt geographische Koordinaten angeben. Für den Nutzer ist eine genaue Kenntnis des Aufbaus und der Nutzung der Systeme nach wie vor erforderlich, um die Zuverlässigkeit oder die Korrekturbedürftigkeit der erhaltenen Ortungen einschätzen zu können.

2.2 LORAN-Funkortungsverfahren

Das LORAN-Verfahren wurde während des zweiten Weltkrieges in den USA entwickelt. Seine Bezeichnung ist ein Kunstwort aus **long range navigation** (Weitbereichsnavigation). Von den drei Versionen A, C und D wird die letzte für militärische Aufgaben genutzt. Die historisch zuerst entwickelte Version A, die im Grenzwellenbereich arbeitet, wird inzwischen weitgehend durch die Version C ersetzt. LORAN C sendet im Längstwellenbereich und hat damit eine wesentlich größere Reichweite als LORAN A. Mit verbesserter Senderorganisation, Sender- und Empfängertechnik ist sowohl die Zuverlässigkeit als auch die Automatisierbarkeit wesentlich verbessert worden.

2.2.1 LORAN A

Das auslaufende LORAN-A-Verfahren ist ein Hyperbelnavigationssystem. Es sind nur noch die Japan-Ketten (2 S 0, 2 S 1, 2 S 2, 2 S 3, 2 S 4, 2 S 5, 2 S 6, 2 S 7, 2 H 5, 2 H 6) in Betrieb; Stand: Juli 1985.

Senderorganisation

Jeweils zwei Sender bilden ein Senderpaar. Darin steuert der Hauptsender (engl.: master) die Abstrahlung der Impulse vom Nebensender (engl.: slave). Mehrere Senderpaare bilden eine Senderkette. Die Basislinien haben Längen zwischen 200 sm und 600 sm. Die Anordnung der Senderketten richtet sich wesentlich nach den geographischen Gegebenheiten.

Für LORAN A werden oder wurden drei Frequenzkanäle im Grenzwellenbereich genutzt:

Frequenzkanal	Frequenz
1	1950 kHz
2	1850 kHz
3	1900 kHz

Die Sender einer Kette arbeiten grundsätzlich im selben Frequenzkanal. Die abgestrahlten Impulse haben eine Dauer von 40 µs. Sie werden mit einer für das Senderpaar kennzeichnenden Impulswiederkehr abgestrahlt. Aus den drei Grundimpulsintervallen S (abgekürzt von slow) mit 50 000 µs, L (low) mit 40 000 µs und H (high) mit 30 000 µs Dauer werden durch Minderung um jeweils 100 µs insgesamt 24 spezifische Impulsintervalle festgelegt.

Die Bezeichnung eines LORAN-A-Senderpaares setzt sich zusammen aus der Kennzeichnung des Frequenzkanals, der Grund- und der spezifischen Impulswiederkehr. Die Bezeichnung 2 H 5 für ein Senderpaar der Japan-Kette weist aus, daß die beiden Sender im Kanal 2 (1850 kHz) mit einer Impulswiederkehr von 29 500 µs arbeiten. Die Sender einer Kette arbeiten sowohl auf der gleichen Frequenz als auch mit der gleichen Grundimpulswiederkehr. Sie unterscheiden sich lediglich in der spezifischen Impulswiederkehr.

Aus Gründen der Senderorganisation, der Meßtechnik und der Eindeutigkeit der Hyperbelbezeichnung wird die Abstrahlung des Impulses vom Nebensender

Impulsintervalle für LORAN A

	S in µs	L in µs	H in µs
0	50 000	40 000	30 000
1	49 900	39 900	29 900
2	49 800	39 800	29 800
3	49 700	39 700	29 700
4	49 600	39 600	29 600
5	49 500	39 500	29 500
6	49 400	39 400	29 400
7	49 300	39 300	29 300

gegenüber der des Hauptsenders verzögert. Die Verzögerung setzt sich zusammen aus der halben Impulswiederkehr, der Laufzeit des Impulses über die Basis vom Hauptsender zum Nebensender und einer sogenannten Kennungsverzögerung (coding delay), die in der Regel 1000 µs ausmacht. In der Messung wird die Verzögerung um die halbe Impulswiederkehr ausgeblendet. Damit ergibt sich bei der Bezeichnung der hyperbelartigen Standlinien eines Paares der Wert der Kennungsverzögerung an der über den Nebensender hinaus verlängerten Basislinie, in der Regel also 1000 µs; vgl. Bild 2.4.

Wellenausbreitung

Tagsüber wird im Bedeckungsbereich praktisch ausschließlich die Bodenwelle empfangen, deren Reichweite über See etwa bei 700 sm liegt. Mit Beginn der Dämmerung und in der Nacht werden die Impulse auch über den längeren Weg über die Ionosphäre mit Raumwellen empfangen. Dabei spielt für die Navigation lediglich die einmal über die E-Schicht der Ionosphäre reflektierte Raumwelle (vgl. Bild 2.13) eine Rolle, deren Ausbreitungsverhältnisse noch so stabil sind, daß mit hinreichend genauen Ergebnissen — allerdings wesentlich schlechteren als bei Bodenwellenempfang — gerechnet werden kann. Mehrfachreflexionen an der E-Schicht und Wege über die F-Schicht treten auf, werden aber navigatorisch nicht genutzt. Da der einmal an der E-Schicht reflektierte Impuls als erster nach der Bodenwelle eintrifft, ist er als solcher leicht zu identifizieren. Die Nutzung der Raumwelle bringt eine Erweiterung der Reichweite auf 1200 bis 1400 sm mit sich. In der Nacht ist die Bodenwelle nur etwa bis zur Entfernung von 450 sm vom Sender auswertbar. Bei Ausbreitung über Land ist generell die Reichweite der Bodenwelle wesentlich geringer als bei Wegen über See.

Prinzip des LORAN-A-Empfängers

LORAN-A-Empfänger enthalten ein frequenzselektives Empfangsteil und zur visuellen Darstellung der Impulse von Haupt- und Nebensender ein Braunsches Rohr. Die horizontale Ablenkung des Elektronenstrahls wird durch einen eingebauten frequenzstabilen Oszillator so gesteuert, daß innerhalb einer Impulswiederkehr des eingeschalteten Senderpaares auf dem Schirm der Braunschen Röhre zwei übereinander angeordnete Spuren geschrieben werden; vgl. Bild 2.9. Der Rücklauf des Elektronenstrahls wird dunkelgesteuert. Die vom Senderpaar kommenden Impulse werden vom Empfänger nach Filterung und Verstärkung und Demodulation auf das vertikale Ablenksystem des Braunschen Rohres gegeben. Sie erscheinen als strichförmige Anzeigen, die bei nicht genauer Übereinstimmung zwischen Impulswiederkehr und geräteinterner Ablenkzeit nach links oder nach rechts über den Bildschirm driften.

Bei genauer Übereinstimmung der Ablenkperiode des Braunschen Rohres und Impulswiederkehr des Senderpaares scheinen die empfangenen Impulse von Haupt- und Nebensender auf dem Bildschirm zu stehen. Bei bekannter Ablenkgeschwindigkeit läßt sich aus dem horizontalen Abstand der Impulse auf dem Braunschen Rohr die Zeitdifferenz bestimmen.

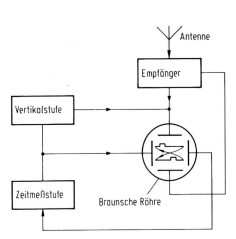

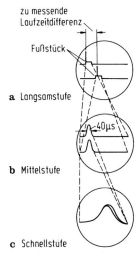

Bild 2.9. Prinzipieller Signalfluß bei einem LORAN-A-Empfänger

Bild 2.10. Drei Meßstufen zur Bestimmung der Zeitdifferenz beim LORAN-A-Verfahren

Die Messung wird in drei Schritten mit steigender Genauigkeit durchgeführt. In der ersten Stufe wird auf beiden Spuren je eine Meßmarke in Form eines Tisches (pedestal) erzeugt. Der horizontale Abstand der Vorkanten (von links aus gezählt) dieser beiden Marken ist der um die halbe Impulswiederkehr verminderten Zeitdifferenz gleich. Die Meßmarke auf der oberen Spur liegt linksbündig fest. Auf ihre Vorkante ist der Impuls des Hauptsenders zu setzen. Man erkennt ihn daran, daß bei richtiger Einrichtung auf jeder Spur ein Impuls vorhanden ist. Im anderen Fall liegen beide Impulse auf einer Spur. Die Meßmarke auf der unteren Spur läßt sich gegenüber der Marke auf der oberen Spur verzögern, womit sie von links nach rechts über die Spur wandert. Man führt so die Vorkante der Meßmarke unter den Impuls vom Nebensender. Die Verschiebung der unteren Meßmarke wird als Zählwert für die gemessene Zeitdifferenz am Gerät angezeigt. In der zweiten und dritten Meßstufe wird die Ablenkgeschwindigkeit erhöht. Damit wird in der zweiten Stufe die Breite des Meßtisches auf die Gesamtbreite des Braunschen Rohres vergrößert, so daß die Form der Impulse selbst erkennbar wird. Die Zeitdifferenz wird in einem dritten Schritt endgültig aus dem genauen Vergleich der Vorderflanken der beiden Impulse bestimmt. Über getrennte Verstärker werden dazu zunächst die Amplituden der beiden Signale einander angeglichen; vgl. Bild 2.10.

Die Messung macht im Bereich guter Bodenwellenbedeckung keine Schwierigkeiten. Bei schwachen Signalen wird die Messung durch das Rauschen auf der
Übertragungsstrecke und im Empfänger schwieriger. Auch schwankende Signale
sind schwieriger eindeutig zu messen. Verwirrend kann das Bild sein, wenn,
bedingt durch die Raumwellen, neben der Bodenwelle auch noch etliche mehr
oder weniger große und ebenso stabile Impulse nach einem Umweg über die Ionosphäre erscheinen. Soweit erkennbar, ist der erste Impuls — von links gerechnet —
über die Bodenwelle angekommen.

Auswertung

Zur Auswertung der Messung werden Spezialkarten, worin die Standlinienscharen
der im Ortungsbereich befindlichen Senderpaare eingedruckt sind, von den hydrographischen Diensten herausgegeben. Da diese Karten nicht in den Berichtigungen
der Nachrichten für Seefahrer (NfS; siehe auch Bd. 1 A, Kap. 3.4.7) aufgeführt
werden, sind sie nicht zur Navigation geeignet. Vielmehr entnimmt man den dort
aus dem Schnitt zweier Standlinien oder der Auswertung mehrerer Standlinien
gewonnenen Ort mit seinen geographischen Koordinaten und überträgt ihn in die
Seekarte. In den Sonderkarten sind auch die Korrekturwerte zur Auswertung von
über Raumwellen empfangenen Impulsen angegeben, die an den jeweiligen
Meßwert zur Bestimmung der korrekten Größe anzubringen sind (SWC, sky
wave correction). Der zuständige hydrographische Dienst in den USA hat
ursprünglich auch Tafelwerte zur Auswertung der LORAN-A-Messung herausgegeben. Ihnen sind die Schnittpunkte von Standlinien mit zum Schiffsort benachbarten Längen- und Breitengraden nebst Interpolationswerten zu entnehmen. Mit
ihnen lassen sich die Standlinien in der Seekarte oder in einer Leerkarte (vgl.
Bd. 1 A, Kap. 3.1.2) konstruieren. Für die Raumwellennutzung stehen dann entsprechende Korrekturtabellen zur Verfügung.

Zuverlässigkeit des LORAN-A-Verfahrens

Die Zuverlässigkeit des nach diesem Verfahren erhaltenen Ortes ist abhängig von
der Zuverlässigkeit der einzelnen beteiligten Standlinien und der Lage der
Standlinien zueinander. Generell gilt für die Hyperbelnavigation allgemein die in
Band 1 B, Kap. 1.2.7 dargestellte Fehlerverteilung.
Eine Abweichung in der Zeitdifferenzmessung von 1 µs bedeutet auf der Basislinie eine Verschiebung der Standlinie von 150 m, in der Nähe der verlängerten
Basislinie aber von einigen Kilometern. Meßwerte, die bei Bodenwellenempfang
dichter als 25 µs und bei Raumwellenempfang dichter als 200 µs an der verlängerten Basis liegen, sollten deshalb nicht verwendet werden. Das gewählte
Senderpaar ist an dem Ort dann nicht nutzbar. Verallgemeinert ist die Unsicherheit der Ortsbestimmung mit LORAN A etwa zwischen 1 sm und 5 sm. Die Abweichung der Standlinie wird in 95% aller Fälle zwischen 0,2% und 0,6% der von
der Mitte der Basis aus gemessenen Entfernung des Beobachters angegeben.

Fehler. Fehler aus der Senderanlage und der Organisation der Abstrahlung sind
normalerweise so gering, daß ihre Auswirkung unterhalb der sonstigen Fehlereinflüsse liegen. Bei tatsächlichen Fehlern in der Senderanlage wird als Fehler-
anzeige ein Blinken der von der fehlerhaften Station abgestrahlten Impulse
erzeugt. Dazu wird der Impuls durch verfrühtes oder verspätetes Abstrahlen
rhythmisch auf dem Braunschen Rohr hin und her geschoben.

2.2.2 LORAN C

Bedeckung

Das LORAN-C-System ist ein Hyperbelnavigationsverfahren in Längstwellen-
bereichen mit hoher Genauigkeit und großer Reichweite. Die Messung der
Zeitdifferenz zwischen zwei synchron vom Haupt- und Nebensender abgestrahlten
Impulsen ist bei LORAN C im Vergleich zu LORAN A zuverlässiger, weil der
Vergleich sich direkt auf die die Hüllkurve eines Impulses bestimmende Träger-
schwingung und deren Phasenlage bezieht.

Im NF Bd. II ist in einer Übersichtskarte die Bedeckung der Welt mit dem
LORAN-C-Ortungsverfahren und die Reichweite der Boden- und der Raumwelle
dargestellt. Insbesondere in der Nacht (aber auch am Tag) erweitert sich der
Bereich durch den Empfang der Raumwelle.

Die C-Version des LORAN-Systems ist wie die A-Version in den USA zunächst
für militärische Nutzung entwickelt worden.

Senderorganisation

In einer LORAN-C-Kette werden zwei bis vier Nebensender von einem Hauptsender gesteuert. Die einzelnen Senderpaare aus Haupt- und Nebensender werden
jeweils mit den letzten Buchstaben des Alphabets (W, X, Y, Z) bezeichnet. Jede
Station ist mit einem hochstabilen Oszillator (Cäsium-Frequenznormal) ausgestattet, darüber hinaus wird durch Vergleich der Nebensenderabstrahlungen mit
den Impulsen des Hauptsenders die Synchronisation der einzelnen Stationen einer
Kette kontrolliert. Die präzise Abstimmung der LORAN-C-Sendungen mit der
koordinierten Weltzeit UTC macht darüber hinaus eine Ortsbestimmung durch
direkte Entfernungsmessung zu mindestens zwei Stationen (Range-Range-Ver-
fahren) über die Signallaufzeitmessung möglich. Sie wird allerdings nur im
Forschungs- und Explorationsbereich eingesetzt.

Dem LORAN-C-Verfahren steht der Frequenzbereich von 90 kHz bis 110 kHz
mit einer Mittenfrequenz von 100 kHz zur Verfügung. Innerhalb dieses Bandes
müssen 99% der abgestrahlten Leistung liegen. Um die angestrebte Reichweite zu
erreichen, werden Impulsspitzenleistungen bis zu 3 MW von den Sendern abgestrahlt. Aufgrund der großen Wellenlänge sind zur Abstrahlung dieser Leistung
große Antennen erforderlich. Sie erreichen Höhen bis zu 400 m. Die Basislängen
der Senderpaare betragen teilweise über 1000 sm.

Signalformat

Anders als bei LORAN A werden bei LORAN C jeweils Impulsgruppen abgestrahlt. Dadurch wird die mittlere abgestrahlte Leistung erhöht, ohne daß die
Spitzenleistung und die Dauer des Einzelimpulses zu groß werden. Jede Impulsgruppe besteht aus acht Impulsen im Abstand von 1000 µs. Der Hauptsender
strahlt zusätzlich einen neunten Impuls ab. Sein Abstand vom achten Impuls
beträgt 2000 µs. Der Beginn des Impulses fällt immer mit dem Nulldurchgang der
Trägerschwingung zusammen. Die Impulse der Gruppe sind phasenkodiert, d. h. in
diesem Fall, daß der Beginn des Impulses entweder mit einem positiven (+) oder
mit einem negativen (−) Nulldurchgang der Trägerschwingung startet. Diese
Kodierung ist beim Hauptsender anders als bei den Nebensendern und dient u. a.
zu seiner Identifizierung bei automatisch arbeitenden Empfängern; diese Phasenlage der Trägerschwingung bezüglich der Hüllkurve ist durch die Symbole + und
− als 180° auseinanderliegend angegeben (vgl. Bild 2.11). Der neunte Impuls beim
Hauptsender dient insbesondere zur Informationsübertragung über den Zustand

der Sender der Kette. Dazu wird er kodiert ein- und ausgeschaltet und läßt dabei erkennen, welche Senderpaare der Kette nicht zu verwenden sind. Die beteiligten Nebensender geben im Fehlerfall durch im 4-Sekunden-Rhythmus wiederholtes Einschalten der ersten beiden Impulse für 0,25 µs Kenntnis von ihrer Fehlfunktion. Nach der Abstrahlung der beiden Impulsgruppen A und B wiederholt sich der Zyklus wieder.

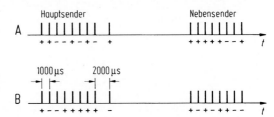

Bild 2.11. Signalformat und Phasen-kodierung der Impulse und Impuls-gruppen beim LORAN-C-Verfahren

Alle Stationen einer LORAN-C-Kette senden nacheinander in alphabetischer Reihenfolge, und zwar angefangen beim Hauptsender über die Nebensender. Für die ganze Kette gilt also die gleiche Impulswiederkehr. Sie liegt je nach Kette zwischen 100 000 µs und 40 000 µs. Dabei werden wie bei LORAN A aus den Grundimpulsintervallen wiederum durch Abzug von jeweils 100 µs spezifische Impulsintervalle gebildet. Die Grundimpulsintervalle für LORAN C sind:

Abkürzung	Bedeutung	Intervalldauer
SS	special slow	100 000 µs
SL	special low	80 000 µs
SH	special high	60 000 µs
S	slow	50 000 µs

Die Bezeichnung der LORAN-Ketten geschieht heutzutage durch Angabe der Intervalldauer in µs geteilt durch 10. Die frühere Bezeichnung verwendete die oben angegebene Abkürzung und fügte zur Kennzeichnung der spezifischen Impuls-wiederkehr die Anzahl der vom Grundintervall abzuziehenden 100 µs-Einheiten an. Die Nordatlantik-Kette wird heute mit 7930 bezeichnet. Das bedeutet, die Impuls-wiederkehr beträgt 79300 µs. In der alten Bezeichnung wäre das SL 7, nämlich 80 000 µs − 7 · 100 µs = 79 300 µs.

Der Einzelimpuls ist bei LORAN C sehr genau in seiner Form festgelegt; vgl. Bild 2.12. Innerhalb von 7 Schwingungen, also 70 µs, steigt die Amplitude auf ihren

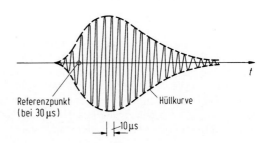

Bild 2.12. Aufbau eines Einzelimpul-ses bei LORAN C

Maximalwert an. Der Abfall verläuft exponentiell in etwa 20 Schwingungen. Der ganze Impuls hat also eine Länge von 270 µs.

Wellenausbreitung

Das LORAN-C-Verfahren wird im Längstwellenbereich (Mittenfrequenz 100 kHz) betrieben. Die Signale breiten sich sowohl als Bodenwelle in der unteren Atmosphäre entlang der Erdoberfläche als auch als Raumwelle mit Reflexionen an den verschiedenen Schichten der Ionosphäre aus (vgl. Kap. 2.2.1, Wellenausbreitung).

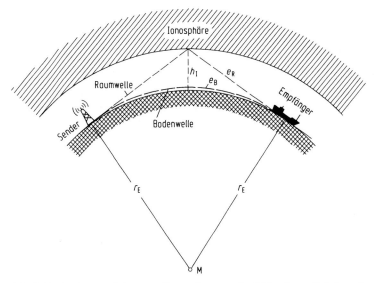

Bild 2.13. Boden- und Raumwellenentfernung. h_1 Höhe der reflektierenden Ionosphäre über der Erde; e_R Raumwellenentfernung; e_B Bodenwellenentfernung; r_E Erdradius

Die Ausbreitungsbedingungen für die Bodenwelle sind recht stabil. Die Ausbreitungsgeschwindigkeit ist nahezu der Ausbreitungsgeschwindigkeit des Lichtes im freien Raum gleich. Sie ist allerdings im geringen Maße von den elektrischen Eigenschaften der Erdoberfläche abhängig. Eine gut leitende Erdoberfläche wie bei Seewasser bewirkt nur eine geringe Abnahme der Ausbreitungsgeschwindigkeit, schlecht leitende Materialien wie trockenes Land, Eis usw. verlangsamen die Signale stärker. Wesentlich für die dadurch bedingte Vergrößerung der Laufzeit ist die Länge der Strecke, auf der diese Bedingungen auf dem Weg des Signals vom Sender zum Empfänger herrschen.

Die Raumwellen sind in diesem Frequenzbereich sowohl am Tage als auch in der Nacht von Bedeutung. In Entfernungsbereichen, in denen sich die Raumwelle der Bodenwelle überlagert, kommt es zu Interferenzerscheinungen. Da die Raumwelle einen längeren Weg zurückzulegen hat als die Bodenwelle, treffen die Impulse über den Bodenwellenweg immer zuerst ein; siehe Bild 2.13. Die Verspätung der Raumwellen gegenüber den Bodenwellen beträgt bei einer wirksamen Höhe der Ionosphäre von 60 km mindestens etwa 36 µs. Im LORAN-C-Empfänger wird diese Verspätung zur Ausblendung der Raumwellenimpulse genutzt.

Reichweite

Die Reichweite der Signale ist   bei gegebener Frequenz grundsätzlich abhängig von:

- der senderseitig in die Richtung zum Empfänger abgestrahlten Leistung,
- den Verlusten auf dem Ausbreitungsweg und
- dem am Empfangsort vorhandenen Störpegel.

Für die nutzbare Reichweite des LORAN-C-Systems spielt auch die Qualität des Empfängers eine große Rolle. Neben der Eingangsempfindlichkeit kommt es auch auf das Verhältnis von Nutz- zu Störsignal an, aus dem der Empfänger das gewünschte Signal noch auswerten kann. Auf Grund der bei LORAN C verwendeten Impulsgruppen können entsprechend aufgebaute Empfänger noch arbeiten, wenn das Nutzsignal wesentlich kleiner als das Störsignal ist. Für die nutzbare Reichweite der Bodenwelle werden Werte zwischen 800 sm und 1200 sm, für die einmal an der Ionosphäre reflektierte Raumwelle Reichweiten bis zu 2300 sm angegeben.

LORAN-A/C-Empfänger

Die ersten Empfänger, die nach der Freigabe des LORAN-C-Verfahrens zur Nutzung durch die Handelsschiffahrt eingesetzt wurden, waren erweiterte LORAN-A-Empfänger. Zusätzlich zu den LORAN-A-Kanälen im Grenzwellenbereich ist ein LORAN-C-Empfangskanal (100 kHz) eingebaut. Auch die bei LORAN C zusätzlich vorhandenen langsamen Impulsperioden sind durch eine entsprechende Erweiterung bei der Elektronenstrahlablenkung des Braunschen Rohrs berücksichtigt.

Die Messung läuft nach dem bereits beim LORAN-A-Verfahren dargestellten Prinzip ab. Im einzelnen sind folgende Schritte durchzuführen:

- Einschalten des LORAN-C-Empfangskanals.
- Einrichten der Grundimpulsperiodendauer und der spezifischen Periodendauer; sie ergibt sich aus der Bezeichnung der genutzten LORAN-C-Kette, gegebenenfalls ist hier die Tabelle zur Umwandlung von alter nach neuer Kettenbezeichnung zu benutzen (vgl. Kap. 2.2.2, Signalformat).
- Der erste Impuls der Hauptsenderimpulsgruppe wird auf die Meßtischvorkante der oberen Ablenkspur im Braunschen Rohr gesetzt.
- Der zweite Tisch wird mit seiner Vorkante unter den ersten Impuls der Impulsgruppe des ersten der ausgewählten Nebensender gesetzt; nach dem Einrichten der Impulse hält die automatische Frequenzregelung (AFC) der Ablenkstufe die Impulse fest an ihrem Ort.
- Die Messung wird durch Erhöhung der Ablenkgeschwindigkeit in zwei Stufen verbessert, so daß am Ende die beiden Impulsvorderflanken genau übereinanderliegen. Am Zähler ist dann die gemessene Zeitdifferenz abzulesen. (Da alle Sender einer LORAN-C-Kette mit der gleichen Impulsperiodendauer arbeiten, ist die Messung der Zeitdifferenz zwischen dem ersten Hauptsenderimpuls und dem ersten Impuls des zweiten ausgewählten Nebensenders recht bequem.)
- Beide Meßwerte werden ggf. durch Raumwellenkorrekturen berichtigt und können dann ausgewertet werden. Die Meßtechnik hat hier die gleiche Genauigkeit wie bei LORAN A. Die Ablesung ist in Schritten von 1 µs möglich.

Automatischer LORAN-C-Empfänger

Der prinzipielle Aufbau eines automatisch arbeitenden LORAN-C-Empfängers wird anhand von Bild 2.14 erläutert. Von einem hochfrequenten, hochstabilen

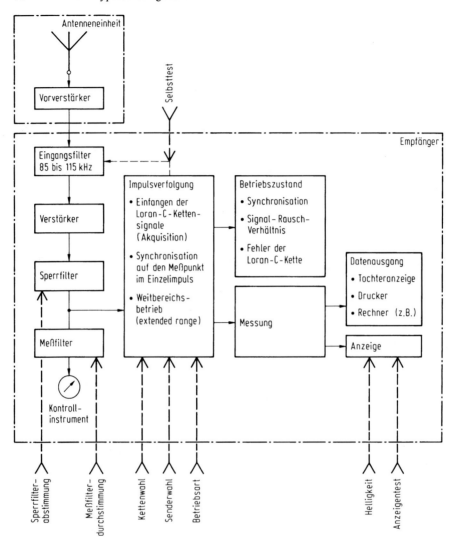

Bild 2.14. Prinzipieller Signalfluß beim LORAN-C-Empfänger

Oszillator werden Meßimpulse (Meßtische) für den Hauptsender und jeden zu verfolgenden Nebensender angeregt. Die Zeitabstände zwischen diesen Meßtischen werden im Zähler, dessen Takt ebenfalls von dem Oszillator angestoßen wird, als Zeitdifferenzwerte bestimmt. Für die Messung kommt es darauf an, die von den Sendern kommenden Impulse genau mit den Meßtischen in Übereinstimmung zu bringen. Dazu ist der Abstand zwischen den Meßtischen elektronisch veränderbar. Nach dem Einschalten des Gerätes sind zunächst die Signale der interessierenden Stationen einzufangen (Akquisition). Dazu werden die Meßtische im Rhythmus der für die zu empfangende Kette geltenden Impulswiederkehr erzeugt. Sie stoßen ihrerseits Torschaltungen an, deren Signale denen der Impulsgruppen von Haupt- und Nebensender entsprechen. Die über die Antenne hereinkommenden LORAN-C-Signale werden mit den geräteseitig erzeugten Signalen verglichen. Dazu wird das geräteseitig erzeugte Signal solange verschoben, bis der Haupt- oder ein Nebensender mit der Signalfolge eines Senders der Kette korreliert. Nach Identifizierung von Haupt- und Nebensendern, was durchaus 2 bis 10 min beanspruchen kann, wird der Synchronisierungsvorgang eingeleitet.

Synchronisierung. Die Synchronisierung bewirkt eine feste Kopplung der Empfängeroszillatoren an die Trägerschwingung (100 kHz), wie sie von den Stationen abgestrahlt wird. Darüber hinaus wird ein definierter Punkt des LORAN-C-Impulses als Referenzpunkt (sampling point) bestimmt. Der Referenzpunkt des LORAN-C-Impulses ist der Nulldurchgang von der dritten zur vierten Periode der mit der Impulshüllkurve synchronisierten Trägerschwingung. Der Referenzpunkt liegt 30 µs nach Beginn des Impulses und damit so früh, daß sichergestellt ist, daß nur die Bodenwelle empfangen wird und ein möglicherweise über Raumwelle eintreffender Impuls wegen seines längeren Weges noch nicht eingetroffen sein kann.

Zur Festlegung des Referenzpunktes werden hier zwei verschiedene Verfahren dargestellt. Da die Anfangsperioden des Impulses sehr klein sind und damit häufig im Rauschen untergehen, verbietet es sich, einfach die Anzahl der Perioden (also drei) bis zum Referenzpunkt abzuzählen.

Im *ersten* Verfahren wird der Originalimpuls einem um 5 µs verzögerten, etwas verstärkten Impuls überlagert. Dadurch ergibt sich ein neuer Impuls, der am Referenzpunkt einen Nulldurchgang der Hüllkurve und einen Phasensprung der Trägerschwingung hat (vgl. Bild 2.15).

Wie beim ersten Verfahren wird auch beim *zweiten* die genau vorgegebene Form des Impulses genutzt. Hier wird jeweils das Verhältnis der aufeinanderfolgenden Amplituden der Trägerschwingung gebildet. Auch dann läßt sich eindeutig die Lage des Referenzpunktes feststellen. Zur Feinmessung wird zusätzlich die Phasenlage der Trägerfrequenz des ankommenden Impulses zur Einrichtung des Meßtisches verwendet.

Ein so auf die Senderkette synchronisierter Empfänger verfolgt (tracking) dann fortwährend die einzelnen Stationssignale. Dabei werden jeweils eine Reihe von Impulsen aufintegriert. Damit heben sich die Störsignale des Rauschens wesentlich auf, während die Nutzsignale sich fortwährend aufsummieren. Damit läßt sich

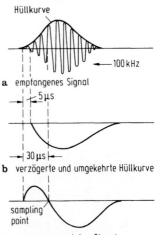

Bild 2.15. Bestimmung des Referenzpunktes der Grobortung durch Überlagerung des verzögerten Originalsignals mit einem in der Phasenlage umgekehrten Signal

selbst in Situationen, in denen das Nutzsignal weit kleiner als das Störsignal ist, weiterhin LORAN-C-Navigation betreiben. Allerdings funktioniert das nur, wenn die Signale bereits verfolgt werden. Für das automatische Einfangen der LORAN-C-Impulse sind bessere Signal-Rausch-Verhältnisse erforderlich.

Gemäß den Anforderungen der nordamerikanischen Küstenwache (**US C**oast **G**uard) müssen dort eingesetzte Empfänger die Impulse aller Sender einer Kette verfolgen können. In diesem Fall entfällt die Auswahl der zu verfolgenden Stationen. Werden nicht alle Stationen fortwährend verfolgt, so hat man u. a. nach navigatorischen Gesichtspunkten zu entscheiden. Ein Einfangen der gewünschten Station kann dann dadurch eingeleitet werden, daß man die Zeitdifferenz zwischen Hauptsender und gewünschtem Nebensender so einrichtet, daß der Zähler den gemäß nautischen Unterlagen am Empfangsort geltenden Zählwert anzeigt.

Eingangsseitig sind die Empfänger mit einer Antenne mit Vorverstärker ausgerüstet. Zur Abweisung von Störsignalen im unmittelbar benachbarten Frequenzbereich sind bei den Empfängern durchstimmbare schmalbandige Sperrfilter eingebaut.

Betrieb bei großer Entfernung von der LORAN-C-Kette (engl.: extended range). Werden die LORAN-C-Signale so schwach empfangen, daß eine Verfolgung unmöglich wird, dann kann der Referenzpunkt an die Stelle des Maximums des Impulses gelegt werden, d. h. an das Ende der 7. Periode der Trägerschwingung im Impuls. Dadurch läßt sich auf der einen Seite eine größere Reichweite erreichen, auf der anderen Seite wird eine zusätzliche Ungenauigkeit aufgrund der Interferenzen zwischen Boden- und Raumwelle in Kauf genommen.

Raumwellenempfang. Zur Erweiterung des Bedeckungsbereichs kann auch die Raumwelle genutzt werden. Wenn die Bodenwelle überhaupt nicht mehr auftritt, ist allerdings die Tatsache, daß der empfangene Impuls über den Raumwellenweg kommt, vom Empfänger nicht feststellbar. Gegebenenfalls muß die Kenntnis des Koppelortes dem Nutzer entsprechende Hinweise geben.

Zustandssignale. Da der Nutzer die Signalqualität beim automatischen Empfänger nicht mehr selbst beobachten kann, sind vom Empfänger Informationen zum eigenen Meßzustand und zu den Empfangsverhältnissen zu erzeugen. Dabei ist das Signal-Rausch-Verhältnis danach zu bewerten, ob noch eine Verfolgung möglich ist. Auch die Frage, ob die Synchronisierung zwischen Senderkette und Empfänger ausreichend ist, wird dargestellt.

Rechnergestützte LORAN-C-Empfänger

Moderne Empfänger enthalten einen Rechner (vgl. Bild 2.16), der eine weitere Automatisierung ermöglicht, und zwar

- Berechnung der geographischen Koordinaten aus den Meßwerten nach dem zugehörigen Erdmodell,
- richtige Kettenwahl (Impulswiederkehr) für den jeweiligen Loggeort,
- automatische Einrichtung der Sperrfilter,
- Auswahl der zweckmäßigen Nebensender und
- Berechnung des Ortes unter Berücksichtigung aller vorhandenen Standlinien.

Darüber hinaus läßt der Rechner weitere Kalkulationen für die Navigation zu, die hier nicht angesprochen werden.

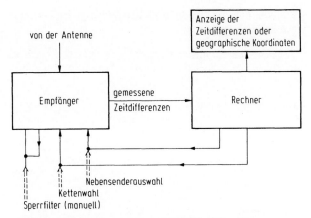

Bild 2.16. Rechnergestützter LORAN-C-Empfänger

Bedienung des LORAN-C-Empfängers

Moderne automatische LORAN-C-Empfänger bleiben nach dem Einschalten während der Reise in Betrieb, solange man sich in einem Gebiet mit LORAN-C-Versorgung aufhält. Die Bedienung geschieht wie folgt:

- Nach dem Einschalten wird zunächst ein Selbsttest des Empfängers automatisch oder von Hand ausgelöst.
- Nach erfolgreichem Test werden die Sperrfilter eingerichtet. Dazu werden mit Hilfe eines schmalbandigen Kontrollinstruments die unmittelbar benachbarten Frequenzbereiche nach Störsendern abgesucht. Starke, dicht benachbarte Störungen werden dann durch entsprechende Abstimmung eines Sperrfilters (notch filter) gemindert.
- Die Impulswiederkehr für die zu nutzende Kette entnimmt man der entsprechenden Seekarte oder dem Nautischen Funkdienst Bd. II. Sie wird am Empfänger eingestellt.
- Nach Umschalten auf automatischen Betrieb beobachtet man die Synchronisierung.
- Gegebenenfalls ist hier durch die Eingabe der für den Koppelort geltenden Zeitdifferenzen eine andere Wahl der Nebensender vorzunehmen.
- Die angezeigten Werte werden in der LORAN-C-Karte ausgewertet; gegebenenfalls sind zunächst Raumwellenkorrekturen anzubringen, wie man sie aus der Karte entnimmt.
- Bei zu schwachem Empfang wird durch Umstellung auf EXTENDED RANGE die Messung erneut möglich. Hierbei ist erhöhte Aufmerksamkeit, was die mögliche Messung von Raumwellenimpulsen angeht, zu wahren. Die Synchronisierung wird wesentlich unterstützt, wenn die Zähler zuvor auf die zu erwartenden Werte eingestellt werden.

Auswertung

Zur Auswertung der LORAN-C-Messungen stehen Seekarten mit dem Überdruck der in den Seekarten verwendbaren LORAN-Standlinien zu Verfügung.

Im Normalfall ist eine Interpolation des Ergebnisses zwischen zwei benachbarten Standlinien durchzuführen. Der geographische Ort ergibt sich aus dem Schnitt zweier Standlinien. Gegebenenfalls sind vor der Auswertung in der Karte noch

Raumwellenkorrekturen und Korrekturen für systematische Fehler an den Meßwert anzubringen.

Beispiel: Am Koppelort 63°16′ N und 006°38′ E wird für 7970-X der Wert 15007 und
für 7970-W der Wert 30855 gemessen. Die Auswertung in der Karte Nr. 968 LC ergibt den
Schiffsort 63°14,3′ N, 006°40,5′ E.
Bei Raumwellenempfang ergäbe sich am gleichen Ort am Tage für 7970-W die Anzeige
30904 und für 7970-W die Anzeige 30929. Unter Berücksichtigung der in der Karte angegebenen Raumwellenkorrekturen erhält man dann wiederum:

	am Tage	in der Nacht
gemessener LORAN-C-Wert	30904	30929
Korrekturwert	− 49	− 74
korrigierter Wert	30855	30855

Zuverlässigkeit des LORAN-C-Verfahrens

Die Zuverlässigkeit ist von der für die Hyperbelnavigation geltenden Fehlerverteilung abhängig (siehe auch Kap. 2.2.1, Zuverlässigkeit des LORAN-A-Ver-
fahrens). Beim LORAN-C-Verfahren gilt als gute Faustregel für die Zuverlässigkeit der Ortung: Die in Fuß gemessene Ortsabweichung ist gleich dem in Seemeilen gemessenen Abstand von der Mitte der Senderkette.
Für die Wiederholgenauigkeit, d.h. für das Wiederauffinden einer nach
LORAN-C-Koordinaten bestimmten Position, gilt eine noch wesentlich höhere
Zuverlässigkeit. Nach Firmenangaben gehen hierbei die Abweichungen selten
über 15 bis maximal 90 m hinaus.

2.3 Decca-Navigationsverfahren

Das Decca-Navigationsverfahren ist ein Hyperbelnavigationssystem für mittlere
Entfernungen. Es arbeitet im Langwellenbereich. Das Verfahren ist fortwährend
verfügbar. Es kann von beliebig vielen Nutzern gleichzeitig zur Ortsbestimmung
verwendet werden. Die Standlinien sind Orte gleicher Phasendifferenz bezüglich
der Abstrahlung zweier Stationen einer Senderkette. Das Verfahren wurde durch
die Firma Decca-Navigator Co. Ltd., London entwickelt. Die Verbreitung des
Decca-Navigationsverfahrens ist der Weltübersicht in Bild 2.17 zu entnehmen. Als
recht genaues Verfahren für die küstennahe Navigation ist es an vielen Stellen mit
dichtem Schiffsverkehr nach und nach eingerichtet worden. Nordwest-Europa hat
eine vollständige Bedeckung mit dem Decca-Navigationssystem.

2.3.1 Senderorganisation

Jede Decca-Kette (chain) besteht aus einem Hauptsender (master) und mindestens
zwei, höchstens drei Nebensendern (slaves). Die Nebensender sind zum Hauptsender vorzugsweise sternförmig angeordnet. Der Hauptsender bildet mit jedem
der Nebensender ein Senderpaar. Der Abstand zwischen den Haupt- und Nebensendern einer Kette, die Länge der Basislinie, liegt etwa zwischen 60 sm und
120 sm. Die Anordnung der Sender einer Kette richtet sich nach den geographischen Gegebenheiten und der gewünschten Form des Bedeckungsgebietes.

OE Vestlandets Kette (Bergen)
4E Tröndelag Kette (Trondheim)
9E Helgeland Kette (Polarkreis)
3E Lofoten Kette

7D Irische Kette   7E Finnmark Kette
8B Französische Kette   7B Dänische Kette
4C Nordwest-Spanische Kette 9B Friesische Kette
6A Süd-Spanische Kette   2E Holland Kette
                             1B Südwest-Britische Kette   0A Südliche Ostseekette
                             5B Englische Kette   4B Nördliche Ostseekette
                             3B Nord-Britische Kette   8C Süd-Bottnische Kette
                             6C Nord-Schottische Kette   5F Nord-Bottnische Kette
Ostkanadische Ketten   2A Nord-Humbrische Kette   6E Finnische Meerbusen Kette
2C Neufundland Kette   8E Hebriden Kette   10B Skagerrak Kette

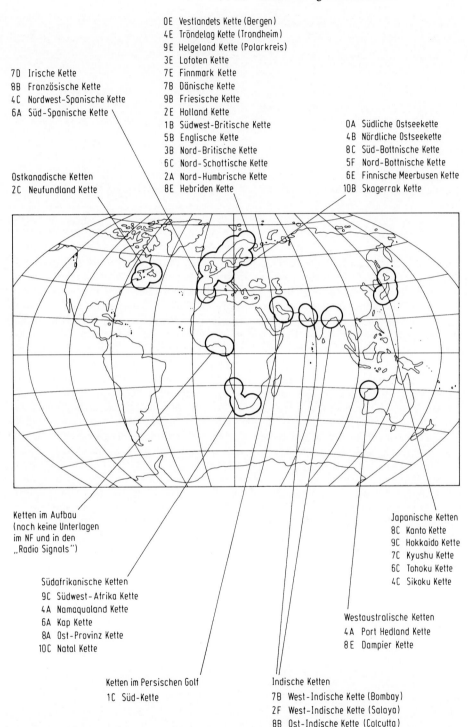

Ketten im Aufbau
(noch keine Unterlagen
im NF und in den
„Radio Signals")

                                                    Japanische Ketten
                                                    8C Kanto Kette
                                                    9C Hokkaido Kette
                                                    7C Kyushu Kette
                                                    6C Tohoku Kette
                                                    4C Sikoku Kette

Südafrikanische Ketten
9C Südwest-Afrika Kette
4A Namaqualand Kette
6A Kap Kette   Westaustralische Ketten
8A Ost-Provinz Kette
10C Natal Kette   4A Port Hedland Kette
                                                    8E Dampier Kette

Ketten im Persischen Golf   Indische Ketten
1C Süd-Kette   7B West-Indische Kette (Bombay)
                                         2F West-Indische Kette (Salaya)
                                         8B Ost-Indische Kette (Calcutta)

Bild 2.17. Übersicht über die mit dem Decca-Navigationssystem bedeckten Gebiete der Erde
(Stand: November 1984)

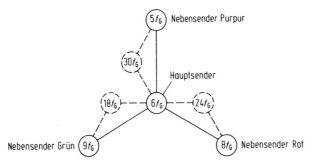

Bild 2.18. Zur Feinortung von den Sendern abgestrahlte Frequenzen und die daraus im Empfänger gebildeten Vergleichsfrequenzen der drei Senderpaare einer Decca-Kette

Die Decca-Sender senden fortwährend. Haupt- und Nebensender strahlen mit Frequenzen, die sich als ganzzahlige Vielfache einer gemeinsamen Grundfrequenz f_G voneinander unterscheiden und so auch durch den Empfänger getrennt empfangen lassen. Der Hauptsender strahlt mit sechsfacher Grundfrequenz. Die drei Nebensender werden jeweils mit den Farben Rot, Grün und Purpur gekennzeichnet. Der Nebensender Rot sendet mit achtfacher, Nebensender Grün mit neunfacher und Nebensender Purpur mit fünffacher Grundfrequenz (vgl. Bild 2.18). Die einzelnen Decca-Ketten unterscheiden sich voneinander durch Unterschiede in der Grundfrequenz und damit in allen benutzten Frequenzen. Im Frequenzbereich 70 kHz bis 130 kHz stehen dem Decca-Navigationssystem vier schmale Frequenzkanäle für die jeweils vier Stationen der Decca-Ketten zur Verfügung. Die ursprünglich darin untergebrachten neun verschiedenen Ketten (Bezeichnung 1 bis 9) sind auf 63 erweitert worden, um den Ausbau des Systems zu ermöglichen. In Bild 2.19 ist die Systematik der Decca-Ketten-Frequenzen für den Hauptsender ($6 \cdot f_G$) dargestellt. Die von den Nebensendern abgestrahlten Frequenzen bestehen aus dem 5fachen, 8fachen und 9fachen der Grundfrequenz f_G. Die Decca-Ketten werden durch eine Ziffer und einen Buchstaben gekennzeichnet. Die ursprünglichen Frequenzen werden als Hauptfrequenzen bezeichnet und tragen den Kennbuchstaben B. Die Kanalabstände liegen beim Hauptsender für die Hauptfrequenzen zwischen 175 Hz und 185 Hz. Ein weiterer Kanal für sogenannte Halbfrequenzketten ist jeweils 90 Hz oberhalb jeder Hauptfrequenz — mit Ausnahme der Hauptfrequenz 10 B — angeordnet. Sie tragen den Kennbuchstaben E. 5 Hz oberhalb und unterhalb jeder Haupt- und jeder Halbfrequenz liegen je zwei weitere Kanäle, die die Kennbuchstaben A und C bzw. D und F tragen.

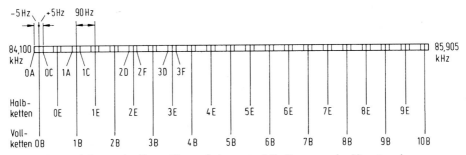

Bild 2.19. Bezeichnung der Decca-Ketten in bezug auf die Frequenz der Hauptsender

2.3.2 Feinortung

Vom Decca-Navigator-Empfänger werden die einzelnen Stationen einer Kette getrennt empfangen. Im Empfänger werden die Schwingungen des Hauptsenders und die des Nebensenders auf eine gemeinsame Frequenz hochgemischt, die das kleinste gemeinsame Vielfache der von Haupt- und Nebensender des gewünschten Senderpaares empfangenen Frequenzen ist (vgl. Bild 2.18). Die so gebildeten Vergleichsfrequenzen f_V liegen, geht man näherungsweise von einer Grundfrequenz von $f_G = 14\,\text{kHz}$ aus, für das Senderpaar Rot bei $f_V = 24 \cdot f_G = 336\,\text{kHz}$, für Grün bei $f_V = 18 \cdot f_G = 252\,\text{kHz}$ und für Purpur bei $f_V = 30 \cdot f_G = 420\,\text{kHz}$. Wie in Kapitel 2.1.1 gezeigt, ist die Breite eines Hyperbelstreifens, das ist der Bereich zwischen zwei Nullhyperbeln, auf der Basislinie gleich der halben Wellenlänge der Vergleichsfrequenz f_V. Im oben gewählten Beispiel ergeben sich damit für die Streifenbreiten auf der Basislinie die folgenden für das Decca-Verfahren typischen Werte: Rot 446 m, Grün 595 m und Purpur 357 m. Der Decca-Empfänger zeigt in seiner Phasendifferenzmessung noch Hundertstel dieser Streifenbreite an.

Wie weiterhin in Kap. 2.1.1 erläutert, kann die Phasendifferenzmessung nur jeweils Meßwerte innerhalb eines Hyperbelstreifens liefern. Zur Unterscheidung der einzelnen Hyperbelstreifen sind diese numeriert. Im Empfänger wird beim Überschreiten einer Nullhyperbel der mit dem Phasendifferenzmesser gekoppelte Zähler um eins verstellt. Ausgehend von den für einen bekannten Ort entnommenen Werten für die Decca-Streifen, kann so der Empfänger laufend die Zähler für die drei Standlinienscharen nachführen. Voraussetzung ist dabei, daß der Empfänger während der Reise in einer Decca-Bedeckung dauernd eingeschaltet bleibt. Läuft der Beobachter von außen in eine Decca-Bedeckung hinein oder sind Zähler aufgrund von Störungen nicht in der Lage gewesen, kontinuierlich zu zählen, dann sind sie neu einzustellen. Die Genauigkeit des Koppelortes reicht dafür normalerweise nicht aus. Deshalb werden vom Decca-System zusätzlich Signale zur Grobortung (lane identification) abgestrahlt.

2.3.3 Grobortung

Zur Grobortung wurden nacheinander zwei wesentlich unterschiedliche Verfahren entwickelt. Beide ermöglichen dem Empfänger eine Phasendifferenzmessung auf der Basis der Grundfrequenz f_G. Zur Grobortung wird die normale Abstrahlung der Decca-Sender jeweils kurzzeitig durch Grobortungssignale ersetzt.

Mark-V-Grobortungsverfahren

Bei dem historisch zuerst entwickelten Grobortungsverfahren vom Typ Mark V sendet zur Grobortung der Hauptsender die beiden Frequenzen $5 \cdot f_G$ und $6 \cdot f_G$ ab. Gleichzeitig sendet einer der drei Nebensender die beiden Frequenzen $8 \cdot f_G$ und $9 \cdot f_G$ ab. Im Empfänger werden jeweils aus der Differenz beider Frequenzen die Vergleichsfrequenzen f_G gebildet und ihre Phasenlagen verglichen.

Mark-X-Grobortungsverfahren

Heute wird fast ausnahmslos das Grobortungsverfahren des Typs Mark X, auch Multipulse (MP) genannt, verwendet. Hierbei strahlen die einzelnen Stationen zur Grobortung nacheinander das Frequenzgemisch aus allen vier Frequenzen ($5 \cdot f_G$, $6 \cdot f_G$, $8 \cdot f_G$ und $9 \cdot f_G$) ab. Die Überlagerung aller vier Schwingungen liefert eine neue Schwingung, die durch deutliche Spitzen für die Frequenz $1 \cdot f_G$ gekennzeichnet ist; vgl. Bild 2.20. Das Sendeschema einer Kette, die Grobortungssignale nach beiden Mustern abstrahlt, ist in Bild 2.21 für den Ablauf einer 20-Se-

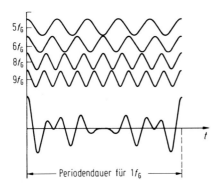

Bild 2.20. Multipulse-Grobortungsverfahren

kunden-Periode angegeben. Das Grobortungssignalgemisch des Multipulse-Verfahrens enthält zusätzlich eine Schwingung mit der Frequenz $8,2 \cdot f_G$. Zusammen mit der Schwingung der Frequenz $8 \cdot f_G$ ergibt sich eine Differenzfrequenz von $0,2 \cdot f_G$. Diese Frequenz steht zur Grundfrequenz im Verhältnis $1:5$. Sie wird in den Decca-Empfängern für die Handelsschiffahrt nicht ausgenutzt. Grundsätzlich kann sie zur Bestimmung der jeweiligen Zone genutzt werden. Nach dem bisher Erläuterten ist ein entsprechend ausgestattetes Gerät in der Lage, innerhalb von fünf Zonen die richtige zu bestimmen.

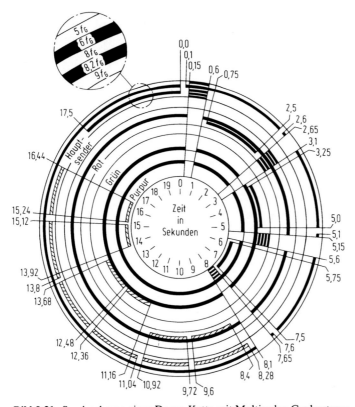

Bild 2.21. Sendeschema einer Decca-Kette mit Multipulse-Grobortung

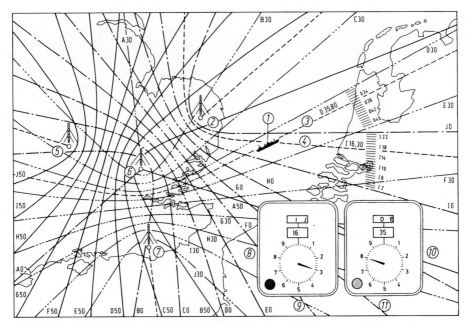

Bild 2.22. Festlegung eines Schiffsortes durch Decca-Koordinaten.
① Schiffsort; ② Nebensender Rot; ③ Ortskoordinate Grün; ④ Ortskoordinate Rot; ⑤ Nebensender Purpur; ⑥ Hauptsender; ⑦ Nebensender Grün; ⑧ Decometer Rot; ⑨ von Decometer ausgewiesene Koordinate; ⑩ Decometer Grün; ⑪ von Decometer ausgewiesene Koordinate

Streifen und Zonen

Der Bereich zwischen zwei Nullhyperbeln der Grobortung wird beim Decca-Verfahren Zone genannt. Die Zonen werden durch die großen Buchstaben A, B,..., J gekennzeichnet. Die Breite einer Zone auf der Basislinie beträgt bei einer Grundfrequenz von $f_G = 14$ kHz rund 10,7 km also etwa 5,8 sm. Jede Zone umfaßt die Hyperbelstreifen der Feinortung, deren Anzahl gleich dem Vielfachen der Vergleichsfrequenz der Feinortung bezogen auf die Grobortung ist. Jede Zone der roten Hyperbelschar enthält also 24 Feinortungsstreifen, jede grüne Zone 18 Streifen und jede purpurne Zone 30 Streifen. Die Hyperbelstreifen werden innerhalb einer Zone durchnumeriert. Zur eindeutigen Unterscheidung werden die 24 Streifen der roten Hyperbelschar einer Zone mit 0 bis 23 numeriert, die 18 grünen Streifen mit 30 bis 47 und die 30 purpurnen Streifen mit 50 bis 79. Die Bezeichnung beginnt in der Regel an der über den Hauptsender hinaus verlängerten Basislinie; vgl. Bild 2.22.

2.3.4 Navigatorische Nutzung

Zur Auswertung der Decca-Navigator-Anzeigen dienen Seekarten mit einem Überdruck der relevanten Standlinienschar. Derartige Seekarten des Deutschen Hydrographischen Instituts (DHI) werden mit D hinter der Kartennummer gekennzeichnet; siehe auch Band 1 A, Kap. 3.1.2. Sie sind heutzutage auch als Seekarten zu verwenden und werden in ihrem Navigationsgehalt durch die NfS berichtigt. Zu Anfang des Aufbaus des Decca-Systems wurden Spezialkarten herausgegeben, die nicht berichtigt wurden. Aus ihnen wurde der Ort nach Decca-Beobachtung entnommen und in die Seekarte übertragen. Aus den normalerweise zur Verfügung stehenden drei Decca-Meßwerten werden die beiden ausgewählt, deren Standlinien sich möglichst senkrecht schneiden. Hinweise zur Auswahl der Senderketten und der daraus zu nutzenden Standlinien enthalten auch die von der Herstellerfirma Decca herausgegebenen *Bedienungsanleitungen* und *Datenblätter*. Zwischen den eingetragenen Hyperbeln sind die Standlinien jeweils durch Interpolation zu gewinnen.

Fahren entlang einer Standlinie

Bei der Ansteuerung eines bestimmten Punktes, etwa eines Feuerschiffes oder einer Hafeneinfahrt, stellt man fest, welche Hyperbelstandlinie einer Hyperbelschar (Rot, Grün oder Purpur) ungefähr in der Ansteuerungsrichtung über den Ansteuerungspunkt läuft. Man steuert den bisherigen Kurs weiter, bis das entsprechende Decometer den gewünschten Standlinienwert anzeigt. Darauf ändert man den Kurs auf die Richtung der Standlinie und fährt so auf das Ziel zu. Solange das Decometer die Anzeige konstant hält, befindet man sich auf der gewünschten Bahn zum Ziel. Anderenfalls ist der Kurs so zu korrigieren, daß der gewünschte Decometerwert und damit die richtige Bahn wieder erreicht wird. Dieses Verfahren kann sich sinngemäß auch für große Abstände von der Kette empfehlen, wenn nur noch ein Decca-Wert zuverlässig zu bestimmen ist.

Zwei-Ketten-Verfahren

Werden in Randgebieten einer Decca-Kettenbedeckung die Schnittwinkel zwischen zwei dort vorhandenen Standlinienscharen zu spitz, dann kann eine Ortsbestimmung durch zwei Standlinien von zwei verschiedenen Ketten gegebenenfalls zu besseren Ergebnissen führen. Dazu wird der Decca-Empfänger hauptsächlich in einer Kette betrieben und nur kurzzeitig auf die andere zu nutzende Kette umgeschaltet. Man wählt in beiden Fällen nur die Grobortungsanzeige für die ausgewählte Standlinienschar aus. Spezialkarten zur Auswertung dieses Zwei-Ketten-Verfahrens findet man in den entsprechenden Kartenlisten der Decca-Datenblätter verzeichnet.

Zuverlässigkeit des Decca-Navigationsverfahrens

Der wesentliche Einfluß auf die Zuverlässigkeit des Verfahrens rührt aus der Ausbreitung der elektromagnetischen Wellen her. Fehlereinflüsse aus mangelnder Stabilität der Sendefrequenzen oder der empfängerseitigen Signalverarbeitung liegen normalerweise innerhalb der kleinstmöglichen Anzeigeänderung. Das Decca-System ist aufgebaut auf der Ausbreitung der Signale über Bodenwellen mit einer definierten Ausbreitungsgeschwindigkeit. Abweichungen in der Ausbreitungsgeschwindigkeit der elektromagnetischen Wellen kommen durch unterschiedliche Werte der Leitfähigkeit der Erdoberfläche zustande. So kommt es zu systematischen Abweichungen der beobachteten Decca-Werte von den für die Kartenkonstruktion vorausberechneten Werten. Derartige systematische Fehler werden zu den einzelnen Decca-Ketten in den erwähnten Datenblättern als einzelne *Meßwerte* oder als *Abweichungskonturen* wiedergegeben.

Wesentlich beeinflußt wird die Decca-Ortung durch den Einfluß von Raumwellen. Gleichzeitig mit der Bodenwelle eintreffende Raumwellen führen zu Interferenzen und damit zu Phasenverschiebungen des empfangenen Signals gegenüber dem eigentlichen Bodenwellensignal; vgl. Bild 2.23. Dieser Effekt bestimmt wesentlich die Reichweite des Verfahrens und erklärt auch die Tatsache, daß der Ortungsbereich nachts herabgesetzt ist.

Am Tage ist Decca bis zu einer Entfernung von etwa 240 sm vom Leitsender navigatorisch nutzbar; bei größeren Entfernungen werden die Schnittwinkel der Hyperbeln zu spitz. Unregelmäßigkeiten in den Ausstrahlungen der Decca-Ketten werden durch die Küstenfunkstellen des betreffenden Landes als Decca-Warnung verbreitet. Siehe NF Bd. 1, Abschnitt E bzw. SfK, Abschnitt H.

Die Einführung der Multipulse-Grobortung hat eine wesentliche Minderung der Empfindlichkeit der Phasendifferenzmessung der Grobortung gegen Raumwellen mit sich gebracht. Dieser Effekt und die durch die digitale Anzeige beim Empfänger vom Typ 21 erleichterte Ablesung führen häufig dazu, daß die Navigation mit der Grobortungsanzeige durchgeführt wird, zumal die Feinheit der Anzeige den navigatorischen Anforderungen häufig genügt. In Bild 2.24 ist ausgewiesen, daß tatsächlich unter bestimmten Empfangsbedingungen, wie sie gerade in größeren Entfernungen von der Kettenmitte auftreten, die Grobortungssignale genauer als die der Feinortung sind.

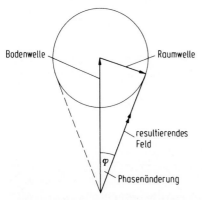

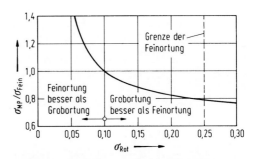

Bild 2.24. Vergleich zwischen Feinortungs- und Multipulse-Grobortungsunsicherheit in Abhängigkeit von der Standardabweichung der Feinortung.
(Streuung des Ortungsfehlers bei der Multipulse-Grobortung (σ_{MP}), bei der Feinortung (σ_{Fein}), bei der Koordinate Rot (σ_{Rot}))

Bild 2.23. Phasenänderung des Bodenwellensignals durch Überlagerung mit der gleichfrequenten und phasenverschobenen Raumwelle

Die Ortungszuverlässigkeit ist von der Entfernung vom Leitsender und dem Winkel abhängig, unter dem sich die benutzten Hyperbeln am Schiffsort schneiden. Außerdem beeinflußt auch das von der Tages- und Jahreszeit abhängige Auftreten von Raumwellen die Ortungszuverlässigkeit.

Örtlich begrenzte Ungenauigkeiten können auftreten. Einzelheiten soweit bekannt, enthalten die „Data Sheets".

Am Tage können bei kürzeren Entfernungen (bis 50 sm) Fehler bis zu 100 m, bei mittleren (bis zu 150 sm) bis zu 200 m und bei größeren bis zu 400 m auftreten. Bei Nacht muß man je nach der Entfernung mit den doppelten bis sechsfachen Werten rechnen.

Wiederholgenauigkeit. Eine einmal durch eine Decca-Ortung festgestellte Position läßt sich am sichersten durch die Verwendung eines Decca-Navigators wiederauffinden. Systematische Fehler wie oben angegeben, machen sich dann nicht bemerkbar. Fischer vermeiden Gefahren für ihr Grundgeschirr dadurch am zuverlässigsten, indem sie die Position eines „Hakers" nach Decca bestimmen und zukünftig auch nach Decca meiden.

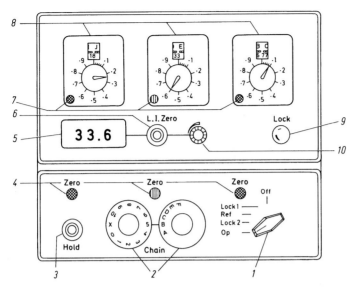

Bild 2.25. Decca-Navigator-Empfänger Mark 21. (Die Hinweisziffern beziehen sich auf die beiden Tabellen für die Bedienelemente und Anzeigen sowie Bedienung dieses Empfängers.)

2.3.5 Decca-Empfänger

Zur Verwendung in der Schiffahrt wurden seitens der Firma Decca im Laufe der Zeit mehrere Empfänger entwickelt. Der erste Empfänger mit der Bezeichnung Mark V war als Geradeausempfänger aufgebaut. Seine daraus resultierende mangelnde Trennschärfe reichte nur für die ursprünglich möglichen neun Ketten des Systems aus. Weite Verbreitung hat der Empfänger vom Typ Mark 12 gefunden. Dieser kann beide Grobortungsvarianten auswerten. Er ist in Band 1 der 7. Auflage dieses Handbuches ausführlich dargestellt. Gegenwärtig wird der Empfänger Mark 21 eingesetzt. Bild 2.25 zeigt vereinfacht seine Frontansicht. Mark 12 wie Mark 21 arbeiten als Überlagerungsempfänger.

Die prinzipielle Arbeitsweise des Empfängers ist in Bild 2.26 sowohl für die Feinortung als auch für die Grobortung dargestellt. Die Erläuterung der Bedienelemente und der normale Gang der Bedienung sind in den beiden folgenden Tabellen zusammengefaßt.

Um einen auswertbaren Empfang zu erhalten, sind bei allen Decca-Navigationsanlagen zwei Bedingungen zu erfüllen:

- Die Anlage muß auf die für das Seegebiet am besten geeignete Decca-Kette eingestellt werden.
- Zur Vermeidung der Mehrdeutigkeit des Verfahrens ist es erforderlich, daß vor dem Betrieb der Anlage bzw. beim Wechsel der Decca-Kette die ungefähre Position bekannt ist.

Bei den älteren, nicht rechnergestützten Anlagen nur mit Anzeige der Hyperbelstandlinien, sind die Decca-Ketten manuell zu wählen. Die ungefähre Position ist in Form der Zonen- und Streifenkoordinaten (Zonenbuchstabe, Streifennummer) einzugeben und anhand der Grobortungsanzeige zu kontrollieren.

Bei den neueren, rechnergestützten Anlagen erfolgt die Anzeige in geographischen Koordinaten. Die ungefähre Position ist dementsprechend einzugeben.

Bedienelemente und Anzeigen des Decca-Navigator-Empfängers Mark 21. (Die Ziffern beziehen sich auf das Bild 2.25.)

Nr.	Englische Bezeichnung	Deutsche Bezeichnung	Erläuterung
1	Function Switch	Funktions-schalter	Der Schalter hat 5 Stellungen: Off Aus; schaltet die Stromversorgung aus. Lock 1 Abstimmung und Phasenfestlegung auf die eingeschaltete Kette. Ref Kontrolle der Nullstellung (Zero) der Decometerzeiger. Lock 2 Wie Lock 1, doch normalerweise zu nehmen. Op Betriebsstellung
2	Chain Switch	Kettenwahl-schalter	Zur Einstellung einer Decca-Kette nach Ziffer und Buchstabe (5 B in Bild 2.25)
3	Hold	Halt-Taste	Durch Drücken der Taste werden die Deco-meterzeiger bei 0,125 eingestellt; dadurch wird bei der Nullpunktkontrolle (Ref) oder beim Umschalten auf eine andere Kette (besonders beim Zwei-Ketten-Verfahren) ein Rotieren der Zeiger verhindert.
4	Zero (red, green, purple)	Korrektur-knopf	Zur Korrektur der Decometerzeiger.
5	L. I. Digital Readout (Lane Identification)	Digitale Streifenanzeige; Grobortungs-anzeige	Zeigt die Streifennummer und Zehntel eines Streifens an. Alle 20 s werden alle drei Werte angezeigt. Anzeige nur in Stellung „Op" von Schalter *1*.
6	L. I. Zero	Grobortungs-korrektur	Die erste Anzeige der Grobortung ist jeweils 00.0. Beim Einschalten oder Umschalten können Abweichungen auftreten, die durch einmaligen Druck korrigiert werden.
7	Reset red, green, purple	Einstellung rot, grün, purpur	Mit diesen Knöpfen werden die Decometer mit Zonenbuchstabe und Streifennummer eingestellt.
8	Decometer		Anzeigeeinheit; der Zeiger gibt die gemessene Phasendifferenz an, Streifennummer und Zonenbuchstabe werden mechanisch mit-gedreht.
9	Lock	Abstimm-anzeige	Die Lampe leuchtet stetig (bis auf ein kurzes Verlöschen im Rhythmus der Grobortung), sobald der Empfänger auf die Kette abge-stimmt ist.
10	Dimmer		Hiermit läßt sich die Helligkeit der Grob-ortungsanzeige regeln.

Bedienung des Decca-Navigator-Empfängers Mark 21. (Die Hinweisziffern beziehen sich auf Bild 2.25.)

Bedienung Schritt	Schalter	Bemerkung
1	*2*	Einstellen der Decca-Kette mit Ziffer und Buchstabe.
2	*1* → Lock 1	Einschalten. Die Zeiger der Decometer zittern oder rotieren, beruhigen sich aber bald. Die Lock-Lampe *9* leuchtet zunehmend hell auf, sie wird im Rhythmus der L.I.-Signale unterbrochen.
3	*1* → Ref	Justieren (Nullen) der Decometerzeiger mit *4*.
4	*1* → Lock 2	Wie Schritt 2; Einrasten des Empfängers (Lock) beobachten.
5	*1* → Op	Digitale Streifenanzeige erscheint.
6	*6*	Durch Zero-Taste Masterstreifenanzeige nullen, 23.8; 23.9; 00.0; 00.1; 00.2 als Anzeigen möglich.
7	*7*	Einstellen von Zonenbuchstabe und Streifenziffer nach Loggeort.
8	Log Protokoll	Notieren von L.I.-Anzeige und zugehöriger Decometeranzeige. Falls sie nicht übereinstimmen, ist die Decometer-Anzeige gemäß L.I.-Anzeige nachzustellen. (Bei Raumwelleneinfluß können größere Abweichungen zwischen beiden Anzeigen auftreten. Sie dürfen nicht zur Korrektur genutzt werden.) Beobachtung über mehrere L.I.-Perioden.
9		Regelmäßige Kontrolle der Nullung (einmal am Tage).

Kettenwechsel

1		Ort nach bisher benutzten Decca-Koordinaten notieren.
2		Für den Ort die Decca-Koordinaten der neuen Kette feststellen.
3		Neue Kette nach Ziffer und Buchstabe einschalten.
4		Abstimmen und Einfangen der Frequenz der neuen Kette beobachten. Gegebenenfalls durch „Lock 2" unterstützen. Bei schlechten Empfangsverhältnissen auf „Lock 1" schalten.
5		Wie Schritt 5 im vorherigen Absatz und ff.

Zwei-Ketten-Verfahren

		In etlichen Randgebieten der Decca-Bedeckung verwendet man vorteilhaft zwei Standlinien zweier unterschiedlicher Ketten. Ausgewertet wird von der zugeschalteten Kette nur die L.I. Ein Rotieren der Feindecometer wird durch Hold *3* verhindert.

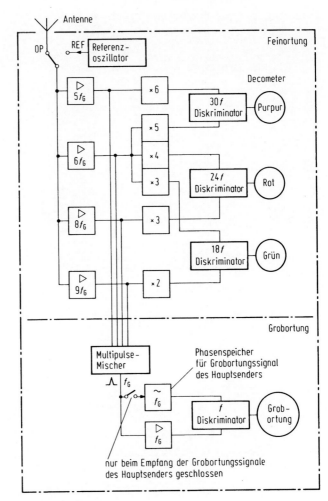

Bild 2.26. Arbeitsprinzip des Empfängers Mark 21

Die Kette kann manuell eingegeben, aber auch von der Anlage anhand der ungefähren Position automatisch ermittelt werden. Wegen der unterschiedlichen
Arbeitsweisen der Anlagen lassen sich keine allgemeingültigen Angaben darüber
machen, wie groß der Fehler bei der Eingabe sein darf. Solange diese ungefähre
Position nicht mehr als eine Streifenbreite im Hyperbelnetz von der tatsächlichen
Position abweicht, ist eine fehlerfreie Positionsbestimmung durch die Anlage gewährleistet. Wie groß der akzeptable Fehler tatsächlich sein darf, ist der Bedienungsanleitung zu entnehmen. Ihr ist ebenfalls die für die Anlage geltende
Bezeichnung der Decca-Ketten zu entnehmen.

Decca-Wegschreiber

Bild 2.27 zeigt den von der Firma Decca entwickelten Wegschreiber, der heute nur
noch wenig Bedeutung hat, da er Spezialkarten benötigt; durch die technische Entwicklung werden Geräte angeboten (vgl. Kap. 2.3.6), die ohne derartige Karten
auskommen.

Bild 2.27. Decca-Weg-schreiber

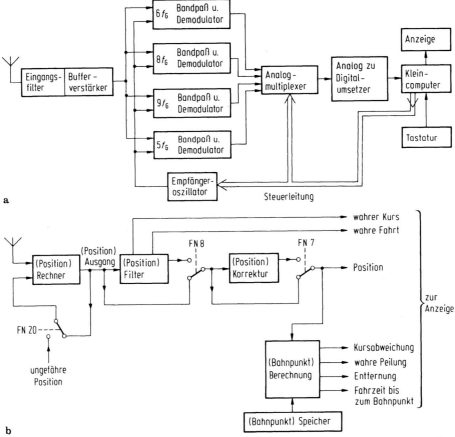

Bild 2.28. a Signalflußbild und **b** Informationsverarbeitung im AP-Navigator (aus: Bedie-nungshandbuch für den AP-Navigator der Firma Dantronik, Flensburg)

2.3.6 Andere Empfänger

Die Firma Decca hat bis zum Ende der siebziger Jahre ihr Monopol in der Entwicklung, Herstellung und im Vertrieb der Empfänger gehalten. Erst im Zuge der Entwicklung der Mikroprozessortechnik sind Empfänger anderer Hersteller auf den Markt gelangt. Solche zugelassenen neuartigen Geräte (Ankauf) sind z.B. die Empfänger RS 4000 (Fa. Eissing) und 602 D (Fa. Hagenuk). Diese wandeln in ihrem Rechnerteil die Decca-Meßwerte direkt in geographische Koordinaten um (vgl. Bild 2.28).

Der eingebaute Rechner gibt darüber hinaus weitere nützliche Informationen:

- Automatische Kettenwahl und automatischer Kettenwechsel,
- Definition einer gewünschten Bahn durch einzelne Bahnpunkte (way point),
- Angabe von Kurs und Distanz zum nächsten Bahnpunkt,
- Alarmierung bei hinreichender Annäherung an den nächsten Bahnpunkt,
- Berechnung von Kurs und Distanz zwischen einzelnen Bahnpunkten (loxodromisch oder orthodromisch),
- Bestimmung der tatsächlichen Bewegung über Grund und
- Bestimmung der Abtrift.

Der Empfänger gibt darüber hinaus Hinweise auf die Signalqualität, die Sicherheit der Signalverfolgung und auf die Genauigkeit durch Angabe eines Fehlerkreisradius. Durch die digitale Anzeige wird leicht der Eindruck hoher Genauigkeit und Zuverlässigkeit erweckt. Man sollte deshalb bei derartigen Geräten neben den Ortungsangaben auch die Angaben zu den Empfangsbedingungen und zum wahrscheinlichen Fehler notieren und sich ihre Bedeutung jeweils klar machen.

2.4 Omega

2.4.1 Verfahrensgrundlagen

Prinzip

Das Omega-Verfahren ist ein Hyperbelnavigationsverfahren, bei dem die Standlinien durch die Messung von Phasendifferenzen zwischen elektromagnetischen Wellen, die von den Sendern des Systems kohärent abgestrahlt werden, bestimmt werden. Eine weltweite Bedeckung mit nur acht Stationen (vgl. Bild 2.29 und nachstehende Tabelle der Senderorte) wird durch die Verwendung von Wellen mit sehr niedriger Frequenz (VLF) möglich; vgl. Bild 1.1 und Bild 1.2. Diese sehr langwelligen Wellen dringen auch in Seewasser ein. Eine Nutzung dicht unter der Wasseroberfläche ist möglich. Omega ist fortwährend verfügbar und kann von beliebig vielen Nutzern zur gleichen Zeit angewendet werden.

Frequenzen. Die vom Omega-System genutzten Frequenzen liegen zwischen 10,2 kHz und 13,6 kHz. Sie lassen sich aus der Frequenz 408 kHz durch Division mit den ganzen Zahlen 30, 31, 32, ..., 39, 40 berechnen. Für die Navigation ist die Hauptfrequenz 10,2 kHz. Die beiden Frequenzen 11⅓ kHz und 13,6 kHz dienen ebenfalls der Navigation. Sie werden zur Groborterung verwendet. Die übrigen Frequenzen (vgl. nachstehendes Frequenz- und Zeitschema des Omega-Navigationsverfahrens) dienen der Kontrolle, der Steuerung und sonstiger Informationsübertragung an die Stationen. Anders als bei den in den vorhergehenden Kapiteln angesprochenen Hyperbelnavigationsverfahren LORAN und Decca, bei denen mehrere Sender zu einer durch einen Hauptsender synchronisierten Kette zusammengefaßt werden, wird im Omega-System jede Station im wesentlichen

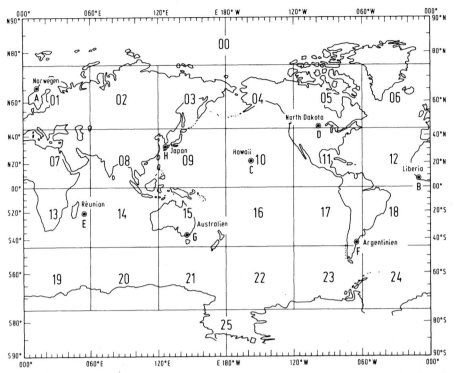

Bild 2.29. Positionen der acht Omega-Stationen; Gebietseinteilung zur Organisation der Omega-Unterlagen

autonom stabilisiert. Die Stabilität der abgestrahlten Frequenz ist $f \cdot 10^{-12}$. Sie wird bei jedem Omega-Sender durch vier Cäsium-Atom-Frequenznormale kontrolliert. Darüber hinaus findet an jeder Station ein Vergleich der von den anderen Stationen einkommenden Wellen auf korrekte Phasenlage statt.

Senderorte des Omega-Systems

Kenn-buchstabe	Senderort	Geographische Koordinaten		Wartungs-monat
A	Aldra, Norwegen	66° 25′ 12,62″ N	013° 08′ 12,52″ E	Juli
B	Monrovia, Liberia	06° 18′ 19,11″ N	010° 39′ 52,40″ W	April
C	Haiku, Oahu (Hawaii)	21° 24′ 16,78″ N	157° 49′ 51,51″ W	Mai
D	La Moure, North Dakota	46° 21′ 57,29″ N	098° 20′ 08,77″ E	September
E	La Réunion	20° 58′ 27,03″ S	055° 17′ 23,07″ E	Juni
F	Golfo Nuevo, Argentinien	43° 03′ 12,89″ S	065° 11′ 27,36″ W	März
G	Woodside, Australien	38° 28′ 52,53″ S	146° 56′ 06,51″ E	August
H	Tsushima, Japan	34° 36′ 52,93″ N	129° 27′ 12,57″ E	Oktober

Senderorganisation

Die insgesamt acht Stationen sind über die Welt verteilt (vgl. Bild 2.29 und vorstehende Tabelle). Die von ihnen abgestrahlten Wellen haben bei einer Frequenz

von ca. 10 kHz eine Wellenlänge von etwa 30 km. Derartige Wellen folgen der Erdoberfläche und füllen den Raum zwischen Erdoberfläche und Ionosphäre aus. In
diesem hohlleiterartigen Zwischenraum werden die Wellen nur geringfügig gedämpft. Sie reichen durchaus bis in den der Station gegenüberliegenden Antipodenbereich hinein.

Frequenz- und Zeitschema des Omega-Navigationsverfahrens

Segment		1	2	3	4	5	6	7	8	1
Station		Frequenz in kHz								
Norwegen	(A)	10,2	13,6	11,33	12,1	12,1	11,05	12,1	12,1	10,2
Liberia	(B)	12,0	10,2	13,6	11,33	12,0	12,0	11,05	12,0	12,0
Hawaii	(C)	11,8	11,8	10,2	13,6	11,33	11,8	11,8	11,05	11,8
North Dakota	(D)	11,05	13,1	13,1	10,2	13,6	11,33	13,1	13,1	11,05
La Réunion	(E)	12,3	11,05	12,3	12,3	10,2	13,6	11,33	12,3	12,3
Argentinien	(F)	12,9	12,9	11,05	12,9	12,9	10,2	13,6	11,33	12,9
Australien	(G)	11,33	13,0	13,0	11,05	13,0	13,0	10,2	13,6	11,33
Japan	(H)	13,6	11,33	12,8	12,8	11,05	12,8	12,8	10,2	13,6
Sendedauer in Sekunden		0,9	1,0	1,1	1,2	1,1	0,9	1,2	1,0	0,9

0,2 (Sendepause)

$\longleftarrow$ 10 s $\longrightarrow$

An jedem Ort der Erde können mehrere Stationen empfangen werden. Problematisch ist die Konstruktion der Senderantenne bei derartigen Wellenlängen. Für
eine optimale Abstrahlung der zugeführten Senderleistung muß eine Antenne
elektrisch möglichst eine Viertelwellenlänge lang sein. Eine Drahtantenne wäre also
im Omega-System 7,5 km lang. Die Antenne der japanischen Station (H) ist ein
über 450 m hoher Stahlzylinder. Die Fehlanpassung wegen mangelnder Antennen-
länge bewirkt die Abstrahlung einer Wirkleistung von nur einem Bruchteil der
eingespeisten Senderleistung, von 130 kW z. B. nur 10 kW.

Zeitschema. Das von den Omega-Stationen abgestrahlte Frequenzschema ist der
vorstehenden Tabelle zu entnehmen. Das Schema wiederholt sich jeweils nach 10 s.
Die einzelnen Zeitsegmente sind zwischen 0,9 s und 1,2 s lang. Sie werden durch
Sendepausen von je 0,2 s Dauer getrennt. Diese Pausen sind so lang, daß die im
vorhergehenden Zeitsegment abgestrahlten Signale weltweit abgeklungen sind. In
jedem Zeitsegment werden von allen Stationen unterschiedliche Frequenzen abgestrahlt. Die Hauptnavigationsfrequenz 10,2 kHz wird von der Station A im 1. Zeitsegment, von der Station B im zweiten Zeitsegment usw. ausgestrahlt.

Das Zeitschema des Omega-Systems ist mit der Internationalen Atomzeit (TAI;
vgl. Bd. 1B, Kap. 4.5.3) synchronisiert. Die Dauer der Zeitsegmente dient zu
ihrer eindeutigen Identifizierung. So wird die Hauptnavigationsfrequenz 10,2 kHz
im Zeitsegment 1 mit einer Dauer von 0,9 s von der Station A abgestrahlt. Die
gleiche Dauer hat das Signal mit dieser Frequenz von der Station F im 6. Zeitsegment. Die jeweils folgenden Zeitsegmente sind aber unterschiedlich lang,
nämlich 1,0 s bzw. 1,2 s.

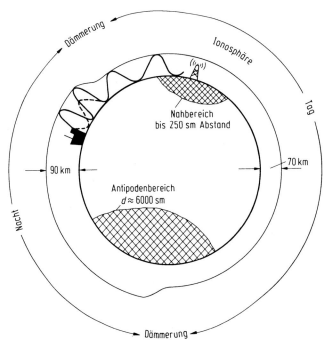

Bild 2.30. Wellenausbreitung im Hohlleiter zwischen Erdoberfläche und Ionosphäre

Wellenausbreitung

Die im Omega-Verfahren verwendeten Längstwellen breiten sich in der hohlleiter-artigen Kugelschale zwischen Erdoberfläche und unterster Schicht der Ionosphäre aus. Die Höhe der Ionosphäre beeinflußt die Ausbreitungsgeschwindigkeit und damit die gemessene Phasendifferenz der Wellen. Der Aufbau der Ionosphäre und damit die Höhe des Hohlleiters ist wesentlich durch die Energieeinstrahlung von der Sonne bestimmt. Am Tage ist die für die Omega-Ausbreitung wesentliche Schicht die D-Schicht, die sich etwa 60 km über der Erde befindet; in der Nacht entfällt die D-Schicht und erst die etwa 90 km über der Erde befindliche E-Schicht bestimmt die Wellenausbreitung (vgl. Ionosphäre und Raumwelle im Kap. 1.1.2). Die Ausbreitung der Wellen in Hohlleitern mit unterschiedlicher Höhe ist in Bild 2.30 angedeutet.

Die schnelle Änderung der Ausbreitungsverhältnisse in der Dämmerung beim Übergang von einem Ionosphärenzustand in den anderen macht eine Nutzung eines Omega-Senders dann problematisch, wenn irgendwo zwischen diesem Sender und dem Empfänger die Dämmerungszone durchgeht. Die Ausbreitungsgeschwindigkeit der Wellen ist darüber hinaus auch von der Leitfähigkeit des Bodens abhängig. Sie ist in den Omega-Unterlagen zur nautischen Nutzung des Systems jeweils mit einkalkuliert.

Dämpfung. Insgesamt werden die Längstwellen nur gering gedämpft. Jedoch gibt es Unterschiede in Abhängigkeit von der Materialart der Erdoberfläche. So leitet das Seewasser wesentlich besser als Eis oder trockenes Land. Interessant ist, daß Wellen, die sich von West nach Ost ausbreiten, weniger gedämpft werden als Wellen, die sich in umgekehrter Richtung ausbreiten. Die Ursache liegt im erd-magnetischen Feld (vgl. Bild 2.31).

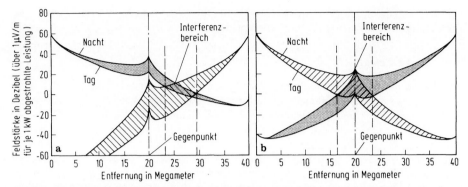

Bild 2.31. Einfluß des Erdmagnetfeldes auf die Wellenausbreitung. (Die schraffierten Flächen gelten für die entgegengesetzte Übertragungsrichtung.)
a Übertragung (10,2 kHz) von West nach Ost in Äquatorhöhe; **b** Übertragung (10,2 kHz) von Nord nach Süd

Interferenzen. Das Wellenfeld in der Umgebung der anregenden Station ist komplizierter aufgebaut als im Fernfeld. Es läßt sich nur mit mehreren Hohlleiterwellenformen hinreichend genau beschreiben. Die Nutzung der Omega-Standlinien beruht aber auf dem im Fernfeld allein vorhandenen Wellentyp. Der nicht nutzbare Nahbereich hat etwa einen Radius von 250 sm um die Station. Neben den Interferenzen im Nahbereich auf Grund der Überlagerungen mehrerer Hohlleiterwellentypen (multimodal interference) treten noch im Antipodenbereich Interferenzen auf Grund von Wegunterschieden auf (multipath interference), denn ein Empfänger in der Nähe des Antipodenpunktes (Gegenpunktes) zur Omega-Station kann sowohl über den Hauptbogen des Großkreises (vgl. Bd. 1 B, Kap. 1.4.3) von einer Omega-Welle als auch von einer zweiten Welle, die den längeren Weg über den Gegenpunkt in umgekehrter Richtung auf dem Großkreis um die Erde gewandert ist, erreicht werden.

Dieser nicht nutzbare Bereich hat etwa einen Durchmesser bis zu 6000 sm. Wegen der größeren Dämpfung der Wellen bei der Ausbreitung von Ost nach West liegt der Interferenzbereich praktisch vollständig östlich des Gegenpunktes der Omega-Station (vgl. Bild 2.31).

Störungen. Zu unterscheiden ist zwischen den Störungen, die lediglich den Empfang der Omega-Signale beeinträchtigen, und den Störungen, die die Phasenlage der Omega-Signale verändern und damit das Meßergebnis verschlechtern. Atmosphärische Entladungen können den Empfang der Omega-Signale unmöglich machen. Störungen, die durch plötzliche Änderung der Energieeinstrahlung von der Sonne entstehen, beeinflussen die Höhe der Ionosphäre und damit die Ausbreitungsgeschwindigkeit der Wellen; sie führen zu Fehlmessungen. Diese plötzlichen Störungen der Ionosphäre (SID, sudden ionospheric disturbance) gehen mit der Aktivität der Sonne einher.

Ein weiterer aus vorübergehenden Veränderungen in der Ionosphäre herrührender Effekt kann bei Ausbreitungswegen über hohe magnetische Breiten eine Rolle spielen. Von der Sonne herkommende Teilchenstrahlung wird durch das erdmagnetische Feld zu den Polen hin abgelenkt. Sie führt dort zur Absenkung der untersten Ionosphärenschicht und damit zu wesentlichen Änderungen der Ausbreitungsverhältnisse sowohl bei der Dämpfung als auch bei der Ausbreitungsgeschwindigkeit. Dieser Effekt baut sich relativ langsam auf (bis zu 12 Stunden) und verschwindet langsam im Verlauf von mehreren Tagen. In den USA nennt man diesen Effekt PCA (**p**olar **c**ap **a**bsorption).

Standlinienschema

Die Berechnung der Omega-Standlinien geschieht an einem Erdmodell, bei dem überall Tagesausbreitungsverhältnisse herrschen. Zur Berücksichtigung der Änderungen, die durch die größere Ionosphärenhöhe während der Nacht auftreten, wird ein Korrekturmodell benutzt, das den tages- und jahreszeitlichen Verlauf der Änderung der Ausbreitungsverhältnisse beschreibt. Die so vorausberechneten Korrekturwerte (PPC, **p**recalculated **p**ropagation **c**orrection) paßt das Modell recht gut der Realität an. Nur die schnellen Änderungen der Ausbreitungsverhältnisse lassen sich damit nicht hinreichend genau erfassen. Derartige Änderungen treten auf, wenn die Dämmerungszone zwischen Sender und Empfänger durchgeht (vgl. Bild 2.31). In dieser Situation sollte das betreffende Omega-Senderpaar nicht zur Ortung benutzt werden.

Jede Standlinienschar wird durch zwei Sender des Omega-Systems festgelegt. Die Unterlagen sind so organisiert, daß die Paarung immer in der alphabetischen Reihenfolge der Stationsbezeichnungen beschrieben wird. Die hyperbelähnlichen Standlinien werden durch die Messung der Phasendifferenz zwischen den von beiden beteiligten Stationen kommenden Wellen festgelegt. Wie in Kap. 2.1 gezeigt, ist die Phasendifferenzmessung mehrdeutig. Der Abstand zweier Hyperbeln mit der Phasendifferenz Null beträgt auf der Basislinie eine halbe Wellenlänge. Bei einer Frequenz von 10,2 kHz und einer daraus sich ergebenden Wellenlänge von etwa 30 km beträgt demnach die Streifenbreite auf der Basislinie zwischen zwei Nullhyperbeln etwa 15 km oder rund 8 sm. Die Nullhyperbeln werden aufsteigend vom ersten zum zweiten Sender durchnumeriert.

Die Nullhyperbel in der Mitte zwischen beiden Stationen trägt immer die Nummer 900. In Bild 2.32 ist das Gebiet 01 (Area 01) gemäß Omega-Einteilung mit einigen Standlinien des Senderpaares AB dargestellt. Die verlängerte Basis (baseline extension) trägt die Bezeichnung 665,2. Demnach hat diese Schar $(900 - 665{,}2) \cdot 2 = 469{,}6$ Hyperbelstreifen. Die Basislinienlänge beträgt $469{,}6 \cdot \lambda/2 \approx 3757$ sm.

Zur Identifizierung des jeweiligen Hyperbelstreifens sind mehrere Möglichkeiten vorhanden.

Jedes Gerät enthält für jede verfolgte Standlinienschar einen Zähler, der bei jedem Kreuzen einer Nullhyperbel um eins weitergesetzt wird. Das Empfangsgerät muß deshalb während der Reise dauernd eingeschaltet sein. Ein Ausfall im Empfang der Omega-Signale kann zur Fehlzählung führen (lane slip). Die Feststellung solcher Fehlzählungen ist mit den herkömmlichen Mitteln der Navigation nicht immer gesichert, muß doch dann der Ort gegebenenfalls bis auf ± 4 sm (Streifenbreite auf der Basis) bekannt sein. Das Deutsche Hydrographische Institut (DHI) fordert deshalb die zusätzliche Ausrüstung mit einem Streifenschreiber, der eine Fehlzählung erkennen und in gewissem Umfang auch berichtigen läßt.

Das Omega-Verfahren bietet allerdings auch wie das Decca-Verfahren die Möglichkeit der Grobortung durch Phasenvergleich von Schwingungen niedrigerer Frequenz. Dazu werden die ebenfalls abgestrahlten Frequenzen $11\frac{1}{3}$ kHz und 13,6 kHz verwendet. Entsprechend ausgerüstete Empfänger bilden die Differenz der beiden Frequenzen 13,6 kHz − 10,2 kHz = 3,4 kHz. Sie beträgt genau ein Drittel der Hauptnavigationsfrequenz 10,2 kHz. Die Streifen dieser Grobortung enthalten also genau drei Streifen der Feinortung (vgl. Bild 2.33). Auf der Basislinie sind diese Streifen 24 sm breit.

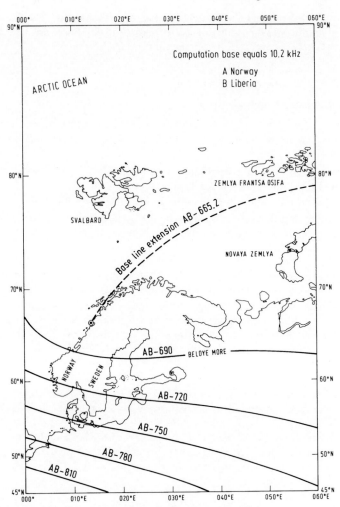

Bild 2.32. Gebiet 01 des Omega-Systems mit Hyperbeln des Senderpaares AB

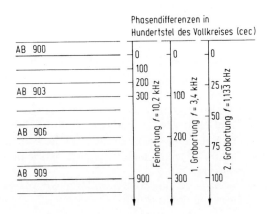

Bild 2.33. Grobortungs- und Feinortungsstreifen beim Omega-Verfahren

Bei Empfängern, die auch den Empfangskanal für 11⅓ kHz enthalten, lassen sich über die Messung der Phasendifferenz auf der Basis der Frequenzen 10,2 kHz und 11⅓ kHz neun Streifen voneinander unterscheiden.

2.4.2 Navigatorische Nutzung

Nautische Unterlagen

Die für das Omega-Verfahren benötigten nautischen Unterlagen werden umfassend in den USA von der Defence Mapping Agency (DMA) vertrieben. Es sind dies:

- Karten mit eingedrucktem Standliniennetz,
- Tafeln mit Ausbreitungskorrekturen,
- Koordinatentafeln zur Konstruktion von Standlinien.

Bei Empfängern, die gleich die geographischen Koordinaten unter Berücksichtigung der Ausbreitungskorrekturen angeben, sind Spezialunterlagen nicht erforderlich.

Omega-Karten. Ein die ganze Welt umfassendes systematisches Kartenwerk mit Omega-Standlinienaufdruck ist die Reihe 7600 von DMA (vgl. Bild 2.34). Die Karten sind großformatig, haben aber einen recht kleinen Maßstab. Die auswertbaren Standlinienscharen sind farbig unterschiedlich eingedruckt. Wegen des kleinen Maßstabs ist allerdings nur jede dritte Nullhyperbel eingetragen und mit der Hyperbelnummer beziffert. Jede neunte Nullhyperbel trägt darüber hinaus die Kennzeichnung des zugehörigen Senderpaares.

PPC-Tafeln. Die Tafeln für die Ausbreitungskorrekturen (amerik.: PPC, precalculated propagation correction) werden wie die Koordinatentafeln jeweils für bestimmte Gebiete (area), wie sie Bild 2.35 zeigt, hergestellt. Für jede im interessierenden Gebiet zu empfangende Station wird ein Heft mit den Korrekturwerten herausgegeben. Jedes Gebiet ist in rechteckige Flächen unterteilt. Ihre Kennziffern weisen auf die Seite hin, auf der man in den PPC-Tafeln die interessierenden Werte findet.

Koordinatentafeln. Im Zuge der Entwicklung des Omega-Verfahrens wurden zur Auswertung zunächst die Schnittpunkte der Standlinien mit geographischen Koordinaten berechnet. Erst danach wurden Karten mit Standlinienaufdruck verbreitet. Diese berechneten Standlinien liegen nach wie vor als Omega-Koordinatentafeln vor. Für jedes Stationspaar und Gebiet ist eine Koordinatentafel nötig, wenn entweder keine Omega-Karte vorhanden oder deren Maßstab zu klein ist.

Planung der Omega-Nutzung für eine Reise

Vor Beginn der Reise sollte man sich einen Überblick über die Möglichkeiten und Einschränkungen der Navigation mit Omega auf dem bevorstehenden Reiseabschnitt verschaffen. Wesentliche Gesichtspunkte für die Nutzbarkeit der einzelnen Stationen sind:

- Das Fahrtgebiet bleibt außerhalb des Nahbereiches (250 sm vom Sender).
- Das Fahrtgebiet bleibt außerhalb des Bereiches der Interferenz durch Mehrwegeausbreitung.
- Der Ausbreitungsweg (Großkreis) zwischen Sender und Empfänger läuft nicht durch ein Polargebiet.

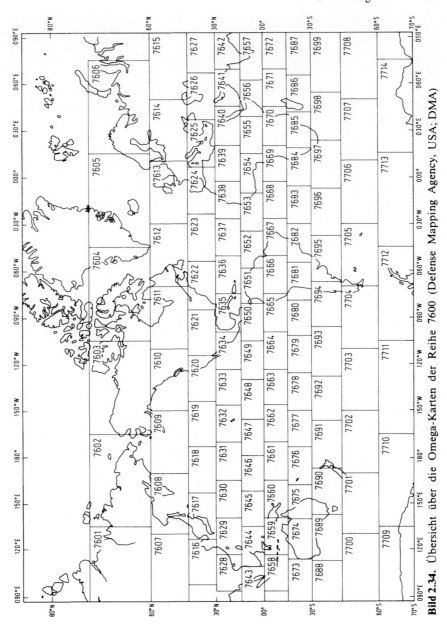

Bild 2.34. Übersicht über die Omega-Karten der Reihe 7600 (Defense Mapping Agency, USA; DMA)

Es sind Bedeckungsdiagramme herausgegeben worden, in denen die Konturen der Nutzbarkeit der einzelnen Stationen — für Sommer und Winter getrennt — dargestellt sind, welche die oben genannten Gesichtspunkte berücksichtigen.

Aus der Sendertabelle auf S. 90 ist der Wartungsmonat der einzelnen Station zu entnehmen. Auch dieser sollte bei der Planung beachtet werden.

Bei der Auswahl von Sendern zu Stationspaaren ist darüber hinaus zu beachten,

- daß die Schnittwinkel der Standlinien nicht zu spitz werden und größer als 30° bleiben,

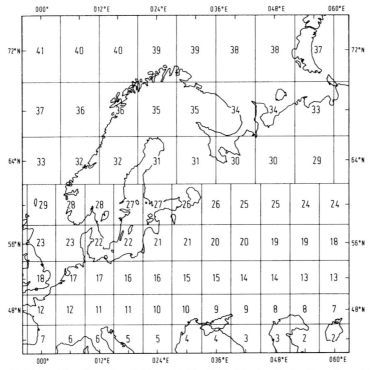

Bild 2.35. Einteilung des Gebietes 01 für die Tafeln der Ausbreitungskorrekturen (PPC)

- daß die Standlinienweite nicht zu groß und deshalb die Ortung zu ungenau wird,
- daß Stationspaare mit sich nicht überdeckenden Dämmerungsphasen ausgewählt werden.

Bei der Frage der Häufigkeit der Ortsbestimmung mit Omega sollte das durch die PPC-Tafeln vorgegebene Zeitintervall angestrebt werden, nämlich jeweils zur vollen Stunde zu orten. Bei vorhersehbaren Phasen größerer Ortungsunsicherheit sollte rechtzeitig eine sichere Ortsbestimmung durchgeführt werden.

Beispiel: Für die Reise im Oktober aus der Deutschen Bucht über den Nordatlantik zur US-Ostküste wird als Synchronisierstation die Station A (Norwegen) gewählt. Zur Bildung der Senderpaare bieten sich die Stationen B (Liberia) und D (USA) an (vgl. Bild 2.29). Zusätzlich sind in der Nordsee die Station E (Réunion) und im Atlantik die Station C (Hawaii) nutzbar. Zur Weiterfahrt in die Karibik bietet sich die Station F (Argentinien) an. Alle vorgenannten Stationen sind im Monat Oktober wartungsfrei.

Die sichere Navigation mit Omega erfordert — insbesondere bei Empfängern, die nur die Hauptnavigationsfrequenz verarbeiten und somit keine Möglichkeit der Grobortung haben — eine zuverlässige Kontrolle der Standlinienzähler auf fehlerhafte Zählung der Nullhyperbeln. Sie haben ihre Ursachen in einem mangelhaften oder fehlerhaften Empfang der Synchronisierstation oder einer anderen Omega-Station. Häufige Omega-Ortung läßt solche Fehler schnell erkennen. Zwei Methoden bieten sich zur Kontrolle an:

- Vergleich des Omega-Ortes mit dem Koppelort. Treten dabei Differenzen auf, die einem Vielfachen der durchlaufenden Hyperbelstreifen entsprechen, dann

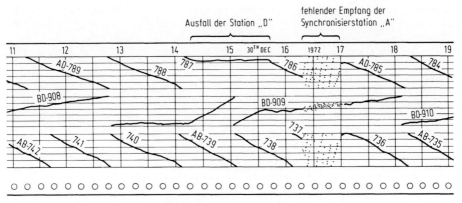

Bild 2.36. Omega-Standlinienschreiberprotokoll (Auszug)

liegt wahrscheinlich ein Zählersprung vor. Diese Kontrolle ist, wenn entsprechende Unterlagen an Bord sind, auch bei Geräten möglich, die direkt geographische Koordinaten anzeigen.

- Beobachtung des angeschlossenen Streifenschreibers auf angezeigte Störungen. In Bild 2.36 ist ein Ausschnitt aus einem solchen Protokoll wiedergegeben. In der protokollierten Zeitspanne hat das Schiff Kurs und Fahrt beibehalten. Synchronisierstation war A (Norwegen). Man erkennt zwischen 16.15 Uhr und 17.00 Uhr Störungen auf allen Anzeigen als Hinweis auf fehlenden Empfang der Synchronisierstation. Dadurch werden die Anzeigen für die Senderpaare AD und AB vollständig gestört. Die Fortsetzung nach Wiederempfang der Synchronisierstation ergibt sich zwingend aus der Fortsetzung der Kurven vor Auftreten der Störung. Der Streifenzähler ist nun entsprechend nachzustellen. Für AD von 786 auf 785 und im Fall AB von 737 auf 736. Man beachte, daß das Senderpaar BD in dieser Spanne zwar eine unruhigere Anzeige aufweist, aber doch keinen Zählfehler zeigt.

Zwischen 14.15 Uhr und 15.45 Uhr ist die Station D ausgefallen. Damit bleibt der Meßwert für D bezüglich der Synchronisierstation konstant, wie man aus der Anzeige für das Senderpaar AD erkennt. Nach Ende der Störung ist der Zähler von BD ebenfalls um 1 zu verstellen, und zwar von 910 auf 909.

Generell gilt, daß auch das Omega-Verfahren nur ein Hilfsmittel der Navigation ist. Andere verfügbare Navigationsverfahren sollten zur Kontrolle genutzt werden, wo immer es möglich und sinnvoll ist.

Auswertung der Omega-Beobachtungen

Folgende Schritte sollten bei der Auswertung von Omega-Beobachtungen eingehalten werden (vorausgesetzt wird ein Einkanalempfänger mit Schreiber):

- Kontrolle auf Zählersprung (lane slip) mit Hilfe des Standlinienschreibers für die Zeit seit der letzten Omega-Beobachtung,
- Ablesen der Zähler zur vollen Stunde,
- Berechnen der Standlinienkorrekturen mit Hilfe der Korrekturwerte aus den PPC-Tafeln,
- Auswerten in der Omega-Karte oder mit Hilfe der Omega-Tafeln,
- Kontrolle, ob die eingestellten Senderpaare weiterverfolgt werden können,
- Vorbereitung der nächsten Beobachtung.

Beispiel zur Ortung mit Omega: Am 08.06.1984 um 18.00 UTC befindet sich ein Schiff auf dem Koppelort 54° 25′ N und 007° 10′ E. Am Omega-Empfänger werden folgende drei unkorrigierten Standlinienwerte abgelesen: AB-757.62; AD-715.05; BD-857.38.

Die Ausbreitungskorrekturen (PPC) findet man in den Omega-Korrekturtafeln für das Gebiet 01 (vgl. Bild 2.29), für die Frequenz 10,2 kHz und für die Stationen A, B und D. Gemäß Seitenindex für die Korrekturtafeln des Gebietes 01 (vgl. Bild 2.35) sind die Korrekturwerte jeweils auf der Seite 23 tabellarisiert. Die obere Tabelle auf dieser Seite gilt für den Koppelort. Mit den Eingängen 18.00 UTC (GMT) und 1. Juni bis 15 Juni entnimmt man für A den Korrekturwert -15. Die Einheit ist Hundertstel des Vollkreises (centicycle; cec) und entspricht Hundertstel der Streifenbreite (centilane; cel). Aus den Tafeln für B und D entnimmt man für B und D die Korrekturwerte -22 und -08.

Die Standlinienkorrektur ergibt sich aus der Differenz der Werte für die einzelnen Stationen in alphabetischer Reihenfolge wie folgt:

Standlinie Stationspaar	1 AB	2 AD	3 BD
Korrektur für die Standlinie	$-15-(-22) = +07$	$-15-(-08) = -07$	$-22-(-08) = -14$
abgelesener Omega-Wert	757.62	715.05	857.38
berichtigter Omega-Wert	757.69	714.98	857.24

Zur Veranschaulichung soll noch die Größenordnung der Berichtigungen verdeutlicht werden. Dazu wird die aus der Korrektur sich ergebende Verschiebung der Standlinien bestimmt und mit dem absoluten Betrag des Korrekturwertes multipliziert.

Streifenbreite eines Streifens	Korrektur- wert	Standlinien- verschiebung
AB 8 sm	.07	0,56 sm
AD 15 sm	.07	1,05 sm
BD 10 sm	.14	1,4 sm

Auswertung mit Omega-Koordinatentafeln. Zur Demonstration wird die Auswertung für eine Standlinie vorgenommen. Die Vervollständigung zum Ort erfolgt nach gleichem Muster. Der korrigierte Meßwert ist AB-757,69. Es wird die Omega-Koordinatentafel für das Gebiet 01 und Senderpaar AB benutzt.

Eingänge in die Tafel sind der ganzzahlige Anteil des Meßwertes und die dem Koppelort benachbarten beiden ganzzahligen geographischen Längen. Man entnimmt der Omega-Koordinatentafel mit dem ganzzahligen Anteil des Meßwertes und den beiden ganzgradigen geographischen Längen die dazu tabellarisierten beiden geographischen Breiten und jeweilige Tafeldifferenz Δ. Man berechnet die beiden Verbesserungen und damit die geographischen Breiten der beiden Leitpunkte $Lt_{007°}$ und $Lt_{008°}$ (vgl. Bild 2.37) wie folgt:

AB 757 geogr. Breite	Δ	Geogr. Länge	Verbesserung	AB-757,69 geogr. Breite
54° 21,4′ N	-83	008° E	$0,69 \cdot (-8,3') = -5,7'$	54° 15,7′ N
54° 32,3′ N	-83	007° E	$0,69 \cdot (-8,3') = -5,7'$	54° 26,6′ N

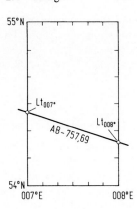

Bild 2.37. Standlinienkonstruktion aus Tafelwerten

Die Tafeldifferenz Δ wird in Zehntelminuten angegeben. Die Standlinie ist in Bild 2.37 eingetragen.

Einstellen der Zähler

Zu Beginn der Reise sind die Omega-Zähler auf die richtigen Ausgangswerte zu setzen. Aus den für den Ort zugehörigen Kartenwerten (Omega-Koordinaten) sind dazu mit Hilfe der Korrekturwerte die zu erwartenden Anzeigen zu bestimmen.

Beispiel: Am 08. 06. 1984 soll um 02.00 UTC der Omega-Empfänger in Bremerhaven eingestellt werden. Aus den Korrekturtafeln entnimmt man für A, B und D die Korrekturwerte -23, -89 und -42. Daraus folgt:

Standlinie Stationspaar	1 AB	2 AD
Kartenwert für Bremerhaven minus Standlinienkorrektur	762.00 $-(-23-(-89)) = -66$	713.06 $-(-23-(-42)) = -19$
erwarteter Anzeigewert	761.34	712.87

Der erwartete Anzeigewert ist an den Zählern einzustellen.

Stationswechsel. Ein Stationswechsel auf der Reise — sei es vorausbedacht oder durch unvorhergesehene Ereignisse erforderlich — erfordert eine sorgfältige Einstellung der Zähler für neue Stationspaare. Vor der Einstellung der Zähler sind auch dafür zunächst die zu erwartenden Anzeigewerte mit Hilfe der Korrekturwerte festzustellen (siehe oben).

Zuverlässigkeit der Ortung

Generell wird für das Omega-Verfahren ein Ortungsfehler bis zu einer Seemeile am Tage und bis zu 2 sm in der Nacht mit 95% Wahrscheinlichkeit angegeben (vgl. Bd. 1 B, Kap. 1.7.2). Zusätzlich läßt sich auch gegebenenfalls die Anzeige des eigenen Empfängers bezüglich der aktuellen Fehler heranziehen. Die Breite der vom Schreiber protokollierten Anzeige gibt ein Maß für deren Streuung und läßt sich umrechnen in die tatsächliche Streuung der Standlinie bei Beachtung der örtlichen Streifenbreite für das betrachtete Senderpaar. Schwankt sie beispielsweise

um 20 cels (cels steht für centilanes) und ist ein Streifen 12 sm breit, so streut die
Standlinie um 2,4 sm. Diese Beobachtung läßt sich allerdings nur bei direkt anzei-
genden und schreibenden Empfängern machen. Empfänger, die nur Mittelwerte von
gemessenen Werten anzeigen, sind dazu ungeeignet. Empfänger, deren Standlinienwerte alle mit dem gleichen „Display" angezeigt werden, mitteln generell ihre Meßwerte.

2.4.3 Omega-Empfänger

Die derzeit in der Seefahrt verwendeten Omega-Empfänger sind in den meisten
Fällen mit einem Rechner bestückt, der automatisch die für den Ort und den Be-
obachtungszeitpunkt gültigen Korrekturwerte berechnet und aus den damit ver-
besserten Meßwerten des Empfängers auch den Ort in geographischen Koordinaten ermittelt. Nachfolgend wird einerseits der Aufbau des Omega-Empfängers
im Prinzip dargestellt und zum anderen eine Übersicht über Empfängervarianten
gegeben.

Aufbau und Signalfluß im Omega-Empfänger

Aufbau. Eine Omega-Empfangsanlage besteht aus der Antenne, dem Empfänger,
dem Standlinienschreiber und der Stromversorgungseinheit. Die Antenne wird
durch einen Vorverstärker, der häufig direkt im Antennenfuß eingebaut ist, an den
Empfänger angepaßt. Der Empfänger enthält den Referenzoszillator mit Format-
und Torgenerator, den Überlagerungsempfänger, die Phasenspeicher für die
einzelnen Stationen, die Standlinienspeicher und -zähler und die Anzeigeeinheit.
Eine Alarmeinheit reklamiert sowohl Mängel bei den einkommenden Omega-
signalen als auch eine Unterbrechung der Stromversorgung durch das Bordnetz.
Die Stromversorgung enthält immer eine eigene Notstrombatterie zur Sicherstellung des kontinuierlichen Betriebes bei kurzzeitigem Bordnetzausfall.

Der Signalfluß. Die über die Antenne ankommenden Omega-Signale werden zusammen mit dem vom Referenzoszillator erzeugten Signal der Mischstufe des
Überlagerungsempfängers zugeführt (vgl. Bild 2.38). Die dort erzeugte Zwischen-

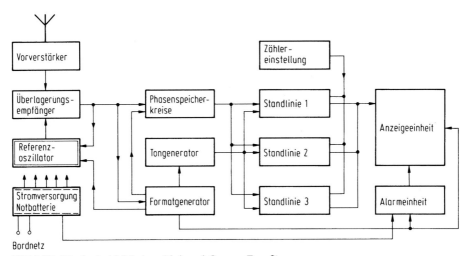

Bild 2.38. Blockschaltbild eines Einkanal-Omega-Empfängers

frequenz beträgt in der Regel 1 kHz. Bei Mehrkanalempfängern kann die Signalverarbeitung bei gleicher Zwischenfrequenz erfolgen. Allerdings ist jeweils die entsprechende Oszillatorfrequenz mit den ankommenden Frequenzen zu mischen.
Der Empfänger kann sehr schmalbandig arbeiten. Typisch ist eine Bandbreite von
100 Hz. Da die Omega-Signale gleicher Frequenz von den Stationen nicht zur
gleichen Zeit zur Verfügung stehen, müssen sie geräteintern gespeichert werden.

Ein dem Omega-Zeitschema entsprechendes Muster wird vom Formatgenerator
erzeugt. Es ist so zu verschieben, daß auch die jeweilige Zuordnung der Stationen
einander entspricht. Wenn beide Schemata übereinstimmen, wird der Referenzoszillator des Gerätes frequenz- und phasentreu auf die Schwingungen der zur
Synchronisation ausgewählten Station eingerastet (phasengesteuerter Oszillator).

In den Phasenspeicher wird für jede Omega-Station die auf die Schwingungen
des Referenzoszillators bezogene Phasenlage der betreffenden Omega-Station gespeichert. Die Bildung der Phasendifferenzen für die ausgewählten Senderpaare
kann dann unmittelbar zwischen Phasenspeichern der Stationen erfolgen. Diese

Empfängervarianten

Tabellarische Kommentierung einiger Empfängermerkmale

Merkmal	Bemerkung
Frequenzkanal	Einkanalgeräte haben nur die Hauptnavigationsfrequenz 10,2 kHz. Die Standlinie kann ab ± 4 sm Verschiebung zur Seite mehrdeutig werden. Zweikanalgeräte besitzen zusätzlich die Frequenz 13,6 kHz. Die Standlinie wird erst ab ± 12 sm seitlicher Versetzung mehrdeutig. Dreikanalgeräte arbeiten zusätzlich mit 11⅓ kHz. Durch die zweite Grobortungsmöglichkeit wird die Standlinie erst ab ± 36 sm seitlicher Versetzung mehrdeutig.
Phasenspeicher	Es müssen mindestens drei Speicher vorhanden sein, um zwei Sender-paare verfolgen zu können. Zusätzliche Phasenspeicher machen das Umschalten auf andere Senderpaarungen problemlos.
Standlinienspeicher	Es müssen mindestens zwei vorhanden sein; nautisch sinnvoll sind jedoch drei.
Anzeigen	Eine Anzeige im Multiplexbetrieb ist das Minimum.
Synchronisation	Manuell, halbautomatisch oder vollautomatisch.
Notstromversorgung	Wird durch unterschiedlich groß ausgelegte Batterien gesichert; es wird aber mindestens 15 min lang die Versorgung der für die Erhaltung der Synchronisation des Gerätes erforderlichen Teile gewährleistet.
Standlinienschreiber	Sind bei Einfrequenzgeräten vorgeschrieben und darüber hinaus sehr nützlich zur Beurteilung von Empfangs- und damit Ortungsqualität.
Einspeisung der Korrekturwerte (PPC)	Die Anzeige erhält damit unmittelbar den auswertbaren Wert.
Rechner	Korrekturwerte (PPC) werden berechnet und die berichtigten Messungen direkt in geographische Koordinaten umgerechnet. Referenzorte können zur Feststellung der tatsächlichen Korrekturwerte eingegeben werden. Über den Rechner ist die Kombination mit anderen Ortungsverfahren möglich.
Ortungsqualität	Sie ist in erster Linie von der Qualität des Omega-Empfängers abhängig.

Phasendifferenzen werden auf die Standlinienspeicher gegeben. Die Zähler der Standlinienspeicher werden extern grundeingestellt oder korrigiert. Ansonsten werden sie bei jedem Nulldurchgang der Phasendifferenz um eins verstellt. Die Anzeigeeinheit muß für mindestens zwei Standlinien die vollständige Information liefern. Dazu gehören die Kennbuchstaben der Stationen, die Streifennummern und die gemessenen Hundertstel einer vollen Phasendrehung.

2.4.4 Sondersysteme mit dem Omega-Verfahren

Die besondere Qualität des Omega-Systems liegt in seiner weltweiten Nutzbarkeit und dauernden Verfügbarkeit. Für die küstennahe Navigation und für die Revierfahrt reicht die Genauigkeit allerdings nicht aus.

Differential-Omega

Schon frühzeitig wurde versucht, das globale Omega-System auch lokal hinreichend genau zu machen. Beim Differential-Omega wird dazu ein Referenzempfänger an einem festen Ort aufgebaut. Die von ihm beobachteten Abweichungen des Omega-Empfangs von den Sollwerten werden als Korrekturwerte wieder von einem dort aufgebauten Sender abgestrahlt (vgl. Bild 2.39). In der Umgebung dieses Senders arbeitende Empfänger — z.B. Empfänger an Bord von Schiffen — erhalten mit diesen Korrekturwerten einen wesentlich genaueren Omega-Ort. Mit zunehmendem Abstand von der Referenzstation nimmt natürlich die Zuverlässigkeit der dort ermittelten Korrekturwerte ab. Der Durchgang der Dämmerungszone zwischen Referenzstation und Empfänger kann die so erhaltenen Korrekturwerte nutzlos machen.

Direkte Abstandsmessung mit Omega

Die Omega-Stationen lassen sich auch zur direkten Abstandsmessung nutzen. Dazu muß der Empfänger mit einem für den gewünschten Zweck hinreichend hochstabilen Oszillator ausgerüstet werden. Nach einer Anfangssynchronisation mit einem Omega-Sender sind die gemessenen Phasenunterschiede zwischen ankommenden Wellen und den bordautonomen Oszillatorschwingungen ein Maß für den Abstand von der betrachteten Station. Die Standlinien sind in diesem Verfahren Kreise um die Omega-Station.

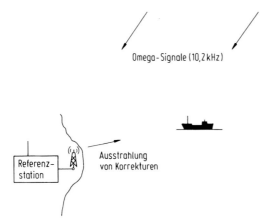

Bild 2.39. Prinzipielle Anordnung einer Differential-Omega-Einrichtung

2.5 NNSS – Transit

2.5.1 Einführung

Historische Entwicklung

In den USA wurde zu Beginn der sechziger Jahre das satellitengestützte Navigationsverfahren Navy Navigation Satellite System (NNSS) — auch Transit genannt — aufgebaut. Dieses mit auf Polbahnen umlaufenden Satelliten (vgl. Bild 2.40) arbeitende System wurde 1967 zur zivilen Nutzung freigegeben. Seit dem Ende der siebziger Jahre sind durch den Einsatz von Mikrocomputern die Empfänger wesentlich preisgünstiger geworden. Das Verfahren hat seitdem schnelle Verbreitung in der weltweiten Handelsschiffahrt gefunden. Die Senderorganisation ist weiterhin in der Kontrolle der US Navy.

Eine Schwäche des NNSS liegt darin, daß die Ortung nicht fortwährend möglich ist, sondern nur dann, wenn ein Satellit über dem Horizont erscheint. Andere Forderungen besonders seitens der militärischen Luftfahrt haben inzwischen zur Entwicklung eines weiteren Navigationssystems mit Satellitenstützung, dem Global positioning system (GPS) geführt, das im Kap. 4 beschrieben wird. Unabhängig davon soll das NNSS bis ins nächste Jahrtausend in Betrieb bleiben.

Verfahrensprinzip

Das NNSS ist ein Hyperbelnavigationsverfahren. Die zwei Sender eines Senderpaares werden durch zwei aufeinanderfolgende Stationen eines Satelliten des NNSS auf seiner Bahn dargestellt. Voraussetzung für die Ortung ist die genaue Kenntnis der Satellitenbahn. Da die Sender außerhalb der Erdoberfläche liegen, ergeben sich die Standlinien als Schnittkonturen zwischen dem durch das Meßergebnis festgelegten Rotationshyperboloid und der Erdoberfläche (vgl. Bild 2.7). Der Ort für den Beobachter ergibt sich aus der Auswertung mehrerer Standlinien, die nacheinander während der Passage des Satelliten gewonnen werden.

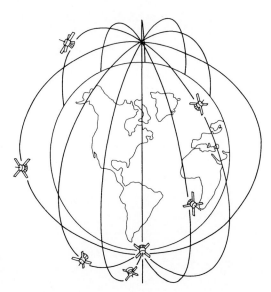

Bild 2.40. Die raumfesten Polbahnen der Navigationssatelliten beim NNSS (Prinzip)

Satellitenbewegung

Für die Bahnen der Satelliten gelten die gleichen physikalischen Gesetze wie für die der natürlichen Begleiter anderer Himmelskörper, z. B. des Mondes um die Erde und der Planeten um die Sonne. Der Gravitationskraft hin zum umkreisten Himmelskörper wird durch die Fliehkraft, die sich aus der Geschwindigkeit auf der gekrümmten Bahn ergibt, das Gleichgewicht gehalten. Bei den derzeit in der Schiffahrt genutzten Satellitenverfahren zur Navigation und Kommunikation sind die Bahnen nahezu kreisförmig. Aus dem Kräftegleichgewicht folgt für die Umlaufzeit T_S eines Satelliten gemäß dem dritten Keplerschen Satz (vgl. Bd. 1 B, Kap. 4.3.1)

$$T_S^2 = (2 \cdot \pi)^2 \cdot a_S^3 / \mu.$$

Darin ist a_S die große Halbachse der Bahnellipse und μ der Gravitationsparameter, der nach dem Erdmodell WGS 72 (vgl. Bd. 1 A, Kap. 2.2) $3,986\,008 \cdot 10^{14}\,\text{m}^3/\text{s}^2$ beträgt.

In der nachstehenden Tabelle sind einige Bahnparameter verschiedener Satellitensysteme im Vergleich zu potentiellen Verhältnissen an der Erdoberfläche zusammengestellt. INMARSAT (**in**ternational **mari**time **sat**ellite organisation) ist darin das derzeitige Satellitenkommunikationssystem in der Seefahrt. Zur Erläuterung dient auch Bild 2.41. Die große Halbachse der Bahnellipse ist durch die Summe aus der großen Halbachse a_{RE} des Referenzellipsoids der Erde und der Höhe h_S des Satelliten über der Erde ersetzt.

Die Lage eines Satelliten auf seiner elliptischen Bahn im Raum wird durch sechs Parameter beschrieben (vgl. Bild 2.42). Die Bezugszeit des Satelliten auf seiner Bahn ist sein Perigäumsdurchgang. Auf ihren Bahnen unterliegen allerdings alle Himmelskörper zusätzlichen Störungen. Sie führen sowohl zu Abweichungen von der durch die Ellipse beschriebenen Bahn als auch zur Änderung der Parameter. Letzteres gilt insbesondere für die Rektaszension Ω und für die Lage des Perigäums ω.

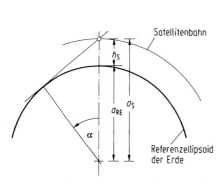

Bild 2.41. Halbbogen der Sichtbarkeit eines Satelliten

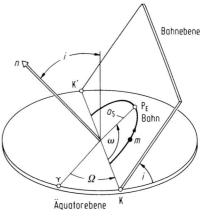

Bild 2.42. Parameter der Bahnellipse eines Satelliten.
Υ Frühlingspunkt; K aufsteigender Knoten; a_S große Halbachse der Satellitenbahn; Ω Länge des aufsteigenden Knotens; i Inklination; ω Argument des Perizentrums; P_E Perigäum der Bahn; m Masse des Satelliten; n Normale zur Bahnebene

Übersicht über Parameter der Bahnen einiger maritim genutzter Satellitensysteme

	Beziehung	Erdoberfläche	NNSS	GPS/Navstar	INMARSAT
Höhe über Erdboden	–	0 m	1 100 km	20 200 km	35 800 km
Neigungswinkel der Bahnebene	–	–	90°	63°	0°
Umlaufzeit	$T_S = T_0 \cdot (1 + h_S/a_{RE})^{3/2}$	$T_0 \approx 84{,}49$ min	107,3 min	719 min	1436,07 min (Sterntag)
Bahngeschwindigkeit	$r_S = r_0 \cdot 1/(1 + h_S/a_{RE})^{1/2}$	$r_0 \approx 7905{,}4$ m/s	7 301 m/s	3 873 m/s	3074 m/s
Halbbogen der Sichtbarkeit	$\cos \alpha_S = 1/(1 + h_S/a_{RE})$	–	31,5°	76,1°	81,8°
Winkelgeschwindigkeit	$\omega_S = \omega_0 \cdot 1/(1 + h_S/a_{RE})^{3/2}$	$\omega_0 \approx 1{,}2395 \cdot 10^{-3} \dfrac{rad}{s}$	$0{,}9763 \cdot 10^{-3} \dfrac{rad}{s}$	$0{,}1457 \cdot 10^{-3} \dfrac{rad}{s}$	Ω_E; geostationär

h_S Höhe des Satelliten über Referenzellipsoid,
a_{RE} große Halbachse des Referenzellipsoids WGS 72 (vgl. Bd. 1 A, Kap. 2.2),

Ω_E Winkelgeschwindigkeit der Erde; $\approx 0{,}0729 \cdot 10^{-3} \dfrac{rad}{s}$.

2.5.2 Aufbau und Wirkungsweise des NNSS

Satellitenverteilung

Die Satelliten dieses Systems bewegen sich auf nahezu kreisförmigen Bahnen in einer Höhe von etwa 1100 km in ca. 107 min um die Erde. Die Bahnebenen der polaren Bahnen sind gegeneinander versetzt, um eine möglichst gleichmäßige Verteilung der Satelliten zu erreichen. Wegen der Präzession der Bahnen bleibt deren Lage zueinander allerdings nicht konstant. In Bild 2.43 ist die Lage der einzelnen Satellitenbahnen für März 1982 in polarer Draufsicht und die jährliche Präzessionsrate wiedergegeben.

Bodenorganisation

Die Bodenorganisation des Systems (vgl. Bild 2.44) umfaßt vier verstreute Meßpunkte zur fortwährend genauen Erfassung der Bahnen der einzelnen Satelliten. Die Meßergebnisse werden zentral zur Ermittlung der aktuellen Bahndaten im NNSS-Zentrum in Kalifornien ausgewertet. Im 12-Stunden-Rhythmus erhält jeder Satellit über die Einspeisestation seine speziellen aktuellen Bahndaten zusammen mit der koordinierten Weltzeit UTC.

Satelliten

Die Satelliten sind aktive Stationen. Sie enthalten einen Empfänger zum Empfang der Signale der Bodenstation, einen Datenspeicher zur Ablage der Bahnparameter und einen Sender für zwei unterschiedliche Frequenzen (vgl. Bild 2.45). Die Energieversorgung der Station erfolgt vorzugsweise durch Sonnenenergie über Solarzellen. Über den Empfänger werden die von der Kontrollstation ermittelten Bahnparameter aufgenommen und im Speicher abgelegt.

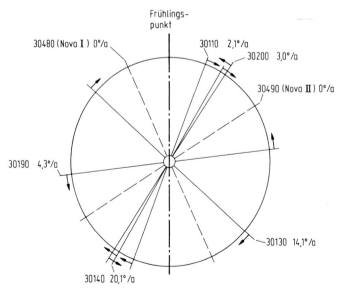

Bild 2.43. Verteilung der Satellitenbahnen des NNSS im März 1982. (Angegeben sind die Satelliten mit ihren Nummern und der jeweiligen Präzessionsrate.)

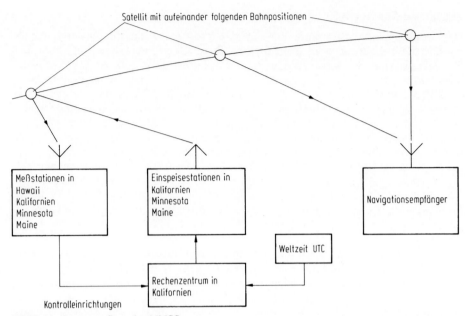

Bild 2.44. Systemaufbau des NNSS

Frequenz. Der Sender arbeitet auf zwei Frequenzen, die zueinander im Verhältnis 8:3 stehen. Die Hauptfrequenz ist 400 MHz – 32 kHz = 399 968 kHz ($\approx$ 400 MHz). Zusätzlich wird die Frequenz 150 MHz – 12 kHz = 149 988 kHz ($\approx$ 150 MHz) genutzt.

Bahninformationen – Satellitenbotschaft. Die gesamten Satellitendaten werden durch Modulation sowohl auf der 400-MHz-Trägerfrequenz als auch auf der 150-MHz-Trägerfrequenz vom Satelliten gesendet. Dieses Informationspaket wird im genauen Zwei-Minuten-Rhythmus wiederholt. Startzeitpunkt ist immer der Beginn einer geraden Minute nach UTC beim Satelliten. Die ersten acht Zeilen der Matrix der Bahninformation werden bei jedem neuen Zeitintervall um eine Zeile nach oben geschoben. Sie enthalten die Korrekturwerte zur Beschreibung der Abweichung des Satelliten von der durch die Parameter in den übrigen Zeilen beschriebenen Bahn in der Umgebung des Meßpunktes. Für jede Zeile der Botschaft stehen zur Übermittlung etwa 4,6 s zur Verfügung.

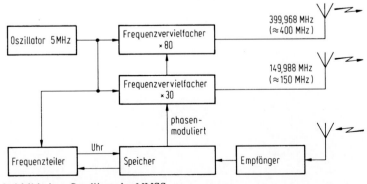

Bild 2.45. Blockschaltbild eines Satelliten des NNSS

Satellitenmeßverfahren

Das Verfahren zur Bestimmung der Entfernungsdifferenz, die die jeweilige hyperboloide Fläche festlegt, wird prinzipiell an Bild 2.46 erläutert. Die Zeitpunkte T_1, T_2, T_3 usw. sind die im Satelliten auf UTC festgelegten Zeitmarken der Zwei-Minuten-Intervalle. Die Zeitmarken werden mit der Satellitenbotschaft vom Satelliten zum Empfänger auf der Erde über die jeweiligen momentanen Abstände e_1, e_2 bzw. e_3 usw. übertragen. Die Laufzeit des Signals ist gleich der Strecke geteilt durch die Ausbreitungsgeschwindigkeit c der elektromagnetischen Wellen. Der Zeitpunkt des Eintreffens der Satellitenzeitmarke beim Empfänger ist also $t_1 = T_1 + e_1/c$. Die Zeitspanne zwischen zwei Zeitmarken beim Empfänger ist $\Delta t_{1,2} = t_2 - t_1 = T_2 + (e_1/c) - (T_1 + e_1/c) = T_2 - T_1 + (e_2 - e_1)/c$. Zusammengefaßt ergibt sich: $\Delta t_{1,2} = \Delta T + \Delta e_{1,2}/c$ oder $\Delta e_{1,2} = c \cdot (\Delta t_{1,2} - \Delta T)$. Darin ist ΔT das starre Zwei-Minuten-Intervall beim Satelliten und $\Delta t_{1,2}$ das beobachtete Zeitintervall am Empfänger. Auf Grund der Bewegung des Satelliten bezüglich des Empfängers ist dieses beobachtete Zeitintervall beim Anfliegen des Satelliten kürzer als beim Wegfliegen (Dopplereffekt).

Zur Zeitmessung ist im Empfänger ein hinreichend frequenzstabiler Oszillator nötig. Von ihm wird die Empfängerreferenzfrequenz $f_E = 400$ MHz abgeleitet. Die von einem Frequenzzähler im oben bestimmten Zeitintervall festgestellten Impulse sind $n_E = f_E \cdot \Delta t_{1,2}$. Von ihnen wird die Anzahl der Schwingungen $n_S = f_S \cdot \Delta T$ abgezogen, die vom Satelliten kommen. Als Zählwert für das Intervall von t_1 bis t_2 erhält man dann die Formel

$$N_{1,2} = n_E - n_S = (f_E \cdot \Delta t_{1,2}) - f_S \cdot \Delta T.$$

Mit den vorstehenden Beziehungen ergibt sich daraus

$$N_{1,2} = (f_E - f_S) \cdot \Delta T + (f_E/c) \cdot \Delta e_{1,2}.$$

Darin ist $\Delta e_{1,2}$ die gesuchte Größe. Technisch ergibt sich diese Lösung, wenn man die im Empfänger erzeugte Schwingung mit der vom Satelliten kommenden Schwingung mischt und die Differenzfrequenz über die durch den Satelliten vorgegebene Zeitspanne auszählt. In Bild 2.46 ist zu erkennen, wie durch mehrere Meßintervalle mehrere Standlinien bestimmt werden, die den Ort festlegen.

Kurzzeitmessung

Die durch die Zeileneinteilung in der Satellitenbotschaft bewirkte weitere Unterteilung des Zwei-Minuten-Zeitintervalls wird zur Verkürzung des Meßintervalls

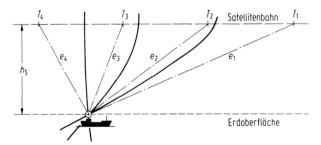

Bild 2.46. Prinzip der Ortsbestimmung bei NNSS

genutzt. Wie bereits dargestellt wurde, hat jede Zeile eine Übertragungslänge von etwa 4,6 s. Für die Kurzzeitmessung (short Doppler count) wird normalerweise die Dauer von fünf Zeilen (etwa 23 s) gewählt. Geometrisch wird eine solche Messung empfindlicher gegen Streuungen des Meßergebnisses, weil die Basislinie dieser Hyperbeln im gleichen Maß wie die Meßdauer verkürzt wird. Beim Zwei-Minuten-Intervall ist sie 900 km lang und entsprechend beim Kurzzeit-Intervall nur 180 km. Dieser Nachteil muß durch die mögliche größere Häufigkeit der Messungen und damit auch der Näherungsschritte bei der Auswertung ausgeglichen werden.

Einfangen und Verfolgen eines Satellitensignals

Wie bereits dargestellt wurde, senden die Satelliten des NNSS mit den beiden Frequenzen 399 968 kHz und 149 988 kHz. Die relative Bewegung der Satelliten zum Empfänger führt bei Annäherung zur Erhöhung der beim Empfänger wahrgenommenen Frequenz (Dopplereffekt). In Bild 2.47 ist der Frequenzverlauf beim Empfänger für verschiedene Bahnelevationen dargestellt. Die Dopplerfrequenzverschiebung beträgt beim NNSS maximal rund ± 8 kHz bei der Hauptfrequenz (400 MHz). Zum Erkennen der Information über die Bahnparameter, die dem Satellitensignal aufgeprägt ist, reicht eine Bandbreite von etwa 150 Hz. Der Empfänger kann also sehr schmalbandig und damit sehr trennscharf und empfindlich arbeiten. Zum Einfangen eines Satellitensignals wird das sehr schmale Empfangsfrequenzfenster über den zu erwartenden Frequenzbereich des aufgehenden Satelliten geschwenkt. Nach dem Einfangen wird im weiteren Verlauf der Beobachtung das Empfangsfenster jeweils von der sich ändernden Empfangsfrequenz mitgezogen.

Sind mehrere Satelliten gleichzeitig über dem Horizont beobachtbar, dann kann es zu Schwierigkeiten bei der Verfolgung kommen, wenn

- ein später aufgehender Satellit auf Grund besserer Bahnelevation eine bessere Ortung verspricht als der bereits verfolgte oder
- beim Empfänger die gleiche Frequenz von verschiedenen Satelliten wahrgenommen wird.

Im ersten Fall sollte eine automatische oder manuelle Aufhebung der Verfolgung des schlechter geeigneten Satelliten zugunsten des anderen möglich sein.

Der zweite Fall tritt besonders bei schlechter Konstellation der Satellitenbahnen auf. Aus diesem Grunde ist bereits ein funktionsfähiger Satellit wegen zu eng benachbarter Bahnen abgeschaltet worden.

Um die Anforderung an den Empfängeroszillator hinsichtlich seiner Frequenzstabilität nicht zu hoch treiben zu müssen, wird seine Frequenz f_E zusätzlich zu

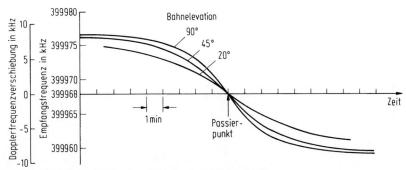

Bild 2.47. Verlauf der Empfangsfrequenz bei der Satellitenpassage

den beiden geographischen Koordinaten als dritte Unbekannte in die Messung eingeführt. Deshalb sind auch mindestens drei Meßintervalle für eine Ortsbestimmung bei einem Satellitendurchgang nötig.

Auswertung

Die Auswertung geht vom Koppelort aus. Die Meßergebnisse werden derart verarbeitet, daß insgesamt eine optimale Lösung entsteht. Sie zeichnet sich dadurch aus, daß die Abweichungen zwischen den Meßwerten und den für den gefundenen Ort geltenden Sollwerten insgesamt zum Minimum werden.

2.5.3 Systematische und zufällige Fehler

Im Vergleich zu anderen Navigationsverfahren in der Seefahrt liefert das NNSS relativ kleine Fehler. Einige Fehler sind nach Vorzeichen und Größe vorhersehbar oder zumindest festgelegt — also systematischer Natur — und können gegebenenfalls ausgeschlossen oder berichtigt werden.

Die Beschreibung der Satellitenbahn, die von den Satelliten genutzten Frequenzen sowie die Zeit sind so geringfügig fehlerbehaftet, daß sie keinen hier zu betrachtenden Beitrag zum Gesamtfehler liefern.

Das Referenzmodell der Erde

Als weltumspannend ist das NNSS auf ein einziges für die ganze Erde geltendes Erdmodell abgestützt. Verwendet wird das WGS 72. Die Fläche dieses Referenzellipsoids stellt eine sehr gute Annäherung an die reelle Erdoberfläche dar. Nichtsdestoweniger weicht das Geoid von diesem Modell ab (vgl. Bd. 1 A, Kap. 2). Für die Navigation mit NNSS ist die Abweichung der Höhe der Erdoberfläche im Modell und beim Geoid von Bedeutung.

Antennenhöhe. Wie in Bild 2.48 verdeutlicht ist, bewirkt eine Abweichung der Antennenlage des Empfängers von der Erdoberfläche eine Verschiebung der Standlinie. Sie ist einerseits abhängig von der Größe der Abweichung und wächst ebenso mit zunehmender Bahnelevation. Neben der tatsächlichen Antennenhöhe über dem Wasserspiegel sollte der Empfänger die Abweichung auf Grund der Geoidundulation mit berücksichtigen. Die Größenordnung der Geoidabweichung des WGS 72 ist in Bild 2.49 skizziert. Der resultierende Fehler ist in Bild 2.50 wiedergegeben. Je nach Art des Empfängers ist die Antennenhöhe manuell einzugeben, oder sie wird nach einem Modell gerechnet und dann automatisch berücksichtigt.

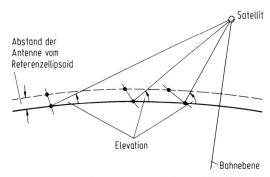

Bild 2.48. Einfluß der Antennenhöhe auf die Ortung

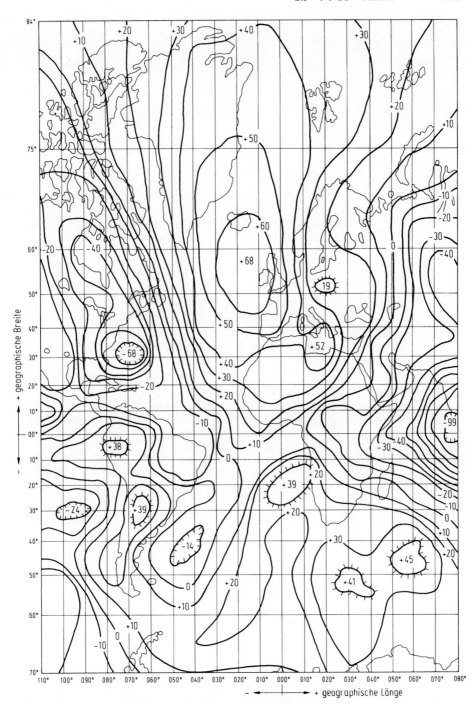

Bild 2.49. Kartenausschnitt der Geoidundulationen (Angabe in Meter)

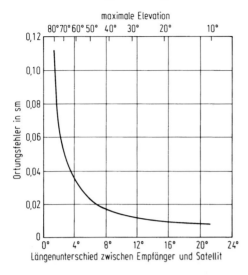

Bild 2.50. Ortungsfehler bei einer Geoid-abweichung von 100 Fuß ($\approx$ 30,5 m)

Kartendatum. Eine weitere Fehlerquelle resultiert aus der Diskrepanz zwischen den von den einzelnen hydrographischen Diensten herausgegebenen Seekarten und ihren Angaben bezüglich eines Ortes im Vergleich zum NNSS. Wie in Bild 2.51 erkennbar ist, wird für die Seekartenwerke ein jeweils optimal der Erdoberfläche des interessierenden Teilgebietes angepaßtes Ellipsoid verwendet, das von dem beim NNSS genutzten WGS-72-Modell mehr oder weniger abweicht. Das DHI verwendet das Europäische Kartendatum (vgl. Bd. 1A, Kap. 2.2.1). Ein durch das Transit-Satellitennavigationsverfahren ermittelter Standort im Bezugssystem WGS 72 muß für folgende beispielhaft herausgesuchten Orte um die angegebenen Werte verschoben werden, bevor ein solcher Standort in einer Karte im europäischen Bezugssystem ED 50 dargestellt werden darf.

1. Beispiel: Für 40° N und 025° E ist die Verschiebung $\approx$ 0,06' nordwärts und $\approx$ 0,04' ostwärts.
2. Beispiel: Für 70° N und 025° E ist die Verschiebung $\approx$ 0,01' südwärts und $\approx$ 0,09' ostwärts.

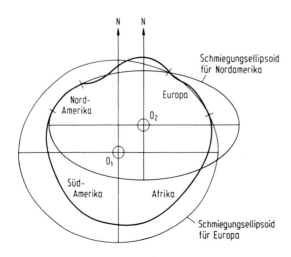

Bild 2.51. Vereinfachte Darstellung von dem Geoid und dem jeweiligen Schmiegungsellipsoid für Nordamerika und Europa

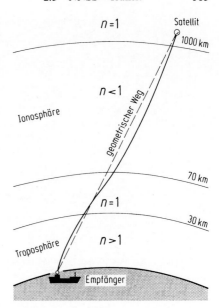

Bild 2.52. Brechung der elektromagnetischen Welle beim Durchgang durch die Atmosphäre

Refraktion

Die elektromagnetischen Wellen werden auf ihrem Weg durch die Atmosphäre gebrochen. Davon sind die beiden genutzten Frequenzen unterschiedlich stark betroffen (vgl. Bild 2.52). Aus dem Unterschied zwischen den Meßergebnissen auf beiden Frequenzen kann man auf den absoluten Wert des Fehlers zurückschließen. Empfänger, die mit beiden Empfangskanälen ausgerüstet sind, können diesen Fehler zum großen Teil vermeiden.

Auch die Qualität des Empfängers spielt für die Größe des zu erwartenden Ortungsfehlers eine Rolle.

Koppelgenauigkeit

In zweifacher Hinsicht geht die Erfassung der Bewegung des eigenen Fahrzeugs in die NNSS-Ortung ein.

Koppelort. Ausgangspunkt für die Bestimmung des Ortes aus der NNSS-Messung ist der Koppelort. Er wird aus dem zuletzt beobachteten Ort unter Anbringung der zwischenzeitlich zurückgelegten Breiten- und Längendifferenz gewonnen. Die Elemente der Fahrzeugbewegung, Kurs und Fahrt, werden dazu manuell oder über entsprechende Anpassungsglieder direkt von Kompaß und Logge dem Satelliten-Navigator eingegeben. Besonders im ersten Fall können sich mehr oder weniger große Fehler im Koppelort einstellen. Bei direkter Einspeisung von Kompaß und Logge ist zu beachten, daß dort in der Regel nur die Fahrt durch das Wasser gemessen wird. Der Satelliten-Navigator benötigt aber den grundbezogenen Ort.

Geschwindigkeit. Bei falscher Geschwindigkeitsvorgabe wird die vom Nutzer ermittelte Position beeinflußt, weil damit eine Änderung des Abstandes zum Satelliten am Ende des Beobachtungszeitintervalles einhergeht. Insofern ist der Einfluß eines Geschwindigkeitsfehlers generell bei Nord-Süd-Bewegung des Fahr-

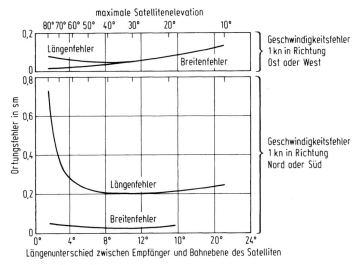

Bild 2.53. Einfluß eines Geschwindigkeitsfehlers auf die Ortung

zeugs größer als bei Ost-West-Bewegung. Im einzelnen sind diese Fehler in Bild 2.53 auch in Abhängigkeit von der Bahnelevation des Satelliten dargestellt.

Zufällige Fehler

Insgesamt bleiben die Einflüsse zufälliger Fehler gering. Die entscheidende Einschränkung der Nutzbarkeit des Verfahrens liegt nicht in der Größe des Ortungsfehlers, sondern darin, daß eine Ortung nicht kontinuierlich möglich ist.

2.5.4 Nautische Nutzung

Generell sind die Erfahrungen mit dem NNSS sehr positiv, wenn man die systembedingten Einschränkungen beachtet. Wie dargestellt ist die Ortung nicht kontinuierlich möglich, da

- nicht fortwährend ein Satellit zur Beobachtung über dem Horizont steht und
- jede Beobachtung selbst eine Zeitspanne von 15 bis 20 min in Anspruch nimmt.

Zwischen den einzelnen Ortungen ist die Navigation auf die Qualität der Koppelnavigation angewiesen, die wiederum von der Qualität der eingegebenen Werte für Kurs und Fahrt abhängig ist. Zwischen den Ortungen betreibt der Satellitennavigator nur Koppelnavigation.

Beobachtbarkeit

Ein einzelner Satellit kann gleichzeitig von gut 7% der Erdoberfläche aus gesehen werden. Da diese Trabanten auf Polbahnen umlaufen, unter denen sich die Erde wegdreht, sind sie auf hohen Breiten wesentlich häufiger zu sehen als in Äquatornähe. Präzession der Satellitenbahnen und die Änderung der Lage des Satelliten auf seiner Bahn führen darüber hinaus zu Ungleichmäßigkeit in der Bedeckung der Erde mit Satelliten. Die Beobachtbarkeit auf niederen Breiten hat durchaus Abstände von etwa vier Stunden erreicht. Für die Auswertung muß die maximale Elevation des Satelliten über 10° liegen, damit der Einfluß der Strahlenbrechung nicht zu groß wird. Zum anderen sollte sie nicht größer als 70° werden, weil sonst die Winkel zwischen den Standlinien zu spitz werden. Dabei können unterschied-

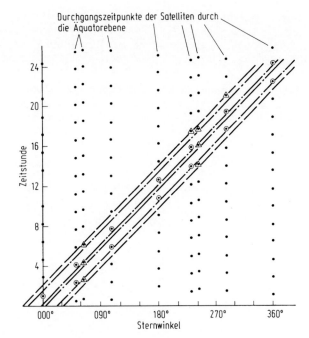

Bild 2.54. Häufigkeit der Ortbarkeit von Satelliten des NNSS auf dem Äquator.
⊙ beobachteter Satellit; △ maximale Elevation des Satelliten im nicht mehr zulässigen Bereich; ——— Grenzen der Sichtbarkeit; —·—·— Grenzen der Auswertbarkeit

liche Empfänger — abhängig von der angebotenen Fehlergröße — durchaus Unterschiede bei den Grenzen der akzeptierten maximalen Elevation haben.

In Bild 2.54 ist die navigatorische Nutzbarkeit bei einer vorgegebenen Satellitenverteilung für einen Bereich von 24 Stunden dargestellt. Die Bahnverteilung ist durch den Sternwinkel β (auf den Frühlingspunkt bezogen) dargestellt. Der Darstellung sind die beobachtbaren Satelliten auf der Breite des Äquators zu entnehmen.

Zusätzliche Möglichkeit des NNSS-Navigators

Handelsübliche Geräte führen neben der Ortung und der Koppelnavigation weitere navigatorische Aufgaben durch.

Satellitenaufgang. Der Rechner bestimmt die zu erwartenden Satellitenaufgänge nach Zeitpunkt und Bahnelevation aus den abgespeicherten Bahnparametern der beobachteten Satelliten. Der Nutzer kann daraus den Zeitpunkt der nächsten NNSS-Ortung und ihre wahrscheinliche Brauchbarkeit entnehmen.

Satellitenortungsprotokoll. Der NNSS-Navigator speichert etliche zurückliegende Werte ab. Die Verfolgung der Ortungsergebnisse in der Seekarte darf deswegen aber nicht unterbleiben.

Bahnpunktnavigation. Die Speicherkapazität des im Navigator eingebauten Rechners läßt normalerweise zu, daß Punkte einer zu verfolgenden Bahn eingespeichert werden. Derartige Bahnpunkte sind beispielsweise Kursänderungspunkte oder markante Kontrollorte. Sie werden mit ihren geographischen Koordinaten eingegeben. In der nachstehenden Tabelle ist eine Folge solcher Bahnpunkte für die Reise vom Feuerschiff „Deutsche Bucht" bis zum Feuerschiff „Falls" im Kanal

eingetragen. Die Bahn führt entlang des TW-Weges. Zusätzlich sind navigations-
relevante Seezeichen zur Absicherung während der Koppelnavigation aufgenommen. Die Besteckrechnung zur Bestimmung von Kurs und Distanz zwischen
Bahnpunkten läßt sich ebenfalls mit dem Navigator ausführen.

Tabelle der Bahnpunkte für die Bahnpunktnavigation

Bahn-punkt	Breite	Länge	Distanz und Kurs zum nächsten Pkt.	Bahnmarke — Kursänderungspunkt
1	50° 12,7′ N	007° 27,3′ E	38,9 sm; 268,5°	FS Deutsche Bucht 2,4 sm; rwP 193°
2	54° 11,7′ N	006° 20,7′ E	57,6 sm; 262,5°	TW 4 0,5 sm; rwP 000°
3	54° 04,2′ N	004° 43,1′ E	48,4 sm; 232,9°	DW 1,8 sm; rwP 158° (Racon)
4	53° 35,0′ N	003° 37,5′ E	42,4 sm; 198,8°	S2 1,7 sm; rwP 123°
5	52° 55,0′ N	003° 14,8′ E	50,8 sm; 207,6°	—
6	52° 09,9′ N	002° 36,1′ E	18,4 sm; 183,1°	—
7	51° 51,5′ N	002° 34,5′ E	2,9 sm; 252,1°	—
8	51° 50,6′ N	002° 30,0′ E	37,4 sm; 220,4°	NHR 4,4 sm; rwP 151° (Racon)
9	51° 22,1′ N	001° 51,0′ E		FS Falls 4,5 sm; rwP 198°

2.5.5 Empfänger

Der prinzipielle Aufbau eines Empfängers ist in Bild 2.55 skizziert.

Bei der Installation des Empfängers sollte darauf geachtet werden, daß die
Antenne nach allen Seiten gute Sicht hat. Satellitennavigationsanlagen sind mit
einer geräteeigenen Notstrombatterie ausgerüstet. Diese Notstrombatterie gewährleistet während eines Netzspannungsausfalls von maximal 15 min Dauer entweder
den vollen Betrieb der Anlage oder eine Erhaltung aller navigatorisch wichtigen
Daten.

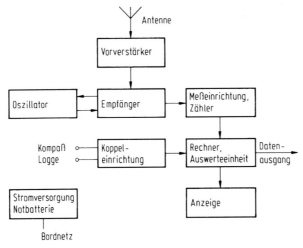

Bild 2.55. Prinzipieller Aufbau eines NNSS-Empfängers

Nach einem Netzspannungsausfall ist es wichtig, daß die geräteeigene Uhrzeit und die Kreiselsynchronisation bei automatisch eingespeistem Kurs überprüft werden.

Bedienung

Nach dem Einschalten wird vom Gerät selbst ein Funktionstest durchgeführt. Seitens des Nutzers sind der Koppelort auf etwa 15 sm bis 30 sm, Kurs und Fahrt (soweit manuell erforderlich) und die Uhrzeit in UTC (mit Toleranz) einzugeben. Der Empfänger wird dann, sobald ein Satellit aufgeht, mit seiner Signalverfolgung beginnen. Die zugehörigen Bahndaten werden im Speicher abgelegt und der erste Ort festgestellt. Bis alle Satelliten erstmals verfolgt wurden und damit ihre Bahnparameter bekannt sind, kann durchaus ein halber Tag vergehen. Ein Abschalten des Navigators sollte deshalb nur bei zu erwartender langer Liegezeit erfolgen.

Auch für das NNSS gilt, daß es nur eines der Hilfsmittel für die Navigation ist. Wegen der Möglichkeit eines Geräteausfalls sollte man dafür sorgen, daß weitere Hilfsmittel der Ortung genutzt werden. Eine systematische Beobachtung der Navigationsergebnisse mit NNSS wird die Schwächen des Systems und der eigenen Anlage einschließlich möglicher Störeinflüsse — z. B. durch einen schlecht gewählten Antennenstandort — sicher erkennen lassen.

Kombinierte Empfänger

Durch Kombination von zwei Navigationsanlagen, die mit voneinander unabhängigen Navigationsverfahren arbeiten, sind durch geeignete gegenseitige Stützung ein oder beide Verfahren — unter der Voraussetzung guter Empfangs- und Betriebsbedingungen — in ihrer Positionsgenauigkeit und/oder in ihrer navigatorischen Stabilität zu verbessern. Ist die Verknüpfung beider Verfahren auch bei schlechten Bedingungen vorhanden, so kann das eine Verfahren durch die Verknüpfung mit dem anderen zu einer Verschlechterung der Positionsgenauigkeit führen. Es stehen bei einer derartigen Verknüpfung jedoch immer noch mindestens zwei Positionen zur Verfügung.

3 Radar

3.1 Einführung

3.1.1 Zeichen, Abkürzungen und Symbole

Neben den in der Norm DIN 13312 festgelegten Zeichen für das Radarzeichnen (Plotten) sind auch die in der Radartheorie dieses Buches benutzten Zeichen, Formelzeichen, Abkürzungen und Symbole für Bedienelemente an Radaranlagen aufgelistet.

Radarzeichnen

A	eigenes Schiff
B, C, D, ...	andere Objekte (Fremdschiffe)
CA	Passierabstand (Closest Approach) am Ort der dichtesten Annäherung eines Fremdschiffes an das eigene Schiff
CPA	Ort der dichtesten Annäherung (Closest Point of Approach)
hhmm	Zeitangabe im Radarbild, z. B. 0815 für 08.15 Uhr. Gegebenenfalls kann auf die Angabe der Stunde verzichtet werden
KA	Kurs des eigenen Schiffes
KB, KC, KD, ...	Kurse der Fremdschiffe B, C, D, ...
KB−KA, KC−KA, ...	Kursdifferenz zwischen dem Kurs des eigenen Schiffes und dem des Fremdschiffes B bzw. C usw.

Größen der relativen Bewegung, bezogen auf das eigene Schiff (Relativdarstellung), werden durch ein tiefgestelltes r gekennzeichnet.

KB_r, KC_r, ...	Richtung der relativen Bewegung des Fremdschiffes B, des Fremdschiffes C usw.
PCPA, SPCPA	Peilung bzw. Seitenpeilung zum Ort der dichtesten Annäherung
RaKrP	Radar-Kreiselpeilung
RaSP	Radar-Seitenpeilung
TCA	Zeitpunkt der dichtesten Annäherung (Time of Closest Approach)
vA	Geschwindigkeit des eigenen Schiffes
vB, vC, ...	Geschwindigkeit der Fremdschiffe B, C, ...
vB_r	Geschwindigkeit der relativen Bewegung des Fremdschiffes B
———→———	eigene Bewegung
———⟫———	Bewegung der Fremdschiffe
———⊖———	relative Bewegung der Fremdschiffe

Radartheorie

a_{Az}	azimutale Auflösung
a_{nah}	Nahauflösung

a_{rad}	radiale Auflösung
B	Antennenbreite
D	Bildschirmdurchmesser
e	Entfernung eines Objektes
e_{Az}	azimutale Ausdehnung (Breite) der Anzeige eines Objektes
e_B	eingestellter Meßbereich
e_O	Mindestentfernung eines Objektes zu einer Anzeige auf der zweiten Ablenkspur
e_{rad}	radiale Ausdehnung (Länge) der Anzeige eines Objektes
f_{IF}	Impulsfolgefrequenz
G	Antennengewinn
h_{Ob}	Objekthöhe
h_{Ra}	Radarantennenhöhe
k	Tastverhältnis
l	Impulslänge
n	Antennenumdrehungsfrequenz (-drehzahl)
v	Trefferzahl
P_E	Echoimpulsleistung
P_m	mittlere Sendeleistung
P_S	Leistung im Radarimpuls
S	Energiestromdichte
t_E	Echolaufzeit (Hin- und Rückweg)
T_W	Impulswiederkehr
σ	effektive Echofläche
τ	Impulsdauer
Φ	horizontale Halbwertsbreite
Θ	vertikale Halbwertsbreite
Z	Zahl der maximal auf ein Punktziel treffenden Sendeimpulse bei einem Antennenumlauf

Häufig benutzte Abkürzungen sind noch:

BMP	Bildmittelpunkt
EBL	Electronic Bearing Line (Elektronischer Peilstrahl)
FTC	Fast Time Constant (Regenenttrübung)
HM	Heading Marker (Vorausstrich)
RN	relativ-nordstabilisiert
RV	relativ-vorausorientiert
SM	Stern Marker (Achterausstrich)
STC	Sensitivity Time Control
TM	True Motion
VRM	Variable Range Marker (Variabler Entfernungsmeßring)
ZF	Zwischenfrequenz

Die in folgender Tabelle wiedergegebenen Bildzeichen (Symbole) für Bedienelemente an Schiffsnavigationsradaranlagen sind von der IMO zur Verwendung empfohlen worden.

3.1.2 Prinzip des Radar

Radar ist ein Kunstwort aus Radio detecting and ranging. Im Deutschen wurde früher der Begriff Funkmeßtechnik dafür benutzt. Schiffsradaranlagen sind Hilfsmittel der Navigation. Sie arbeiten als Rundsuchanlagen. Von der gleichmäßig rotierenden Antenne werden kurze elektromagnetische Impulse scharf gebündelt abgestrahlt. Die von Objekten der Umgebung reflektierten Echos werden über die Antenne wiederum gerichtet empfangen. Die momentane Strahlrichtung der

Nr.	Symbol	Bedeutung	Schalter / Regler
1		Aus	Hauptschalter
2		Ein	
3		Bereit	
4		Antenne dreht	
5		relativ-nordstabilisiert	Darstellungsartenschalter
6		relativ-vorausorientiert	
7		Einrichten der Vorausanzeige	Vorauszeigeregler
8		Bereichswahl	Bereichsumschalter
9		kurzer Impuls	Impulsdauerschalter
10		langer Impuls	
11		Abstimmung	Abstimmungsregler
12		Verstärkung	Verstärkungsregler
13		minimale Regenenttrübung	Regenenttrübungsregler
14		maximale Regenenttrübung	
15		minimale Nahechodämpfung	Nahechodämpfungsregler
16		maximale Nahechodämpfung	
17		maximale Helligkeit der Skalenbelechtung	Skalenbeleuchtungsregler
18		maximale Helligkeit des Radarbildes	Bildhelligkeitsregler
19		maximale Helligkeit der Entfernungsringe	Regler für die Helligkeit der festen Entfernungsringe
20		veränderlicher Ent-fernungsmeßring	Einsteller für den veränderlichen Entfernungsmeßring
21		Peillinie	Einsteller für die Peillinie
22		Betriebskontrolle der Sendeleistung	Schalter für die Betriebskontrolle der Sendeleistung
23		Betriebskontrolle der Sende-Empfangs-Leistung	Schalter für die Betriebskontrolle der Sende-Empfangs-Leistung

Antenne und die Laufzeit des Signals von der Abstrahlung bis zur Wiederaufnahme des Echoimpulses legen Peilung und Abstand des Objektes, von dem das Echo stammt, bezüglich des eigenen Schiffes fest. Zur Anzeige und zur Auswertung dient normalerweise eine Elektronenstrahlröhre. Dort wird mit jeder Abstrahlung eines Impulses von der Antenne die Ablenkung des Elektronenstrahls vom Zentrum des Bildes zum Rande gestartet. Die Auslenkung des Elektronenstrahls erfolgt proportional zur Echolaufzeit. Ein ankommendes Echosignal wird an die Anzeigeröhre zur Steuerung der Intensität des Elektronenstrahls gelegt und erzeugt so auf dem Bildschirm einen Leuchtfleck, dessen Entfernung von der Bildmitte der Entfernung zum reflektierenden Objekt proportional ist. Die Auslenkrichtung des Elektronenstrahls läuft synchron mit der Abstrahlrichtung der Antenne um. Auf dem Bildschirm entsteht so ein Radarpanorama der Umgebung, bezogen auf das eigene Schiff.

Mit Hilfe eingeblendeter, im Gerät erzeugter Entfernungsmarken (Entfernungsringe) läßt sich der Abstand eines Objektes bestimmen; zum Peilen dient eine Peilskala am Umfang des Bildes. Das Radarbild liefert eine Momentaufnahme der Umgebung. Die Bewegung von Objekten — z.B. Kurs und Fahrt anderer Schiffe — kann aus der fortgesetzten Beobachtung der Echoanzeigen ermittelt werden. Die Identifizierung von Objekten aus der Radaranzeige ist schwieriger als bei optischer Betrachtung.

Aktuelle technische Entwicklungen unterstützen die fortwährende Verfolgung von Echoanzeigen und ihre Auswertung. Die Ablage der vollständigen Radarinformation in einem Speicher läßt darüber hinaus zu, die Erneuerungsrate des Bildes unabhängig vom Senderhythmus der Radaranlage zu machen. Diese Entwicklung führt zur Darstellung auf Videomonitoren. Sie sind gut an die Beleuchtungsverhältnisse auf der Brücke anpaßbar. Ihre hohe Erneuerungsrate ergibt ein fortwährend vorhandenes Bild, in dem nur die tatsächlich sich ändernde Information eine Änderung des Bildes und der einzelnen Anzeigen liefert. Die weitere Entwicklung in der Technik der Informationsverarbeitung wird die Qualität des Hilfsmittels Radar für den Nautiker wesentlich steigern.

3.1.3 Literaturhinweise

Im folgenden werden zur Vertiefung der Kenntnis des Radarwesens einige Bücher empfohlen:

Bowditch, N.: American Practical Navigator, Vol. I. Defense Mapping Agency Hydrographic Center, Washington 1977.
Burger, W.: Radar Observer's Handbook. Glasgow: Brown, Son & Ferguson 1978.
DGON (Deutsche Gesellschaft für Ortung und Navigation), Hrsg.: Radar in der Schiffahrtspraxis. Hamburg: Schiffahrtsverlag „Hansa" C. Schroedter 1980.
Herter, E.; Röcker, W.: Nachrichtentechnik. München, Wien: Carl Hanser 1976
Käs, G. u.a.: Radartechnik. Grafenau: expert verlag 1981.
Meldau-Steppes (Hrsg.: Kaltenbach, Stein, Steppes): Lehrbuch der Navigation. Hamburg: Arthur Geist 1963.
Sonnenberg, G.J.: Radar and Electronic Navigation. London, Boston: Newnes-Butterworths 1978.
Uhlig, L.: Leitfaden der Navigation, Funknavigation. Berlin: transpress VEB Verlag für Verkehrswesen 1977.

Zur aktuellen Information kann in vielen Fällen die Zeitschrift „Ortung und Navigation " der DGON, Verlag TÜV Rheinland Köln, dienen.

3.2 Radartechnik

3.2.1 Systemkomponenten einer Radaranlage

Der Aufbau einer Radaranlage aus den einzelnen Systemkomponenten ist Bild 3.1 zu entnehmen. Die Anzeigeeinheit, das Sichtgerät, wird auf der Brücke im Arbeitsbereich des wachhabenden Nautikers installiert. Die Sende-Empfangs-Einheit ist über einen Wellenleiter (Hohlleiter oder Koaxialleiter) mit der Antenne verbunden. Diese Verbindung soll möglichst kurz sein und Krümmungen vermeiden. Die Antenneneinheit besteht aus dem Antriebsmotor mit angeflanschtem Getriebe, der Drehkupplung für den Wellenleiter und dem eigentlichen Strahler. Sie ist so zu montieren, daß eine weitestgehend ungestörte Rundumsicht erreicht wird.

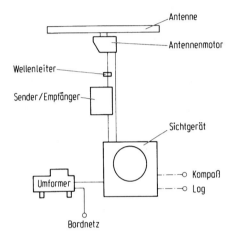

Bild 3.1. Komponenten einer Radaranlage

Zur Stromversorgung der Anlage wird entweder ein rotierender oder ein statischer Umformer jeweils mit Speisung aus dem Bordnetz eingesetzt. Damit werden Frequenz- und Spannungsschwankungen des Bordnetzes weitgehend von der Anlage ferngehalten. In älteren Anlagen ist die Frequenz der Versorgungsspannung aus dem Umformer auch die steuernde Größe für die Pulsfolgefrequenz in der Anlage.

Bei kleineren Anlagen wird die Sende-Empfangs-Einheit direkt an die Antenneneinheit angeflanscht. Damit entfällt ein langer Wellenleiter zu Sender und Empfänger. Statische Umformer können bei kleineren Anlagen auch direkt im Sichtgerät eingebaut sein.

Tabellarisch werden nachfolgend einige typische technische Daten von Radaranlagen angegeben:

Frequenzbereich			
X-Band	9,3 ...	9,5 GHz	($\approx$ 10 GHz)
Wellenlänge	3,23...	3,16 cm	($\approx$ 3 cm)
S-Band	2,9 ...	3,1 GHz	($\approx$ 3 GHz)
Wellenlänge	10,34...	9,68 cm	($\approx$ 10 cm)
Impulsdauer	0,05...	1,5 µs	
Impulslänge	15 ...	450 m	
Impulswiederkehr	2000 ...	250 µs	

Impulsfolgefrequenz	500 ... 4000 Hz
Sendeleistung im Impuls	5 ... 50 kW
mittlere Sendeleistung	1 ... 1000 W
Antennenbreite	0,8 ... 3,8 m
Antennenumdrehungsfrequenz	12 ... 33 min^{-1}
horizontale Strahlbreite	0,8° ... 2,7°
vertikale Strahlbreite	20° ... 25°
Bildschirmdurchmesser	7", 9", 12", 16"
entsprechend effektiver Bildschirmdurchmesser	150, 180, 250, 340 mm
minimaler Fleckdurchmesser	1 mm

3.2.2 Radarsignalverarbeitung

Den prinzipiellen Signalfluß in einer Radaranlage zeigt das Signalflußbild 3.2. Im folgenden werden die wesentlichen Funktionselemente beschrieben.

Steuerimpulsgenerator

In der Handelsschiffahrt werden nur Impulsradargeräte eingesetzt. Die Häufigkeit der Impulsabstrahlung und damit der Arbeitsrhythmus der ganzen Anlage wird durch den Steuerimpulsgenerator angegeben. Diese Häufigkeit, die Impulsfolgefrequenz f_{IF}, soll auf der einen Seite möglichst hoch sein, um mit einer dichten Echosignalfolge von einem Objekt ein möglichst genaues Bild zu erhalten. Auf der anderen Seite darf der folgende Impuls nicht eher abgestrahlt werden, bis ein Echosignal von der Grenze des geschalteten Bereiches zurückgekehrt ist.

Die Zeit von der Ausdehnung eines Signals bis zur Wiederankunft des Echosignals von einem Objekt in der Entfernung e wird Echolaufzeit t_E genannt. Die Laufzeit eines Signals ist generell gleich der zurückgelegten Distanz geteilt durch die Ausbreitungsgeschwindigkeit. Die Ausbreitung der Radarwellen geschieht

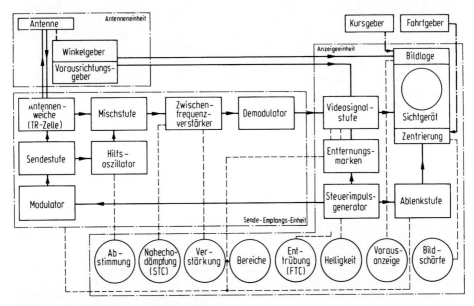

Bild 3.2. Signalfluß in einer Radaranlage

praktisch mit Lichtgeschwindigkeit; $c \approx 300$ m/μs. Beim Echo sind Hin- und Rückweg einander gleich, der zurückgelegte Weg ist also $2 \cdot e$. Drückt man e in Seemeilen aus und berücksichtigt, daß in 1 μs die elektromagnetische Welle 300 m zurücklegt, so erhält man die Echolaufzeit t_E nach

$$t_E/\mu s \approx 12,35 \cdot e/\text{sm},$$

worin $2 \cdot 1852 : 300 \approx 12,35$ gesetzt ist; vgl. auch Kap. 3.3.1.

Die Echolaufzeit über den ganzen eingestellten Meßbereich e_B beträgt also $t_E/\mu s \approx 12,35 \, e_B/\text{sm}$. Für den Bereich $e_B = 12$ sm erhält man $t_E \approx 148 \,\mu$s. Die Impulswiederkehr ist normalerweise ein Mehrfaches dieses Wertes, damit Fehlanzeigen in Form von Anzeigen auf der zweiten Ablenkspur (vgl. Kap. 3.3) möglichst selten auftreten. Die Impulsfolgefrequenz ist der Kehrwert der Impulswiederkehr; $f_{IF} = 1/T_w$. Ein typischer Wert für den mittleren Meßbereich ist $f_{IF} = 1000$ Hz. Bei den meisten Radaranlagen ist die Impulsfolgefrequenz in verschiedenen Meßbereichen unterschiedlich. Bei kleinen Meßbereichen kann sie bis zu 4000 Hz betragen, bei großen 500 Hz. Die Umschaltung erfolgt automatisch mit der Bereichsumschaltung. Sie ist in der Nähe des Senders auch akustisch wahrnehmbar.

Modulator

Die Steuerimpulse des Steuerimpulsgenerators schalten die während der Sendepause in Speicherschaltungen der Modulatorstufe gespeicherte Energie auf die Senderöhre. Speicherelemente sind Leitungsnachbildungen aus Spulen und Kondensatoren. Über verschiedene Abgriffe lassen sich wahlweise unterschiedlich große Energiepakete dem Speicher entnehmen. Für große Reichweiten werden energiereiche Impulse eingesetzt, zur Erfassung der näheren Umgebung Impulse mit kleinerem Energieinhalt.

Sendestufe

Das vom Modulator kommende Energiepaket regt in der Senderstufe die Senderöhre — in der Regel ein Magnetron — zu hochfrequenten Schwingungen an. Das Magnetron ist eine Höchstfrequenz-Oszillatorröhre hoher Leistung. Die von der Kathode zur Anode wandernden Elektronen werden durch ein sehr starkes, von einem Festmagneten erzeugtes Magnetfeld abgelenkt. Sie bewegen sich damit in dem Raum zwischen der Kathode und der sie kreisförmig umschließenden Anode, die mit mehreren Resonanzkammern versehen ist. Die Frequenz der so angeregten Schwingung ist durch die Röhre bestimmt. Sie kann mechanisch etwas und durch die elektrische Beschaltung geringfügig beeinflußt werden. Typisch für die Röhre ist neben der Frequenz auch die von ihr abgestrahlte Impulsspitzenleistung. Der Energieinhalt eines solchen Impulses ist dann nur noch von seiner Dauer abhängig. Ist W_I der Energieinhalt des Impulses, P_S seine Spitzenleistung und τ seine Dauer, dann gilt $W_I = P_S \cdot \tau$. Die im Mittel von der Röhre abgegebene Leistung ist wesentlich geringer. Sie ergibt sich aus der über die Impulswiederkehr gemittelte Impulsenergie P_m nach $P_m = W_I : T_W = P_S \cdot \tau : T_W$. Das Verhältnis zwischen der Impulsdauer und der Impulswiederkehr wird Tastverhältnis k genannt. Damit gilt $P_m = k \cdot P_S$. Bei einer Impulswiederkehr von 1000 μs, einer Impulsdauer von 1 μs und einer Impulsspitzenleistung von 40 kW ist das Tastverhältnis $k = 1/1000$ und die mittlere Leistung 40 W. Die in der Röhre entstehende Verlustleistung, die höher als die abgestrahlte Leistung ist, muß dort als Wärmeenergie abgeführt werden.

Wellenleiter

Die Sendeenergie wird aus dem Magnetron ausgekoppelt und in der Regel über einen Wellenleiter in Form eines Hohlleiters zur Antenne geführt. In der Regel handelt es sich um einen Rechteckhohlleiter. In ihm breiten sich die Wellen im Innenraum aus, und zwar ähnlich der Schallausbreitung in einem Sprachrohr. Damit sich die Wellen ausbreiten können, muß die größere der beiden Querschnittsabmessungen größer als die halbe Wellenlänge sein. Die Montage des Hohlleiters ist aufwendig. Er soll möglichst geradlinig verlegt werden. Beschädigungen des Leiters (Beulen, Löcher usw.) sind zu vermeiden. Zur Vereinfachung der Montage ist ein biegsamer Hohlleiter entwickelt worden. Für den Übergang auf die drehende Antenne ist zunächst die Überleitung zu einem kreisförmigen Querschnitt nötig. Nach der Drehkupplung folgt wiederum der Übergang zur rechteckigen Querschnittsform.

Antennenweiche (TR-Zelle)

Die Sendeenergie muß auf ihrem Weg von der Sendestufe zur Antenne von der empfindlichen Mischstufe am Eingang des Empfängers ferngehalten werden. Die in der Schiffahrt eingesetzten Radaranlagen nutzen zum Senden und Empfang die gleiche Antenne und zum Signaltransport den gleichen Hohlleiter. Deshalb muß der Zugang zum Empfänger während der Impulsabstrahlung gesperrt werden. Dazu wird eine in einem Hohlleiterstück eingebaute Weiche — die TR-Zelle (**T**ransmit-**R**eceive) — verwendet. Während der Sendephase wird der Hohlleiter zum Empfänger kurzgeschlossen und damit gesperrt. Dazu dienen entweder gasgefüllte elektrisch vorgespannte Dioden, die durch den ankommenden Sendeimpuls gezündet werden und nach Ende des Impulses wieder verlöschen, oder sogenannte PIN-Dioden, deren Kurzschlußzustand durch eine von außen angelegte, vom Modulator gesteuerte Spannung erreicht wird. Nach Vorbeilauf des Sendeimpulses wird wieder der Normalzustand hergestellt, so daß die ankommenden Echosignale zum Empfänger gelangen können. Eine Sperrung des Sendereingangs gegen die ankommenden Echosignale wird bei diesen Anlagen normalerweise nicht vorgesehen. Die durch den Sendeimpuls gesteuerte Sperrung des Empfängereingangs ist sowohl zu Beginn als auch am Ende des Impulses träge. Sie verhindert nicht vollständig das Eindringen der Sendeenergie in den Empfänger. Nach Ende des Sendeimpulses vergeht eine kurze Zeit, während der eingehende Echosignale noch gesperrt werden. Diese Nachteile hat die PIN-Diode nicht.

Antenne

Zur scharf gebündelten, gerichteten Abstrahlung des Radarimpulses dient die Radarantenne. Die zur Ausleuchtung der ganzen Umgebung erforderliche Drehung des Strahls wird durch die gleichmäßige Rotation der Antenne erreicht. Den Antrieb bewirkt ein direkt an die Antenne angeflanschter Elektromotor. Derzeit sind zwei Antennentypen in der Handelsschiffahrt zu beobachten.

Parabolantenne. Bild 3.3 zeigt eine solche Antenne. Sie benutzt einen Reflektor in der Form eines exzentrischen Segmentes aus einem Paraboloid. Dieser Reflektor wird über einen etwa im Brennpunkt befindlichen Hornstrahler mit dem vom Sender kommenden Radarimpuls angestrahlt. Der Hornstrahler ist praktisch das in der Breite ausgeweitete Ende des Hohlleiters. Diese breite Seite ist vertikal ausgerichtet. Das von dieser Antenne abgestrahlte Feld ist horizontal polarisiert.

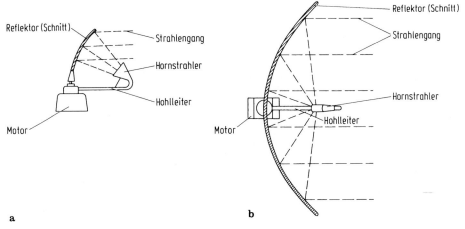

Bild 3.3. Parabolantenne.
a Seitenansicht; **b** Draufsicht

Schlitzantenne. Bild 3.4 zeigt diese weit verbreitete Antenne. Sie strahlt die Energie aus Schlitzen in der vertikal ausgerichteten Schmalseite des Hohlleiters ab; die Bündelung erfolgt nach dem Huygensschen Prinzip.

Die Schlitze haben untereinander einen Abstand von etwa einer Wellenlänge der im Hohlleiter sich ausbreitenden Welle. Sie sind leicht gegeneinander geneigt. In den Schlitzen schwingt horizontal das elektrische Feld und regt damit auch eine horizontal polarisierte Welle bei der Abstrahlung an.

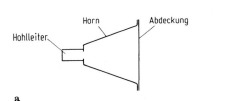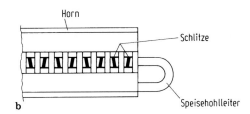

Bild 3.4. Schlitzantenne.
a Seitenansicht; **b** Frontansicht (partiell)

Strahlungsdiagramm. Zur Beschreibung der Bündelungseigenschaften der Antenne dient das Strahlungsdiagramm, auch Richtdiagramm genannt. Hierbei wird die Hauptstrahlrichtung, d.h. die Richtung, in die die größte Energiestromdichte ausgesendet wird, als $0°$ definiert und die zugehörige Energiestromdichte S_0 als Bezug für in andere Richtungen α abgestrahlte Energiestromdichten $S(\alpha)$ genommen. Es ist üblich, diesen Zusammenhang logarithmisch so auszudrücken, daß die maximale Energiestromdichte einem Maß von 0 dB entspricht:

$$s(\alpha) = 10 \lg \frac{S(\alpha)}{S_0} \, \mathrm{dB}.$$

Die Darstellung dieser Funktion erfolgt meistens in Polarkoordinaten.

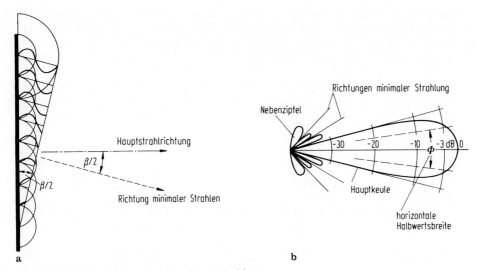

a   b

Bild 3.5. Strahlungsdiagramm eines Linearstrahlers.
a Erzeugung einer Richtung minimaler Strahlung nach dem Huygensschen Prinzip; **b** Vorderseitiges Strahlungsdiagramm in Polarkoordinaten

Kenngröße für die Bündelungseigenschaften einer Antenne ist die Halbwertsbreite, d. h. der Winkel zwischen den beiden Punkten des Strahlungsdiagramms, an denen die abgestrahlte Energiestromdichte $S(\alpha)$ auf die Hälfte des Maximalwertes S_0 abgefallen ist, d. h. von 0 dB auf $10 \lg(0{,}5/1) \approx -3$ dB.

Die Halbwertsbreite wird durch das Verhältnis der Wellenlänge zu den Abmessungen der Antenne bestimmt. Näherungsweise gilt die Beziehung $\Phi/1° \approx 70 \cdot \lambda/B$. Darin ist Φ die horizontale Halbwertsbreite, B die Breite der Antenne und λ die Wellenlänge. Eine S-Band-Antenne ($\lambda = 10$ cm) mit einer Breite von $B = 350$ cm hat demnach eine Strahlungsbreite von $\Phi \approx 2°$. Eine gleich groß dimensionierte X-Band-Antenne hat, da die Wellenlänge nur etwa ein Drittel beträgt, nur eine horizontale Halbwertsbreite von $\Phi \approx 0{,}7°$. Hingegen zeigt das vertikale Strahlungsdiagramm eine vielfach breitere „Strahlungskeule". Durch das so dimensionierte vertikale Strahlungsdiagramm wird verhindert, daß der Radarstrahl beim Rollen oder Stampfen des Schiffes die Seeoberfläche gar nicht erreicht oder gleich in ihr verschwindet; vgl. Bild 3.6. Typische Werte der vertikalen Halbwertsbreite Θ liegen zwischen 20° und 25°.

Die Radarantenne strahlt die Leistung nicht ausschließlich in die Hauptkeule hinein. Ein Bruchteil wird auch zur Seite und sogar nach hinten gestrahlt. In Bild 3.5 wird diese Tatsache durch die sogenannten Nebenkeulen deutlich. Diese „Störstrahlung" ist unerwünscht, da sie zu Falschechos führen kann. Die

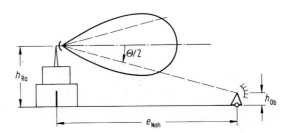

Bild 3.6. Vertikales Strahlungsdiagramm; Ortbarkeit naher Objekte

Leistungsdichte in den Nebenzipfeln wird wiederum angegeben in bezug auf die maximale Leistungsdichte in der Hauptkeule. Für die X-Band-Schlitzantenne der Anlage Atlas 4500 wird z. B. als Nebenzipfeldämpfung innerhalb von $\pm 10°$ vom Hauptstrahl der Wert > 29 dB angegeben.

Impulslänge. Von der Antenne breitet sich der Radarimpuls praktisch mit Lichtgeschwindigkeit ($c \approx 300$ m/µs) aus. Die Impulslänge l erhält man aus der Impulsdauer τ nach $l = c \cdot \tau$. Die Impulsdauer von $\tau = 1$ µs entspricht der Impulslänge von 300 m; vgl. Kap. 3.3.

Empfänger

Der Empfänger der Radaranlage arbeitet nach dem Überlagerungsprinzip. Da die Signale im Sendefrequenzbereich technisch schwierig weiterzuverarbeiten sind, setzt man sie auf eine Zwischenfrequenz (ZF) herab. Dazu wird das Echosignal zusammen mit einer von einem Hilfsoszillator erzeugten hochfrequenten Schwingung einer Mischstufe zugeführt. Die Differenz beider Frequenzen ergibt die Zwischenfrequenz. Sie liegt bei handelsüblichen Geräten zwischen 30 MHz und 60 MHz.

Hilfsoszillator. Der Hilfsoszillator erzeugt Schwingungen mit der Frequenz f_H. Sie ist gegenüber der Sendefrequenz f_S um die Zwischenfrequenz f_Z versetzt, $f_Z = f_S - f_H$.

Als schwingungserzeugendes Element wurde zunächst das Klystron, eine Elektronenröhre für sehr hohe Frequenzen, eingesetzt, in dessen frequenzbestimmendem Reflexionshohlraum sich stehende Ladungswellen aufbauen. Die Frequenz kann sowohl durch mechanische Änderung des Resonanzraumes als auch durch Änderung der Reflektorspannung mit der zugeordneten Schaltung erfolgen. Bei der manuellen oder automatischen Abstimmung des Radargerätes wird die Hilfsoszillatorfrequenz so eingestellt, daß ein maximales Signal in der ZF-Stufe erreicht wird. Heutzutage sind Halbleiterbauelemente schwingungserzeugend im Hilfsoszillator eingesetzt („Gunn"-Element und „Impatt"-Diode). Hier wird die Frequenz einerseits von der Bewegungsgeschwindigkeit der Ladungsträger im Halbleiter und zum anderen von der Dicke der zu durchdringenden Schicht abhängig. Über die Abhängigkeit der Beweglichkeit von der angelegten Spannung läßt sich auch hier die Frequenz des Oszillators einstellen.

Mischstufe. Das empfangene Radarsignal wird zusammen mit der Hilfsoszillatorschwingung der üblicherweise aus zwei Dioden in Gegentaktanordnung aufgebauten Mischstufe zugeführt. Die korrekte Funktion der Mischstufe kann durch Messung des Diodenstromes nachgewiesen werden. An manchen Anlagen wird der Meßwert als Kontrollgröße angezeigt.

Der Empfänger muß mehrere Forderungen gleichzeitig erfüllen; er kann selbst im Idealfall daher nur eine bestmögliche Lösung sein. Die Qualität des Empfängers wird durch das sogenannte Eigenrauschen bestimmt, das ist der Störpegel, der aufgrund der Ladungsträgerbewegungen in den Schaltelementen der Empfängerstufe entsteht. Dieser Störpegel ist einerseits von der Qualität der verwendeten elektronischen Verstärker abhängig und zum anderen proportional zur Bandbreite Δf der Signalverarbeitung. Die notwendige Bandbreite Δf ergibt sich aus der Forderung nach hinreichend originalgetreuer Weiterverarbeitung der ankommenden Signale. Die Mindestforderung ist, daß die Bandbreite gleich dem Kehrwert der Dauer der abgestrahlten Impulse ist. Ist beispielsweise die Impulsdauer im kleinen Meßbereich $\tau = 0{,}08\,\mu s$, so ergibt sich eine Mindestbandbreite von $\Delta f = 1/\tau = 1/(0{,}08\,\mu s) = 12{,}5\,\mathrm{MHz}$.

Bei etlichen Anlagen wird die Bandbreite der Signalverarbeitung der Impulslänge angepaßt. Das heißt, daß für größere Impulslängen eine geringere Bandbreite der Signalverarbeitung geschaltet wird. Das kommt besonders den aus größeren Entfernungen kommenden und damit normalerweise schwachen Signalen zugute, da mit dieser Maßnahme das Rauschen entsprechend reduziert wird. Als technische Daten der Geräte sind die Zwischenfrequenz, die Bandbreite der Signalverarbeitung und der Rauschfaktor in den Unterlagen angegeben.

Dynamik des Empfängers. Wie in Kap. 3.3.1 gezeigt, ist die Leistung des empfangenen Echosignals proportional der effektiven Rückstrahlfläche σ des Objektes und umgekehrt proportional der vierten Potenz seiner Entfernung. Das Verhältnis zwischen der Echoleistung von einem kleinen, entfernten Objekt zu der eines nahen, großen Objektes kann sehr groß werden. Dieses Verhältnis wird als die Dynamik des Echosignals bezeichnet. Die Qualität einer Anlage bemißt sich auch danach, welche Dynamik sie bei der Signalverarbeitung bewältigen kann.

Verstärker. Im Zwischenfrequenzbereich wird das Echosignal auf die für die Weitergabe an das Sichtgerät nötige Höhe verstärkt. Um der hohen Dynamik des Echosignals besser zu entsprechen, wird hier in vielen Anlagen statt des normalen linearen Verstärkers, bei dem jedes Eingangssignal mit dem gleichen Verstärkungsfaktor multipliziert wird, oder zusätzlich zu diesem, ein logarithmischer Verstärker eingesetzt. In ihm wird proportional zum Logarithmus des Eingangssignals verstärkt. Dadurch werden stark unterschiedliche Eingangssignale ausgangsseitig einander angeglichen; vgl. Bild 3.7. Die Sättigung wird somit nicht erreicht.

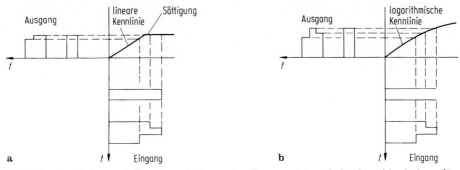

Bild 3.7. Kennlinien und Signalverarbeitung des linearen (**a**) und des logarithmischen (**b**) Verstärkers

Nahechodämpfung. Da die Echosignalleistung umgekehrt proportional der vierten Potenz des Abstandes eines Objektes ist, führen bereits relativ kleine Objekte (z. B. Seegangswellen) in der Umgebung des Schiffes zu Echostärken, die jenseits der Obergrenze der noch zu unterscheidenden Signale liegen. Durch eine mit zunehmender Auslenkzeit abnehmende Dämpfung wird erreicht, daß Echosignale, die stärker als die Seegangsechos sind, noch erkennbar werden. Die Einstellung der Nahechodämpfung ist mit Sorgfalt und Vorsicht vorzunehmen. Dabei ist besonders zu beachten, daß nicht durch zu große Dämpfung auch Nutzechos verloren gehen; vgl. Bild 3.8. Statt Nahechodämpfung findet man ebenfalls die Bezeichnung Seegangsenttrübung. Näheres siehe Kap. 3.3.1, Nahechodämpfung.

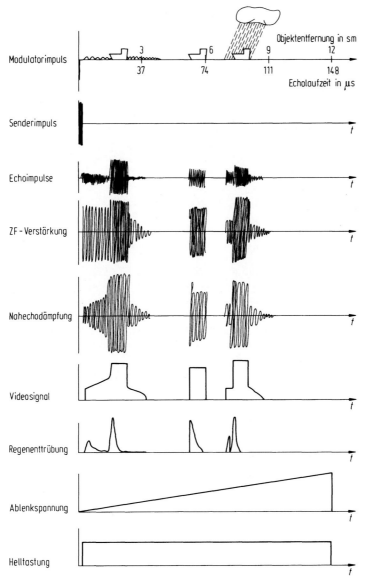

Bild 3.8. Signalverläufe in verschiedenen Stadien der Signalverarbeitung

Adaptive Störungsunterdrückung. Neuere Entwicklungen in der Signalverarbeitung bei Radar machen auch hier eine automatische Störunterdrückung möglich. Bei dieser adaptiven Dämpfung richtet sich das Maß der Dämpfung nach dem Mittelwert des Seegangsrauschens. Im Kapitel 3.2.3 werden diese neueren Methoden der Signalverarbeitung, soweit sie über die Digitalisierung der Radarsignale führen, angesprochen.

Videosignal. Nach der Demodulation ist aus dem Radarsignal im Zwischenfrequenzbereich ein „Gleichspannungssignal" geworden. Bezogen auf den Sendeimpuls, steht eine Folge von Echosignalen zur Verfügung (vgl. Bild 3.8), die — ergänzt um die von der Antenne kommende Information — bei einem ganzen Umlauf der Antenne ein vollständiges Radarbild der Umgebung liefern.

Regenenttrübung. Zur Verbesserung der Zielerkennbarkeit in Fällen, in denen, wie zum Beispiel bei der Wiedergabe eines Niederschlagfeldes, das Echo eines Schiffes in dem Echobereich des Regenfeldes eingebettet ist, wird das Videosignal einer Schaltung zugeführt, die eine Spannung proportional zur Änderung des Eingangssignals erzeugt. Diese Differenzierstufe schwächt also die nahezu gleichbleibende Signalamplitude des Niederschlagfeldes zugunsten der Anzeige der Ziele mit deutlichem Signalanstieg; vgl. Bild 3.8. Die Regenenttrübung ist meistens regelbar. Auf jeden Fall ist sie abschaltbar. Siehe hierzu auch Kap. 3.3.1, Regenenttrübung.

Die Anzeigeeinheit. Zur Anzeige der sehr schnellen Vorgänge, wie sie beim Radar vorliegen, wurde von Anfang an der nahezu trägheitslos folgende Elektronenstrahl einer Braunschen Röhre eingesetzt. Zu Anfang der Entwicklung wurde die Darstellung der Echosignale über ihre Laufzeit getrennt von der Richtung dargestellt. Dazu wurde der Elektronenstrahl gleichmäßig während der Zeit, die ein Radarsignal für den Weg vom Sender bis zu einem Objekt am Rande des geschalteten Bereiches und wieder zurück zum Empfänger benötigt, von links nach rechts über den Bildschirm ausgelenkt. Vertikal wurde der Elektronenstrahl jeweils proportional zur Stärke der einkommenden Echos ausgelenkt.

Beim Schiffsradar wird in der zivilen Schiffahrt heute ausschließlich der vom Mittelpunkt der Braunschen Röhre ausgehende Elektronenstrahl jeweils bis zum Rand ausgelenkt. Die Richtung der Auslenkung ist dabei an die jeweilige Strahlrichtung der Antenne elektrisch angekoppelt. Die einkommenden Echosignale dienen jetzt dazu, den Elektronenstrahl hellzusteuern, so daß auf dem Leuchtschirm der Röhre Leuchtflecken erscheinen. Mit einem Umlauf der Antenne wird so ein Radarbild der Umgebung geschrieben, aus dem Abstand und Peilung von Objekten unmittelbar entnommen werden können.

Ablenkeinheit. Die oben beschriebene gleichmäßige Auslenkung des Radarstrahls wird bei den hier dargestellten Radaranlagen generell magnetisch realisiert. Dazu sind am Hals der Braunschen Röhre Spulen angeordnet, die stromdurchflossen ein Magnetfeld erzeugen, das senkrecht zur Achse der Braunschen Röhre und damit

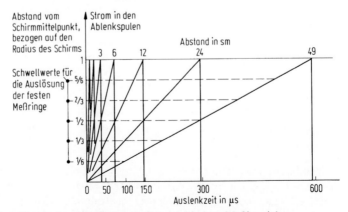

Bild 3.9. Sägezahnstromverlauf in der Ablenkeinheit für verschiedene Meßbereiche

zur Bewegungsrichtung der Elektronen von der Elektronenquelle (Kathode) durch Beschleunigungs- und Fokussierungsstrecken zur Leuchtschicht ausgerichtet ist. Mit dem gleichmäßigen Anstieg des Stromes in den Spulen wird der Elektronenstrahl ebenso gleichmäßig ausgelenkt. Angestoßen vom Steuerimpuls des Steuergenerators erzeugt die Ablenkstufe einen sägezahnartigen Verlauf des Stromes für die Ablenkspulen. Der Maximalwert entspricht der Auslenkung bis zum Rand der Röhre. Die Auslenkung erfolgt in der Zeit, die das Echosignal für den Hin- und Rückweg über den geschalteten Bereich benötigt. Vergleiche Bild 3.9.

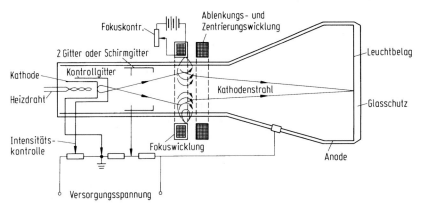

Bild 3.10. Schnitt durch eine magnetisch gesteuerte Kathodenstrahlröhre

Die Bildröhre. In der Braunschen Röhre (vgl. Bild 3.10) wird der Leuchtschirm des Glaskolbens durch einen harten Elektronenstrahl zum Leuchten angeregt. Der aus der Kathode austretende Elektronenstrahl wird durch die hohe Spannung zwischen Kathode und Anode beschleunigt. Die Bündelung (Fokussierung) des Strahls erfolgt normalerweise durch ein Magnetfeld, das durch eine gleichstromdurchflossene Spule erzeugt wird, deren Windungen um den Hals der Röhre liegen. Durch ein Gitter kann der Elektronenstrahl mit Hilfe einer dort angelegten elektrischen Spannung gesperrt oder mehr oder weniger freigegeben werden. Die Intensität des Strahls bestimmt die Helligkeit der Anzeige auf dem Schirm. Die Leuchtschicht wird durch den einfallenden Elektronenstrahl zur Wiederabstrahlung der Energie im sichtbaren Bereich angeregt. Dabei wird nur ein beschränkter Anteil der einfallenden Energie in Licht umgesetzt, der größere Teil erwärmt die Schicht an der Auftreffstelle. Dadurch kann die Leuchtfähigkeit der Schicht leiden oder verschwinden (Einbrenngefahr). In der Konstruktion der Leuchtschicht wird dieser Gefahr in manchen Anlagen dadurch vorgebeugt, daß auf die Leuchtschicht selbst eine zweite, gegen das Einbrennen unempfindlichere Schicht aufgebracht wird. In dieser Schicht wird beim Auftreffen von Elektronen Energie im nichtsichtbaren Bereich freigesetzt, die dann wiederum die eigentliche Leuchtschicht anregt. Die Korngröße des Leuchtmaterials bestimmt die kleinstmögliche darstellbare Anzeige.

Winkelübertragung. Die Übertragung der momentanen Strahlrichtung der Antenne und ihre Umsetzung in der Anzeigeeinheit werden unterschiedlich gelöst. Auf die digitale Darstellung der Winkellage der Antenne wird in Abschnitt 3.2.3 eingegangen. Die technisch am meisten verbreitete Lösung besteht aus einem Synchrogenerator am Antennenmotor und einem Synchroempfänger in der Anzeigeeinheit. Die in den Wicklungen des Synchrogenerators induzierten Spannungen werden auf die entsprechenden Wicklungen des Synchroempfängers übertragen, dessen Rotor — gegebenenfalls mit einer Servostützung — die Ablenkspulen synchron mit der Antenne um den Röhrenhals rotieren läßt. Die so erzeugte Drehung des Magnetfeldes bewirkt, daß die Auslenkung des Strahls im Anzeigegerät immer synchron mit der Strahlrichtung der Antenne umläuft; vgl. Bild 3.11.

Feste Spulen. Die Drehung des Magnetfeldes läßt sich auch durch zwei fest angeordnete Spulenpaare erzeugen. Beim drehenden System zeigt das Magnetfeld jeweils in Richtung der momentanen Lage der Spulenachsen; der Sägezahnstrom, der die Ablenkung bewirkt, erreicht immer den gleichen Maximalwert. Bei den festen Spulen erreicht man die gewünschte Richtung des Magnetfeldes durch eine vektorielle Überlagerung der von den beiden senkrecht zueinander angeordneten Spulen erzeugten Felder H_x und H_y. Beschreibt man die momentane Strahlungsrichtung der Antenne mit dem Winkel α, dann gilt für die Teilfelder $H_x = H_0 \cdot \sin \alpha$

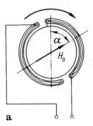 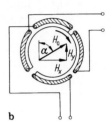

Bild 3.11. Ablenkspulenanordnung.
a drehbares Spulenpaar;
b festes Spulenpaar

a   b

und $H_y = H_0 \cdot \cos \alpha$. Die Ströme in den beiden Spulenpaaren müssen proportional verlaufen. Die entsprechende Aufteilung des Sägezahnstromes auf die beiden Spulenpaare erfolgt entweder elektromechanisch durch einen Resolver oder durch eine entsprechende mathematische Transformation durch einen Rechner; vgl. Bild 3.11.

Vorauskontakt. Zur Kontrolle der Richtungssynchronisation — insbesondere zur Sicherstellung der gleichen Bezugsrichtung in Antenne und Sichtgerät — ist an der Antenne ein Vorauskontakt vorgesehen, der genau dann geschlossen wird, wenn die Strahlrichtung recht voraus ist. Dieser Impuls wird direkt auf die Anzeigeröhre gegeben und erzeugt dort durch die Hellsteuerung des Auslenkstrahls den Vorausstrich, der auch am Sichtgerät in Richtung recht voraus zeigen muß und gegebenenfalls zu justieren ist.

3.2.3 Digitale Verarbeitung der Radarsignale

In modernen Radargeräten werden zunehmend digitale Signalverarbeitungstechniken eingesetzt. Mit diesen kann ein synthetisches Radarbild erzeugt werden, dessen wesentliche Vorteile eine wirksame Störsignalunterdrückung und eine wesentlich höhere Bildhelligkeit bis zum „Tageslichtbildschirm" sind. Mit Hilfe eines Rechners kann weiterhin die Radarbildauswertung automatisiert werden (ARPA, vgl. Kap. 3.7).

Nach der üblichen Aufbereitung (Verstärkung, Nahechodämpfung, Regenenttrübung, Demodulation) wird das Empfangssignal in einer Digitalisierungsstufe hinsichtlich Abstand, Peilung und Echostärke digitalisiert, d.h. in die Information

„Echo" (1) und „Kein Echo" (0) unterschieden. Mit Hilfe von Mikroprozessoren und schnellen Massenspeichern können dann die Signale gespeichert, verarbeitet und in heller und bereinigter Form angezeigt werden. Je nach Kapazität des Rechners und angewandter Technik geschieht dies für einzelne Ablenkspuren oder das gesamte Radarbild.

Die digitalisierten Radarwerte werden durch die vom Beobachter vorgenommenen Grundeinstellungen (Abstimmung, Verstärkung usw.) beeinflußt. Auch bei Anwendung digitaler Signalverarbeitung sind diese Einstellungen sorgfältig vorzunehmen.

Digitalisierung

Digitalisierung der Zielentfernung. Die Ablenkspur vom Bildmittelpunkt bis zur Meßbereichsgrenze wird in eine Anzahl von *Zeitzellen* bzw. *Entfernungszellen* eingeteilt.

Die Zahl der Zeitzellen richtet sich nach der für den Meßbereich notwendigen Auflösung. Bei einem Meßbereich von 6 sm und 1024 Zellen erhält man z. B. eine Entfernungsauflösung von ca. 10 m.

Um die Radarsignale in die „richtige" Zeitzelle zu speichern, werden die einzelnen Zellen nur dann mit einer „1" beschrieben, wenn gleichzeitig mit dem Eintreffen eines Radarechos die zugehörige Zelle durch einen zeitgerechten (d. h. der Laufzeit entsprechenden) Steuerimpuls einer internen Uhr angesprochen wird (Bild 3.12).

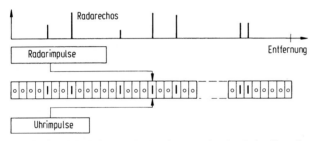

Bild 3.12. Digitalisierung der Entfernung durch „Zeitzellen" bzw. „Entfernungszellen"

Digitalisierung der Peilung. Beim Zählimpulsverfahren werden aus dem analogen Winkelsignal des Synchrogebers der Antenne Impulse für einen Antennenumlaufzähler gewonnen. Bei 4096 Impulsen pro Umlauf (360°) ergibt sich eine Winkelauflösung von 0,08°.

Beim (alternativen) Shaft-Encoder-Verfahren wird eine an die Antennenachse montierte gerasterte Scheibe photoelektrisch abgetastet. Die Art der Rasterung bestimmt die Anzahl der entstehenden Impulse und damit das Auflösungsvermögen, und zwar nach obigem Beispiel ebenfalls 0,08°.

Digitalisierung der Echostärke. Die Intensität des Empfangssignales wird für jede Zelle durch einen A/D-Wandler (Analog-Digital-Wandler) quantisiert. Dabei kann je nach Gerät die Anzahl der Zellen zwischen einigen Hundert für eine Ablenkspur und einigen Millionen (z. B. 1024 × 4096) für das gesamte Radarbild liegen.

Es werden grobe Quantisierungen (zwei Helligkeitsstufen 0 und 1; Speicherung in 1 bit) oder feinere Quantisierungen (acht Helligkeitsstufen 0 – 7; Speicherung in 3 bit) angewendet.

Signalverbesserungstechniken

Typische Methoden zur Verbesserung des Nutz-Stör-Signals bei der Erzeugung eines synthetischen Radarbildes sind:

- *Schwellwertpegel.* Das thermische Rauschen wird durch einen Schwellwertdetektor (analog und/oder digital) reduziert, dessen Pegel ständig an das vorhandene Signal-Rausch-Verhältnis angepaßt werden kann.

- *Korrelation.* Durch den Vergleich der Speicherinhalte verschiedener Ablenkspuren mit Hilfe logischer Schaltungen können zufällige Störsignale entfernt werden. So wird ein Echo nur dann angezeigt, wenn es auf mehreren Ablenkspuren als „1" gespeichert ist (Bild 3.13). Beim Vergleich benachbarter Spuren des gleichen Antennenumlaufs (sweep to sweep, Zeitunterschied etwa 1/1000 s) werden Empfängerrauschen und Störungen durch fremde Radargeräte herabgesetzt. Beim Vergleich der entsprechenden Ablenkspuren aufeinanderfolgender Umläufe (scan to scan, Zeitunterschied etwa 2 s) werden auch die Störungen durch Seegang vermindert, da sich die Wellenformen innerhalb einer Antennendrehung geändert haben.

- *Echoverlängerung.* Die Anzeigen der gespeicherten Echoimpulse werden in radialer Richtung künstlich verlängert. Dadurch werden insbesondere kleinere Echos größer, d.h. auffallender, aber auch unrealistisch und mit schlechterem Auflösungsvermögen dargestellt.

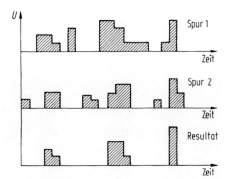

Bild 3.13. Rausch- und Störunterdrückung durch Korrelation (Vergleich entsprechender Signale)

- *Helligkeitssteigerung.* Wird die Zeitdauer für die Anzeige der gespeicherten Echoimpulse auf der Ablenkspur vergrößert, so steigt die Helligkeit der Echoanzeigen. Dazu wird der Elektronenstrahl während der Dunkeltastung langsamer (als konventionell) zum Rand geführt. Schwache Echos können damit ebenso hell wie starke Echos angezeigt werden. Die Unterscheidung zwischen schwach und stark reflektierenden Radarobjekten wird jedoch schwieriger.

Bei den *synthetischen* Radarbildern einzelner Hersteller, z.B. „Clear Scan" (Decca) oder „ITP" (Improved Target Presentation, Krupp Atlas Elektronik (KAE)) werden die beschriebenen Signalverbesserungstechniken kombiniert.

Bild 3.14 zeigt die Signalveränderung vom analogen Rohradar bis zum digitalen synthetischen Signal, Bild 3.15 zeigt die Verbesserung des Radarbildes durch digitale Signalverarbeitung.

Synthetisches Radarbild mit digitalem Scan-Converter

Bei hinreichender Kapazität des angeschlossenen Rechners können nicht nur einzelne Ablenkspuren, sondern das gesamte Radarbild gespeichert und in geeigneter Form wieder angezeigt werden. Dies hat folgende Vorteile:

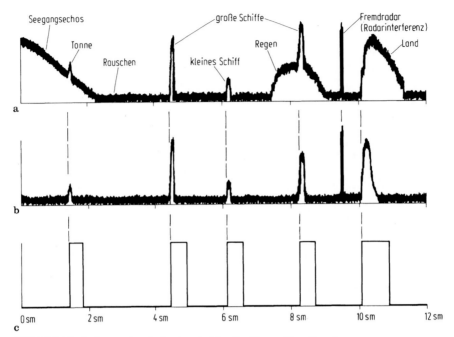

Bild 3.14. Veränderung des Radarsignals (Quelle: Decca Clear Scan).
a normales analoges Rohradar; **b** bereinigtes analoges Videosignal; **c** bereinigtes digitales Videosignal

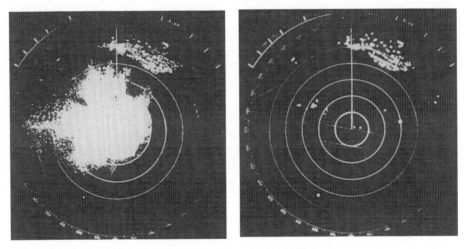

Bild 3.15. Rohradarbild und bereinigtes, synthetisches Radarbild

- Die Bildhelligkeit kann wesentlich gesteigert werden (Tageslichtbildschirm), wobei das Radarbild (nahezu) kontinuierlich ohne umlaufende Ablenkspur als stehendes Bild angezeigt werden kann (Bild 3.16).
- Die Auswertung des Radarbildes kann wesentlich erleichtert werden. So steht z. B. die Darstellungsart „True Motion aus der Mitte" zur Verfügung (KAE 7600; vgl. Kap. 3.4.6).

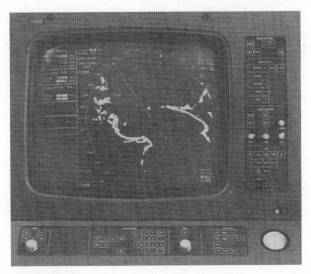

Bild 3.16. Synthetisches Radarbild (KAE 7600)

- Die Bewegungen der Radarziele können durch synthetische Nachleucht-schleppen wählbarer Länge angezeigt werden (vgl. ARPA, Kap. 3.7).

Die hohe Bildhelligkeit wird dadurch erzeugt, daß das gesamte Radarbild während der (konventionellen) Dunkeltastung (etwa 80% bis 95% der Zeit) ständig neu erzeugt wird. Dazu wird der Elektronenstrahl mit hoher Frequenz zeilenweise über den gerasteten Bildschirm geführt. Für die Rasterdarstellung müssen die Polarkoordinaten des Radarbildes (Peilung α, Abstand r) mit Hilfe des „digitalen Scan-Converters" in rechtwinklige Bildschirmkoordinaten (x, y)

$$x = r \cdot \sin \alpha \quad \text{und}$$
$$y = r \cdot \cos \alpha$$

umkodiert werden.

Die Auflösung des synthetischen Bildes wird durch die Rasterung auf dem Bild-schirm bestimmt. Hinreichende Auflösung ist Voraussetzung für die Eignung der Methode.

Die Radaranlage KAE 7600 arbeitet z. B. mit folgenden Daten:

Zeilenzahl	625
Bildpunkte pro Zeile	932
Bildwechselfrequenz	41 Hz
Speicherauslesefrequenz	40 MHz ($\cong$ 25 ns Auslesezeit)
Videoamplitudenauflösung	0 bis 7 (3 bit)
Speicherkapazität	5 Megabit

Farbradar

Auf Jachten werden Farbradargeräte eingesetzt, bei denen die Farbe der Echo-anzeigen durch die jeweilige Echostärke bestimmt wird (Bild 3.17).

Dieses Verfahren hat schwerwiegende Nachteile. So ändert sich die Farbe einer Echoanzeige bei zufälligen Intensitätsschwankungen, Aspektänderungen und Kurs-

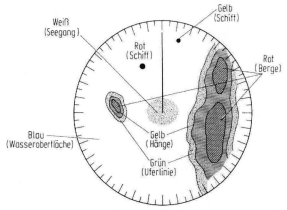

Bild 3.17. Farbradar.
(Die Farbe der Echoanzeigen wird
durch die Echostärke
bestimmt.)

änderungen des Gegners, was zu einer falschen Gefahreneinschätzung führen kann.
Außerdem wird die Auflösung durch die Farbdarstellung verschlechtert.

Sinnvoll könnte die Farbdarstellung als Unterscheidungskriterium für verschiedene Informationen verwandt werden (Rohradarinformationen/synthetische
Symbole oder ruhende/bewegliche Ziele).

3.2.4 Hilfsmittel der Radarbildauswertung

Die Auswertung des Radarbildes besteht zunächst in der Bestimmung von Peilung
und Abstand von Echoanzeigen. Darüber hinaus muß die Bewegung der Echoanzeigen mit der Zeit verfolgt werden.

Peilscheibe

Die einfachste Auswertehilfe ist eine über dem Bildschirm drehbar angeordnete
Peilscheibe. Sie ist mit einem Voraus-Achteraus-Strich und senkrecht dazu mit
Abstandsparallelen markiert; vgl. Bild 3.18. Vom Bildmittelpunkt über die beobachtete Echoanzeige weist der Peilstrich bei der Bestimmung der Radar-
seitenpeilung auf eine fest angeordnete Peilskala am Bildschirmrand. Die Abstandsparallelen erlauben die näherungsweise Bestimmung des Abstandes zwischen
dem eigenen Schiff und dem beobachteten Objekt. Auch die Messung von
Richtung und Abstand zwischen zwei anderen Objekten auf dem Bildschirm ist

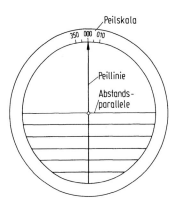

Bild 3.18. Mechanisches Parallellineal

damit möglich. Wegen des Abstandes zwischen Peilscheibe und Bildschirm kommt es bei schräger Betrachtung des Bildes zu parallaktischen Fehlern. Zur Sicherstellung der parallaxenfreien Beobachtung trägt die Peilscheibe die Markierung sowohl auf der Oberseite als auch auf der Unterseite. Bei der Betrachtung hat man beide Markierungen genau übereinander zu halten. Die Beleuchtung der Peilscheibe ist regelbar.

Feste Abstandsringe

Zur Entfernungsmessung werden im Sichtgerät elektronisch Impulse zur Erzeugung von (vielfach sechs) Abstandskreisen produziert, die voneinander gleichen Abstand haben. Der jeweilige Impuls wird vom Sägezahngenerator ausgelöst, wenn dort der Strom den entsprechenden Bruchteil des Endwertes erreicht hat; vgl. Bild 3.18. Ein nichtlinearer Verlauf des Sägezahnstromes bedeutet, daß die Abstandskreise unterschiedlich weit voneinander entfernt sind. Da das Radarbild in diesem Fall gleichermaßen verzerrt ist, bleiben die Entfernungsmessungen mit den festen Ringen korrekt. Die Abstandsringe sind in der Helligkeit regelbar, zumindest aber abschaltbar.

Veränderlicher Entfernungsmeßring

Eine vom Steuerimpulsgenerator angestoßene Schaltung erzeugt für jeden Ablenkstrahl auf dem Bildschirm einen Impuls, dessen zeitlicher Abstand vom Beginn der Auslenkung einstellbar ist (VRM, Variable Range Marker). Diese Zeit entspricht einer Echolaufzeit. Der zugehörige Abstand, der sich aus der Laufzeit des Echosignals ergibt, wird direkt angezeigt. Der eingestellte Wert wird durch Meßbereichsumschaltungen im Sichtgerät nicht beeinflußt. Durch eine derartige Umschaltung kann der Ring allerdings außerhalb des angezeigten Bereiches geraten. Die Genauigkeit des beweglichen Meßringes sollte an den festen Ringen überprüft werden.

Die Helligkeit des Meßringes ist einstellbar. Zur korrekten Messung muß die Innenkante des Meßringes mit der Innenkante des zu messenden Objektes zur Deckung gebracht werden.

Der bewegliche Meßring hat zwei wesentliche Vorteile: Er kann mit der für die Navigation erforderlichen Genauigkeit eingestellt werden und ist auch bei dezentriertem Bild problemlos einsetzbar.

Elektronisches Peillineal

Neben dem mechanischen Peillineal enthalten manche Geräte ein elektronisch erzeugtes Peillineal (EBL, Electronic Bearing Line). Dazu wird der Ablenkstrahl in der gewünschten Peilrichtung über die ganze Länge hellgesteuert. Die Peilung ist einstellbar, ihr Wert wird in den meisten Fällen zusätzlich angezeigt. Um Verwechslungen mit dem Vorausstrich zu vermeiden, wird dieses Lineal z.B. durch regelmäßige Unterbrechung des Strahls markiert. Im Vergleich zum mechanischen Peillineal ergeben sich folgende Vorteile:

- parallaktische Fehler treten nicht auf,
- eventuelle Verzerrungen des Bildes führen nicht zu Fehlern, da sie die EBL ebenfalls betreffen,
- Zentrierfehler des Radarbildes wirken sich bei digitaler Anzeige der Peilung nicht aus.

Nachteilig ist, wenn das elektronische Peillineal erst beim nächsten Antennenumlauf wieder erneuert wird; die Einstellung wird dadurch recht mühsam.

Interscan-EBL. Die Zeit zwischen zwei Auslenkungen des Elektronenstrahls kann zur Erzeugung zusätzlicher Signale genutzt werden. Dadurch läßt sich der oben geschilderte Nachteil eines nur einmal pro Antennenumlauf erneuerten Peilstrahls aufheben. Durch Ausnutzung der Dunkelphase zwischen je zwei aufeinander folgenden Auslenkungen wird der Peilstrahl mit der Impulsfolgefrequenz erneuert und ist damit kontinuierlich sichtbar. Allerdings ist hierfür die Ablenkung getrennt herzustellen. Bei rotierendem Ablenksystem wird zusätzlich ein von außen einstellbares Ablenksystem um den Hals der Bildröhre gelegt. Bei festen Ablenkspulen werden die Ablenkspulen richtungsgerecht mit den entsprechenden Sägezahnströmen versorgt.

Die Verschiebung des Anfangspunktes des Peillineals aus dem Bildmittelpunkt und die in Längeneinheiten festgelegte Länge des Peilstrahls sind zusätzlich von verschiedenen Herstellern angebotene Verbesserungen.

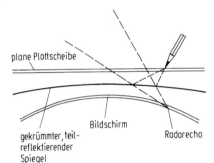

Bild 3.19. Strahlengang beim planen Plotaufsatz (Ausschnitt)

Plotaufsatz

Für die Auswertung eines Radarbildes mit dem Ziel, Kurs und Geschwindigkeit von Echoanzeigen festzustellen, müssen die Anzeigen über längere Zeit verfolgt (geplottet) werden. Eine wesentliche Hilfe stellt dazu der Reflexionsplotaufsatz dar; vgl. Bild 3.19. Auf ihm werden die Echoanzeigen parallaxenfrei mit einem Fettstift markiert. Die ursprünglich konkaven Scheiben sind inzwischen durch plane Scheiben abgelöst worden. Dadurch ist ihre Nutzung wesentlich verbessert worden. Die plane Plotscheibe besteht aus einer durchsichtigen Zeichenfläche, die indirekt beleuchtet ist. Ein halbreflektierender Spiegel projiziert jede Markierung auf der Plotscheibe an die entsprechende Stelle des Radarbildes. Man arbeitet mit einem Fettstift. Das Gesicht des Radarzeichners muß über der Mitte des Bildes stehen. Zum Abgreifen von Distanzen zwischen zwei Markierungen auf der Plotscheibe, zum Versegeln von Vektoren und zum Zeichnen von Linien benötigt man ein Plastiklineal ohne Markierungen.

Zur Auswertung des Radarbildes hat die Entwicklung in der Elektronik auch beigetragen. Die weitestgehenden Möglichkeiten bieten die im Kapitel 3.7 dargestellten automatischen Radarbildauswertehilfen (ARPA). Zum Unterschied von ARPA werden bei den sogenannten AC-Systemen (Anti-Collision) die Echoanzeigen weder automatisch erfaßt noch automatisch verfolgt.

Antikollisionssysteme

Zur Feststellung einer sich entwickelnden gefährlichen Annäherung wird die relative Bewegung des in Frage stehenden Objektes beobachtet. In der Betriebsart „True Motion" steht diese relative Bewegung nicht mehr unmittelbar zur Verfügung. Das ist der wesentliche Nachteil dieser Darstellungsart. Zur Abhilfe hat die Firma Decca Markierungshilfen entwickelt, die, elektronisch erzeugt, direkt in das Radarbild eingeblendet werden können. Sie bestehen jeweils aus einem 25 mm langen Strich, der immer zum Bildmittelpunkt ausgerichtet ist und seine Lage zum Mittelpunkt nicht ändert, es sei denn, der Nautiker verschiebt ihn mit Hilfe der Einstellknöpfe. Mit dem punktförmig verdickten Ende wird ein solcher Marker auf ein interessierendes Echo gesetzt. Der Augenschein allein liefert dann bei fortgesetzter Beobachtung die Erkenntnis, ob sich eine bedrohliche Situation entwickelt. In diesem Fall bleibt die Echospur sehr nahe zum Markierungsstrich (stehende Peilung). Mit Hilfe eines Plotaufsatzes läßt sich dann auch sehr einfach

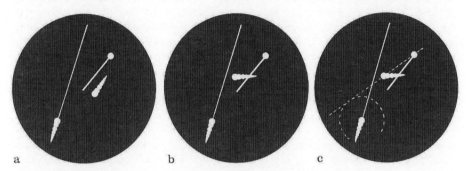

a   b   c

Bild 3.20. Markierungsstriche zur Beobachtung der relativen Bewegung.
a Fremdschiff passiert achtern; **b** Fremdschiff passiert voraus; **c** Bestimmung der Begegnungssituation

bestimmen, wie dicht die Annäherung wird, wann sie erfolgt usw. Das System ist in Bild 3.20 dargestellt.

Andere, halbautomatische AC-Systeme sind mit einem Rechner bestückt. Das von dem Nautiker ausgewählte Ziel wird durch ihn mit einem Symbol markiert. Die Koordinaten dieses Symbols auf dem Schirm werden in den Speicher des Rechners automatisch eingegeben. Erfolgt nach einer gewissen Beobachtungszeit eine erneute Markierung durch den Nautiker, dann wird die Bewegung des zugehörigen Objektes automatisch berechnet. Darüber hinaus werden die für die Begegnungssituation wesentlichen Daten (CPA, CA, TCPA usw.) ausgerechnet und angezeigt.

3.2.5 Realisierung besonderer Darstellungsarten

Relativdarstellungen

Alle Echozeichen auf dem Bildschirm bewegen sich relativ zum eigenen Schiff. Es muß durch Plotten ermittelt werden, welches ein *festes* und welches ein *bewegtes* Echozeichen ist. Bei den bewegten Echozeichen müssen dann weiterhin Richtung (Kurs) und Geschwindigkeit festgestellt werden. Bei Kursänderung des eigenen Schiffes wandern alle Echos um den Winkelbetrag der Kursänderung in entgegengesetzter Richtung aus.

Vorausbezogene Relativdarstellung (Head-Up). Diese Darstellungsart beschränkt sich auf ein nur die Radarinformation verarbeitendes Meßsystem. Der Bildmittelpunkt liegt in der Mitte des Bildschirms, der Vorausstrich zeigt auf 000° am festen

Peilkranz (voraus oben). Alle Peilungen mit dem Peillineal sind Radar-Seiten-peilungen.

Nordstabilisierte Relativdarstellung (North-Up). Eine entscheidende Verbesserung des Radarbildes wird erreicht, wenn durch Einspeisung des Kompaßkurses die Bildanzeige nordstabilisiert betrieben werden kann. Dazu wird in der nord-stabilisierten Relativdarstellung die Kompaßinformation direkt in das Ablenk-system eingespeist. Zur Winkellage, die von der Antenne übertragen wird, wird der momentane Kompaßkurs hinzu addiert. Der Vorausstrich zeigt damit jeweils in Richtung des Kompaßkurses. Die Peilungen sind Radar-Kompaßpeilungen. Diese Darstellungsart hat ihre besonderen Vorteile darin, daß bei Kursschwankungen oder bei Kursänderungen das Bild nicht verdreht wird und damit nicht ver-schmiert. Elektromechanisch wird die Addition von Radar-Seitenpeilung und Kompaßkurs durch einen Differentialübertrager bewirkt, bei dem das Drehfeld vom Synchrongeber der Antenne auf einen vom Kompaßkurs eingestellten Syn-chrongeber übertragen wird, der dann die Ablenkspulen im Sichtgerät steuert.

Dezentrierte Relativdarstellung (off centered mode). Die Radarnutzung ist in Vor-ausrichtung größer als in Achterausrichtung, weil sich wegen der eigenen Voraus-bewegung die Ereignisse in den beiden vorderen Quadranten schneller entwickeln als achteraus. Zur Dezentrierung wird ein zusätzliches, konstantes magnetisches Ablenkfeld im Ablenksystem erzeugt, das den Bildmittelpunkt in Achteraus-richtung versetzt. Zur Ermittlung von Peilungen ist dann ein „Elektronisches Peil-lineal" nötig.

Siehe auch Kap. 3.4.1 bis 3.4.4.

Absolute Darstellung (True Motion)

Für bestimmte Verwendungszwecke läßt sich die Radardarstellung noch durch die Eingabe der Schiffsgeschwindigkeit verbessern. Die maßstabsgerechte Bewegung des eigenen Fahrzeuges über den Bildschirm ergibt die True-Motion-Darstellung, auch Kursradar-Anzeige genannt. Sie liefert dem Radarbeobachter die „absolute Bewegung" aller beobachteten Schiffe und des eigenen Schiffes, während die beobachteten „festen" Objekte auch „fest" bleiben.

Bei der üblichen Geräteausführung wird der Bildmittelpunkt kurs- und fahrt-getreu über den Bildschirm geführt. Dazu wird im Ablenksystem ein Magnetfeld erzeugt, dessen Komponentenänderungen der Bewegung des eigenen Fahrzeugs entsprechen. Bei drehenden Ablenkspulen wird dazu ein festes Spulenpaar zusätz-lich eingebaut und entsprechend „beaufschlagt". Im Falle fester Ablenkspulen kann die Verschiebung des Bildmittelpunktes durch Überlagerung der Ströme für die Ablenkung und für die Verschiebung im gleichen Spulenpaar vorgenommen werden. Vergleiche Bild 3.21.

Bei Versetzung durch Strom und Wind ist die Bewegung durch das Wasser eine andere als die über Grund. Entsprechende Drift-Korrekturen können eingestellt und geräteintern erzeugt werden. Damit läßt sich ein tatsächlich festliegendes Objekt auch am gleichen Ort auf dem Bildschirm halten.

In Fällen, in denen eine externe Einspeisung von Kurs und Fahrt nicht möglich ist, können beide Größen über einen speziellen True-Motion-Generator geräte-intern erzeugt werden. Der Nautiker hat in diesem Fall von Hand Kurs und Fahrt oder ggf. auch nur Fahrt einzugeben. Er hat besonders darauf zu achten, daß jede Änderung der Bewegung des eigenen Fahrzeugs dann auch in die Radaranlage eingegeben wird.

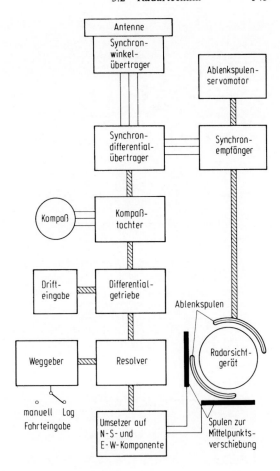

Bild 3.21. Elektromechanische Realisierung der Betriebsart True Motion

Vorausbezogene True-Motion-Darstellung (Course-Up). Durch eine zusätzliche Verdrehung des Differentialübertragers läßt sich das Bild auch so orientieren, daß der Vorausstrich wieder nach oben zeigt. Bild 3.21 zeigt prinzipiell die Realisierung dieser Betriebsart.

Wird die Drehung des Ablenksystems mit Hilfe von festen Spulen gelöst, dann läßt sich die oben beschriebene Betriebsart durch entsprechende Ansteuerung der beiden Spulenpaare einstellen. Diese elektronische Lösung ist in Bild 3.22 zum Vergleich angegeben.

3.2.6 Kontrolleinrichtungen der Radaranlage

Zur Kontrolle des ordentlichen Betriebes der Radaranlage im Sender- und im Empfängerbereich gibt es verschiedene Hilfseinrichtungen.

Die *Echobox* dient der Kontrolle der gesamten Radarfunktion mit Ausnahme der Antenne. Die Echobox ist ein Hohlraumresonator, der am Hohlleiter zwischen Sende-Empfangs-Einheit und Antenne angeflanscht ist. Sie ist zum Hohlleiter hin im Normalbetrieb geschlossen. Zu Meßzwecken wird der Zugang geöffnet. Der vom Sender kommende Impuls regt in der Echobox eine gedämpfte Schwingung an. Dieses Signal wird über den Empfänger verarbeitet und liefert im Sichtgerät

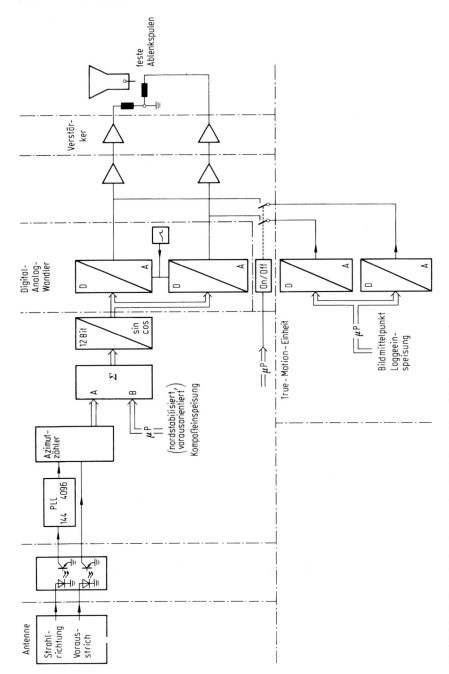

Bild 3.22. Elektronische Lösung der Betriebsart True Motion

ein kreisscheibenförmiges Bild. Sein Durchmesser ist für die ordentliche Funktion der Anlage festgelegt. Eine Minderung weist auf eine Schwächung in der Arbeitsweise von Sender oder Empfänger hin. Der jeweilige Anlagenhersteller gibt an, von welcher Minderung an Maßnahmen zur Wiederherstellung der ursprünglichen Leistungsfähigkeit der Anlage getroffen werden müssen.

Bei der Kontrolle der abgestrahlten Sendeleistung wird neben der Antenne ein *strahlungsempfindliches Element* (Glimmröhre oder Mikrowellendetektordiode) angebracht. Wenn der Radarstrahl über dieses Element hinwegstreicht, wird es zur Signalabgabe angeregt. Dieses Signal wird zur Hellsteuerung des Bildschirms verwendet. Die Größe des Signals ist der abgestrahlten Sendeleistung proportional. Auf dem Bildschirm erscheint eine „Feder". Ihre Länge ist ein Maß für die abgestrahlte Leistung.

Bild 3.23 gibt ein Testbild der Anlage 8500 der Firma Krupp Atlas Elektronik (KAE) wieder. Der kleine Kreis wird in diesem Fall allerdings nicht durch eine Echobox erzeugt, sondern durch ein Sondersignal, das nur auf den Empfänger einwirkt. Hier werden also Sender- und Empfängerfunktion getrennt untersucht.

Die rechnerbestückten Anzeigeeinheiten haben normalerweise umfangreiche Selbsttests. Sie laufen automatisch ab. Ihre Auslösung erfolgt ebenfalls automatisch oder von Hand. Sie prüfen die umfangreichen vom Rechner erzeugten Funktionen. Sie werden hier im einzelnen nicht angesprochen.

3.2.7 Kombination mehrerer Radaranlagen

Heute sind bereits sehr viele Schiffe mit zwei Radaranlagen ausgestattet, weil dadurch die Erhöhung der Verfügbarkeit der Radarausrüstung und gegebenenfalls die volle Ausnutzung der Möglichkeiten des Radar im X- und im S-Band erreicht wird.

Die Möglichkeiten einer solchen Doppelinstallation lassen sich noch besser nutzen, wenn über einen Umschalter („Interswitch") verschiedene Kombinationen der einzelnen Systemkomponenten geschaltet werden können. Dadurch läßt sich beispielsweise das besser ausgerüstete Sichtgerät auf die Sender-Antennen-Einheit für das S-Band schalten, wenn die Wellenausbreitung im X-Band durch Seegang und Regen gestört ist und dort ein schlechteres Bild erzeugen würde.

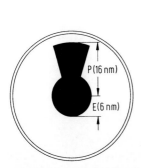

Bild 3.23. Radartestsignal auf der Bildröhre der Anlage Krupp Atlas Elektronik (KAE) Typ 8500

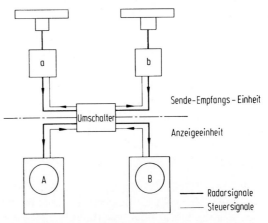

Bild 3.24. Doppelinstallation von Radaranlagen mit Umschaltmöglichkeit (Interswitch)

Beim Ausfall einer Sender-Antennen-Einheit lassen sich beide Sichtgeräte im hierarchischen Betrieb (Mutter und Tochter) weiter zur Beobachtung einsetzen.

Miteinander verschaltbar sind Anlagenkomponenten nur dann, wenn Signalart, -pegel und -frequenz sowie andere wichtige Kenngrößen übereinstimmen. Derartige Übereinstimmungen sind vielfach nur bei Geräten aus einer Typenreihe eines Herstellers problemlos zu erreichen; gegebenenfalls müssen zusätzliche Anpassungsschaltungen eingebaut werden.

Die in Bild 3.24 schematisch dargestellte Doppelinstallation von Radaranlagen bietet folgende Kombinationsmöglichkeiten:

Sichtgerät	Sende-Empfangs-Teil	Bemerkungen
A ——————— a		Normalbetrieb
B ——————— b		
A ⟍⟋ a		Kreuzschaltung
B ⟋⟍ b		
A ——————— a		*Hierarchischer Betrieb*
B — b		Mutter A, Tochter B
A a		
B ——————— b		Mutter B, Tochter A
A ⟍ a		
B ⟍ b		
A ⟋ a		mit Kreuzschaltung
B ⟋ b		

Von dem Umschalten sind sowohl die Radarsignalleitungen (Video- und Azimutsignal) als auch die Steuerleitungen betroffen. Die Steuersignalleitungen dienen dazu, die durch Bedienelemente am Sichtgerät manipulierten, aber in der Sende-Empfangs-Einheit wirksamen Größen — Abstimmung, Verstärkung, Nahechodämpfung und gegebenenfalls Impulslänge, Verstärkercharakteristik — zu verknüpfen. Auch die Impulsfolgefrequenz wird über die Steuerleitung eingestellt oder übertragen. Das Umschalten kann oft nur im abgeschalteten Zustand der Radaranlage oder im Betriebszustand „Bereit" (Stand-By) erfolgen, nicht aber im vollen Betrieb.

Bei der Mutter-Tochter-Schaltung der beiden Sichtgeräte ist die Hierarchie zu beachten. Nur vom Muttergerät aus können die Größen verändert werden, die die Sende-Empfangs-Einheit betreffen. Am Tochtergerät sind nur die direkt im Sichtgerät erzeugten Funktionen wie Bereichsumschaltungen (nicht uneingeschränkt), Regenenttrübung, Auswertehilfen usw. wirksam.

Zur Erhöhung der Verfügbarkeit der Radarausrüstung kann auch die Stromversorgung umschaltbar eingerichtet werden, so daß auf jeden Fall bei Ausfall einer Stromversorgungseinheit die besser geeignete Anlage in Betrieb gehalten werden kann.

3.2.8   Aufstellung der Radaranlage

Die Einbauplanung wird nach Bedingungen des DHI durchgeführt, damit die optimale Nutzung gewährleistet ist.

Radarantenne

Die Radarantenne soll möglichst ungehindert nach allen Seiten strahlen können, um Schatten im Radarbild und Falschechos zu vermeiden. Anzustreben ist ein Platz in der Mittschiffsebene. Der besonderen Kollisionsgefährdungen wegen ist die freie Sicht in die beiden Vorausquadranten besonders wichtig. Man findet deshalb Schiffe, bei denen die Antenne auf dem Vormast installiert ist. Bei langen Schiffen muß der Nautiker gegebenenfalls die Parallaxe zwischen der Sicht der Antenne im Vormast und seiner eigenen Sicht von der Brücke berücksichtigen. Wie in Kap. 3.3 gezeigt wird, nimmt mit zunehmender Antennenhöhe die Reflexion vom Seegang zu. Bei Anordnung zweier Anlagen im X- und im S-Band sollte möglichst die S-Band-Antenne oberhalb der X-Band-Antenne angeordnet werden, weil ihre Seegangsempfindlichkeit wesentlich geringer ist.

Sende-Empfangs-Einheit

Die Verbindung zwischen Sende-Empfang-Stufe und Antenne sollte möglichst klein sein, da die Übertragungsverluste im GHz-Bereich recht hoch sind. Bei der oben beschriebenen Antenneninstallation auf dem Vormast wird auch die Sende-Empfangs-Einheit im Vorschiffsbereich installiert. Die Radarsignale werden dann entweder im ZF-Bereich oder direkt als Videosignal übertragen.

Anzeigeeinheit

Für die Anordnung der Sichtgeräte auf der Brücke spielen nautische und ergonomische Gesichtspunkte eine wesentliche Rolle. Untersuchungen dazu sind von der Arbeitsgruppe „Optimale Einrichtung der Brücke von Seeschiffen" der Deutschen Gesellschaft für Ortung und Navigation (DGON) durchgeführt worden. Dabei wird auch auf die Einsatzart, den Typ des Schiffes usw. eingegangen. Das Bestreben geht dahin, daß die künstlichen Informationssysteme wie Radar und Seekarte der natürlichen Informationsquelle Umgebung in der Helligkeit angepaßt werden müssen, damit die begrenzte Adaptationsfähigkeit des menschlichen Auges sich nicht zu negativ auswirkt.

3.2.9   Wartung der Radaranlage

Zu jeder Radaranlage wird neben einer Bedienungsanleitung vom Hersteller auch ein Service-Handbuch mitgeliefert. Der Hersteller oder die zuständige Wartungsfirma behält sich die Reparatur oder die Wartung an wesentlichen Teilen der Anlage selbst vor und macht die Einhaltung seiner Garantiezusagen davon abhängig. Andererseits sind in den mitgelieferten Wartungsmaterialien auch Teile enthalten, die vom Bordpersonal ausgewechselt werden können. Grundsätzlich geht bei solchem Vorhaben natürlich die eigene Sicherheit der Reparatur der Anlage vor. Zu beachten ist deshalb als lebenserhaltender Grundsatz, daß Reparaturarbeiten nur an spannungsfreien Anlagen, die gegen Wiedereinschalten gesichert sind, durchgeführt werden. Die allpolige Entfernung der Sicherung im Anschluß an das Bordnetz mit entsprechendem Hinweis auf die Arbeiten ist deshalb nötig.

Sowohl an der Senderröhre als auch an der Bildröhre kommen Hochspannungen vor, die gegebenenfalls auch nach dem Abschalten der Anlage in Speicherelementen (Kondensatoren) noch bestehen. Solche Elemente sind deshalb grundsätzlich vor einer Berührung an ihren Kontakten elektrisch leitend zu überbrücken (Vorsicht!).

Die Pflege der Anlage fängt mit ihrer Säuberung an. Es versteht sich von selbst, daß die Scheibe des Sichtgerätes so oft wie nötig gesäubert werden muß. Das gilt besonders für die benutzte Plotscheibe. Um Kratzer zu vermeiden, verwende man nur ein weiches Tuch. Das Geräteinnere sollte von Zeit zu Zeit auf übermäßige Staubablagerung kontrolliert werden.

Das Sauberhalten gilt auch für die strahlungsrelevanten Teile der Antenne. Selbstverständlich darf die Kunststoffabdeckung einer Schlitzantenne nicht mit Farbe überstrichen werden. Man reinige sie vielmehr von Zeit zu Zeit von ihrem Schmutzbelag aus Öl, Ruß, Staub und Salz mit klarem Wasser.

Die drehenden Teile in Antenne, Sichtgerät und Umformer sind normalerweise mit wartungsfreien, dauergeschmierten Lagern ausgestattet. Trotzdem sollte die Wartung eine regelmäßige Kontrolle dieser Teile mit einschließen.

Ausgefallene Lämpchen zur Beleuchtung oder in Kontrolleinrichtungen können ersetzt werden. Eine durchbrennende Lampe kann durchaus eine durchgebrannte Sicherung zur Folge haben, so daß diese ggf. auch ersetzt werden muß. Andererseits ist eine durchgebrannte Sicherung möglicherweise ein Hinweis auf einen Fehler in der Anlage. Wenn ein solcher Fehler nicht gefunden wird und die ersetzte Sicherung bei erneutem Betrieb wieder durchbrennt, dann sollte man sich weitergehenden fachkundigen Rat holen. Auf keinen Fall darf die Sicherung durch eine höher belastbare ersetzt werden.

Das Service-Handbuch enthält normalerweise systematisch aufgebaute Fehlersuchtabellen. Sie sollten bei Defekten an der Anlage eingesetzt werden. Stellt sich heraus, daß der Fehler mit Bordmitteln nicht behoben werden kann, so ist mit dem Ergebnis der Fehlersuche ein diesbezüglich vorinformierter Service schneller erfolgreich. Moderne Anlagen führen einen umfangreichen Funktionstest entweder auf Anforderung durch den Benutzer oder automatisch durch. Auch Fehlfunktionen lassen sich damit genauer hinsichtlich ihrer Ursache bestimmen.

3.2.10 Gefährdung durch Radaranlagen

Hochfrequenzstrahlung

Der menschliche Körper wird durch Absorption von Hochfrequenzstrahlung erwärmt. Das kann von Vorteil sein (z. B. Kurzwellentherapie bei tieferen Entzündungsprozessen), aber bei zu großer Erwärmung auch zu gesundheitlichen Schäden führen. Wegen der geringen Durchblutung ist das Auge besonders empfindlich. Bei Schiffsradargeräten besteht wegen der nicht zu großen Sendeleistung nur in unmittelbarer Nähe der Antenne, insbesondere des Hornstrahlers, eine Gefährdung.

Röntgenstrahlung

Bei Röhren mit hoher Spannung (größer als 5 kV, z. B. Magnetron) entsteht beim Auftreffen der Elektronen auf die Anode Röntgenstrahlung. In der Regel schützt das Blechgehäuse den Radarbeobachter vor der Röntgenstrahlung. Das ist nicht der Fall, wenn das Gerät geöffnet und in Betrieb ist. Die Intensität der Strahlung nimmt mit dem Quadrat der Entfernung vom Ort der Entstehung ab. Die vom Bildschirm ausgehende Röntgenstrahlung ist bedeutungslos.

Radioaktive Strahlung

Es gibt TR- und ATR-Röhren, die eine radioaktive Substanz zur Ionisation der Gasfüllung enthalten. Bei mechanischer Zerstörung der Röhre besteht die Gefahr der Inkorporation der Substanz (Aufnahme in den menschlichen Körper) und damit zu gesundheitlichen Schäden durch radioaktive Strahlung. Bei Schiffsradargeräten werden vorwiegend nur Röhren ohne radioaktive Substanz verwendet.

3.2.11   Bedienung der Radaranlage

Den vollen Nutzen einer Radaranlage erhält man nur, wenn das Gerät richtig eingestellt und bedient wird. Jeder Gerätehersteller liefert eine auf sein Gerät zugeschnittene Bedienungsanleitung mit, die aufmerksam gelesen werden sollte und der man sich in Zweifelsfällen zur Information bedient. Grundsätze der Einstellung einer Radaranlage und ihrer Bedienung lassen sich aufgrund der überall wiederkehrenden Funktionsprinzipien angeben.

Im folgenden wird nur auf die Grundfunktionen eingegangen. Die technische Entwicklung macht es möglich, daß mehr und mehr Bedienungsvorgänge automatisiert werden. In etlichen Fällen ist aber ein manueller Betrieb als Alternative vorgesehen.

Vor dem Einschalten

Vor dem Einschalten hat man sich von der Freigängigkeit der Antenne zu überzeugen. Die wesentlichen Schalter und Regler sollten eine Stellung haben, die immer wieder beim Abschalten der Anlage eingestellt wird (z. B. „Aus"-Position, Minimalstellung oder Linksanschlag). Das gilt insbesondere für die Zusatzregler „Nahechodämpfung" und „Enttrübung", sie sollten in jedem Fall auf Minimalstellung stehen.

Einschalten der Anlage

Sowohl der Sender als auch die Anzeigeeinheit arbeiten mit einer Elektronenröhre. Das Aufheizen der Elektronenquelle (Kathode) in den Röhren dauert eine gewisse Zeit. Deswegen muß zunächst in der Hauptschalterstellung „Bereit" gewartet werden, bis das Gerät seine Arbeitsbereitschaft anzeigt. Mikrorechnerbestückte Geräte führen während dieser Anlaufzeit einen mehr oder weniger umfangreichen Funktionstest durch.

Einstellen des Bildes

Ein klares Radarbild kann nur entstehen, wenn die Anzeigeeinheit korrekt eingestellt ist. Diese Einstellung ist unabhängig von den Radarsignalen. Sie sollte deshalb, wenn sie nicht automatisch erfolgt, zuerst und ohne Radarsignale durchgeführt werden.

Einstellen der Anzeigeeinheit. Die Helligkeit wird so eingestellt, daß der Elektronenstrahl (sweep) bei jeder Auslenkung zu erkennen ist, ohne ein wesentliches Nachleuchten zu hinterlassen.

Die Zentrierung des Elektronenstrahls erfolgt so, daß sein Anfangspunkt auf einem Fleck bleibt und nicht auf einem Kreis umläuft. Die beste Fokussierung des

Elektronenstrahls erkennt man an den künstlichen Radaranzeigen, wie den festen Entfernungsringen. Optimal ist die Einstellung, wenn diese Anzeigen möglichst fein sind. Darüber hinaus ist darauf zu achten, daß der Mittelpunkt der Abbildung genau unter dem Mittelpunkt der Peilscheibe liegt; dazu muß die Anlage in einer zentrierten Darstellungsart betrieben werden.

Einstellen der Sende-Empfangs-Einheit. Der Regler für die Verstärkung des Empfängers wird so eingestellt, daß der Bilduntergrund leicht griesig wird. Man wählt dazu am besten einen großen Bereich, in dem Nutzechos praktisch keine Rolle spielen. Diese Einstellung bewirkt, daß die Störsignale gerade eben zur Anzeige kommen. Man stellt so sicher, daß jedes Nutzsignal, das stärker als diese Störsignale ist, auch tatsächlich angezeigt wird. Die Abstimmung des Empfängers auf den Sender ist der bei der Grundeinstellung der Anlage zuletzt durchgeführte Vorgang. In der Regel ist zur Beobachtung der besten Einstellung ein Kontroll instrument vorhanden, an dessen maximalem Ausschlag man die beste Einstellung erkennt. Ansonsten muß die Anzeige von Radarechos auf dem Bildschirm als Kontrolle dienen.

Einstellen der Vorausanzeige. Die Vorausanzeige ist zu kontrollieren. Sie ist gegebenenfalls genau auf die Seitenpeilung 000° einzurichten.

Optimieren der Anzeige. Während des Betriebes ist die Grundeinstellung regelmäßig zu kontrollieren. Sie ist in gewissem Umfang auch der jeweiligen Situation anzupassen. So wird in der Regel für Beobachtungen am Tage die Helligkeit der Anzeigeeinheit höher eingestellt als während der Nacht. Um Echos in besonderen Situationen deutlicher werden zu lassen, kann die Verstärkung vorübergehend geändert werden.

Zusätzliche Signalbehandlung. Hier sollen nur noch die *Nahechodämpfung* und die *Regenenttrübung* erwähnt werden.

Wie in den Kapiteln 3.2 und 3.3 dargestellt, mindert die Nahechodämpfung die Verstärkung im Nahbereich um so mehr, je kleiner der Abstand des Objektes ist. Hauptsächlich für die Minderung der Seegangsreflexe gedacht, mindert sie im gleichen Maße die Anzeige aller anderen Objekte in der Nähe. Sie muß deshalb mit großer Vorsicht eingesetzt werden. Es sollte immer ein Rest Seegangsreflexion erhalten bleiben. Darüber hinaus sollte sie regelmäßig wieder ganz zurückgenommen werden.

Die Regenenttrübung wirkt auf das Videosignal im ganzen Bereich. Sie löst z. B. die flächige Anzeige eines Regenfeldes auf und zeigt davon nur die dem eigenen Schiff zugewandte Kante des Feldes. In dieser Art greift die Regenenttrübung auch bei allen anderen Echos ein. Das bedeutet auf der einen Seite eine bessere Auflösung des Bildes nach einzelnen Objekten, auf der anderen Seite werden die Anzeigen schwächer. Durch häufige Überprüfung dieser Einstellung sichere man sich auch hier gegen das Unterdrücken kleiner Objekte.

Abschalten der Anlage

Man beachte die Hinweise des Gerätehandbuches. Im Zweifelsfall bringe man alle Bedienelemente in die Ausgangslage zurück.

3.3 Radarziele und ihre Darstellung

Der von der Radarantenne, dem Scanner, ausgesandte Sendeimpuls wird von einem Objekt (Ziel) reflektiert und von hier aus auf die Radarantenne zurückgeführt. Form und Größe der Echoanzeige auf dem Bildschirm des Radargerätes geben Form und Größe des Objektes nur sehr ungenau wieder. Die Abbildung und Erkennbarkeit eines Ziels als Echo auf dem Bildschirm wird von folgenden Eigenschaften beeinflußt:

- Wellenlänge, Impulsdauer, Impulsfolgefrequenz und Sendeleistung,
- Art, Breite und Drehgeschwindigkeit der Radarantenne,
- Material, Form und Anstrich des Objekts,
- Stellung des Objekts bezüglich der Radarstrahlrichtung,
- atmosphärische Bedingungen sowie Regen und Seegang zwischen Radarantenne und Ziel,
- Größe des Bildschirms sowie Leuchteigenschaften und Körnung der Leuchtschirm-Kristallite,
- Empfängerempfindlichkeit und Verstärkereigenschaften des Radargerätes.

Ob ein Objekt überhaupt von einem Radarstrahl getroffen und damit erfaßt werden kann, hängt von der Antennenhöhe, der Objekthöhe und von meteorologischen Eigenschaften der Atmosphäre ab. Das Radarbild kann fehlerhaft beeinflußt werden durch Abschattung, Scheinechos und durch bestimmte Ausbreitungserscheinungen des Radarstrahls.

3.3.1 Abbildung und Auflösung von Zielen

Radiale Länge des Radarechos und radiales Auflösungsvermögen

Ein Radarimpuls der Impulsdauer τ hat eine Impulslänge $l = c \cdot \tau$. Die Echolaufzeit beträgt $t_E = 2 \cdot e/c$ (siehe Kap. 3.2.2). Somit verursacht ein Radarstrahl, der von einem in der Entfernung e befindlichen Objekt reflektiert wird, ein Echo der Dauer τ, was einer Entfernungsdifferenz

$$\Delta e = \frac{c \cdot \tau}{2} = \frac{l}{2}$$

entspricht. Die *radiale Ausdehnung* (auch mit e_{rad} bezeichnet) der Echospur auf dem Bildschirm beträgt demnach eine halbe Impulslänge. Form und Größe des Objektes beeinflussen die radiale Länge des Echos nur unwesentlich, da Radarimpulse nur von den der Radarantenne zugewandten Flächen des Objektes reflektiert werden.

Andererseits können zwei in gleicher Peilung befindliche Objekte unterschiedlicher Höhe, wobei das hintere Objekt höher sein muß, nur dann als getrennte Echos auf dem Bildschirm wahrgenommen werden, wenn ihr Abstand mindestens eine halbe Impulslänge beträgt. Hierdurch ist das *radiale Auflösungsvermögen a_{rad}* des Radargerätes definiert

$$a_{rad} \approx \frac{l}{2} \, .$$

In der Praxis lassen sich allerdings zwei Objekte, die sich gerade in einer derartigen Entfernung befinden, noch nicht auf dem Bildschirm als zwei getrennte Objekte erkennen. Die Anregung der Leuchtschicht-Kristalle durch die Energie des auftreffenden Elektronenstrahls führt zu einem Leuchteffekt auf ihrer ganzen dem Beobachter zugewandten Seite. Bei hoher Leuchtintensität werden zusätzlich noch Nachbarkristallite zum Leuchten angeregt, wodurch das Radarecho auf dem Bildschirm weiter vergrößert wird.

Azimutale Breite des Radarechos und azimutales Auflösungsvermögen

Die *azimutale Ausdehnung* der Echospur eines Objektes auf dem Bildschirm wird wesentlich von der horizontalen Bündelung der Radarstrahlen beeinflußt. In erster Näherung kann angenommen werden, daß Radarstrahlen, die innerhalb der horizontalen Strahlbreite (Halbwertsbreite) Φ (siehe Bild 3.5b) von der Antenne

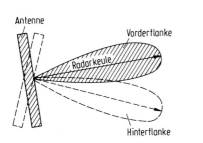 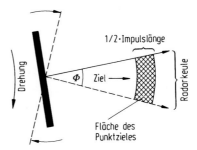

Bild 3.25. Echogröße eines Punktziels

ausgesandt werden, nach Reflexion am Objekt wieder zur Antenne zurückkehren. Ein Punktziel erzeugt somit auf dem Bildschirm ein Echo, dessen azimutale Breite mindestens so groß ist, wie der Winkel Φ, der durch die horizontale Bündelung gegeben ist (Bild 3.25). Dadurch erscheinen kleine Objekte in großen Entfernungen auf dem Bildschirm wesentlich breiter als es der Wirklichkeit entspricht. Eine in 10 sm Entfernung befindliche, 3 m breite Tonne beispielsweise erzeugt auf dem Bildschirm eines Radargerätes mit einer Strahlbreite von $\Phi = 1°$ und einer Impulsdauer von 1 µs einen Leuchtfleck, der eine Breite von 10 sm · tan 1° + 3 m $\approx$ 326 m und eine radiale Länge von 150 m vortäuscht. Hinzu kommt noch die Ausdehnung durch die Strahlung der Leuchtschirm-Kristalle.

Entsprechend ist das azimutale Auflösungsvermögen a_{Az} durch die Strahlbreite Φ gegeben, so daß

$$a_{Az} \approx \Phi.$$

Um zwei in gleicher Entfernung befindliche Ziele noch nebeneinander auf dem Bildschirm getrennt erfassen zu können, müssen diese mindestens so weit entfernt sein, wie es der Strahlbreite bei der betreffenden Entfernung dieser Ziele von der Radarantenne entspricht.

Infolge der unterschiedlichen Reflexionseigenschaften der Ziele kann ihre azimutale Echobreite auf dem Bildschirm erheblich hiervon abweichen. Gut reflektierende Objekte reflektieren auch Radarstrahlen mit wesentlich geringerer Leistung, als durch die 3-dB-Dämpfungsbedingung gegeben ist, zur Antenne zurück und verursachen somit wesentlich breitere Echos als schlecht reflektierende Objekte. Dementsprechend ist das azimutale Auflösungsvermögen bei gut reflektierenden Objekten schlechter.

Vergrößerung des Radarechos und Verminderung des Auflösungsvermögens durch Strahlung der Leuchtschicht-Kristallite

Die Helligkeit der Echos auf dem Bildschirm eines Radargerätes kann durch die Bedienungsknöpfe „Bildhelligkeit" und „Verstärkung" verändert werden. Der Idealfall, bei dem die Größe eines Echos radial die Ausdehnung einer halben Impulslänge, azimutal die der Strahlbreite hat, läßt sich in der Praxis nicht verwirklichen. Die Größe eines Echos wird nämlich wesentlich von den Ausmaßen des kleinsten auf dem Bildschirm überhaupt erzeugbaren Leuchtflecks bestimmt.

Bei den heute üblichen Bildschirm-Kristallstrukturen beträgt der kleinste Leuchtfleckdurchmesser etwa 1 mm. Infolge der hohen kinetischen Energie der auf die Kristalle treffenden Elektronen können bei nicht optimal eingestellter Bildhelligkeit und Verstärkung auch Nachbarkristallite zum Leuchten angeregt werden. Dadurch können allein durch Überstrahlung auch größere Leuchtflecke entstehen. Hierdurch aber wird das Echo des Radarziels auf dem Bildschirm vergrößert und damit das Auflösungsvermögen, die Möglichkeit, zwei nahe gelegene Ziele im Radarbild getrennt zu erfassen, verschlechtert.

Ein 1 mm² großer Leuchtfleck überdeckt auf einem Bildschirm von 30 cm Durchmesser im 3-sm-Bereich eine Fläche von etwa 37 × 37 m², im 12-sm-Bereich eine Fläche von etwa 148 × 148 m². Eine 300 m breite Hafeneinfahrt, die von zwei im Radarbild deutlich erkennbaren Molen begrenzt wird, läßt sich im 3-sm- und wohl auch noch im 6-sm-Bereich durch die Dunkelheit zwischen den Molenechos identifizieren. Im 12-sm-Bereich aber sind die Molenechos, auch wenn sie aufgrund der Definition des azimutalen Auflösungsvermögens noch deutlich im Radarbild getrennt abgebildet werden sollten, zu einem einzigen Leuchtfleck verschmolzen, die Hafeneinfahrt ist also nicht mehr zu erkennen.

Echoimpulsleistung

Die Leistung P_E eines vom Objekt zurückkehrenden und von der Antenne wieder aufgenommenen Radarimpulses ist im wesentlichen abhängig von der Impulssendeleistung P_S, von der Objektentfernung e und von der sogenannten „effektiven Zielfläche" σ. Allgemein gilt für die Echoimpulsleistung P_E die Formel[1]

$$P_E = P_S \cdot \frac{G^2 \cdot \lambda^2 \cdot \sigma}{(4\pi)^3 \cdot e^4} \, .$$

In dieser Formel ist die Größe G der Antennengewinn; dieser ist definiert als das Verhältnis der maximalen Strahlstärke (siehe Kap. 5.7) der Richtantenne zur maximalen Strahlstärke der Bezugsantenne (z. B. Dipol, Kugelstrahler) bei gleicher abgestrahlter Gesamtleistung. Bei den üblichen Radarantennen ist G in der Größenordnung 1000. Durch G wird die Bündelung der Radarstrahlen bei der Abstrahlung von der Antenne beschrieben. Sie wirkt sich gleichermaßen beim Senden wie beim Empfang aus, da für beide Vorgänge die gleiche Antenne verwendet wird.

Die effektive Zielfläche σ beschreibt die Reflexionseigenschaften der Radarwellen am Objekt. Radarstrahlen werden wie Lichtstrahlen reflektiert. Sie werden somit von glatten Flächen nur dann zur Antenne hin zurückreflektiert, wenn die Zielobjektfläche senkrecht zum einfallenden Strahl steht (Bild 3.26 a). Dabei ist eine Fläche als glatt anzusehen, wenn ihre Oberflächenrauhigkeit klein gegenüber der Wellenlänge λ ist. An rauhen Flächen erfolgt dagegen eine diffuse Reflexion (Bild 3.26 b). Von derartigen Flächen werden die Radarstrahlen in alle Richtungen

---

1 Uhlig, L.: Siehe Kap. 3.1.3 (Literaturhinweise).

hin reflektiert, einige von ihnen mit Sicherheit auch in Richtung der Radar-antenne.

Durchweg erfolgen an den Zielobjekten Reflexionen unterschiedlichster Art. Neben der Oberflächenform und der geometrischen Lage des Zielobjektes spielen natürlich auch die Abmessungen des Ziels sowie dessen Material und Anstrich eine wesentliche Rolle für die Stärke der Reflexion von Radarstrahlen. Metalle und Wasser beispielsweise reflektieren Radarstrahlen besser als Holz oder Eis. Polyester und andere Kunststoffe haben sehr schlechte Reflexionseigenschaften. Dies führt häufig zu Problemen bei der Erkennung von Segelschiffen und anderen kleinen Sportbooten. Unlackierte Metallflächen reflektieren Radarstrahlen wesent-lich besser als lackierte. Lackschichten aus Kunstharzen haben besonders schlechte Reflexionseigenschaften.

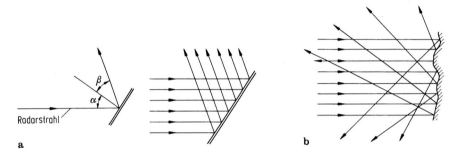

Bild 3.26. Reflexion von Radarstrahlen.
a an glatten Flächen (Einfallswinkel α gleich Reflexionswinkel β) und **b** an rauhen Flächen (diffuse Reflexion)

Eisberge können oftmals auch in unmittelbarer Nähe nicht im Radarbild aus-gemacht werden. Das liegt nicht nur an den schlechten Reflexionseigenschaften von Eis sondern auch an der Tatsache, daß Eisberge oberhalb der Wasser-oberfläche vielfach glatte Oberflächen haben, die im allgemeinen nicht senkrecht zur Radarstrahlung ausgerichtet sind.

All diese Eigenschaften, die die Reflexion von Radarstrahlen beeinflussen, sind in der effektiven Zielfläche, die in m² angegeben wird, enthalten.

Daß die Echoimpulsleistung umgekehrt proportional zur vierten Potenz der Objektentfernung e abnimmt, wird durch folgende Überlegung verständlich: Die Fläche, durch die die Sendeleistung hindurchgestrahlt wird, wächst mit dem Quadrat des Abstandes e von der Sendeantenne. Somit nimmt die Leistungsdichte umgekehrt proportional e^2 bei der abgestrahlten Radarstrahlung ab. Betrachtet man nun den Reflexionspunkt des Radarstrahls am Objekt als Ausgangspunkt des reflektierten Radarstrahls, so nimmt die Leistungsdichte des Strahls von hier aus in Richtung auf die Radarantenne in gleicher Weise ab. Die zur Radarantenne hin reflektierte Leistungsdichte nimmt somit umgekehrt proportional zur vierten Potenz der Objektentfernung e ab.

Dämpfung

Die Echoimpulsleistung P_E ist dem Quadrat der Radarwellenlänge proportional. Dies wird im wesentlichen durch die Tatsache begründet, daß Leistungsverluste durch Reaktionen mit Partikeln des Ausbreitungsmediums auftreten und daß diese

Reaktionen mit kleineren Wellenlängen zunehmen. Die Ausbreitung der Radarwellen wird durch Absorptions- und Streuungsvorgänge beeinflußt. Bei der sogenannten Resonanzabsorption elektromagnetischer Wellen mit Luft- und Wasserdampfmolekülen wird Strahlungsenergie in Wärme umgewandelt. Bei den für die Seefahrt verwendeten Radar-Wellenlängen ist die Dämpfung des Echosignals aufgrund dieser Absorptionseffekte gering. Anders ist dies bei der Streuung, die im wesentlichen durch Beugungseffekte an festen und flüssigen Partikeln der Atmosphäre (insbesondere kondensierter Wasserdampf und Regentropfen) verursacht wird. Diese Streuung tritt mehr in Erscheinung, je näher die Wellenlänge der Strahlen in die Größenordnung dieser Partikel und ihrer Zwischenräume untereinander kommt. Der Einfluß der Streuung ist somit sowohl

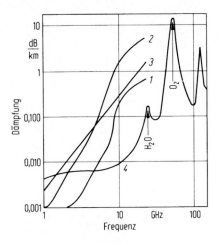

Bild 3.27. Dämpfung der Leistungsdichte von Radarstrahlen in der Troposphäre durch Streuung und Absorption in Abhängigkeit von der Frequenz.
Kurve *1*: Dämpfung bei mäßigem Regen (Niederschlag 6 mm/h); Kurve *2*: Dämpfung bei starkem Regen (Niederschlag 43 mm/h); Kurve *3*: Dämpfung bei Nebel (Sichtweite 30 m); Kurve *4*: Dämpfung durch molekulare Absorption in einer Normalatmosphäre

von der Größe der Streukörper im Verhältnis zur Radarwellenlänge als auch von der Dichte der Streukörper untereinander abhängig. Im Bild 3.27 ist die Ausbreitungsdämpfung in der Troposphäre, der untersten Schicht der Atmosphäre, in Abhängigkeit von der Frequenz dargestellt. Generell ist dabei erkennbar, daß die Dämpfung im S-Band (10-cm-Wellen; Frequenz etwa 3 GHz) praktisch keine Rolle spielt, während sie sich im X-Band (3-cm-Wellen; Frequenz etwa 10 GHz) vor allem bei Niederschlägen bemerkbar macht.

Eine zusätzliche Veranschaulichung der bei Regen und Nebel durch Streuung und Absorption auftretenden Verluste gibt die folgende Tabelle[2].

Verluste eines Sendeimpulses nach Durchlaufen von 12 sm

	Regen		Nebel
Niederschlags-menge	1,25 mm/h	25 mm/h	30 m Sicht
Für 3-cm-Wellen	5,8%	94,2%	40%
Für 10-cm-Wellen	0,2%	3,7%	4,9%

2 DGON: Siehe Kap. 3.1.3 (Literaturhinweise).

Beeinflussung der Echogröße durch Impulsdauer und Antennenumdrehungsfrequenz

Entscheidend für die Stärke der Abbildung eines Radarechos auf dem Bildschirm ist u. a. die Sendeimpulsenergie, die von der Impulsspitzenleistung und der Impulsdauer bestimmt wird.

Da andererseits die radiale Auflösung mit größer werdender Impulsdauer immer schlechter wird, sind Radargeräte so ausgelegt, daß die Impulslänge beim Umschalten des Entfernungsmeßbereiches automatisch den jeweiligen Erfordernissen angepaßt wird, d. h. bei kleinen Meßbereichen kleine Impulslänge (ca. 0,1 µs) und damit gute radiale Auflösung, bei großen Meßbereichen große Impulslänge (ca. 1 µs) und damit große Reichweite bei geringerer radialer Auflösung.

Ebenfalls wird beim Umschalten des Entfernungsmeßbereiches die Impulsfolgefrequenz automatisch dem gewählten Bereich angepaßt. Sie darf bei größeren Entfernungsmeßbereichen nicht zu hoch sein (siehe Kap. 3.3.3, Überreichweiten bzw. Echos auf der 2. Ablenkspur), sollte aber bei kleineren Meßbereichen so hoch wie möglich sein, um die kleinere Sendeimpulsenergie durch eine größere Anzahl von Sendeimpulsen auszugleichen.

Die Stärke der Abbildung eines Radarechos wird auch durch die Antenneneigenschaften, d. h. hauptsächlich durch Strahlbreite und Umdrehungsfrequenz (Drehzahl) bestimmt.

Von diesen beiden Antennenparametern hängt es — außer von der Impulsfolgefrequenz — ab, wieviel Sendeimpulse bei einem Antennenumlauf auf ein Ziel treffen können, und zwar um so weniger, je geringer die Strahlbreite ist und je schneller die Antenne dreht. Bei größerer horizontaler Strahlbreite wird jedoch die azimutale Auflösung schlechter.

Für ein punktförmiges Ziel gilt:

$$Z = \frac{f_i/\text{s}^{-1} \cdot \Phi/1°}{6 \cdot n/\text{min}^{-1}},$$

Z Zahl der maximal auf ein Punktziel treffenden Sendeimpulse bei einem Antennenumlauf,

f_i Impulsfolgefrequenz,

Φ horizontale Halbwertsbreite der Antenne,

n Umdrehungsfrequenz (Drehzahl) der Antenne.

Beeinflussung des Radarechos durch Mehrwegeausbreitung

Vertikal werden die Radarstrahlen unter einem Öffnungswinkel von etwa 20° ausgesandt. Dadurch können sowohl sehr niedrige Objekte, wie kleine Schiffe in unmittelbarer Nähe, als auch hohe Objekte, wie Brücken und Berge, aber auch Regenwolken, von den Radarstrahlen erfaßt werden. Vergleiche auch Kap. 3.2.2.

Form und Ausdehnung des Echos werden durch die vertikale Strahlbreite nicht beeinflußt. Es kann allerdings dadurch, daß Radarstrahlen nicht nur auf direktem

Bild 3.28. Überlagerung durch Mehrwegeausbreitung innerhalb der vertikalen Strahlbreite

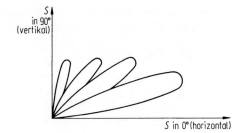

Bild 3.29. Aufzipfelung des vertikalen Strahlungsdiagramms durch Interferenz (S Energiestromdichte)

Wege sondern auch nach Reflexion an der Wasseroberfläche zum Radarziel gelangen, infolge der unterschiedlichen Ausbreitungswege zu Interferenzerscheinungen kommen (Bild 3.28). Als Folge hiervon wird das vertikale Strahlungsdiagramm, eine polarkoordinatengemäße Aufzeichnung der Energiestromdichte in Abhängigkeit vom Winkel der Ausstrahlung in senkrechter Richtung, in Einzelzipfel aufgespalten. Die Winkelabstände der einzelnen Zipfel sind bei X-Band-Anlagen kleiner als bei S-Band-Anlagen. Sie werden außerdem mit wachsender Antennenhöhe größer (Bild 3.29). Durch diese Erscheinung können in unmittelbarer Nähe der Radarantenne befindliche, sehr niedrige Ziele nicht immer erfaßt werden, und zwar von 10-cm-Geräten schlechter als von 3-cm-Geräten. In der Praxis wirkt sich diese Erscheinung kaum aus, da die meisten in der Nähe des Schiffes befindlichen Radarziele mindestens so hoch sind, daß sie vom untersten Maximum der Radarstrahlung erfaßt werden. Je weiter die Radarziele entfernt sind, desto weniger wirkt sich diese Interferenzerscheinung auf die Abbildung des Echos auf dem Bildschirm aus.

Mitunter beobachtet man, daß die Echostärke eines erfaßten Radarziels schwankt. Diese als „Pumpen" bezeichnete Erscheinung ist meistens der unterschiedlichen Interferenzbildung bei der Reflexion der Radarstrahlen an Zielen (z. B. Tonnen) zuzuschreiben, die infolge Wind, Seegang oder Strömung schwanken.

Nahauflösung

Als Nahauflösung einer Radaranlage bezeichnet man die kleinste Entfernung naher Ziele, die gerade noch als Echos auf dem Bildschirm angezeigt werden können. Sie wird bestimmt durch die Impulslänge der ausgesandten Radarstrahlen. Solange nämlich ein Radarimpuls von der Radaranlage ausgesandt wird, also während der Impulsdauer, können vom Ziel reflektierte Radarstrahlen noch nicht von der Radaranlage registriert werden.

Befindet sich ein Ziel genau eine halbe Impulslänge von der Radarantenne entfernt, so verläßt das Ende des Sendeimpulses dann die Antenne, wenn der Anfang des reflektierten Impulses gerade wieder hier eintrifft. Objekte, die weiter als eine halbe Impulslänge entfernt sind, müßten somit vom Radargerät erfaßt werden können, da in dem Moment, in dem der Radarimpuls die Antenne verlassen hat, wieder Aufnahmebereitschaft für ankommende reflektierte Impulse besteht.

In der Tat aber geht die Sende-Empfangs-Umschaltung des Radargerätes mit Hilfe des Duplexers bzw. der TR-Zelle nicht infinitesimal schnell vor sich. Sie dauert, je nach Ausführung der Geräte, bis zu einer vollen Impulsdauer. Die Nahauflösung von Radargeräten (a_{nah}) liegt also zwischen einer halben und einer ganzen Impulslänge l, so daß

$$\frac{l}{2} < a_{\text{nah}} < l.$$

Für a_{nah} werden Werte unter 50 m gefordert, erreicht werden bei Seeschiffsradaranlagen etwa 20 m, bei Binnenschiffsradaranlagen etwa 10 m.

Nahechodämpfung

Wellen des Seegangs erzeugen, insbesondere in der näheren Umgebung des eigenen Schiffes, unerwünschte Echos im Radarbild. Die Anzeige hängt hauptsächlich von der Struktur der Wasseroberfläche und von der Antennenhöhe ab. Die Wellen sind luvseitig steiler als leeseitig. Wie aus Bild 3.30 hervorgeht, sind deshalb die luvseitigen Seegangsechos stärker ausgeprägt und ausgedehnter.

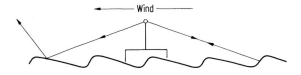

Bild 3.30. Veranschaulichung der Reflexion von Radarstrahlen an luvseitigen (rechts) und leeseitigen Wellen

Je höher die Radarantenne angebracht ist, desto steiler treffen die Radarstrahlen auf die Wellen auf. Folglich nehmen Seegangsreflexe mit der Antennenhöhe zu. Von Bedeutung sind auch die sich auf den großen Wellen befindlichen kleinen Rippelwellen. Wegen ihrer kleinen Abmessungen werden diese von 10-cm-Radarwellen kaum, von 3-cm-Wellen aber merklich erfaßt. Das bedeutet, daß Seegangsreflexe bei 3-cm-Radargeräten sehr viel stärker und daher störender auftreten als bei 10-cm-Geräten.

Seegangsreflexe nehmen mit zunehmendem Abstand von der Radarantenne ab. Fahrzeuge in der Nähe des eigenen Schiffes, insbesondere kleine Fischerei- und Sportfahrzeuge, werden häufig von Echos, die durch Seegang entstehen, im Radarbild überdeckt (siehe Bild 3.31 a). Ist die Echostärke echter Ziele (A) größer als die von Seegangsechos, so kann der Verstärkungsgrad der *Nahechodämpfung* oder *Seegangsenttrübung* so eingestellt werden, daß die echten Ziele als Echos auf dem Bildschirm erscheinen, die Seegangsechos aber nicht (siehe Bild 3.31 b). Verursacht dagegen ein Ziel (B) eine Echostärke, die geringer ist als die der Seegangsechos, so kann die Echoanzeige dieses Ziels durch die Nahechodämpfung nicht verbessert werden.

Ist die Energie der von einem echten Ziel (z. B. von einem kleinen Schiff) reflektierten Radarimpulse nur wenig größer als die der von einer Welle reflektierten, so lassen sich diese echten Ziele häufig nur dadurch erkennen, daß sie bei mehreren Antennenumdrehungen ständig als Echos wiederkehren, Seegangsechos

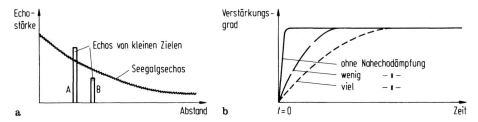

Bild 3.31. Nahechodämpfung.
a Echostärke von echten Zielen und von Seegangsechos; **b** Veränderung des Verstärkungsgrades für die Abbildung der Echos durch die Nahechodämpfung

dagegen treten wechseld an verschiedenen Punkten des Radarbildes auf. Durch Betätigung der Nahechodämpfung verringert sich die Echostärke sowohl der von echten Zielen reflektierten Impulse als auch die der reflektierten Seegangsimpulse. Da letztere aber durch geeignete Einstellung der Nahechodämpfung so weit herabgedrückt werden, daß sie gerade nicht mehr als Echos auf dem Bildschirm auftreten, kann man jetzt die Echos, die dem echten Ziel zuzuschreiben sind, wenn auch schwach, aber doch deutlich im Radarbild erkennen.

Bei der Betätigung der Nahechodämpfung ist Vorsicht geboten. Einerseits können bei zu starker Nahechodämpfung Echos von tatsächlichen Zielen mit unterdrückt werden. Andererseits aber können auch weniger starke Echos von schlecht reflektierenden Objekten mit der Betätigung der Nahechodämpfung so weit geschwächt werden, daß sie im Radarbild nicht auszumachen sind. Hier ist es wichtig, Objekte möglichst frühzeitig im Radarbild zu erfassen, vor allem außerhalb eines Bereiches, in dem die Seegangsreflexe stören. Bei Verfolgung dieser Objekte als Echos auf dem Bildschirm sollte man, wenn sich diese Objekte dem eigenen Schiff nähern, die Nahechodämpfung ständig anhand ihrer Erkennbarkeit einstellen.

Siehe hierzu auch Kap. 3.2.2, Nahechodämpfung.

Regenenttrübung

Wie bereits im Abschnitt über die Dämpfung ausgeführt wurde, werden insbesondere 3-cm-Radarwellen durch Beugungseffekte an Nebel- oder Regentropfen, aber auch an Schneeflocken und Staubpartikeln gestreut. Dadurch kann es, vor allem in Wolken, zu einer Reflexion eines Teils der Strahlung zur Radarantenne hin kommen. Dies führt zu meist großflächigen, wenn auch schwachen Echos auf dem Bildschirm. Schiffe, die sich unterhalb von Regenwolken befinden, können häufig dadurch nicht einwandfrei im Radarbild identifiziert werden.

Abhilfe schafft hier die sogenannte *Regenentrübung*, häufig auch nur „Enttrübung" (Anti-Clutter-Rain) genannt. Durch diese Einrichtung wird ein Echo auf dem Bildschirm nur dann erzeugt, wenn das Echosignal sprunghaft ansteigt (siehe Bild 3.32).

Ein unterhalb einer Regenwolke oder in einem Schneefallgebiet befindliches Schiff reflektiert weit mehr Echoenergie zur Radarantenne zurück als die Regentropfen in der Wolke. Unter der Voraussetzung, daß die den Regentropfen zuzu-

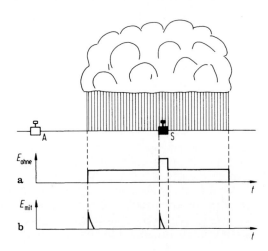

Bild 3.32. Echostärke *E* einer Regenwolke und eines darunter befindlichen Schiffs (S).
a ohne Enttrübung; **b** mit Enttrübung

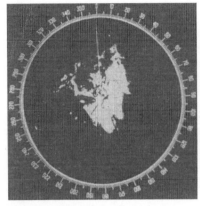 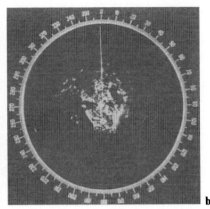

Bild 3.33. Radarbild.
a ohne Enttrübung; b mit Enttrübung

schreibende Echoimpulsleistung überall gleich ist, werden jetzt also nur Echos an der Vorderfront der Wolke und an der Stelle auftreten, die der Position des Schiffes entspricht, weil an dieser Stelle eine Erhöhung der Echoimpulsleistung auftritt.

Tatsächlich ist die Echostärke aus verschiedenen Teilen der Regenwolke nicht gleich; man erhält daher als Echoanzeige meist helle Sprenkel auf dunklem Untergrund. In jedem Fall aber ist das Objekt unter einer Wolke bei eingeschalteter Regenenttrübung wesentlich deutlicher zu erkennen (Bilder 3.33 a u. b).

Da die Echobildung auf dem Radarbildschirm durch die zeitliche Änderung des Echosignals hervorgerufen wird, nennt man die Schaltvorrichtung häufig *Differenzierung.* Die Regenenttrübung kann entweder durch einen Ein-Aus-Schalter betätigt werden, oder sie wird, insbesondere bei neueren Geräten, kontinuierlich regelbar eingestellt.

10-cm-Radargeräte zeigen die beschriebenen störenden Echos durch Regen oder Schnee nur in seltenen Fällen.

Siehe hierzu auch Kap. 3.2.2, Regenenttrübung.

3.3.2 Radarreichweite

Die äußere Grenze des Bereichs einer Radaranlage, in dem eine Erfassung des Radarziels überhaupt möglich ist, nennt man *Radarreichweite.* Unter *Erfassungsabstände* versteht man dagegen die Entfernungen bestimmter Ziele, die sich unter normalen Bedingungen als deutlich identifizierbare Nutzechos aus dem Rauschuntergrund hervorheben (siehe Kap. 3.4.2).

Radarhorizont, Radarkimm

Radarwellen werden wie Wellen des sichtbaren Lichtes zum dielektrisch dichteren Medium hin gebrochen. Im Vergleich zu Lichtwellen werden aber Radarwellen stärker gebrochen.

Als Radarhorizont oder Radarkimm bezeichnet man die Grenze der Fläche, die von den von einer Radarantenne ausgesandten Impulsen gerade noch erreicht wird. Wegen der stärkeren Strahlenbrechung ist der Abstand des Radarhorizontes größer als der Kimmabstand für sichtbares Licht.

Für die Normalatmosphäre berechnet sich der Abstand e des Radarhorizontes nach der Formel

$$e/\text{sm} \approx 2{,}23 \cdot \sqrt{h_{\text{Ra}}/\text{m}} \; ;$$

hierin ist h_{Ra} die Höhe der Radarantenne über der Wasserfläche. Für die Erfassung höherer Ziele durch die Radarantenne gilt

$$e/\text{sm} \approx 2{,}23 \cdot (\sqrt{h_{\text{Ra}}/\text{m}} + \sqrt{h_{\text{Ob}}/\text{m}});$$

hierin ist h_{Ob} die Höhe des zu erfassenden Objektes (siehe Bild 3.34 a). Die Zahlenkonstante 2,23 ist im Bereich der für Radar verwendeten cm-Wellen unabhängig von der Frequenz, jedoch abhängig von der geographischen Lage, vom Klima, von der Wetterlage und den Tages- und Jahreszeiten. Sie liegt in nahezu allen Fällen zwischen 1,98 und 2,85. Mit genügender Genauigkeit können die Werte für e auch den Tafeln der Leuchtfeuerverzeichnisse oder der Nautischen Tafel 9 entnommen werden, wenn man die betreffenden Tabellenwerte um 7% vergrößert.

Vergleiche auch Kap. 1.1.2, Ionosphäre und Raumwelle.

Antennenhöhe – Radarhorizont

h_{Ra}/m	e/sm	h_{Ra}/m	e/sm	h_{Ra}/m	e/sm
3	3,9	15	8,6	27	11,6
5	5,0	17	9,2	29	12,0
7	5,9	19	9,7	31	12,4
9	6,7	21	10,2	33	12,8
11	7,4	23	10,7	35	13,2
13	8,0	25	11,2	37	13,6

Die oben angegebenen Werte gelten bei normalen atmosphärischen Bedingungen. Normalatmosphäre herrscht, wenn der Luftdruck über NN 1013,25 hPa, die Lufttemperatur +15 °C sowie die Abnahme des Luftdrucks und der Temperatur mit der Höhe 11,6 hPa und 0,65 °C auf 100 m beträgt; relative Feuchte der Luft 60%, und zwar mit zunehmender Höhe bis 300 m gleichbleibend.

Man vergleiche hierzu die Ausführungen über Leuchtfeuer in der Kimm in Kap. 4.7.1 des Bandes 1 A und über Radarhorizont, Über- und Unterreichweiten im Abschnitt „Ionosphäre und Raumwelle" des Kap. 1.1.2 dieses Bandes.

Über- und Unterreichweiten

Unter besonders günstigen oder ungünstigen Ausbreitungsbedingungen können für Radarstrahlen Über- und Unterreichweiten entstehen.

Überreichweiten entstehen

- wenn der vertikale Temperaturgradient kleiner ist als 0,65 °C/(100 m), wenn es also in höheren Luftschichten relativ warm ist oder wenn die relative Luftfeuchtigkeit mit der Höhe abnimmt. In diesen Fällen werden Radarstrahlen durch die Refraktion (also durch die atmosphärische Strahlenbrechung) stärker gekrümmt als bei normalen meteorologischen Verhältnissen (siehe Bild 3.34 b).

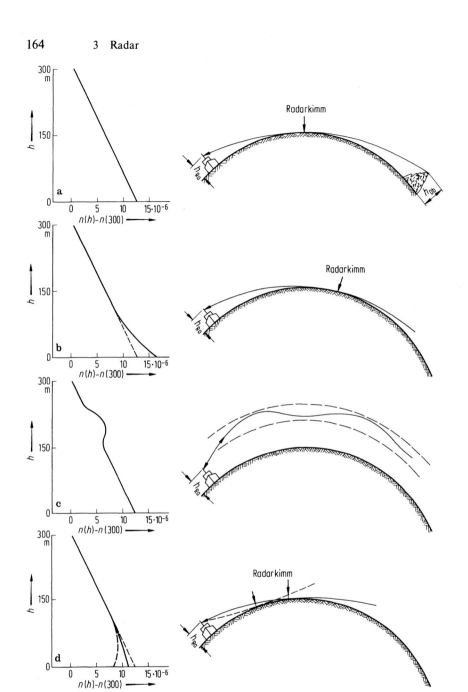

Bild 3.34. Veränderung der Radarkimm in Abhängigkeit von der relativen Änderung der Brechzahl der Luft (bezogen auf die Brechzahl der Luft in 300 m Höhe).
a bei Normalatmosphäre; **b** bei Überreichweiten; **c** bei „ducting"; **d** bei Unterreichweiten

Derartige Situationen können beispielsweise entstehen, wenn warme Festlands-
luft über kaltes Wasser streicht.

• wenn Inversionsschichten, von der normalen Atmosphäre bezüglich Temperatur
  und/oder Feuchte plötzlich in der Höhe stark abweichende Schichten, vorhanden sind. Die Refraktion kann an diesen Schichten zu einer Totalrefraktion
  der Radarstrahlen führen, die sich dann zwischen Wasseroberfläche und
  Inversionsschicht ähnlich wie in einem Hohlleiter mit extrem niedriger Dämpfung ausbreiten (Bild 3.34 c). In diesem Fall spricht man von „ducting" (Leit-
  schichten: ducts).

Unterreichweiten treten nur unter besonders ungünstigen Ausbreitungsbedingungen
auf; sie können entstehen, wenn der vertikale Temperaturgradient größer ist als
$0{,}65\,°C/(100\,m)$, dann also, wenn die Temperatur mit der Höhe stärker als normal
abnimmt oder wenn die relative Luftfeuchtigkeit mit der Höhe größer wird. Die
Radarstrahlen sind dann, weil die Dichte der Luft nach oben hin weniger stark
abnimmt als bei normalen Verhältnissen, weniger gekrümmt, in besonders ungünstigen Fällen überhaupt nicht oder sogar entgegengesetzt gekrümmt (vgl.
Bild 3.34 d). Unterreichweiten können in Gebieten auftreten, in denen kalte Luft
über warmes Wasser gelangt, z.B. bei Einbruch polarer Luftmassen in niedrigere
Breiten.

3.3.3 Störungen des Radarbildes

Schattensektoren

Radarwellen breiten sich ähnlich wie sichtbares Licht aus. In der Nähe einer
Radarantenne befindliche Hindernisse, wie z.B Masten oder Schornsteine, haben
dementsprechend eine abschattende Wirkung. Es entstehen Halb- und Kernschatten (siehe Bild 3.35).

   Im Halbschatten liegende Ziele werden noch teilweise von direkter Radarstrahlung erfaßt und erzeugen zwar weniger starke, aber doch wirklichkeits-
entsprechende Radarechos. Ein im Kernschatten liegendes Ziel dürfte bei gerad-
liniger Ausbreitung der Radarstrahlen kein Echo auf dem Bildschirm des betreffenden Radargerätes erzeugen. Infolge der Beugung der Radarstrahlen an den
Begrenzungskanten des Hindernisses gelangen aber Radarimpulse auch in den
Kernschatten, allerdings mit wesentlich verminderter Energie. Dadurch können
solche im Kernschatten einer Radarantenne liegende Ziele Echos auf dem Bildschirm hervorrufen, die infolge der durch Beugung entstandenen Richtungsänderung der Radarstrahlen nicht den tatsächlichen Gegebenheiten entsprechen
(Bild 3.36).

   Derartige falsche Echoanzeigen treten im und am Rande des sogenannten
Schattensektors auf, in dem normalerweise keine Ziele vom Radargerät durch die
Abschattung erkannt werden können. Größe und Lage derartiger Schattensektoren
hängen von der Größe und vom Aufstellungsort der Radarantenne ab. Ein

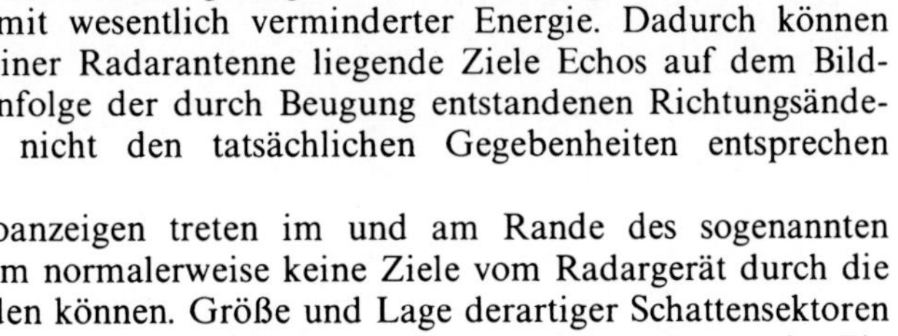

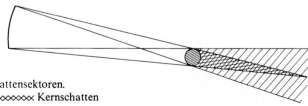

Bild 3.35. Entstehen von Schattensektoren.
/ / / / / / / Halbschatten ×××××××××× Kernschatten

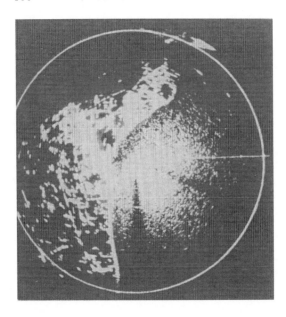

Bild 3.36. Schattensektoren auf dem Bildschirm eines Radargerätes (bei nicht enttrübten Seegangsreflexen)

Radaranlage

Kernschattensektoren : keine

Sektoren verminderter Radarsicht : keine

Scheinechos : 232° bis 240°
353° bis 003°

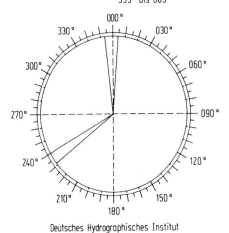

Deutsches Hydrographisches Institut

Bild 3.37. Formblatt für Schattensektoren und Sektoren, in denen Scheinechos durch indirekte Strahlung auftreten können

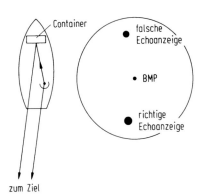

Bild 3.38. Beispiel einer indirekten Echoanzeige

Formblatt, wie in Bild 3.37 aufgeführt, sollte deutlich sichtbar an der Radaranlage angebracht werden, damit ein Schiffsoffizier jederzeit erkennen kann, wo die Schattensektoren bei Betrieb der betreffenden Radarantenne liegen. In das gleiche Formblatt werden auch Sektoren eingetragen, in denen indirekte Echoanzeigen auftreten können.

Bei der Installation von Radarantennen ist vorgeschrieben, daß im Bereich der Radar-Seitenpeilungen von 355° über 000° bis 005° kein Schattensektor liegen darf; im Bereich von RaSP = 247,5° über 000° bis 112,5° darf kein Schattensektor breiter sein als 3°, und im übrigen Bereich, also von RaSP = 112,5° über 180° bis 247,5°, dem Hecklampensektor, sollten Schattensektoren nicht breiter als 5°, sie dürfen aber keinesfalls breiter als 15° sein. Diese Bestimmungen sollten auch für Zweitradaranlagen gelten; sie sind aber leider aus schiffbaulichen Gründen nicht immer konsequent einzuhalten. Radarantennen, an denen automatische Radarbildauswertegeräte (ARPA) betrieben werden, müssen ohne Abschattungshindernisse über 360° wirksam sein. Andernfalls können automatische Zielverfolgungen nicht einwandfrei durchgeführt werden.

Indirekte und Mehrfachechos

Indirekte Echoanzeigen rühren zwar von tatsächlichen Zielen her, sie entstehen aber nicht durch direkte Radarstrahlung, sondern durch Mehrfachreflexion. Derartige Fehlechos treten vor allem dann auf, wenn gut reflektierende Zielflächen, wie große Schiffe, Steilküsten und Kaimauern, nahebei passiert werden. Die abgestrahlten Radarwellen treffen auf Aufbauteile des eigenen Schiffes, z. B. auf einen Container (Bild 3.38), laufen von hier aus gegen die Nahziele, von diesen dann wieder gegen die Aufbauteile und, nach abermaliger Reflexion an diesen, schließlich wieder in die Radarantenne zurück. Die Richtung, in der sie im Radarbild erscheinen, zeigt dabei auf den Reflektor an Bord. Der Abstand entspricht, bis auf kaum wahrnehmbare Unterschiede, dem des wirklichen Ziels. Sektoren, in denen durch die Aufbauteile des Schiffes ständig Mehrfachechos auftreten, sollten in das in Bild 3.36 wiedergegebene Formblatt eingezeichnet werden, allerdings deutlich unterschieden von den im vorigen Kapitel beschriebenen Schattensektoren.

Bei Revierfahrten können indirekte Echos noch durch Reflexion der Radarstrahlen an Brücken, Ufermauern und Häuserwänden entstehen.

Mehrfachechos ein und desselben Ziels entstehen, wenn die Radarwellen mehrere Male zwischen Antenne, dem Ziel und dem eigenen Schiff hin- und herlaufen und jedesmal einen weiteren Echopunkt in der doppelten, dreifachen und mehrfachen Entfernung des ersten anzeigen. Die Mehrfachechos werden mit wachsendem Abstand schwächer. Maßgebend für die richtige Entfernung ist alleine das dem eigenen Schiff nächstgelegene Echo (Bild 3.39).

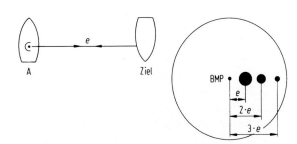

Bild 3.39. Zustandekommen von Mehrfachechos an einem Ziel

Nebenzipfelechos

Es läßt sich aufgrund der Beugungserscheinungen bei der Abstrahlung von Radarwellen aus einer Radarantenne nicht vermeiden, daß beiderseits der Strahlungshauptkeule (siehe Bild 3.5 und Kap. 3.2.1, Strahlungsdiagramm) Nebenzipfel, auch Nebenkeulen, Seitenzipfel oder Seitenkeulen genannt, auftreten. Die Intensität der Radarstrahlen, die innerhalb dieser durch die Nebenkeulen gegebenen Richtungen ausgesandt werden, liegt bei modernen Antennen nicht über 5% der Intensität der Strahlung in Hauptstrahlrichtung. Fehlechoanzeigen, die durch diese seitlich abgestrahlte Nebenzipfelstrahlung entstehen können, treten nur sehr selten auf, und zwar nur dann, wenn die Radarziele außergewöhnlich gute Reflexionseigenschaften haben. Im Radarbild werden derartige Nebenzipfelechos daran erkannt, daß in gleichem Abstand wie in dem des Hauptechos seitlich nach außen hin schwächer werdende Nebenechos auftreten. Man kann diese im allgemeinen durch Herabsetzen der Verstärkung oder durch die Nahechodämpfung beseitigen (Vorsicht!).

Überreichweitenechos bzw. Echos auf der 2. Ablenkspur

Herrschen anomale atmosphärische Bedingungen vor, die Überreichweiten von Radarstrahlen (siehe auch Kap. 3.3.2, Über- und Unterreichweiten) auftreten lassen, so können Echos von Radarzielen weit außerhalb des eingestellten Meßbereichs genau dann zur Antenne zurückkehren, wenn das Radargerät für den Empfang von reflektierten Strahlen des nachfolgenden Impulses aufnahmebereit ist.

Beispiel (siehe Bild 3.40): Das Radargerät sendet Radarimpulse mit einer Impulsfolgefrequenz von $f_{IF} = 1000$ Hz aus. Dies entspricht einer Wiederkehr von $T_W = 1000$ µs. Eingestellt sei der 12-sm-Bereich. Auf der Ablenkspur des Radargerätes werden jetzt Ziele angezeigt, die zwischen 0 und 12 sm entfernt sind. Ein zuvor ausgesandter Radarimpuls treffe nach $T_W/2 = 500$ µs auf ein $e_0 = 81$ sm entferntes Ziel (gemäß 1 µs $\triangleq$ 300 m); dieser Radarimpuls kehrt dann nach insgesamt 1000 µs (also nach T_W) zur Radarantenne zurück. Gut reflektierende Objekte, z.B. Steilküsten oder Berge, die zwischen 81 sm und (81 + 12) = 93 sm Entfernung liegen, erzeugen jetzt Echos, die aber nicht dem Entfernungsmaßstab auf dem Radarbildschirm entsprechen. Allgemein treten bei einem eingestellten Meßbereich e_B und für $e_0 = c \cdot T_W/2$ die möglichen Abstände e dieser sogenannten Zweitauslenkungsechos auf zwischen

$$e_0 \leqq e \leqq e_0 + e_B.$$

Die auf der sogenannten 2. Ablenkspur angezeigte Zielentfernung ist dann

$$e_2 = e - e_0 \quad \text{für} \quad 0 \leqq e \leqq e_B.$$

Das Echo eines außerhalb des eingestellten Meßbereichs liegenden Ziels kann auf der folgenden Ablenkspur erscheinen, wenn die Laufzeit eines Radarimpulses

Bild 3.40. Entstehen eines Echos auf der 2. Ablenkspur. (Ein 84 sm weit entferntes Objekt wird bei einer Impulsfolgefrequenz $f_{IF} = 1000$ Hz auf dem 12-sm-Bereich in einem Abstand von 3 sm angezeigt.)

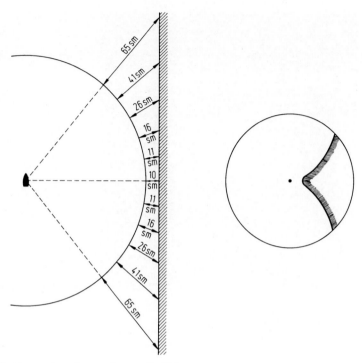

Bild 3.41. Zweitauslenkungsechos einer entfernten Steilküste

zu einem weit entfernten Ziel und zurück größer ist als die Impulswiederkehr, jedoch muß die Laufzeit kleiner sein als die Summe aus Impulswiederkehr und der dem eingestellten Meßbereich entsprechenden Impulslaufzeit (1 sm $\approx$ 12,35 μs, vgl. Kap. 3.2.2). Entsprechendes gilt für reflektierte Radarimpulse auf der 3., 4. und noch höheren Ablenkspur, wenn für e_0 die doppelte, dreifache und höhere Wiederkehr gewählt wird.

Eine Identifizierung derartiger Überreichweiten- oder Zweitauslenkungsechos ist nicht einfach. Am besten lassen sich gerade Küstenlinien dadurch identifizieren, daß sie im Radarbild sehr verzerrt wiedergegeben werden. Bild 3.41 zeigt die Zweitauslenkungsechos einer entfernten Steilküste. Der eingestellte Meßbereich beträgt 48 sm und die Impulsfolgefrequenz $f_{IF} = 900$ Hz (entspr. $e_0 \approx 90$ sm). Im linken Bild sind die natürlichen Verhältnisse und im rechten Bild die verzerrte Abbildung auf dem Radarschirm vereinfacht dargestellt.

Störungen durch fremde Radargeräte

Sendet die Radarantenne eines fremden Schiffes Radarimpulse aus, deren Frequenz innerhalb der Bandbreite des eigenen Radarempfängers liegt, so erzeugt jeder vom fremden Sender erzeugte Radarimpuls einen kleinen Leuchtfleck auf dem Bildschirm, dessen Lage und Länge von der Impulsdauer und der Impulsfolgefrequenz der fremden Radarstrahlung, vom eingestellten Meßbereich des eigenen Gerätes und von den Umdrehungsfrequenzen der eigenen und der fremden Radarantenne abhängen. Typisch für derartige Störechos sind spiralförmige Kurven in der Art des Bildes 3.42.

Bild 3.42. Störungen durch ein fremdes Radargerät

3.4 Darstellungsarten

3.4.1 Begriffe

Bei Radargeräten gibt es verschiedene Darstellungsarten. Man unterscheidet einerseits zwischen der relativen und absoluten Darstellung, andererseits zwischen der nordstabilisierten, sollkursstabilisierten und vorausorientierten Darstellung.

Unter dem *Bildmittelpunkt* versteht man die angezeigte Position des eigenen Schiffes auf dem Bildschirm. Um ihn dreht sich die Ablenkspur. Unter dem *Schirmmittelpunkt* versteht man das Zentrum des Bildschirms.

Relative Darstellung. Die Darstellung aller Bewegungen ist auf den Beobachter bezogen. Der Bildmittelpunkt ist dabei ein fester Punkt auf dem Bildschirm. Er bewegt sich nicht. In der Regel befindet er sich im Schirmmittelpunkt, er kann aber auch dezentriert sein.

Absolute Darstellung. Die Darstellung aller Bewegungen ist auf die Erdoberfläche bzw. Wasseroberfläche, die hier als „absolut" angenommen wird, bezogen. Daher bewegt sich der Bildmittelpunkt entsprechend dem eigenen Kurs (KrK) und der eigenen Geschwindigkeit (vA) über den Schirm.

Stabilisierte Darstellung. Das Radarbild ist stabilisiert, d.h. stets auf Kreiselkompaß-Nord bezogen. Es ist damit unabhängig von Gierbewegungen und Kursänderungen des eigenen Schiffes. Man unterscheidet die nordstabilisierte und die sollkursstabilisierte Anzeige.

Vorausorientierte Darstellung. Das Radarbild ist nicht stabilisiert, sondern auf die Längsrichtung des eigenen Schiffes bezogen. Der Vorausstrich zeigt stets zur 000°-Stellung der festen Gradrose (oben).

Durch Kombination einer relativen bzw. absoluten Anzeige mit einer nordbezogenen bzw. vorausbezogenen Anzeige entstehen die gebräuchlichen Radardarstellungsarten (Bild 3.43 bis 3.46).

Siehe auch Kap. 3.2.5.

3.4.2 Relativ-vorausorientierte Anzeige (Head-Up)

Diese Anzeigeart ist technisch die einfachste und mit jedem Radargerät erzeugbar. Weder Kurs noch Fahrt des eigenen Schiffes werden eingegeben. Der Bildmittelpunkt ist ortsfest auf dem Schirm. Der Vorausstrich zeigt stets nach *oben* (000°) auf der schiffsfesten Skala. Alle Echoanzeigen auf dem Bildschirm bewegen sich relativ zum eigenen Schiff. Echoanzeigen ortsfester Ziele bewegen sich von „oben" nach „unten" (Bild 3.43 a). Wenn keine Kreiseltochter angeschlossen ist, sind alle Peilungen Seitenpeilungen. Bei eigenen Kursänderungen und Gierbewegungen bleibt der Vorausstrich bei 000°, während alle Echoanzeigen um den Betrag der Kursänderung bzw. Gierbewegung in entgegengesetzter Richtung drehen (Bild 3.43 b).

Vorteile sind:

- Das Radarbild entspricht dem Blick von der Brücke nach draußen.
- Wie bei allen Relativanzeigen sind sich entwickelnde Nahbereichslagen anhand der Echobewegung (Änderung der Peilung; voraussichtlicher Passierabstand) besser zu erkennen als bei absoluter Darstellung.

Nachteile sind:

- Die Peilgenauigkeit ist gering, weil durch das Gieren des eigenen Schiffes die Echoanzeigen verschmiert werden.
- Auch bei Geradeausfahrt von Gegnern können ihre Nachleuchtschleppen durch eigene Gierbewegungen gekrümmt erscheinen. Dies kann zu falschen Rückschlüssen führen.
- Bei einer Kursänderung des eigenen Schiffes wird bei großflächigen Echos der gesamte Schirm verschmiert und wegen des Nachleuchtens für längere Zeit „blind" (Bild 3.43 b).
- Bei einer Kursänderung ist eine Neuorientierung notwendig, weil sich die Seitenpeilungen aller Ziele ändern. Eine angefertigte Radarzeichnung (vgl. Kap. 3.6) muß neu aufgebaut werden.
- Die Ermittlung der Kreiselpeilung ist umständlich, weil Seitenpeilung und Kreiselkompaßkurs gleichzeitig bestimmt und anschließend addiert werden müssen.
- Wie bei allen Relativanzeigen sind die Werte für absolute Kurse und Geschwindigkeiten anderer Schiffe nur durch Radarzeichnen (vgl. Kap. 3.6) zu ermitteln.

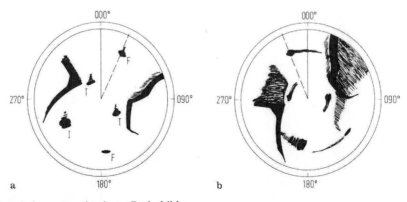

Bild 3.43. Relativ-vorausorientiertes Radarbild.
a Situation: KrK 143°, F Fahrzeug, T Tonne, I Insel; —— Vorausstrich; – – – Peilstrahl;
b Verschmieren des Bildschirms bei Kursänderung des eigenen Schiffes (45° nach Stb.)

3.4.3 Relativ-nordstabilisierte Anzeige (North-Up)

Durch den Anschluß einer Kreiseltochter wird der eigene Schiffskurs in das Radargerät eingegeben. Das Radarbild wird damit stets nach Kreiselkompaß-Nord (nicht rechtweisend Nord) ausgerichtet, d.h. stabilisiert. Dabei liegt die Nord-Richtung des Bildes stets in der 000°-Stellung („oben"). Der Vorausstrich zeigt in die Richtung des eigenen Kurses (Bild 3.44 a). Peilungen sind Kreiselpeilungen. Der Bildmittelpunkt ist fest. Alle Bewegungen werden relativ zum eigenen Schiff dargestellt. Ortsfeste Ziele bewegen sich entgegengesetzt zum Vorausstrich. Durch eine eigene Kursänderung erhält der Echoweg einen Knick (Bild 3.44 b). Während der Kursänderung und beim Gieren dreht sich der Vorausstrich, während alle Echoanzeigen ortsfest auf dem Schirm bleiben.

Vorteile sind:

- Die Orientierung des Radarbildes entspricht der Darstellung in der Seekarte und ist insbesondere für die Navigation geeignet.
- Die Peilgenauigkeit ist höher wegen der Unabhängigkeit von eigenen Gierbewegungen.
- Das Radarbild verschmiert nicht bei Kursänderungen.
- Eine sich entwickelnde Nahbereichslage kann anhand der Echobewegung (Änderung der Peilung; voraussichtlicher Passierabstand) leicht erkannt werden.
- Peilungen können direkt als Radar-Kreiselpeilungen (RaKrP) abgelesen werden.
- Wie bei allen Relativdarstellungen braucht der Mittelpunkt nicht zurückgestellt zu werden.
- Das Radarbild kann auch bei einer eigenen Kursänderung weiterverwendet werden.
- Die Auswirkungen von eigenen Manövern auf die relative Bewegung der anderen Fahrzeuge kann leicht ermittelt werden.
- Die Bahnkontrolle durch Parallel-Indexing (vgl. Kap. 3.5.4) ist möglich.

Nachteile sind:

- Der direkte Vergleich des Radarbildes mit dem Blick nach draußen erfordert Übung und Gewöhnung.
- Auf südlichen Kursen werden Ziele auf der Stb.-Seite des Schiffes „links" angezeigt und umgekehrt. Das erfordert eine Umorientierung und kann für den ungeübten Beobachter zu Fehlinterpretationen führen.

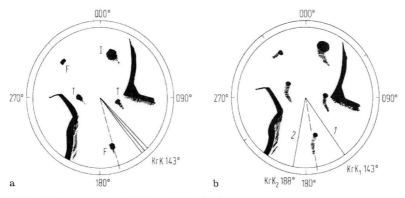

Bild 3.44. Relativ nordstabilisiertes Radarbild.
a Situation wie Bild 3.43 a; **b** Knick der Echospur eines ortsfesten Zieles bei einer Kursänderung des eigenen Schiffes; *1* alter Vorausstrich; *2* neuer Vorausstrich

- Die Werte für absolute Kurse und Geschwindigkeiten anderer Ziele müssen durch Radarzeichnen ermittelt werden.
- Die Art eines Gegnermanövers kann nur nach erneuter Ermittlung des Kurses und der Fahrt des Gegners erkannt werden.

3.4.4   Relativ-sollkursstabilisierte Anzeige (Course-Up)

Im Gegensatz zur vorausorientierten Anzeige wird bei der sollkursstabilisierten Anzeige das Radarbild mit Hilfe des Kreiselkompasses stabilisiert. Das Radarbild wird beim Einschalten so gedreht, daß der Vorausstrich nach *oben* (000°) zeigt.

Das Radarbild zeigt die Bewegungen aller Ziele bezogen auf das Eigenschiff. Die Vorauslinie zeigt im Normalfall nach 000° bzw. schwankt beim Gieren um die 000°-Markierung. Da das Bild stabilisiert ist, werden Echoanzeigen nicht verschmiert.

Bei einer eigenen Kursänderung bleibt das Radarbild zunächst stehen, während der Vorausstrich mitdreht. Nach dem Manöver zeigt er nicht mehr nach 000°, sondern wandert um den Betrag der Kursänderung von 1 nach 2 (45° nach Stb. in Bild 3.45). Der Beobachter dreht das gesamte Bild einschließlich des Vorausstriches, bis der Vorausstrich wieder nach 000° weist.

Vorteile sind:

- Das Radarbild entspricht (bis zu einer Kursänderung) dem Blick von der Brücke.
- Wenn eine Kompaßskala vorhanden ist, können Peilungen direkt als Radar-Kreiselpeilungen abgelesen werden. Die Peilungen sind genau, weil die Echoanzeigen auch beim Gieren fest bleiben.
- Bei Kursänderungen wird der Bildschirm nicht verschmiert.
- Eine sich entwickelnde Nahbereichslage kann anhand der Echobewegung (Änderung der Peilung; voraussichtlicher Passierabstand) leicht erkannt werden.

Nachteile sind:

- Der direkte Vergleich mit der Seekarte ist nicht mehr möglich.
- Die Werte für die absoluten Kurse und Geschwindigkeiten anderer Ziele müssen durch Radarzeichnen ermittelt werden.
- Die Art des Gegnermanövers kann nur nach erneuter Ermittlung des Kurses und der Fahrt des Gegners erkannt werden.
- Während des Zurückdrehens des Radarbildes durch den Beobachter verschmiert der Schirm.

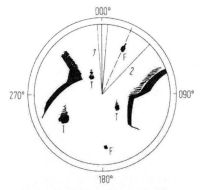

Bild 3.45. Relativ-sollkursstabilisiertes Radarbild (Situation wie Bild 3.43a)

Bild 3.46. True-Motion-Radarbild (Situation wie Bild 3.43a)

3.4.5   Absolute Anzeige (True Motion)

Gibt man neben dem Kurs auch die Fahrt des eigenen Schiffes in das Radargerät ein, manuell oder automatisch durch eine Fahrtmeßanlage, wird die Eigenbewegung aus den Relativbewegungen der Echoanzeigen eliminiert. Der Bildmittelpunkt bewegt sich entsprechend der eigenen Fahrt und dem eigenen Kurs über den Schirm. Ebenso bewegen sich die Anzeigen aller beweglichen Ziele mit deren Kurs und Fahrt über den Schirm, unabhängig vom Eigenschiff. Die Anzeigen ortsfester Objekte (Land, Bojen, Ankerlieger usw.) bleiben ortsfest auf dem Schirm (Bild 3.46).

Wie bei der relativ-nordstabilisierten Anzeige zeigt der Vorausstrich stets in die Richtung des aktuellen Kurses, auch während Kursänderungen und beim Gieren. Die Echoanzeigen werden durch eigene Kursänderungen und Gierbewegungen nicht beeinflußt.

Nähert der Bildmittelpunkt sich dem Bildrand oder wird der Vorausbereich auf dem Bildschirm zu klein, muß das Bild zurückgestellt werden. Der Rücksprung erfolgt bei manchen Geräten automatisch, bei manchen manuell.

Beim Einsatz der True-Motion-Darstellungsart für navigatorische Zwecke sind als Werte für die eigene Fahrt und den eigenen Kurs die Fahrt über Grund (FüG) und der Kurs über Grund (KüG) zu verwenden. Daher müssen im Küsten- und Revierbereich Strom und Wind durch „Driftkorrekturen" berücksichtigt werden. Ein Wandern von Anzeigen ortsfester Ziele zeigt an, daß die eigene Geschwindigkeit nicht richtig eingegeben bzw. Strom und Wind nicht berücksichtigt sind.

Für den Kollisionsschutz ist die Verwendung von Fahrt durchs Wasser (FdW) und Kurs durchs Wasser (KdW) vorzuziehen (vgl. Kap. 3.7.4), da man annehmen kann, daß alle Schiffe dem gleichen Strom unterliegen, und da man die *Vorausrichtungen* (Headings) des eigenen und der anderen Schiffe erkennen kann.

Vorteile sind:

- Die absoluten Kurse und Geschwindigkeiten von Gegnern werden als solche angezeigt.
- Kursänderungen von Gegnern (Fahrtänderungen nur mit Einschränkungen) sind unmittelbar (anhand ihrer Nachleuchtschleppen) zu erkennen.
- Ortsfeste Ziele (z. B. Tonnen) sind leicht zu identifizieren.
- Die Gesamtverkehrssituation wird übersichtlicher dargestellt. Damit wird die Auswahl von geeigneten Manövern einfacher.

Nachteile sind:

- Der direkte Vergleich mit dem Blick nach draußen erfordert Übung und Gewöhnung.
- Peilungen können nicht mehr einfach mit dem Peillineal (cursor) am Bildschirmrand abgelesen werden. Sie müssen mit Hilfe eines elektronischen Peilstrahles ermittelt werden.
- Eine sich entwickelnde Nahbereichslage kann nicht unmittelbar, z. B. durch den voraussichtlichen Passierabstand, erkannt werden wie bei relativer Anzeige. Sie muß durch Weiterkoppeln des Bildes abgeschätzt bzw. durch Radarzeichnen ermittelt werden.
- Durch das Rückstellen des Bildmittelpunktes wird der Schirm u. U. verschmiert. Der Beobachter muß sich neu orientieren.
- Das Rückstellen des Bildmittelpunktes ist lästig.
- Beim Hin- und Herschalten des Meßbereichs (z. B. 6 sm → 3 sm → 6 sm) wird ein auf einem Reflexionsplotaufsatz erstellter Radarplot verzerrt und bei längerem Umschalten unbrauchbar, weil der Bildmittelpunkt im 3-sm-Bereich

schneller wandert. Die dadurch entstehenden Echoknicks täuschen eine Kurs-änderung des Gegners vor.

Die vorausbezogene True-Motion-Darstellung, bei der die Bildröhre stets so gedreht wird, daß die Vorausanzeige nach 000° („oben") zeigt, spielt in der Praxis keine große Rolle.

3.4.6 Neuentwicklungen

Bei modernen Radargeräten mit digitaler Radarsignalverarbeitung (vgl. Kap. 3.2.3) und beim halbautomatischen „Situation Display Radar" (SDR; Kelvin-Hughes) werden die Vorteile verschiedener Darstellungsarten kombiniert.

Durch Abspeichern des gesamten Radarbildes und geeignete Bildreproduktion wird erreicht, daß das Gesamtbild sich relativ zum Beobachter bewegt, daß innerhalb des Gesamtbildes jedoch die Bewegungen der Echoanzeigen durch synthetische Spuren oder Vorausanzeigen absolut angezeigt werden können. Dabei werden ortsfeste Ziele naturgemäß ortsfest, d.h. ohne Nachleuchtschleppe angezeigt.

Bei der Darstellungsart „True Motion aus der Mitte" (Krupp Atlas Elektronik 7600) wird das synthetisch erzeugte Radarbild automatisch und kontinuierlich zurückgesetzt, ohne daß der Beobachter dies empfindet oder das Bild seinerseits zurücksetzen muß. Dabei können Nachleuchtschleppen mit wählbarer Länge dargestellt werden.

Beim SDR erfolgt die Rücksetzung durch die kontinuierliche mechanische Bewegung einer Bildspeicherplatte.

Bei ARPA-Geräten werden die absolute und relative Bewegung von Zielen durch absolute bzw. relative Vektoren deutlich gemacht (siehe Kap. 3.7).

3.4.7 Darstellungsart und Fahrtgebiet

Nicht alle aufgeführten Darstellungsarten können bei allen Radargeräten benutzt werden. Lediglich die relativ-vorausorientierte Anzeige steht immer zur Verfügung. Seit 1.9.1984 müssen alle Geräte, die auf Schiffen über 500 BRT installiert werden, auch die relativ-nordstabilisierte Anzeige ermöglichen.

Die Wahl der Darstellungsart hängt von den Eigenheiten des Fahrtgebietes und den individuellen Vorlieben des Beobachters ab. Grundsätzlich ist eine stabilisierte Darstellung einer nichtstabilisierten (vorausorientierten) vorzuziehen, da die Nachteile des nichtstabilisierten Bildes zu schwerwiegend sind. Darüber hinaus sollte der Beobachter je nach Situation die Vorzüge der einzelnen Anzeigearten nutzen, wenn ihm die entsprechenden Geräte zur Verfügung stehen.

Gute Sicht: Relativ-nordstabilisiert

Begründung: die Gesamtsituation ist auch vom optischen Bild her übersichtlich. Das Radargerät wird nicht laufend beobachtet und dient nur dazu, zusätzliche und genauere Informationen zu erhalten. Der Bildmittelpunkt braucht nicht regelmäßig zurückgestellt zu werden.

Die folgenden Empfehlungen beziehen sich auf Nebel:

Freier Seeraum: Relativ-nordstabilisiert

Begründung: Bei Verwendung ausschließlich für den Kollisionsschutz und bei einzelnen Gegnern erhält man schnell Auskunft über den voraussichtlichen Passierabstand. Der Bildmittelpunkt muß nicht zurückgestellt werden.

Küstenfahrt: True Motion oder relativ-nordstabilisiert

Begründung: Bei der True-Motion-Darstellung können ortsfeste Ziele (Bojen, Tonnen etc.) leichter identifiziert und auf dem Schirm markiert werden. Nachleuchtschleppen bewegter Ziele geben eventuell Hinweise auf deren Anlaufziel. Insbesondere bei dichterem Verkehr können eigene Maßnahmen unter Berücksichtigung der Gesamtsituation vorgenommen werden. Wegen der umittelbaren Erkennbarkeit der relativen Bewegungen ist bei vielen Gegnern (insbesondere Querfahrern) unter Umständen die relativ-nordstabilisierte Anzeige vorzuziehen. Parallel-Indexing (vgl. Kap. 3.5.4) ist nur bei dieser Darstellungsart möglich.

Breites Revier: True Motion oder relativ-nordstabilisiert

Begründung: Bei einem Radarbereich von 3 sm bis 6 sm ist im allgemeinen die True-Motion-Darstellung vorzuziehen, weil die Anzeigen der Küstenlinien nicht verschmieren und andere ortsfeste Ziele (Tonnen, Ankerlieger, usw.) leichter zu erkennen sind. Bei starkem, schwer zu berücksichtigendem Strom empfiehlt sich, eher relativ-nordstabilisiert zu fahren.

Enges Fahrwasser: Relativ-nordstabilisiert oder True Motion

Begründung: Werden Kurs- und Fahrtänderungen bei kleinen Radarbereichen unter 3 sm ungenau erfaßt, kann das Radarbild in der True-Motion-Darstellung durch Verschiebung verschmiert werden. Außerdem ist je nach eigener Fahrt ein mehr oder weniger häufiges Zurückstellen des Radarmittelpunktes erforderlich.

Enge Einfahrt: Relativ-sollkursstabilisiert oder vorausorientiert

Begründung: Es ist nur die Lage des Schiffes in bezug auf in vorlicher Richtung liegende Objekte wie Molen, Pier usw. von Bedeutung. Bei Gewöhnung an nordstabilisierte Darstellungsarten bieten auch die True-Motion- und die relativ-nordstabilisierte Anzeige keine Schwierigkeiten. Bei der vorausorientierten Anzeige ist die Gefahr des Verschmierens des Bildes bei Kursänderung zu beachten.

Wenn bei relativer Anzeige nicht laufend Peilungen genommen werden müssen, empfiehlt es sich, mit dezentriertem Bildmittelpunkt zu fahren, um den vor dem eigenen Schiff liegenden Seeraum besser zu erfassen. Außerdem muß beim Umschalten auf die True-Motion-Darstellung das Bild nicht so schnell zurückgesetzt werden.

Beim True-Motion-Verfahren sollte das Zurücksetzen rechtzeitig geschehen.

3.5   Einsatz von Radar in der Navigation

Voraussetzung für den Einsatz von Radar in der Navigation sind eine sorgfältige Bildeinstellung, eine geeignete Darstellungsart und die richtige Zuordnung einzelner Echoanzeigen zu den Radarobjekten (Zielidentifizierung). Nur dann können Ortsbestimmungen durch Peilungen und Abstandsmessungen oder Bahnkontrollen (z. B. nach der Parallel-Indexing-Methode) mittels Radar vorgenommen werden.

Radar ist ein Hilfsmittel. Trotz seiner vielen Möglichkeiten darf die Anwendung anderer Navigationsverfahren zur Kontrolle des Schiffsortes nicht vernachlässigt werden.

3.5.1   Interpretation des Radarbildes

Für die sichere Interpretation des Radarbildes sind Erfahrungen notwendig. Daher sollte ein Radarbeobachter anfangs auch bei guter Sicht das Radargerät benutzen und durch Vergleich des Radarbildes, der optischen Sicht und der Seekarte unter günstigen Beobachtungsbedingungen solche Erfahrungen sammeln.

Probleme der Identifizierung

Die Identifizierung von Radarechoanzeigen kann schwierig sein, insbesondere beim Ansteuern einer Küste (Kap. 3.5.3), weil die Güte des Radarbildes von zahlreichen Faktoren beeinflußt wird und unter verschiedenen Bedingungen sehr unterschiedlich sein kann. Für das Deuten der Anzeige ist die Kenntnis der Unzulänglichkeiten von Radarbildern unerläßlich.

Im einzelnen wird das Radarbild durch folgende Einflüsse beeinträchtigt (vgl. Kap. 3.2 und 3.3):

- Zieleigenschaften (Topographie von Küsten und Gebirgen; Abschattungen; Vegetation; Form, Größe und Reflexionseigenschaften von Zielen),
- Eigenschaften und Grenzen der Radaranlage (Leistung; Auflösungsvermögen aufgrund der radialen und azimutalen Ausdehnung von Echoanzeigen; Antennenhöhe; keine Anzeige der 3. Dimension; Kernschatten; Scheinechos),
- Ausbreitungsbedingungen (Dämpfung; Wetter, z. B. Regen oder Kaltfront; Über- und Unterreichweiten),
- Auftreten außergewöhnlicher Anzeigen (Sandstürme; Vogelschwärme u. a.),

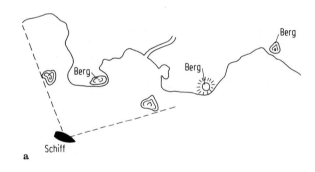

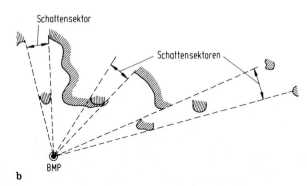

Bild 3.47. a Küste und **b** Radarbild

- zeitliche Veränderungen (z. B. durch Wasserstand),
- Veränderungen in der Position des Beobachters (Entfernung, Blickwinkel).

Bild 3.47 zeigt eine Küste und das zugehörige Radarbild mit charakteristischen Abschattungen und mangelnder Auflösung.

Erfassungsabstände radarauffälliger Ziele

Die Identifizierung von Radarechoanzeigen geschieht in der Regel durch den Blick von der Brücke oder anhand der Seekarte. Zur Erleichterung der Identifizierung sind folgende Kenntnisse hilfreich:

- Position und Erfassungsabstände radarauffälliger Objekte (vgl. nachstehende Tabelle),
- Radarhorizont und Reichweite der Radaranlage,
- radiales, azimutales und Nahauflösungsvermögen der Radaranlage.

Anhaltspunkte für Radarerfassungsabstände bei normalen Ausbreitungsbedingungen und einer Antennenhöhe von 15 m

Objekt	Erfassungsabstand	Bemerkungen
Zerklüftete Felsen	20 sm	bei 60 m Erhebung
	7 sm	bei 6 m Erhebung
Glatte Felsen	—	scharfe, u. U. schlechte Anzeigen
Hügel	—	breite schwache Echos
Marsch, Dünen	—	weniger gute Anzeigen
Uferlinie, Sandbänke	—	u. U. nicht angezeigt
Schwell bei Untiefen	—	u. U. erkennbar
Bebaute Hänge	bis 25 sm	—
Ortschaften, Deiche	—	gute Anzeigen
Docks, Piers	bis 5 sm	—
Stahlkonstruktionen	—	gute Anzeigen
Feuerschiffe	6 bis 10 sm	—
Leuchttürme	—	i. allg. schwache Anzeigen bei runden, bessere bei rechteckigen Türmen
Tonnen: große	4 bis 10 sm	je nach Reflektor, Form und Neigung
mittlere	2 bis 5 sm	
kleine	0,3 bis 2 sm	
Standardradarreflektor	3,5 sm	Vorschrift; Oktaeder
Schiffe: große	10 bis 20 sm	—
Kümos, Trawler	4 bis 10 sm	—
Kutter, kleine Kümos	3 bis 6 sm	—
Rettungsboote	0,5 bis 4 sm	Ausrüstungspflicht für Radarreflektoren
Sportboote	0,5 bis 4 sm	Radarreflektorausrüstung empfohlen
Eis: Tafelberge	12 bis 20 sm	20 bis 70 m hoch
mittlere Eisberge	2 bis 8 sm	5 bis 10 m hoch
Growler	0 bis 2 sm	0 bis 5 m hoch
Eisbarrieren	—	u. U. erkennbar

Identifizierungshilfen in der Seekarte

Aktive radartechnische Anlagen und radarauffällige Objekte sind in (deutschen) Seekarten durch die bei den FUNKTECHNISCHEN STATIONEN dargestellten Symbole und Abkürzungen kenntlich gemacht (aus Karte 1, DHI 1983). Besonders geeignet für die Radarnavigation sind Radarbaken. Darüber hinaus sind radarauffällige Objekte in der Seekarte häufig als solche zu erkennen: Aus der Konturierung des Küstenverlaufs und der Darstellung der Küstenform (Steil-, Steinküste u. a.) kann auf Echoform und Echostärken geschlossen werden. Vorsicht ist bei Zielen aus dem Landesinneren geboten, obwohl die Topographie so dargestellt ist, daß sie für die Navigation von Nutzen sein kann (Berggipfel, Höhenlinien, Relief des Landgebietes). Auch künstliche, gut reflektierende Objekte wie Molen, Kaianlagen, Gebäude, Ortschaften, Funkmasten sind in die Seekarten eingezeichnet; vgl. nachfolgenden Abdruck aus Karte 1, FUNKTECHNISCHE STATIONEN, DHI, 1983.

Es empfiehlt sich, weitere für die Radarnavigation besonders geeignete Objekte zusammen mit ihrem Erfassungsabstand in der Seekarte zu markieren. Die Identifizierung der Echoanzeigen kann durch *Übereinstimmung* des Schiffsortes durch mindestens drei Echoanzeigen geschehen (vgl. Deckungsverfahren mit Folie in Kap. 3.6.12). Dabei können auch die Echoanzeigen untereinander vermessen und mit der Seekarte verglichen werden.

Deckungsverfahren Radarbild/Seekarte

Bei Schwierigkeiten in der Zuordnung von Radarechoanzeigen und Objekten in der Seekarte kann es hilfreich sein, Radarbild und Seekartenbild zur Deckung zu bringen. Dafür gibt es verschiedene Verfahren.

FUNKTECHNISCHE STATIONEN
RADIO AND RADAR STATIONS

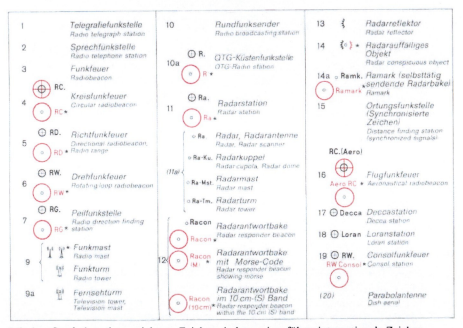

Mit dem Symbol * gekennzeichnete Zeichen sind neu eingeführte internationale Zeichen.

Folie. Das Kartenbild wird (möglichst im Maßstab des Radarbildes) auf eine Folie (Transparent) gezeichnet und so auf den Radarschirm gelegt, daß sich die Bilder decken. Das Anfertigen einer Zeichnung mit maßstabsgerechten Abständen ist allerdings aufwendig. Daher kann einfacher auch so verfahren werden, daß lediglich die Peilungen von mindestens drei Radarechoanzeigen, die Kurslinie sowie die Nordrichtung auf die Folie gezeichnet werden und die Folie auf die Seekarte gelegt wird. Durch Verschieben des Transparentes ist zu versuchen, die Echoanzeigen der Küste zuzuordnen. Dabei darf die Kurslinie nur parallel verschoben werden. Die Skizze auf der Folie ist nach einer bestimmten zurückgelegten Strecke zu erneuern.

Kartenvergleichsgerät. Das Bild eines Radartochtergerätes und die Seekarte werden mit Hilfe von Spiegeln aufeinander projiziert, wobei der Maßstab z. B. durch Linsen in Übereinstimmung gebracht werden kann. Kartenvergleichsgeräte haben sich in der Praxis nicht durchgesetzt.

Elektronisches Kartenbild. Vereinfachte Küstenverläufe und radarauffällige Ziele können in digitalisierter Form gespeichert und bei Bedarf als elektronisches Kartenbild in das Radarbild eingeblendet werden.

In einfacherer Version können einzelne Navigationspunkte und Navigationslinien (vgl. Kap. 3.7) eingeblendet werden.

Weitere Identifizierungshilfen

Seehandbücher. Seehandbücher enthalten Orientierungshilfen für die Radarnavigation, die über Informationen in der Seekarte hinausgehen, z. B.

- Erfassungsabstände für wichtige Küstenpunkte (gültig für mittlere Antennenhöhen),
- Art, Beschaffenheit und Reflexionseigenschaften der Küste und wichtiger Objekte,
- Wiedergaben von Radarbildern wichtiger Küstenabschnitte.

Radartagebuch und eigene Aufzeichnungen. Für besonders schwierige Gebiete ist es zweckmäßig, Erfahrungsmaterial für zukünftige Reisen zu sammeln. Dazu können im Radartagebuch (siehe Kap. 3.8.3) für bestimmte Reiseabschnitte

- geeignete Radarobjekte mit ihren Erfassungsabständen (und Peilungen),
- charakteristische Anzeigen und deren Verlauf bei Annäherung an die Küste,
- außergewöhnliche Anzeigen wie Unter- und Überreichweiten, Wetterfronten, Sandstürme, Vogelschwärme usw.

eingetragen werden. Außerdem eignen sich für die Aufzeichnung Radarbildaufnahmen (evtl. in Serie) und Transparentzeichnungen des Radarbildes, auf denen identifizierte Objekte gekennzeichnet werden. Bei späteren Reisen können die Folien wieder auf das Radarbild gelegt werden.

3.5.2 Ortsbestimmungen mit Hilfe von Radar

Radarpeilung

Je nach Darstellungsart erhält man Kreiselpeilungen oder Seitenpeilungen. Kreiselpeilungen sind vorzuziehen, weil sie von den Bewegungen des Schiffes unabhängig sind und der Kompaßkurs nicht gleichzeitig mit der Peilung abgelesen werden muß; die Peilungsbeschickung zur rechtweisenden Peilung durch Berücksichtigung der Fehlweisung erfolgt wie bei optischen Peilungen. Standlinie ist der Peilstrahl.

Die Peilgenauigkeit wird um so größer, je weiter sich das Ziel am Bildschirmrand befindet, weil der Einfluß von mangelnder Zentrierung und von Parallaxe bei der Einstellung des Peillineals geringer wird. Das sollte bei der Wahl des Meßbereichs beachtet werden. Der Peilfehler darf — je nach Geräteklasse — für Ziele am Schirmrand nicht größer als ±1° bzw. ±1,5° sein.

Bei dezentrierter Darstellung (falls vorhanden) sollte mit elektronischen Peilvorrichtungen (EBL) gepeilt werden. Bei punktförmigen Objekten, z. B. Tonnen und kleinen Inseln, wird der Peilstrich über die Mitte der Anzeige gelegt. Peilungen von quer ragenden Landecken sind um den Winkel $\Phi/2$ falch (Φ horizontale Halbwertsbreite), weil Beginn bzw. Ende der Zielerfassung mit dem Strahlrand, die Anzeige jedoch in der Strahlmitte erfolgt; im Bild 3.48 ist bei Beginn der Radarerfassung die linke Peilung um $\Phi/2$ zu klein, bei Ende der Radarerfassung die rechte Peilung um $\Phi/2$ zu groß.

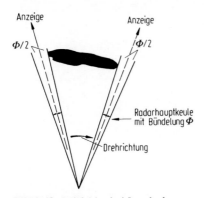

Bild 3.48. Peilfehler bei Landecken

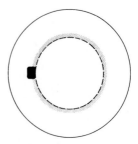

Bild 3.49. Radarabstandsmessung nach der Berührungsmethode

Radarabstandsmessung

Als Standlinie erhält man (bei Einzelobjekten) einen Kreis um das Objekt.

Bei der Messung mit dem beweglichen Meßring (VRM) stellt man den *Innenrand* des Meßrings bei geringer Ringhelligkeit auf die *Vorderkante* der Zielanzeige (Berührungsmethode; Bild 3.49). Andernfalls würde ein Fehler durch die radiale Verzerrung der Echoanzeige geschehen.

Mit Hilfe der festen Meßringe kann der Abstand eines Zieles geschätzt werden. Um Irrtümer, insbesondere nach Meßbereichsumschaltungen, zu vermeiden, präge man sich die Abstände der festen Ringe jeweils neu ein.

Bei richtiger Handhabung und guten Radargeräten erfaßt man die Radarabstände auf etwa 1% des Meßbereichs bei den festen Abstandsringen und auf 1,5% des Meßbereichs beim variablen Meßring (Vorschift: 1,5% bzw. 2,5%). Im 6-sm-Bereich ist daher mit einer Unsicherheit von der Größenordnung 0,1 sm zu rechnen.

Beispiele für Ortsbestimmungen

Als Standlinien stehen bei einem Ziel Peilung und Abstand, bei zwei oder mehr Zielen zwei Standlinien pro Ziel zur Verfügung. Bild 3.50 zeigt ein Beispiel einer Ortsbestimmung durch drei geeignete Standlinien.

Mißt man den Radarabstand zu einer geradlinigen Küste, so erhält man als Standlinie eine Parallele zur Küste (Bild 3.51).

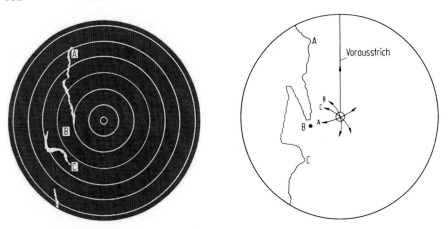

Bild 3.50. Ortsbestimmung mit Hilfe von drei Radarabständen

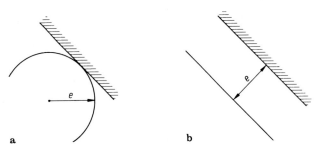

Bild 3.51. Radarabstand *e* von einer geradlinigen Küste.
a Radarmessung; **b** Standlinie in der Seekarte

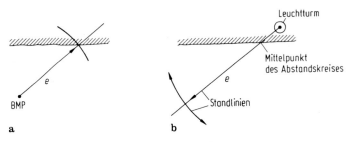

Bild 3.52. Radarabstand *e* und optische Peilung.
a Radarmessung; **b** Standlinien in der Seekarte

   Kann man eine Landmarke (z. B. Leuchtturm) optisch peilen, die Echoanzeige im Radarbild aufgrund zu vieler Echoanzeigen jedoch nicht auffinden, so kann man in folgender Weise den Schiffsort bestimmen:

1. Die optische Peilung wird in die Seekarte eingetragen.
2. Der Radarpeilstrahl wird in Richtung der optischen Peilung eingestellt und der Radarabstand bis zur Küste in Richtung des Peilstrahles gemessen (Bild 3.52).
3. Ein Kreis um den Schnittpunkt Küste/Peilstrahl ergibt die zweite Standlinie.

Genauigkeitsstaffelung

Für die Genauigkeit von Ortsbestimmungen mit Hilfe von Radar gilt im allgemeinen folgende Reihenfolge:

1. Radarentfernung und optische Peilung eines Objektes,
2. Radarentfernungen mehrerer Objekte,
3. Radarentfernung und Radarpeilung eines Objektes,
4. Radarkreuzpeilung mehrerer Objekte.

3.5.3 Radarnavigation in verschiedenen Seegebieten

In verschiedenen Bereichen der Radarnavigation werden unterschiedliche Anforderungen an das Radarbild gestellt. Bei größeren Entfernungen stehen die Reichweite und die Identifizierung von für die Navigation geeigneten Objekten im Vordergrund, bei kleineren Entfernungen dagegen das Auflösungsvermögen und die Genauigkeit bei der Ortsbestimmung. Das führt zu seegebietsspezifischen Problemen und Bildeinstellungen.

Hohe See

Mögliche Nutzungen des Radars bei der Schiffsortbestimmung auf See sind:

- Einzelobjekte (schwimmende Seezeichen, Bohrinseln) können als Navigationsobjekte dienen, wobei jedoch durch zeitverschobene Radarmessungen sicherzustellen ist, daß diese Objekte festliegen und nicht driften bzw. verdriftet sind.
- Bei Überreichweiten können weit entfernte Objekte (z. B. Steilküsten) auf der 2. Ablenkspur abgebildet werden (Kap. 3.3.3). Daraus kann man notfalls, wenn die Identifizierung eindeutig ist, Schlüsse auf die eigene Position ziehen.

Geeignete Einstellungen

Meßbereich	z. B. 12 sm
Impulsdauer	lang
Wellenlänge	10 cm
Darstellungsart	siehe Kap. 3.4.7

Ansteuern einer Küste

Beim Ansteuern einer Küste ist das Radargerät besonders nützlich, insbesondere bei Schlechtwetter. Das Hauptproblem liegt zunächst bei großen Entfernungen in der Identifizierung einzelner Echoanzeigen von Landmassen (siehe Kap. 3.5.1).

Bei der Identifizierung ist zu bedenken,

- daß sich aufgrund der Topographie einige Ziele oberhalb, andere unterhalb der Radarkimm befinden,
- daß zunächst nicht die Uferlinie erfaßt wird (insbesondere bei einer Flachküste), sondern dahinterliegende, hohe, besser reflektierende und z. T. zusammenhanglose Ziele im Inneren,
- daß die ersten Echos von Gebirgszügen aufgrund von Einfallwinkel und Abschattungseffekten nicht notwendigerweise die markantesten Berggipfel darstellen und
- daß das Land sich anscheinend auf den Beobachter zu bewegt, da stets neue, flachere Ziele über dem Radarhorizont auftauchen.

Nach Bild 3.53 werden weder die Uferlinie noch der höchste Berg angezeigt. Auch ist aufgrund der genannten Effekte bei der Ansteuerung einer Küste der

Bild 3.53. Einfluß von Radarkimm und Abschattung beim Ansteuern einer Küste

angezeigte Radarabstand zunächst meist größer als der tatsächliche Abstand. Der Schiffsort ist in dieser Phase ungenau. Es sollte keine Radarposition akzeptiert werden, die nicht auf mindestens drei identifizierten Radarzielen basiert (Bild 3.50). Man darf sich auch keinesfalls auf Radar allein verlassen, sondern muß den Standort mit anderen Navigationsverfahren (z. B. durch Lotung) ständig überprüfen.

Geeignete Einstellungen

Meßbereich	bis 48 sm
Impulsdauer	lang
Wellenlänge	10 cm
Darstellungsart	siehe Kap. 3.4.7

Küstenbereich

Je näher das Schiff der Küste kommt, desto leichter können die Echoanzeigen identifiziert werden. Insbesondere wenn der Schiffsort bekannt und in der Seekarte eingetragen ist, können durch Übertragen von Peilung und Abstand aus dem Radarbild in die Seekarte oder umgekehrt meist weitere Ziele zugeordnet werden. Andererseits machen sich andere Mängel der Radarbilddarstellung mehr bemerkbar, z. B. im Hinblick auf die (radiale und azimutale) Ausdehnung, auf das Auflösungsvermögen und die Ortsgenauigkeit. Landspitzen werden breiter, Einmündungen enger dargestellt. Letztere können sogar ganz verschwinden, wie Flußmündung und Bucht in Bild 3.47. Landvorsprünge ragen weiter in das Wasser hinein, wenn sie (azimutal) quer liegen. Die Küstenanzeige erscheint häufig unterbrochen, weil Teile durch Vorsprünge abgeschattet werden. Flachküsten, Wattgebiete und Sandbänke werden nur schwach angezeigt, zudem kann ihre Anzeige durch den Wasserstand stark veränderlich sein. Anzeigen von Uferlinien können mit Anzeigen von Deichen verwechselt werden. Abstandsmessungen bei Flachküsten können daher sehr unsicher sein.

Für die Navigation geeignete Ziele sind Racons (siehe Kap. 3.8.2, Racon), frei vor der Küste liegende einzelne Objekte (nur dann, wenn ihre Identität zweifelsfrei ist) und Landzungen (insbesondere wenn sie zum Schiff hin gerichtet sind). Küsten eigenen sich besonders gut, wenn sie möglichst steil und so zum Schiff gerichtet sind, daß der Radarstrahl senkrecht auf sie fällt.

Objekte im Landesinneren (Berge, Ortschaften) sind als Radarobjekte nicht empfehlenswert.

Die Kontrolle des Schiffsortes mit anderen Navigationsverfahren wie sorgfältiges Koppeln unter Berücksichtigung des Stromes ist notwendig.

Geeignete Einstellungen

Meßbereich	3 bis 12 sm
Impulsdauer	mittel oder lang
Wellenlänge	3 cm oder 10 cm
Darstellungsart	siehe Kap. 3.4.7

Revierfahrt

Bei der Revierfahrt wird der Schiffsort nicht mehr durch Standlinien oder Koppeln bestimmt, sondern es wird mit Hilfe von Radarobjekten *direkt* navigiert. Dabei wird der Schiffsort meist durch Querabstände beim Passieren von bestimmten Seezeichen (Ansteuerungstonnen, Fahrwassertonnen) oder Landmarken festgelegt.

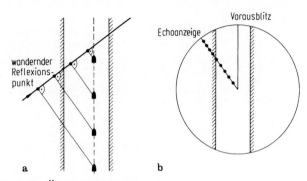

Bild 3.54. Echoanzeige einer kreuzenden Überwasserleitung.
a kreuzende Leitung mit wanderndem Reflexionsschwerpunkt; **b** punktförmige Radaranzeige in stehender Peilung

Höchste Anforderungen werden an die Ortungsgenauigkeit gestellt (siehe ·Vorschriften für Abstandsmessungen im kleinsten Meßbereich). Dabei ist zu berücksichtigen, daß Tonnen vertreiben können und daß bei großen Antennenhöhen die Abstände, in denen sehr nahe Tonnen angezeigt werden, zu groß sind. Ist die Antenne nicht in der Nähe des Sichtgerätes, sondern auf dem Vorschiff angebracht, werden Peil- und Abstandsfehler durch Parallaxe wirksam. Auch an das radiale, das azimutale und das Nahauflösungsvermögen werden hohe Anforderungen gestellt.

Tonnen liegen häufig einander gegenüber und können mitgezählt werden. Ihre Echostärke kann von der durch Strom verursachten Schräglage abhängen. Es ist empfehlenswert, die nächsten Tonnen, deren Abstände der Seekarte entnommen werden können, rechtzeitig im Radarbild aufzusuchen.

In der Revierfahrt können unvorhergesehene Einzelgefahren auftreten. So kann die Echoanzeige eines Überwasserkabels, das schräg über das Fahrwasser verläuft, wegen des wandernden Reflexionsschwerpunktes des Kabels auf dem Radarschirm als punktförmiges Echo in stehender Peilung erscheinen (Bild 3.54). Auf der Revierfahrt wird die Teilnahme an der Landradarberatung (siehe Kap. 3.9) empfohlen.

Geeignete Einstellungen

Meßbereich	3 sm, möglichst wenige Bereichswechsel
Impulsdauer	mittel
Wellenlänge	3 cm
Darstellungsart	siehe Kap. 3.4.7

Binnenschiffahrt

Radarnavigation auf Binnenwasserstraßen ist nur mit speziellen Flußradargeräten zugelassen. Flußradargeräte haben ein besonders gutes Richtungs- und Entfernungsauflösungsvermögen sowie eine besonders gute Nahzielerfassung (15 m). Außerdem müssen die Uferlinien ohne geometrische Verzerrung dargestellt werden. Dies ist wegen des geringen Abstandes von den Uferlinien und wegen des geringen Passierabstandes zu anderen Schiffen notwendig. Die Meßbereiche und Entfernungsringe sind in Meter bzw. Kilometer angegeben. Der Bildmittelpunkt ist nach achtern dezentrierbar.

Im Zusammenhang mit der Radarnavigation sind als weiteres Navigationsgerät ein Wendeanzeiger (vgl. Bd. 1 B, Kap. 2.3.1) und als Hilfsmittel für die Kollisionsverhütung ein Funksprechgerät und ein Dreitonsignal vorgeschrieben.

Auf Binnenwasserstraßen treten häufig Scheinziele auf dem Radarschirm auf, z. B. durch Mehrfachechos, indirekte Echoanzeigen und Nebenzipfelechos (siehe Kap. 3.3.3). Auch Echos von kreuzenden Überwasserleitungen (s. oben) täuschen gefährliche Echoanzeigen vor. Andererseits ist es möglich, daß Echos von Schiffen nicht angezeigt werden, weil sie mit Echoanzeigen von Brücken zusammenfallen oder die Schiffe durch Brücken oder Flußkrümmungen abgeschattet werden.

Geeignete Einstellungen

Meßbereich	z. B. 500 m oder 1000 m
Impulsdauer	sehr kurz, z. B. 0,05 µs
Wellenlänge	3 cm
Darstellungsart	siehe Kap. 3.4.7

3.5.4 Parallel-Indexing

Zweck und Prinzip

Mit der Methode des Parallel-Indexing (P.I., „Parallelregistrierung der Echospur" oder auch „Fahren nach Radar" genannt) ist eine kontinuierliche Überwachung der Echospur in navigatorisch schwierigen Gewässern möglich, ohne laufend Peilungen und Abstände bestimmen und auswerten zu müssen. Abweichungen von der vorgeplanten Bahn werden schnell erkannt, insbesondere bei kleinen Meßbereichen. Dadurch kann sich der Radarbeobachter auf eventuell notwendige Kurskorrekturmanöver konzentrieren.

Die Anwendung dieser Methode befreit nicht davon, den Schiffsort trotzdem in angemessenen Zeitabständen zu bestimmen und in die Seekarte einzutragen.

Notwendige Voraussetzungen sind

- ein geeignetes, ortsfestes und einwandfrei identifizierbares Objekt im Radarbereich und
- ein Radargerät mit in der Regel relativ-nordstabilisierter Anzeige und einem Reflexions-Zeichenaufsatz.

Eine Variante des Parallel-Indexing kann auch bei der True-Motion-Darstellung angewandt werden [3].

Das Parallel-Indexing-Verfahren nutzt die Tatsache, daß bei der Relativdarstellung die Echoanzeige eines ortsfesten Zieles sich entgegengesetzt zur eigenen Vorausrichtung über den Bildschirm bewegt.

---

3 Burger, W.: Siehe Kap. 3.1.3 (Literaturhinweise).

Das Prinzip besteht darin, daß

- in der Vorbereitungsphase die gewünschte Bahn (Spur) der Echoanzeige des Radarzieles für die kommende Passage im voraus auf dem Radarschirm geplottet wird — einschließlich Sicherheitsgrenzen, Kursänderungspunkten, Ruderlegelinien, Ankerplätzen usw. — und
- während der Ausführung der Passage die Schiffsbewegung anhand des Verlaufs der Echoanzeige entlang der geplanten und vorausgezeichneten Spur auf dem Radarschirm überwacht wird.

Vorbereitung

Zunächst ist bei der Vorbereitung (planning) ein geeignetes Radarziel auszuwählen. Es empfiehlt sich, dieses in der Seekarte zu kennzeichnen, darüber hinaus durch dieses Peilobjekt eine gestrichelte Linie parallel zur Kurslinie zu zeichnen und den Abstand zu notieren.

Um die beabsichtigte Echobahn in gewünschter Richtung und gewünschtem Passierabstand auf den Plotaufsatz zu übertragen, empfiehlt sich

- das Peillineal oder den elektronischen Peilstrahl (EBL) in Richtung des gewünschten Kurses zu stellen,
- den variablen Meßring (VRM) auf den gewünschten Abstand zu setzen und
- mit dem Fettstift parallel zum Peilstrahl eine Tangente an den so eingestellten variablen Meßring zu zeichnen (vgl. Bild 3.55).

Der Meßbereich darf (in diesem Zusammenhang) dann nicht mehr verändert werden.

Alternativen sind:

- In einfachen Fällen kann die beabsichtigte Echospur auch ohne Zeichnung, sondern nur mit Hilfe des Peillineals und des variablen Meßrings auf dem Schirm angedeutet werden.
- Bei häufigeren Fahrten im gleichen Gebiet empfiehlt es sich, die erwartete Echospur auf eine Folie zu zeichnen und diese dem Radarbild zu überlagern.
- Bei ARPA-Anlagen (vgl. Kap. 3.7) können die synthetischen *Navigationslinien* für die Parallel-Indexing-Technik herangezogen werden, wenn die Darstellung grundstabilisiert ist.

Ausführung und Überwachung

Nach der sicheren Identifizierung des zu verfolgenden Radarechos wird bei der Ausführung und Überwachung (monitoring) der P.I.-Methode so manövriert, daß die Echoanzeige sich auf der vorausgezeichneten Spur bewegt. Verläßt die aktuelle Echoanzeige die Spur bzw. die Sicherheitsgrenzen, so sind entsprechende Kurskorrekturmanöver durchzuführen. Dabei ist zu beachten, daß die vorgezeichnete Bahn ein „umgekehrtes" (relatives) Bild der wirklichen Bahn ist (Bild 3.56 a u. **b**).

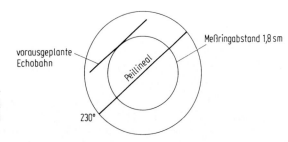

Bild 3.55. Konstruktion der geplanten Echobahn. Meßbereich 3 sm; KüG 230°; Passierabstand 1,8 sm

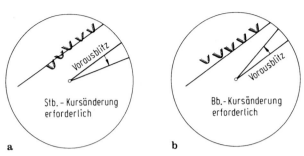

a   **b**

Bild 3.56. Verlauf der Echoanzeige des ortsfesten Referenzziels und jeweils notwendige Kurs-korrekturmanöver bei der Parallel-Indexing-Methode

Beispiel zu dem Parallel-Indexing-Verfahren

Bild 3.57 zeigt einen Seekartenausschnitt mit einer engen Fahrrinne zwischen Un-tiefen und Wracks um das Radarziel R. Der Strom ist unbekannt.

Kurse: Man will R so umfahren, daß zunächst auf dem KüG 160° ein Passierab-stand von 2 sm (Punkt Q_1) und anschließend auf dem KüG 230° ein Passierabstand von 3 sm (Punkt Q_2) eingehalten wird.

Sicherheitsgrenzen (margins of safety): Wegen der Untiefen und Wracks sollen seitliche Versetzung und „Over-Shooting" nicht größer als 1 sm nach Stb. und 0,5 sm nach Bb. sein. Die entsprechenden Sicherheitsgrenzen werden parallel zu den Kurslinien in die Seekarte eingetragen.

Ruderlegelinie (wheel over line): Die Kursänderung soll durch rechtzeitiges Ru-derlegen 0,3 sm vor Erreichen der neuen Bahn eingeleitet werden. Dazu wird die Ruderlegelinie parallel zur neuen Bahn in diesem Abstand eingetragen (Bild 3.57).

Vorbereitung des Radarbildes: Für das P.I. muß die beabsichtigte Bahn aus der Seekarte (Kartenkurs) in den Kreiselkompaßkurs (KrK) übertragen werden. Die

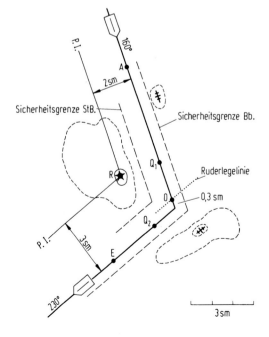

Bild 3.57. Seekartenausschnitt mit der beabsichtigten Bahn des Schiffes um das Radarobjekt R.
Anfangspunkt A; 1. Querposition Q_1; Ruderlegepunkt 0; 2. Querposition Q_2; Endpunkt E

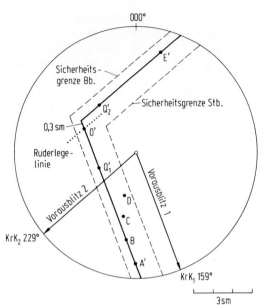

Bild 3.58. Radarbild mit der beabsichtigten Bahn (A', Q'$_1$, 0', Q'$_2$, E'; vgl. auch Bild 3.57) der Echoanzeigen des Radarzieles und den realen Echoanzeigen (B, C, D) während der Fahrt. Darstellungsart: relativ-nordstabilisiert; Bereich 6 sm

Kreiselfehlweisung sei auf beiden Kursen $+1°$. Damit sind auf dem Radarschirm zu zeichnen (Bild 3.58):

- die beabsichtigte Echospur während des ersten Kurses (KrK$_1$ 159°) im Abstand von 2 sm an Steuerbord (A', Q'$_1$, 0') und die Fortsetzung während des zweiten Kurses (KrK$_2$ 229°) im Abstand von 3 sm nach Steuerbord (0', Q'$_2$, E'),
- die Sicherheitsgrenzen zum ersten Kurs (1 sm und 2,5 sm Abstand vom Eigenschiff an Stb.) und zum zweiten Kurs (2 sm und 3,5 sm Stb.) sowie
- die Ruderlegelinie (KrK 229°) durch den Ruderlegepunkt 0' (0,3 sm vor der 2. Kurslinie).

Ausführung und Kontrolle: Für die Ausführung und Überwachung ergibt sich (siehe Bild 3.58):

- Bleibt die Echoanzeige auf der im voraus gezeichneten Linie (Punkt B), so ist die beabsichtigte Bahn eingehalten.
- Bleibt die Echoanzeige deutlich innerhalb der Sicherheitsgrenzen (Punkt C), so besteht keine Gefahr.
- Nähert sich die Echoanzeige einer Sicherheitsgrenze (Punkt D), so muß eine Kursänderung (hier nach Bb.) vorgenommen werden.
- Erreicht die Echoanzeige die Ruderlegelinie, so muß die Kursänderung (auf KrK 229°) vorgenommen werden.
- Die weitere Bahnüberwachung kann anhand des Verlaufes der Echoanzeige entlang der Linie Q'$_2$ – E' (229°) erfolgen.

Anwendungsmöglichkeiten

Spezielle Anwendungsmöglichkeiten des Parallel-Indexing sind:

- das Einhalten eines Passierabstandes auf einem vorgegebenen Kurs,
- die Überwachung von Bahnkurven bei sehr großen Schiffen in engen Revieren, hierbei insbesondere die Einhaltung eines konstanten Bahnradius bei Kursänderungen (radiuskonstantes Fahren),

- die Ansteuerung eines Ankerplatzes,
- die Einfahrt in eine Fahrrinne und
- das Fahren zwischen Untiefen.

Das Fahren nach der P.I.-Methode muß geübt werden, weil

- die Navigationslinien „spiegelverkehrt" gegenüber dem realen Bild in der Seekarte verlaufen und
- die Gefahr besteht, daß der Radarbeobachter nur die Echoanzeige des für die Navigation ausgewählten Radarzieles verfolgt und dabei die Echos von Fremdfahrzeugen übersieht oder die Orientierung verliert.

3.6 Auswertung des Radarbildes zur Kollisionsverhütung

3.6.1 Grundsätze

Auswertungsmethoden

Das Radar liefert über die Anzeige der Echos zu einem bestimmten Zeitpunkt eine Information darüber, ob sich im geschalteten Entfernungsbereich Ziele befinden. Es dient also insbesondere bei verminderter Sicht als Ausguckmittel (Regel 5 SeeStrO). Wenn das Radargerät ausreichend lange *Nachleuchtschleppen* produziert, kann daraus bei den Relativ-Darstellungsarten der relative Kurs und bei True Motion (TM) der absolute Kurs der Ziele unmittelbar beobachtet werden. Bei den Relativ-Darstellungsarten (RM) kann damit auch abgeschätzt werden, ob sich eine Nahbereichslage entwickelt. Auf die Definition der Begriffe Nahbereich oder Nahbereichslage wird aus Platzgründen nicht eingegangen. Der Einfachheit halber wird hier angenommen, der Nahbereich sei ein Kreis um das eigene Schiff mit dem Radius von 2 sm. Bei TM kann eine stehende Peilung dadurch leicht erkannt werden, daß man den elektronischen Peilstrahl (EBL) über das Echo legt und das Echo weiter beobachtet. Diese Methode versagt jedoch, wenn mehr als ein Echo sichtbar ist, da nur ein EBL zur Verfügung steht.

Alle darüber hinausgehenden Informationen über die relativen oder absoluten Bewegungen der Echos und insbesondere über die Auswirkungen von Manövern des eigenen Schiffes auf die relativen Bewegungen der Echos können nur über aufwendigere Methoden der Bildauswertung gewonnen werden. Die Bildauswertung kann grundsätzlich erfolgen durch

- Zeichnung auf blankem Papier, auf einer Radarspinne oder unmittelbar auf dem Radargerät mit Hilfe eines Reflexions-Zeichenaufsatzes (Plotscheibe),
- unmittelbar in das Radarbild einblendbare halbautomatische, elektronische Plothilfen,
- ARPA,
- Berechnung (z.B. mit Hilfe eines entsprechend programmierten Taschenrechners).

Im folgenden Abschnitt wird insbesondere auf die zeichnerische Bildauswertung eingegangen.

Zur Bildauswertung mit *halbautomatischen, elektronischen Plothilfen* wird auf die jeweilige Gerätebeschreibung verwiesen. Bei den Radargeräten, die über derartige Plothilfen verfügen, muß sich der Radarbeobachter stets fragen, ob sie außer der Ermittlung der relativen oder absoluten Bewegungen der Echos und des CPA auch in der Lage sind, Manöver zur Vermeidung einer Nahbereichslage zu ermitteln (Regel 19(d) SeeStrO) und die Auswirkungen von eigenen Manövern auf die relativen Bewegungen der anderen Echos darzustellen. Ist dies nicht der Fall, muß die elektronische Bildauswertung durch die zeichnerische ergänzt werden. Aber nicht alle diese Geräte verfügen zusätzlich über eine Plotscheibe.

ARPA ist in Kap. 3.7 beschrieben.

Zur Berechnungsmethode sind verschiedene Programme veröffentlich worden[4]. Während die übrigen Methoden der Bildauswertung über Vektoren oder Linien ein analoges Bild über die Bewegungen der Echos in der Vergangenheit und in der Zukunft liefern, ergeben die Rechnerprogramme nur digitale, also ziffernmäßige Informationen, die der Radarbeobachter dann in das analoge Radarbild „zurück-übersetzen" muß. Außerdem ist die Zahl der gleichzeitig auswertbaren Echos sehr beschränkt.

Allgemeine Leistungsgrenzen der Bildauswertung

Für sämtliche Methoden der Bildauswertung steht als einzige Informationsquelle die bisherige Echobewegung zur Verfügung. Schlußfolgerungen über die absolute Bewegung (bei RM) oder über die relative Bewegung (bei TM) in dieser Zeit sind nur zulässig, wenn die Echobewegung nach Kurs und Gechwindigkeit während der Auswertungszeit konstant war. Deswegen sind zur zuverlässigen Bildauswertung mindestens drei Ortungen des Echos in gleichem zeitlichem Abstand notwendig. Diese Bedingung ist erfüllt, wenn die Ortungen auf einer Geraden und in gleichbleibendem Abstand zueinander liegen. Schlußfolgerungen über die zukünftigen relativen Bewegungen sind nur zulässig, solange sowohl das eigene Schiff als auch die anderen Fahrzeuge Kurs und Fahrt beibehalten. Aussagen über die Auswirkungen eines Manövers des eigenen Schiffes auf die relativen Bewegungen der Echos stehen unter dem Vorbehalt, daß die anderen Fahrzeuge Kurs und Fahrt beibehalten. Da dies nicht unterstellt werden kann, müssen die Echobewegungen nach dem Manöver besonders sorgfältig beobachtet werden.

Bewegungen, Vektoren

Eine Bewegung wird beschrieben durch Kurs, zurückgelegte Distanz und zugehöriges Zeitintervall. Bewegen sich zwei Fahrzeuge, sind drei Bewegungen zu beobachten, und zwar die absolute Bewegung von A, die absolute Bewegung von B und die relative Bewegung von B, d. h. die absolute Bewegung von B, bezogen auf die absolute Bewegung von A. Ändern A und/oder B ihre absoluten Bewegungen, so ändert sich auch die relative Bewegung von B. Daher sind bisherige und neue absolute und relative Bewegungen zu unterscheiden.

Der Zusammenhang der absoluten und relativen Bewegungen kann durch Vektoren dargestellt werden. Ein Vektor besitzt einen Anfangs- und Endpunkt, eine Richtung und einen Betrag (siehe Bd. 1B, Kap. 1.5). Für die Bezeichung der Anfangs- bzw. Endpunkte werden hier die Buchstaben A, O und W sowie M verwendet (siehe Kap. 3.6.3, Wegedreieck und Kap. 3.6.5, Vorhersagedreieck). Die Punkte A, O und W sind der englischsprachigen Literatur zum Radarzeichnen entnommen und vom britischen Department of Trade vorgeschrieben. Die Vektorrichtung entspricht dem Kurs und der Vektorbetrag dem in dem betrachteten Zeitintervall (Plotintervall) zurückgelegten Weg. Die Durchschnittsgeschwindigkeit läßt sich nach $v = s/t$ ermitteln. Die für die Bildauswertung verwendeten Vektoren sind in nachstehender Tabelle zusammengestellt.

---

4 Bartsch, H.: Radarbildauswertung mit Taschenrechnern. Der Seewart (1979) H. 1.

Zeichen	Benennung
WO	Vektor der bisherigen absoluten Bewegung des eigenen Schiffes (way of own ship)
$\overrightarrow{WM}$	Vektor der neuen absoluten Bewegung des eigenen Schiffes (way of manœuvring own ship)
$\overrightarrow{WA}$	Vektor der absoluten Bewegung des anderen Schiffes (way of another ship)
$\overrightarrow{OA}$	Vektor der bisherigen relativen Bewegung
$\overrightarrow{MA}$	Vektor der neuen relativen Bewegung
$\overrightarrow{OM}$	Differenzvektor $(\overrightarrow{WM} - \overrightarrow{WO})$

Die Verwendung von Vektoren zur Bildauswertung und die Benutzung einheitlicher Punktbezeichnungen für alle Echos fördert das Verständnis des Bildauswerters für die Zusammenhänge der Bewegungen und hilft, Fehler beim Zeichnen und Interpretieren des Bildes zu vermeiden. Beim Parallelverschieben (Versegeln) von Vektoren wird Unsicherheiten über die Richtung des versegelten Vektors vorgebeugt; bei der Ermittlung von Manövern zur Vermeidung des Nahbereichs wird deutlich, daß der Vektor der bisherigen eigenen Bewegung in der Richtung (Kursänderung) oder dem Betrag (Fahrtänderung) verändert wird, daß aber der Anfangspunkt auch des Vektors der neuen eigenen Bewegung derselbe Punkt W bleibt; bei der Abschätzung der neuen relativen Geschwindigkeit wird verhindert, daß fälschlicherweise mit der bisherigen relativen Bewegung vorausgekoppelt wird.

Kommen in den Bilddarstellungen des Kapitels 3.6 mehrere Echos zur Auswertung, werden sie dort durch umkreiste Großbuchstaben unterschieden.

Kurse und Kursdifferenzen

Die Kurse KA, KB und KB$_r$ beziehen sich auf die Nordanzeige des eigenen Radargerätes. Diese Kurse sind die Winkel zwischen der KrN-Anzeige des Radargerätes und dem Vorausblitz (KA) bzw. den gezeichneten Kurslinien (Bild 3.59 a). Diese Kurse werden bei den Darstellungsarten RN (relativ-nordstabilisiert) und TM sichtbar.

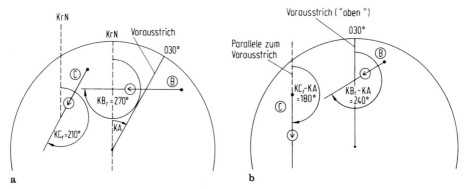

a   b

Bild 3.59. Relative Kurse von zwei Echos (B und C) als Kurs und als Kursdifferenz. **a** Darstellungsart RN; **b** Darstellungsart RV

Bei der Darstellungsart RV (relativ-vorausorientiert) sind die relativen und absoluten Kurse der anderen Fahrzeuge auf die Vorausrichtung des eigenen Schiffes, bei der Darstellungsart RS (relativ-sollkursstabilisiert) auf den Sollkurs bezogen. Diese Kurse bezeichnet man mit der Kursdifferenz KB – KA bzw. KB_r – KA. Dies ist der Winkel zwischen dem Vorausblitz (bei RV) bzw. dem Sollkurs und den gezeichneten Kurslinien (Bild 3.59 b). Die Kursdifferenz KB_r – KA wird auch für allgemeingültige Aussagen über Echobewegungen verwendet (vgl. die Kap. 3.6.5 und 3.6.9).

3.6.2 Anforderungen der SeeStrO an die Bildauswertung

Die Anforderungen der SeeStrO an die Bildauswertung ergeben sich aus den Regeln 7 (a), (b) und (c), 8 (b), (c) und (d) sowie 19 (d)[5].

Von jedem Echo muß ermittelt werden, ob sich eine Nahbereichslage (siehe Kap. 3.6.1, Auswertungsmethoden) entwickelt oder Kollisionsgefahr besteht (R. 7 (a) und 19 (d) SeeStrO). Dies ist der Fall, wenn der CPA innerhalb des Nahbereichs liegt bzw. der Kurs der relativen Bewegung den Nahbereich schneidet. Um dies frühzeitig festzustellen, muß jedes Echo geortet und geplottet oder durch ein gleichwertiges systematisches Verfahren — z.B. mittels elektronischer Plothilfen oder ARPA — überwacht werden.

Orten ist das Feststellen der Position (des „Ortes") eines Echos zu einem bestimmten Zeitpunkt. Die festgestellte Position und die dazugehörige Uhrzeit muß in geeigneter Weise festgehalten werden. Dies kann geschehen dadurch, daß

- man die Echos mit Fettstift auf der Plotscheibe markiert und mit der Uhrzeit (nur die Minuten reicht aus) versieht (siehe Kap. 3.6.12),
- man den variablen Entfernungsring (VRM) und den Peilstrahl über das Echo legt und die Uhrzeit notiert (dieses Verfahren erlaubt jedoch nur eine einmalige Ortung eines einzigen Echos),
- man Peilung und Abstand der Echos am Radar zahlenmäßig erfaßt und die Werte mit Uhrzeit auf ein Blatt Papier oder eine Plotspinne überträgt (vgl. Kap. 3.6.12).

Die Ortungen werden nicht nur benötigt, um festzustellen, ob sich eine Nahbereichslage entwickelt, sondern auch für die weitere Bildauswertung, insbesondere dann, wenn ein Manöver zur Vermeidung des Nahbereichs notwendig wird und abgeschätzt werden muß, ob sich dadurch neue Nahbereichslagen zu bisher ungefährlichen Fahrzeugen ergeben (siehe Kap. 3.6.7).

Plotten. Darunter versteht man das wiederholte zeichnerische Orten eines Echos in regelmäßigen Abständen mit dem Ziel festzustellen, ob sich eine Nahbereichslage entwickelt (R. 7 (b) SeeStrO). Welche Tätigkeiten das Plotten im einzelnen erfordert, hängt von der Darstellungsart des Radargerätes und von dem Verfahren der Radarbildauswertung ab (siehe Kap. 3.6.11).

- Bei den Relativdarstellungen bzw. beim Relativplot ergibt sich die Kurslinie der relativen Bewegung aus der Verbindung der Ortungen. Das Plotgebot ist hier also auch bei einer großen Echozahl leicht zu erfüllen.
- Bei der True-Motion-Darstellung bzw. dem True Plot muß zur Ermittlung der relativen Bewegung das Wegedreieck gezeichnet werden. Das ist zeitaufwendig. Durch das Vorauskoppeln der eigenen Bewegung und der absoluten Bewegungen der Echos läßt sich zwar erkennen, ob eine Kollisionsgefahr besteht (CA

---

5 Röper, H.-J.: Siehe Kap. 3.3.1 (Literaturhinweise) unter DGON.

Null bzw. nahezu Null). Bei größerem CA setzt diese Methode große Erfahrungen voraus (siehe unter Kap. 3.6.11).

Für den zeitlichen Abstand zwischen den einzelnen Ortungen (Ortungsintervall) empfiehlt sich wegen der vereinfachten Umrechnung ein Ortungsintervall von 3, 6 oder 12 min (siehe Kap. 3.6.3). Das Ortungsintervall hängt im übrigen von der relativen Geschwindigkeit und vom geschalteten Entfernungsbereich ab. Beim 12-sm-Bereich sollte die Distanz zwischen zwei Ortungen nicht unter 1 sm betragen.

Ergibt das Plotten, daß sich eine Nahbereichslage entwickelt, ist es zur Abschätzung der Gefahr darüber hinaus notwendig, den ungefähren Zeitpunkt der dichtesten Annäherung (TCA) mindestens abzuschätzen (vgl. Kap. 3.6.4). Ist festgestellt worden, daß sich eine Nahbereichslage entwickelt, muß frühzeitig ein *Manöver zur Vermeidung des Nahbereichs* ermittelt werden. Dies geschieht zeichnerisch mit Hilfe des Vorhersagedreicks (siehe Kap. 3.6.5) oder des Trial-Manövers (Kap. 3.6.8). Bei der Manöverplanung ist folgendes zu beachten:

- Bestimmte Kursänderungen sind zu vermeiden (R. 19 (d) SeeStrO); siehe die Bemerkungen in der Tabelle für die „Auswahl der ‚richtigen Tangente' und des dazu gehörenden Manövers" (Kap. 3.6.5).
- Die Kurs- oder Fahrtänderung muß so groß sein, daß das Fahrzeug, gegenüber dem der Nahbereich gemieden werden muß, sie durch sein Radar schnell erkennen kann (R. 8 (b) SeeStrO und Kap. 3.6.6).
- Das Manöver darf nicht zu neuen Nahbereichslagen mit anderen Fahrzeugen führen (R. 8 (c) SeeStrO und Kap. 3.6.7).

Schließlich muß die Wirksamkeit des Manövers solange sorgfältig überprüft werden, bis das andere Fahrzeug endgültig vorbei und klar ist (R. 8 (d) SeeStrO). Die SeeStrO fordert nicht ausdrücklich, daß die absolute Bewegung der Fahrzeuge ermittelt wird. Es ist daher weder notwendig noch ausreichend, von jedem Echo den absoluten Kurs und die absolute Geschwindigkeit des Fahrzeugs festzustellen. Die Methoden zur Ermittlung dieser Größen müssen dem Bildauswerter jedoch bekannt sein, da diese Informationen in bestimmten Situationen für die Einschätzung der Verkehrssituation notwendig oder hilfreich sind (vgl. Kap. 3.6.3).

Ganz allgemein verbietet die SeeStrO, Schlußfolgerungen aus unzulänglichen Radarinformationen zu ziehen (R. 7 (c) SeeStrO); insbesondere ist bei der Bildauswertung vor irgendwelchen Aussagen über das bisherige oder zukünftige Verhalten der Echos ohne eine längere Dauerbeobachtung und ohne sorgfältige Auswertung des Radarbildes sowie vor Aussagen über den Weg des Echos über den Bildschirm ohne eine genügende Anzahl von Ortungen zu warnen.

3.6.3 Ermittlung der absoluten Bewegung

Kurs und Geschwindigkeit der Ziele ergeben sich bei True Motion oder dem True Plot unmittelbar aus der Verbindung der Ortungen. Bei den relativen Darstellungsarten und Plotmethoden müssen diese Größen dagegen aus der relativen Bewegung abgeleitet werden.

Wegedreieck

Das Wegedreieck wird benötigt, um Kurs und Geschwindigkeit eines Zieles genau zu bestimmen. In Anlehnung an die englischsprachige Literatur werden seine Eckpunkte mit O, A und W bezeichnet; die Bezeichnung gilt für alle Wegedreiecke unabhängig davon, ob es sich um das Dreieck zu Echo B oder C usw. handelt (vgl. Bild 3.60). Beim Zeichnen wird die Benennung der Eckpunkte üblicherweise nicht

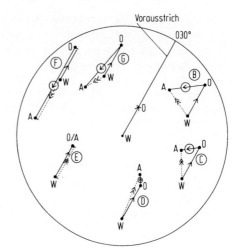

Bild 3.60. Wegedreiecke verschiedener Echos in unterschiedlichen Formen. (WO ist zusätzlich auf dem Vorausstrich abgetragen.)

mitgeschrieben, sondern der Bildauswerter merkt sich, welcher Punkt in der Radarzeichnung welche Bezeichnung hat. Für die Punktbezeichnungen gilt:

- Der **O-Punkt** (original position) ist die erste Ortung, die für die Bildauswertung verwendet wird (beim Relativplot). Er ist also einer der in der Vergangenheit liegenden Ortungspunkte des Echos. Welcher der zurückliegenden Ortungspunkte zum O-Punkt wird, richtet sich nach dem Plotintervall. Nimmt man die drei letzten Ortungen für die Bildauswertung, ist der O-Punkt die drittletzte Ortung.
- Der **A-Punkt** (arrived position) ist die letzte Ortung, die für die Bildauswertung verwendet wird. Das Echo selbst verläßt diese Position entsprechend seiner Geschwindigkeit.
- Der **W-Punkt** (way of own ship bzw. way of another ship) ist der Anfangspunkt sowohl des Vektors der Bewegung des eigenen Schiffes als auch der absoluten Bewegung des anderen Fahrzeugs bzw. des Zieles. Beim True Plot ist W die erste Ortung, die für die Bildauswertung verwendet wird. Die Ausführungen zum O-Punkt gelten dann entsprechend.

Die Seiten des Wegedreiecks sind die Vektoren

- $\overrightarrow{OA}$ (KB$_r$, vB$_r$) der relativen Bewegung,
- $\overrightarrow{WO}$ (KA, vA) der Bewegung des eigenen Schiffes und
- $\overrightarrow{WA}$ (KB, vB) der absoluten Bewegung des anderen Schiffes.

Das Wegedreieck (Bild 3.60) kann zu einem Strich verengt sein (s. Echo E und F). Aus dem Wegedreieck ergibt sich durch Vektoraddition $\overrightarrow{WA} = \overrightarrow{WO} + \overrightarrow{OA}$.

Die Konstruktion des Wegedreiecks geschieht beim **Relativplot** folgendermaßen:

- Orten des Echos in regelmäßigen Zeitabständen (Ortungsintervall).
- Festlegen des Plotintervalls. Es muß mindestens zwei Ortungsintervalle umfassen.
- Den O-Punkt entsprechend dem Plotintervall festlegen. Der O-Punkt ist somit die drittletzte oder eine frühere Ortung. Man erhält den Vektor $\overrightarrow{OA}$.
- Den W-Punkt konstruieren:
  - •• vom O-Punkt aus eine Parallele zum Vorausstrich aber in *entgegengesetzter* Richtung zeichnen und

•• die Distanz, die das eigene Schiff im Plotintervall zurücklegt, ausrechnen und vom O-Punkt aus auf der Parallele abtragen. Man erhält den Vektor $\overrightarrow{WO}$.

Eine wesentliche Erleichterung ergibt sich, wenn man den Vektor $\overrightarrow{WO}$ für die eigene Bewegung auf dem Vorausstrich für das Plotintervall, mit dem man voraussichtlich arbeiten wird (im 12-sm-Bereich in der Regel 12 min), markiert und diesen Vektor an den O-Punkt des Echos versegelt, also parallel verschiebt. Der Vektor wird an den O-Punkt „angehängt". Die Verbindung vom W- zum A-Punkt ist der gesuchte Vektor $\overrightarrow{WA}$.

Beim **True Plot** ist die absolute Bewegung des anderen Fahrzeugs gegeben. Hier ist die entsprechend dem Plotintervall zurückliegende Ortung der W-Punkt (siehe Bild 3.82). Konstruiert werden muß der O-Punkt. Dazu wird

• vom W-Punkt aus eine Parallele zum Vorausstrich *in Richtung des Vorausstrichs* gezeichnet und

• die Distanz, die das eigene Schiff im Plotintervall zurücklegt, bestimmt und vom W-Punkt aus auf der Parallele abgetragen. Man erhält den Vektor $\overrightarrow{WO}$.

Die Verbindung vom O- zum A-Punkt ist der Vektor $\overrightarrow{OA}$ der relativen Bewegung.

Die Tatsache, daß beim Relativplot der Vektor $\overrightarrow{WO}$ der eigenen Bewegung entgegengesetzt der Vorausrichtung an den O-Punkt des Echos angebracht werden muß, ergibt sich aus folgender Überlegung:

• Angenommen A steuert 030° mit 10 kn und B liegt still, dann muß sich das Echo von B in 12 min genau entgegengesetzt der Vorausrichtung des A 2 sm weit bewegt haben (Bild 3.61 a). Wird in $\overrightarrow{WA} = \overrightarrow{WO} + \overrightarrow{OA}$ der Vektor $\overrightarrow{WA} = 0$, folgt daraus: $\overrightarrow{OA} = -\overrightarrow{WO}$.

• Macht dagegen A keine Fahrt durchs Wasser, aber B steuert 300° mit 12 kn, so bewegt sich das Echo in 12 min um 2,4 sm in Richtung 300° (Bild 3.61 b). Wird in der obigen Formel $\overrightarrow{WO} = 0$, folgt daraus $\overrightarrow{OA} = \overrightarrow{WA}$.

• Fahren beide Fahrzeuge mit den angegebenen Kursen und Geschwindigkeiten, muß sich eine relative Bewegung ergeben, die sich aus den beiden Einzelbewegungen zusammensetzt: $\overrightarrow{OA} = \overrightarrow{WA} - \overrightarrow{WO}$. Es ergibt sich das Wegedreieck (Bild 3.61 c).

Berechnung der Geschwindigkeiten und zurückgelegten Wege

Setzt man in $v = s/t$ für den zurückgelegten Weg s jeweils die aus dem Wegedreieck gewonnenen Beträge $|\overrightarrow{WO}|$, $|\overrightarrow{WA}|$ oder $|\overrightarrow{OA}|$ in Seemeilen und für t das jeweilige Plotintervall in Stunden ein, so erhält man vA, vB oder vB$_r$ in Knoten.

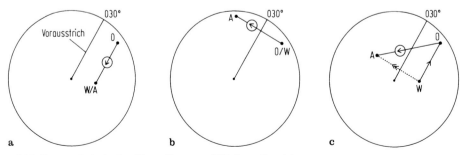

Bild 3.61 a–c. Relativplot. Darstellungsart RN; 3-sm-Bereich

Nach $s = v \cdot t$ können durch Einsetzen der jeweiligen Geschwindigkeiten vA, vB oder vB_r und des Plotintervalls die Beträge $|\overrightarrow{WO}|$, $|\overrightarrow{WA}|$ oder $|\overrightarrow{OA}|$ der zurückgelegten Wege bestimmt werden.

Für die Plotintervalle 6 min = 0,1 h und 12 min = 0,2 h lassen sich die Geschwindigkeiten bzw. zurückgelegten Wege leicht im Kopf berechnen.

Abschätzen der absoluten Bewegung

Beim Zeichnen des Wegedreiecks verstreicht kostbare Zeit, die dringend für die weitere Bildauswertung benötigt wird. In aller Regel reicht es aus, den absoluten Kurs auf etwa 20° bis 30° genau zu kennen und abzuschätzen, ob die absolute Geschwindigkeit größer, kleiner oder nahezu gleich der eigenen ist. Der Kurs kann mit Hilfe der *Methode der Grenzkurse* hinreichend genau abgeschätzt werden. Kurs und Geschwindigkeit lassen sich durch Abschätzen der Lage des W-Punktes angenähert feststellen.

Methode der Grenzkurse. Grenzkurse sind die zwei Kurse, die das andere Fahrzeug gerade nicht mehr anliegen kann. Die möglichen Kurse liegen in dem Winkelbereich zwischen den Grenzkursen, der 180° oder kleiner ist.

Der 1. Grenzkurs ist der Kurs der relativen Bewegung. Er wäre der absolute Kurs des Zieles, wenn das eigene Schiff keine Fahrt machen würde: W- und O-Punkt lägen übereinander; $\overrightarrow{WA} = \overrightarrow{OA}$ (W_1 in Bild 3.62).

Der 2. Grenzkurs ist der Kurs des eigenen Schiffes, dargestellt durch das Parallellineal (cursor). Er würde zutreffen, wenn die Geschwindigkeit des eigenen Schiffes unendlich groß wäre, dann hätten $\overrightarrow{WA}$ und $\overrightarrow{WO}$ die gleiche Richtung (W_∞ in Bild 3.62).

Der erste Grenzkurs ist durch die Verbindungslinie der Ortungen oder die Nachleuchtschleppe sichtbar; der zweite Grenzkurs kann über das ganze Radarbild durch Parallelstellen des Parallellineals zum Vorausstrich sichtbar gemacht werden. Ein Zeichnen ist dann nicht erforderlich (Bild 3.63). Der Bereich der möglichen absoluten Kurse hängt von der Kursdifferenz $KB_r - KA$ ab. Er liegt

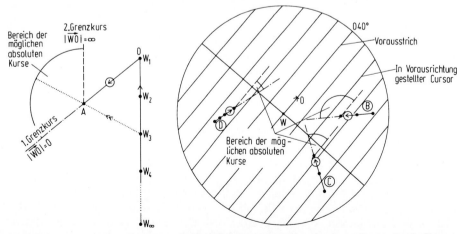

Bild 3.62. Die Grenzkurse für die absoluten Kurse der Fahrzeuge

Bild 3.63. Abschätzen der absoluten Kurse durch Grenzkurse mit Hilfe des Parallellineals.
(Neuere Ausführung des Parallellineals siehe Bild 3.18.)

zwischen $0°$ für $KB_r = KA$ und $180°$ für $KB_r = KA - 180°$. Ein zu großer Bereich der möglichen Kurse kann durch Vergleich des Vektors $\overrightarrow{OA}$ der relativen Geschwindigkeit mit dem Vektor $\overrightarrow{WO}$ der eigenen Geschwindigkeit weiter eingegrenzt werden nach:

Vergleich von vB_r und vA	absoluter Kurs von B
$vB_r = vA$	Die Winkelhalbierende zwischen dem 1. und 2. Grenzkurs (W_3 in Bild 3.62)
$vB_r > vA$	näher am 1. Grenzkurs (W_2 in Bild 3.62)
$vB_r < vA$	näher am 2. Grenzkurs (W_4 in Bild 3.62)

Abschätzen der Lage des W-Punktes. Wenn der Vektor $\overrightarrow{WO}$ der eigenen Bewegung für das Plotintervall, mit dem üblicherweise gearbeitet werden soll, auf dem Vorausstrich aufgetragen und das Parallellineal parallel zum Vorausstrich gestellt wird, kann der Radarbeobachter die Position der W-Punkte bei den einzelnen Echos ohne exakte Parallelverschiebung des Vektors $\overrightarrow{WO}$ abschätzen und sich eine Vorstellung vom Kurs der Gegner machen. Ebenso kann er die absolute Geschwindigkeit der Gegner ins Verhältnis zur eigenen setzen.

Erkennen von festliegenden Objekten, Mitläufern und Gegenkommern

In vielen Seegebieten fahren die Schiffe auf parallelen oder entgegengesetzten Kursen. Um diese Kurse auf einem relativ geschalteten Gerät sicher erkennen und sich bewegende Fahrzeuge von ortsfesten Zielen sicher unterscheiden zu können, empfiehlt es sich, den Vektor $\overrightarrow{OA}$ der relativen Geschwindigkeiten mit dem auf dem Vorausstrich abgetragenen Vektor $\overrightarrow{WO}$ der eigenen Geschwindigkeit zu vergleichen. Bild 3.64 zeigt verschiedene Standardsituationen im stromlosen Wasser bei $KA = 20°$, $vA = 12\,kn$ und dem Plotintervall von 12 min. Der Vergleich von $\overrightarrow{OA}$ und $\overrightarrow{WO}$ läßt folgende Aussagen zu:

relativer Kurs	Vergleich von $\overrightarrow{OA}$ und $\overrightarrow{WO}$	Beschreibung des Zieles
Echo liegt fest	$\overrightarrow{OA} = 0$	Mitläufer; $vA = vB$ (Echo B in Bild 3.64)
gegenan	$\overrightarrow{OA} < \overrightarrow{WO}$	Mitläufer; $vA > vB$ (Echo C in Bild 3.64)
gegenan	$\overrightarrow{OA} = \overrightarrow{WO}$	festliegendes Ziel (Echo D in Bild 3.64)
gegenan	$\overrightarrow{OA} > \overrightarrow{WO}$	Gegenkommer (Echo E in Bild 3.64)
mitlaufend	gleichgültig	Mitläufer; $vA < vB$ (Echos F und G in Bild 3.64)

3.6.4 Ermittlung von CPA und TCA

Der Punkt des kleinsten Abstandes (CPA) wird durch den kleinsten Abstand (CA) und die zugehörige Peilung definiert. Man findet den CPA, indem man das Lot vom Bildmittelpunkt, d.h. von der Position des eigenen Schiffes, auf die Linie des Kurses der relativen Bewegung fällt. Dies ist beim Relativplot ohne weiteres möglich. Beim True Plot muß dagegen zunächst mit Hilfe des Wegedreiecks die relative Bewegung gezeichnet werden (siehe Kap. 3.6.2, Plotten).

Der Zeitpunkt der kleinsten Annäherung (TCA) wird erhalten, indem man die Distanz vom A-Punkt zum CPA durch vB_r dividiert. Für die Kollisionsverhütung

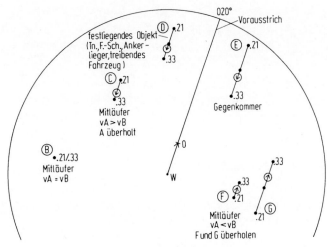

Bild 3.64. Darstellung verschiedener Standardsituationen. Darstellungsart RN

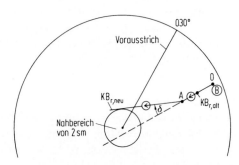

Bild 3.65. Der neue Kurs der relativen Bewegung und Echoknick δ

reicht es jedoch aus, den CPA auf etwa 5 min genau zu schätzen. Das geschieht am besten dadurch, daß man $\overrightarrow{OA}$ abgreift und so oft vorauskoppelt, bis der CPA ungefähr erreicht ist.

3.6.5 Ermittlung eines Manövers zur Vermeidung des Nahbereichs

Eine Nahbereichslage mit einem anderen Schiff entwickelt sich, wenn der Kurs der relativen Bewegung in den Nahbereich läuft. Sie wird vermieden, wenn der Kurs der relativen Bewegung am Nahbereich vorbeiläuft. Ein Manöver zur Meidung des Nahbereichs muß daher mindestens bewirken, daß der Kurs der neuen relativen Bewegung ($KB_{r,neu}$) als Tangente am Nahbereich vorbeiläuft.

Der Winkel zwischen dem bisherigen Kurs der relativen Bewegung ($KB_{r,alt}$) und der neuen relativen Bewegung ($KB_{r,neu}$) wird mit $\delta = KB_{r,neu} - KB_{r,alt}$ bezeichnet. Man nennt ihn auch *Echoknick* (vgl. Bild 3.65 und Kap. 3.6.9).

Zur genauen Ermittlung eines solchen Manövers wird das Vorhersagedreieck gezeichnet. Das Manöver kann jedoch auch durch ein Trial-Manöver gefunden werden (siehe Kap. 3.6.8).

Vorhersagedreieck

Das Vorhersagedreieck hat die Eckpunkte M, A und W (Bild 3.66). Der M-Punkt (**M**anöver des eigenen Schiffes) ist der Endpunkt des Vektors $\overrightarrow{WM}$ der neuen

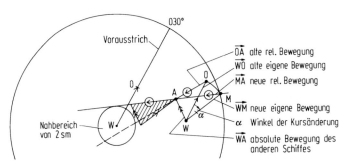

Bild 3.66. Vorhersagedreieck

(beabsichtigten) eigenen Bewegung. Gleichzeitig ist er der Anfangspunkt des Vektors $\overrightarrow{MA}$ der neuen relativen Bewegung.

Die Seiten des Vorhersagedreiecks sind die Vektoren

$\overrightarrow{MA}$ ($KB_{r,neu}$, $vB_{r,neu}$)   der neuen relativen Bewegung,
$\overrightarrow{WM}$ (KA_{neu}, vA_{neu})   der neuen eigenen Bewegung und
$\overrightarrow{WA}$ (KB, vB)   der absoluten Bewegung des anderen Schiffes.

Das Vorhersagedreieck hat diesen Namen erhalten, weil man damit den Vektor $\overrightarrow{MA}$ der neuen relativen Bewegung vorausbestimmen kann. $\overrightarrow{MA}$ bildet sich, wenn das eigene Schiff das beabsichtigte Manöver ausgeführt hat. Das Vorhersagedreieck ist mit dem neuen Wegedreieck (in Bild 3.66 schraffiert gezeichnet) kongruent.

Das Vorhersagedreieck entsteht aus dem Wegedreieck durch Änderung des Vektors $\overrightarrow{WO}$ der bisherigen eigenen Bewegung, und zwar bedeutet:

- Verkürzung des Vektors $\overrightarrow{WO}$ eine Fahrtreduzierung (Bild 3.67 **a**),
- Verlängerung des Vektors $\overrightarrow{WO}$ eine Fahrterhöhung (Bild 3.67 **b**),
- Drehung des Vektors $\overrightarrow{WO}$ um Punkt W nach rechts eine Kursänderung nach Stb. (Bild 3.67 **c**) und
- Drehung des Vektors $\overrightarrow{WO}$ um Punkt W nach links eine Kursänderung nach Bb. (Bild 3.67 **d**).

Die Bilder 3.67 **a** bis 3.67 **d** zeigen auch:

- Der Vektor $\overrightarrow{WA}$ der absoluten Bewegung des anderen Fahrzeugs ist sowohl im Wege- als auch im Vorhersagedreieck vorhanden. Die Schlußfolgerungen aus dem Vorhersagedreieck sind daher nur dann richtig, wenn das andere Fahrzeug auch in der Zukunft nicht seinerseits manövriert.
- Der W-Punkt aus dem Wegedreieck ist auch der W-Punkt des Vorhersagedreiecks; denn er ist sowohl der Anfangspunkt des Vektors $\overrightarrow{WO}$ der bisherigen eigenen Bewegung als auch des Vektors $\overrightarrow{WM}$ der neuen eigenen Bewegung.

Konstruktion des Vorhersagedreiecks. Beim Zeichnen wird der Kurs der neuen relativen Bewegung (und damit auch der Winkel δ) durch die Tangente vom A-Punkt an den Nahbereich vorgegeben. Gesucht wird die Lage des M-Punktes auf dieser Tangente. Daraus ergibt sich für die Durchführung der Zeichnung beim Relativplot folgendes:

- Nahbereich um den Bildpunkt des eigenen Schiffes zeichnen.
- Orten, Plotintervall und O-Punkt festlegen sowie W-Punkt konstruieren wie beim Wegedreieck (siehe Kap. 3.6.3); um Zeit zu sparen, kann man den W-Punkt bereits konstruieren, während das Echo noch auf den A-Punkt zuläuft.

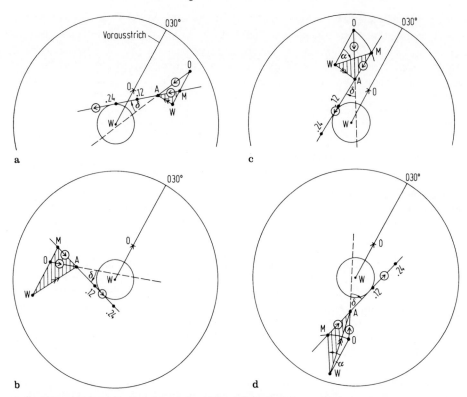

Bild 3.67. Fahrt- und Kursänderung im Vorhersagedreieck.
a Fahrtreduzierung, $|\overrightarrow{WM}| < |\overrightarrow{WO}|$; **b** Fahrterhöhung, $|\overrightarrow{WM}| > |\overrightarrow{WO}|$; **c** Kursänderung nach Stb. um α, $\overrightarrow{WM}$ rechts von $\overrightarrow{WO}$; **d** Kursänderung nach Bb. um α, $\overrightarrow{WM}$ links von $\overrightarrow{WO}$

- Warten, bis das Echo den A-Punkt erreicht hat, und den A-Punkt orten; geübte Radarzeichner können die voraussichtliche Lage des A-Punktes vorauskoppeln. Dann muß aber kontrolliert werden, ob das Echo den angenommenen A-Punkt nach Ablauf des Plotintervalls tatsächlich erreicht. Ist das nicht der Fall, hat das andere Schiff inzwischen manövriert.
- Tangente vom A-Punkt an den Nahbereich zeichnen und über den A-Punkt hinaus verlängern.

Ist eine **Fahtänderung** beabsichtigt, so ist der gesuchte M-Punkt der Schnittpunkt der Tangente mit dem Vektor $\overrightarrow{WO}$ oder mit dessen Verlängerung über den O-Punkt hinaus (Bild 3.67 **a** und **b**). Der Betrag des Vektors $\overrightarrow{WM}$ muß ermittelt werden und ergibt den neuen Geschwindigkeitsbetrag. Die möglichen Fahtänderungen sind in nachfolgender Tabelle zusammengestellt.

Lage von M	Manöver
zwischen W und O	Fahrtreduzierung; $|\overrightarrow{WM}| < |\overrightarrow{WO}|$
auf W	Schiff stoppen $\overrightarrow{WM} = 0$
„hinter" W	Fahrt über den Achtersteven, d. h., das Manöver ist nicht möglich
„oberhalb" O	Fahrterhöhung $|\overrightarrow{WM}| > |\overrightarrow{WO}|$

Ist eine **Kursänderung** beabsichtigt, so ist der gesuchte M-Punkt der Schnittpunkt der Tangente mit dem Kreisbogen, der mit $|\overrightarrow{WO}|$ um den W-Punkt geschlagen wird (Bild 3.67 c und **d**). Die festgestellte Richtung von $\overrightarrow{WM}$ ergibt bei nordstabilisierten Plots den neuen Kurs und bei vorausorientierten Plots den Betrag der Kursänderung. Die möglichen Kursänderungen sind nachfolgend zusammengestellt.

Lage von M	Manöver
auf dem Kreisbogen rechts vom O-Punkt	Kursänderung nach Stb.
auf dem Kreisbogen links vom O-Punkt	Kursänderung nach Bb.
Kreisbogen schneidet die Tangente oder ihre Verlängerung nicht	Der Nahbereich kann durch eine — zulässige — Kursänderung nicht vermieden werden.

Es kann vorkommen, daß der Kreisbogen mit $|\overrightarrow{WO}|$ um den W-Punkt die Tangente nicht schneidet. Dann kann der Nahbereich durch eine nach Regel 19 (d) SeeStrO zulässige Kursänderung nicht gemieden werden (siehe Bild 3.70 f)!

Mit $|\overrightarrow{MA}|$ kann die neue relative Geschwindigkeit (siehe Kap. 3.6.3) und der neue TCA ermittelt werden.

Beim True Plot wird bei beiden Manövern entsprechend verfahren. $\overrightarrow{WO}$ wird in Vorausrichtung an den W-Punkt (vor- oder drittletzte Ortung des Echos) angetragen (siehe Kap. 3.6.3 und 3.6.11, True Plot).

Das Vorhersagedreieck kann auch benutzt werden, um die Auswirkungen eines bestimmten Manövers des eigenen Schiffes auf die relativen Bewegungen der Echos zu ermitteln. Dann ist der neue, beabsichtigte Kurs bzw. die neue, beabsichtigte Fahrt gegeben, und gesucht ist die daraus resultierende neue relative Bewegung. Diese Aufgabe läßt sich jedoch besser mit Hilfe des Differenzvektors $\overrightarrow{OM}$ lösen.

Vektorielle Berechnung der neuen relativen Bewegung; Differenzvektor

Nach Bild 3.68 erhält man

(1) $\overrightarrow{WO} + \overrightarrow{OA} = \overrightarrow{WA}$ (Wegedreieck O, A, W)   und

(2) $\overrightarrow{WM} + \overrightarrow{MA} = \overrightarrow{WA}$ (Vorhersagedreieck M, A, W).

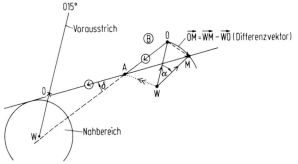

Bild 3.68. Wegedreieck O, A, W; Vorhersagedreieck M, A, W und Manöverdreieck W, O, M

Die Gleichsetzung von (1) und (2) ergibt

(3) $\overrightarrow{WM} + \overrightarrow{MA} = \overrightarrow{WO} + \overrightarrow{OA}$ und

(4) $\overrightarrow{MA} = \overrightarrow{OA} + \overrightarrow{WO} - \overrightarrow{WM}$.

$\overrightarrow{WO}$ und $\overrightarrow{WM}$ bilden das Manöverdreieck W, O, M. Die dritte Seite wird erhalten durch

(5) $\overrightarrow{OM} = \overrightarrow{WM} - \overrightarrow{WO}$ (Differenzvektor).

(5) in (4) liefert

(6) $\overrightarrow{MA} = \overrightarrow{OA} - \overrightarrow{OM}$.

Bei der Konstruktion des Vorhersagedreiecks wird vektoriell nach Formel (4) verfahren. Dies bedeutet, daß der W-Punkt gezeichnet werden muß. Formel (6) zeigt, daß der Vektor $\overrightarrow{MA}$ der neuen relativen Bewegung aus dem durch die Ortungen (beim Relativplot) gegebenen Vektor $\overrightarrow{OA}$ unmittelbar durch Antragen des Differenzvektors $\overrightarrow{OM}$ an den O-Punkt des Echos ohne Konstruktion des W-Punktes gefunden werden kann. Betrag und Richtung des Differenzvektors hängen nur von $\overrightarrow{WO}$ und $\overrightarrow{WM}$ ab. Der Differenzvektor $\overrightarrow{OM}$ kann daher an den O-Punkt eines beliebigen Echos, das im gleichen Plotintervall geortet wurde, angetragen werden. $\overrightarrow{OM}$ eignet sich daher zur Ermittlung der Auswirkungen eines Manövers auf die relativen Bewegungen weiterer Echos (siehe Kap. 3.6.7) und für das Trial-Manöver (siehe Kap. 3.6.8).

Der Differenzvektor $\overrightarrow{OM}$. Der Differenzvektor $\overrightarrow{OM}$ ist die Versetzung, die das eigene Schiff im Plotintervall aufgrund seines Manövers erfährt. Um dies zu verdeutlichen, ist in Bild 3.69 **a** und **b** die Bahn eines Motorschiffes „A" (MS „A") für 24 min als True Plot gezeichnet worden. Das Schiff steuert zunächst 360° mit 12 kn. Um .12 min ändert es seinen Kurs um α nach Stb. und erreicht um .24 min den angegebenen Ort (Bild 3.69 **a**). Reduziert es um .12 seine Geschwindigkeit auf 8 kn, dann erreicht es um .24 den in Bild 3.69 **b** angegebenen Ort (Manöververzögerungen bleiben unberücksichtigt). Hätte das Schiff nicht den Kurs oder die Fahrt geändert, befände es sich um .24 am Ende der gestrichelten Linie (.24); gegenüber dieser Position ist es in den 12 min nach dem Manöver zur jetzigen Position versetzt worden. Fügt man der Figur die Punkte W, O und M zu, so erkennt man den Vektor $\overrightarrow{WO}$ der bisherigen eigenen Bewegung und den Vektor $\overrightarrow{WM}$ der neuen eigenen Bewegung. Aus der Differenz $\overrightarrow{WM} - \overrightarrow{WO}$ ergibt sich $\overrightarrow{OM}$, der Differenzvektor.

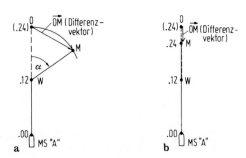

Bild 3.69. Erläuterung des Differenzvektors (ob Versetzung des eigenen Schiffes) bei **a** Kursänderung und **b** Fahrtänderung. Konstruktion des Differenzvektors

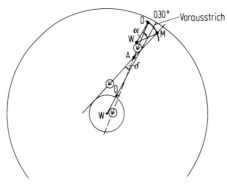

a   Echo von nahezu recht voraus;
170°<(KB$_r$–KA)<190°; Plotintervall 12 min

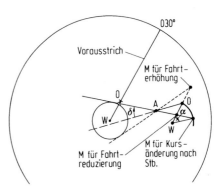

b   Echo im 1.Quadranten;
180°<(KB$_r$–KA)<270°; Plotintervall 12 min

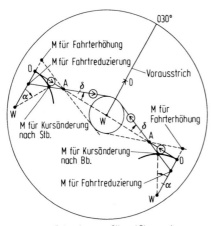

c   Echo etwa von Stb.und Bb.querab;
255°<(KB$_r$–KA)<285°; Plotintervall 24 min

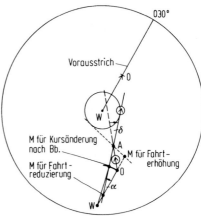

d   Echo im 2.Quadranten;
270°<(KB$_r$–KA)<360°; Plotintervall 24 min

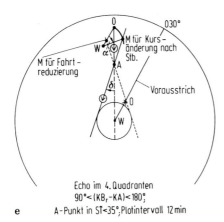

e   Echo im 4.Quadranten
90°<(KB$_r$–KA)<180°;
A-Punkt in ST<35°;Plotintervall 12min

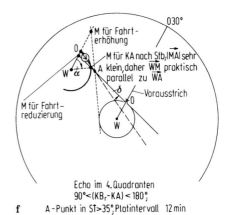

f   Echo im 4.Quadranten
90°<(KB$_r$–KA)<180°;
A-Punkt in ST>35°;Plotintervall 12min

Bild 3.70. Lage der „richtigen Tangente" in Abhängigkeit von der Seitenpeilung des Echos.
Vorausstrich 030°; vA = 12 kn

Mit dem Vorhersagedreieck kann auch die Auswirkung eines Manövers des anderen Fahrzeugs auf dessen relative Bewegung ermittelt werden. Diese Aufgabe fällt jedoch praktisch nicht an, denn ändert das andere Fahrzeug seinen Kurs oder seine Fahrt, so wird dies bei Relativdarstellung durch eine Änderung seiner relativen Bewegung auf dem Radargerät des eigenen Schiffs sichtbar. Will man die neue Fahrt oder den neuen Kurs des Gegners wissen, kann man das Wegedreieck zeichnen.

Wahl der „richtigen Tangente"

Von dem A-Punkt lassen sich immer zwei Tangenten an den Nahbereich zeichnen, aber nur eine davon kann für das beabsichtigte Manöver verwendet werden. Man spart viel Zeit, wenn man von vornherein mit der *richtigen Tangente* arbeitet. Diese ist aus der nachstehenden Tabelle ersichtlich. Liegt der Berührungspunkt der Tangente

- vorderlicher als quer, so heißt sie *vordere Tangente,*
- achterlicher als quer, so heißt sie *hintere Tangente,*
- an Stb., so heißt sie *Stb.-Tangente* und
- an Bb., so heißt sie *Bb.-Tangente.*

In **a** bis **f** des Bildes 3.70 ist die *richtige Tangente* ausgezogen, die gestrichelt gezeichnete Tangente ist die zweite Wahl. Kursänderungen, die nach Regel 19 (d) SeeStrO vermieden werden müssen, sind nicht eingezeichnet. Bei Fahrterhöhungen ist stets zu beachten, daß ihre Ausführung sehr viel Zeit in Anspruch nimmt, so daß das Echo auf keinen Fall auf der entsprechenden Tangente laufen wird. Außerdem kann die Fahrterhöhung einen Verstoß gegen das Gebot der *sicheren Geschwindigkeit* (Regel 6 und 19 (b) SeeStrO) darstellen.

Auswirkung des Zeitverlustes auf den Passierabstand

Die durch das Vorhersagedreieck ermittelte neue relative Bewegung ergibt sich erst, wenn der neue Kurs eingesteuert bzw. die neue Fahrtstufe erreicht ist. Nach der Einleitung des Manövers läuft das Echo bei Relativdarstellung mehr oder weniger auf einer gekrümmten Kurve, da der relative Kurs und die relative Geschwindigkeit sich entsprechend der Änderung des Vektors der eigenen Bewegung laufend (Manöverzeit) ändern. Nach Ablauf der Manöverzeit läuft das Echo mit der ermittelten neuen relativen Geschwindigkeit parallel zur Tangente, jedoch zum Bildmittelpunkt hin versetzt, d. h., der CA wird kleiner als vorausberechnet (Bild 3.71). Der Betrag der CA-Verringerung kann nicht allgemein berechnet werden. Er muß bei der Wahl des Radius des Kreises (Nahbereich), an den die Tangente angelegt werden soll, berücksichtigt werden.

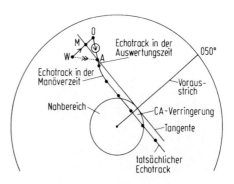

Bild 3.71. Auswirkung von Zeitverlust auf den Passierabstand CA

Auswahl der *richtigen Tangente* und des zugehörigen *Manövers* in Abhängigkeit von der Seitenpeilung

Annäherung des Echos	Beabsichtigtes Manöver	Tangente	Anmerkungen
von recht voraus oder nahezu recht voraus; $170° < (KB_r - KA) < 190°$ (Bild 3.70**a**)	**Kursänderung nach Stb.** Fahrtänderungen Kursänderungen nach Bb.	**Bb.-Tangente** — Stb.-Tangente	Kursänderungen nach Bb. sind zu vermeiden; Fahrtänderungen (FÄ) führen i. d. R. nicht zur Meidung des Nahbereichs; nur beim Überholen erlaubt (R. 19 (d) SeeStrO)
aus dem I. Quadranten; $180° < (KB_r - KA) < 270°$ (Bild 3.70**b**)	**Kursänderung nach Stb.** **Fahrtreduzierung** Fahrterhöhungen	*vordere Tangente* *vordere Tangente* Stb.-Tangente	Kursänderungen nach Bb. sind zu vermeiden (R. 19 (d) SeeStrO); bei großen Seitenpeilungen zu empfehlen; auf sichere Geschwindigkeit achten
von Stb. querab oder nahezu querab; $255° < (KB_r - KA) < 285°$ (Bild 3.70**c**)	**Fahrtreduzierung** Fahrterhöhung Kursänderung nach Bb.	*vordere Tangente* hintere Tangente vordere Tangente	großes δ erreichbar; auf sichere Geschwindigkeit achten; ungünstiges Manöver, da KA_{neu} praktisch parallel zu KB läuft; Kursänderungen nach Stb. sind zu vermeiden (R. 19 (d) SeeStrO)
aus dem II. Quadranten;. $270° < (KB_r - KA) < 360°$ (Bild 3.70**d**)	**Kursänderung nach Bb.** Fahrterhöhung Fahrtreduzierung	**Stb.-Tangente** hintere Tangente Stb.-Tangente	Kursänderungen nach Bb. sind zu vermeiden (R. 19 (d) SeeStrO); auf sichere Geschwindigkeit achten; die Tangente schneidet nicht immer $\overrightarrow{WO}$
von recht achteraus oder nahezu recht achteraus; $350° < (KB_r - KA) < 010°$	**Kursänderung nach Bb.** **Kursänderung nach Stb.** Fahrtänderungen	**Stb.-Tangente** **Bb.-Tangente** —	FÄ führen i. d. R. nicht zur Meidung des Nahbereichs

Annäherung des Echos	Beabsichtigtes Manöver	Tangente	Anmerkungen
aus dem III. Quadranten; $360° < (KB_r - KA) < 090°$ (vgl. Bild 3.70**b** spiegelbildlich)	**Kursänderung nach Stb.**	**Bb.-Tangente**	Kursänderungen nach Bb. sind zu vermeiden (R. 19(d) SeeStrO);
	Fahrterhöhung	hintere Tangente	auf sichere Geschwindigkeit achten;
	Fahrtreduzierung	Bb.-Tangente	die Tangente schneidet nicht immer $\overrightarrow{WO}$
von Bb. querab oder nahezu querab; $075° < (KB_r - KA) < 105°$ (Bild 3.70**c**)	**Fahrtreduzierung**	**vordere Tangente**	großes δ erreichbar; auf sichere Geschwindigkeit achten;
	Fahrterhöhung	hintere Tangente	ungünstiges Manöver, da KA_{neu} praktisch parallel zu KB
	Kursänderung nach Stb.	vordere Tangente	läuft
aus dem IV. Quadranten; $090° < (KB_r - KA) < 180°$ (Bild 3.70**e** und 3.70**f**)	**Kursänderung nach Stb.**	**Bb.-Tangente**	bei Gegnern aus einer Seitenpeilung von über 035° muß damit gerechnet werden, daß der Kreisbogen mit $\overrightarrow{WO}$ um W die Tangente oder ihre Verlängerung nicht berührt. Theoretisch könnte dann die vordere Tangente verwendet werden, aber das würde eine sehr große Kursänderung ergeben und KA_{neu} und KB wären praktisch parallel;
	Fahrtreduzierung	**vordere Tangente**	bei Seitenpeilungen von über 035° zu empfehlen;
	Fahrterhöhung	Bb.-Tangente	auf sichere Geschwindigkeit achten;
	Kursänderung nach Bb.	vordere Tangente	nur beim Überholen erlaubt (R. 19(d) SeeStrO)

Der Zeitverlust kann verkürzt werden durch

- Zeichnen des W-Punktes (beim True Plot des O-Punktes), bevor das Echo den A-Punkt erreicht hat,
- Vorauskoppeln des A-Punktes,
- Auswahl der richtigen Tangente,
- Übung des Radarzeichners.

Zur Kontrolle, ob das Echo nach dem Manöver tatsächlich mit der voraus-ermittelten relativen Bewegung — d.h. parallel zur Tangente — läuft (R. 8(d) SeeStrO), empfiehlt es sich, das Echo unmittelbar nach Durchführung des Manövers zu orten und das Ortungsintervall dann neu zu beginnen.

3.6.6 Erkennbarkeit des Manövers auf dem Radar des anderen Schiffes

Nach Regel 8(b) SeeStrO müssen Manöver zur Vermeidung des Nahbereichs so geplant und ausgeführt werden, daß der Gegner, gegenüber dem gehandelt wird, dies auf seinem Radar schnell erkennen kann. Dabei wird unterstellt, daß der Gegner den Echotrack des manövrierenden Schiffes auf seinem Radar beobachtet (R. 7(b) SeeStrO). Verwendet der Gegner die Darstellungsart True Motion, kann er eine Fahrt- oder Kursänderung des manövrierenden Schiffes unmittelbar an der entsprechenden Änderung der Echobewegung erkennen. Die meisten Schiffe verfügen jedoch nicht über ein True-Motion-Gerät oder schalten es zur Nebelfahrt in eine relative Darstellungsart. Dann beobachtet der Gegner, daß sich der Echokurs des manövrierenden Schiffes um den gleichen Winkel δ ändert, den auch das manövrierende Schiff auf seinem relativ geschalteten Radar von der Echo-bewegung des Gegners sieht (Bild 3.72). Damit kann δ als Informationsträger für den Gegner verwendet werden. Nach langjähriger Erfahrung am Radarsimulator muß für das schnelle Erkennen $\delta \approx 20°$ sein. Das reicht auch aus, wenn die neue relative Bewegung langsam (unter 10 kn) ist, da dann mehr Zeit zum Beobachten zur Verfügung steht.

Kann mit der bisher beschriebenen Tangentenmethode beim Zeichnen des Vorhersagedreiecks $\delta \approx 20°$ nicht erzeugt werden, muß statt der Tangente ein neuer relativer Kurs vom A-Punkt aus abgesetzt werden, der um etwa 20° von dem bisherigen relativen Kurs abweicht. Der alte Kurs bzw. die alte Geschwindig-keit können dann entsprechend früher wieder gefahren werden (siehe Kap. 3.6.10).

Man erkennt, daß die alten und neuen Kurse der relativen Bewegung auf beiden Geräten um 180° verschieden sind. Winkel δ ist nach Drehsinn und Größe auf beiden Geräten gleich.

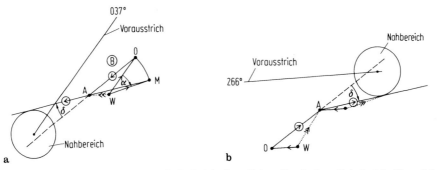

Bild 3.72. Wege- und Vorhersagedreieck (**a**) eines Echos B mit dem Echoknick (δ) auf dem relativ geschalteten Eigenradar; Wegedreieck, alter und neuer Kurs (**b**) der relativen Bewe-gung auf dem relativ geschalteten Radar von B

3.6.7 Ermittlung der Auswirkungen eines Manövers des eigenen Schiffes auf die relativen Bewegungen weiterer Echos

Nach Regel 8(c) SeeStrO darf ein Manöver zur Vermeidung des Nahbereichs gegenüber einem Fahrzeug B nicht zu neuen Nahbereichslagen mit weiteren Fahrzeugen führen. Es ist daher vor der Ausführung des Manövers gegenüber Fahrzeug B zu ermitteln, wie sich dieses Manöver auf die relativen Bewegungen der anderen Fahrzeuge auswirken würde. Bei dieser Aufgabe ist also das beabsichtigte eigene Manöver (KA_{neu} bzw. vA_{neu}) gegeben; die Kurse ($KC_{r,neu}$, $KD_{r,neu}$ bzw. die dazugehörenden Winkel δ) und eventuell auch die Geschwindigkeiten ($vC_{r,neu}$, $vD_{r,neu}$) der neuen relativen Bewegungen — also die Vektoren $\overline{MA}$ der einzelnen Echos — sind zu bestimmen.

Gemäß Bild 3.73 **a** und **b** entwickelt sich zu Fahrzeug B eine Nahbereichslage. Es wird als Manöver des eigenen Fahrzeuges eine Kursänderung (Bild 3.73 **a**) bzw. eine Fahrtreduzierung (Bild 3.73 **b**) vorgesehen. Dazu wird für B das Vorhersagedreieck gezeichnet. Die Übertragung $\overrightarrow{OM}$ (Differenzvektor) an die O-Punkte der Ziele C und D zeigt, daß nach Bild 3.73 **a** bei einer Kursänderung sich zu D eine neue Nahbereichslage entwickeln würde und somit diese Kursänderung nicht vorgenommen werden darf. Die Fahrtreduzierung dagegen bedingt auch zu C und D keine neuen Nahbereichslagen (Bild 3.73 **b**), so daß eine Fahrtänderung des eigenen Fahrzeugs möglich ist.

Unter Verwendung $\overrightarrow{OM}$ (siehe Kap. 3.6.5, Differenzvektor) sind folgende Arbeiten auszuführen (Bild 3.73 **a** und **b**):

- Sämtliche Echos im gleichen Ortungsintervall orten.
- Für das Echo, zu dem sich eine Nahbereichslage entwickelt, das Manöver zur Meidung des Nahbereichs ermitteln (Vorhersagedreieck, Echo B in Bild 3.73); man erhält auch den Punkt M und damit den Differenzvektor OM.
- Den Vektor $\overrightarrow{OM}$ an die entsprechenden zeitgleichen O-Punkte der anderen Echos (Echo C und D in Bild 3.73) versegeln; man erhält die M-Punkte zu den anderen Echos.

- M und A verbinden ($\overrightarrow{MA}$) und über A hinaus verlängern, um zu sehen, ob die neue relative Bewegung in den Nahbereich führt (Bild 3.73 **a**) oder nicht (Bild 3.73 **b**).

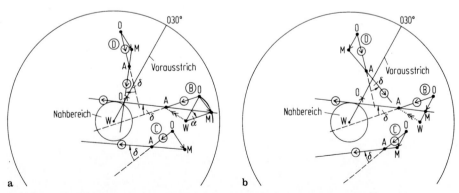

Bild 3.73. Ermittlung der Auswirkungen eines Manövers des eigenen Schiffes auf die relativen Bewegungen weiterer Echos unter Verwendung des Differenzvektors $\overrightarrow{OM}$.
a Kursänderung; **b** Fahrtreduzierung

Ergibt sich, daß die neue relative Bewegung eines Echos in den Nahbereich führt, muß ein anderes Manöver gewählt werden.

Ohne Verwendung des Differenzvektors müßten die M-Punkte über den Umweg der Konstruktion der W-Punkte (Vorhersagedreieck) gefunden werden. Dies ist sehr zeitaufwendig und unterbleibt deswegen häufig. Mit Hilfe des Differenzvektors kann ein geübter Radarzeichner (auf der Plotscheibe) die zukünftigen Echobewegungen von mindestens sechs Echos in höchstens 1 min abschätzen.

Beim True Plot ist die entsprechend dem Plotintervall zurückliegende Ortung nicht der O- sondern der W-Punkt (siehe Kap. 3.6.3, Wegdreieck und 3.6.5, Vorhersagedreieck sowie 3.6.11, True Plot). Entsprechend wird hier nicht $\overrightarrow{OM}$ (Differenzvektor), sondern $\overrightarrow{WM}$ der neuen eigenen Bewegung aus dem Vorhersagedreieck an die zeitgleichen W-Punkte der anderen Echos versegelt: $\overrightarrow{MA} = \overrightarrow{WA} - \overrightarrow{WM}$.

3.6.8 Trial-Manöver

Zur Ermittlung eines Manövers zur Vermeidung des Nahbereichs ist in Kap. 3.6.5 die Konstruktion des Vorhersagedreiecks beschrieben worden. Dort wird durch die Tangente vom A-Punkt an den Nahbereichskreis der Echoknick δ bzw. der Kurs der neuen relativen Bewegung vorgegeben, und gesucht wird das Manöver, das erforderlich ist, um diesen Echoknick δ zu produzieren. Beim Trial-Manöver wird der umgekehrte Weg beschritten. Der Nautiker gibt ein bestimmtes Manöver vor (z.B. eine Kursänderung nach Stb. um 80°; Bild 3.74 b) und ermittelt die Echoknicks δ, die sich bei Ausführung des Manövers ergeben würden (1. Versuch). Ergibt die Auswertung, daß die relativen Echobewegungen aller Ziele bei diesem Manöver am Nahbereich vorbeilaufen würden, kann das Manöver ausgeführt werden. Ist dies nicht der Fall, muß der Versuch mit einem anderen Manöver wiederholt werden.

ARPA-Geräte leisten diese Arbeit im Trial-Mode automatisch.

Konstruiert man den Differenzvektor $\overrightarrow{OM}$, der zu dem gewählten Manöver gehört, in der Bildmitte, kann dieses Verfahren auch bei einem herkömmlichen Radar verwendet werden.

Durch Versegelung dieses Differenzvektors an die entsprechenden O-Punkte der Echos können die Auswirkungen dieses Manövers auf sämtliche Echobewegungen

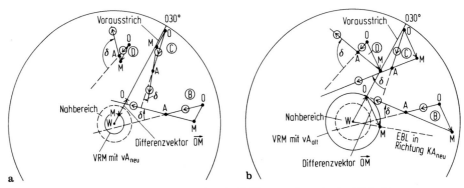

Bild 3.74. Trial-Manöver durch Konstruktion des Differenzvektors in der Bildmitte.
a Fahrtänderung; **b** Kursänderung

schnell festgestellt werden. Mit diesem Verfahren kann nicht nur das zur Meidung des Nahbereichs notwendige Manöver schnell gefunden werden, sondern es kann auch abgeschätzt werden, wie die Echobewegungen sich entwickeln, wenn das bisherige Fahrverhalten wieder eingenommen werden soll. Dieses Verfahren eignet sich besonders, wenn man auf einer Plotscheibe arbeiten kann. Für die Auswahl der Manöver sind die Kenntnisse über den Drehsinn von δ hilfreich (vgl. unter Kap. 3.6.9). Mit dem Trial-Manöver läßt sich beim Relativplot wie folgt arbeiten (Bild 3.74 a und b):

- Sämtliche Echos im gleichen Ortungsintervall orten.
- Plotintervall festlegen.
- Als W-Punkt wird der Bildmittelpunkt angenommen; der O-Punkt wird auf dem Vorausstrich in der Distanz, die dem eigenen Weg im Plotintervall entspricht, markiert.
- Den M-Punkt konstruieren und markieren, und zwar
  - •• bei Fahrtänderungen (Bild 3.74 a):
    den VRM auf die Distanz einstellen, die dem eigenen Weg im Plotintervall mit der beabsichtigten Geschwindigkeit vA_{neu} entspricht;
    M ist der Schnittpunkt des VRM mit dem Vorausstrich.
  - •• bei Kursänderungen (Bild 3.74 b):
    den VRM auf die angezeigte Distanz $|\overrightarrow{WO}|$ einstellen;
    das Peillineal (EBL oder Parallellineal) auf den beabsichtigten Kurs (KA_{neu}) einstellen;
    M ist der Schnittpunkt des VRM mit dem Peillineal.
- $\overrightarrow{OM}$ (Differenzvektor) an die entsprechenden zeitgleichen O-Punkte der Echos versegeln und die M-Punkte markieren.
- Den VRM auf den Nahbereich einstellen.

Die Verbindung von M mit dem dazugehörigen A-Punkt und deren Verlängerung über A hinaus ergibt, ob die neue relative Bewegung in den Nahbereich einläuft oder nicht. Diese Linie braucht bei den Echos, zu denen sich bisher keine Nahbereichslage entwickelte, nur dann gezeichnet zu werden, wenn nicht klar abgeschätzt werden kann, ob $KB_{r,neu}$ sicher am Nahbereich vorbeiläuft (Echo C in Bild 3.74 b).

Beim True Plot wird anstelle des Differenzvektors $\overrightarrow{OM}$ der im Bildmittelpunkt erzeugte Vektor der neuen eigenen Bewegung $\overrightarrow{WM}$ an die entsprechenden W-Punkte der Echos versegelt (siehe Kap. 3.6.11, True Plot).

3.6.9 Drehsinn und Betrag des Echoknicks (δ)

Wie bereits in Kap. 3.6.5 erläutert und in Bild 3.65 gezeigt, ist δ der Winkel zwischen der bisherigen und der neuen relativen Bewegung ($KB_{r,neu} - KB_{r,alt}$), der durch ein Manöver des eigenen Schiffes hervorgerufen wird. Er wird auch „Echoknick" genannt. Ist sein Drehsinn rechts herum, ist δ positiv, beim Drehsinn links herum ist δ negativ. Diese Festlegung des Drehsinns ist notwendig oder hilfreich, wenn man mit dem Trial-Manöver arbeitet, aber auch für die Feststellung, ob eine Vergrößerung einer zunächst geplanten Kurs- oder Fahrtänderung eine Vergrößerung des Echoknicks (δ) bringen würde oder nicht.

Winkel δ bei Fahrtänderungen

Bei Fahrtänderungen hängt δ von dem relativen Kurs, bezogen auf den eigenen Kurs ($KB_r - KA$), und von dem Verhältnis der relativen Geschwindigkeit (vB_r)

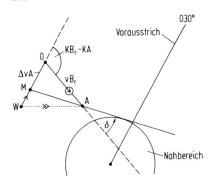

Bild 3.75. Winkel δ bei Fahrtänderungen

zum Betrag der Fahrtänderung (ΔvA) ab. Nach Bild 3.75 erhält man

$$\tan \delta = \frac{- \sin(KB_r - KA)}{\dfrac{vB_r}{\Delta vA} + \cos(KB_r - KA)}. \tag{1}$$

Für die praktische Anwendung lassen sich für den durch eine Fahrtänderung zu erzielenden Drehsinn und Betrag von δ allgemeingültige Regeln aufstellen. Sie sind von der Peilung des Echos unabhängig. Dazu zeigt Bild 3.76 die Auswirkungen von Fahrtreduzierungen auf den Drehsinn von δ bei relativen Kursen, die von Bb. nach Stb. laufen ($000° < (KB_r - KA) < 180°$), linke Bildhälfte) und bei solchen, die von Stb. nach Bb. laufen ($180° < (KB_r - KA) < 360°$, rechte Bildhälfte). Es gelten die in nachstehender Tabelle aufgestellten Regeln.

Bei Fahrtreduzierung gilt folgendes (vgl. Formel (1)): Der größte Betrag von δ wird, abgesehen vom unrealistischen Fall der Fahrt über den Achtersteven, beim

Auswirkungen von Fahrtänderungen auf δ

Relative Kurse, die von Bb. nach Stb. laufen; $000° < (KB_r - KA) < 180°$	Relative Kurse, die von Stb. nach Bb. laufen; $180° < (KB_r - KB) < 360°$
Fahrtreduzierungen	
Der Drehsinn von δ ist **links** herum; die relative Bewegung knickt nach „**voraus**" ab;	Der Drehsinn von δ ist **rechts** herum; die relative Bewegung knickt nach „**voraus**" ab;
eine weitere Fahrtverminderung **vergrößert** $\lvert\delta\rvert$	eine weitere Fahrtverminderung **vergrößert** $\lvert\delta\rvert$
Fahrterhöhungen	
Der Drehsinn von δ ist **rechts** herum; die relative Bewegung knickt nach „**achteraus**" ab; eine weitere Fahrterhöhung **vergrößert** $\lvert\delta\rvert$	Der Drehsinn von δ ist **links** herum; die relative Bewegung knickt nach „**achteraus**" ab; eine weitere Fahrterhöhung **vergrößert** $\lvert\delta\rvert$

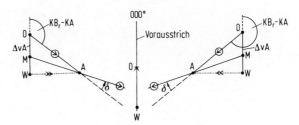

Bild 3.76. Der Drehsinn von δ
bei Fahrtänderungen

Aufstoppen des Schiffes erreicht ($KB_{r,neu} = KB$). Bei gleichem Fahrtänderungs-
betrag ist $|\delta|$ um so größer, je mehr $|KB_r - KA|$ sich 90° bzw. 270° nähert. Bei
relativen Kursen, die gleich dem eigenen Kurs oder genau entgegengesetzt sind, ist
$\delta = 0$. Die Änderung von δ ist im allgemeinen nicht linear zur Änderung der Fahrtreduzierung.

Winkel δ bei Kursänderungen

Bei Kursänderungen hängt δ von dem relativen Kurs bezogen auf den eigenen
Kurs ($KB_r - KA$), dem Betrag der Kursänderung (α) und von dem Verhältnis der
relativen Geschwindigkeit (vB_r) zur Geschwindigkeit des eigenen Schiffes (vA) ab.
Nach Bild 3.77 gilt:

$$\tan \delta = \frac{\sin[(KB_r - KA) - \alpha] - \sin(KB_r - KA)}{\dfrac{vB_r}{vA} + \cos(KB_r - KA) - \cos[(KB_r - KA) - \alpha]}. \tag{2}$$

Die Formel (2) zeigt, daß der Zusammenhang zwischen dem Betrag der Kursänderung (α) und dem Drehsinn und Betrag von δ nicht so einfach zu ersehen ist
wie beim entsprechenden Zusammenhang bei Fahrtänderungen nach Formel (1).
Deswegen lassen sich allgemeine Regeln hierzu nur mit Einschränkungen aufstellen. Dies wird auch in Bild 3.78 veranschaulicht. Bei der Kursänderung um
den Betrag α_1 ist der Drehsinn von δ rechts herum; der Betrag von δ hat ein erstes
Maximum erreicht. Ändert man den Kurs weiter, wird der Betrag von δ kleiner.
Bei der Kursänderung α_2 ist $\delta = 0$ (kritische Kursänderung). Bei einer darüber

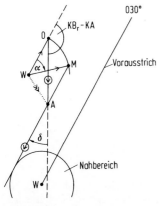

Bild 3.77.
Einfluß der Kursänderungen auf δ

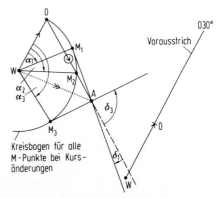

Bild 3.78. Einfluß verschiedener Kursänderungen
auf δ bei $vA < vB$

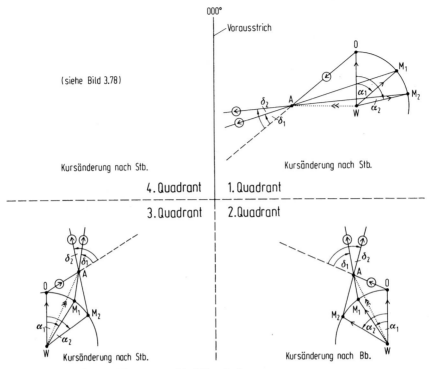

Bild 3.79. Drehsinn und Betrag von δ bei Kursänderungen

Auswirkungen von Kursänderungen auf δ

$KB_r - KA$	Annäherung aus dem	Kurs-änderung nach	Drehsinn von δ	Echokurs „knickt" nach	Vergrößerung von α bewirkt
$180° < (KB_r - KA) < 270°$	1.Quadranten	Stb.	**rechts**	**„voraus"**	**Vergrößerung** von δ
$270° < (KB_r - KA) < 360°$	2.Quadranten	Bb.	**rechts**	**„voraus"**	fast immer eine **Vergrößerung** von δ
$0° < (KB_r - KA) < 90°$	3.Quadranten	Stb.	**links**	**„voraus"**	fast immer eine **Vergrößerung** von δ
$90° < (KB_r - KA) < 180°$	4.Quadranten	Stb.			**keine allgemeinen Angaben möglich.** Ist vA < vB besteht die Gefahr einer **kritischen Kursänderung**

hinausgehenden Kursänderung ist der Drehsinn von δ links herum; bei der Kursänderung von α_3 erreicht δ ein zweites Maximum. Bei noch größeren Kursänderungen wird der Betrag von δ wieder kleiner. Dieses „Pendeln" der Kurslinie der neuen relativen Bewegung um die Kurslinie der alten relativen Bewegung und damit die Möglichkeit einer kritischen Kursänderung ist immer dann gegeben, wenn vA < vB. Das ist bei Echos, die sich von achterlicher als quer, also aus dem 2. oder 3. Quadranten dem Nahbereich nähern, stets der Fall.

Kritische Kursänderungen sind grundsätzlich bei allen Beträgen von $KB_r - KA$ möglich, wie nachfolgende Aufstellung zeigt. Beachtet man bei der Auswahl eines Manövers zur Vermeidung des Nahbereichs die Manövereinschränkungen der Regel 19 (d) SeeStrO (siehe Tabelle in Kap. 3.6.5), kann es insoweit allerdings nur bei Echos aus dem 4. Quadranten (von Bb. voraus) zu Problemen kommen.

$KB_r - KA$	Annäherung aus dem	Kursänderung nach	Kritische Kursänderung
$180° < (KB_r - KA) < 270°$	1. Quadranten	Backbord	$2[270° - (KB_r - KA)]$
$270° < (KB_r - KA) < 360°$	2. Quadranten	Steuerbord	$2[(KB_r - KA) - 270°]$
$0° < (KB_r - KA) < 90°$	3. Quadranten	Backbord	$2[90° - (KB_r - KA)]$
$90° < (KB_r - KA) < 180°$	4. Quadranten	Steuerbord	$2[(KB_r - KA) - 90°]$

Für die praktische Anwendung lassen sich auch für den durch eine Kursänderung zu erzielenden Drehsinn und Betrag von δ allgemeingültige Regeln nachfolgend tabellarisch zusammenfassen. Dabei müssen jedoch folgende Einschränkungen gemacht werden:

• Die Regeln gelten nur für die nach Regel 19 (d) SeeStrO zulässigen Kursänderungen.
• Die Regeln gelten nur für Kursänderungen bis zu 90°.
• Keine Regeln können aufgestellt werden für Echos, die sich aus dem 4. Quadranten dem Nahbereich nähern. Hier muß die Auswirkung einer Kursänderung durch das Vorhersagedreieck oder ein Trial-Manöver ermittelt werden.

Die Regeln gelten unabhängig von der Peilung des Echos. Da jedoch die Echos von besonderem Interesse sind, die sich dem Nahbereich nähern, sind Bild 3.79 und die tabellarische Zusammenstellung nach der Annäherung aus einem Quadranten aufgemacht. Mit Bild 3.79 kann durch Veränderung der Lage des M-Punktes auf dem Kreisbogen mit $|\overrightarrow{WM}|$ um W die Auswirkung einer Kursänderung des eigenen Schiffes auf δ nachvollzogen werden.

3.6.10 Ermittlung des frühesten Zeitpunkts für die Wiederaufnahme des alten Kurses bzw. der alten Geschwindigkeit

Nach einem Manöver zur Vermeidung des Nahbereichs kann das alte Fahrverhalten wieder eingenommen werden, wenn der Kurs der relativen Bewegung nach Wiederaufnahme des alten Kurses oder der alten Geschwindigkeit am Nahbereich vorbeiführen würde. Dies kann allgemein durch die Methode des Trial-Manövers ermittelt werden (siehe Kap. 3.6.8).

Ergeben die Ortungen nach dem Manöver zur Vermeidung des Nahbereichs, daß sich das Echo relativ bewegt wie vorausgesagt, kann davon ausgegangen werden, daß das andere Schiff weder den Kurs noch die Geschwindigkeit geändert hat. Dann ist zu erwarten, daß sich bei Wiederaufnahme des alten Fahrverhaltens auch die alte relative Bewegung des Echos wieder einstellt. Man kann daher —

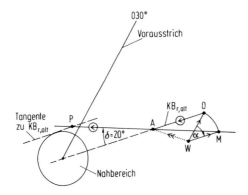

Bild 3.80. „Tangentenmethode" zur Ermittlung des frühesten Zeitpunkts für die Wiederaufnahme des alten Fahrverhaltens

beim nordstabilisierten Relativplot — die Linie der alten relativen Bewegung als Tangente an den Nahbereich zeichnen. Erreicht das Echo diese Tangente (P), kann der alte Kurs oder die alte Fahrt wieder aufgenommen werden (Bild 3.80).

3.6.11 Plotverfahren

Die zeichnerische Bildauswertung kann als Relativplot oder als True Plot ausgeführt werden.

Relativplot

Alle Bewegungen sind auf das eigene Schiff bezogen. Der Bildmittelpunkt bleibt ortsfest und ist auch der Mittelpunkt des Plots. Der als Kreis um den Bildpunkt gezeichnete Nahbereich bleibt ortsfest. Die Verbindung der Ortungen der Echos ergibt die relative Bewegung der Echos.

Beim vorausorientierten Relativplot zeichnet man den Vorausstrich nach *oben*. Alle Kurse beziehen sich auf den Kurs des eigenen Schiffes ($KB_r - KA$; $KB - KA$). Alle Peilungen sind Seitenpeilungen.

Beim nordstabilisierten Relativplot zeichnet man den Vorausstrich in Richtung des gesteuerten Kurses. Alle Kurse beziehen sich beim Papierplot auf rwN, bei der Plotscheibe auf KrN. Alle Peilungen sind beim Papierplot rechtweisende, bei der Plotscheibe Kreiselkompaßpeilungen.

Siehe auch Kap. 3.2.5 und 3.4.

Für die Zwecke der Kollisionsverhütung ist die relative Bewegung von größerer Bedeutung als die absolute Bewegung, weil die relative Bewegung unmittelbar anzeigt, ob ein Echo gefährlich wird oder nicht (siehe Kap. 3.6.2). Der Relativplot eignet sich deshalb besonders gut für die Bildauswertung zur Kollisionsverhütung. Er bietet insbesondere die folgenden Vorteile:

- Die relative Bewegung, der CPA und der TCA lassen sich ohne großen Zeichenaufwand ermitteln.
- Der um den Bildmittelpunkt gezeichnete Nahbereich bleibt ortsfest.
- Vektor $\overline{WO}$ der eigenen Bewegung kann ortsfest auf dem Vorausstrich markiert werden.
- Planung von Manövern zur Vermeidung des Nahbereichs orientiert sich an der relativen Bewegung.
- Echoknick δ und damit die Erkennbarkeit eines geplanten Manövers auf einem relativ geschalteten Radar des anderen Schiffes wird sichtbar.

- Auswirkungen eines eigenen Manövers auf die relativen Bewegungen weiterer Echos können mit Hilfe $\overrightarrow{OM}$ (Differenzvektor) ohne großen Zeichenaufwand ermittelt werden.
- Nach Ausführung eines Manövers zur Vermeidung des Nahbereichs kann alleine durch regelmäßiges Orten kontrolliert werden, ob sich das Echo tatsächlich wie vorausgesagt relativ bewegt.
- Der früheste Zeitpunkt für die Wiederaufnahme des bisherigen Fahrverhaltens kann ohne großen Zeichenaufwand ermittelt werden.

Die beiden zuletzt genannten Vorteile treffen auf den vorausorientierten Relativplot nicht zu (vgl. auch Kap. 3.4.2). Hier muß der Plot nach einer Kursänderung des eigenen Schiffes völlig neu aufgebaut werden. Durch die Drehung des Bildes entsteht ein völlig neuer Bildeindruck. Bei mehreren Echos hat auch ein geübter Radarbeobachter Mühe, die Echos nach der Kursänderung dem Radarbild vor der Kursänderung zuzuordnen. Die durch die Kursänderung hervorgerufenen neuen relativen Kurse haben scheinbar eine andere Richtung als die vorausgeplanten. Es empfiehlt sich daher, den nordstabilisierten Plot zu wählen.

Bild 3.81 a zeigt den Plot (vA = 15 kn; KA$_{alt}$ = 030°; KA$_{neu}$ = 070°) vor der Kursänderung mit dem Vorhersagedreieck zu Echo B und den Differenzvektoren ($\overrightarrow{OM}$ zu den Echos C und D). Die Echobewegungen werden danach bei der Kursänderung um 40° um das jeweilige δ rechtsherum abknicken. Nach der Kursänderung (Bild 3.81 b) sind die neuen Kurse der relativen Bewegung wie das ganze Bild um 40° linksherum gedreht. Die in Bild 3.81 a vorausgesagten Echoknicks sind nicht erkennbar.

Als Nachteil des Relativplots wirkt sich lediglich aus, daß die absolute Bewegung der Echos durch Zeichnen des Wegedreiecks ermittelt bzw. durch Abschätzen der Lage des W-Punktes abgeschätzt werden muß. Unerfahrene Radarbeobachter könnten ortsfeste Echos, d. h. Mitläufer mit gleichem Kurs und gleicher Geschwindigkeit, mit ortsfesten Zielen verwechseln (siehe Kap. 3.63, Abschätzen der absoluten Bewegung).

True Plot

Der True Plot wird stets nordstabilisiert durchgeführt. Die Verbindung der Ortungen der Echos ergibt die absolute Bewegung der Echos. Die gemäß dem Plotintervall zurückliegende Ortung ist daher nicht der O-, sondern der W-Punkt. Beim Zeichnen des Wegedreiecks muß der Vektor $\overrightarrow{WO}$ der eigenen Bewegung an

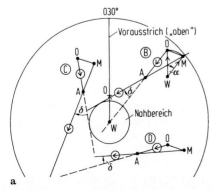
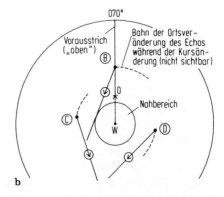

Bild 3.81 a, b. Vorausorientierter Relativplot

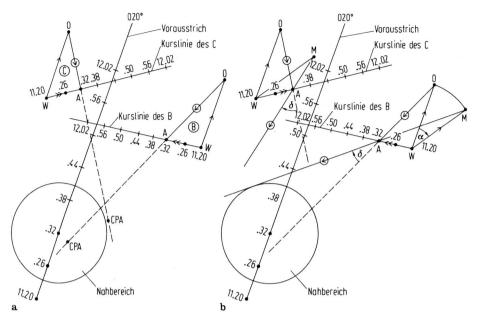

Bild 3.82 a, b. True Plot mit vorausgekoppelten Ortungen

den W-Punkt in Vorausrichtung angebracht werden (siehe Kap. 3.6.3). Zur Ermittlung der Auswirkungen eines eigenen Manövers auf die relative Bewegung anderer Echos und beim Trial-Manöver wird anstelle des Differenzvektors $\overrightarrow{OM}$ der Vektor $\overrightarrow{WM}$ der neuen eigenen Bewegung an die zeitgleichen W-Punkte der Echos versegelt (siehe Kap. 3.6.8).

Die Vorteile des Relativplots sind die Nachteile des True Plots und umgekehrt. Beim True Plot sind alle Aussagen über die absolute Bewegung der Echos ohne großen Zeichenaufwand zu erhalten, während alle Informationen über die relative Bewegung der Echos und die Schlußfolgerungen daraus mit großem Zeichenaufwand erarbeitet werden müssen. Als Nachteil des True Plots wirkt sich beim Zeichnen auch aus, daß der Bildmittelpunkt sich entsprechend der absoluten Bewegung des eigenen Schiffes ändert, also mitgeplottet werden muß, und daß der Nahbereichskreis entsprechend „wandert".

Bei der Abschätzung der Entwicklung der Nahbereichslage wird häufig statt der Konstruktion des Wegedreiecks die absolute Bewegung der Echos vorausgekoppelt. Aus dem Vergleich der vorausgekoppelten Ortungspunkte mit den zeitgleichen Markierungen der Bewegung des eigenen Schiffes auf dem Vorausstrich findet man den Passierabstand (Bild 3.82 a). Das sichere Arbeiten mit dieser Methode setzt große Erfahrung und Sorgfalt des Radarbeobachters voraus. In jedem Fall verzichtet diese Methode jedoch auf die Erarbeitung des Bildes der relativen Bewegungen. Für die Entscheidung eines notwendigen Manövers zur Vermeidung des Nahbereichs und bei der Abschätzung der Auswirkungen dieses Manövers auf die relative Bewegung der anderen Echos besteht dann die Versuchung, auf die zeichnerische Bildauswertung zu verzichten und somit die Möglichkeiten des Radars nicht voll auszuschöpfen (Bild 3.82 b und Kap. 3.6.2).

Die „Koppelmethode" (KA = 20°, vA = 14 kn; KB = 262°, vB = 7 kn; KC = 57°, vC = 7,5 kn) läßt eine Nahbereichslage zu B erkennen (Bild 3.82 a); C geht klar. Den genauen CPA erhält man durch Zeichnung des Wegedreiecks.

Die Zeichnung des Vorhersagedreiecks zu B ergibt eine Kursänderung von 25°
nach Steuerbord. Die Versegelung des $\overrightarrow{WM}$ von B an den W-Punkt von C zeigt für
dieses Manöver keine neue Nahbereichslage zu C.

Grundsätzlich können mit dem True Plot sämtliche Aufgaben des Radar-
zeichnens gelöst werden. Für die Einübung der Bildauswertung wird empfohlen,
sich nach eigener Prüfung der Vor- und Nachteile der Plotmethoden für eine zu
entscheiden und diese dann beizubehalten.

3.6.12 Plotmedien

Sämtliche Plotverfahren lassen sich auf Papier ausführen (Papierplot). Für den
True Plot bietet sich unlinertes Papier, für den Relativplot die Radarspinne an.
Soweit das Radargerät mit einer Plotscheibe ausgestattet ist, kann die Bild-
auswertung unmittelbar am Radargerät erfolgen.

Papierplot

Für den Papierplot benötigt man außer dem unlinierten Papier bzw. der *Radarspinne* Zeichenmaterial und eine ausreichend große und genügend beleuchtbare
Arbeitsplatte in unmittelbarer Nähe des Radargeräts.

Der Papierplot hat folgende Vorteile:

- Die Auswahl der Plotmethode ist unabhängig von der Darstellungsart des
  Radargerätes.
- Die Wahl des Maßstabes ist unabhängig vom geschalteten Entfernungsbereich,
  bei einer Änderung des Entfernungsbereichs kann der Plot weiterverwendet wer-
  den.
- Die Zeichnungen behindern nicht den Blick auf das Radarbild.
- Der Plot kann, falls es erforderlich ist, zur Rekonstruktion des Geschehens-
  ablaufs verwendet werden.

Dem stehen folgende Nachteile gegenüber:

- Peilungen und Abstände der Echos müssen am Radar genau erfaßt und zahlenmäßig ermittelt werden; es besteht die Gefahr von Meß- und Übertragungs-
  fehlern.
- Das zahlenmäßige Erfassen von Peilung und Abstand der Echos ist sehr zeitaufwendig, mehrere Echos können nicht zum gleichen Zeitpunkt geortet werden.
- Der Radarbeobachter muß ständig zwischen der Beobachtung des Radarbildes
  und dem Plot wechseln. Wegen der unterschiedlichen Lichtverhältnisse und der
  langen Adaptationszeit des menschlichen Auges besteht besonders am Tage die
  Gefahr, daß schwache Echos nicht entdeckt werden.
- Neben dem Radarbeobachter ist u. U. ein zweiter Mann zum Zeichnen erforderlich.

Wird unliniertes Papier verwendet, muß der Maßstab festgelegt und eine senkrechte Linie (Meridian) zum Ablesen der Kurse gezeichnet werden. Von der
Ausgangsposition des eigenen Schiffes wird der Vorausstrich (Kurslinie) abgetragen und die künftigen Positionen entsprechend dem Ortungsintervall darauf
markiert. Peilung und Abstand der Echos werden im Ortungsintervall am Radargerät festgestellt und von den zeitlich dazugehörenden Positionen des eigenen
Schiffes aus abgetragen. Die Verbindung der Ortungen ergibt die absolute Bewegung der Echos. Die weitere Bildauswertung erfolgt wie oben beschrieben.

Zur Erleichterung des Zeichnens sind verschiedene Radarspinnen entwickelt
worden. Sie bestehen aus Entfernungsringen mit Gradeinteilung, Skalen für
verschiedene Maßstäbe und Skalen mit logarithmischer Teilung zur leichten
Umrechnung von Distanzen in Geschwindigkeiten und umgekehrt.

Verwendet man die Radarspinne für den nordstabilisierten Relativplot, wird der Vorausstrich vom Bildmittelpunkt aus in Richtung des Kurses eingezeichnet. Um den Vektor WO der eigenen Bewegung sichtbar zu machen, markiert man den Endpunkt des Vektors entsprechend dem Plotintervall auf dem Vorausstrich. Der Nahbereich wird als Kreis um den Bildmittelpunkt gezeichnet. Die am Radar gemessenen Peilungen und Abstände der Echos werden vom Bildmittelpunkt aus abgetragen. Die weitere Bildauswertung erfolgt wie oben beschrieben.

Bildauswertung auf dem Reflexions-Zeichenaufsatz (Plotscheibe)

Mit Hilfe eines Reflexions-Zeichenaufsatzes (Plotscheibe) kann die Bildaus-wertung unmittelbar auf bzw. über dem Radarbild am Gerät erfolgen (vgl. Kap. 3.2.4, Plotaufsatz und Bild 3.19). Das Orten der Echos geschieht dadurch, daß man den Fettstift leicht auf die Plotscheibe drückt, so daß seine Spitze sich auf dem Radarbild spiegelt. Das Spiegelbild der Fettstiftspitze wird dann in das zu ortende Echo geführt. Ist die Position des Echos gefunden, wird sie auf der Plot-scheibe durch ein Kreuz markiert und mit einer Zeitangabe versehen. Zum Messen von Distanzen zwischen zwei Punkten kann folgendermaßen verfahren werden:

- Bildpunkt des eigenen Schiffes auf der Plotscheibe markieren,
- Punkte, deren Distanz gemessen werden soll, auf der Plotscheibe markieren,
- Spitze des Hilfslineals an den einen Punkt legen und den Daumen in die Position des anderen Punktes bringen,
- Lineal abheben und die Spitze an die Markierung des Bildpunktes legen und am Daumen einen Strich auf die Plotscheibe zeichnen,
- Spiegelbild dieses Striches mit dem VRM einfangen und die Distanz ablesen.

Das Versegeln von Vektoren (Bild 3.83) geschieht folgendermaßen ($\overrightarrow{WO}$ wird — bei Relativdarstellung — auch hier auf dem Vorausblitz im Plotintervall markiert):

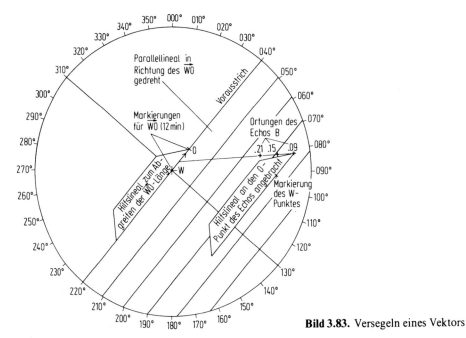

Bild 3.83. Versegeln eines Vektors

- Peillineal (Cursor) in Richtung des Vektors einstellen,
- durch den Punkt, an den der Vektor versegelt werden soll, mit Hilfe des Hilfslineals eine Parallele zum Cursor zeichnen,
- Länge des Vektors, wie oben geschildert, mit dem Hilfslineal abgreifen und auf der Parallele in der richtigen Richtung abtragen.

Das Arbeiten mit dem Hilfslineal bedarf einiger Übung. Verfügt das Radar über einen frei beweglichen elektronischen Peilstrahl (EBL) mit einer Markierungsmöglichkeit für Distanzen, wird das Messen von Distanzen zwischen zwei Punkten und das Versegeln von Vektoren wesentlich erleichtert.

Die Bildauswertung auf der Plotscheibe bietet folgende Vorteile:

- Positionen der Echos auf der Plotscheibe sind durch ein Kreuz und eine Zeitangabe zu markieren (Peilen und Distanzmessen entfallen, große Zeitersparnis, keine Ablese- und Übertragungsfehler).
- Radarbeobachter braucht das Radar zum Zeichnen nicht zu verlassen und hat daher keine Probleme mit der Anpassung des Auges an unterschiedliche Lichtverhältnisse.
- Ein geübter Radarbeobachter kann eine sehr hohe Anzahl von Echos (sechs bis zehn) gleichzeitig auswerten.

Dem stehen folgende Nachteile gegenüber:

- Die Plotmethode wird durch die Darstellungsart des Radargerätes bestimmt.
- Beim Umschalten auf einen anderen Entfernungsbereich muß der Plot neu aufgebaut werden.
- Die Zeichnungen auf der Plotscheibe können die Beobachtung des Radarbildes behindern; deshalb nicht mehr benötigte Zeichnungen wegwischen und gelegentlich die Beleuchtung der Plotscheibe wegdrehen.
- Wegen des Zeichenmaßstabs ist ein Bildschirmdurchmesser von mindestens 12″ erforderlich.

Verwendung von Folien

Das Arbeiten auf der Plotscheibe kann durch Verwendung einer durchsichtigen Folie unterstüzt werden. Beim nordstabilisierten Relativplot z. B. werden der Vorausstrich mit einer Markierung des Vektors $\overrightarrow{WO}$ und die Ortungen der Echos auf die Plotscheibe gezeichnet. Dann wird die Folie auf die Plotscheibe gelegt und der Vorausstrich mit dem Vektor $\overrightarrow{WO}$ und die Ortungen der Echos mit einem andersfarbigen Fettstift darauf übertragen. Die weiteren Ortungen erfolgen dann wie üblich auf der Plotscheibe: Man erkennt die Vektoren $\overrightarrow{OA}$ der relativen Bewegung der Echos. Zur Ermittlung der Vektoren $\overrightarrow{WA}$ der absoluten Bewegung der Echos wird die Folie nach Ablauf des Plotintervalls wieder kursgerecht auf die Plotscheibe gelegt und um die im Plotintervall zurückgelegte Distanz achteraus parallel verschoben. Die Markierungen der Echos auf der Folie sind nunmehr die W-Punkte der Echos, und man erkennt die Vektoren $\overrightarrow{WA}$ der absoluten Bewegung sämtlicher georteter Echos. Das Trial-Manöver läßt sich mit Hilfe des VRM und des Peillineals ausführen. Dazu wird der M-Punkt für das beabsichtigte Manöver konstruiert (siehe Kap. 3.6.8). Die Folie wird nunmehr so auf der Plotscheibe verschoben, daß die beiden Vorausstriche parallel laufen und der O-Punkt auf dem Vorausstrich der Folie auf dem für das Trial-Manöver konstruierten M-Punkt liegt. Die Markierungen der Echos auf der Folie sind nunmehr die M-Punkte der Echos; man erkennt die Vektoren $\overrightarrow{MA}$ der neuen relativen Bewegungen sämtlicher georteter Echos.

Mit dieser Methode können sämtliche georteten Echos mit einem Arbeitsgang ausgewertet werden. Sie läßt sich jedoch nur dann verwirklichen, wenn man über eine zusätzliche Lichtquelle zur Beleuchtung der Folie verfügt, da die Lichtstärke der Beleuchtung der Plotscheibe bei den meisten Radargeräten nicht ausreicht, um auch die Markierungen auf der Folie zu erkennen.

Eine Folie oder ein Transparentpapier kann in gleicher Weise in Verbindung mit einer Radarspinne verwendet werden, die auf einer neben dem Radar angebrachten Tischplatte (Plottisch) befestigt ist[6].

3.7 Automatische Radarbildauswertegeräte (ARPA)

3.7.1 Vorbemerkung

Durch den Einsatz von Mikroprozessoren kann die Radarbildauswertung automatisiert werden. Dies geschieht mit ARPA-Anlagen (**a**utomatic **r**adar **p**lotting **a**ids), d. h. rechnergestützten Radargeräten, welche diejenigen Informationen liefern, die sonst durch Plotten gewonnen werden; vgl. auch Kap. 3.6.

Die wesentlichen Aufgaben von ARPA bei der Radarbeobachtung sind die Arbeitsentlastung des Beobachters und eine schnelle Situationsbewertung durch kontinuierliche zuverlässige Informationserfassung.

ARPA kann, soll und darf dem Radarbeobachter die Entscheidung und die Verantwortung nicht abnehmen. ARPA ist, wie das Wort „aid" sagt, ein Hilfsmittel zur Entscheidungsfindung. Der in diesem Zusammenhang gebrauchte Begriff *Antikollisionssystem* ist falsch und darum zu vermeiden.

An dieser Stelle wird nur auf diejenigen ARPA-Anlagen eingegangen, die den Mindestanforderungen der IMO-Resolution A.422 „Performance standards for automatic radar plotting aids (ARPA)" (1979) entsprechen und für die bereits ein Ausrüstungsplan für Schiffe verschiedener Größe und Klassen, beginnend ab 1984, besteht. Die IMO (International Maritime Organisation) hat gefordert, daß Zielentdeckung, Zielerfassung und Zielverfolgung den Fähigkeiten des Radarbildes und seiner Auswertung durch den Beobachter nicht nachstehen sollen.

3.7.2 Gesamtanlage

Aufbau und Arbeitsweise

Eine ARPA-Anlage besteht aus einer Kombination von Radar, Rechner und Anzeigeelementen. Aufbau und Funktionsweise sind in Bild 3.84 in vereinfachter Form dargestellt.

Das Radarsignal wird nach der bekannten analogen Verarbeitung (Abstimmung, Zwischenfrequenzerzeugung, Verstärkung, evtl. Nahechodämpfung und Differenzierung) digitalisiert (siehe Kap. 3.2.3) und einem Mikroprozessor zugeführt. Als Sensoren sind neben dem Radar noch Kreiselkompaß und eventuell eine Fahrtmeßanlage (EM-Log, Doppler-Sonar-Log; vgl. Bd. 1 A, Kap. 4.4) angeschlossen. Ist kein Log vorhanden, ist die eigene Fahrt manuell einzugeben. Der Rechner enthält Festspeicher (ROMs) für die Auswerteprogramme und Datenspeicher (RAMs) für die aktuellen Radardaten (Beispiel: 24 KB ROM, 12 KB RAM). Die Programme bleiben beim Ausschalten der Antenne erhalten. Die Steuerung des Programmablaufs durch den Radarbeobachter ist über die Bedienelemente möglich, mit denen gewünschte ARPA-Funktionen angewählt werden können.

---

6 Zajonc, N.: Siehe Kap. 3.1.3 (Literaturhinweise) unter DGON.

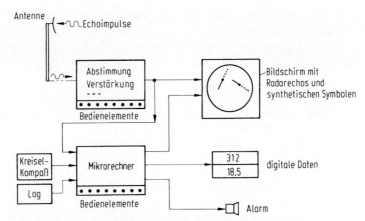

Bild 3.84. Komponenten eines rechnergestützten Radarbildauswertegeräts (ARPA)

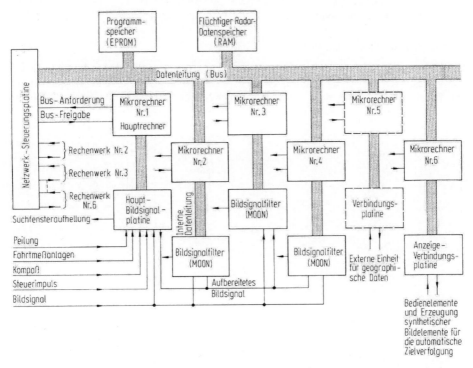

Bild 3.85. Vereinfachtes Blockdiagramm einer automatischen Zielverfolgungseinheit (Quelle: Decca, deutsche Bezeichnungen)

Die ARPA-Ergebnisse können

- als synthetische graphische Symbole (z. B. Vektoren, Vergangenheitsdarstellungen, PADs (vgl. Kap. 3.5.3)) dem oftmals ebenfalls synthetischen Radarbild überlagert werden,
- digital angezeigt werden — z. B. CPA, TCA (Punkt des kleinsten Abstandes; vgl. Kap. 3.1.1) — und

- in (abschaltbare) akustische und optische Alarme umgesetzt werden (z. B. „Gefährliches Ziel").

Bild 3.85 zeigt das Blockdiagramm einer Zielverfolgungseinheit mit u. a. fünf parallel arbeitenden Mikroprozessoren und drei Videoextraktoren.

Technische Aufgaben von ARPA

Die automatische Prozeßdatenverarbeitung der ARPA-Anlagen beinhaltet im wesentlichen die folgenden Teilprozesse:

- Signalbereinigung (Verringerung von Störinformationen, z. B. durch Korrelationstechniken oder Integration),
- Zielerfassung (*Akquisition*, d. h. Zielextraktion aus den Radardaten),
- automatische Zielverfolgung (Tracking, d. h. kontinuierliches Bestimmen der Zielbewegungen),
- mathematische Berechnung der relevanten Zieldaten (CPA, Kurs und Fahrt anderer Schiffe u. a.),
- Darstellung der gewünschten abgefragten Informationen in geeigneter Form und
- evtl. Erstellung eines synthetischen Radarbildes (s. Kap. 3.2.3).

ARPA-Bedien- und Anzeigefeld

Ein für Bauausführung, Bedienung der Funktionen und Informationsangebote typisches ARPA-Bedien- und Anzeigefeld ist in Bild 3.86 dargestellt. In der Praxis variieren die Bedien- und Anzeigefelder der verschiedenen Anlagen (KRUPP

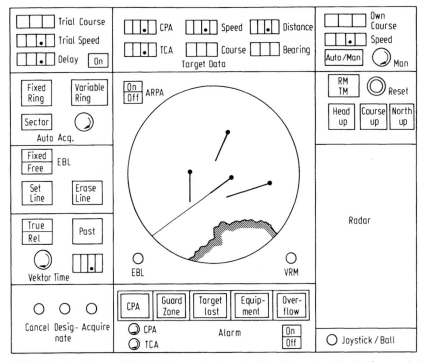

Bild 3.86. Typisches ARPA-Bedien- und Anzeigefeld. (Deutsche Beschriftung wird bisher nicht verwendet.)

ATLAS 8500 und 8600; RACAL-DECCA ARPA; SPERRY CAS II; RAYCAS V; SELESMAR PRORA AUTOTRACK; KELVIN HUGHES/NORCONTROL ANTICOL; IOTRON DIGIPLOT u.a.) zum Teil sehr stark. Die Entwicklung ist noch nicht abgeschlossen. Sie verläuft in Richtung von Anlagen mit Tageslichtbildschirm (vgl. Kap. 3.2.3) und in Richtung von billigeren Anlagen, die sich im wesentlichen auf die Erfüllung der IMO-Mindestanforderungen (vgl. Kap. 3.7.1) beschränken. Auch die Vereinheitlichung der Bedienfunktionen ist noch nicht abgeschlossen.

3.7.3 Technik der Zielerfassung und Zielverfolgung

Die erstmalige Erfassung von Radarzielen (Engl.: acquisition tracking) kann manuell oder automatisch erfolgen. Die weitere Verfolgung der Ziele (Tracking) erfolgt dann in jedem Fall automatisch.

Unregelmäßigkeiten von Radarechos

Akquisition und Tracking sind das eigentliche kritische Problem bei der automatischen Radarbildauswertung. Das hat seine Ursachen darin, daß Radarechos schwankend und kaum vorhersagbar sind, da

- die Echos flächenmäßig ausgedehnt, schwach, unsymmetrisch und diffus sein können,
- Scheinechos auftreten können,
- gelegentlich Echos durch Interferenzen oder Abschattung (insbesondere durch schiffbaulich bedingte fehlende Rundumsicht der Antenne) ausfallen,
- Echos zweier Ziele sich sehr nahe kommen können,
- das Reflexionszentrum eines Zieles sich verändern kann,
- Schwankungen in den Bewegungen des eigenen Schiffes und des Gegners auftreten.

Erfassungs- und Verfolgungsfenster

Bei den meisten ARPA-Anlagen werden nicht alle Echos des gesamten Radarschirmes ständig automatisch erfaßt, gespeichert und überwacht, sondern nur diejenigen, die sich in bestimmten Erfassungs- bzw. Verfolgungsfenstern (Extraktionsfenster, tracking window) befinden. Der Inhalt der einzelnen Auflösungszellen eines solchen Fensters ist im Speicher in Matrixform abgelegt (Bild 3.87 a). Bei Bedarf können die Fenster auf dem Schirm angezeigt werden (Bild 3.87 b).

Bei (z.B. manuell mit einem Steuerknüppel (joystick) oder Rollball) bereits erfaßten Zielen wird das Zentrum des Extraktionsfensters automatisch bei jedem Antennenumlauf auf die aktuelle Zielposition gesetzt.

Um neue Ziele automatisch zu erfassen, wird üblicherweise ein ringförmiges Extraktionsfenster als Erfassungszone (GUARD ZONE) um das eigene Schiff gelegt. Ein derart erfaßtes Ziel wird anschließend auch außerhalb der Zone mit Hilfe eines Verfolgungsfensters automatisch weiter verfolgt.

Bei einigen Anlagen wird für die automatische Zielerfassung der gesamte Radarschirm überwacht (area acquisition). Bei diesen Anlagen entfällt die spezielle Erfassungszone.

Zielerfassung

Innerhalb des Erfassungsfensters wird das digitalisierte Video-Signal jeder Ablenkspur, wenn es einen Schwellwert übersteigt, in Schaltregistern (switch registers) gespeichert, z.B. als „1" (Impuls eingetroffen) oder als „0" (kein Impuls einge-

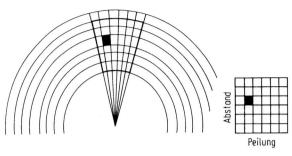

Abstand

Peilung

a   Fenster auf Radarschirm   Fenster im Speicher

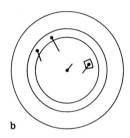

b

Bild 3.87. a Interne Matrixspeicherung der Auflösungszellen eines Verfolgungsfensters (TRACKING WINDOW); **b** Darstellung von Fenster und Erfassungszone auf dem Bildschirm

troffen). In z. B. 16 Zellen des Schaltregisters kann bei einer radialen Ausdehnung des Fensters von 0,6 sm eine Auflösung von 0,04 sm erreicht werden; andere Bereiche sind möglich. Außerdem werden die Peilungen digital erfaßt (vgl. Kap. 3.2.3).

Die Inhalte entsprechender Schaltregister werden mittels logischer Schaltungen wie folgt auf Übereinstimmung untersucht:

• Wenn mehr als ein vorgegebenes Verhältnis von Treffern, d. h. „1"-Werten, in den entsprechenden Abstandszellen auftritt (majority vote oder MOON (**m** out **of n**; Bild 3.85)), wird angenommen, daß ein reelles Ziel existiert.

• Die Zielfläche wird eingegrenzt und aus Abstands- und Peilungsgrenzen dieser Zielfläche kann der Zielschwerpunkt bestimmt werden. Das Ziel wird akquiriert.

• Die Ortskoordinaten des Zielschwerpunktes werden gespeichert und dem Zielverfolgungsprozeß zugeführt. Das Zentrum des Erfassungsfensters wird auf den Zielschwerpunkt gelegt.

Zielverfolgung und Zieldatenfilterung

Der Ablauf der kontinuierlichen Zielverfolgung (track while scan) ist in Bild 3.88 dargestellt.

Zuordnung. Für jedes akquirierte Ziel wird im Speicher eine Spur (Track) aufgebaut, die die Position und Bewegung des Zieles enthält. Die Spuren dieser Ziele werden als Zielmatrix gespeichert. Die bei jeder Antennenumdrehung im untersuchten Zielgebiet auftretenden Echosignale werden mit den Vorhersagen für die gespeicherten Spuren verglichen und, wenn eine Korrelation besteht, den Spuren zugeordnet. Bei dem Versuch, die aktuellen Echos den bereits gespeicherten Zielen zuzuordnen, kann es zu den in der nachstehenden Tabelle dargestellten Fällen und Reaktionen kommen.

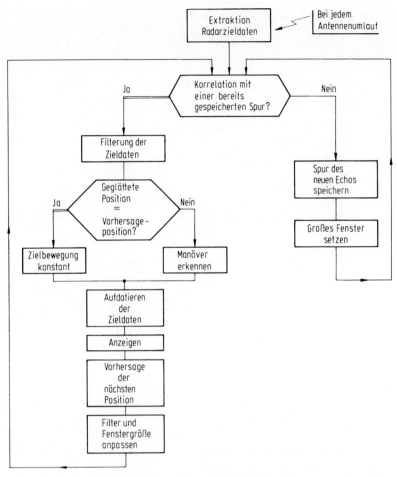

Bild 3.88. Automatische Zielverfolgung von der Zielerfassung bis zur Vorhersage der weiteren Bewegung

Zuordnung von Echos und Tracks bei der automatischen Zieldatenanalyse

Anzahl der Echos im Fenster	Anzahl der gespeicherten Spuren (Tracks)	Zuordnung
1	1	Eindeutige Zuordnung Echo/Spur
1	0	Anlegen eines neuen Spurenregisters (Track-File)
0	1	Meldung „Zielverlust" (TARGET LOST)
2, 3	1	Meldung „Zielverwechslung" (TARGET SWOP)
(Seegang)	1	Zuordnung evtl. unmöglich

Verfolgung der Bewegung. Um Kurs und Fahrt der einzelnen Ziele zu bestimmen sowie um evtl. Manöver zu erkennen und von zufälligen Positionsschwankungen unterscheiden zu können, wird eine Vorhersageposition berechnet und zum

Zentrum eines *Erwartungsgebietes* gemacht. Tritt eine signifikante Differenz zwischen dem Vorhersagewert und dem Radarmeßwert ein, wird daraus auf ein Manöver eines Zieles geschlossen. Die Zieldaten werden im Spurenregister (Track-File) aufdatiert. Die Differenz zwischen Vorhersageposition und Beobachtungsposition wird Plotfehler (plot error) genannt. Das genannte Erwartungsgebiet ist identisch mit dem Zielverfolgungs-Fenster (siehe oben). Seine Größe hängt von den Radarmeßfehlern ab.

Glättungsfilter. Um den Einfluß zufälliger Veränderungen (Radarechoschwankung, Bewegung der Schiffe) auszuschalten, werden die Daten jedes erfaßten Zieles durch einen Filterprozeß geglättet. Durch das Filtern erhält man

- die ausgeglichene Route eines Zieles, d.h. verbesserte Positionen und Geschwindigkeiten der Ziele,
- genauere Vorhersagedaten für die Position des Fensters beim nächsten Antennenumlauf (dadurch werden dem Rechner weitgehende Suchaufgaben erspart),
- Informationen über die notwendige Fenstergröße beim nächsten Antennenumlauf.

Technisch eignet sich für die Seezielverfolgung z.B. das sog. α-β-Filterverfahren (siehe Formel (4) und (5)).

Bei diesem Verfahren können die Positionen bzw. Geschwindigkeiten nach folgenden (evtl. auch modifizierten) Formeln berechnet werden (Beispiel y-Koordinate):

$$\Delta(n) = y_m(n) - y_v(n), \tag{3}$$

$$y_g(n) = y_v(n) + \alpha \cdot \Delta(n), \tag{4}$$

$$\dot{y}_g(n) = \dot{y}_g(n-1) + \frac{\beta}{T} \cdot \Delta(n), \tag{5}$$

$$y_v(n+1) = y_g(n) + \dot{y}_g(n) \cdot T. \tag{6}$$

Es bedeutet: n laufender Index,

$\Delta(n)$ aktueller Plotfehler (Formel (3)),

y_g aktueller geglätteter Wert,

y_v Vorhersagewert,

y_m aktueller Radarmeßwert,

T Zeitintervall und

α, β Gewichtsfaktoren,

Man erhält nach Formel (4) den aktuellen geglätteten Wert $y_g(n)$, indem man den vorhergesagten Wert $y_v(n)$ um einen bestimmten Bruchteil α des Plotfehlers $\Delta(n)$ korrigiert. Nach Formel (5) gilt ähnliches (β) für den geglätteten Geschwindigkeitswert $\dot{y}_g$. Mit Formel (6) wird die nächste ($n+1$) Vorhersageposition berechnet usw. Die Werte von α und β können zwischen 0 und 1 liegen. Der geglättete Wert liegt stets zwischen dem Vorhersagewert und der Meßposition. Der Grad der Glättung ist variabel und wird durch die Werte von α und β bestimmt. Sind α und β groß, reagiert das Filter schnell und glättet wenig; diese Einstellung ist geeignet für eine frühzeitige Manövererkennung. Sind α und β klein, zeigt das Filter eine langsame Reaktion und ein starkes Glätten; diese Einstellung ist geeignet für konstante Werte von Kurs und Fahrt. Die Werte von α und β werden durch Selbstadaptation eingestellt. Sie werden dynamisch aus der Statistik der Radarmeßfehler bestimmt und erreichen damit ein situationsgerechtes Antwortverhalten (Geradeausfahrt, Manövererkennung) des Filters.

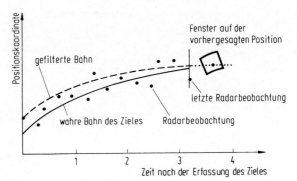

Bild 3.89. Filterung, Vorhersage und Erfassungsfenster

Bild 3.89 zeigt, wie mit Hilfe des Filters aus den schwankenden Radarbeobachtungen die geglättete Bahn des Zieles entsteht und wie das Verfolgungsfenster auf die vorher berechnete Echoposition gesetzt wird. Da für die Filterung mehrere Radarbeobachtungen über einen längeren Zeitraum verwendet werden, benötigt dieser Prozeß Zeit (ca. 30 s). Die aktuell angezeigten ARPA-Daten sind daher mit einem Nachlauffehler (Zeitkonstante) behaftet, was besonders bei schnellen Manövern zu Fehleinschätzungen führen kann. Dafür ist man jedoch von zufälligen Schwankungen nahezu frei.

Größe des Verfolgungsfensters. Der Rechner verfolgt das Ziel mit dem sich bewegenden Fenster. Er kann das Ziel solange problemlos „tracken", wie sich *ein* Ziel im Fenster befindet. Bei einem größeren Fenster bleibt die Erfassung des Zieles auch bei schnellen Manövern, sich ändernden Echos und Seegang sicherer. Bei kleineren Fenstern wird eine Zielvertauschung (siehe Kap. 3.7.5, Zielvertauschung) eher ausgeschlossen. Die Größe des Fensters wird mit zunehmender Vorhersagesicherheit über den Verlauf der Zielbewegung verkleinert, bei Unsicherheiten aufgrund einer Störung vergrößert. Bei einem Hersteller kann die Fenstergröße (HARBOUR MODE/SEA MODE) vom Radarbeobachter gewählt werden.

3.7.4 Die Funktionen von ARPA

Für die verfolgten Ziele können ARPA-Anlagen eine Reihe von Funktionen ausführen, die dem Radarbeobachter die für Kollisionschutz und Navigation wesentlichen Informationen in geeigneter Form anbieten. Die Funktionen werden in der Regel mit den Tasten der ARPA-Bedienkonsole ausgelöst (vgl. Bild 3.86). In den nachfolgenden Kapiteln sind die von der IMO geforderten Funktionen mit dem Symbol * versehen.

Zielerfassung (Akquisition)

Die erstmalige Erfassung von Zielen kann manuell und/oder automatisch erfolgen. Alle ARPA-Anlagen müssen mindestens 10 Ziele manuell erfassen und automatisch verfolgen können. ARPA-Anlagen mit zusätzlicher automatischer Erfassung müssen mindestens 20 Ziele erfassen können.

Manuelle Erfassung*. Der Radarbeobachter wählt aufgrund der Verkehrssituation diejenigen Ziele, die er erfassen will, aus. Er setzt dann auf dem Radarschirm mit einem Steuerknüppel oder einem Rollball eine verschiebbare Marke auf das zu erfassende Ziel und betätigt die Zielerfassungstaste TARGET ACQUIRE.

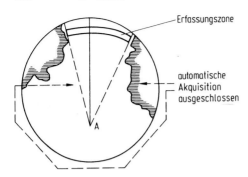

Bild 3.90. Automatische Zielerfassung durch Erfassungszonen (GUARD ZONE, GUARD RING) mit Gebietsausschluß durch Sektoren

Automatische Erfassung. Es werden alle Ziele, die in einer Erfassungszone (GUARD ZONE) auftauchen, automatisch erfaßt. Meist sind zwei Erfassungszonen in verschiedenen Abständen (z. B. 4 sm und 12 sm bzw. variabel) vorhanden. Die Breite der Erfassungszone beträgt in der Regel 0,6 sm. Die automatische Erfassung kann auf einen bestimmten Sektor bzw. ein Gebiet beschränkt werden* (Bild 3.90), um die unerwünschte Erfassung von Landzielen zu vermeiden und eine Kapazitätsüberlastung des Rechners zu verhindern. Die automatische Erfassung kann mit einer Warnung verbunden werden. Bei einer zu großen Anzahl von Zielen kann eine programmierte Auswahl nach *Gefährlichkeit* getroffen sein. Der Radarbeobachter muß die Kriterien für die Priorität kennen (Handbuch). Nach etwa 10 Antennenumläufen ist die Erfassungsphase abgeschlossen und das Ziel unter der Kontrolle des Rechners.

Löschen von Zielen. Uninteressant gewordene Ziele sollten gelöscht werden. Dadurch wird die Zahl der Vektoren (siehe unten) auf dem Radarschirm verringert und im Zielspeicher (meist 20 Ziele) Raum für neue Ziele geschaffen, um einen TARGET OVERFLOW zu verhindern.

Vektordarstellung

Die Bewegungen von Radarzielen werden auf dem Radarschirm durch Vektoren dargestellt (vgl. auch Kap. 3.6). Die Vektorspitze zeigt die zukünftige (vorausberechnete!) Position an, an der sich das Ziel nach einer vom Benutzer veränderbaren *Vektorzeit* (plotting interval), z. B. 6 min, befinden wird. Dem liegt zugrunde, daß Kurs und Fahrt sich nicht ändern. Bei Änderungen von Kurs oder Fahrt ändern sich die Vektoren entsprechend. Man kann absolute oder relative Vektoren wählen. Im Bild 3.91 **a** und 3.91 **b** sind anhand einer bestimmten Verkehrssituation (Eigenschiff und drei andere Fahrzeuge) die Eigenschaften von relativen und absoluten Vektoren gegenübergestellt.
Relative und absolute Vektoren ergänzen sich in ihrem Informationsgehalt. Beide stehen auf Tastendruck alternativ zur Verfügung.

Relative Vektoren*. Relative Vektoren (Bild 3.91 a) stellen die einzelnen Gefährdungen (Kollisionsgefahren) für das Eigenschiff besser dar, da

- gefährliche Ziele daran erkannt werden, daß ihr relativer Vektor auf das Eigenschiff A zeigt (diese Anzeige entspricht der stehenden Peilung),
- der CPA-Wert (vgl. Ziel C und D) bei verlängerten Vektoren geschätzt, im Bedarfsfall mit dem variablen Meßring sogar gemessen werden kann und
- durch Verlängern der Vektoren leicht ersichtlich wird, mit welchem Ziel das eigene Schiff zuerst und wann zur Kollision kommen kann. Vgl. z. B. Bild 3.91 **a**;

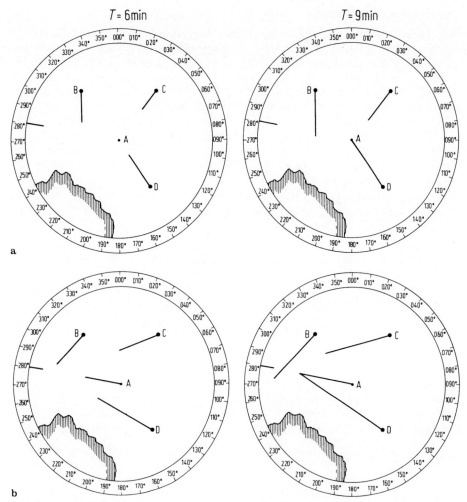

Bild 3.91. Darstellung einer Situation mit Kollisionsgefahr durch **a** relative und **b** absolute Vektoren mit den Vektorzeiten (Plotintervallen) 6 min und 9 min

hier wird angezeigt, daß eine Kollision mit Schiff D nach 9 min droht (A Eigenschiff; B, C, D Gegner).

Absolute Vektoren*. Absolute Vektoren (Bild 3.91 **b**) lassen die Gesamtsituation besser erkennen, da

- feste und sich bewegende Ziele leicht zu unterscheiden sind,
- wahre Bewegungen der Gegner direkt erkennbar sind und
- bei Manövern des Gegners zwischen Kurs- und Fahrtänderung unterschieden werden kann.

Kollisionsgefahren können (evtl. durch Verändern der Vektorzeit) dadurch erkannt werden, daß die Vektorspitzen sich nahe kommen. Das gilt auch für Kollisionsgefahren zwischen anderen Schiffen. Auch in Bild 3.91 **b** zeigt der absolute Vektor an, daß eine Kollision des Eigenschiffs A mit Schiff D nach 9 min droht.

Vergangenheitsdarstellung*

Für alle verfolgten Ziele können bei Bedarf Vergangenheitspositionen dargestellt werden (PAST TRACKS). Die Vergangenheitspositionen stellen wirkliche, gespeicherte (nicht zurückgerechnete) Positionen dar. Die IMO fordert, daß für die letzten 8 min mindestens vier Positionen zur Verfügung stehen. Bei Anlagen mit sehr großem Speicher und digitalem Scan-Converter (Tageslichtbildschirm; vgl. Kap. 3.2.3) können kontinuierliche, gespeicherte Nachleuchtschleppen wählbarer Länge angezeigt werden. Anhand der Vergangenheitspositionen kann der Radarbeobachter evtl. Manöver anderer Fahrzeuge erkennen, insbesondere wenn er das Radargerät z.B. für Arbeiten in der Seekarte für einige Minuten verlassen hat. Für die unten dargestellte Verkehrssituation zeigen die absoluten und relativen Vergangenheitspositionen in Bild 3.92

- die konstante Fahrt der Schiffe A, C, D,
- die stehende Peilung der Schiffe C und D,
- das Manöver von Schiff B.

Aus der Kombination von Zukunftsvektoren (die nur extrapolierte Vergangenheitspositionen sind) und Vergangenheitspositionen kann die weitestgehende Information über die Zielbewegung gewonnen werden. Wenn kontinuierliche Nachleuchtschleppen angezeigt werden, kann die Vektoranzeige zur besseren Übersicht auf vom Beobachter ausgewählte Ziele beschränkt werden.

Alphanumerische Anzeige von Zieldaten*

Aus den gespeicherten Daten der verfolgten Ziele können die folgenden Informationen über ein Ziel in alphanumerischer Form abgefragt werden:

- momentaner Abstand des Zieles,
- momentane Peilung des Zieles,
- voraussichtlicher CPA-Wert,
- voraussichtlicher TCA-Wert,
- (berechnete) absolute Fahrt des Zieles,
- (berechneter) absoluter Kurs des Zieles.

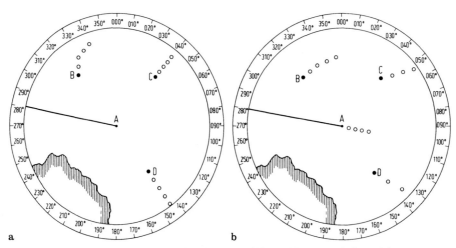

Bild 3.92. Darstellung einer Verkehrssituation mit Hilfe von Vergangenheitspositionen. **a** relative und **b** absolute Positionen

Die Zielanwahl geschieht mit Steuerknüppel (joystick)/Rollball und einer Funktionstaste, z. B. TARGET DATA. Für die meisten Zielbewegungen sind digitale Daten nicht von Bedeutung, sondern der Beitrag dieser Schiffsbewegung zur Gesamtsituation. Diese wird durch Vektoren bzw. PADs jedoch anschaulicher dargestellt, wenn eine Überladung des Radarbildes vermieden wird. Ausnahmen mögen sein:

- Die permanente digitale CPA/TCA-Anzeige eines Zieles zeigt an, ob eine Gefährdung vorliegt und ob sie zu- oder abnimmt.
- Die permanente digitale Anzeige von Peilung und Abstand eines festen Zieles erspart bei Aufgaben der Navigation (Ortsbestimmung, Grenzpeilung) das wiederholte manuelle Ermitteln mit variablem Meßring und elektronischem Peilstrahl.

Potentielle Kollisionsorte

Durch die Anzeige potentieller Kollisionsorte (PPCs; herstellerspezifisch) kann man diejenigen Kurse des Eigenschiffs, bei denen eine aktuelle oder potentielle Kollisionsgefahr besteht, erkennen. Die PPCs erscheinen als kleine Kreise of dem Bildschirm. Bild 3.93 zeigt sowohl eine wirkliche Kollisionsgefahr (PPC von Ziel C auf der eigenen Vorauslinie) als auch, welche Kurse zu vermeiden sind (potentielle Kollisionspunkte mit den Zielen B und D).

Die Lage der PPCs auf dem Bildschirm ist aufmerksam zu verfolgen. Nur im Kollisionsfall ist sie ortsfest (bei True Motion), im Nicht-Kollisionsfall wandert der PPC, auch wenn keines der Schiffe ein Manöver ausführt. Zudem gilt die jeweilige Lage der PPCs nur unter der Voraussetzung, daß das andere Schiff Kurs und Fahrt und das Eigenschiff seine Fahrt beibehält.

Ist das Eigenschiff das schnellere Schiff, so gibt es stets einen möglichen Kollisionspunkt. Ist das Eigenschiff das langsamere Schiff, so kann es aufgrund der geometrischen Bedingungen keinen, einen oder zwei Kollisionspunkte geben.

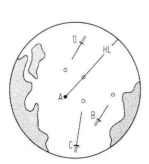

Bild 3.93. Potentielle Kollisionsorte

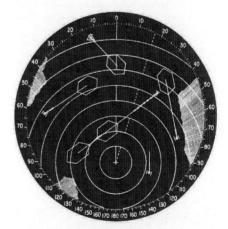

Bild 3.94. PADs als Gefahrengebiete um potentielle Kollisionsorte (Fa. Sperry). Radarbild vorausstabilisiert; Eigenschiff dezentriert. (In der Bundesrepublik Deutschland ist nur eine Peilskala mit vollkreisiger Gradteilung zugelassen.)

Gefahrengebiete um potentielle Kollisionsorte

Ein PAD (predicted area of danger, Firma Sperry) stellt ein Gefahrengebiet um den PPC dar. Es liegt an der Spitze eines absoluten Zielvektors und hat die Form eines Sechsecks. Seine geometrische Konstruktion ist vom Radarplotten abgeleitet.

Die Größe des PAD hängt im wesentlichen von dem CPA-Wert ab, den der Radarbeobachter in einer bestimmten Verkehrssituation nicht unterschreiten möchte und am Gerät einstellt: Je größer der tolerierte CPA-Wert, desto größer ist das PAD auf dem Bildschirm (z. B. 2 sm).

Wie bei den PPCs ist auch bei den PADs zu unterscheiden:

- Verläuft die Vorauslinie durch ein PAD, so ist eine Nahbereichssituation zu erwarten; der voraussichtliche CPA-Wert ist kleiner als der vorgewählte Wert.
- Für ein PAD, das nicht von der Vorauslinie geschnitten wird, ist der CPA-Wert größer als der vorgewählte Wert. Ein solches PAD stellt ein potentielles Gefahrengebiet bei einer entsprechenden Kursänderung des Eigenschiffes dar.

Im Bild 3.94 ist eine Verkehrssituation mit fünf Fahrzeugen und deren PADs dargestellt. Die PADs von zwei Fahrzeugen liegen auf der Vorauslinie, es drohen dichte Annäherungen. Der Beobachter kann abschätzen, daß mit dem Eindringen in das erste PAD nach 10 min, in das zweite PAD nach 35 min zu rechnen ist. Zu dem Fahrzeug in 30° Seitenpeilung (2 PADs) bestehen zwei mögliche Kollisionskurse. Zu dem Fahrzeug in 108° Seitenpeilung (kein PAD) besteht kein möglicher Kollisionskurs. Die gestrichelte Linie zeigt eine Kursänderung (17° nach Stb.), durch die das Eindringen in PADs vermieden wird. Die Gefahrenbeurteilung (PAD auf der Kurslinie?) und die Manöverentscheidung (Vermeiden von PADs nach gültigen Verkehrsregeln) ist einfach. (Beim KRUPP-ATLAS-System 8500 werden die *verbotenen Kurse* durch Sektoren am Bildschirmrand dargestellt.)

Hinsichtlich der Voraussetzungen und der Bewegungen der PADs auf dem Bildschirm gilt im wesentlichen das für die PPCs Gesagte. Aufgrund der Bewegungen und der relativen Lage der Fahrzeuge zueinander ändern die PADs außerdem ihre Form. Daher dürfen PADs nicht wie „Inseln" umfahren werden.

Es ist zu beachten, daß Radarechoanzeigen durch PADs verdeckt sein können und daß Gefahren zwischen anderen Schiffen nicht angezeigt werden.

Manöversimulation *

Ein geplantes Manöver kann vor der Ausführung mit Hilfe des Rechners simuliert werden, um seine Eignung zu überprüfen bzw. das Manöver zu optimieren. Dazu werden anstelle der aktuellen Kompaß- und Log-Werte des Eigenschiffs die vom Beobachter eingestellten Versuchswerte TRIAL COURSE und TRIAL SPEED in die Rechnung einbezogen — gegebenenfalls auch Manöverzeitpunkte und *grobe* Manövereigenschaften des Schiffes — z. B. für drei Tiefgänge oder als Zeitaufwand für die Kursänderung.

Die Auswirkungen des simulierten Manövers können anhand der relativen bzw. absoluten Vektoren auf dem Bildschirm beobachtet werden. Es gibt verschiedene Möglichkeiten.

Statische Vektoren. Die relativen Vektoren der anderen Schiffe bzw. der eigene absolute Vektor verändern sich gemäß den eingestellten Werten für Kurs und Fahrt. Bei einigen Geräten werden die Vektoren in Polygone zerlegt, um die Bahnkrümmung während des Manövers darzustellen (Bild 3.95).

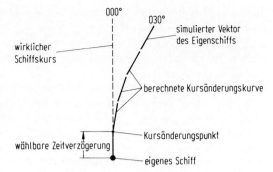

Bild 3.95. Simulation einer Kursänderung um 30° nach Stb. (Beim Verlauf des Eigenschiffsvektors werden eine einstellbare Zeitverzögerung und die Bahnkrümmung beim Manöver berücksichtigt.)

Dynamische Anzeige. Die Anzeigen der simulierten zukünftigen Positionen des Eigenschiffs und aller „getrackten" Ziele bewegen sich im Zeitraffer (z. B. dreißigfach) über den Schirm. Der CPA-Wert erhält den der Simulation entsprechenden Wert. PADs bzw. Kollisionspunkte ändern ihre Lage auf dem Bildschirm bzw. verschwinden.

Um Verwechslungen zwischen Realität und Simulation zu vermeiden, muß die Manöversimulation durch ein Symbol, z. B. T (TRIAL MANOEUVRE), auf dem Bildschirm deutlich angezeigt werden oder durch einen federbelasteten Schalter bewirkt werden. Wenn während der Simulation eine aktuelle Gefahr auftritt (z. B. DANGEROUS TARGET), wird die Simulation automatisch unterbrochen.

Automatische Warnungen

Automatische Warnungen treten als (abschaltbarer) akustischer Alarm und/oder optischer Alarm (Warnlampe, blinkende Symbole auf dem Bildschirm) auf.

Besonderes Verhalten von Zielen/Echos. Die IMO schreibt besondere Warnungen (operational warnings) vor, und zwar

- GUARD ZONE ALARM beim Eindringen bisher nicht erfaßter Ziele in die Erfassungszone,
- DANGEROUS TARGET ALARM bei verfolgten Zielen, welche die vom Radarbeobachter eingestellten Werte für CPA *und* TCA unterschreiten,
- TARGET LOST ALARM bei Verlust eines bisher verfolgten Zieles.

  Darüber hinaus treten z. T. herstellerspezifische Alarme auf, z. B.:

- TRACK CHANGE ALARM bei Manövern von erfaßten Zielen,
- TARGET OVERFLOW ALARM bei Kapazitätsüberlastung des Rechners durch mehr als 20 Ziele,
- ANCHOR WATCH ALARM bei Ankerwache, wenn sich das Eigenschiff relativ zu Referenzpunkten um mehr als eine vorgegebene Distanz bewegt.

Funktionstests. Warnungen (equipment warnings) treten auf bei Funktionsfehlern der Gesamtanlage, insbesondere bei Verlust der Eingabewerte der Sensoren Radar, Kompaß oder Log sowie bei Selbstdiagnose-Programmen des ARPA-Teils, die periodisch automatisch oder auf Wunsch des Beobachters ablaufen. Außerdem können Warnungen bei Bedienungsfehlern angezeigt werden.

Fahrtmessung durch Referenzechos

Aus den sich ändernden Werten für Peilung und Abstand eines festen Zieles können Kurs und Fahrt des Eigenschiffs über Grund (KüG, FüG) ermittelt und für die ARPA-Rechnung verwendet werden. Dazu sind solche Referenzziele vom Bedienenden zu wählen, die

- ein starkes Radarecho liefern,
- nicht so ausgedehnt sind, daß das Reflexionszentrum auf dem Ziel merklich wandern kann, und die
- hinreichend lange im Erfassungsbereich bleiben.

Da die Drift kompensiert ist, sind diese *grundgestützten* Werte für navigatorische Zwecke geeignet. Beim Einsatz von ARPA für den Kollisionsschutz sind dagegen die Werte für Kurs und Fahrt durchs Wasser vorzuziehen, da die anderen Verkehrsteilnehmer in der Regel demselben Strom ausgesetzt sind und nur in diesem Fall die Kursdifferenz der Schiffe und der optische Aspekt anderer Schiffe dem Radarbild entsprechen.

Navigationslinien

Als Hilfe für die Navigation in schwierigen Gewässern können synthetische Navigationslinien zur Kennzeichnung von Fahrwasserbegrenzungen, schmalen Fahrrinnen, Verkehrstrennungsgebieten etc. oder für die Parallel-Indexing-Methode (vgl. Kap. 3.5.4) auf dem Bildschirm dargestellt werden (Bild 3.96). Diese Linien (bis 30 Linien) können in Position, Richtung und Länge vom Radarbeobachter gesetzt werden und ermöglichen so eine grobe „Radarkarte". Dazu ist erforderlich, daß das Radarbild durch die Benutzung der Fahrt über Grund grundstabilisiert ist. Bei einigen ARPA-Systemen ist eine *automatische Videokarte* für verschiedene Verkehrsgebiete vorgesehen. Diese wird mittels digitalisierter Daten, die auf Kassette oder einem anderen Datenträger gespeichert sind, eingegeben.

3.7.5 Grenzen und Fehler

Fehler der Sensoren und deren Auswirkungen

Im einzelnen spielen eine Rolle bei

Radar:

- Genauigkeit der Abstands- und Peilungsbestimmung,
- Auflösungsvermögen der Radaranlage,
- Wandern des Echoschwerpunktes eines Zieles,
- Ausfall von Echos durch Abschattung u. ä.,
- fehlende Rundumsicht der Radarantenne.

Kursmessung:

- Gierbewegung des Eigenschiffs,
- unterlassene Driftkorrektur,
- Kursanzeigefehler während und nach Manövern.

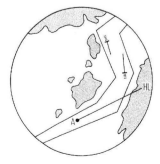

Bild 3.96. Radarbild mit synthetischen Navigationslinien als Fahrwasserbegrenzung

Fahrtmessung:

- Ungenauigkeit der Fahrtmessung bzw. der manuellen Eingabe,
- keine sachgemäße Verwendung von Fahrt über Grund (FüG) für Zwecke der Navigation bzw. Fahrt durchs Wasser (FdW) für den Kollisionsschutz.

In der Praxis ist die Eingabe einer inkorrekten Fahrt von besonderer Bedeutung. Dadurch werden die absoluten Vektoren der Ziele, die berechneten Werte für Kurs und Fahrt der Ziele, die PPCs und PADs falsch.

Hingegen werden die relativen Vektoren und die Werte für Abstand, Peilung, CPA und TCA der Ziele nicht beeinflußt. Die relativen Daten sind genauer als die absoluten Daten.

ARPA-spezifische Mängel und deren Auswirkungen

Die Zielerfassung und Zielverfolgung werden nicht durchgeführt,

- wenn bei der Bereinigung der Rohradardaten Informationen verlorengehen oder
- weil die Anzahl von verfolgten Zielen bei den meisten Anlagen auf 20 begrenzt ist.

Bei der automatischen Zielverfolgung können Zielzuordnung, Glätten, Manövererkennung und aktuelle Datenanzeige erschwert werden durch

- Echohäufung,
- nicht situationsgerechte Einstellung der α- und β-Werte des Glättfilters,
- zu kleines oder zu großes Verfolgungsfenster,
- Nachlauffehler durch den Glättungsprozeß.

Auswirkungen sind:

Zielverluste durch Seegangsreflexe. In einem Gebiet mit Seegangsreflexen kann die Zuordnung eines Zieles zu der bisherigen Spur schwierig werden und dadurch ein bereits „getracktes" Ziel verlorengehen; zumindest sind die Zieldaten nicht mehr gesichert.

Droht ein Zielverlust, so wird (bei den meisten Geräten) automatisch

- das Verfolgungsfilter auf starkes Glätten gestellt werden, so daß nicht von Echo zu Echo gesprungen wird, sondern im wesentlichen angenommen wird, daß das Ziel Kurs und Fahrt beibehält (Bild 3.97);
- nach dem Verlassen des Seegangsgebietes versucht werden, das Ziel durch eine Vergrößerung des Verfolgungsfensters wiederzufinden.

Es bleibt die Gefahr, daß das verfolgte Ziel in der Zwischenzeit ein Manöver ausführt und der Rechner infolge der Extrapolation ergebnislos an falscher Stelle im Seegang sucht und die Zielverfolgung schließlich aufgeben muß. Der Zielverlust wird durch die Warnung „TARGET LOST" angezeigt.

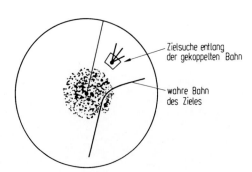

Bild 3.97. Zielverlust durch Seegangsreflexe. (Der Vektor springt unregelmäßig hin und her.)

Zielsuche entlang der gekoppelten Bahn

wahre Bahn des Zieles

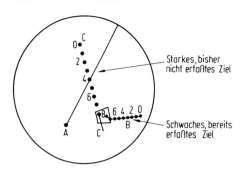

Bild 3.98. Zielvertauschung, Übergangsphase nicht dargestellt. (Bei Bedarf kann das Erfassungsfenster angezeigt werden.)

Zielvertauschung. Wenn zwei Ziele sich so nahe kommen (Überholen, Passieren, Lotsenübergabe usw.), daß sie in dasselbe Verfolgungsfenster fallen, kann es zu einer Zielvertauschung (TARGET SWOP) kommen. In derartigen Situationen ist darauf zu achten, ob ein Zielverlust erfolgt oder ob der Vektor eines bereits erfaßten Zieles auf ein anderes, in der Regel stärker reflektierendes Ziel überspringt. Im Bild 3.98 springt bei Position *8* der Vektor des „getrackten" Zieles B auf das nicht „getrackte" Ziel C über und wird von diesem entsprechend dessen Kurs und Fahrt mitgenommen.

Nach einer Zielvertauschung wird ein vorher erfaßtes Ziel nicht mehr verfolgt (obwohl der Radarbeobachter dies wähnt), bzw. die Zuordnung der Ziele entspricht nicht seiner Absicht.

Bei manchen Geräten reagiert der Verfolgungsalgorithmus bei drohender Zielvertauschung mit starkem Glätten, d. h. er nimmt Geradeausfahrt an, bis der Abstand der Ziele wieder größer geworden ist. Diese Überbrückungsmethode kann allerdings nicht berücksichtigen, daß gerade bei dichter Annäherung von zwei Zielen die Wahrscheinlichkeit einer Kursänderung groß ist.

Die Gefahr der Zielvertauschung ist bei kleinem Fenster geringer. Für Kontrollzwecke sollten deshalb die Fenster bei Bedarf auf dem Bildschirm dargestellt werden.

Zielverlust bei schnellen Manövern. Wegen der Glättung der Zieldaten mit dem Zielverfolgungsfilter werden Abweichungen von der Vorhersageposition, d. h. dem Zentrum des Verfolgungsfensters, nicht sofort, sondern erst nach einigen Antennenumläufen als Manöver interpretiert. Das hat zur Folge, daß ein Ziel durch ein plötzliches und erhebliches Manöver außerhalb des Verfolgungsfensters gelangen und damit verlorengehen kann, auch wenn das Verfolgungsfenster für den folgenden Suchprozeß automatisch vergrößert wird. Das getrackte Ziel gelangt außerhalb des Fensters; Fenster und Vektor lösen sich vom Radarecho ab (Bild 3.99).

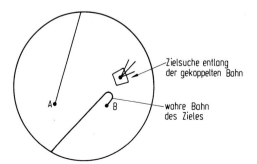

Bild 3.99. Zielverlust bei schnellen Manövern. (Der Vektor springt unregelmäßig hin und her.)

Zeitverzögerung im Darstellungsprozeß. Die Bewegungsdaten eines Zieles weisen wegen des Glättungsvorgangs einen Nachlauffehler (z. B. von 30 s) auf. Dadurch werden die Daten der Schiffsbewegungen verzögert angezeigt und evtl. nicht sofort erkannt. Die IMO-Anforderungen verlangen, daß für die ARPA-Daten nach der Erfassung und nach einem Manöver nach einer Minute eine Trendangabe und nach drei Minuten eine genaue Angabe innerhalb vorgeschriebener Grenzen zur Verfügung steht.

Anwendungsgebiet

In Fahrtgebieten mit zu vielen Zielen sowie zu vielen dichten Annäherungen und Manövern können sowohl die Kapazität der ARPA-Anlage als auch die Darstellung auf dem Bildschirm überlastet werden. Der Einsatz von ARPA ist daher z. Z. nur auf See und im Küstenbereich zu empfehlen.

Fehler durch menschliche Interpretation

Das Arbeiten mit einer ARPA-Anlage (ein einwandfreies Gerät sei vorausgesetzt) kann zu
- Fehleinschätzung der Vorhersagesicherheit von Zukunftsvektoren,
- Verlassen auf die automatische Akquisition,
- Verlassen auf automatische Alarme,
- Informationsüberflutung, die jedoch durch geeignete Zielauswahl eingeschränkt werden kann,
- Fehlinterpretation im Hinblick auf grundstabilisierte und seestabilisierte Anzeige,
- Fehlern bei der Interpretation von PPCs und PADs

führen.

Unsicherheit

Die IMO-Resolution A. 422 schreibt für beispielhaft definierte Sensorfehler und bestimmte Bewegungs-Szenarios die Genauigkeit, die nach 1 und 3 min erreicht sein soll, vor.

Verhalten des Radarbeobachters

Nicht zuletzt aufgrund der verschiedenen Fehlermöglichkeiten soll ARPA nur als Hilfsmittel eingesetzt werden. Der Wachoffizier ist weiterhin verpflichtet, das Radarbild sorgfältig zu beobachten. Er muß neben Bedienung und Überwachung der Anlage eine situationsgerechte Informationsauswahl (z. B. welche Ziele, welche Art der Vektoren, welches TRIAL MANOEUVRE) treffen und entscheiden, in welchen Situationen (freier Seeraum, Navigation im Küstengebiet) ARPA eingesetzt werden kann.

Der Beobachter muß die möglichen Gefahren des unkritischen Verlassens auf ARPA, insbesondere bei der automatischen Akquisition und bei den automatischen Warnungen, verinnerlichen. Er muß die Faktoren, die die Funktionstüchtigkeit und die Genauigkeit beeinflussen, sowie die Möglichkeiten und Grenzen der automatischen Zielverfolgung kennen. Er darf darüber hinaus die Genauigkeit der ARPA-Daten nicht überbewerten und muß die ARPA-Werte dauernd kritisch überprüfen. Er muß in der Lage sein, auch bei einem eventuellen Ausfall von ARPA das Radarbild sicher auszuwerten.

3.8 Radarhilfsmittel

3.8.1 Radarreflektoren

Radarreflektoren sollen bei Anstrahlung aus jeder beliebigen Richtung die auf-
fallenden Radarwellen möglichst ungeschwächt in die Herkunftsrichtung zurück-
strahlen. Durch die Verwendung von Radarreflektoren können kleine und nieder-
bordige Fahrzeuge sowie Tonnen besser im Radarbild anderer Fahrzeuge oder von
Landradarstellen erkannt werden.

Nach ihrer Wirkungsweise werden Radarreflektoren in metallische und dielektrische Reflektoren eingeteilt. Während metallische Reflektoren vorwiegend bei
Seezeichen, Schleppern und sonstigen kleinen Fahrzeugen, vor allem aber auch bei
Rettungsbooten, ständig eingesetzt werden, hat sich die Verwendung von dielek-
trischen Reflektoren noch nicht allgemein durchsetzen können.

Metallische Reflektoren

Sie sind aus neben- und übereinander angeordneten rechtwinkligen Raumecken
gebildet. Häufigste Anwendung findet der Oktaeder-Reflektor, der aus acht rechtwinkligen räumlichen Ecken aufgebaut ist. Jeder aus beliebiger Richtung in eine
räumliche Ecke einfallende Radarstrahl wird nach ein- bis dreimaliger Reflexion
wie bei einem Tripelspiegel in der Optik in seine Einfallsrichtung zurückgestrahlt,
wenn die Flächen genügend groß sind im Verhältnis zur Wellenlänge. Im allgemeinen verwendet man daher Reflektoren, deren Kanten etwa zehnmal so groß
sind wie die Radarwellenlängen. Je nach Anwendung werden die Oktaeder-
Reflektoren in unterschiedlichen Stellungen zu Spieren-, Halboktaeder- oder kugel-
förmigen Reflektoren zusammengebaut (siehe Bild 3.100).

Dielektrische Reflektoren

Diese Reflektoren bestehen aus hochpolymeren Stoffen, wie z.B. Styropor, bei
denen eine Richtungsänderung der Radarwellen beim Durchlaufen von Stoffen
unterschiedlicher Permittivität (Dielektrizitätskonstante) erfolgt. Treffen Radarwellen auf die Grenze zweier Kunststoffschichten unterschiedlicher Permittivität, so
wird ihre Ausbreitungsrichtung, wie beim Strahlengang sichtbaren Lichtes an der
Grenzfläche zweier optisch verschieden dichter Medien, geändert. Dieses Prinzip
wird in zwei verschiedenen Ausführungen angewandt:

- Bei der Eaton-Lippman-Linse durch eine Kugel aus Kunststoffen, bei der die
  Permittivität ε der schalenartigen Schichten zur Mitte hin derart zunimmt,
  daß alle auf die Kugel treffenden Radarstrahlen durch Mehrfachbrechung
  an den Schichten ihre Richtung schließlich umkehren und dann wieder zur
  Antenne zurückgeworfen werden (siehe Bild 3.101).

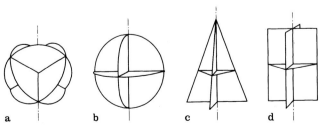

a   b   c   d

Bild 3.100. Oktaeder-Reflektoren in verschiedenen Ausführungen.
a Sechserstellung; **b** bis **d** Viererstellung

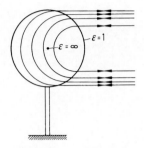

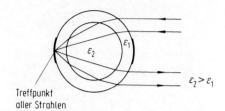

Bild 3.101. Strahlengang in einem Reflektor mit Eaton-Lippmann-Linse

Bild 3.102. Strahlengang in einem Reflektor mit Luneberg-Linse

- Bei der Luneberg-Linse durch eine Kugel aus Kunststoffschalen mit einem Metallgürtel. Hierbei werden die Radarstrahlen durch die Zunahme der Permittivität ε zur Mitte hin auf den Metallgürtel hin fokussiert und von hier aus symmetrisch in die Gegenrichtung reflektiert (siehe Bild 3.102).

3.8.2 Radarfunkfeuer, Radarbaken

Unter Radarfunkfeuer bzw. Radarbaken versteht man Funkfeuer, die im Frequenzbereich der Schiffsradaranlage, vorwiegend im X-Band, senden. Grundsätzlich unterscheidet man die Radarsendefunkfeuer (Ramark) und die Abfrage- und Antwortfunkfeuer (Racon). Es sind ortsfeste Radar-Navigationshilfsmittel, die meist auf schwimmenden Seezeichen installiert sind.

Inbetriebnahme, Standort, Frequenz und Kennung solcher Anlagen sind den NfS und dem NF zu entnehmen.

Ramark

Ramark-Anlagen (radar **mark**er) sind nur selten (gegenwärtig fast ausschließlich in japanischen Gewässern) eingesetzte Sendefunkfeuer, die kontinuierlich ungerichtete Radarimpulse von 3 cm Wellenlänge in alle Richtungen ausstrahlen. Diese Radarimpulse erscheinen auf dem Bildschirm als heller Strich, der sich vom eigenen Schiffsort über den Bakenstandort hinweg bis zum Rand des Bildschirms erstreckt, unabhängig von der Größe des eingestellten Meßbereichs. Damit ist allerdings nur eine Radarpeilung des Bakenstandortes möglich, aber keine Abstandpeilung.

Racon

Als Racon-Baken (**ra**dar re**con**aissance oder **ra**dar bea**con**) oder Radarantwortbaken bezeichnet man Radarfunkfeuer, die nur dann Radarimpulse aussenden, wenn sie vom Sendeimpuls einer Schiffsradaranlage getroffen werden. Ihre Strahlungsleistung ist von der Energie der vom Schiff empfangenen Radarimpulse unabhängig. Je nach Einsatzort und Betriebsanforderungen werden Racon-Baken mit unterschiedlichen Sendeleistungen für Reichweiten bis etwa 30 sm ausgestattet.

Racon-Baken senden fast ausschließlich im X-Band mit einer sehr kleinen Bandbreite, die etwa der Bandbreite einer Bordradaranlage entspricht. Die Sendefrequenz der Racon-Bake wird in einem bestimmten Zeitraum zwischen 60 s und 120 s von 9,3 GHz bis 9,5 GHz *durchgewobbelt* (Swept-Frequency-Racon); damit kann das Signal von der Bordradaranlage innerhalb dieses Zeitraums nur während

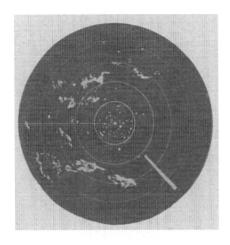

Bild 3.103. Racon-Signal auf dem Bildschirm eines Radargerätes

etwa 2 bis 4 Antennenumdrehungen empfangen werden, und zwar immer dann, wenn die Sendefrequenz der Bake beim Durchstimmen *(Wobbeln)* mit der Empfangsfrequenz der Bordradaranlage übereinstimmt.

Sendeimpulse von Racon-Baken sind häufig mit einer Morsebuchstaben-Kennung versehen; damit können nahe beieinanderliegende Racon-Baken unterschieden werden. Durch das Signal entsteht auf dem Bildschirm vom Ort der Racon-Bake ein radial nach außen gerichtetes, gegebenenfalls durch Morse-Zwischenräume unterbrochenes Echozeichen (siehe Bild 3.103), dessen Fußpunkt genau der Position der Racon-Bake entspricht. Dadurch können Abstand und Peilung der Bake eindeutig bestimmt werden.

Wichtiger Hinweis: Gegenwärtig (1985) arbeiten die meisten Racon-Baken nur im X-Band; sie können also von 10-cm-Radargeräten nicht empfangen werden. Seit Mitte 1984 arbeiten einige Racon-Baken, vor allem in skandinavischen Gewässern, auch im S-Band; diese können sowohl von 3-cm- als auch von 10-cm-Radargeräten empfangen werden.

3.8.3 Radartagebuch

Die Radarnavigation ist für die Seeschiffahrt von sehr großer Bedeutung. Die Praxis empfiehlt daher die ständige Führung eines Radartagebuches an Bord von Seeschiffen. In Gewässern der Vereinigten Staaten ist dies sogar vorgeschrieben. Das vom Formularus-Verlag P. Moehlke, Hamburg, herausgegebene Radartagebuch enthält einen Tagebuch-, einen Berichts- und einen Störungsmeldeteil. Die Beobachtungen markanter Küstenpunkte und alle Beobachtungen nicht alltäglicher Natur, wie z.B. große Vogelschwärme, charakteristische Wetterfronten usw. sind sorgfältig in das Radartagebuch einzutragen. All diese Eintragungen und besonders auch die beobachteten Erfassungsreichweiten aller Eisbeobachtungen (Eisberge) unter den verschiedensten Wetterbedingungen liefern dem Radarbeobachter Vergleichsmöglichkeiten und erleichtern damit der Schiffsführung die Navigation. Die Aufzeichnungen von Erfassungsreichweiten unter verschiedensten Wetterbedingungen geschehen zweckmäßig in den Formularen *Radarreichweite und Wetter*, die das Seewetteramt und das DHI gemeinsam herausgegeben haben. Die spätere Auswertung dieser niedergelegten Beobachtungen erfolgt durch die gleichen Institute. Das Radartagebuch ist bei Seeunfällen von großem Wert, auch wenn es vor dem Seeamt bislang noch keine gesetzliche Beweiskraft hat. Es sind daher zusätzliche Angaben über Betrieb, Ausfall, Wiederinbetriebnahme und Verwendung des Radargerätes bei unsichtigem Wetter in das Schiffstagebuch einzutragen.

3.9 Landseitige Verkehrsüberwachung und -beratung

Landseitige Verkehrsüberwachung und -beratung (Vessel Traffic Services, VTS) sind Verkehrssicherungssysteme, die Daten über die Verkehrs- und Fahrwassersituation sammeln, auswerten und der Schiffahrt folgende Dienste bieten können:

- Informationsdienst,
- Navigationsunterstützungsdienst und
- Verkehrsregelungsdienst.

Dies geschieht durch Aussenden entsprechender Nachrichten wie Information, Empfehlung und Weisung.

Information enthält nur beobachtete Tatsachen, aber keine spezielle Absicht zur Verkehrsbeeinflussung; Folgerungen sind ganz der Schiffahrt überlassen. Empfehlung und Weisung beinhalten gezielte Absichten der Verkehrsbeeinflussung durch Ratschläge oder schiffahrtspolizeiliche Verfügung.

VTS werden häufig von Revierzentralen (VTS-Centre) betrieben. Neben Kommunikationseinrichtungen sind sie mit geeigneten Sensoren wie Radar, Peilern oder Fernsehkameras ausgerüstet.

3.9.1 Ausrüstungsstand mit Landradaranlagen

1948 ging die erste zivile Hafenradarstation in Liverpool in Betrieb; heute gibt es weltweit über 500 Häfen, die mit Landradaranlagen ausgerüstet sind. Längere Reviere werden im allgemeinen durch Landradarketten aus mehreren einzelnen Radarstationen erfaßt, deren sich überlappende Radarbilder über Richtfunkstrecken oder Kabelverbindungen zu Revierzentralen übertragen und dort auf einer Reihe von Sichtgeräten dargestellt werden.

Die meisten Landradareinrichtungen werden von staatlichen Verwaltungen (Verkehrsministerium, Coast Guard) oder von örtlichen Behörden (Hafenbehörden, Port Authority) betrieben, einige auch von Lotsorganisationen. Technisch handelt es sich im einfachsten Fall um an Land installierte Schiffsradaranlagen, häufiger aber um speziell entwickelte Radaranlagen hoher Qualität, in einigen Fällen verbunden mit automatischen Radardatenverarbeitungssystemen. Zusätzlich enthalten einige derartige Verkehrssicherungssysteme noch UKW-Peiler oder Einrichtungen zur optischen Überwachung von Fahrwasserbereichen mit Fernsehkameras.

Grundsätzliche Aufgabe aller derartiger Verkehrssicherungssysteme ist es, zum Vermeiden von Schiffsunfällen beizutragen. Im Detail gibt es allerdings zahlreiche Unterschiede hinsichtlich der Zielsetzung und Betriebsweise derartiger verkehrstechnischer Systeme. In den folgenden Abschnitten sollen Aufgabenstellung, technischer Aufbau und nautischer Betrieb von Revierzentralen näher erläutert werden.

3.9.2 Aufgaben der Revierzentralen

Trotz internationaler Harmonisierungsbestrebungen unterscheiden sich Aufgaben und Betriebsformen der heute vorhandenen Verkehrssicherungssysteme und

Revierzentralen in gewissem Umfang. Dies zeigt sich bereits an der langwährenden Diskussion über die geeignete Bezeichnung derartiger Einrichtungen (vessel traffic control systems, vessel traffic management systems, vessel traffic systems) bis zum heutigen Vessel Traffic Service. Die Gründe hierfür liegen nicht nur in der historisch gewachsenen Heterogenität der Schiffahrt, sondern auch darin, daß sich Fahrwasser- und Verkehrssituation bei den einzelnen Systemen im allgemeinen nicht gleichen und daß die gesetzlich vorgegebenen Aufgaben der betreibenden Institutionen sich unterscheiden.

Die Fahrwassersituation kann einem Verkehr in einer nicht tiefenbegrenzten Fläche oder in einer tiefenbegrenzten Trasse entsprechen. Innerhalb eines flächenhaften Verkehrs kann es zu zahlreichen Verkehrsüberschneidungen mit gesteigertem Kollisionsrisiko kommen. Abhilfe ist möglich durch passive Maßnahmen wie Schaffen einer Wegeführung und durch aktive Maßnahmen wie Überwachung der Einhaltung der Wege und eine der Situation angepaßte Verkehrsregelung durch eine Revierzentrale. Bei einem linearen Verkehrsstrom in einer gebaggerten Fahrrinne entfallen im allgemeinen Probleme der Verkehrsüberschneidung; das Kollisionsrisiko ergibt sich hier aus engen Passierabständen schwer manövrierfähiger großer Schiffe bei Begegnungen oder Überholvorgängen, besonders in Kurven. Im Unterschied zur nicht tiefenbeschränkten Fläche treten zusätzlich die Gefahren von Schiffsunfällen durch Grundberührung am Rande der Baggerstraße auf. Das Einhalten dieser Trasse ist besonders schwer, wenn sie als Halbkanal innerhalb freier Seefläche verläuft und die Schiffahrt durch Querwind und Querströmung beeinflußt wird. Hier ergäbe sich für eine Revierzentrale neben der Verkehrsüberwachung und Verkehrsregelung die Aufgabe der Navigationsunterstützung z. B. durch Radarberatung.

Nun entsprechen die gesetzlichen Aufgaben des Betreibers einer Revierzentrale nicht unbedingt den oben genannten Aufgaben. Manche Institutionen sind in ihrer Zielsetzung darauf ausgelegt, durch Verkehrsüberwachung und -regelung die Sicherheit des Verkehrs zu erhöhen, ohne aber unbedingt einen schnellen Verkehrsfluß zu fördern. Dies trifft z. B. überwiegend für die *US-Coast Guard* oder die japanische *Maritime Safety Agency* zu. Man versucht, kritische Begegnungen (surprises) zu vermeiden, indem man gezielt die räumliche Verteilung der Verkehrsteilnehmer beeinflußt (space management), nicht aber, die Schiffahrt bei schlechten Sichtbedingungen zu unterstützen. Die meisten europäischen Revierzentralen, die z. T. schon sehr früh entstanden (Radarkette Neuer Wasserweg 1956), hatten dagegen vorwiegend die Zielsetzung, die Schiffahrt auch bei Nebel aufrechtzuerhalten und für einen „schnellen" Hafen zu sorgen. Erst mit Zunahme der Schiffsgrößen und der Transporte gefährlicher Ladungen ergab sich auch hier zunehmend die Aufgabe der Verkehrsüberwachung.

Mit Ausnahme der von den Hansestädten Hamburg und Bremen betriebenen Hafenradaranlagen werden die Verkehrssicherungssysteme in der Bundesrepublik Deutschland und ihre Revierzentralen von der Wasser- und Schiffahrtsverwaltung, einer Behörde des Bundes, betrieben (Landradarketten Elbe, Weser, Jade, Ems und Deutsche Bucht). Diese Verwaltung ist verantwortlich für „Sicherheit und Leichtigkeit" des Verkehrs. Entprechend dieser Aufgabenstellung geben die Revierzentralen der Schiffahrt auf Wunsch Navigationsunterstützung durch Radarberatung, z. B. bei Nebel, Sturm, Eisgang oder auf besondere Anforderung. Daneben findet eine kontinuierliche Verkehrsüberwachung und – bei Bedarf – Verkehrsregelung statt, um z. B. kritische Begegnungen zu vermeiden.

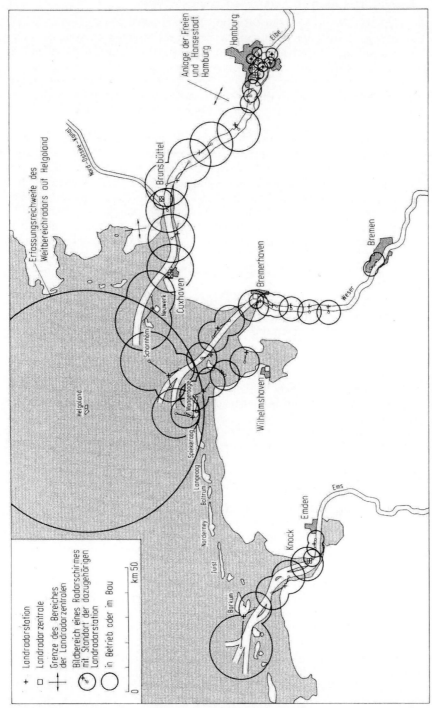

Bild 3.104. Landradarketten an Elbe, Weser, Jade, Ems und Deutsche Bucht

3.9.3 Technischer Aufbau der Verkehrssicherungssysteme

Für die Erfüllung der vorangehend beschriebenen Aufgaben benötigen die Revierzentralen Informationen über den Schiffsverkehr ihres Fahrwasserbereiches, möglichst auch über die Revierbedingungen (Wasserstand, Wetterdaten). Während
ursprünglich die Erfassung der Verkehrssituation nur auf vorgeschriebenen
Schiffsmeldungen beruhte, stützen sich die Revierzentralen heute meistens zusätzlich auf die Informationen von einer oder mehreren Landradarstationen ab,
manchmal noch ergänzt durch eine Überwachung mit Fernsehkameras und UKW-
Peiler.

Die Standorte der Radarstationen werden so gewählt, daß auch über größere
Entfernungen eine durch Abschattungen ungestörte Einsicht in das Fahrwasser
gewährleistet ist. Durch gut bündelnde Antennen wird auch am Rande des Er-
fassungsbereiches eine gute Zielauflösung sichergestellt. Die Radarsignale werden
über Kabel- oder Richtfunkverbindungen zu günstig gelegenen, ständig besetzten
Zentralen übertragen und dort auf einer Reihe von Sichtgeräten dargestellt. Diese
Geräte können häufig zusätzliche Informationen in die Radarbilder einblenden,
z. B. Tonnenpunkte, Hilfslinien und Meßlinien, die in Winkel und Entfernung
kalibriert sind.

Derartige Landradarsysteme bieten gegenüber Bordradaranlagen folgende
Vorteile:

- Infolge der Absolutdarstellung ist eine leichte Unterscheidung zwischen festen
  und sich bewegenden Objekten möglich. Bei den Bordradaranlagen handelt es
  sich dagegen im allgemeinen um Relativradarbilder; das Nachleuchten des
  Schirmes zeigt eine Spurbildung hinter *allen* Objekten, die ein Unterscheiden
  fester und beweglicher Ziele erschwert und die Klarheit der Bilddarstellung
  beeinträchtigt.
- Im Landradarbild lassen sich im Unterschied zum Bordradarbild leicht lage-
  stabile und genaue Hilfsinformationen einblenden, z. B. Fahrwasserachsen und
  -begrenzungen.
- Durch geeignete Standorte, Antennenhöhen und große, gut auflösende Antennen
  (Spannweite bis 9 m) lassen sich bessere Zielauflösung und Abschattungsfreiheit
  erreichen.
- Landradaranlagen sind häufig gedoppelt und gut gewartet. Sie bieten daher eine
  besonders hohe Verfügbarkeit.

Die Bilddarstellung in den Revierzentralen erfolgt heute im allgemeinen noch
als Rohradarbild auf nachleuchtenden Schirmen. Angestrebt wird jedoch zunehmend eine tageslichthelle Bilddarstellung. Es ist zwischen Tageslicht-Rohradar-
bildern und synthetischen Radarbildern zu unterscheiden. Hierfür bieten sich
folgende Möglichkeiten:

- Abtastung eines Rohradarbildes über eine Fernsehkamera und Darstellung auf
  einem Fernsehmonitor. Diese Methode ist sehr wirtschaftlich, ergibt aber
  normalerweise eine schlechtere Bildauflösung.
- Umwandlung des Radarbildes über einen Bildwandler (früher auf Röhren-,
  heute auf Halbleiterbasis) in ein Fernsehbild erhöhter Auflösung. Diese
  Methode ist teurer, ergibt aber keinen Verlust an Bildqualität gegenüber dem
  Rohradarbild.
- Verarbeitung des Rohradarsignals über Prozeßrechner und Darstellung als
  synthetisches Radarbild. Vorteil dieser aufwendigen Methode ist es, daß man
  den Schiffen automatisch mitlaufende Zeichen zuordnen kann. Außerdem lassen
  sich z. B. Kurse, Geschwindigkeiten und Passierabstände errechnen. Nachteil
  dieser Methode ist häufig, daß Schiffe nur als Symbole dargestellt werden, die

Lage der Schiffsachse und die Größe des Schiffes daher nicht mehr erkennbar sind.

Gerade bei dem zuletzt genannten Verfahren wird häufig eine Gleichheit mit der Flugsicherung und mit rechnerunterstützten Bordradaranlagen vermutet. Beides trifft nur teilweise zu. Die Flugsicherung arbeitet neben den sog. Primärradaranlagen, die Ziele nur als passive Objekte erfassen, mit dem kooperativen Sekundärradarverfahren: Spezielle Bordgeräte senden der Bodenstelle ein Antworttelegramm, wenn sie von einem Radarimpuls angesprochen werden. Landradaranlagen müssen dagegen Schiffe wegen des Fehlens einer entsprechenden standardisierten Bordausrüstung nur mit Primärradar erfassen und verfolgen. Hierbei werden zur Unterstützung in einigen Fällen ähnlich wie bei ARPA-Geräten Rechner eingesetzt. Diese ermitteln bei Bordradaranlagen z. B. den CPA zu einem Entgegenkommer mit einer feinsten Stufung in 0,1-sm-Schritten. Bei Landradaranlagen mit Rechnerunterstützung ist aber häufig im gleichen Fall eine viel höhere Genauigkeit und Auflösung erforderlich, z. B. wenn sich Schiffe in einem 200 m oder 300 m breiten Fahrwasser in Abständen zwischen 40 m bis 100 m begegnen.

Die Revierzentralen in Deutschland stützen sich überwiegend auf speziell entwickelte, hochwertige Anlagen ab. Die Radarantennen besitzen je nach Typ Auflösungen zwischen 0,6° und 0,25°. Die Radar-Sender/Empfänger und Richtfunkgeräte zur Bildübertragung sind gedoppelt. Alle Anlagen arbeiten an der öffentlichen Stromversorgung, besitzen aber zusätzlich eine schnell startende Notstromversorgung. Alle Geräte der unbemannten Stationen sind fernüberwacht und fernsteuerbar.

Die Sichtgeräte in den Zentralen zeigen Rohradarbilder mit Hilfsinformationen wie Tonnensollpunkte, Radarlinien zur Kennzeichnung von Fahrwasserachsen und -begrenzungen sowie Meßlineale, kalibriert in 0,1°- und 10-m-Intervallen, um Winkel und Entfernung beliebiger Objekte zueinander ausmessen zu können.

Bei den neueren Radarketten ist ein zusätzlicher Rechnereinsatz zur Radardatenverarbeitung vorgesehen. Nachdem der Beobachter ein Ziel durch Aufsetzen eines Symbols identifiziert hat, führt der Rechner dieses Symbol und ein Kennzeichen automatisch mit dem Schiff mit. Er bietet außerdem die Möglichkeit, zusätzliche Informationen über Zielbewegungen zu errechnen und in Form eines Weg-Zeit-Diagrammes eine Verkehrsvorausschau darzustellen.

Für einige Reviere laufen außerdem Planungen, die Radarketten durch UKW-Peilsysteme zu ergänzen. Diese basieren auf einem neu entwickelten Peiler hoher Genauigkeit (0,1°). Hiermit lassen sich zwei Aufgaben erfüllen:

- Identifizierung aller sich über UKW meldender Schiffe durch Kreuzpeilung und Anzeige auf den Radarbildern,
- laufende automatische Standortanzeige an Bord tiefgehender Schiffe auf einem modifizierten UKW-Gerät nach folgendem Verfahren:
  - Periodische selektive Abfrage der Bordgeräte veranlaßt diese zu kurzzeitigem Senden.
  - An Land wird der Standort errechnet und über Funk zum Schiff zurückübertragen.
  - Die Standortdaten werden auf dem Bordgerät angezeigt, direkt bezogen auf das Fahrwasser (Querablage und Tendenz zur Fahrwasserachse, Entfernung zum nächsten Kurswechselpunkt).

In den deutschen Revierzentralen werden alle Informationen zusammengeführt, die für die Sicherheit und Leichtigkeit des Verkehrs von Bedeutung sind. Dazu gehören neben den Radarbildern Anzeigen der Fernwirksysteme über den Zustand der Schiffahrtszeichen sowie hydrologische und meteorologische Informationen (Wasserstand, Windstärke und -richtung, Sichtweiten).

3.9.4 Erläuterungen zum nautischen Betrieb

Wie bereits vorangehend erläutert, unterscheidet sich die Aufgabenstellung und damit die Betriebsform der verschiedenen weltweit eingerichteten Revierzentralen. Die personelle Besetzung ist unterschiedlich geregelt, sie kann durch spezielle Radarbeobachter, Funkoffiziere, Verwaltungsangehörige, beamtete oder freie Lotsen geschehen. Der Sprechfunkverkehr zwischen Schiff und Revierzentrale findet auf international festgelegten Sprechfunkfrequenzen im UKW-Bereich statt, wobei teilweise Duplex-, teilweise Simplex-Kanäle benutzt werden. Zusätzlich zu den Arbeitsfrequenzen wird der Anruf- und Sicherheitskanal (Kanal 16) überwacht; einige wenige Revierzentralen sind auch auf Grenzwelle empfangsbereit. Der Informationsaustausch mit den Revierzentralen erfolgt in der Regel in der jeweiligen Landessprache, bei Bedarf aber auch in Englisch. Geeignete Redewendungen sind im von der IMO erarbeiteten Seefahrtstandardvokabular enthalten.

Will ein Schiff zur Teilnahme an der Radarberatung oder wegen einer angeordneten Meldepflicht Kontakt mit einer Revierzentrale aufnehmen, muß sich die Schiffsführung anhand der nautischen Veröffentlichungen über Arbeitsbereich und zu benutzende UKW-Kanäle informieren. Im allgemeinen gibt es für den Bereich einer Revierzentrale entsprechende Informationen verschiedenster Art von amtlichen Veröffentlichungen und „Operating Manuals" bis zu kaschierten, einsteckbaren Karten in handlichem Format mit den wichtigsten Angaben in Kurzform (Meldepunkte, UKW-Kanäle, Angaben). Wegen der unterschiedlichen Möglichkeiten beziehen sich die nachfolgenden Ausführungen auf den nautischen Betrieb der Revierzentralen in der Bundesrepublik Deutschland.

Abgesehen von den Hafenradaranlagen in Hamburg und Bremen werden die Revierzentralen der Radarketten Elbe, Weser, Jade, Ems und Deutsche Bucht von der Wasser- und Schiffahrtsverwaltung betrieben; vgl. Bild 3.104. Die Revierzentralen sind ständig mit bundesbediensteten Nautikern (Ausbildung bis Befähigungszeugnis AG) besetzt. Dieses Personal beobachtet das Revier und informiert die Schiffahrt durch regelmäßige Lagemeldungen. Bei Bedarf greift dieses Personal im Rahmen seiner schiffahrtspolizeilichen Aufsichtspflicht durch Empfehlungen oder Weisungen in den Verkehrsablauf ein, um potentiell gefährliche Entwicklungen vorausschauend zu vermeiden.

Wenn die Sichtweite unter 3000 m sinkt oder sich die Lotsenschiffe infolge Sturm auf Innenposition befinden oder die Schiffahrt durch Eisgang erschwert ist, kommen zusätzlich Lotsen an die Radarschirme und geben der Schiffahrt auf Anforderung Radarberatung. Diese besteht im allgemeinen aus zwei Arten Information:

- einer Standortinformation, bezogen quer auf die Fahrwasserachse (Radarlinie, auch in Seekarten eingetragen) und längs zur nächsten Tonne,
- einer Verkehrsinformation über Entgegenkommer, Mitläufer und Ankerlieger in der Nachbarschaft des beratenen Schiffes.

Bei Bedarf wird auch noch eine Kursempfehlung gegeben. Die Radarbeobachter beraten auf diese Weise zyklisch alle Schiffe, die Beratung angefordert haben. Die größte Sicherheit ergibt sich aus dem sinnvollen Zusammenarbeiten von Landradar und Bordradar. Das Bordradarbild ist in engen Revieren zur guten Beobachtung des Nahbereiches im allgemeinen auf einen kleinen Bereich geschaltet. Landradarberatung hilft bei der Deutung dieses Bildes und ergänzt es durch darüber hinausweisende Angaben.

Die bundesbediensteten Radarbeobachter geben Radarinformation auf Anforderung, solange noch keine Lotsen vor den Radarbildern ihre Beratung aufgenommen haben. Ihre wesentliche hoheitliche Aufgabe ist die Verkehrsüberwachung, um möglicherweise kritisch werdende Situationen im voraus zu erkennen und durch Verkehrsregelung zu vermeiden. Dabei wird nicht direkt in das Manövrieren eines Schiffes eingegriffen, sondern mit Vorgaben gearbeitet; über deren zweckmäßigste Einhaltung hat die Schiffsführung zu entscheiden (Erreichen eines bestimmten Punktes erst zu einer bestimmten Zeit, z. B. durch Ankern oder — soweit möglich — durch Fahrtverlangsamen).

Radarberatung und Verkehrsüberwachung lassen sich wie folgt unterscheiden:

Radarberatung erfolgt auf Anforderung und befaßt sich mit dem einzelnen Schiff. Sie ersetzt oder ergänzt die Informationen, die das Schiff bei guter Sicht von der Brücke und mit Hilfe eines Lotsen selbst besäße, d. h. über den augenblicklichen Standort und den demnächst zu durchfahrenden Fahrwasserabschnitt. Sie erfolgt durch Lotsen mit Hilfe von Rohradarbildern, ergänzt durch synthetische Hilfsinformationen und u. U. rechnergesteuerte Mitlaufzeichen.

Beabsichtigt ein Schiff, an der Radarberatung teilzunehmen, so hat es sich unter Nennung von Namen und möglichst genauer Positionsangabe auf dem zugeordneten UKW-Kanal bei dem namentlich bekanntgemachten Radarbereich anzumelden. Der Land-Radarbeobachter beantwortet den Anruf und bestätigt, wenn er das Echo identifiziert hat (dies kann Rückfragen oder eine Kennzeichnung durch eine Kursänderung erfordern). Erst nach dieser Bestätigung nimmt das Schiff an der zyklischen Radarberatung teil. Die Schiffsführung sollte die anschließenden Angaben der Radarberatung, soweit möglich, fortlaufend kontrollieren und sich bei Zweifeln melden. Im übrigen werden die Durchsagen des Land-Radarbeobachters nicht bestätigt. Im Überlappungsbereich zu einem anderen Bildschirm wird der Schiffsführer u. U. gebeten, auf den nächsten UKW-Kanal umzuschalten und sich dort anzumelden. Benötigt er keine weitere Radarberatung, sollte er sich entsprechend abmelden.

Verkehrsüberwachung erfolgt kontinuierlich und befaßt sich mit der gesamten Verkehrssituation, besonders der zukünftigen Verkehrsentwicklung, die vom Schiff auch bei guter Sicht nicht erfaßbar ist. Sie beeinflußt den Verkehr bei Bedarf durch Verkehrsregelung und erfolgt durch bundesbedienstete Nautiker als schifffahrtspolizeiliche Aufgabe mit Hilfe von Rohradar- oder synthetischen Radarbildern, Weg-Zeit-Diagrammen und Schiffsdatenauswertung, u. U. mit Rechnerunterstützung.

Im Rahmen der Verkehrsüberwachung besteht eine Meldepflicht, deren Einzelheiten in der Seeschiffahrtstraßen-Ordnung sowie entsprechenden Bekanntmachungen der zuständigen Wasser- und Schiffahrtsdirektionen geregelt sind (Voranmeldung bei gefährlicher Ladung, Meldung rechtzeitig vor Befahren, Passiermeldungen).

Während die Schiffsführung bezüglich der Verkehrsüberwachung im allgemeinen durch nationale Vorschriften verpflichtet ist, sich bei einer Revierzentrale zu melden, geschieht die Teilnahme an der Radarberatung freiwillig auf Anforderung durch die Schiffsführung. Die Schiffahrt sollte aber an der Radarberatung teilnehmen, wenn die allgemeine Sorgfalt seemännischer Praxis dies nahelegt. Wenn eine laufende Beratung wegen Überlastung des Radarbeobachters nicht möglich ist, so sollte zumindest nach Anmeldung die Beratung der übrigen Schiffe mitgehört werden.

Weder die Regelung noch die Beratung entbinden den Kapitän seiner Verantwortung. Er muß alle für die sichere Fahrt verfügbare Information geeignet nutzen und im erforderlichen Umfang mit der Revierzentrale in Kontakt stehen.

Dazu gehört die Beachtung der operationellen Verfahren, dazu gehört aber auch eine einwandfreie technische Bordausrüstung (Bordradar, UKW, bei Bedarf geeigneter Radarreflektor).

Der gesamte Bereich der VTS ist weltweit außerordentlich angewachsen und wird intensiv diskutiert; auch die Bestrebungen zu einer Harmonisierung derartiger Systeme haben international zugenommen (IMO, Recommended Guidelines for VTS), so daß in Zukunft mit einer gewissen Standardisierung von Technik und Prozeduren zu rechnen ist.

4 Integrierte Navigation und NAVSTAR GPS

4.1 Zweck und Aufgaben der integrierten Navigation

Unter integrierter Navigation versteht man die automatische und kontinuierliche Zusammenführung (Integration) von Daten zweier oder mehrerer voneinander unabhängiger, sich wechselseitig ergänzender Navigationsverfahren mit Hilfe einer EDV-Anlage an Bord (Bild 4.1).

Die integrierte Navigation zielt zunächst auf eine möglichst gute Standortbestimmung und auf dieser Basis auf eine Automatisierung der Bahnführung und eine Zusammenführung von Navigation und anderen Bordaktivitäten. Traditionell ist der Mensch der Navigator, denn er muß die verschiedenen Navigationsinformationen aufnehmen, die jeweils nutzbaren auswählen, die Meßwerte in Schiffskoordinaten und Kurse umwandeln, die Auswirkungen von Abweichungen beurteilen und Fehlerbetrachtungen durchführen.

Eine EDV-Anlage übernimmt die Sammlung, Verdichtung und Auswahl der wesentlichen Informationen. Sie ermöglicht eine automatische und kontinuierliche Optimierung von Positions-, Fahrt- und Kursdaten.

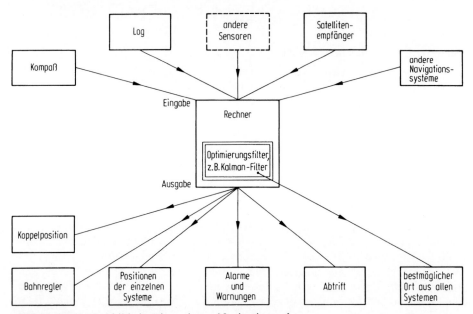

Bild 4.1. Blockschaltbild einer integrierten Navigationsanlage

4.1.1 Defizite der einzelnen Navigationssysteme

Alle Navigationsverfahren zur Ortsbestimmung haben wesentliche Defizite. Es gibt z.Z. (1985) kein Ortsbestimmungssystem, das weltweit, genau genug und ständig verfügbar ist. In nachstehender Tabelle sind charakteristische Eigenschaften und Mängel einzelner Funkortungsverfahren dargestellt.

Ver-fahren	Zeitliche Ver-fügbarkeit	Geographische Verfügbarkeit	Positions-unsicherheit; Wahrschein-lichkeit 95%	Bemerkungen
Decca	immer	etwa 200 sm	0,05 sm bis 1 sm	Dämmerung (!)
LORAN C	immer	etwa 1000 sm	0,25 sm bis 2 sm	Dämmerung (!)
Transit	in Intervallen von etwa 30 min bis 90 min	weltweit	0,25 sm bis 2 sm	FüG muß bekannt sein
Omega	immer	weltweit	1 sm bis 4 sm	Dämmerung (!)
Radar	immer	etwa 20 sm	—	—

Erst mit dem z.Z. entwickelten NAVSTAR-GPS-Verfahren werden alle navigatorischen Anforderungen erfüllt sein (vgl. Kap. 4.4).

4.1.2 Aufgaben und Möglichkeiten der integrierten Navigation

Anwendungsbereiche

Integrierte Navigationsanlagen werden z.Z. wegen hoher Genauigkeitsanforderungen, insbesondere im Zusammenhang mit automatischer Bahnführung oder schwierigen Navigationsaufgaben, bisher vorwiegend auf Forschungs- und Vermessungsschiffen (genaue Positionsbestimmungen und Profilfahrten), in der Off-Shore-Technik (Positionierung) und im militärischen Bereich eingesetzt. Zunehmend finden sie auch auf Handelsschiffen Verwendung.

Steigerung der Ortungsgenauigkeit

Die Steigerung der Ortungsgenauigkeit ist die Grundaufgabe der integrierten Navigation. Sie kann auf zwei Arten geschehen:
- Die aktuelle Schiffsposition wird immer dann aufgebessert, wenn ein genaueres Verfahren eine neue Position liefert, oder
- der bestmögliche Ort wird aus mehreren Verfahren bestimmt, wobei die in Kap. 4.2.3 beschriebene Datenfilterung und Datenoptimierung angewandt und die jeweilige Genauigkeit eines Verfahrens zu dessen Gewichtung bei der Integration herangezogen wird.

Automatische Bahnregelung

Bei der automatischen Bahnregelung wird die beabsichtigte Schiffsbahn in Form von Bahnpunkten vom Benutzer eingegeben und im Rechner gespeichert. Das Einhalten dieser Bahn (Großkreis, Loxodrome) geschieht durch *Stützen* mittels Ortsbestimmungen durch die integrierte Navigationsanlage. Wird eine nicht mehr tolerierbare Ablage von der Sollbahn festgestellt, wird ein Signal zur Änderung des Sollkurses an den Autopiloten gegeben, damit das Schiff auf die gewünschte Bahn zurückkehrt.

Die Bahnregelung (über Grund) geht über die Kursregelung (des Kreisel-kompasses) hinaus. Bei den meisten Bahnregler-Anlagen ist sie adaptiv, d h. die Bahnregelparameter werden automatisch an Schiffsverhalten und Umwelteinflüsse angepaßt.

Redundanz [1]

Durch die Ausrüstung mit voneinander unabhängigen Navigationsgeräten (Sensoren) besitzt eine integrierte Navigationsanlage einen bestimmten Grad an Redundanz. Dies erhöht die Zuverlässigkeit auf zweierlei Weise:

- Bei Ausfall eines Systems kann auf ein anderes System umgeschaltet werden.
- Wenn die Leistungen eines Systems schlechter werden, erhält ein anderes System ein höheres Gewicht bei der Bestimmung des bestmöglichen Ortes.

Automatische Ketten- und Senderwahl

Eine integrierte Navigationsanlage nimmt auf Grund der Qualität der empfangenen Funksignale (Streuung, Signal-Rausch-Verhältnis, Störungen) oder auf Grund von vorgegebenen Kriterien (Entfernung zu den Sendern, Tageszeit) automatisch notwendige Kettenwechsel vor (Decca, LORAN C) oder wählt geeignete Sender aus (Omega). Entsprechendes gilt bei anderen Navigationsverfahren.

Selbstkontrolle

Mit integrierten Navigationsanlagen können die Funktionsfähigkeiten der benutzten Navigationsverfahren und -geräte überwacht und frühzeitig eventuelle Mängel erkannt werden. Außerdem werden die Sensorsignale Plausibilitätstests unterzogen und damit auf Fehler untersucht.

4.1.3 Verschiedene Integrationsstufen

Besonders geeignet für integrierte Systeme sind Verfahren mit unterschiedlicher (komplementärer) Fehlercharakteristik, wie es z.B. für die Verfahren Transit (hohe Genauigkeit, zeitlich beschränkt verfügbar) und Omega (geringe Genauigkeit, zeitlich stets verfügbar) zutrifft; vgl. Kap. 2.5 und 2.4. Je nach Genauigkeitsanforderungen und nach der Ausrüstung des Schiffes sind verschiedene Ausbaustufen möglich:

- *Koppelrechner.* Nur Log und Kompaß sind an einen Rechner angeschlossen (heute nicht mehr aktuell).
- *Zweifachintegration.* Zwei Verfahren ergänzen sich gegenseitig, z.B. Transit/ Doppler-Sonar und Transit/Omega (vgl. Magnavox MX 1105; Kap. 4.3.6).
- *Dreifachintegration.* Aus einem überbestimmten System mehrerer Sensoren (Transit und außerdem andere Funkortungsverfahren) kann ein bestmöglicher Schiffsort bestimmt werden (vgl. INA, INDAS V, NAUTOMAT, DATA-BRIDGE; Kap. 4.3.2 bis Kap. 4.3.5).
- *Weitergehende Integration.* Die Navigationsdaten werden zusammen mit Daten vom Radar, aus dem Schiffsbetrieb und von Kommunikationssystemen zu einem komplexen Brückensystem integriert (vgl. DATABRIDGE und andere Systeme; Kap. 4.3.5 und Kap. 4.3.7).

---

1 redundantia (lat.), Überfluß, Überfülle; in der Technik die Erweiterung der Information über das unerläßlich Notwendige hinaus.

4.2 Prinzipielle Wirkungsweise

4.2.1 Überblick

Die prinzipielle Wirkungsweise eines integrierten Navigationssystems kann durch das Schema

Eingabe → Verarbeitung → Ausgabe,

wie es in der Informationsverarbeitung üblich ist, übersichtlich dargestellt werden. Bild 4.2 zeigt die verschiedenen Elemente.

Im Bereich „Verarbeitung" wird z.B. die Schiffsposition bestimmt. Dazu wird der laufende Prozeß — in diesem Fall das Schiff mit seinen Bewegungen und Positionen — aus der Realität als Modell mit Hilfe eines EDV-Programms abgebildet.

Die dafür notwendigen Eingaben stammen von den Meßwerten der Navigationsgeräte (Sensoren). Sie sind in ihren physikalischen Eigenschaften und in ihrer Struktur durch Interfaces (vgl. Kap. 6) und Wandler so anzupassen, daß der Rechner sie verarbeiten kann.

Die Ausgabedaten (Ergebnisse) werden dem Schiffsführer (Prozeßführer) angezeigt (z.B. die Schiffsposition), sie können auch dokumentiert und zur Prozeßbeeinflussung herangezogen werden (z.B. Kursregelung).

4.2.2 Eingabe und Eigenschaften der Meßdaten

Die Meßwerte der Sensoren sind mit systematischen und zufälligen Fehlern behaftet (vgl. Bd. 1B, Kap. 1.7). Diese Meßfehler haben unterschiedliche Größen und unterschiedliches Fehlerverhalten. Zwar läßt sich für einen stationären Zustand (ortsfestes Schiff) meist durch genügend Messungen eine hinreichend genaue Aussage über den Prozeßzustand (Position) gewinnen, doch bei fahrendem Schiff (Änderung des Systemzustandes) ist es schwierig festzustellen, ob Veränderungen in den Meßwerten durch die Schiffsbewegung entstehen oder auf Meßfehlern beruhen.

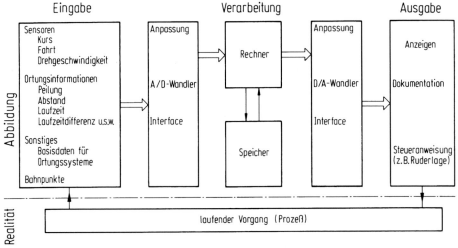

Bild 4.2. Prinzip „Eingabe → Verarbeitung → Ausgabe" bei der integrierten Navigation

Die den Messungen anhaftenden Unsicherheiten beeinträchtigen die Fähigkeiten des Gesamtsystems, den Zustand des Prozesses und seine Änderungen hinreichend schnell und sicher zu erfassen. Die Fähigkeit eines integrierten Navigationssystems, die Bewegung des Schiffes zu verfolgen, hängt also wesentlich von der
Größenordnung der statistischen Fehler (Varianz) und dem Fehlerverhalten der
Meßergebnisse ab.

4.2.3   Datenverarbeitung

Die Meßdaten müssen zunächst „bereinigt" werden, was durch Glättung, Filterung, Datengewichtung und Datenauswahl geschehen kann. Die Grenzen innerhalb
dieser Techniken sind fließend.

Glättung

In der Vergangenheit gemessene Daten können z.B. durch Mittelwertbildung
geglättet werden. Die dabei verwendete Zeitkonstante ist kritisch. Ist sie zu klein,
schwanken die Meßwerte noch zu stark. Ist sie zu groß, kann ein Schleppfehler
auftreten und die Änderung der Schiffsbewegung wird verspätet erkannt.

Werden Meßwerte nicht mehr direkt, sondern geglättet angezeigt, dann muß
ihre Schwankungsbreite z.B. durch die Standardabweichung (vgl. Bd. 1B, Kap. 1.7)
zusätzlich angegeben werden, damit der Nutzer eine Information über die Zuverlässigkeit der Meßwerte erhält.

Filterung

Für die Bereinigung der Navigationsdaten und Verfolgung der aktuellen sich
ändernden Schiffsposition und Schiffsbewegung wird heute ein Konzept verfolgt,
das auf C. F. Gauß[2] zurückgeht (Anpassung einer Kurve an „vorhandene" Daten
nach der Methode der kleinsten Fehlerquadrate) und das als Kalman-Filter für
„dynamische" Systeme weiterentwickelt wurde.

Wesentliche Bestandteile dieses Konzeptes sind (Bild 4.3):

- Für das Verhalten eines Prozesses wird ein mathematisches Modell gebildet
  (mathematische Formeln, EDV-Programm). Dieses ermöglicht, den zukünftigen
  Systemzustand, d.h. die Zustandsgrößen (Position, Kurs, Fahrt, Decca-Koor-
  dinate usw.), vorherzusagen.
- Der vorhergesagte Systemzustand wird mit dem durch die Meßwerte der Sensoren ermittelten Systemzustand verglichen.
- Mit Hilfe überschüssiger Meßwerte werden nach der Methode der kleinsten
  Fehlerquadrate die Zustandsgrößen des Modells so variiert, daß das Modell
  ständig an die Meßwerte angepaßt wird (Modelladaptation).
- Die derart gewonnenen Modellparameter stellen den „wahrscheinlichsten" Zustand dar. Das Filter arbeitet als (statistisches) Optimierungsfilter.
- Der im Modell identifizierte Schiffsort ist der auf Grund aller Meßdaten „bestmögliche Schätzwert".

Die Filtertheorie sagt aus, daß stark streuende Meßwerte das Filter träger
machen, d.h. das Gewicht hin zur Beibehaltung der derzeitigen Zustandsgrößen
verschieben. Die Streuung stellt also ein Maß für das Gewicht dar, mit dem die
Meßwerte der einzelnen Navigationsverfahren in die Ortsbestimmung eingehen.

---

2 Gauß, Carl Friedrich, 1777 bis 1855, Mathematiker und Astronom in Göttingen.

Zu Beginn der Filterung müssen hinreichend genaue Anfangswerte zur Verfügung stehen. Laufen realer Prozeß und Vorhersage des Filters zu weit auseinander, kann dies zum Verlust der Beobachtbarkeit und damit zu falschen Ergebnissen führen.

Datenauswahl und Datengewichtung

Die Auswahl und Gewichtung der verschiedenen Meßdaten für die Ortsbestimmung kann einerseits auf Grund verfahrensspezifischer Kriterien wie Reichweite, Ausbreitungsverhältnisse, Schnittwinkel usw. erfolgen. Andererseits wird auch die Qualität der empfangenen Daten, z.B. Signal-Rausch-Verhältnis und Streuung der Werte (siehe oben), herangezogen.

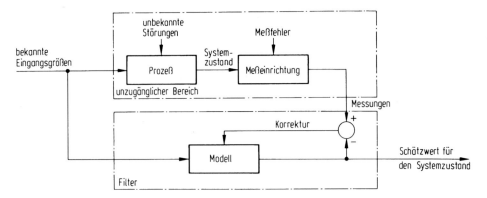

Bild 4.3. Prinzipielle Arbeitsweise eines selbstoptimierenden Filters

Module der Datenverarbeitung

Die EDV-Programme für die Navigationsdatenverarbeitung sind in Module aufgeteilt, die jeweils Teilaufgaben übernehmen:

- *Anpassungsmodule für die Ortungssysteme.* Zur gemeinsamen Auswertung der verschiedenen Navigationsverfahren sind Meßergebnisse vergleichbar darzustellen, z.B. als Standliniengerade (inkl. Standardabweichung), bezogen auf einen gemeinsamen Bezugsort.
- *Basisdatenmodule für Ortungssysteme.* Die Daten der Stationen beim Omega-System oder der Ketten bei den übrigen Hyperbelnavigationsverfahren sind in speziellen Modulen enthalten, die dem jeweiligen Ortungsempfänger zugeordnet sind.
- *Koppelmodul.* Im Koppelmodul wird mit Hilfe der ermittelten oder der gemessenen Schiffsbewegung über die Besteckrechnung der jeweilige Schiffsort bestimmt.
- *Aktualisierungsmodul.* Hinreichend häufig wird der Koppelort mit einem Ort aus Messungen verglichen und damit das System wieder auf den aktuellen Stand gebracht (updating, aufdatieren).
- *Kursreglermodul.* Die Einstellparameter des Kursreglers werden hier auf optimale Einstellung kontrolliert und gegebenenfalls nachgestellt (Adaptation). Optimierungskriterien sollten minimale Ruderlage und minimale Kursabweichung sein.

Literaturhinweise

Eine gründliche Darstellung der Filtertechnik zur integrierten Navigation findet man in der Reihe „Methoden der Regelungstechnik", die im R. Oldenbourg Verlag, München und Wien, erscheint, und zwar im einzelnen:

Schrick, K.-W.: Anwendungen der Kalman-Filter-Technik, 1977

Brammer, K., Siffling, G.: Kalman-Bucy-Filter, 1975

Brammer, K., Siffling, G.: Stochastische Grundlagen des Kalman-Bucy-Filters, 1975

4.3   Darstellung verschiedener integrierter Navigationssysteme

4.3.1   Allgemeines

Zunächst werden die gemeinsamen Elemente, anschließend die einzelnen Systeme vorgestellt. Bei den Systemen mit Dreifachintegration (INA, INDAS V, NAUTO-MAT, DATABRIDGE) richten sich die Auswahl der einzusetzenden Navigationsgeräte, die Datenausgabe und die Größe des Rechners nach den Erfordernissen des jeweils vorliegenden Anwendungsfalles.

Systemaufbau

Jedes System besteht im wesentlichen aus dem zentralen Rechner, den Sensoren, den Interfaces, dem Anzeige- und Bediengerät des Benutzers sowie weiteren Geräten (Plotter, Protokollschreiber, Magnetband o. a.).

Der Rechner erhält über Interface und Analog-Digital-Wandler (A/D-Wandler) Signale von

- den Funknavigationsempfängern,
- dem Kompaß und der Fahrtmeßanlage sowie
- u. U. dem Kursregler (ausgeführte Sollkursverstellungen).

Die Navigationsgeräte (Sensoren) liefern zunächst verfahrensspezifische Rohdaten. Die für die Integration notwendige Aufbereitung geschieht entweder innerhalb des Navigationsrechners oder in einem Mikroprozessor im Sensor-Interface, der den jeweiligen Sensoren zugeordnet ist. Die Daten werden regelmäßig abgefragt und überprüft.

Der Navigationsrechner ist entweder ein festprogrammiertes Multi-Mikroprozessor-System, oder das Programm muß anfangs geladen werden. Die Rechen- und Steueroperationen sind auf verschiedene, aufgabenspezifische, für sich funktionsfähige Rechnereinheiten (vgl. Kap. 4.2.3, Module) aufgeteilt. Wegen dieses modularen Aufbaus ist eine Anpassung an nahezu jeden Rohdaten-Sensor möglich, und bei einer eventuellen Modifikation bzw. bei einem Ausfall von Navigationsverfahren ist nur der entsprechende Sensor bzw. dessen Interface betroffen.

Software (Programme)

Die Aufbereitung der Sensordaten, die Steuerung von Bedienung, Anzeige und Schnittstellen, Filterrechnungen (vgl. Kap. 4.2.3, Filterung und Literaturhinweise) und Navigationsrechnungen geschehen mit Hilfe von EDV-Programmen. Die Aufbereitung der Sensordaten und die Steuerung der Sensorschnittstellen benötigen den überwiegenden Teil der Software, dagegen ist nur ein geringer Teil für die eigentlichen Navigationsrechnungen erforderlich. Die nachfolgende Tabelle zeigt beispielhaft Programmstruktur und Speicherbelegung des Navigationsrechners innerhalb der INA (Teldix).

Sensordaten

Aufbereitung der Sensordaten, Schnittstellensteuerung	48%
Navigationsrechnungen	9%
Filterrechnungen	7%
Steuerung von Anzeige und Bedienung	22%
Testprogramm	9%
Betriebssystem	5%

Verbraucher

Bedienung und Dateneingabe

Die Anlagen werden über Bildschirm und Tastatur gesteuert. Dies gilt sowohl für die Aktivierung und Steuerung des Betriebsablaufes (Wahl der Betriebsart, Wahl der Navigationssysteme usw.) als auch für die Eingabe von Betriebswerten (Antennenhöhe usw.).

Bei den meisten Anlagen kann man Dialogverkehr und Menütechnik (Auswahltechnik) nutzen (vgl. Bild 4.4). Beim Start ist eine Bediensequenz vorzunehmen.

Bildschirmanzeige der Navigationsdaten

Die zentrale Informationsdarstellung erfolgt auf einem Bildschirm (Bild 4.4), wobei die Anzeigen der Systeme verschiedener Hersteller naturgemäß differieren.

In der Regel erscheinen ständig auf dem Bildschirm folgende Informationen:

- die integrierte Position des Systems,
- Kurs und Fahrt über Grund (mittels Filterrechnungen oder direkt aus Ortsbestimmungen),

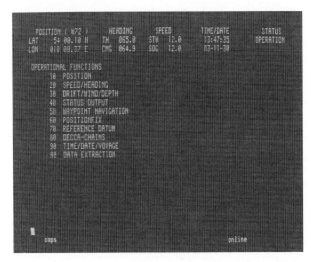

Bild 4.4. Anzeige der Navigationsdaten und Menütechnik bei der integrierten Navigation

- Datum und Uhrzeit und
- der Betriebsstatus.

Ebenfalls oder auf Abruf sind darstellbar:

- Meßwerte und Positionsdaten der einzelnen Sensoren,
- Meßwerte von Fahrt und Kurs,
- Versetzung (SET und DRIFT),
- Distanz und Zeit zum nächsten Zielpunkt,
- Ablage der aktuellen Position von der Sollbahn,
- Genauigkeitsangaben des integrierten Ortes und der einzelnen Navigations-verfahren.

Auch folgende weniger häufig benötigte Daten können bei manchen Systemen abgefragt werden:

- Bedienungs- und Navigationsanweisungen,
- Basisdaten wie Referenzellipsoide, Daten von Decca-Ketten usw.,
- Zustandsübersichten und Statusdaten,
- andere mehr.

Weitere Datenausgabe und Datenverteilung

Die Navigationsdaten können auch an folgende Ausgabegeräte bzw. Schnittstellen geleitet werden:

- Navigationsplottisch (mit Seekarte) bzw. Plotter für die automatische Auf-zeichnung der aktuellen Schiffsposition und die laufende Kontrolle und even-tuell Dokumentation der Schiffsbahn (vgl. Bild 4.5 und Bild 4.6),
- Protokolldrucker für die Archivierung aller wichtigen navigatorischen und operativen Daten,
- Navigationsdatenverteiler für die Zuordnung von Position und Bewegung des Schiffes zu ozeanographischen oder geophysikalischen Meßdaten,
- Magnetbänder zur Speicherung und weiteren EDV-Auswertung,
- externe Rechner und Kommunikationssysteme (Fernschreiber, Satellitenkommu-nikation).

Unsicherheiten

Die Unsicherheiten der Ortsbestimmung und der Bahnführung hängen im wesent-lichen von der Güte der Kurs- und Fahrtsensoren sowie der Funkortungssysteme ab. Dabei spielen insbesondere die

- Art der Sensoren und deren Fehlerverhalten,
- Möglichkeiten der Positionsstützung (u. a. Stützintervalle),
- Schiffsgeschwindigkeits- und Kursänderungen sowie
- Korrelationszeiten der Sensorfehler

eine Rolle.

Unter optimalen Bedingungen, d. h. bei Dreifachintegration von Kurs- und Fahrt-meßanlagen mit Satelliten- und anderen Funknavigationsanlagen, kann die Posi-tionsunsicherheit bei 30 bis 50 m CEP (circular error probability) liegen. Ohne Stützung durch Funkortungssysteme liegt die Positionsunsicherheit im Bereich von 150 bis 400 m.

4.3.2   Integrierte Navigationsanlage INA

Die integrierte Navigationsanlage INA (Teldix) besteht aus dem modular auf-gebauten Basissystem (Navigationsrechner mit Anpaßeinheiten sowie Anzeige-

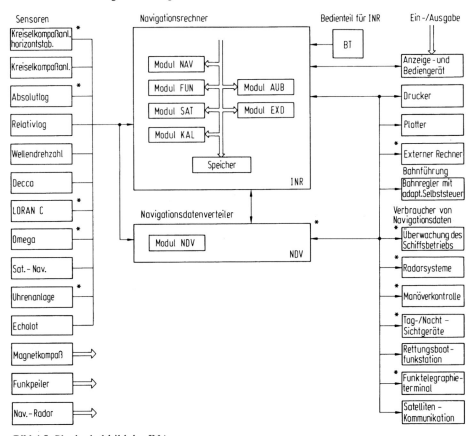

Bild 4.5. Blockschaltbild der INA

Bild 4.6. Anordnung der INA auf der Brücke

und Bediengerät), den verschiedenen anwendungsspezifischen Navigationsgeräten, den „Verbrauchern" von Navigationsdaten, dem Navigationsdatenverteiler sowie den Eingabe- und Ausgabegeräten.

Das Blockschaltbild (Bild 4.5) zeigt die Module des Navigationsrechners und die möglichen Anschlußgeräte. Von diesen können beliebige in die Integration einbezogen werden; so sind z. B. die nicht mit dem Symbol * versehenen Elemente auf zwei Kühlschiffen integriert (1984).

Die Kommunikation zwischen Bediener und Anlage erfolgt über Bildschirm und Tastatur des Anzeige- und Bediengerätes mittels Menütechnik. Auf dem Bildschirm werden ständig die Werte für Position, Kurs und Fahrt, Datum und Uhrzeit sowie der Betriebsstatus dargestellt. Zahlreiche andere Daten stehen auf Abruf bereit. In Bild 4.6 erkennt man die Anzeige- und Bedieneinheit der INA zwischen dem automatischen Plottisch und der Radaranlage.

Die Navigationsdaten können z. B. auf einem Navigationskoppeltisch mit Seekarte, einem Protokolldrucker und einem Magnetband aufgezeichnet werden; sie können außerdem zur Bahnführung mit (adaptivem) Selbststeuer verwendet sowie Kommunikationssystemen, z. B. Satellitenkommunikation oder Rettungsboot-Funkstation, zugeführt werden.

4.3.3 Integrierte Navigationsanlage INDAS V

Die Anlage INDAS V (Prakla-Seismos) enthält eine Rechenanlage PDP 11/34 (128 K) mit zwei Disketten-Laufwerken und zwei Bildschirmen sowie die verschiedenen nach Belieben einsetzbaren Navigationssensoren, die Interfaces und die Ausgabegeräte. Bild 4.7 zeigt das Blockschaltbild für die komplexe INDAS-V-Anlage eines Forschungsschiffes mit weiteren speziellen Sensoren und bis zu 32 Anzeigestationen.

Bild 4.8 zeigt eine installierte Gesamtanlage (hier mit zwei Transit-Empfängern).

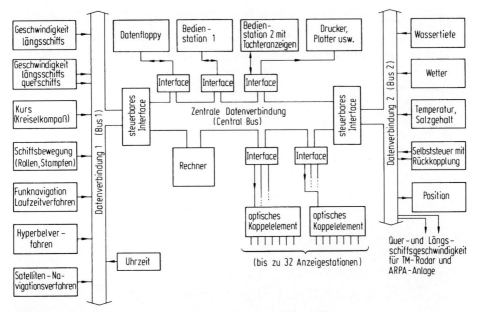

Bild 4.7. Blockschaltbild des Systems INDAS V (Forschungsschiff)

Bild 4.8. Aufbau der Anlage INDAS V

Die Anlage hat zwei Bedienstationen. Die Steuerung erfolgt über den „ausgewählten" Bildschirm und die Tastatur mit Hilfe der Menütechnik. Nach Beendigung eines Eingabe-Dialogs erscheint die Anzeige der Navigationsdaten auf beiden Bildschirmen. In der Regel werden hier Position, Fahrt und Kurs, Datum und Uhrzeit, Strom nach Betrag und Richtung, Meßwerte der Funknavigationsverfahren sowie Distanz und Zeit zum nächsten Bahnpunkt ständig angezeigt.

Die Navigationsdaten können zur Bahnregelung benutzt werden sowie auf Plotter, Protokolldrucker und Magnetband aufgezeichnet werden. Sie können mit ozeanographischen und geophysikalischen Daten, z. B. von seismischen Versuchen, verbunden werden.

4.3.4 Nautomat

Der Nautomat (Anschütz) ist ein Bahnregler mit Techniken der integrierten Navigation. Er besteht im wesentlichen aus einem Steuerstand (Bild 4.9) mit

Bild 4.9. Nautomat mit Kartenschreiber

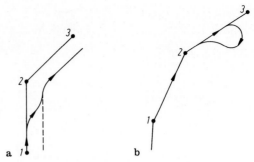

Bild 4.10. Gewünschte Abweichung von der programmierten Bahn.
a Fahren mit konstantem Abstand;
b Umkehren auf der gleichen Bahn

Sichtgerät, Tastatur, Steuerautomatik, Rechner und Interfaces. Der Anschluß von Kompaß und Fahrtmeßanlage ist unabdingbar. Als Navigationssysteme können Decca, LORAN C, Omega, Transit, Doppler-Sonar und andere (besonders im Vermessungswesen eingesetzte) Anlagen installiert werden; von diesen Systemen können je nach Auslage des Rechners mehrere, mindestens aber eines angeschlossen werden.

Der Nautomat kann als Handsteuer, als Kursregler und als Bahnregler benutzt werden. Beim letzteren kann zum Fahren in Verkehrstrennungsgebieten oder auf Zwangswegen automatisch eine Bahn abgefahren werden, die in einem vorgegebenen Abstand parallel zur programmierten Bahn verläuft. Ferner kann ein automatisches Umkehren eines Schiffes in die Gegenrichtung auf derselben Bahn durch rechtzeitiges Vertauschen entsprechender Bahnpunkte erreicht werden (Bild 4.10).

Der Bildschirm zeigt u.a. Position, Kurs und Fahrt, Bahnpunktinformationen (Distanz, Zeit, Anfangskurs bei Kursänderungen) und Bedienungshinweise. Die Navigationsdaten können außerdem auf einem Protokolldrucker und einem Plotter ausgegeben werden.

4.3.5 DATABRIDGE

Die Navigationsanlage DATABRIDGE (Norcontrol) besteht in ihrer ausführlichsten Konfiguration aus folgenden Komponenten:

- DATARADAR (Radarsystem zur Navigation und zum Kollisionsschutz, vgl. Kap. 3.5 ARPA),
- DATAPOSITION (integriertes Navigationssystem zur Ortsbestimmung),
- DATASAILING (Programme für navigatorische Berechnungen der Kurse, Distanzen, Fahrzeiten),
- DATAPILOT (adaptiver Kursregler) und
- DATALOAD (Programmsystem zur Berechnung von Stabilität und Längsfestigkeit).

Die integrierte Navigation inklusive automatischer Bahnführung erfolgt durch die drei Module DATAPOSITION, DATASAILING und DATAPILOT. DATARADAR kann sowohl als Teil des Brückensystems als auch als selbständiges ARPA-System (vgl. Kap. 3.5) ohne Anschluß an ein integriertes System installiert werden.

Bild 4.11 zeigt den Systemaufbau mit Rechenanlage (NORD 42, 64 K), Interface, Ortsbestimmungssensoren, Radar, Bedienpult für manuelle Dateneingabe und Datenanzeige sowie den Drucker. Für die integrierte Ortsbestimmung können Empfänger für Transit, Decca, Omega, LORAN C, HI-FIX und Doppler-Sonar angeschlossen werden.

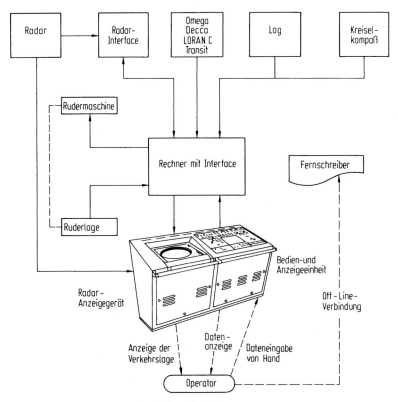

Bild 4.11. Systemaufbau der DATABRIDGE

Bild 4.12. Datenanzeige (hier: DATA-POSITION der Anlage DATABRIDGE)

Die Anzeige der wesentlichen Navigationsdaten erfolgt auf getrennten Anzeige-einheiten (Bild 4.12) für DATAPOSITION. Ein Seekartenpositionszeichentisch kann angeschlossen werden. Für Kontrollausdrucke und weitere Dokumentationen dient ein Drucker.

4.3.6 Magnavox MX 1105

Die Anlage MX 1105 (Magnavox) vereint durch die Integration von Omega und Transit die Vorteile dieser Systeme, und zwar weltweit kontinuierlichen Empfang und hohe Genauigkeit.

Der Empfänger (Bild 4.13 und 4.14) besteht aus einem 1-Kanal-Transit-Empfän-ger, einem 3-Kanal-Omega-Empfänger (für die Frequenzen 10,2 kHz, 13,6 kHz

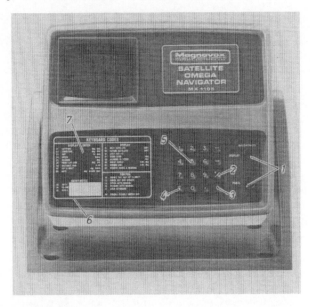

Bild 4.13. Empfänger des Magnavox MX 1005.
1 Helligkeitsregler für Anzeigeschirm und Bedientafel; *2* Vorzeichen für Zifferneingabe;
3 Löschen der Eingabezeile auf dem Anzeigeschirm; *4* Übernahme von Eingabewerten in den
Rechner (ENTER-Taste); *5* Schlüsselziffern 0 bis 9 für Dateneingabe; *6* Ein- und Ausschalter
(hinter Verschlußklappe); *7* Code für Dateneingabe und Bedienung

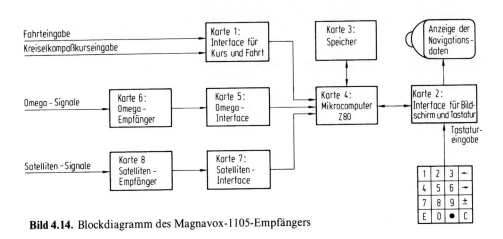

Bild 4.14. Blockdiagramm des Magnavox-1105-Empfängers

und $11\frac{1}{3}$ kHz), den Interfaces, dem Mikrorechner, einer kleinen Tastatur und einem
kleinen Bildschirm.

Es werden zwei Navigationssysteme gleichzeitig verfolgt:

- *Navigator 1.* Das Koppeln zwischen den Transit-Positionen geschieht durch
  automatische oder manuelle Eingabe von Kurs, Fahrt und Abdrift.
- *Navigator 2.* Es werden sowohl die Satelliten als auch die Omega-Positionen
  bestimmt. Die Genauigkeit beider Systeme wird durch diese Integration gesteigert, denn mit Hilfe der relativ genauen Transit-Positionen wird die Omega-

Genauigkeit durch Eichen der Omega-Ausbreitungskorrekturen (PPC-Werte) verbessert, und durch die relativ genaue Geschwindigkeitsbestimmung (über Grund) mit Hilfe des Omega-Verfahrens wird die Transit-Genauigkeit erhöht. Dabei werden aus den Veränderungen der Omega-Positionen Kurs und Geschwindigkeit, aus Vergleichen von Omega-Positionen und Koppelpositionen die Abdrift bestimmt. Die Omega-Positionen werden mit Hilfe von gefilterten und gewichteten Meßwerten optimiert.

Alle Tastatureingaben geschehen mit Hilfe eines einfachen Kodes[3]. Die Bildschirmanzeige enthält die aktuellen Werte für Position, UTC, die Zeit seit der letzten Satellitenortung, Kurs, Fahrt und Abdrift. Weitere Daten, z.B. spezifische Daten des Transit- und des Omegaverfahrens sowie Wegpunktdaten, können abgefragt werden. Für Dokumentationszwecke können Recorder oder Drucker angeschlossen werden.

4.3.7 Weitere Systeme

Beispiele für weitere, zum Teil sehr komplexe integrierte Navigationsysteme sind (Stand 1985):

- Magnavox MX 500 (integriertes System für Navigation und Profilfahrtsteuerung),
- Racal-Decca CANE 200 (militärisches System für Integration und Plotten),
- NEC (integriertes System für Navigation, Kollisionsschutz und Kommunikationsüberwachung),
- Sperry SRP-2000 (Ship-Control-System für automatische Bahnregelung),
- JRC (Bahnregelung mit Bildschirm-Plot),
- Maridac Ship System and Bridge (Integration von Informationen von Navigation, Maschine, Festigkeitsbeanspruchung etc.),
- MANAV (integriertes Navigationssystem inkl. Radar).

4.4   Satellitennavigationssystem NAVSTAR GPS

Vorwort. Mit dem Satellitennavigationssystem NAVSTAR GPS (**na**vigational **s**ystem with **t**iming **a**nd **r**anging; **g**lobal **p**ositioning **s**ystem) entsteht ein Navigationsverfahren, welches weltweit und kontinuierlich Positionsbestimmungen geringerer Abweichung (etwa 20 bis 100 m für $2 \cdot d_{rms}$, vgl. Bd. 1 B, Kap. 1.7.2) und Geschwindigkeitsbestimmungen (etwa 0,1 m/s) ermöglicht (vgl. auch Kap. 4.4.4 und 4.4.6).

Durch die ständige Verfügbarkeit der genauen Position werden Art und Rolle der Navigation voraussichtlich stark verändert.

Die Einführung von GPS wird Auswirkungen auf die Automatisierung der Bahnführung, auf die Schiffssicherheit, auf die Wirtschaftlichkeit der Schiffsführung, auf bestehende Navigationssysteme, auf Schiffsberatungsdienste (siehe Kap. 3.9) und auf Sonderaufgaben aus dem Schiffahrtsbereich haben. Aufmerksamkeit und Aktivitäten des Nautikers werden sich von der Ortsbestimmung hin zur Kontrolle der automatisch ablaufenden Vorgänge und zu anderen navigatorischen Auswertungen verlagern. Der Nautiker wird zunehmend für die Seeraumüberwachung und andere Aufgaben der Wache freigestellt.

Die bisherigen Funknavigationssysteme Transit, Decca, LORAN C und Omega würden, wenn GPS zur Verfügung steht, für die Handelsschiffahrt nicht mehr oder

---

3 Kode, System verabredeter Zeichen; in der Technik meist Code (engl.), vgl. auch Kap. 6.

nur noch als redundante[4] Systeme benötigt. Da GPS einer militärischen Behörde untersteht und zivilen Benutzern nur beschränkte Nutzung gewährt werden soll, bestehen Bedenken hinsichtlich seiner ständigen Verfügbarkeit. Deshalb wird gegenwärtig noch ein internationales Satellitennavigationssystem angestrebt.

4.4.1   Prinzip

NAVSTAR GPS ist ein Satellitennavigationsverfahren, mit dem zwei- oder dreidimensionale Positionen (auf der Erdoberfläche oder im Luftraum) aus Laufzeitmessungen erhalten werden. Außerdem können Geschwindigkeiten aus diesen Positionen oder aus Doppler-Frequenzverschiebungen (vgl. Kap. 5.1, Dopplereffekt, und Bd. 1A, Kap. 4.4.6) bestimmt werden.

Die Satelliten sind mit Atomuhren ausgerüstet. Sie senden kodierte Signale über ihre Zeit und ihre Bahndaten. Diese Signale werden im Bordempfänger ausgewertet.

Ortsbestimmung

Sind die Satellitenpositionen aufgrund der Daten über die Umlaufbahnen bekannt, so kann man jederzeit aus den Sendezeiten, den Ausbreitungsbedingungen und den Empfangszeiten der Signale im Empfänger die Laufzeiten und damit die Abstände vom Satelliten zum Empfänger bestimmen. Als Standflächen erhält man Kugeln, deren Mittelpunkte die jeweiligen Satellitenpositionen und deren Radien die Abstände vom Satelliten zum Empfänger sind.

Für die Laufzeitmessung ist eine hohe Zeitgleichheit zwischen Satelliten und Empfänger notwendig. Da die Zeit der Satelliten und die Empfängerzeit erst durch die Signale weiterer Satelliten synchronisiert werden müssen, spricht man von Pseudo-Entfernungsmessung.

Sind die Koordinaten x_i, y_i, z_i (Bild 4.15) von vier Satelliten sowie die gemessenen Laufzeiten Δt_i der vier Satellitensignale zum Empfänger bekannt, so kann man die Koordinaten x, y, z des Empfängers und die Korrektur für die Empfängeruhr Δt_u folgendermaßen berechnen: Das Quadrat der Entfernung e_i vom $i$ten Satelliten zum Empfänger kann einerseits mit Lichtgeschwindigkeit c und Zeitunterschied durch

$$e_i^2 = (\Delta t_i + \Delta t_u)^2 \cdot c^2,$$

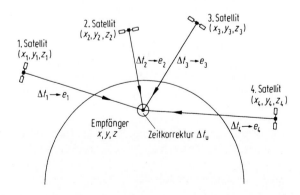

Bild 4.15. Entfernungsmessung durch Pseudo-Laufzeitmessung beim GPS-Verfahren

---

4 Siehe Fußnote 1, S. 253.

andererseits nach dem dreidimensionalen Pythagoras-Satz durch

$$e_i^2 = (x - x_i)^2 + (y - y_i)^2 + (z - z_i)^2$$

ausgedrückt werden. Setzt man beide Ausdrücke gleich, so erhält man bei vier Satelliten vier Bestimmungsgleichungen der Form

$$(x - x_i)^2 + (y - y_i)^2 + (z - z_i)^2 = (\Delta t_i + \Delta t_u)^2 \cdot c^2$$

für die 4 Unbekannten x, y, z und Δt_u.

Für die dreidimensionale Positionsbestimmung und für die Korrektur des Zeitnormals im Empfänger sind mindestens vier Satelliten im Sichtbereich des Beobachters erforderlich. Für Ortsbestimmungen auf See genügen die Laufzeitmessungen von drei Satelliten zur Bestimmung von Breite, Länge und Zeitkorrektur.

Geschwindigkeitsbestimmung

Die Geschwindigkeit des Fahrzeugs kann sowohl mit Hilfe der Ortsbestimmung als auch mit Hilfe der Doppler-Frequenzverschiebung der Trägerfrequenzen der empfangenen Satellitensignale bestimmt werden (vgl. Transit, Kap. 2.5). Dabei kann die Geschwindigkeit in allen drei Richtungen (Nord–Süd, Ost–West, Höhe) bestimmt werden. Durch die Messung der Frequenzverschiebung des vierten Satellitensignales wird der Frequenzfehler des Empfängeroszillators bestimmt und eliminiert.

Für die relativ niedrigen Geschwindigkeiten der Seeschiffe erfolgt die Bestimmung der Fahrt automatisch aus den errechneten durchlaufenen Positionen.

4.4.2 Charakteristische Merkmale

Die wesentlichen charakteristischen Eigenschaften von GPS sind:
- kontinuierliche drei- oder zweidimensionale Positions- und Geschwindigkeitsmessung,
- weltweite Bedeckung zu jeder Zeit,
- geringe Abweichung bei der Ortsbestimmung (etwa 20 bis 100 m für $2 \cdot d_{rms}$) und bei der Geschwindigkeitsmessung (etwa 0,1 m/s),
- Unabhängigkeit vom Wetter und weitgehende Unabhängigkeit von Tageszeit und anderen Ausbreitungsbeschränkungen,
- große Resistenz gegen fremde und zufällige Störungen,
- die Eigenbewegung (Fahrt und Kurs) braucht nicht bekannt zu sein (im Gegensatz zu Transit),
- hohe Bequemlichkeit für den Benutzer, da das Empfangsgerät beim Einschaltvorgang kaum manuelle Dateneingaben erfordert.

  Darüber hinaus sind zu nennen:
- Ermöglichung einer weltweiten einheitlichen Zeitsynchronisation (vgl. Kap. 4.4.4, Zeit im GPS-System) und eines weltweiten und erdbezogenen Koordinatensystems (WGS 72 oder eines Nachfolgesystems; vgl. Bd. 1A, Kap. 2.2.1 und Tab. 2.1),
- passives System (Benutzer muß nicht senden),
- weitgehende eigene Redundanz, da der Ausfall eines Satelliten nur eine geringfügige Verschlechterung der Genauigkeit bewirkt.

4.4.3 Hauptbestandteile des GPS-Systems

Die Hauptbestandteile des GPS-Systems sind das Weltraumsegment, das Bodenkontrollsegment und das Empfängersegment.

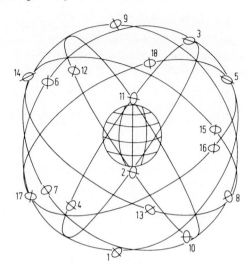

Bild 4.16. Satellitenkonstellation des GPS-Verfahrens mit 18 Satelliten auf sechs Umlaufbahnen. (Quelle: Stiller, Deutsche Forschungs- und Versuchsanstalt für Luft- und Raumfahrt (DFVLR)

Weltraumsegment

Das Weltraumsegment besteht (voraussichtlich) aus 18 Satelliten (und 3 Reservesatelliten), die in sechs Bahnen zu je drei Satelliten die Erde in 20 183 km Höhe ($\approx$ 10 898 sm), d.h. oberhalb des Van-Allen-Gürtels, die Erde umkreisen (Bild 4.16). Die Umlaufzeit beträgt zwölf Stunden. Die Inklination der Satellitenbahnen wird noch festgelegt, sie wird zwischen 55° und 63° liegen. Diese Satellitenkonstellation garantiert dem Nutzer den Empfang von jeweils vier bis sieben Satelliten.

Die Satelliten enthalten u.a. hochpräzise Atomuhren mit einer täglichen Frequenzabweichung von $10^{-13} \cdot f$ bis $10^{-11} \cdot f$ (vgl. Kap. 4.4.4, Zeit im GPS-System), Speicher für die Bahndaten, Codegeneratoren für die Navigationssignale und HF-Sender. Eine 3-Achsen-Stabilisierungsanlage (vgl. Bd. 1 B, Kap. 2.3.3) sorgt dafür, daß die Antennen jederzeit zur Erde ausgerichtet sind. Mit Hilfe kleiner Triebwerke können Bahn- und Lagekorrekturen vorgenommen werden. Die Lebenszeit der Satelliten wird auf 5 Jahre geschätzt.

Bodenkontrollsegment

Das GPS-Bodenkontrollsegment dient der Betriebsüberwachung der GPS-Satelliten, insbesondere der Kontrolle der Satellitenbahnen. Es besteht zur Zeit aus einer Masterstation (Vandenberg, Kalifornien) und vier vollautomatisch arbeitenden Monitorstationen (Vandenberg, Hawaii, Guam, Alaska). In der Masterstation werden sämtliche Meßdaten gesammelt und ausgewertet. Aus den Meßdaten werden aktuelle Ephemeriden der einzelnen Satellitenbahnen, Korrekturen für die Satellitenuhren und ionosphärische Daten ermittelt. Diese Werte werden mindestens einmal täglich dem betreffenden Satelliten übermittelt und im Satelliten gespeichert.

Empfängersegment

Zur Messung der Laufzeiten und zur Berechnung der Schiffspositionen im Empfänger müssen die kodierten Satellitensignale entschlüsselt und mit einem im Empfänger erzeugten Signal des gleichen Codes verglichen werden. Die Funktionsweise und Klassifikation der GPS-Empfänger werden im Anschluß an die GPS-Signale beschrieben.

4.4.4 GPS-Signale

Jeder Satellit sendet einen festgelegten Datensatz, in dem z. B. seine Bahndaten, die Systemzeit und Angaben zur Abweichung seiner Borduhr von der Systemzeit enthalten sind.

Frequenzen

Die Signale aller Satelliten werden auf zwei Trägerfrequenzen im L-Band, nämlich

- L_1 auf 1575,42 MHz und
- L_2 auf 1227,6 MHz,

gleichzeitig und kontinuierlich abgestrahlt. Durch die Verwendung von zwei Trägerfrequenzen können ionosphärische Einflüsse korrigiert werden.

Codierung

Zur Informationsübersicht und zur Identifizierung der einzelnen Satelliten im Empfänger werden die beiden Trägerfrequenzen mit kodierten Datenströmen moduliert.

Die Codierung (vgl. Bild 4.17) geschieht dadurch, daß den Trägerfrequenzen *Pseudo-Zufalls-Codes* (PRN-Code, **p**seudo **r**andom **n**oise) aufmoduliert werden. Ein PRN-Code besteht aus einer Reihe von binären Signalzuständen (Bits[5]), d. h. Sequenzen von „0"- und „1"-Signalen, die *scheinbar* willkürlich sind, jedoch eine definierte Wiederholungsrate besitzen.

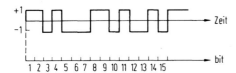

Bild 4.17. Codierung beim GPS-Verfahren durch eine definierte Sequenz von Binärzuständen („+ 1" oder „– 1", d. h. logisch „0" oder „1")

Für die Kodierung kommen zwei verschiedene Codes (C/A-Code, neuerdings S-Code, und P-Code) zur Anwendung. Diese unterscheiden sich

- in der Taktfrequenz, die der Dauer eines Bits („0" oder „1") entspricht, und
- in der Sequenzlänge, die durch die Anzahl der Bits innerhalb der Sequenz, d. h. durch die Wiederholungsrate einer bestimmten Folge von Signalzuständen gegeben ist.

Die Frequenz L_1 ist der Hauptnavigationsträger und enthält sowohl das P- als auch das C/A-Signal. Die Frequenz L_2 enthält nur das P-Signal.

C/A-Code (S-Code)

Die Bezeichnung „C/A-Code" (**c**oarse **a**cquisition (grobe Erfassung) oder auch **c**lear **a**ccess (freier Zugang)) gibt Aufschluß über größere Positionsunsicherheit sowie leichtere Zugänglichkeit des Codes.

Das C/A-Signal besitzt eine relativ niedrige Taktfrequenz von 1,023 MHz, d. h. 1 bit hat eine Dauer von etwa 1 μs. Mit diesem Signal kann eine rechnerische Auflösung in der Größenordnung von

$$\frac{300\,000 \text{ km/s}}{1,023 \text{ MHz}} \approx 293 \text{ m}$$

erreicht werden.

---

5 Bit (engl.), Kurzwort aus binary digit; vgl. auch Kap. 6.

Die Sequenzlänge ist relativ kurz und beträgt nur 1 ms. Das C/A-Signal besteht aus 1023 bit und wird jede Millisekunde abgestrahlt.

Für Empfangsgeräte ist es relativ einfach, den 1023 bit (d. h. 1 ms) langen C/A-Code des Satelliten zu erfassen und das Signal mit dem im Empfänger erzeugten Signal gleichen Codes zur Übereinstimmung (Korrelation) zu bringen.

Zivilen Benutzern soll ausschließlich das C/A-Signal zugänglich sein.

P-Code

Die Bezeichnung „P-Code" (**p**recision (Genauigkeit) oder auch **p**rotected (geschützt)) gibt Aufschluß über die höhere Genauigkeit dieses Codes und darüber, daß der Code geschützt und nicht einfach zugänglich ist.

Das P-Signal hat eine höhere Taktfrequenz von 10,23 MHz, d. h. 1 bit hat eine Dauer von etwa 0,1 µs. Damit kann eine bessere Auflösung in der Größenordnung von 30 m erreicht werden. Die gesamte Sequenzlänge des P-Codes ist sehr groß und beträgt 267 Tage, von denen jedoch immer nur das erste Teilstück von 7 Tagen verwendet wird. Die Sequenz des P-Codes wird jede Woche auf den Ausgangszustand zurückgesetzt. Der P-Code ist nicht jedermann zugänglich, da der Empfänger den Code selbst und ungefähr den Zeitschlitz in dem 267-Tage-Code kennen muß, um die für die Zeitmessung notwendige Korrelation herstellen, d. h. *auf den Code einrasten* zu können. Ist dieser Zeitschlitz nicht bekannt, würde ein Suchlauf mehrere Stunden dauern. Für die Herstellung der Korrelation innerhalb der 7-Tage-Sequenz wird der leichter erfaßbare C/A-Code in der Anfangsphase des Suchens zu Hilfe genommen.

Das P-Signal wird wahrscheinlich militärischen Anwendern vorbehalten bleiben.

Zeit im GPS-System

GPS basiert auf einer präzisen Zeitmessung im Nanosekunden-Bereich $(10^{-9} s)$ und ermöglicht damit im Prinzip eine Entfernungsmessung im Dezimeterbereich. Um eine derart genaue Zeitmessung zu ermöglichen, werden die Satelliten mit Atomuhren als Frequenznormalen ausgerüstet, die eine tägliche Frequenzabweichung von nur

$$10^{-13} \leq (\Delta f/f) \leq 10^{-11}$$

haben. Aus praktischen Gründen enthalten die Empfangsanlagen dagegen Quarzuhren, d. h. weniger präzise Zeitreferenzsysteme, mit einer täglichen Frequenzabweichung von etwa $10^{-5} \cdot f$. Um trotzdem die gewünschte Genauigkeit zu erhalten, wird in den Empfangsanlagen eine Zeitkorrektur vorgenommen.

Als Bezugszeit dient die *GPS-Systemzeit*. Sie beginnt mit der jede Woche stattfindenden Zurücksetzung des P-Codes auf seinen Anfangswert. Die von den Satelliten jeweils abgestrahlte *Satellitenzeit* unterscheidet sich von der Systemzeit um bestimmte Zeitunterschiede und Zeitdriften, z. B. wegen relativistischer Effekte. Entsprechende Korrekturwerte werden ebenfalls abgestrahlt.

Navigationsnachricht

Die Satelliten senden sogenannte Navigationsnachrichten, mit denen in den Navigationsempfangsgeräten die Position automatisch bestimmt wird und mit denen die Monitorstationen ihre Überwachungsfunktionen ausführen. Die Navigationsnachrichten enthalten:

- die Satellitenidentifikation,
- die Satellitenzeit und die individuellen Korrekturparameter der Satellitenuhren,
- die genauen Bahndaten des jeweils empfangenen Satelliten,
- Almanach- und Zustandsangaben aller GPS-Satelliten, die für die Signalerfassung dieser Satellitensignale benötigt werden,
- Korrekturparameter für Ausbreitungsverzögerungen der Signale durch die Atmosphäre,
- Daten, die nach der Akquisition des C/A-Codes im Empfänger für den Übergang zum genaueren P-Code nötig sind (Hand-Over-Word) und
- Daten für die Synchronisation der Empfängerzeit mit der Satellitenzeit (Telemetrie-Wort, TLM).

Mit diesen Daten werden im Empfänger die genaue Position und die Zeitverschiebung des empfangenen Satelliten sowie die abgerundete Position und die Zeitverschiebung der danach zu erfassenden Satelliten berechnet.

Die Navigationsnachricht ist in einem Datenrahmen von 1500 bit und 30 s Länge untergebracht. Sie ist sowohl im P-Code als auch im C/A-Code enthalten. Das *Telemetrie-Wort* und das *Hand-Over-Word* werden im Satelliten erzeugt. Die übrigen Informationen werden in der Hauptkontrollstation berechnet und an die Satelliten übertragen.

4.4.5 GPS-Empfänger

In Bild 4.18 ist eine GPS-Erprobungsanlage (Prakla-Seismos, 1984) dargestellt.

GPS-Empfänger bestehen im wesentlichen aus einem HF-Teil (bei zivilen Anlagen nur für die Frequenz L_1) mit einem Signalprozessor für die Demodulation und Verarbeitung der Satellitensignale und einem Datenprozessor für die Bahnverfolgung der Satelliten und Lösung der Navigationsgleichungen (Bild 4.19).

Bild 4.18. GPS-Erprobungsanlage

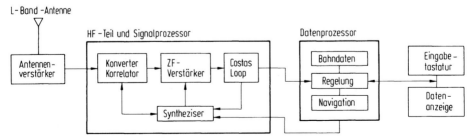

Bild 4.19. Blockschaltbild eines einfachen GPS-Empfängers mit HF-Teil und Datenprozessor. (Quelle: Stiller, Deutsche Forschungs- und Versuchsanstalt für Luft- und Raumfahrt (DFVLR))

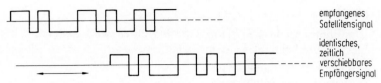

Bild 4.20. Messung der Signallaufzeit durch Korrelation von Satellitensignal und zeitlich verschiebbarem Empfängersignal

Aus den etwa gleichzeitig eintreffenden Signalen von vier bis sieben Satelliten werden die vier (in der Seefahrt genügen drei) geometrisch günstigsten ausgewählt.

Im Signalprozessor wird die Signallaufzeit durch Messen der Phasenverschiebung zwischen den kodierten PRN-Signalen des Satelliten und den identischen im Empfänger erzeugten Signale gleichen Codes bestimmt. Dabei wird der Empfängercode so lange gegen den empfangenen Satellitencode verschoben, bis Übereinstimmung (Korrelation) erreicht ist, d. h. bis das Bit-Muster des Satellitensignales mit dem Bit-Muster des Empfängersignales zur Deckung gebracht worden ist. Die Größe der für die Korrelation notwendigen Zeitverschiebung ist ein Maß für die Laufzeit (Bild 4.20).

Es gibt Empfänger mit einem Kanal und Empfänger mit mehreren Kanälen. Im ersten Fall werden die Satellitensignale nacheinander ausgewertet, im zweiten Fall parallel, d. h. schneller.

Nach der Demodulation der Navigationsnachrichten werden die Satellitenpositionen und -geschwindigkeiten bestimmt: Aus den Satellitenpositionen und Laufzeiten ermittelt der Datenprozessor über die vier in Kap. 4.4.1 angegebenen Bestimmungsgleichungen die vier Werte für Breite, Länge, Höhe und Zeitkorrektur des Empfängers. Außerdem kann bei manchen Empfängern die Geschwindigkeit der Satellitensignale bestimmt werden. Die erhaltenen GPS-Positionsdaten beziehen sich auf das WGS-72-Bezugssystem (World Geodetic System 1972; siehe auch Bd. 1 A, Kap. 2.2.1 und Tab. 2.1).

Für verschiedene Anwendungsgebiete, z. B. Seenavigation, Luftnavigation oder geodätische Ortsbestimmungen sind verschiedene Versionen von Empfängern vorgesehen, deren Aufwand von den Nutzeranforderungen abhängt. Ein hochdynamischer Träger benötigt eine schnelle Auswertung und damit einen aufwendigen Datenprozessor. Für die Schiffsnavigation ist ein 1-Kanal-Gerät, welches den Code sequentiell auswertet, wegen der geringen Dynamik des Schiffes ausreichend.

4.4.6   Unsicherheiten und Fehlerquellen

Positionsunsicherheit

Die Auflösung liegt beim C/A-Code bei etwa 300 m, beim P-Code bei etwa 30 m (vgl. Kap. 4.4.4). Dadurch erklärt sich die geringere Positionsunsicherheit des P-Codes.

Die Positionsunsicherheit des GPS-Verfahrens bei Nutzung von 18 Satelliten ist (1985) erst ungefähr bekannt. Sie soll für das P-Signal bei 10 bis 30 m, für das C/A-Signal bei etwa 100 m liegen ($2 \cdot d_{rms}$). Die für zivile Nutzer verfügbare Genauigkeit wird im wesentlichen nicht durch technische Möglichkeiten, sondern durch politische Argumente — z. B. durch die Freigabe des P-Codes — bestimmt. Die Abweichung bei der Geschwindigkeitbestimmung soll etwa 0,1 m/s ≈ 0.194 kn betragen.

Fehlerquellen

Die Positionsunsicherheit beim GPS-Verfahren wird außerdem durch folgende Fehlereinflüsse bei der Laufzeitmessung verursacht:

- Unsicherheit der Satellitenuhr,
- Unsicherheit der Satellitenposition,
- Fehler durch gerätetechnische Signalaufbereitung,
- unterschiedliche Ausbreitungsgeschwindigkeiten der Signale in Abhängigkeit vom Zustand der Atmosphäre (Refraktionsfehler) und
- Reflexionen an Objekten in der Nähe des Empfängers.

Außerdem spielt die Stellung der benutzten Satelliten zum Nutzer eine wesentliche Rolle. Die Konstellation ist am günstigsten, wenn ein Satellit im Zenit und die drei anderen im Winkelabstand von 120° stehen. Die Güte der Satellitenkonstellation wird durch den „GDOP-Wert" (**g**eometric **d**ilution **o**f **p**recision) bezeichnet und ständig angezeigt.

Differential-GPS

Um die Positionsunsicherheit beim GPS-Verfahren um das voraussichtlich Drei- bis Fünffache zu verringern, kann das Differential-GPS-Verfahren angewandt werden. Hierbei werden insbesondere die Refraktionsfehler mit Hilfe von Monitorstationen, deren exakte Koordinaten bekannt sind, ermittelt und bei der Bestimmung anderer Positionen berücksichtigt. Es wird erwartet, daß durch die Anwendung des Differential-GPS-Verfahrens beim C/A-Code die Genauigkeit des P-Codes etwa erreicht werden kann.

Für höchste Anforderungen — z. B. geodätische Zwecke — ist bei stationärem und gleichzeitigem Einsatz von zwei oder mehr Empfängern die Entfernung zwischen den Empfängern auf etwa 10 cm bestimmbar.

4.4.7   Betriebliche Aspekte und Perspektiven (Stand 1984)

Betriebliche Aspekte

GPS untersteht dem US-Verteidigungsministerium (Department of Defense, DOD). Die Leitung hat ein Ausschuß mit Vertretern aller US-Waffengattungen, der NATO (North Atlantic Treaty Organization) und ziviler Organisationen wie NASA (National Aeronautics and Space Administration), FAA (Federal Aviation Administration) und des US-Verkehrsministeriums (Department of Transport, DOT). Die Federführung besitzt die US-Luftwaffe.

Als potentielle Anwender für GPS gelten Luftfahrzeuge, Seefahrzeuge und Landfahrzeuge mit Sicherheit im militärischen, aber auch im zivilen Bereich. Es ist im Interesse der nationalen Sicherheit der Vereinigten Staaten von Amerika zur Zeit nicht beabsichtigt, für zivile Anwender die größtmögliche Genauigkeit, d. h. den P-Code, freizugeben. Zivile Nutzer sollen jedoch kostenlos freien Zugang zum C/A-Code behalten. Die Betreiber wollen sich allerdings vorbehalten, die Genauigkeit des C/A-Codes je nach ihren Sicherheitsbedürfnissen (regional) zu degradieren.

Planung

Technisch ist ab 1984 der Aufbau auf 18 Satelliten und die Produktion der verschiedenen Empfängertypen geplant. Auch europäische Lizenzfertigungen sind in dieser Phase möglich. Mit der vollen Nutzbarkeit von GPS wird ab 1989 gerechnet. Es gilt als sicher, daß GPS bis 1994 das Transitverfahren im militärischen Bereich ablösen und Transit auslaufen wird.

Kosten

Die Kosten für das GPS-System sind beträchtlich. Sie liegen für das Gesamtprogramm voraussichtlich bei 22,5 Milliarden DM, wobei die Unterhaltskosten des Systems im Jahr auf 625 Millionen DM geschätzt werden.

Bedenken

Es ist unbestritten, daß GPS in der Lage sein wird, alle navigatorischen Anforderungen zu erfüllen. Es gibt allerdings für zivile Nutzer erhebliche Vorbehalte hinsichtlich politischer Gegebenheiten.

Im zivilen Bereich, z. B. der Handelsschiffahrt, werden sowohl betriebliche Änderungen wie Internationalisierung von GPS und zivile Mitsprache als auch technische Alternativen der Satellitennavigation (eventuell in Kombination mit Kommunikation und Notruf) erwogen.

5 Physik

Die Aufgabe der Physik. Physik, vom griechischen „physis" (Natur), ist die Wissenschaft von den Vorgängen in der *unbelebten* Natur, bei denen *keine chemischen Veränderungen* der beteiligten Stoffe auftreten. Sie hat die Aufgabe, die Naturerscheinungen sorgfältig zu beobachten, in Zusammenhang zu bringen und auf möglichst einfache *Naturgesetze* zurückzuführen. Diese ermöglichen in vielen Fällen, bei gegebenen Ursachen die zu erwartenden Wirkungen *vorherzusagen*. Hilfsmittel der Physik sind *Experimente* und exakte *Messungen* zum objektiven Vergleich der beobachteten Merkmale. Durch Anwendung der *Mathematik* wird die Denkarbeit erleichtert.

5.1 Physikalische Größen und Einheiten

Physikalische Größen sind meßbare Eigenschaften von Dingen, Vorgängen oder Zuständen, wie z. B. die Höhe (h), die Geschwindigkeit (v), die Frequenz (f), die elektrische Spannung (U).

Jeder spezielle Wert einer Größe läßt sich als Produkt aus Zahlenwert und Einheit schreiben.

Beispiele: $h = 5$ m; $v = 15$ kn; $f = 50$ Hz; $U = 220$ V.

Der Größenwert hängt nicht von der gewählten Einheit ab. Eine Vergrößerung der Einheit wird durch Verminderung des Zahlenwerts ausgeglichen und umgekehrt.

Beispiel: Es handelt sich um die gleiche Strecke s, gleichgültig ob $s = 1$ sm oder $s = 1,852$ km oder $s = 1852$ m gesagt wird.

Einheiten (auch Maßeinheiten genannt) sind vereinbarte Größenwerte, die zum Messen benutzt werden.

Zur Unterscheidung werden die Formelzeichen für Größen *kursiv* (schräg), die Einheitenzeichen und ihre Vorsätze senkrecht (steil) gedruckt.

Beispiel: m ist das Formelzeichen für Masse, m ist das Einheitenzeichen für Meter. Als Vorsatz bedeutet m jedoch Milli (10^{-3}).

Einige wichtige Normen:
DIN 1301 (Einheiten),
DIN 1304 (Formelzeichen),
DIN 1313 (Physikalische Größen und Gleichungen).

Größenarten. Größen gleicher Art sind solche, von denen physikalisch sinnvoll Summen oder Differenzen gebildet werden können. Sie werden in Einheiten gleicher Art gemessen.

Beispiel: Die Größen Distanz, Erdradius, Höhe der Gezeit, Breite des Schiffes gehören alle zur Größenart „Länge" und werden in *Längen*einheiten gemessen (sm, km, m, cm usw.).

Basisgrößen, Basiseinheiten. Einige Größen werden zu *Basisgrößen* bestimmt unter der Voraussetzung, daß keine der gewählten Basisgrößen durch die übrigen definierbar ist. Daher ist auch die Wahl der entsprechenden *Basiseinheiten* willkürlich. Die anderen Größen sind durch wenige Basisgrößen definierbar, meist als Potenzprodukt. Die Einheiten der *abgeleiteten Größen* sind durch deren Definition festgelegt und heißen *abgeleitete Einheiten*.

Beispiel: Eine Basisgröße sei die *Länge* (l) mit der Basiseinheit Meter (m), eine andere die *Zeit* (t) mit der Basiseinheit Sekunde (s). Hieraus ergibt sich die abgeleitete Größe *Geschwindigkeit* mittels der Definition

Geschwindigkeit ist Weg durch Zeit

$$ v = \frac{l}{t} \quad \left(\text{allgemein} \quad v = \frac{\mathrm{d}l}{\mathrm{d}t} \right). $$

Die abgeleitete Einheit der Geschwindigkeit ist demgemäß: Einheit des Wegs durch Einheit der Zeit gleich Meter durch Sekunde (m/s).

Einige abgeleitete Einheiten haben besondere Namen. Die Kurzzeichen werden groß geschrieben, wenn die Einheitennamen auf Wissenschaftler hinweisen, die geehrt werden sollen.

Größengleichungen. Gleichungen zwischen physikalischen Größen heißen *Größengleichungen*. Sie sind entweder willkürlich aufgestellte (aber wohlüberlegte) Definitionsgleichungen oder in zweckmäßige mathematische Form gebrachte Naturgesetze. Da die Größen von der zufälligen Wahl der Einheiten unabhängig sind, treten die physikalischen Zusammenhänge deutlich hervor.

Beim Rechnen werden für jedes Formelzeichen stets *Zahlenwert und Einheit* eingesetzt und als selbständige Faktoren behandelt. Für die zu bestimmende Größe ergibt sich dann automatisch wieder ein Zahlenwert und eine passende Einheit.

Beispiel: „Moment einer Kraft ist Kraft mal Hebelarm" $M = F \cdot r$. Aus $F = 150\,\text{N}$ und $r = 3\,\text{m}$ folgt $M = 150\,\text{N} \cdot 3\,\text{m} = 450\,\text{N} \cdot \text{m}$.

Die Einheitenzeichen werden nicht in Klammern gesetzt. (N: Newton, siehe S. 293.)

Dimensionen. Das aus Basisgrößen ohne Zahlenfaktoren gebildete Potenzprodukt einer Größe nennt man seine Dimension. Sie wird mit den senkrechten Großbuchstaben der betreffenden Basisgröße geschrieben.

Beispiel: Die Dimension der Kreisfläche $A = \pi r^2$ ist dim $A = \mathsf{L}^2$; die Dimension der Geschwindigkeit $v = \mathrm{d}l/\mathrm{d}t$ ist dim $v = \mathsf{LT}^{-1}$.

Wenn die Dimensionen auf den beiden Seiten einer Gleichung übereinstimmen, handelt es sich meist um eine Größengleichung.

Dimensionslose Größen gibt es in der Physik nicht. Kürzen sich die Dimensionen, so bleibt die Dimension „1". Der Bruch aus zwei Größen gleicher Dimensionen heißt Größenverhältnis.

Einheitengleichungen. Einheitengleichungen geben die zahlenmäßigen Beziehungen zwischen Einheiten an. In solchen Gleichungen treten also nur Zahlenwerte und Einheiten auf.

Beispiele: $1 \text{ m} = 100 \text{ cm}$; $1 \text{ V} \cdot 1 \text{ A} = 1 \text{ W}$; $1 \text{ sm} = 1852 \text{ m}$; $1 \text{ N} = 1 \text{ m} \cdot \text{kg} \cdot \text{s}^{-2}$.

Während *die letzte Ziffer* eines dezimal angegebenen Zahlenwerts im allgemeinen gerundet sein kann, wird durch ihren Fettdruck darauf hingewiesen, daß nach Vereinbarung nur noch Nullen folgen.

Zahlenwertgleichungen. Gleichungen, die nur für bestimmte Einheiten gelten, heißen *Zahlenwertgleichungen*. In ihnen bedeuten die Formelzeichen nicht Größen (Zahlenwert mal Einheit), sondern nur Zahlenwerte. Die Einheiten sind zusätzlich anzugeben.

Beispiel: $T_0 = 0{,}8 \sqrt{\lambda}$; λ in m, T_0 in s.

Hier ist λ der *Zahlenwert* der in Meter gemessenen Wellenlänge (nicht die Wellenlänge) und T_0 der *Zahlenwert* der sich in Sekunden ergebenden Dauer der Seegangsperiode (nicht die Dauer).

Man erkennt Zahlenwertgleichungen gewöhnlich daran, daß die Dimensionen auf den beiden Seiten nicht übereinstimmen, wenn man die Formelzeichen versuchsweise als Abkürzungen für Größen auffaßt.

Im Beispiel stände dann links die Dimension der Zeit (T) und rechts die Dimension der Wurzel aus einer Länge ($L^{1/2}$).

Wenn es keine Zweifel über die zu verwendenden Einheiten gibt, sind Zahlenwertgleichungen für den Praktiker sehr bequem. Oft wird aber in Büchern die Erläuterung nur beim ersten Auftreten der Formel gegeben, und es kann zu Mißverständnissen kommen, wenn man an anderer Stelle keinen Hinweis mehr findet, daß die Formel nur für bestimmte Einheiten gültig ist.

Zugeschnittene Größengleichungen. Wenn mehrere gleichartige Berechnungen stets mit gleichen Einheiten auszuführen sind und konstante Faktoren zusammengefaßt werden können, ist es zweckmäßig, eine gegebene Größengleichung auf die gewünschten Einheiten zuzuschneiden, indem man diese Einheiten in die Gleichung einführt. Die Merkmale einer Größengleichung gehen dabei nicht verloren.

Beispiel: Die Größengleichung für die Dauer der oben erwähnten Seegangsperiode lautet

$$T_0 = \sqrt{\frac{2\pi\lambda}{g}} \ .$$

Mit $g = 9{,}81 \text{ m/s}^2$ folgt hieraus

$$T_0 = \sqrt{\frac{2\pi\lambda \text{ s}^2}{9{,}81 \text{ m}}} = \sqrt{\frac{2\pi}{9{,}81}} \cdot \sqrt{\frac{\lambda}{\text{m}}} \text{ s};$$

$$T_0 = 0{,}8 \sqrt{\frac{\lambda}{\text{m}}} \text{ s} \quad \text{oder} \quad T_0/\text{s} = 0{,}8 \sqrt{\lambda/\text{m}} \ .$$

In dieser *zugeschnittenen Größengleichung* stehen im Gegensatz zur oben erwähnten Zahlenwertgleichung die Formelzeichen T_0 und λ für physikalische *Größen* (Zahlenwert mal Einheit).

Für $\lambda = 185{,}2 \text{ m}$ z.B. ist $T_0 = 0{,}8 \sqrt{\dfrac{185{,}2 \text{ m}}{\text{m}}} \text{ s} = 10{,}9 \text{ s}$. Selbst wenn die Größe in einer anderen Einheit eingesetzt wird, entsteht kein Fehler:

Für $\lambda = 0{,}1 \text{ sm}$ ist $T_0 = 0{,}8 \sqrt{\dfrac{0{,}1 \text{ sm}}{\text{m}}} \text{ s} = 0{,}8 \sqrt{\dfrac{0{,}1 \cdot 1852 \text{ m}}{\text{m}}} \text{ s} = 10{,}9 \text{ s}.$

Verwechslungen und Unklarheiten werden vermieden, wenn man auf Zahlenwertgleichungen verzichtet und nur Größengleichungen oder zugeschnittene Größengleichungen verwendet.

Einheitensysteme. Ein *kohärentes* (zusammenhängendes) *Einheitensystem* gründet sich auf einen bestimmten Satz von *Basiseinheiten*, aus denen sich alle *abgeleiteten Einheiten* durch Multiplikation oder Division ohne zusätzliche Einführung von Zahlenfaktoren ergeben.

Das CGS-System ist ein kohärentes Einheitensystem, das auf *drei Basiseinheiten* für die drei Basisgrößen *Länge, Masse, Zeit* beruht:

Zentimeter cm
Gramm g
Sekunde s

Es wurde vor allem im Bereich der Mechanik angewandt. Im Bereich von Elektrizität und Magnetismus sind verschiedene Varianten des CGS-Systems entwickelt worden, wie z.B. das *elektromagnetische CGS-System*, dem die Einheit Oersted (Oe) angehört. (Näheres im Kapitel „Größen und Einheiten im Magnetkompaßwesen", Bd. 1 B, S. 65 ff.)

Das MKSA-System ist ein kohärentes Einheitensystem für den Bereich von Mechanik, Elektrizität und Magnetismus, das *vier Basiseinheiten* für die vier Basisgrößen *Länge, Masse, Zeit, elektrische Stromstärke* verwendet:

Meter m Sekunde s
Kilogramm kg Ampère A

Das Internationale Einheitensystem, Definition der 7 Basiseinheiten des SI-Systems. Um den gesamten Bereich der Physik einschließlich der Thermodynamik und der Photometrie zu erfassen, hat man international sieben Basiseinheiten für die sieben Basisgrößen *Länge, Masse, Zeit, elektrische Stromstärke, thermodynamische Temperatur, Stoffmenge, Lichtstärke* vereinbart:

Meter m Kelvin K
Kilogramm kg Mol mol
Sekunde s Candela cd
Ampere A

Von der Generalkonferenz für Maß und Gewicht (Conférence Générale des Poids et Mesures − CGPM) 1960 ist der Name *Internationales Einheitensystem (International System of Units; Système International d'Unités)* empfohlen worden. Die Einheiten dieses Systems heißen *SI-Einheiten (SI units; unités SI).*

Das Internationale Einheitensystem stimmt in den Bereichen Mechanik, Elektrizität und Magnetismus mit dem MKSA-System überein.

Die sieben Basiseinheiten des Internationalen Einheitensystems sind folgendermaßen definiert:

Das Meter ist die Länge der Strecke, die Licht im Vakuum während der Dauer von $(1/299\,792\,458)$ Sekunden durchläuft.

(Bemerkung: Durch diese erst 1983 beschlossene Definition wird die Lichtgeschwindigkeit im Vakuum genau auf $c_0 = 299\,792\,458$ m/s festgesetzt.)

Das Kilogramm ist gleich der Masse des internationalen Kilogrammprototyps.

(Bemerkung: Er besteht aus einem Zylinder aus Platin-Iridium und wird im Bureau International des Poids et Mesures in Sèvres bei Paris aufbewahrt.)

Die Sekunde ist das 9 192 631 770fache der Periodendauer der dem Übergang zwischen den beiden Hyperfeinstrukturniveaus des Grundzustandes des Atoms des Nuklids ^{133}Cs entsprechenden Strahlung.

(Bemerkung: Siehe Abschn. Zeitskalen.)

Das Ampere ist die Stärke eines konstanten elektrischen Stromes, der, durch zwei parallele, geradlinige, unendlich lange und im Vakuum im Abstand von 1 Meter voneinander angeordnete Leiter von vernachlässigbar kleinem, kreisförmigem Querschnitt fließend, zwischen diesen Leitern je 1 Meter Leiterlänge die Kraft $2 \cdot 10^{-7}$ Newton hervorrufen würde.

(Bemerkung: Praktisch benutzt man zur Eichung Paare von Stromspulen, deren Anziehungskraft sich aus der obigen Definition berechnen läßt. Im Gegensatz zum Namen *Ampère* schreibt man die Einheit *Ampere* ohne Accent grave.)

Das Kelvin ist der 273,16te Teil der thermodynamischen Temperatur des Tripelpunktes des Wassers.

(Bemerkung: Am Tripelpunkt sind feste, flüssige und gasförmige Phase im Gleichgewicht. Er liegt bei Wasser bei 0,0075 °C.)

Das Mol ist die Stoffmenge eines Systems, das aus ebensoviel Einzelteilchen besteht, wie Atome in 0,012 Kilogramm des Kohlenstoffnuklids ^{12}C enthalten sind. Bei Benutzung des Mol müssen die Einzelteilchen spezifiziert sein und können Atome, Moleküle, Ionen, Elektronen sowie andere Teilchen oder Gruppen solcher Teilchen genau angegebener Zusammensetzung sein.

Die Candela ist die Lichtstärke in einer bestimmten Richtung einer Strahlungsquelle, die monochromatische Strahlung der Frequenz $540 \cdot 10^{12}$ Hertz aussendet und deren Strahlstärke in dieser Richtung (1/683) Watt durch Steradiant beträgt.

Atomphysikalische Einheiten für Masse und Energie

Atomphysikalische Einheit der Masse für die Angabe von Teilchenmassen ist die *atomare Masseneinheit* (Einheitenzeichen: u). 1 atomare Masseneinheit ist der 12te Teil der Masse eines Atoms des Nuklids ^{12}C.

(Bemerkung: 1 u $\approx 1,660\,565\,5 \cdot 10^{-27}$ kg.)

Atomphysikalische Einheit der Energie ist das Elektronvolt (Einheitenzeichen: eV). 1 Elektronvolt ist die Energie, die ein Elektron bei Durchlaufen einer Potentialdifferenz von 1 Volt im Vakuum gewinnt.

(Bemerkung: 1 eV $\approx 1,602\,189\,2 \cdot 10^{-19}$ J.)

Vorsätze zur Bezeichnung von dezimalen Vielfachen und Teilen der Einheiten

Vorsatz-zeichen	Vorsatz	Zehner-potenz	Vorsatz-zeichen	Vorsatz	Zehner-potenz
da	Deka	10^1	d	Dezi	10^{-1}
h	Hekto	10^2	c	Zenti	10^{-2}
k	Kilo	10^3	m	Milli	10^{-3}
M	Mega	10^6	μ	Mikro	10^{-6}
G	Giga	10^9	n	Nano	10^{-9}
T	Tera	10^{12}	p	Piko	10^{-12}
P	Peta	10^{15}	f	Femto	10^{-15}
E	Exa	10^{18}	a	Atto	10^{-18}

Die Anwendung von Vorsätzen ist bei jeder Einheit zulässig, wenn keine Mißverständnisse entstehen können, außer bei den Winkeleinheiten: Grad, Minute,

Sekunde und den Zeiteinheiten: Minute, Stunde, Tag, Jahr, auch nicht bei Grad Celsius (°C). Kombinationen von Vorsätzen sollen vermieden werden. Die Vorsätze bilden mit den dahinterstehenden Einheiten ein unteilbares Ganzes. Es ist also z. B. $cm^2 = (cm)^2 = 10^{-4} m^2$. Die Vorsatzzeichen stehen vor dem zugehörigen Einheitenzeichen ohne Zwischenraum. Verwechslungen des Vorsatzes m (Milli) mit der Einheit m (Meter) lassen sich vermeiden, wenn man das Einheitenzeichen m möglichst weit nach rechts schiebt. Für Newtonmeter schreibe man z. B. nicht m N, was als mN (Millinewton) gelesen werden könnte, sondern N m oder N · m.

Zahlenmäßige Angaben lassen sich am leichtesten erfassen und behalten, wenn die Zahlenwerte etwa zwischen 0,1 und 1000 liegen. Wegen der damit verbundenen größeren Einfachheit empfiehlt sich vor allem die Benutzung der Vorsätze k, M, G, T sowie m, μ, n, p, die sich voneinander um den Faktor 10^3 unterscheiden.

Beispiel: Die im Funkdienst benutzten Frequenzen sollen nach internationaler Vereinbarung angegeben werden

— in Kilohertz (kHz) bis einschließlich 3000 kHz (λ = 100 m),
— in Megahertz (MHz) bis einschließlich 3000 MHz (λ = 100 mm),
— in Gigahertz (GHz) bis einschließlich 3000 GHz (λ = 100 μm).

Benennungen von zusammengesetzten Einheiten. Bei Produkten ist gegen Wortbildungen wie „Kilowattstunde" für das Zeichen kWh nichts einzuwenden. Bei Quotienten lese man für den Bruchstrich „durch", sage also z. B. für km/h „Kilometer durch Stunde", keinesfalls aber „Stundenkilometer".

Nach dem Gesetz über Einheiten im Meßwesen vom 2. Juli 1969 in der Fassung vom 6. Juli 1973 sind gesetzliche Einheiten in der Bundesrepublik Deutschland

1. die für die sieben genannten Basisgrößen festgesetzten Basiseinheiten des Internationalen Einheitensystems (SI) (S. 279 ff.),
2. die atomphysikalischen Einheiten (siehe S. 280),
3. die aus den Einheiten nach den Nummern 1 und 2 abgeleiteten und durch Rechtsverordnung festgesetzten Einheiten,
4. die durch die oben aufgeführten Vorsätze bezeichneten dezimalen Vielfachen und Teile der in den Nummern 1 bis 3 aufgeführten Einheiten.

Die Verwendung anderer, auf internationalen Übereinkommen beruhender Einheiten sowie ihrer Namen oder Einheitenzeichen im Schiffs-, Luft- und Eisenbahnverkehr bleibt durch das Einheitengesetz unberührt.

Die Namen der gesetzlichen Einheiten sind *sächlich*, z. B. *das Meter*, mit folgenden Ausnahmen:

die Sekunde, die Minute, die Stunde;
die Candela (Betonung auf der zweiten Silbe);
die Tonne;
die atomare Masseneinheit;
die Dioptrie;
die Millimeter-Quecksilbersäule;
der Radiant, der Steradiant;
der Vollwinkel, der Grad;
der Tag;
der Grad Celsius.

5.2 Raum und Zeit

Größen und Einheiten

Geometrische Größen

Größe und Formelzeichen		Definition
Länge *(length)* Weglänge *(path)* Breite *(breadth)* Höhe *(height)* Radius, Fahrstrahl *(radius)* Durchmesser *(diameter)*	l s b h r d	**Basisgröße.** Abstand zweier, zur gleichen Zeit beobachteter Marken. Als gerichtete Strecke *Vektor*, sonst *Skalar*.
Fläche *(area)* Querschnitt *(cross section)*	A, S S, q	Summe aller Flächenelemente aus Länge mal Breite. *Skalar* oder *Vektor* in Richtung der Flächennormale.
Raum, Volumen *(volume)*	V	Summe aller Volumenelemente aus Länge mal Breite mal Höhe. *Skalar*.
ebener Winkel (Winkel) *(plane angle)*	$\alpha, \beta, \gamma, \dots$ ϑ, φ	Kreisbogen durch Kreisradius. *Skalar* oder *Vektor* in Richtung der Normale.
Räumlicher Winkel, Raumwinkel *(solid angle)*	Ω	Kugelfläche durch Quadrat des Kugelradius. *Skalar*.
Flächenmoment 1. Grades *(first moment of plane area)*	H	*Skalar.* Beispiele: Zwei statische Momente der Fläche $$H_x = \int y \cdot dA; \qquad H_y = -\int x \cdot dA.$$
Flächenmoment 2. Grades *(second moment of plane area)* Axiales Flächenträgheitsmoment Polares Flächenträgheitsmoment Flächen-Zentrifugalmoment	I I_x, I_y, I_a I_z, I_p I_{xy}	*Skalar.* Beispiele: Zwei axiale Flächenträgheitsmomente $$I_x = \int y^2 \cdot dA; \qquad I_y = \int x^2 \cdot dA;$$ das polare Flächenträgheitsmoment $$I_z = \int (x^2 + y^2) \cdot dA = I_x + I_y;$$ das Flächen-Zentrifugalmoment (-Deviationsmoment) $$I_{xy} = -\int xy \cdot dA.$$

SI-Einheit und Einheitenzeichen	Definition, Bemerkungen, andere Einheiten
Meter m	**Basiseinheit** (siehe S. 279). sm Seemeile 1 sm = 1852 m.
Quadratmeter, m^2 **Meterquadrat**	1 Quadratmeter ist gleich der Fläche eines Quadrats von der Seitenlänge 1 m. ha Hektar 1 ha = 10^4 m^2, a Ar 1 a = 10^2 m^2, b Barn 1 b = 10^{-28} m^2.
Kubikmeter m^3	1 Kubikmeter ist das Volumen eines Würfels von der Kantenlänge 1 m. l, L Liter 1 l = 1 L = 1 dm^3 = 10^{-3} m^3.
Radiant rad $\left(=\dfrac{m}{m}=1\right)$	1 Radiant ist gleich dem ebenen Winkel, der als Zentriwinkel eines Kreises vom Halbmesser 1 m aus dem Kreis einen Bogen der Länge 1 m ausschneidet. Vollwinkel 2π rad = 360°; 1 rad $\approx$ 57,3°, ° (Alt-)Grad 1° = (π/180) rad, ′ (Alt-)Minute 1′ = (1/60)°, ″ (Alt-)Sekunde 1″ = (1/60)′ = (1/3600)°, gon Gon (Neugrad) 1 gon = (π/200) rad = 0,9°.
Steradiant sr $\left(=\dfrac{m^2}{m^2}=1\right)$	1 Steradiant ist gleich dem räumlichen Winkel, der als gerader Kreiskegel mit der Spitze im Mittelpunkt einer Kugel vom Halbmesser 1 m aus der Kugeloberfläche eine Kalotte der Fläche 1 m^2 ausschneidet. Voller Raumwinkel 4π sr.
Meter hoch drei m^3	1 Meter hoch drei ist gleich dem statischen Moment einer quadratischen Fläche von der Seitenlänge 1 m, deren Mittelpunkt 1 m von der Bezugsachse entfernt ist.
Meter hoch vier m^4	1 Meter hoch vier ist gleich dem axialen Flächenträgheitsmoment eines Rechtecks der Länge 12 m und der Breite 1 m bezüglich der längs verlaufenden Symmetrieachse.

Kinematische [1] **Größen**

Größe und Formelzeichen	Definition
Zeit *(time)*, t Zeitspanne, Dauer	**Basisgröße.** Differenz zweier Ablesungen einer Uhr. *Skalar.*
Periodendauer *(period)*, T Schwingungsdauer, Umlaufdauer	Die kürzeste Zeitspanne, nach welcher sich die Schwingung jeweils periodisch wiederholt.
Zeitkonstante, τ Relaxationszeit *(relaxation time)*	Zeitspanne, nach welcher sich eine exponentiell abnehmende Größe jeweils auf den e-ten Teil des vorherigen Abstandes dem Grenzwert angenähert hat ($e = 2{,}718\ldots$).
Frequenz *(frequency)* f, ν	Anzahl der Perioden durch Zeit, Kehrwert der Periodendauer. *Skalar.*
Geschwindigkeit, v Weggeschwindigkeit *(velocity)*	Weg durch Zeit. *Vektor* in Richtung des Wegelements. $v = \dfrac{\mathrm{d}s}{\mathrm{d}t} = \dot{s}.$
Beschleunigung a *(acceleration)*	Geschwindigkeitsänderung durch Zeit. *Vektor* in Richtung der Geschwindigkeitsänderung. $a = \dfrac{\mathrm{d}v}{\mathrm{d}t} = \dot{v} = \ddot{s}.$
Fallbeschleunigung, g natürliche Schwere *(acceleration of free fall)* Normfallbeschleunigung g_n *(standard acceleration of free fall)*	Örtliche Fallbeschleunigung eines frei fallenden Körpers, vektoriell zusammengesetzt aus Gravitationsbeschleunigung und Zentrifugalbeschleunigung. Nach Vereinbarung ist $g_\mathrm{n} = 9{,}806\,65 \ \mathrm{m/s^2}$. Ein Ort, wo $g = g_\mathrm{n}$ ist, heißt Normort.
Winkelgeschwindigkeit, ω, Ω Drehgeschwindigkeit *(angular velocity)*	Winkel durch Zeit. *Vektor* in der momentanen Drehachse im Sinne einer Rechtsschraube. $\omega = \dfrac{\mathrm{d}\varphi}{\mathrm{d}t} = \dot{\varphi}.$
Umdrehungsfrequenz n (früher Drehzahl) *(frequency of revolutions)*	Anzahl der Umdrehungen durch Zeit, Kehrwert der Umlaufdauer. *Skalar.* $n = \dfrac{1}{T}; \quad \omega = 2\pi\, n.$
Winkelbeschleunigung, α Drehbeschleunigung *(angular acceleration)*	Änderung der Winkelgeschwindigkeit durch Zeit. *Vektor* in Richtung der Winkelgeschwindigkeitsänderung. $\alpha = \dfrac{\mathrm{d}\omega}{\mathrm{d}t} = \dot{\omega} = \ddot{\varphi}.$

1 Kinematik ist die Wissenschaft von den Bewegungen. Als Basisgrößen genügen Länge und Zeit.

SI-Einheit und Einheitenzeichen	Definition, Bemerkungen, andere Einheiten
Sekunde s	**Basiseinheit** (siehe S. 280). min Minute 1 min = 60 s, h Stunde 1 h = 60 min = $3{,}6 \cdot 10^3$ s, d Tag 1 d = 24 h = $86{,}4 \cdot 10^3$ s, a Jahr Unterschiedliche Definition. Bei der Angabe der Uhrzeit wird die Anzahl der seit Tagesbeginn vergangenen Stunden, Minuten und Sekunden — durch Punkte getrennt — in arabischen Ziffern angegeben (siehe DIN 1355 Teil 1). Beispiel: 7.05.15 Uhr, 7.05 Uhr, 7 Uhr.
Hertz Hz $(= s^{-1})$	1 Hertz ist gleich der Frequenz eines periodischen Vorgangs der Periodendauer 1 s.
Meter durch Sekunde $\dfrac{m}{s}$	1 Meter durch Sekunde ist gleich der Geschwindigkeit eines gleichförmig bewegten Körpers, der während der Zeit 1 s den Weg 1 m zurücklegt. kn Knoten 1 kn = 1 sm/h = 0,514 m/s.
Meter durch Sekunden-quadrat $\dfrac{m}{s^2}$	1 Meter durch Sekundenquadrat ist gleich der Beschleunigung eines Körpers, dessen Geschwindigkeit sich während der Zeit 1 s gleichmäßig um 1 m/s ändert. An den Polen $g = 9{,}83$ m/s², am Äquator $g = 9{,}78$ m/s².
Radiant durch Sekunde $\dfrac{rad}{s}$ $(= s^{-1})$	1 Radiant durch Sekunde ist gleich der Winkelgeschwindigkeit eines gleichförmig rotierenden Körpers, der sich während der Zeit 1 s um den Winkel 1 rad um die Rotationsachse dreht. 1 U/min = $(2\pi/60)$ rad/s = 0,10472 rad/s.
Reziproke Sekunde s^{-1}	1 reziproke Sekunde ist gleich der Umdrehungsfrequenz eines gleichförmig umlaufenden Körpers, der während der Zeit 1 s eine Umdrehung ausführt. 1 U/min = $1/60$ s^{-1}.
Radiant durch Sekundenquadrat $\dfrac{rad}{s^2}$ $(= s^{-2})$	1 Radiant durch Sekundenquadrat ist gleich der Winkelbeschleunigung eines Körpers, dessen Winkelgeschwindigkeit sich während der Zeit 1 s gleichmäßig um 1 rad/s ändert.

Weitere Begriffe aus der Schwingungslehre[2]

Sinusschwingung. Ein Wechselvorgang, dessen Zeitabhängigkeit sich durch eine Sinus- oder Kosinusfunktion beschreiben läßt. Die schwingende Größe heißt dann Sinusgröße.

Die Sinusschwingung ist die einfachste Schwingungsform, weil deren Integration und Differentiation wie auch die Addition und Subtraktion von Sinusschwingungen gleicher Frequenz wieder zu einer Sinusschwingung führen.

Phasenwinkel. Das Argument der Sinus- bzw. Kosinusfunktion. (Der Winkel, für den der Sinus bzw. Kosinus bestimmt wird.)

Nullphasenwinkel. Stellt man die Sinusschwingung als Kosinusfunktion dar

$$x = \hat{x} \cos(\varphi_0 + 2\pi\, t/T)$$
$$= \hat{x} \cos(\varphi_0 + 2\pi\, f t)$$
$$= \hat{x} \cos(\varphi_0 + \omega t),$$

so heißt der sich für $t = 0$ ergebende Phasenwinkel φ_0 der Nullphasenwinkel. φ_0/ω ist die Nullphasenzeit (Bild 5.1).

Amplitude. Der maximale Augenblickswert einer sinusförmig schwingenden Größe ($\hat{x}$ in Bild 5.1). Die maximalen Augenblickswerte nicht sinusförmig schwingender Größen heißen ihre Scheitelwerte.

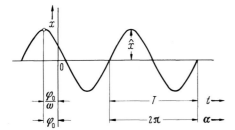

Bild 5.1. Begriffe aus der Schwingungslehre

Kreisfrequenz, Winkelfrequenz. Die mit 2π multiplizierte Frequenz. Sie wird mit ω bezeichnet, da diese Größe gleichzeitig die Winkelgeschwindigkeit des umlaufenden Zeigers in der Zeigerdarstellung bezeichnet. Die SI-Einheit der Kreisfrequenz ist s^{-1}; das Hertz bleibt der Frequenz vorbehalten.

Phasenverschiebung. Unterscheiden sich zwei Sinusschwingungen gleicher Frequenz durch ihre Nullphasenwinkel, so heißen sie phasenverschoben. Die Differenz der Nullphasenwinkel heißt *Phasenverschiebungswinkel* φ.

Zeigerdarstellung. Ein in mathematisch positivem Sinn gleichförmig umlaufender Zeiger, dessen Länge maßstäblich gleich der Amplitude der Sinusschwingung ist und der für einen Umlauf die Periodendauer T benötigt, erzeugt eine sich sinusförmig ändernde Projektion. Der Phasenverschiebungswinkel zweier Sinusschwingungen gleicher Frequenz erscheint als ebener Winkel zwischen den zugehörigen Zeigern. Bei der Addition und Subtraktion von Sinusgrößen gleicher Art sind die zugehörigen Zeiger wie Vektoren zu addieren bzw. zu subtrahieren, um den Zeiger der resultierenden Schwingung zu erhalten. Daher ist die Zeigerdarstellung oft anschaulicher als die Zeichnung von Sinusschwingungen und als die Rechnung.

---

2 Siehe auch DIN 1311.

Dämpfung. Ist die Reibungskraft der Geschwindigkeit proportional, spricht man von einer *linear gedämpften Schwingung:*

$$x = \hat{x}_0 \cdot e^{-\delta t} \cdot \cos(\varphi_0 + \omega_d t).$$

δ heißt Abklingkonstante. $1/\delta$ ist die Abklingzeit, nach der die Amplitude auf den e-ten Teil (36,8%) des vorangegangenen Wertes abgesunken ist. ω_d ist die Kreisfrequenz der gedämpften Schwingung mit der Schwingungsdauer $T_d = 2\pi/\omega_d$. Nach jeder Schwingungsdauer T_d vermindert sich die Amplitude im gleichen Verhältnis, so daß $\hat{x}_n = \hat{x}_0/k^n$ ist mit k als Dämpfungskonstante (n ganz). Der natürliche Logarithmus von k heißt logarithmisches Dekrement Λ. $\Lambda = \ln k = \delta \cdot T_d$.

Der Dopplereffekt

Bei jeder Art von Wellen stimmt die Empfangsfrequenz nur dann mit der Sendefrequenz überein, wenn die Entfernung zwischen Empfänger (E) und Sender (S) gleichbleibt. Bewegen E und S sich gegenseitig, wird bei E eine Frequenzverschiebung beobachtet, deren Betrag von Geschwindigkeit und Sendefrequenz abhängt. So kommen z.B. in einer gegebenen Zeitspanne mehr Wellenberge und -täler bei einem Beobachter vorbei, wenn er den Wellen entgegengeht, als wenn er stehenbleibt. Deshalb ist die Empfangsfrequenz beim Annähern an den Sender höher, beim Entfernen geringer als die Sendefrequenz. Diese Erscheinung nennt man Dopplereffekt, weil sie 1842 erstmals von dem Physiker Christian Doppler beschrieben worden ist.

Schallwellen können sich nur in einem materiellen Medium ausbreiten. Bei Bewegungen sind deshalb verschiedene Fälle zu unterscheiden, wenn man die Empfangsfrequenz und damit die Dopplerfrequenzverschiebung berechnen will.

Fall 1: S ruht im Ausbreitungsmedium, E bewegt sich.

$$f_E = f_S\left(1 + \frac{v_E}{c}\right); \qquad \Delta f = f_S \cdot \frac{v_E}{c}.$$

Fall 2: E ruht im Ausbreitungsmedium, S bewegt sich.

$$f_E = \frac{f_S}{1 - v_S/c}; \qquad \Delta f \approx f_S \cdot \frac{v_S}{c}.$$

Fall 3: E und S bewegen sich gegen das Ausbreitungsmedium.

$$f_E = f_S \cdot \frac{1 + v_E/c}{1 - v_S/c}; \qquad \Delta f \approx f_S \cdot \frac{v_E + v_S}{c}.$$

Hierin bedeutet:

f_S die Sendefrequenz;
f_E die Empfangsfrequenz;
Δf die Dopplerfrequenzverschiebung $f_E - f_S$;
v_S die auf den Empfänger gerichtete Geschwindigkeit des Senders gegenüber dem Ausbreitungsmedium;
v_E die auf den Sender gerichtete Geschwindigkeit des Empfängers gegenüber dem Ausbreitungsmedium;
c die Schallgeschwindigkeit im Ausbreitungsmedium.

Die Näherungsformeln dürfen verwendet werden, wenn die Bewegungsgeschwindigkeiten klein gegen die Schallgeschwindigkeit sind.

Fall 3 schließt auch die Möglichkeit ein, daß E und S gegenseitig ruhen, sich aber beide in der gleichen Strömung befinden. Dann haben v_E und v_S den Betrag der Strömungsgeschwindigkeit, aber entgegengesetzte Vorzeichen, so daß näherungsweise kein Dopplereffekt zu beobachten ist.

Der akustische Dopplereffekt wird z.B. beim Dopplerlog genutzt. Der vom Schiff als bewegtem Sender ausgehende Schall kommt mit veränderter Frequenz am Meeresboden an, wird dort mit dieser Frequenz als neuer Sendefrequenz reflektiert und am Schiff als bewegtem Empfänger mit nochmaliger Dopplerfrequenzverschiebung empfangen. Aus dem Unterschied zwischen Sende- und Empfangsfrequenz ergibt sich die Geschwindigkeit über Grund (siehe Bd. 1 A, Kap. 4.4.6).

Elektromagnetische Wellen können sich auch im leeren Raum ausbreiten. Bei Bewegungen gibt es dann kein materielles Bezugssystem, und nur die Relativgeschwindigkeit E gegen S ist neben der Sendefrequenz für die Dopplerfrequenzverschiebung maßgebend:

$$f = f_S \cdot \frac{v_{rel}}{c}.$$

Der elektromagnetische Dopplereffekt spielt z.B. bei umlaufenden Satelliten eine Rolle, die auf einer festen Frequenz senden. Beim Vorbeiflug ist die Empfangsfrequenz zunächst höher als die Sendefrequenz und vermindert sich dann, und zwar am schnellsten zum Zeitpunkt des geringsten Passierabstandes. In diesem Augenblick sind Empfangs- und Sendefrequenz gleich (vgl. Bild 5.2), weil dann die Relativgeschwindigkeit gleich Null ist.

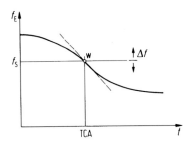

Bild 5.2. Zeitlicher Verlauf der Empfangsfrequenz beim Vorbeiflug eines Satelliten

Aus der Geschwindigkeit der Frequenzänderung am Wendepunkt W der dargestellten Kurve läßt sich auf den Passierabstand schließen. Je steiler die Kurve dort verläuft, desto kleiner ist er.

Bei der Satellitennavigation nach dem Verfahren NNSS (Transit) wird die Bewegung des Satelliten längs seiner Bahn als bekannt vorausgesetzt. Seine Sendung wird von der Bodenstation (z.B. dem Schiff) empfangen, und die Empfangsfrequenz wird mit einer selbst erzeugten, konstanten Oszillatorfrequenz, die der Sendefrequenz entspricht, verglichen. Die dabei wegen des Dopplereffekts entstehenden Schwebungen werden gezählt, so daß sich schließlich für die einzelnen Satellitenpositionen die gleichen Phasenunterschiede ergeben, wie sie zwischen den Sendungen dort feststehender Satelliten beobachtet würden. Aus drei Senderorten läßt sich der Standort nach dem Prinzip der Hyperbelnavigation bestimmen. Werden mehr als drei Orte ausgenutzt, läßt sich die Genauigkeit erhöhen, und zusätzliche Informationen werden gewonnen.

Zeitskalen

Nach der Methode ihrer Gewinnung unterscheidet man drei Gruppen von Zeitskalen:

Weltzeit UT (Universal Time), aus der Umdrehung der Erde um ihre Achse („Rotation").

Ephemeridenzeit ET (Ephemeris Time), aus dem Umlauf der Erde um die Sonne („Revolution") und

Atomuhrenzeit TA (Temps atomique), aus hochkonstanten atomaren Schwingungen.

Die Weltzeit liegt der astronomischen Navigation zugrunde, denn die scheinbare Bewegung der Himmelskugel ist das Abbild der Erdrotation mit allen ihren inzwischen bekannten Ungleichheiten.

Durch Beobachtung des Meridiandurchgangs genau vermessener Fixsterne stellt eine Station die örtliche Sternzeit (Stundenwinkel des Widderpunktes) fest und rechnet diese in mittlere Ortszeit (MOZ) um. Durch Anbringen der geographischen Länge wird die Weltzeit in der Form UT0 (Universal Time, zero) erhalten.

Seit 1892 weiß man, daß die Figurenachse der Erde um die Rotationsachse herumwandert. Dabei überlagern sich zwei etwa kreisförmige Komponenten mit Perioden von 14 und 12 Monaten. Der Achsenabstand beträgt an der Erdoberfläche im Höchstfall ungefähr 9 m. Diese „Polbewegung" hat kleine, periodische Schwankungen der geographischen Breite und Länge jedes Ortes zur Folge und somit auch der auf den Nullpunkt der Längenzählung bezogenen UT0. Nach einer Beschickung von UT0 um bis zu 30 ms für die Variation der geographischen Länge des jeweiligen Beobachtungsortes erhält man UT1, in der an verschiedenen Orten angestellte Beobachtungen miteinander vergleichbar werden. Die Angaben des Nautischen Jahrbuchs sind demzufolge auf UT1 bezogen.

Die Umdrehungsfrequenz der Erde ist fortschreitenden, unregelmäßigen und periodischen Änderungen unterworfen.

Fortschreitende oder säkulare Veränderungen, welche die Gezeitenreibung hervorruft, verlängern den Tag um ungefähr 2,5 ms pro Jahrhundert. Dadurch würde eine anfangs auf Weltzeit eingeregelte Uhr nach dem ersten Jahrhundert um 46 s und nach dem zweiten bereits um 183 s vorgehen.

Unregelmäßige Schwankungen, die hauptsächlich Veränderungen der elektromagnetischen Kopplung zwischen Erdkern und -mantel zugeschrieben werden, können den Tag in unregelmäßiger Weise um mehrere Millisekunden verlängern oder verkürzen über Zeiträume zwischen etwa 5 und 30 Jahren. Dabei können sich Uhrfehler von mehr als ± 10 s aufsummieren.

Die recht regelmäßig wiederkehrenden jahreszeitlichen Variationen, vorwiegend verursacht durch die jahreszeitlichen Änderungen der globalen Windzirkulation, führen zu Uhrfehlern bis zu etwa 30 ms.

Einen Fortschritt in den Bemühungen um eine gleichförmige Zeitskala bedeutete die Ableitung der Zeit aus dem Umlauf der Erde um die Sonne. Diese sog. Ephemeridenzeit brachte vor allem in der dynamischen Astronomie Fortschritte, da sich einige vorher beobachtete Unregelmäßigkeiten — z.B. in der Mondbewegung — auf die Schwankungen der bis dahin benutzten Zeitskala, nämlich der Weltzeit, zurückführen ließen.

Um zu einem ihren Genauigkeitsforderungen genügenden und praktisch momentan realisierbaren Zeitmaß zu gelangen, mußte die Physik nach anderen Wegen suchen. Nach heutiger physikalischer Kenntnis und Auffassung sind die Eigenfrequenzen ungestörter Atome und Moleküle von äußeren Einflüssen unabhängig und konstant. Die Frequenz von Quarzuhren wird daher ständig von einem Atomresonator kontrolliert, und man kommt so zur Atomuhrenzeit TA. Sie wird gewonnen durch Aufsummierung der Schwingungsdauern des Cäsiumresonanz-überganges, mit dem heute die Sekunde im Internationalen Einheitensystem definiert wird (siehe Basiseinheiten, S. 280), und ist so exakt, daß zwei heute auf gleiche Zeit eingestellte, hochwertige Cäsium-Atomuhren nach 1 Million Jahren aller Voraussicht nach nicht mehr als 1 s voneinander abweichen würden.

Die von den Zeitsignalen gegebene koordinierte Weltzeit UTC (Universal Time, Co-ordinated) stützt sich auf Atomuhrenzeit, jedoch wird UTC unter internationaler Kontrolle seit 1972 durch Einfügen von Schaltsekunden, d.h. durch Sprünge von genau 1 s, so der UT 1 angepaßt, daß die Abweichung auf keinen Fall 0,9 s überschreitet. Mit UT1 − UTC = 0,9 s ergibt sich eine zusätzliche Unsicherheit der astronomischen Ortsbestimmung von 0,22′ in Länge, entsprechend 410 m am Äquator.

5.3 Mechanik

Größen und Einheiten

Kinetische[3] Größen

Größe und Formelzeichen		Definition
Masse *(mass)*	m	**Basisgröße.** Substanzmenge. Vom Ort unabhängige Eigenschaft eines Körpers, die sich sowohl als Trägheit gegenüber einer Änderung seines Bewegungszustandes als auch in der Anziehung zu anderen Körpern äußert. *Skalar.*
Dichte *(density)*	ϱ	Masse durch Volumen. *Skalar.* Vom Ort unabhängig und daher gegenüber der Wichte zu bevorzugen. $$\varrho = \frac{m}{V}.$$
Normdichte eines Gases *(standard density)*	ϱ_n	Dichte im Normzustand (0 °C ≙ 273,15 K; 760 Torr = 1013,25 hPa)
Relative Dichte *(relative density)*	d	*Verhältnisgröße:* Dichte eines Stoffes durch Dichte eines Bezugsstoffes unter Bedingungen, die für beide Stoffe besonders anzugeben sind. *Skalar.* $$d = \frac{\varrho_1}{\varrho_2}.$$
Dichte-Index *(density index)*	σ	*Skalar.* $\sigma = (d - 1) \cdot 1000.$
Spezifisches Volumen *(specific volume)*	v	Kehrwert der Dichte. *Skalar.* $$v = \frac{1}{\varrho} = \frac{V}{m}.$$

3 Kinetik ist die Wissenschaft vom Zusammenhang zwischen den Kräften und den Bewegungen. Basisgrößen sind Länge, Zeit und Masse. Dieses Gebiet wurde früher Dynamik genannt. Dynamik ist heute Oberbegriff für Kinetik und Statik.

Höheren Genauigkeitsansprüchen wird durch Aussendung der Korrektion DUT1 ≈ UT1 − UTC in kodierter Form innerhalb der Zeitsignale Rechnung getragen. Mittels DUT1 erhält man UT1 mit einer Unsicherheit < 0,1 s.

Gegenwärtig gewinnt die UTC gegenüber der UT1 jährlich etwa 1 s. Schaltsekunden werden vorzugsweise am 31. Dezember oder am 30. Juni, jeweils um 24 Uhr UTC, in die UTC-Skala eingefügt, notfalls auch an einem anderen Monatsletzten. Der Zeitpunkt eines Sekundensprungs wird der Seeschiffahrt etwa sechs Wochen im voraus in den Nachträgen zum NF und SfK sowie in den NfS angekündigt.

Vielfach werden sowohl UT1 als auch UTC mit MGZ (Mittlere Greenwicher Zeit) bezeichnet. Im Interesse einer eindeutigen Darstellung wird von internationalen Organisationen empfohlen, die Bezeichnung MGZ nicht mehr zu verwenden.

SI-Einheit und Einheitenzeichen	Definition, Bemerkungen, andere Einheiten
Kilogramm kg	**Basiseinheit** (siehe S. 279). t Tonne 1 t = 10^3 kg. Da die Tonne hiermit als eine Einheit der Masse festgelegt ist, darf sie nicht mehr als eine Krafteinheit gebraucht werden (siehe auch S. 296). Umrechnung von Masseeinheiten siehe S. 362.
Kilogramm durch Kubikmeter $\dfrac{kg}{m^3}$	1 Kilogramm durch Kubikmeter ist gleich der Dichte eines homogenen Körpers, der bei der Masse 1 kg das Volumen 1 m^3 einnimmt. Auch zulässig: kg/dm^3; g/cm^3; t/m^3. Bei Dichteangaben darf die Einheit nicht fehlen.
(1)	Ein Stoff hat die relative Dichte 1, wenn er unter den besonders angegebenen Bedingungen die gleiche Dichte wie der Bezugsstoff besitzt.
(1)	Beispiel: Für $\varrho = 1{,}027 \cdot 10^3$ kg/m^3 ist $d = 1{,}027$ (Dichte des Bezugsstoffs: 1 kg/m^3) und $\sigma = 27.$
Kubikmeter durch Kilogramm $\dfrac{m^3}{kg}$	1 Kubikmeter durch Kilogramm ist gleich dem spezifischen Volumen eines homogenen Körpers, der bei dem Volumen 1 m^3 die Masse 1 kg besitzt.

Größe und Formelzeichen	Definition
Kraft *(force)* F	Masse mal Beschleunigung. *Vektor* in Richtung der Beschleunigung („äußere Kraft"). $$F = m\,a.$$
Gewichtskraft *(weight)* G	$G = m\,g$.
Wichte *(specific gravity)* γ (statt spezifisches Gewicht)	Gewichtskraft durch Volumen. *Skalar.* $$\gamma = \frac{G}{V}.$$ Da die Wichte wie die Gewichtskraft eine vom Ort abhängige Größe ist, wird empfohlen, möglichst die Dichte zu verwenden.
Druck *(pressure)* p	Normalkraft durch Fläche. *Skalar.* $$p = \frac{F_n}{A}.$$
Moment einer Kraft M *(moment of force)*	Kraft mal Hebelarm (Hebelarm ist das Lot vom Bezugspunkt auf die Wirklinie der Kraft). *Vektor* senkrecht zu Hebelarm und Kraft im Sinne einer Rechtsschraube. $$M = r \times F.$$
Moment eines Kräftepaars $\overset{'}{M}$ *(moment of a couple)* (Drehmoment)	(Einfacher) Betrag der beiden gleichen, entgegengesetzt gerichteten Kräfte mal Abstand ihrer Wirklinien. *Vektor* senkrecht zur Ebene der Wirklinien im Sinne einer Rechtsschraube.
Massenmoment 2. Grades J, Θ *(second moment of inertia)*	*Skalar.* Beispiele: Massenpunkt: $J = m \cdot r^2$.
Axiales Trägheits- moment J_{xx}, J_{yy}, J_{zz}	Drei axiale Trägheitsmomente: $$J_{xx} = \int (y^2 + z^2) \cdot dm, \quad J_{yy} = \int (x^2 + z^2) \cdot dm,$$ $$J_{zz} = \int (x^2 + y^2) \cdot dm;$$
Deviationsmoment J_{xy}, J_{yz}, J_{zx}	drei Deviationsmomente: $$J_{xy} = -\int x\,y \cdot dm, \quad J_{yz} = -\int y\,z \cdot dm,$$ $$J_{zx} = -\int z\,x \cdot dm.$$
Trägheitsradius i, k *(radius of inertia)*	Radius eines Zylinders (des „Trägheitszylinders") um die Bezugsachse, auf dessen Mantelfläche die gesamte Substanz des betrachteten Körpers verteilt werden kann, ohne sein Trägheitsmoment zu verändern. $$i = \sqrt{\frac{J}{m}}. \quad \textit{Skalar.}$$

SI-Einheit und Einheitenzeichen	Definition, Bemerkungen, andere Einheiten
Newton N (sprich: 'nju:tn) $= \dfrac{kg \cdot m}{s^2}$	1 Newton ist gleich der Kraft, die einem Körper mit der Masse 1 kg die Beschleunigung 1 m/s^2 erteilt. dyn Dyn 1 dyn = 10^{-5} N = 10 μN. Die ehemalige Tonne (Kraft) ist 9,80665 kN ≈ 10 kN. Umrechnung von Krafteinheiten siehe S. 362.
Newton durch **Kubikmeter** $\dfrac{N}{m^3}$	1 Newton durch Kubikmeter ist gleich der Wichte eines homogenen Körpers, der das Volumen 1 m^3 einnimmt und an dem betrachteten Ort die Gewichtskraft 1 N aufbringt.

Pascal Pa
$= \dfrac{N}{m^2}$
	1 Pascal ist gleich dem auf eine Fläche gleichmäßig wirkenden Druck, bei dem senkrecht auf die Fläche 1 m^2 die Kraft 1 N ausgeübt wird.
	1 dyn/cm^2 = 10^9 Pa,
	bar Bar 1 bar = 10^5 Pa = 100 kPa = 1000 hPa,
	atm Physikalische Atmosphäre
	    1 atm = 760 Torr = 101,325 kPa = 1013,25 hPa,
	at Technische Atmosphäre
	    1 at = 1 kp/cm^2 = 98,0665 kPa = 980,665 hPa.
	Umrechnung von Druckeinheiten siehe S. 362.

Newtonmeter N · m	1 Newtonmeter ist gleich dem Moment einer Kraft vom Betrag 1 N, deren Wirklinie vom Bezugspunkt den Abstand 1 m hat. 1 Newtonmeter ist gleich dem Moment eines Kräftepaars aus zwei Kräften, deren Betrag je 1 N ist und deren Wirklinien den gegenseitigen Abstand 1 m haben.
Kilogramm mal **Quadratmeter** kg · m^2	1 Kilogramm mal Quadratmeter ist gleich dem (axialen) Trägheitsmoment eines Drehkörpers der Masse 1 kg, dessen Substanz auf der Mantelfläche eines Zylinders mit dem Radius 1 m um die Bezugsachse verteilt ist.
Meter m	Basiseinheit (siehe S. 279). Für einen Körper mit der Masse 1 kg, der um die Bezugsachse das Trägheitsmoment 1 kg · m^2 besitzt, ist der Trägheitsradius 1 m.

Größe und Formelzeichen	Definition
Impuls *(momentum)* p	Masse mal Geschwindigkeit. *Vektor* in Richtung der Geschwindigkeit. $p = m\,v$. Die Änderung des Impulses ist gleich dem Kraftstoß: $\Delta p = \int F \cdot dt$.
Drehimpuls, L Drall, Impulsmoment *(angular momentum)*	Für einen Massenpunkt: Impuls mal Abstand der Bahn vom Bezugspunkt. *Vektor* senkrecht zur Ebene Bahn—Bezugspunkt im Sinne einer Rechtsschraube. $L = r \times p = r \times m\,v$. Für einen starren Körper: $L = \int r \times dm\,v$. Bei Drehung um eine der drei Hauptachsen: Trägheitsmoment mal Winkelgeschwindigkeit. *Vektor* in Richtung der Winkelgeschwindigkeit. $L = J\,\omega$.
Arbeit *(work)* W, A	Kraft mal Weg (in Richtung der Kraft) $W = \int F \cdot ds$. *Skalar.*
Energie *(energy)* E, W Potentielle Energie E_p, V Kinetische Energie E_k, T	Arbeitsvermögen. *Skalar.* Beispiel: Gehobene Last: $E_p = G \cdot h = m\,g\,h$. Bahnbewegung: $E_k = \frac{1}{2}m\,v^2$. Drehbewegung: $E_k = \frac{1}{2}J\,\omega^2$.
Leistung *(power)* P	Arbeit durch Zeit. *Skalar.* $P = \dfrac{dW}{dt} = F\,v$.
Wirkungsgrad η *(efficiency)*	*Größenverhältnis:* Abgeführte Nutzleistung durch zugeführte Leistung. *Skalar.*
Reibungszahl μ *(friction coefficient)*	*Größenverhältnis:* Reibungskraft durch Normalkraft. *Skalar.*

SI-Einheit und Einheitenzeichen		Definition, Bemerkungen, andere Einheiten
Kilogrammeter durch Sekunde	$\dfrac{\text{kg} \cdot \text{m}}{\text{s}}$	1 Kilogrammeter durch Sekunde ist gleich dem Impuls eines Körpers der Masse 1 kg, der sich mit der Geschwindigkeit 1 m/s bewegt.
Newtonsekunde	$= \text{N} \cdot \text{s}$	1 Newtonsekunde ist gleich der von einem Kraftstoß gleichen Betrages bewirkten Änderung des Impulses.
Kilogramm mal Quadratmeter durch Sekunde	$\dfrac{\text{kg} \cdot \text{m}^2}{\text{s}}$	1 Kilogramm mal Quadratmeter durch Sekunde ist gleich dem Drehimpuls eines starren Körpers, der sich mit der Winkelgeschwindigkeit 1 rad/s um eine seiner Hauptachsen dreht und um diese Achse das Trägheitsmoment $1 \, \text{kg} \cdot \text{m}^2$ besitzt.
Newtonsekundemeter	$= \text{N} \cdot \text{s} \cdot \text{m}$	
Joule (sprich: dʒuːl) Newtonmeter Wattsekunde	J $= \text{N} \cdot \text{m}$ $= \text{W} \cdot \text{s}$	1 Joule ist gleich der Arbeit, die verrichtet wird, wenn der Angriffspunkt der Kraft 1 N in Richtung der Kraft um 1 m verschoben wird. erg Erg $1 \, \text{erg} = 1 \, \text{dyn} \cdot \text{cm} = 10^{-7} \, \text{J}$, kWh Kilowattstunde $1 \, \text{kWh} = 3{,}6 \cdot 10^6 \, \text{J}$. Umrechnung von Arbeits- und Energieeinheiten siehe S. 364.
Watt	W $= \dfrac{\text{J}}{\text{s}}$ $= \dfrac{\text{N} \cdot \text{m}}{\text{s}}$	1 Watt ist gleich der Leistung, bei der während der Zeit 1 s die Energie 1 J umgesetzt wird. Umrechnung von Leistungseinheiten siehe S. 364.
	(1)	Der Wirkungsgrad ist 1 (= 100%), wenn die abgeführte Nutzleistung gleich der zugeführten Leistung ist.
	(1)	Die Reibungszahl ist 1, wenn die Reibungskraft gleich der Normalkraft ist.

Beispiel für Haft- und Gleitreibungszahlen (Richtwerte)

	Haft-reibung	Gleitreibung		
		trocken	geschmiert	mit Wasser
Stahl/Stahl	0,15	0,1	0,01	–
Metall/Holz	0,6...0,8	0,4...0,5	0,03...0,08	0,25
Holz/Holz	0,65	0,3	0,1	

Größe und Formelzeichen	Definition
Dynamische Viskosität η (*viscosity*)	Schubspannung durch Geschwindigkeitsgefälle senkrecht zur Strömungsrichtung. *Skalar*.
Kinematische Viskosität ν (*kinematic viscosity*)	Dynamische Viskosität durch Dichte. *Skalar*.

Einige Bemerkungen zum Begriff Gewicht. Das Wort *Gewicht* wird vorwiegend in drei verschiedenen Bedeutungen gebraucht:

a) Als Größe von der Art einer *Kraft*. Gemeint ist die Kraft, die der betrachtete Körper auf seine Unterlage ausübt und die ihn im freien Fall beschleunigt. Es wird empfohlen, in diesem Fall das Wort *Gewichtskraft* zu verwenden. Diese Größe ist in *Kraft*einheiten anzugeben (N).

b) Als Größe von der Art einer *Masse* bei der Angabe von Mengen im Sinne eines Wägeergebnisses. Es wird empfohlen, in diesem Falle das Wort *Masse* zu verwenden[4]. Diese Größe wird in *Masse*einheiten angegeben (kg, t).

c) Als Name für *Verkörperungen* von Masseeinheiten sowie deren Vielfachen und Teilen. Es wird empfohlen, in diesem Falle das Wort *Gewichtstück* oder auch *Wägestück* zu verwenden.

Die *Gewichtskraft* setzt sich vektoriell aus zwei Kräften zusammen, der Gravitationskraft (Massenanziehungskraft) und der Zentrifugalkraft (Trägheitskraft infolge der Erdrotation). Sie ist damit außer von der Substanzmenge auch vom Ort des Körpers abhängig.

Die *Masse* eines Körpers ist vom Ort unabhängig. Überall ist die gleiche Kraft nötig, um ihm eine bestimmte Beschleunigung zu verleihen. Die Masse kennzeichnet die Substanzmenge und wird durch Vergleich mit Körpern bekannter Masse bestimmt.

Beispiel: Auf dem Mond hat ein Körper nur einen Bruchteil der Gewichtskraft am Erdboden. Eine Federwaage würde entsprechend weniger Newton als auf der Erde anzeigen: *Eine Federwaage bestimmt die Gewichtskraft*. Eine Tafelwaage dagegen bliebe auch auf dem Mond im Gleichgewicht, da sich ja die Gewichtskraft der Gewichtstücke in gleicher Weise änderte. Das Wägeergebnis (in Kilogramm) wäre das gleiche wie auf der Erde: *Eine Tafelwaage bestimmt die Masse*.

Die Gewichtslosigkeit in Raumfahrzeugen nach Abschaltung des Raketenantriebs liegt nicht daran, daß wegen der Entfernung von der Erde keine Gravitationskraft mehr vorhanden wäre, wenn diese auch vermindert ist. Sie wird vielmehr durch eine gleich große, aber entgegengesetzt gerichtete Trägheitskraft kompensiert, welche durch die von der Anziehungskraft hervorgerufene Beschleunigung des Fahrzeugs einschließlich seiner Insassen bewirkt wird.

---

4 Wägeergebnisse zur Angabe von Mengen, insbesondere auch in Stücklisten und Katalogen, können weiterhin Gewicht genannt werden (DIN 1305).

SI-Einheit und Einheitenzeichen	Definition, Bemerkungen, andere Einheiten
Pascalsekunde Pa · s	1 Pascalsekunde ist gleich der dynamischen Viskosität eines laminar strömenden, homogenen Fluids, in dem zwischen zwei ebenen, parallel im Abstand 1 m angeordneten Schichten mit dem Geschwindigkeitsunterschied 1 m/s die Schubspannung 1 Pa herrscht. P Poise $1 \, P = 10^{-1} \, Pa \, s$.
Quadratmeter durch Sekunde $\dfrac{m^2}{s}$	1 Quadratmeter durch Sekunde ist gleich der kinematischen Viskosität einer Flüssigkeit von der dynamischen Viskosität 1 Pa s und der Dichte 1 kg/m³. St Stokes $1 \, St = 10^{-4} \, m^2/s$.

Tragfähigkeit und Tragkraft. Bei der *Tragfähigkeit* handelt es sich um das Vermögen einer Vorrichtung (Transportmittel, Ladebaum), eine bestimmte Substanzmenge zu handhaben. Daher ist die Tragfähigkeit in *Masse*einheiten (kg, t) anzugeben. Die im einzelnen auftretenden *Kräfte* können größer oder kleiner als die Gewichtskraft der Ladung sein. Die *Tragkraft* ist in *Kraft*einheiten (N, kN) anzugeben.

Das Archimedische Prinzip[5]. Jeder in eine ruhende Flüssigkeit eingetauchte Körper erfährt eine Auftriebskraft, die gleich der Gewichtskraft der verdrängten Flüssigkeit ist. Das Entsprechende gilt in einem Gas (Auftrieb eines Ballons).

Ein Körper taucht beim Schwimmen so tief ein, daß die Gewichtskraft der von ihm verdrängten Flüssigkeit gleich der Gewichtskraft des schwimmenden Körpers ist.

Da am gleichen Ort bei gleichen Gewichtskräften auch die Massen übereinstimmen, gilt ebenfalls:

Ein Körper taucht beim Schwimmen so tief ein, daß die *Masse* der von ihm verdrängten Flüssigkeit gleich der *Masse* des schwimmenden Körpers ist.

Daher kommt es, daß sich der Tiefgang bei gegebener Masse des schwimmenden Körpers nach der *Dichte* und nicht nach der *Wichte* der Flüssigkeit richtet (Anwendung beim Aräometer). Er ist somit unabhängig vom Ort.

Hydrostatischer Druck. $p = \gamma h$ (γ Wichte der Flüssigkeit, h Höhe der Flüssigkeitssäule über dem betrachteten Punkt). Im Wasser steigt der Druck je 10 m Tiefe um etwa 1 at $\approx$ 980 hPa. Hinzu kommt der auf der Wasseroberfläche lastende Luftdruck.

Die Newtonschen Axiome[6]

I. Das Trägheitsgesetz. Jeder Körper verharrt im Zustand der Ruhe oder der gleichförmigen, geradlinigen Bewegung, solange er nicht durch Einwirkung äußerer Kräfte gezwungen wird, seinen Bewegungszustand zu ändern (Galilei[7], 1610).

II. Die dynamische Grundgleichung. Die zeitliche Änderung der Bewegungsgröße (des Impulses *p*) eines Körpers ist gleich und gleichgerichtet mit der auf den

---

5 Archimedes, griechischer Mathematiker und Physiker, 287–212 v. Chr.
6 Newton, Isaac, englischer Physiker, 1643–1727.
7 Galilei, Galileo, italienischer Physiker, Mathematiker und Astronom, 1564–1642.

Körper einwirkenden (resultierenden) Kraft F:

$$\frac{\mathrm{d}p}{\mathrm{d}t} = \dot{p} = F.$$

Für einen Massenpunkt mit der unveränderlichen Masse m und dem Impuls $p = m\,v$ folgt hieraus die Grundgleichung

(Äußere) Kraft gleich Masse mal Beschleunigung, $F = m\,a$.

Diese Gleichung gilt auch für einen starren Körper, wenn man sie auf seinen Schwerpunkt bezieht.

III. Das Wechselwirkungsgesetz (Gesetz von Aktion und Reaktion). In einem abgeschlossenen, materiellen System treten Kräfte stets paarweise als Kraft (Aktion) und Gegenkraft (Reaktion) auf. $F' = -F$.

5.4 Akustik

Größen[9] und Einheiten

Größe und Formelzeichen		Definition
Frequenz *(frequency)*	f	Anzahl der Schwingungen durch Zeit, am gleichen Ort beobachtet.
Wellenlänge *(wavelength)*	λ	Abstand zweier aufeinanderfolgender Stellen gleichen Schwingungszustandes
Schalldruck *(sound pressure)*	p	Durch die Schallschwingung hervorgerufener Wechseldruck. $p_{\mathrm{eff}} = \sqrt{\overline{p^2}}$.
Schallschnelle *(sound particle velocity)*	v	Wechselgeschwindigkeit eines schwingenden Teilchens. $v_{\mathrm{eff}} = \sqrt{\overline{v^2}}$.
Schallgeschwindigkeit *(velocity of sound)*	c	Fortpflanzungsgeschwindigkeit von Schallwellen. $c = \lambda \cdot f$. Es handelt sich um die *Phasengeschwindigkeit*. Von ihr zu unterscheiden sind die *Gruppengeschwindigkeit*, mit der sich die von der Welle transportierte Energie ausbreitet, und die *Frontgeschwindigkeit*, mit der die vorderste Wellenfront fortschreitet.

9 Diese Größen sind Skalare.

Freiheitsgrad. Bewegungsmöglichkeit eines Körpers oder materiellen Systems, die unabhängig von anderen Bewegungen ausgenutzt werden kann. Ein freier, starrer Körper verfügt über sechs Freiheitsgrade, und zwar drei translatorische und drei rotatorische.

Die sechs Bewegungsmöglichkeiten eines Schiffes:

1. Voraus- oder Achterausbewegung (Schiff in Fahrt),
2. Stb.- und Bb.-Bewegung (Traversieren),
3. Auf- und Niederbewegung (z. B. beim Löschen und Laden),
4. Drehung um die Längsachse (z. B. beim Rollen [8]),
5. Drehung um die Querachse (z. B. beim Stampfen),
6. Drehung um die Hochachse (z. B. beim Kursändern).

Demgemäß müssen für einen ruhenden Körper sechs **Gleichgewichtsbedingungen** erfüllt sein: Die Kräfte in den drei Hauptrichtungen und die Momente um die drei Hauptachsen müssen sich aufheben.

---

[8] Zuweilen auch Schlingern genannt (Schlingerkiel, Schlingertank).

SI-Einheit und Einheitenzeichen		Definition, Bemerkungen, andere Einheiten
Hertz	Hz $(= s^{-1})$	1 Hertz ist gleich der Frequenz einer Welle, in der man am gleichen Ort in der Zeit 1 s *eine* Schwingung beobachtet.
Meter	m	Basiseinheit (siehe S. 279).
Pascal	Pa	Definition siehe Dynamische Größen. $1\,\mu\text{bar} = 0{,}1\ \text{Pa}$
Meter durch Sekunde	$\dfrac{m}{s}$	1 Meter durch Sekunde ist gleich der (effektiven) Schallschnelle einer Welle, in der ein schwingendes Teilchen die effektive Wechselgeschwindigkeit 1 m/s hat.
Meter durch Sekunde	$\dfrac{m}{s}$	1 Meter durch Sekunde ist gleich der Schallgeschwindigkeit einer Welle, in der sich ein bestimmter Schwingungszustand in der Zeit 1 s gleichmäßig um die Strecke 1 m in der Ausbreitungsrichtung verschiebt. Einige Werte (in m/s): Luft (0 °C) 331,6 Wasser, dest. (10 °C) 1448,8 Seewasser: siehe Tabelle (siehe Seite 301)

Größe und Formelzeichen	Definition
Schalleistung $\quad$ P *(sound energy flux,* *acoustic power)*	Abgegebene mittlere Schallenergie durch Zeit: $$P = \frac{\mathrm{d}W}{\mathrm{d}t}.$$
Schalleistungsdichte $\quad$ J **(Schallintensität)** *(acoustic power* *density)*	(Effektive) Schalleistung durch Querschnittsfläche: $$J = \frac{\mathrm{d}P}{\mathrm{d}S} \quad \text{oder}$$ Schalldruck mal Schallschnelle (Effektivwerte): $$J = p\,v.$$
Schallenergiedichte $\quad$ E *(acoustic energy* *density)*	Zeitlicher Mittelwert der Schallenergie in einem Raum durch dessen Volumen. $$E = \frac{\bar{W}}{V} = \frac{J}{c}.$$
Schallpegel (allgemein) $\quad$ L *(sound level)*	Logarithmiertes Verhältnis einer Schall*feld*- oder Schall-*energie*größe zu einer gleichartigen Größe $$L = \log \frac{W}{W_0}.$$
Schalldruckpegel $\quad$ L_p *(sound pressure level)*	Schallpegel, der sich auf den Schalldruck bezieht: $$L_p = 20\,\lg\frac{p}{p_0}\,\mathrm{dB}.$$
Bewerteter Schalldruck- $\quad$ L_A **pegel**	Schalldruckpegel, bei dem der Schalldruck frequenz-abhängig bewertet wird. Die Bezugskurve muß ange-geben werden (z. B. Bewertungskurve A nach DIN 45 633, Teil 1).
Lautstärkepegel $\quad$ L_N (früher Lautstärke) $\quad$ Λ *(loudness level)*	Schalldruckpegel des als gleichlaut beurteilten Norm-schalles (fortschreitende Schallwelle von der Frequenz 1000 Hz, die von vorn auf den Kopf des Beobachters auftrifft). $$\Lambda = 20\,\lg\frac{p}{p_0}\,\text{phon}.$$

SI-Einheit und Einheitenzeichen	Definition, Bemerkungen, andere Einheiten

c (in m/s) in Seewasser von 32,35‰ Salzgehalt, abhängig von der Temperatur (in °C) und der Tiefe (in m)

t	0	750	1500	2250	3000
0	1440	1448	1456	1462	1467
5	1462	1469	1476	1483	1489
10	1481	1488	1494	1500	1507
15	1498	1505	1511	1517	1522

Watt   W

1 Watt ist gleich der (effektiven) Schalleistung einer Schallquelle, die in der Zeit 1 s die Schallenergie 1 J abstrahlt.

Beispiel:

Unterhaltungssprache		7 µW
Menschliche Stimme	bis	2 mW
Autohupe		5 W
Großlautsprecher	bis	100 W
Alarmsirene	bis	3000 W

Watt durch Quadratmeter $\dfrac{W}{m^2}$

1 Watt durch Quadratmeter ist gleich der (effektiven) Schalleistungsdichte einer Welle, die durch die Querschnittsfläche 1 m² in der Zeit 1 s die Schallenergie 1 J befördert.

Das Ohr kann bei 2000 Hz noch eine Schalleistungsdichte von 10^{-12} W/m² wahrnehmen. 1 W/m² ist gerade noch ertragbar.

Joule durch Kubikmeter $\dfrac{J}{m^3}$

1 Joule durch Kubikmeter ist gleich der Schallenergiedichte in einem Raum von 1 m³, welcher im zeitlichen Mittel die Schallenergie 1 J enthält.

Bel   B
(als Sonderzeichen für   (= 1)
den Zehnerlogarithmus
eines Leistungs-
verhältnisses)

Schallpegel werden i. allg. in Dezibel (dB) angegeben. Es wird der *Zehnerlogarithmus* verwendet und bei Schall*feld*größen mit 20, bei Schall*energie*größen mit 10 multipliziert.

Als (effektiver) Bezugsschalldruck ist gebräuchlich

$p_0 = 2 \cdot 10^{-4}$ µbar = 20 µPa.

Angabe in dB (A). Die SeeBG hat „Richtlinien für zulässige Schallpegel auf Seeschiffen" herausgegeben. DIN 80 061 behandelt „Geräuschmessungen auf Wasserfahrzeugen".

Hinter den Lautstärkepegel Λ wird zur Kennzeichnung an Stelle von dB das Wort „phon" geschrieben.

Beispiel:

Hörschwelle	0 phon
Unterhaltungssprache	50 phon
Schmerzgrenze	etwa 130 phon

Größe und Formelzeichen	Definition
Schalleistungspegel L_P *(sound power level)*	Schallpegel, der sich auf die Schalleistung bezieht: $$L_P = 10 \lg \frac{P}{P_0} \text{ dB}.$$
Schall-Absorptionsgrad α *(acoustic absorption factor)*	*Größenverhältnis:* Zurückgehaltene Schalleistung durch auftreffende Schalleistung.

Weitere Begriffe aus der Akustik

Schall. Mechanische Schwingungen und Wellen eines elastischen Mediums.
Hörschall (Schall im engeren Sinne). Schall im Frequenzbereich des menschlichen Hörens (Hörbereich etwa 16 Hz bis 20 kHz).
Störender Hörschall, der zu Belästigungen oder Gesundheitsstörungen führt, heißt *Lärm.*
Infraschall. Schall, dessen Frequenz so niedrig ist, daß er nicht gehört werden kann.

5.5 Thermodynamik

Größen [10] und Einheiten

Größe und Formelzeichen	Definition
Wärmemenge Q *(quantity of heat)*	Energiemenge, die bei wärmetechnischen Energieumwandlungen in Form von Wärme in Erscheinung tritt.
Wärmestrom Φ *(heat flow rate)*	Transportierte Wärmemenge durch Zeit.
Thermodynamische Temperatur T, Θ (Kelvin-Temperatur) *(thermodynamic temperature)* **Celsius-Temperatur** t, ϑ *(temperature)*	**Basisgröße.** Kennzeichen für den Energiezustand (Wärmezustand) einer Stoffmenge. $$\frac{t}{{}^\circ\text{C}} = \frac{T}{\text{K}} - 273{,}15.$$

10 Diese Größen sind Skalare.

SI-Einheit und Einheitenzeichen		Definition, Bemerkungen, andere Einheiten
Bel	B (= 1)	Als (effektive) Bezugsschalleistung ist gebräuchlich $P_0 = 1\ \mathrm{pW}$.
	(1)	Der Schall-Absorptionsgrad einer Vorrichtung ist gleich 1, wenn die zurückgehaltene Schalleistung ebenso groß ist wie die auftreffende Schalleistung.

Ultraschall. Schall, dessen Frequenz so hoch ist, daß er nicht gehört werden kann.

Es ist üblich, Schall besonders hoher Frequenz (über etwa 1 GHz) *Hyperschall* zu nennen.

Ton. Sinusförmige Schallschwingung im Hörbereich.

Tongemisch. Aus Tönen beliebiger Frequenz zusammengesetzter Schall.

Klang. Hörschall, bestehend aus Grundton und Obertönen. (Die Frequenzen der Obertöne sind ganzzahlige Vielfache der Grundfrequenz.)

SI-Einheit und Einheitenzeichen		Definition, Bemerkungen, andere Einheiten
Joule (sprich: dʒuːl)	J	1 Joule ist gleich der Wärmemenge der Energie 1 J. Umrechnung von Energieeinheiten siehe S. 364.
Watt	$\mathrm{W} = \dfrac{\mathrm{J}}{\mathrm{s}}$	1 Watt ist gleich dem Wärmestrom, durch den in der Zeit 1 s gleichmäßig die Wärmemenge 1 J befördert wird.
Kelvin **Grad Celsius**	K °C	**Basiseinheit** (siehe S. 280, auch für Temperaturdifferenzen und -intervalle. Die Einheit Grad Celsius ist als Temperaturdifferenz gleich der Einheit Kelvin. Umrechnungsgleichungen für Kelvin-, Rankine-, Celsius- und Fahrenheitskalen: $T/\mathrm{K} = 273{,}15 + t/°\mathrm{C} = \tfrac{5}{9}\,T/°\mathrm{R}$; $T/°\mathrm{R} = 459{,}67 + t/°\mathrm{F} = 1{,}8\,T/\mathrm{K}$; $t/°\mathrm{C} = \tfrac{5}{9}\,(t/°\mathrm{F} - 32) = T/\mathrm{K} - 273{,}15$; $t/°\mathrm{F} = 1{,}8\,t/°\mathrm{C} + 32 = T/°\mathrm{R} - 459{,}67$. Das Grad Réaumur ist veraltet und nicht mehr üblich.

Größe und Formelzeichen	Definition
Entropie *(entropy)* S	$S_1 = \int\limits_0^{T_1} \dfrac{dQ_{rev}}{T}$; Q_{rev} in reversibler Weise zugeführte Wärme. In einem abgeschlossenen System kann die Entropie niemals abnehmen. Bleibt bei einem Vorgang die Entropie konstant, so ist er reversibel (umkehrbar). Beispiel: Adiabatische Expansion. Nimmt bei einem Vorgang die Entropie zu, so ist er irreversibel (nicht umkehrbar). Beispiel: Umwandlung von Bewegungsenergie in Wärme durch Reibung.
Spezifische Entropie s *(specific entropy)*	$s = \dfrac{S}{m}$; Entropie durch Masse.
Innere Energie U *(internal energy)*	Gesamte Bewegungsenergie der Moleküle der betrachteten Stoffmenge, oft auf 0 °C bezogen. Wegen der ungeordneten Bewegung ist U nur unvollständig in andere Energieformen umzuwandeln. Umgekehrt dient die einem Gas bei Erwärmung zugeführte Wärmemenge vollständig zur Erhöhung seiner inneren Energie, wenn dabei das *Volumen konstant* bleibt, also keine äußere Arbeit geleistet wird.
Spezifische innere Energie u *(specific internal energy)*	$u = \dfrac{U}{m}$; Innere Energie durch Masse.
Freie Energie F *(Helmholtz function)*	$F = U - TS$. Anteil der inneren Energie, der für jede Verwandlung verfügbar ist. Der Rest kann nur in Wärme verwandelt werden.
Spezifische freie Energie f *(specific Helmholtz function)*	$f = \dfrac{F}{m}$; Freie Energie durch Masse.
Enthalpie H *(enthalpy)* auch **Wärmeinhalt** (bei konstantem Druck)	$H = U + pV$. Der erforderliche Energiebetrag, um eine Gasmenge *bei konstantem Druck* von 0 °C bis zu dem zu untersuchenden Zustand zu bringen.
Spezifische Enthalpie h *(specific enthalpy)*	$h = \dfrac{H}{m}$. Enthalpie durch Masse.
Latente Wärmemenge L *(latent quantity of heat)*	Enthalpieänderung bei Phasenumwandlung. Indizes: s Sublimieren d Verdampfen f Schmelzen u Umwandeln

SI-Einheit und Einheitenzeichen		Definition, Bemerkungen, andere Einheiten
Joule durch Kelvin	$\dfrac{J}{K}$	$1\,\dfrac{\mathrm{kcal}}{K} = 4{,}1868 \cdot 10^3\,\dfrac{J}{K}\,.$
Joule durch Kilogramm und durch Kelvin	$\dfrac{J}{\mathrm{kg} \cdot K}$	$1\,\dfrac{\mathrm{kcal}}{\mathrm{kg} \cdot K} = 4{,}1868 \cdot 10^3\,\dfrac{J}{\mathrm{kg} \cdot K}\,.$
Joule	J	
Joule durch Kilogramm	$\dfrac{J}{\mathrm{kg}}$	
Joule	J	
Joule durch Kilogramm	$\dfrac{J}{\mathrm{kg}}$	
Joule	J	
Joule durch Kilogramm	$\dfrac{J}{\mathrm{kg}}$	
Joule	J	Beispiel: Für 1 kg Wasser ist $L_\mathrm{f} = 334\,\mathrm{kJ}$ (bei 0 °C), $L_\mathrm{d} = 2{,}26\,\mathrm{MJ}$ (bei 100 °C).

Größe und Formelzeichen	Definition
Längen-Ausdehnungs-koeffizient α *(linear expansion coefficient)*	$\alpha = \dfrac{1}{l_0}\left(\dfrac{\partial l}{\partial T}\right)_{p=\text{const}}$ l_0 ist eine willkürlich gewählte Bezugslänge.
Volumen-Ausdehnungs-koeffizient γ, β *(cubic expansion coefficient)*	$\gamma = \dfrac{1}{v_0}\left(\dfrac{\partial v}{\partial T}\right)_{p=\text{const}}$ v_0 ist das spezifische Bezugsvolumen.
Kompressibilität χ *(compressibility)* (auch noch $\varkappa$)	$\chi = -\dfrac{1}{v}\left(\dfrac{\partial v}{\partial p}\right)_{T=\text{const}}$
Spannungskoeffizient β *(pressure coefficient)*	$\beta = \dfrac{1}{p}\left(\dfrac{\partial p}{\partial T}\right)_{v=\text{const}}$ $p \cdot \beta \cdot \chi = \gamma$
Wärmekapazität C *(heat capacity)*	Zu- oder abgeführte Wärmemenge geteilt durch damit zusammenhängende Temperaturänderung.
Spezifische Wärmekapazität c *(specific heat capacity)* bei konstantem Druck c_p (isobar) bei konstantem Volumen (isochor) c_v	$c = \dfrac{C}{m}$ $c_p = \left(\dfrac{\partial h}{\partial T}\right)_{p=\text{const}}$ $c_v = \left(\dfrac{\partial u}{\partial T}\right)_{v=\text{const}}$
Wärmeleitfähigkeit $\lambda, \varkappa$ *(thermal conductivity)*	Transportierte Wärmemenge geteilt durch Querschnitts-fläche und Temperaturgradient.

SI-Einheit und Einheitenzeichen	Definition, Bemerkungen, andere Einheiten
Reziprokes Kelvin $\quad$ K^{-1}	Beispiel: (α in $10^{-6}\,K^{-1}$) Eisen $\quad$ 12,2 Kupfer $\quad$ 14,5 V 2a-Stahl $\quad$ 16,0
Reziprokes Kelvin $\quad$ K^{-1}	Beispiel: (γ in $10^{-3}\,K^{-1}$ bei 20 °C) Äther $\quad$ 1,62 Benzin $\quad$ 1,00 Wasser $\quad$ 0,13 Für ideale Gase ist $\gamma = 1/273,15\,K^{-1}$, bezogen auf das Volumen bei 0 °C.
Quadratmeter durch Newton $\quad$ $\dfrac{m^2}{N}$	
Reziprokes Kelvin $\quad$ K^{-1}	
Joule durch Kelvin $\quad$ $\dfrac{J}{K}$	1 Joule durch Kelvin ist gleich der Wärmekapazität eines Körpers, dem man die Energiemenge 1 J in Form von Wärme zuführen muß, um seine Temperatur um 1 K zu erhöhen.
Joule durch Kilogramm und durch Kelvin $\quad$ $\dfrac{J}{kg \cdot K}$	1 Joule durch Kilogramm und durch Kelvin ist gleich der spezifischen Wärmekapazität eines Stoffes, dem man bei der Masse 1 kg die Energiemenge 1 J in Form von Wärme zuführen muß, um seine Temperatur um 1 K zu erhöhen. $1\,kcal/(kg \cdot K) = 4,1868 \cdot 10^3\,J/(kg \cdot K)$. Beispiel: (c in kJ/(kg·K) bei 20 °C) Eisen $\quad$ 0,452 Wasser $\quad$ 4,18 $\qquad\qquad\qquad c_p \quad\ c_v$ Kohlendioxid $\quad$ 0,846 $\quad$ 0,653 Luft $\quad$ 1,005 $\quad$ 0,720 Wasserstoff $\quad$ 14,32 $\quad$ 10,1
Watt durch Kelvin und durch Meter $\quad$ $\dfrac{W}{K \cdot m}$	1 Watt durch Kelvin und durch Meter ist gleich der Wärmeleitfähigkeit eines Stoffes, in dem durch die Fläche 1 m² die Wärmemenge 1 J in 1 s hindurchtritt, wenn der Temperaturunterschied zwischen zwei 1 m voneinander entfernten Schichten 1 K beträgt. $1\,kcal/(m \cdot h \cdot K) = 1,163\,W/(K \cdot m)$. Beispiel: ($\lambda$ in W/(K·m)) Kupfer $\quad$ (200 °C) $\quad$ 373 Wasser $\quad$ (20 °C) $\quad$ 0,598 Luft $\quad$ (20 °C) $\quad$ 0,0256 Wasserstoff $\quad$ (20 °C) $\quad$ 0,186

Die drei Hauptsätze der Thermodynamik

Die Thermodynamik baut sich auf drei grundlegenden Erfahrungssätzen auf, die man deshalb als Hauptsätze bezeichnet.

I. Hauptsatz. Es gibt verschiedene Formulierungen, die den gleichen Sachverhalt ausdrücken:

a) Wärme ist eine Form der Energie. Sie kann aus mechanischer Arbeit erzeugt und in mechanische Arbeit umgewandelt werden. Der Umrechnungsfaktor ist das mechanische Wärmeäquivalent. ($1 \text{ kcal} = 4,1868 \cdot 10^3 \text{ J} = 1,163 \cdot 10^{-3} \text{ kWh} = 426,935 \text{ kp m.}$)

b) Die Gesamtenergie eines abgeschlossenen Systems, die Summe aus mechanischer und thermischer Energie, bleibt konstant. (Bei weiterer Verallgemeinerung ist auch die elektrische, magnetische und chemische Energie hinzuzunehmen.)

c) Ein Perpetuum mobile 1. Art ist unmöglich, d. h. es gibt keine Maschine, die dauernd Arbeit erzeugt, ohne daß ein gleichwertiger Energiebetrag anderer Art verschwindet.

II. Hauptsatz. Der I. Hauptsatz, eine Form des Energieprinzips, reicht nicht zu einer eindeutigen Bestimmung der Naturvorgänge aus, da er nichts über ihre *Richtung* aussagt, z. B. darüber, ob die Wärme vom wärmeren Körper zum kälteren übergeht oder umgekehrt. Hier setzt der II. Hauptsatz ein.

a) Es ist unmöglich, eine *periodisch arbeitende* Maschine zu konstruieren, die weiter nichts bewirkt als Hebung einer Last und Abkühlung eines Wärmereservoirs (M. Planck).

b) Ein Perpetuum mobile 2. Art — eine Maschine, die nur durch Abkühlung eines Körpers Arbeit erzeugt — ist unmöglich (W. Ostwald).

c) Die Wärme kann nicht von selbst aus einem kälteren in einen wärmeren Körper übergehen (R. Clausius).

d) *Prinzip von der Vermehrung der Entropie:* Der in der Natur stattfindende Prozeß verläuft in dem Sinne, daß die Summe der Entropien aller an dem Prozeß beteiligten Körper vergrößert wird. Bei reversiblen Prozessen (Prozessen, die auch in der umgekehrten Richtung verlaufen können) bleibt sie gleich.

Folgerung aus dem II. Hauptsatz: Der größtmögliche Wirkungsgrad einer Wärmekraftmaschine bei Ausschaltung aller irreversiblen Vorgänge hängt nur von den beiden Arbeitstemperaturen T_1 und T_2 ab ($T_1 > T_2$):

$$\eta_{max} = \frac{T_1 - T_2}{T_1}.$$

III. Hauptsatz oder Nernstsches Wärmetheorem

a) Am absoluten Nullpunkt verlaufen alle Übergänge eines Systems von einem Zustand in den anderen ohne Entropieänderung (F. Simon).

b) Die Entropie eines einheitlichen, kondensierten (festen oder flüssigen) Körpers hat am absoluten Nullpunkt den Wert Null (W. Nernst).

Folgerung aus dem III. Hauptsatz: Der absolute Nullpunkt ist unerreichbar.

Boyle-Mariottesches Gesetz. Bei festgehaltener Temperatur ist das Produkt aus Volumen und Druck eines idealen Gases konstant: $pV = $ const. (R. Boyle, 1662, E. Mariotte, 1676.)

Gay-Lussacsches Gesetz. Bei gleichbleibendem Druck dehnen sich alle idealen Gase bei einer Erwärmung um 1 K (1 °C) um den gleichen Bruchteil ihres Volumens bei 0 °C aus: $V = V_0 \gamma T$. Der Volumen-Ausdehnungskoeffizient ist $\gamma = 1/273{,}15 \ K^{-1}$. (L. J. Gay-Lussac, 1802.)

Thermische Zustandsgleichung idealer Gase. $pv = RT$. R ist die individuelle Gaskonstante.

Für das gleiche Gas ist daher $\dfrac{p_1 V_1}{T_1} = \dfrac{p_2 V_2}{T_2}$ (Bild 5.3).

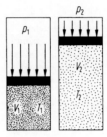

Bild 5.3. Zur Zustandsgleichung idealer Gase

5.6   Elektrizität und Magnetismus

Größen und Einheiten

Größe und Formelzeichen		Definition im rationalen Vierersystem [11]
Elektrische Stromstärke *(electric current)*	I	**Basisgröße.** *Skalar.* Der elektrische Strom ist die Ursache der elektrodynamischen Kraft zwischen zwei Leitern. Konventionelle Stromrichtung außerhalb des Generators von + nach −. In einigen nautischen Schriften hat der Strom die entgegengesetzte Richtung („Elektronenstrom").
Elektrizitätsmenge, **Elektrische Ladung** *(quantity of electricity)* Elementarladung *(electronic charge)*	Q e	Stromstärke mal Zeit. $Q = \int I \, dt$. *Skalar.* Ladung des Elektrons
Elektrische Spannung, **Potentialdifferenz** *(tension, potential difference)*	U, V	Leistung durch Stromstärke oder Arbeit durch bewegte Ladung $U = \dfrac{P}{I} = \dfrac{W}{Q}$. *Skalar.* Eine elektrische Spannung herrscht *zwischen zwei Punkten.*
Elektrischer Widerstand, **Wirkwiderstand** *(resistance)*	R	Gleichspannung durch Gleichstromstärke bzw. Wechselspannung durch Wechselstromstärke, gleicher Takt von Wechselspannung und Wechselstrom vorausgesetzt ($\varphi = 0$). $R = \dfrac{U}{I}$. *Skalar.*
Spezifischer elektrischer **Widerstand** *(resistivity)*	ϱ	*Skalar.* Für den Widerstand eines Drahtes gilt $R = \varrho \dfrac{l}{q}$. $\quad l$ Länge des Drahtes $\qquad\qquad q$ Querschnitt des Drahtes. ϱ ist temperaturabhängig.
Blindwiderstand *(reactance)*	X	*Skalar.* Wechselspannung durch Wechselstromstärke (Effektivwerte) bei einer Taktverschiebung zwischen Wechselspannung und Wechselstrom um 90°. X ist frequenzabhängig.
Induktiver Blind- widerstand *(inductive reactance)*	X_L	Bei einem *induktiven* Blindwiderstand eilt die Wechselspannung dem Wechselstrom im Takt um 90° *voraus* ($\varphi = +90°$). $X_L = \omega L = 2\pi f L$.
Kapazitiver Blind- widerstand *(capacitive reactance)*	X_C	Bei einem *kapazitiven* Blindwiderstand eilt die Wechselspannung dem Wechselstrom im Takt um 90° *nach* ($\varphi = -90°$). $X_C = \dfrac{1}{\omega C} = \dfrac{1}{2\pi f C}$.

11 *Vier* Basisgrößen: Länge, Masse, Zeit, elektrische Stromstärke. Das System heißt rational, weil der Faktor 2π in den Definitionen nur dort erscheint, wo man ihn aus geometrischen Gründen erwartet.

SI-Einheit und Einheitenzeichen	Definition, Bemerkungen, andere Einheiten
Ampere (ohne Akzent) A	**Basiseinheit** (siehe S. 280).
Coulomb oder C **Amperesekunde** $= A \cdot s$	1 Coulomb ist gleich der Elektrizitätsmenge, die während der Zeit 1 s bei einem zeitlich unveränderten Strom der Stärke 1 A durch den Querschnitt des Leiters fließt. Gen. essen: $e = 1{,}602\ 10 \cdot 10^{-19}$ C.
Volt V $= \dfrac{W}{A}$	1 Volt ist gleich der elektrischen Spannung zwischen zwei 'unkten eines fadenförmigen, homogenen und gleich. ıäßig temperierten metallischen Leiters, in dem bei eiı em zeitlich unveränderlichen Strom der Stärke 1 A zv ischen den beiden Punkten die Leistung 1 W umges tzt wird.
Ohm Ω $= \dfrac{V}{A}$	1 Ohm ist gleich dem elektrischen Widerstand zwischen zwei 'unkten eines fadenförmigen, homogenen und gleich. ıäßig temperierten metallischen Leiters, durch den bei der Spannung 1 V zwischen den beiden Punkten ein zeiı lich unveränderlicher Strom der Stärke 1 A fließt.
Ohm mal Meter $Ω \cdot m$	1 Ohı ı mal Meter ist gleich dem spezifischen elektrischer Widerstand eines homogenen und gleichmäßig temr erierten Materials, das bei der Länge 1 m und dem Querschnitt 1 m^2 den elektrischen Widerstand 1 Ω besitzt. Da es zweckmäßiger ist, den Querschnitt eines Drahtes in mm^2 zu messen, wird ϱ oft in $Ω \cdot mm^2/m$ angegeben. $1\ Ω \cdot mm^2/m = 10^{-6}\ Ω\ m.$ Beispiel: Für Kupfer ist $\varrho = 0{,}0175\ Ω \cdot mm^2/m = 17{,}5 \cdot 10^{-9}\ Ω\ m.$
Ohm Ω	1 Ohm ist gleich dem Blindwiderstand eines passiven Zweipols, durch den bei einer Wechselspannung vom Effektivwert 1 V ein zu ihr im Takt um 90° verschobener Wechselstrom von der effektiven Stromstärke 1 A fließt.

Größe und Formelzeichen	Definition im rationalen Vierersystem
Scheinwiderstand Z *(impedance)*	*Skalar.* Wechselspannung durch Wechselstromstärke (Effektivwerte) bei beliebiger Taktverschiebung zwischen Wechselspannung und Wechselstrom. $(-90° \leqq \varphi \leqq +90°)$. Z ist meist frequenzabhängig.
Elektrischer Leitwert, G **Wirkleitwert** *(conductance)*	*Skalar.* Kehrwert des elektrischen Widerstandes bzw. Wirkwiderstandes. $$G = \frac{1}{R} = \frac{I}{U}.$$
Elektrische Leitfähigkeit $\gamma, \sigma, \varkappa$ *(conductivity)*	*Skalar.* Kehrwert des spezifischen elektrischen Widerstandes. $$\gamma = \frac{1}{\varrho}.$$
Blindleitwert B *(susceptance)*	*Skalar.* Kehrwert des Blindwiderstandes. $$B = \frac{1}{X}.$$
Scheinleitwert Y *(admittance)*	*Skalar.* Kehrwert des Scheinwiderstandes. $$Y = \frac{1}{Z}.$$
Leistung, Wirkleistung P *(effective power)*	*Skalar.* Mittelwert der von einem Verbraucher aufgenommenen elektrischen Leistung. Gleichstrom: $$P = U \cdot I = \frac{U^2}{R} = I^2 \cdot R.$$ Wechselstrom: $P = U \cdot I \cdot \cos \varphi.$ U effektive Wechselspannung; I effektive Wechselstromstärke; φ Taktverschiebung zwischen Wechselspannung und Wechselstrom; $\cos \varphi$ Leistungsfaktor.
Blindleistung Q, P_q *(wattless power)*	*Skalar.* $Q = U \cdot I \cdot \sin \varphi$ (Wechselstrom).
Scheinleistung S, P_S *(apparent power)*	*Skalar.* Wechselspannung mal Wechselstromstärke (Effektivwerte) ohne Berücksichtigung einer eventuellen Taktverschiebung zwischen Wechselspannung und Wechselstrom. $S = U \cdot I;\ S^2 = P^2 + Q^2.$ (Wechselstrom)

SI-Einheit und Einheitenzeichen	Definition, Bemerkungen, andere Einheiten
Ohm $\qquad\qquad$ Ω	1 Ohm ist gleich dem Scheinwiderstand eines passiven Zweipols, durch den bei einer Wechselspannung vom Effektivwert 1 V ein Wechselstrom von der effektiven Stromstärke 1 A fließt.
Siemens $\qquad\quad$ S $= \Omega^{-1}$ $= \dfrac{A}{V}$	1 Siemens ist gleich dem elektrischen Leitwert eines Leiters vom elektrischen Widerstand 1 Ω.
Siemens durch Meter $\dfrac{S}{m}$	1 Siemens durch Meter ist gleich der elektrischen Leitfähigkeit eines Materials vom spezifischen elektrischen Widerstand 1 Ω m. Beispiel: Für Kupfer ist $\gamma = 57\ S \cdot m/mm^2 = 57 \cdot 10^6\ S/m$.
Siemens $\qquad\quad$ S	1 Siemens ist gleich dem Blindleitwert eines passiven Zweipols vom Blindwiderstand 1 Ω.
Siemens $\qquad\quad$ S	1 Siemens ist gleich dem Scheinleitwert eines passiven Zweipols vom Scheinwiderstand 1 Ω.
Watt $\qquad\qquad$ W $= V \cdot A$	1 Watt ist gleich der elektrischen Leistung, welche der mechanischen Leistung 1 W gleichwertig ist. Umrechnung von Leistungseinheiten siehe S. 364.
Watt $\qquad\qquad$ W Auf Typenschildern als Sondereinheit für Watt auch noch **Var** $\qquad\qquad$ var (Voltampere reaktiv) $\quad$ (= W)	Hier erscheint das Watt formal als Name für das Produkt aus Volt und Ampere. Die nähere Kennzeichnung sollte bei Größen gleicher Art durch das Formelzeichen und nicht durch Abwandlung der für sie gleichen Einheit geschehen.
Watt $\qquad\qquad$ W Auf Typenschildern als Sondereinheit für Watt auch noch **Voltampere** $\qquad$ V A $\qquad\qquad\quad$ (= W)	Beispiel: Die Angaben $Q = 3$ W und $S = 5$ W sind korrekt und eindeutig. Nicht zu empfehlen ist es, 3 var und 5 V A zu sagen.

Größe und Formelzeichen	Definition im rationalen Vierersystem
Elektrische Feldstärke E *(electric field strength)*	Kraft auf einen kleinen Prüfkörper in dem betrachteten Punkt durch dessen elektrische Ladung. Um Rückwirkungen durch das Eigenfeld des Prüfkörpers zu vermeiden, ist seine elektrische Ladung so klein wie möglich zu halten. $$E = \frac{F}{Q}.$$ *Vektor* in Richtung der Kraft auf eine *positive* elektrische Ladung (DIN 1324). In einigen nautischen Schriften hat der Vektor E die entgegengesetzte Richtung (Kraftrichtung für Elektronen). Zwischen zwei Punkten des Feldes herrscht die Potentialdifferenz $$U_{12} = \int_1^2 E \, ds \,.$$
Elektrische Flußdichte, Verschiebung D *(electric displacement)*	Auf einer kleinen, dünnen Leiterfläche, die sich in einem elektrischen Feld mit der Feldstärke E senkrecht zur Feldrichtung *im Vakuum* befindet, werden auf beiden Seiten Oberflächenladungen influenziert mit der Flächenladungsdichte $D = \varepsilon_0 \cdot E$. Man erklärt D zum *Vektor* in Richtung von E: $$D = \varepsilon_0 \cdot E.$$
Elektrische Feldkonstante ε_0 *(permittivity of vacuum)*	Elektrische Verschiebung durch elektrische Feldstärke *im Vakuum*. *Skalar*. Naturkonstante. $$\varepsilon_0 = \frac{c^2}{\mu_0}.$$ (c_0 Lichtgeschwindigkeit im Vakuum) (μ_0 Magnetische Feldkonstante (s. d.))
Permittivität ε (Dielektrizitätskonstante) *(permittivity)*	Betrag der elektrischen Verschiebungsdichte durch Betrag der elektrischen Feldstärke in demselben Feldpunkt. *Skalar*. $$D = \varepsilon \cdot E = \varepsilon_r \cdot \varepsilon_0 E \,.$$
Permittivitätszahl ε_r (Dielektrizitätszahl) *(relative permittivity)*	*Größenverhältnis:* $$\varepsilon_r = \frac{\varepsilon}{\varepsilon_0}. \quad Skalar.$$
Elektrische Kapazität C *(capacitance)*	Verschobene Ladung durch Spannung. $$C = \frac{Q}{U}. \quad Skalar.$$
Magnetische Feldstärke H *(magnetic field strength)*	Auf dem Umfang eines Kreises um einen sehr langen, geraden, stromdurchflossenen Leiter ist $$H = \frac{I}{2\pi r}.$$ *Vektor* in Richtung der Kreistangente im Sinne einer mit dem elektrischen Strom fortschreitenden Rechtsschraube (konventionelle Stromrichtung).

SI-Einheit und Einheitenzeichen		Definition, Bemerkungen, andere Einheiten
Volt durch Meter	$\dfrac{V}{m}$ $=\dfrac{N}{C}$	1 Volt durch Meter ist gleich der elektrischen Feldstärke eines homogenen elektrischen Feldes, in dem die Potentialdifferenz zwischen zwei Punkten im Abstand 1 m in Richtung des Feldes 1 V beträgt. Beispiel: Die elektrische Feldstärke der Erde ist im Mittel über Land 135 V/m und über See 126 V/m (Erde negativ).
Coulomb durch Quadratmeter	$\dfrac{C}{m^2}$ $=\dfrac{A \cdot s}{m^2}$	1 Coulomb durch Quadratmeter ist gleich der elektrischen Flußdichte oder Verschiebung in einem Plattenkondensator, dessen beide im Vakuum parallel zueinander angeordnete, unendlich ausgedehnte Platten je Fläche 1 m² gleichmäßig mit der Elektrizitätsmenge 1 C aufgeladen wären.
Farad durch Meter	$\dfrac{F}{m}$ $=\dfrac{A \cdot s}{V \cdot m}$	$\varepsilon_0 = 8{,}85416 \cdot 10^{-12}$ F/m.
	(1)	Einige Werte für ε_r: Vakuum 1 Papier (trocken) 1,8 … 2,6 Eis 2 … 3 Wasser 81 Keramische Sondermassen … 100
Farad	F $\dfrac{C}{V}$	1 Farad ist gleich der elektrischen Kapazität eines Kondensators, der bei der Spannung 1 V die elektrische Ladung 1 C verschiebt.
Ampere durch Meter	$\dfrac{A}{m}$	1 Ampere durch Meter ist gleich der magnetischen Feldstärke im Abstand 1 m von einem sehr langen, geraden Leiter, durch den ein elektrischer Strom der Stärke 2π A fließt. Umrechnung der früher gebrauchten Einheit Oersted: 1 Oe $\cong 1/(4\pi) \cdot 10^3$ A/m = 79,5775 A/m.

Größe und Formelzeichen	Definition im rationalen Vierersystem
Magnetischer Fluß Φ *(magnetic flux)*	Spannungsstoß in einer ihn umfassenden Leiterschleife, wenn das Feld ausgeschaltet wird. $\Phi = - \int U_{ind} \, dt$. *Skalar.* Das Vorzeichen ist positiv, wenn beim Ausschalten des Feldes in der Drahtschleife ein Spannungsstoß im Sinne einer Rechtsschraube entsteht.
Magnetische Flußdichte B (magnetische Induktion) *(magnetic flux density,* *magnetic induction)*	In einem homogenen Feld ist die magnetische Flußdichte gleich dem Quotient aus dem magnetischen Fluß und der senkrecht durchsetzten Fläche. $B = \dfrac{d\Phi}{dA}$. *Vektor* in Richtung der Flächennormale im Sinne von $d\Phi > 0$: $d\Phi = B \cdot dA$. B hat im Vakuum die Richtung von H: $B = \mu_0 H$.
Magnetische Feld- **konstante** μ_0 *(permeability* *of vacuum)*	Magnetische Flußdichte durch magnetische Feldstärke *im Vakuum. Skalar.* Festgelegt durch die elektrodynamische Definition der Basiseinheit Ampere.
Permeabilität μ *(permeability)*	Betrag der magnetischen Flußdichte durch Betrag der magnetischen Feldstärke in demselben Feldpunkt. *Skalar.* $B = \mu \cdot H = \mu_r \mu_0 H$.
Permeabilitätszahl μ_r *(relative permeability)*	*Größenverhältnis:* $\mu_r = \dfrac{\mu}{\mu_0}$. *Skalar.*
Elektromagnetische **Induktivität** **Eigeninduktivität** L *(self inductance)* **Gegeninduktivität** M, L_{12} *(mutual inductance)*	*Skalar.* Magnetischer Fluß durch elektrische Stromstärke. Die Eigeninduktivität einer geschlossenen Stromwindung ist gleich dem Quotient aus dem von ihr erzeugten magnetischen Fluß und der elektrischen Stromstärke: $L = \dfrac{\Phi}{I}; \quad U_{ind} = - L \cdot \dfrac{dI}{dt}$. Die Gegeninduktivität zweier geschlossener Stromwindungen ist gleich dem Quotient aus dem von der zweiten Windung umschlungenen Anteil des von der ersten Windung erzeugten magnetischen Flusses und der Stärke des elektrischen Stromes durch die erste Windung. $M = L_{12} = \dfrac{\Phi_{12}}{I_1}; \quad U_2 = - M \dfrac{dI_1}{dt}$. Es gilt $L_{12} = L_{21}; \quad M_{max} = \sqrt{L_1 \cdot L_2}$. Kopplungsfaktor: $k = \dfrac{M}{\sqrt{L_1 \cdot L_2}} \leq 1$.

SI-Einheit und Einheitenzeichen	Definition, Bemerkungen, andere Einheiten
Weber oder Wb **Voltsekunde** $= V \cdot s$	1 Weber ist gleich dem magnetischen Fluß, der in einer ihn umschließenden Windung die elektrische Spannung 1 V induziert, wenn er während der Zeit 1 s gleichmäßig auf Null abnimmt.
Tesla T $= \dfrac{Wb}{m^2}$ $= \dfrac{V \cdot s}{m^2}$	1 Tesla ist gleich der Flächendichte des homogenen magnetischen Flusses 1 Wb, der die Fläche 1 m² senkrecht durchsetzt. Umrechnung der bisher gebrauchten Einheit Gauß: $1 \, Gs \cong 10^{-4} \, T = 100 \, \mu T.$ Beispiel: An der deutschen Nordseeküste ist die Horizontalintensität 0,18 Oe entsprechend einer Flußdichte von 18 μT (Mikrotesla). Vgl. die Bemerkungen zu Feldstärke und Flußdichte, Bd. 1 B, S. 68.
Henry durch Meter $\dfrac{H}{m}$ $= \dfrac{N}{A^2}$ $= \dfrac{V \cdot s}{A \cdot m}$	$\mu_0 = 4\pi \cdot 10^{-7} \, N/A^2 = 1{,}25664 \cdot 10^{-6} \, H/m.$
(1)	Einige Werte für μ_r: Vakuum 1 Ferromagnetische Stoffe $\gg 1$ (bis etwa 10^5) Paramagnetische Stoffe wenig über 1 Diamagnetische Stoffe wenig unter 1
Henry H $= \dfrac{Wb}{A}$	1 Henry ist gleich der Eigeninduktivität einer geschlossenen Windung, die von einem elektrischen Strom der Stärke 1 A durchflossen, im Vakuum den magnetischen Fluß 1 Wb umschlingt. Oder: 1 Henry ist gleich der Eigeninduktivität einer Spule, in der die Spannung 1 V induziert wird, wenn sich die Stärke des elektrischen Stromes durch diese Spule in der Zeit 1 s gleichmäßig um 1 A ändert. 1 Henry ist gleich der Gegeninduktivität zweier Spulen, die so beschaffen und miteinander gekoppelt sind, daß in der einen Spule die Spannung 1 V induziert wird, wenn sich die Stärke des elektrischen Stromes durch die andere Spule in der Zeit 1 s gleichmäßig um 1 A ändert.

Größe und Formelzeichen	Definition im rationalen Vierersystem
(Elektro-)Magnetisches m **Moment** (nach Ampère) *(electromagnetic moment)*	Ausgeübtes Drehmoment durch magnetische Flußdichte des Querfeldes. *Vektor.* Die Richtung ist durch die Definitionsgleichung bestimmt: $M = m \times B$.
Magnetisches (Dipol-)- j **Moment** (nach Coulomb) *(magnetic dipole moment)* (Anwendung nicht mehr empfohlen)	Ausgeübtes Drehmoment durch magnetische Feldstärke des Querfeldes. *Vektor.* Die Richtung ist durch die Definitionsgleichung bestimmt: $M = j \times H$. Im bisher verwendeten nichtrationalen elektromagnetischen Dreiersystem stimmen im Vakuum und praktisch auch in Luft magnetische Flußdichte und Feldstärke und damit auch elektromagnetisches Moment und magnetisches Dipolmoment überein („Magnetisches Moment M", gemessen in „CGS-Einheiten"). Beim Übergang zum rationalen Vierersystem und zu SI-Einheiten wird empfohlen, *die Definition nach Ampère (m)* zu verwenden. (Leichte Umrechnung, s. o.)
(Elektro-)Magnetische p_A **Polstärke** (nach Ampère) *(Ampere's magnetic pole strength)*	Betrag des (elektro-)magnetischen Moments durch Abstand der vorgestellten Pole. *Skalar.* $p_A = \dfrac{m}{l}$.
Magnetische Polstärke p_C (nach Coulomb) (früher: m) *(Coulomb's magnetic pole strength)* (Anwendung nicht mehr empfohlen)	Der von dem vorgestellten Pol ausgehende magnetische Fluß. $p_C = \Phi$. *Skalar.* Oder: Betrag des magnetischen (Dipol-)Moments durch Abstand der vorgestellten Pole. $p_C = \dfrac{j}{l}$. Da es keine magnetischen Einzelpole gibt, ist die Größe „Magnetische Polstärke" möglichst nicht anzuwenden. Will man sich doch magnetische Pole vorstellen, ist die *Ampèresche Definition* (p_A) vorzuziehen.

SI-Einheit und Einheitenzeichen	Definition, Bemerkungen, andere Einheiten
Ampere mal Quadratmeter $A \cdot m^2$ $= \dfrac{N \cdot m}{T}$	1 Ampere mal Quadratmeter ist gleich dem (elektro-)magnetischen Moment eines Ringstromes, auf den in einem magnetischen Querfeld mit der magnetischen Flußdichte 1 T (Tesla) das Drehmoment 1 N m (Newtonmeter) ausgeübt wird. Dies ist der Fall bei einer Drahtschleife, welche von einem elektrischen Strom der Stärke 1 A durchflossen wird und die ebene Fläche 1 m² umrandet. Umrechnung der früher benutzten elektromagnetischen CGS-Einheit: $1 \sqrt{\text{dyn}} \ \text{cm}^2 \cong 10^{-3} \text{A m}^2.$ Beispiel: Kompaßrose 2200 „CGS-Einheiten" $\cong$ 2,2 A m².
Webermeter $Wb \cdot m$ $= \dfrac{N \cdot m^2}{A}$	1 Webermeter ist gleich dem magnetischen (Dipol-)Moment eines Dipols, auf den in einem magnetischen Querfeld mit der magnetischen Feldstärke 1 A/m das Drehmoment 1 N m ausgeübt wird. Umrechnung der früher benutzten elektromagnetischen CGS-Einheit: $1 \sqrt{\text{dyn}} \ \text{cm}^2 \cong 4\pi \cdot 10^{-10} \text{Wb m}.$ (Unpraktisch, daher ist die Definition nach Ampère mit der SI-Einheit A · m² zu bevorzugen.)
Amperemeter $A \cdot m$	1 Amperemeter ist gleich der (elektro-)magnetischen Polstärke zweier im gegenseitigen Abstand von 1 m vorgestellter Pole, wenn das (elektro-)magnetische Moment 1 A · m² beträgt. „Einheitspol" $1 \sqrt{\text{dyn}} \ \text{cm} \cong 0{,}1 \text{ A m}.$
Weber Wb	1 Weber ist gleich der (Coulombschen) magnetischen Polstärke eines vorgestellten Magnetpols, von dem der magnetische Fluß 1 Wb ausgeht. „Einheitspol" $1 \sqrt{\text{dyn}} \ \text{cm} \cong 4\pi \cdot 10^{-8} \text{Wb}.$

Magnetische Wirkungen des elektrischen Stromes. Jeder stromdurchflossene Leiter besitzt ein *magnetisches Feld*, dessen Feldlinien ihn in konzentrischen Kreisen umgeben. Eine Magnetnadel stellt sich in der Nähe eines stromdurchflossenen Leiters mit ihrem Nordpol in die Feldrichtung ein (Versuch von Oersted[12], 1820). Das Magnetfeld einer stromdurchflossenen Drahtspule gleicht dem eines Stabmagneten: Ihre Enden wirken wie Magnetpole, die Feldlinien verlaufen im Innern parallel zur Achse. Die magnetischen Wirkungen einer Spule werden verstärkt, wenn man in das Innere einen Eisenkern bringt (Elektromagnet). Anwendung: Lasthebemagnet, elektrische Klingel, Relais oder Schütz, Selbstunterbrecher, Telephon und elektromagnetischer Lautsprecher, Magnetisierung der Kompaßnadeln, Dreheisen- und Drehspulinstrumente.

Wird umgekehrt ein geschlossener Leiter von magnetischen Feldlinien geschnitten, z. B. in einem magnetischen Feld bewegt, so entsteht im Leiter eine Spannung, die einen elektrischen Strom hervorruft. Diese Erscheinung heißt **elektromagnetische Induktion.** Faradaysches Induktionsgesetz: Die in einer Windung induzierte elektrische Spannung ist proportional der zeitlichen Änderung des umschlossenen magnetischen Flusses. Nach dem Lenzschen Gesetz ist der induzierte Strom stets so gerichtet, daß sein Magnetfeld die stromerzeugende Bewegung zu hemmen sucht: *Gegenseitige Induktion* zweier Spulen. Die Änderung eines Magnetfeldes hat auch Rückwirkungen auf den eigenen Stromkreis. In den eigenen Windungen einer Spule wird eine *Selbstinduktion* hervorgerufen, deren induzierte Spannung der Änderung des erzeugenden Stromes stets entgegenwirkt, d. h., sie verzögert das Anwachsen bzw. Abnehmen des Stromes. Schickt man Wechselstrom durch eine Spule, so wird die Stromstärke daher nicht nur durch den Ohmschen Widerstand der Spule, sondern auch durch die induzierte Gegenspannung geschwächt (induktiver Widerstand, Drosselwirkung der Spule).

Schwingkreis. Unter einem elektrischen Schwingkreis versteht man einen Stromkreis mit Kapazität C (Kondensator) und Selbstinduktivität L (Spule) (Bild 5.4). Innerhalb dieses Kreises wird in bestimmtem Rhythmus elektrische Feldenergie des Kondensators in magnetische Energie der Spule umgeformt und umgekehrt (elektrische Schwingungen).

Man nennt den Schwingkreis „geschlossen", wenn die Energie fast ausschließlich innerhalb des Schwingkreises verläuft, dagegen „offen", wenn die Schwingungsenergie nach außen abgestrahlt wird (Antenne). Das erzeugte elektromagnetische Wechselfeld pflanzt sich mit Lichtgeschwindigkeit nach allen Seiten fort, und es bilden sich elektromagnetische Wellen (Versuche von H. Hertz, 1888).

Ein angeregter Schwingkreis kommt in *Resonanz*, wenn bei der betreffenden Frequenz der induktive Blindwiderstand gleich dem kapazitiven ist ($X_L = X_C$). Aus

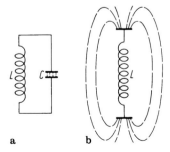

a   b

Bild 5.4. Übergang vom geschlossenen (**a**) zum offenen (**b**) Schwingkreis

---

12 Oersted, H. Chr., dänischer Physiker, 1777–1851.

dieser Bedingung folgt die *Resonanzfrequenz* $f_r = 1/(2\pi\sqrt{LC})$ (Thomsonsche Schwingungsformel).

Aus dieser Größengleichung ergibt sich z. B. f_r in Hz, wenn man L in H und C in F einsetzt.

Nützlich ist auch folgende zugeschnittene Größengleichung:

$$f_r/\text{kHz} = \frac{5033}{\sqrt{L/\text{mH} \cdot C/\text{pF}}}.$$

In der Höchstfrequenztechnik werden nicht gewöhnliche Schwingkreise, sondern sog. *Hohlraumresonatoren* verwendet.

Wellenlänge elektrischer Wellen: $\lambda = c/f$ (c Lichtgeschwindigkeit), also im freien Raum

$$\lambda/\text{m} \approx \frac{300\,000}{f/\text{kHz}} = \frac{300}{f/\text{MHz}}.$$

Wärme- und Lichtwirkung des elektrischen Stromes. Die Metalle setzen dem Stromdurchgang einen gewissen Widerstand entgegen. Zur Überwindung dieses Widerstandes wird ein Teil der elektrischen Energie verbraucht und in Wärme umgewandelt. Auf der Wärmewirkung des elektrischen Stromes beruhen das elektrische Licht (Glühlampen), die Hitzdrahtinstrumente, Schmelzsicherungen, das elektrische Schweißen und die elektrische Heizung.

Elektrische Leistung: $P = I^2 \cdot R$.

Galvanische Elemente. Taucht man in eine die Elektrizität leitende Flüssigkeit (Elektrolyten) zwei verschiedene Metallplatten (Elektroden), so entsteht durch die chemische Einwirkung zwischen den Metallen und der Flüssigkeit eine Spannung, die von der Beschaffenheit der Elektroden abhängt (elektrolytische Spannungsreihe). Werden die Elektroden von außen verbunden, so fließt in dem die beiden Pole verbindenden Leiter ein Strom und im Elektrolyten zurück. Die Zelle bildet eine Stromquelle (galvanisches[13] Element). Das einfachste und älteste galvanische Element ist das Volta-Element: Eine Kupfer- und eine Zinkplatte tauchen in stark verdünnte Schwefelsäure. Das Trockenelement enthält einen Zinkbecher, einen Kohlestab mit Braunstein und eine Elektrolyt-Salmiaklösung, die eine Füllmasse tränkt. Spannung etwa 1,5 V. Anwendung in Taschenlampen- und Anodenbatterien.

Akkumulatoren (Sammler). Die Akkumulatoren dienen zum Aufspeichern von elektrischer Energie. Eine Zelle des Bleiakkumulators besteht in ihrer Grundform aus einem mit verdünnter Schwefelsäure gefüllten Gefäß, in welches zwei besonders präparierte Bleiplatten, die braune positive (Bleidioxid) und die graue negative (Bleischwamm), eingesetzt sind. Durch den Entladungsstrom wird in der Akku-Zelle eine chemische Umwandlung hervorgerufen, die beim Laden wieder rückgängig gemacht wird. Betriebsspannung etwa 2 V pro Zelle. An Bord werden die Akkumulatoren zur Speisung der Fernsprecher, der Notbeleuchtung, für den Funkpeiler und als Reserveenergiequellen für Not-Funksender benutzt.

---

13 Galvani, Aloisio, italienischer Naturforscher, 1737–1798.

Elektrische Maschinen. Unter elektrischen Maschinen versteht man erstens *Generatoren oder Dynamomaschinen,* die mechanische Energie in elektrische umwandeln, und zweitens *Motoren,* die elektrische Energie in mechanische umformen. Die Generatoren stellen eine praktische Anwendung des Faradayschen Induktionsgesetzes dar, durch Bewegung eines Leiters im Magnetfeld elektrische Spannungen zu erzeugen. Die Leiterwicklungen rotieren zwischen einem festen Magnetgestell (Maschine mit umlaufendem Anker), oder das Magnetgestell (Polrad) dreht sich an feststehenden Wicklungen vorbei (Innenpol- und Außenpolmaschine mit feststehendem Anker). Generatoren und Motoren bestehen also aus einem feststehenden Teil, dem Ständer oder Stator, und aus einem sich drehenden Teil, dem Läufer oder Rotor. Der Rotor der Generatoren wird durch eine Maschine (Dieselmotor, Dampfmaschine oder -turbine) angetrieben. Die Hauptbestandteile der Generatoren und Motoren sind die Feldmagnete und der Anker, weitere wesentliche Bestandteile sind Gehäuse, Welle, Lager und Platte.

Bei den **Gleichstromgeneratoren** trägt der drehbare *Anker* die Leiterwicklungen. Er besteht aus einem zylindrischen, geblätterten Eisenkern mit eingelassenen Nuten, in denen mehrere Wicklungen untergebracht sind (Trommelanker, Bild 5.5). Zur Erzeugung einer Gleichspannung besitzt der Anker als Stromwender einen *Kommutator oder Kollektor,* dessen Segmente mit den einzelnen Spulenseiten in geeigneter Form verbunden sind. Auf dem Kollektor schleifen Kohlebürsten als Stromabnehmer. Die Feldmagnete, die als Polschuhe ausgebildet sind und am Stator sitzen, sind Elektromagnete, die durch Gleichstrom erregt werden. Der Erregerstrom wird entweder durch eine besondere mit dem Generator gekuppelte Erregermaschine (Eigenerregung) oder von einer fremden Stromquelle (Fremderregung) geliefert.

Selbsterregte Generatoren erregen sich durch wechselseitige Einwirkung von Pol- und Ankerfeld von allein (Dynamoprinzip von W. v. Siemens). Der geringe magnetische Rückstand der Pole (remanenter Magnetismus) dient dazu, bei Drehung des Ankers eine schwache Spannung zu erzeugen, die einen schwachen Strom durch die Erregerwicklung treibt und damit das Erregerfeld verstärkt. Ist die Maschine einmal im Gange, so wächst die Induktionswirkung schnell, bis die normale Maschinenspannung erreicht ist.

Je nach der Schaltungsart, wie der Strom den Feldspulen zugeleitet wird, unterscheidet man: Reihenschlußmaschinen mit Reihenschaltung von Anker- und Erregerwicklung (Bild 5.6a), Nebenschlußmaschinen, bei denen die Feldmagnet-

Bild 5.5. Trommelanker

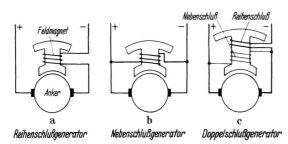

a
Reihenschlußgenerator

b
Nebenschlußgenerator

c
Doppelschlußgenerator

Bild 5.6 a – c. Verschiedene Arten von Generatoren

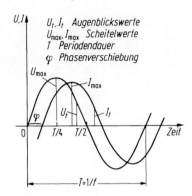

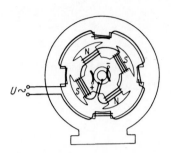

Bild 5.7. Schema eines Wechselstromgenerators

Bild 5.8. Wechselstrom und -spannung

erregung zur Ankerwicklung parallel liegt (Bild 5.6b) und Doppelschlußmaschinen (Verbundmaschinen) mit gleichzeitiger Reihen- und Nebenschlußerregung (Bild 5.6c). Kennlinien der drei Arten von Generatoren stellen die Abhängigkeit der Klemmenspannung von der Belastung dar.

Die sogenannten magnetelektrischen Maschinen, die als Feldmagnete Stahlmagnete in Form von kräftigen Hufeisenmagneten verwenden, werden an Bord als Kurbelinduktoren und Geber für Umdrehungsfernzeiger benutzt.

Bei den **Wechselstromgeneratoren** trägt der umlaufende Anker die Leiterwicklungen, deren Enden zu zwei Schleifringen führen. Die Abnahme des Wechselstromes von den Ringen erfolgt durch Schleifbürsten. Die Eisenkerne der Feldmagnete und des Ankers bestehen aus geblättertem Eisen, um die Energieverluste durch Wirbelströme (Erwärmung) möglichst klein zu halten. Die Felderregung muß mit Gleichstrom vorgenommen werden, den man entweder einer Akkumulatorbatterie oder einer kleinen, mit dem Generator gekuppelten Gleichstrommaschine entnimmt. Die Erregung kann auch über einen Gleichrichter dem Wechselstromnetz entnommen werden, so daß dann eine besondere Erregermaschine wegfällt. Durch die Ausführung des Wechselstromgenerators als Innenpolmaschine mit feststehendem Anker (Stator) erzielt man den Vorteil, daß der Verbraucherstrom vom Stator abgenommen werden kann, während die Feldmagnete des Polrades über Schleifringe gespeist werden (Bild 5.7). Die Gleichpolmaschine besitzt überhaupt keine Schleifringe und Bürsten. Sie wird zur Stromversorgung von Kreiselkompaß- und Radaranlagen sowie Funksendern gebraucht. Besitzt der Stator der Wechselstrommaschine *eine* Induktionswicklung (Phase), so nennt man den Wechselstrom Einphasenstrom. Die Drehzahl des Polrades richtet sich nach der Anzahl der Polpaare und der Frequenz des zu erzeugenden Wechselstromes (z. B. technischer Wechselstrom von 50 Hz) (Bild 5.8).

Drehstrom wird der dreiphasige Wechselstrom genannt, bei dem drei Wechselströme in der Phase um je 120° gegeneinander verschoben sind. Die Drehstromgeneratoren besitzen *drei* voneinander unabhängige Wicklungssysteme im feststehenden Anker. Bild 5.9 zeigt das Schema einer magnetelektrischen Drehstrommaschine mit drei um 120° versetzten Induktionswicklungen. In der Mitte ist ein Stahlmagnet drehbar angeordnet. Dreht man nun den Magneten aus der angegebenen Stellung über die Lage I und II hinweg wieder in die angegebene Stellung, so werden in den drei Spulen drei Wechselströme erzeugt, die zeitlich um je $\frac{1}{3}$ Periode verschoben sind. Die drei Ströme werden bei ihrer Abnahme derart

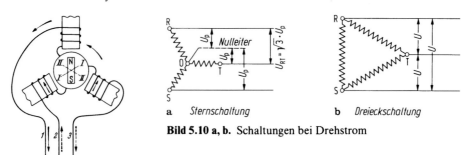

a   *Sternschaltung*   b   *Dreieckschaltung*

Bild 5.10 a, b. Schaltungen bei Drehstrom

Bild 5.9. Schema einer Drehstrommaschine

zusammengeschaltet (verkettet), daß nur drei bzw. vier Leitungen erforderlich sind. Die Verkettung erfolgt in Stern- oder Dreieckschaltung (Bild 5.10). Die drei bzw. vier freien Leitungen bilden das Drehstromnetz.

Gleichstrommotoren sind im Prinzip genau so gebaut wie Gleichstromgeneratoren und lassen sich praktisch als solche verwenden und umgekehrt. Ihre Leistung zum Antrieb der Arbeitsmaschine ist vom Drehmoment und der Drehzahl abhängig. Auch hier unterscheidet man nach der Schaltung von Anker- und Feldwicklung: a) Reihenschlußmotoren, deren Drehzahl sich nach der Belastung richtet (bei Leerlauf kann der Motor „durchgehen"). b) Nebenschlußmotoren, deren Drehzahl bei allen Belastungen fast konstant bleibt. Ihre Drehzahl wird durch Feldschwächung mittels Feldregler vergrößert. c) Doppelschluß(Verbund-)motoren mit großem Anzugsmoment bei gleichzeitiger Verhinderung eines Durchgehens des Ankers bei zu geringer Belastung. Elektrische Winden und Werkzeugmaschinen werden durch Reihen- oder Doppelschlußmotoren betrieben.

Von den **Wechselstrommotoren** werden am meisten die *Asynchronmotoren* verwendet, das sind Drehstrommotoren, bei denen ein Drehfeld von den mit dem Drehstromnetz verbundenen Statorwicklungen erzeugt wird. In diesem Drehfeld wird der Rotor bewegt, der als sogenannter Kurzschlußläufer oder Käfiganker (ohne Schleifringe oder Kollektor) ausgebildet ist. Seine Drehzahl hängt von der Frequenz des Drehstromes ab. Der Anker eilt dem Drehfeld etwas nach (Schlupf); der Schlupf wird mit der Belastung des Motors größer. Drehstrommotoren sind an bestimmte Drehzahlen gebunden, die sich durch Polumschaltung nur stufenweise verändern lassen. Anwendung des Drehstrommotors zum Antrieb von Kompaßkreiseln und elektrischen Ladewinden. — Kollektormotoren sind Gleichstrom-Reihenschlußmotoren, die auch mit Wechselstrom laufen. Die Eisenkerne der Feldmagnete sind jedoch nicht massiv, sondern bestehen aus lamellierten Blechen. Die Verwendung dieser *Universalmotoren* ist vielseitig (z. B. zum Antrieb von Haushaltmaschinen, Lüftern u. a.).

Umformung elektrischer Energie an Bord. Für Schiffsnetze verwandte man früher Gleichstrom, weil in der Mehrzahl für den Hilfsmaschinenbetrieb an Bord Gleichstrommotoren (elektrische Winden, Rudermaschine) Verwendung fanden und seine elektrische Energie in Akkumulatoren aufgespeichert werden kann. Demgegenüber hat der Wechselstrom den technischen Vorzug leichter Umformbarkeit. Heute erhalten die Schiffe allgemein Drehstromanlagen[14]. Soll *Wechselstrom* niederer Spannung und hoher Stromstärke in solchen von geringer Stärke, aber

14 Elektrische Anlagen an Bord s. Bd. 3 B, S. 88 ff.

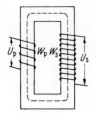

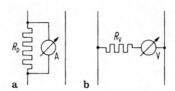

Bild 5.11. Schema eines Transformators

Bild 5.12. Gebrauch eines Strommessers (**a**) und eines Spannungsmessers (**b**)

höherer Spannung oder umgekehrt verwandelt werden, so geschieht dies fast verlustlos in den Umspannern (Transformatoren). Sie bestehen in der Hauptsache aus einem Eisenkern aus voneinander isolierten Weicheisenblechen mit einer Primär- und einer Sekundärwicklung (Bild 5.11).

Fließt durch die Wicklung W_P Wechselstrom, so entsteht in dem Eisenkern ein zeitlich veränderliches Magnetfeld, das die Sekundärwicklung W_S induziert. Beim Hochspannungstransformator (Spannung sekundär höher) besteht die Primärspule aus wenigen Windungen mit großem Drahtquerschnitt, die Sekundärspule aus vielen Windungen mit kleinem Querschnitt. Die von der Eingangsseite aus dem Netz aufgenommene Leistung wird — von den Verlusten (Kupfer- und Eisenverlusten) abgesehen — an die Ausgangsseite wieder abgegeben: $U_P \cdot I_P \approx U_S \cdot I_S$. Ferner ist das Übersetzungsverhältnis: $U_P : U_S = w_P : w_S$ (w_P und w_S bedeuten die Windungszahlen). Soll niedere *Gleichspannung* in höhere umgewandelt werden, so läßt sich dies nur durch rotierende Umformer (Motorgeneratoren), die aus einem Motor und einem Dynamo bestehen, erreichen, Höhere Spannung läßt sich mit Hilfe der Spannungsteiler-(Potentiometer)schaltung oder durch Vorwiderstände regelbar, aber mit Verlusten auf niedere Spannung bringen.

Zur Umwandlung einer Stromart in eine andere, z.B. von Gleich- in Wechselstrom oder umgekehrt, dienen die *Umformer.* Ein solcher Umformersatz (Maschinenaggregat) kann entweder aus einem getrennten Motor und mit diesem auf gleicher Welle gekuppelten Generator bestehen, oder aber die Motor- und Generatorwicklung sind über denselben Anker geführt. Solche Einankerumformer besitzen Schleifringe für Wechselstromanschluß und Kollektoren für Gleichstromanschluß. In der Hochfrequenztechnik verwendet man Transistorwandler zur Umwandlung von Gleichstrom in Wechselstrom bei geringen Leistungen. Für den umgekehrten Weg wählt man die *Gleichrichter.* Heute erlaubt der Fortschritt der Halbleitertechnik die Anwendung von Gleichrichterdioden auch in Starkstromanlagen (Thyristoren, siehe S. 332).

Einige einfache elektrische Meßinstrumente. Elektrische Instrumente werden als Strommesser (Amperemeter) und Spannungsmesser (Voltmeter) verwendet. Sie unterscheiden sich nur durch ihren inneren Widerstand und die geeichte Skala. Ein Strommesser muß einen möglichst kleinen Widerstand haben und *in* die stromführende Leitung geschaltet werden, während ein Spannungsmesser einen möglichst hohen Widerstand haben muß und in den Nebenschluß gelegt wird. Zur Vergrößerung des Meßbereiches wird dem Amperemeter ein Nebenwiderstand R_P (Shunt) parallel- und dem Voltmeter ein Vorwiderstand R_V vorgeschaltet (Bild 5.12a u. b).

Betriebsmeßgeräte sind: a) *Drehspulinstrumente* für Gleichstrom (Bild 5.13). Sie bestehen aus einem festen Hufeisenmagneten, zwischen dessen Pol eine kleine

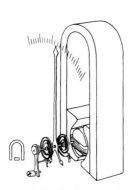

Bild 5.13. Drehspulmeßwerk

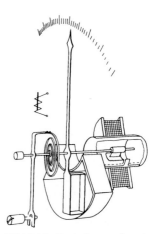

Bild 5.14. Dreheisenmeßwerk

stromdurchflossene Drahtspule durch den zu messenden Strom gegen die Rück-
stellkraft einer Feder gedreht wird. Mit vorgeschaltetem Trockengleichrichter
lassen sich auch Wechselströme messen. b) *Dreheiseninstrumente* für technische
Zwecke mit nicht zu hoher Genauigkeit (Bild 5.14). Sie sind so eingerichtet, daß
bei feststehender stromdurchflossener Spule ein durch eine Spiralfeder festgehal-
tenes Weicheisenstück mehr oder weniger tief in die Spule hineingezogen wird. Sie
sind auch für Wechselstrom verwendbar, dessen Effektivwert ($I_{eff} = 0,707 \cdot I_{max}$) sie
anzeigen. Besonders handliche Geräte sind die *Mavometer* mit mehreren Meßbereichen, bei denen die ansteckbaren Vor- und Nebenwiderstände ausgetauscht
werden können, während diese im „*Multavi*" und den Vielfachinstrumenten umschaltbar eingerichtet sind. Weitere Meßgeräte sind u.a. der *Zungenfrequenzmesser*
mit elektromechanischen Resonanzen zur Frequenzmessung und vor allem der
Elektronenstrahloszillograph zur Aufzeichnung der Kurvenform von Wechsel-
strömen und anderer elektrischer Vorgänge auf einem Fluoreszenzschirm. Haupt-
bestandteil dieses so wichtigen Hilfsmittels der Funktechnik (z. B. bei Reparaturen
von Empfängern und Radargeräten) ist die Braunsche Röhre, in der die trägheits-
lose elektrische und magnetische Ablenkbarkeit ausgeblendeter Kathodenstrahlen
ausgenutzt wird.

Begriffe aus der Elektronik [15]

Anode. *Elektrode*, die bei Stromfluß mit dem positiven Pol der Spannungsquelle
verbunden ist.
Akzeptor. In das Gitter eines *Halbleiters* eingelagertes Fremdatom, dessen *Valenz-
elektronenzahl* die des Halbleiteratoms um die Zahl 1 unterschreitet. Für Germanium kommen als Akzeptoren Indium, Gallium und Aluminium in Betracht. Sie
bewirken *Löcherleitfähigkeit*.
Anion. Negativ geladenes *Ion*.
Arbeitspunkt. Punkt in einem Kennlinienfeld, um den die vom steuernden Signal
bewirkten Schwankungen der Ströme und Spannungen stattfinden.
Basis. Steuerelektrode. Der mittlere Elektrodenanschluß im schematischen Aufbau
eines Transistors.

---

15 Schräg gesetzte Begriffe im Text erscheinen auch als eigenes Stichwort.

Basisstrom (I_B). Steuerstrom. Strom, der über den Basisanschluß fließt. Positive Zählrichtung zur Basis hin.

Basisschaltung. *Transistor*-Betriebsschaltung, in der die *Basis*elektrode dem Eingangs- und Ausgangskreis gemeinsam angehört (Bild 5.15). Eigenschaften: Hohe Spannungsverstärkung, Stromverstärkung 1 oder kleiner. Mittlere Leistungsverstärkung. Kleiner Eingangswiderstand, hoher Ausgangswiderstand.

CMOS. Complementary MOS. *MOS*-Technologie mit vernachlässigbarem Ruhestrom, mittelschnell.

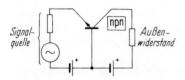

Signal-
quelle

Außen-
widerstand

Bild 5.15. Basisschaltung eines Transistors

+ Durchlaß −

− Sperrung +

Bild 5.16. Schaltzeichen einer Diode

Defektelektron (Loch). Bewegliche Elektronenfehlstelle in einem Halbleitergitter. Das Defektelektron wirkt wie ein Teilchen, dessen Ladung der des Elektrons entgegengesetzt ist.

DIAC. Aus den Bezeichnungen Di (= zwei Elektroden) und AC (= alternating current, Wechselstrom) abgeleiteter Name einer Triggerdiode (Auslösediode). Sie besteht aus zwei gegeneinandergeschalteten Halbleiterdioden in einem pnp-Element. Dieses sperrt bei niedrigen Spannungen in beiden Richtungen. Oberhalb einer gewissen Spannung wird es erst in der einen und bei einer höheren Spannung auch in der anderen Richtung leitend.

Diode. Elektrisches Ventil als Bauelement, z. B. Germaniumdiode, Siliziumdiode, *Zenerdiode*. Für die konventionelle Stromrichtung wird die Durchlaßrichtung im Schaltzeichen durch die als Pfeil aufzufassende Dreieckspitze gekennzeichnet (Bild 5.16).

Donator, Donor. In das Gitter eines *Halbleiters* eingelagertes Fremdatom, dessen *Valenzelektronen*zahl die des Halbleiters um die Zahl 1 überschreitet. Für Germanium kommen als Donatoren Arsen, Antimon und Phosphor in Betracht.

Eigenleitfähigkeit. Leitfähigkeit eines reinen *Halbleiter*materials, bedingt durch die thermischen Elektronen und die bei der Bildung freiwerdenden Löcher. Die thermischen Elektronen haben ihre Bindung an einen bestimmten Atomkern durch ihre Wärmebewegung gelöst und können sich im Kristallgitter frei bewegen.

Elektrode. Ein- oder Austrittstelle des elektrischen Stromes.

Elektronengas. Gesamtheit der in einem Stoff (*Halbleiter* oder Leiter) enthaltenen freien Elektronen. Diese sind der Wärmebewegung ähnlich unterworfen wie die Moleküle eines Gases. Während bei Gasen die Moleküle elastische Zusammenstöße erleiden, ergeben sich für die Elektronen im Halbleiter vor allem elastische Zusammenstöße mit den Atomen des Kristallgitters.

Elektronenschale. Zusammenfassung der Elektronen gleicher Energie in einem Atom. Unterschalen beziehen sich auf Elektronen gleichen Bahn-Drehimpulses.

Elektronenstrom. Durch Elektronendrift entstehender elektrischer Strom. Die Driftrichtung ist der konventionellen Stromrichtung entgegengesetzt.

Emitter. *Elektrode* des *Transistors*, über die Ladungsträger abgegeben (emittiert) werden. Beim *pnp-Transistor* liegt der positive Pol an der p-leitenden Emitterschicht. Sie gibt Löcher *(Defektelektronen)* ab. Die Emitter-*Basis*-Strecke wird in

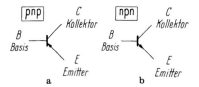

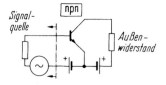

Bild 5.17. Schaltzeichen eines Transistors: a pnp-Typ; b npn-Typ

Bild 5.18. Emitterschaltung eines Transistors

Durchlaßrichtung betrieben (Pfeilrichtung im Schaltzeichen). Beim *npn-Transistor* ist die Polung umgekehrt. Der negative Pol liegt am Emitter, welcher Elektronen an die Basis abgibt. Im Schaltzeichen ist der Pfeil umgekehrt, also von der Basis weggerichtet gezeichnet (Bild 5.17).

Emitterschaltung. Transistorbetriebsschaltung, in der der *Emitter* dem Eingangs- und Ausgangskreis gemeinsam angehört (Bild 5.18). Eigenschaften: Hohe Spannungs- und Stromverstärkung, hohe Leistungsverstärkung. Mittlerer Eingangs- und Ausgangswiderstand.

Emitterstrom (I_E). Über die Emitterleitung fließender Strom. Positive Zählrichtung zum *Emitter* hin.

Epitaxie-Transistor. Ein *Transistor,* bei dem auf der Kristallstruktur einer Schicht andere Schichten ohne Störung des Kristallgitters aufgedampft sind. So entstehen *Mesa-* und *Planar-Transistoren* durch „epitaxiales" Aufwachsen einer dünnen, hochohmigen Kristallschicht auf eine niederohmige Kollektorschicht. Solche Transistoren haben kleine Kollektorkapazitäten und geringe Widerstände.

Feldeffekttransistor (FET). Aus mehreren Schichten aufgebauter Transistor, bei dem ein p-leitender Halbleiter (Kanal) im Innern eines Zylinders oder zwischen zwei Flächen (Basiselektrode) liegt. Dabei wird ein von der angelegten Spannung abhängiges Raumladungsfeld erzeugt, das die Leitfähigkeit des Kanals elektrostatisch beeinflußt und den leitfähigen Kanalquerschnitt verändert. Damit läßt sich ein Elektronenstrom im Kanal ähnlich wie in einer Röhre steuern. Die beiden Anschlüsse des Kanals werden als Quelle (S, source) und Abfluß (D, drain), die Basis wird als Tor (G, gate) bezeichnet (Bild 5.19). Feldeffekttransistoren ergeben in Schaltungen hohe Empfindlichkeit, Rauscharmut und einen weiten Frequenzbereich. Schaltzeichen siehe Bild 5.20.

Feldplatten (Fluxistor). Magnetisch steuerbare Halbleiterwiderstände aus Indiumantimonid-Nickelantimonid. Ihr Widerstand nimmt in einem Magnetfeld entsprechend dessen Flußdichte B ab (Schaltzeichen siehe Bild 5.21). Mit Feldplatten lassen sich Magnetfelder messen und steuern.

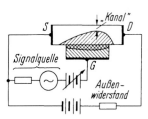

Bild 5.19. Schematische Darstellung eines Feldeffekttransistors

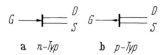

a *n-Typ*   b *p-Typ*

Bild 5.20a, b. Schaltzeichen eines Feldeffekttransistors

Bild 5.21. Schaltzeichen eines Fluxistors

Flächendiode. Sperrschichtventil mit größerer Querschnittsfläche des pn-Überganges. Gegensatz: Spitzendiode.

Flächentransistor. *Transistor*, dessen Zonen durch Flächen gegeneinander abgegrenzt werden, deren Ausmaße mit den Zonenquerschnitten vergleichbar sind.

Gunn-Effekt. Ein 1963 von dem Amerikaner G. Gunn entdeckter Effekt, bei dem in einem n-dotierten Galliumarsenid-Kristall unter dem Einfluß hoher elektrischer Spannungen Schwingungen entstehen, deren Wellenlänge durch die Größe des Kristalls bestimmt wird. Der Effekt dient zur Erzeugung von Mikrowellen.

Halbleiter. Chemische Elemente und Verbindungen, deren elektrische Leitfähigkeit zwischen den Werten der metallischen Leiter und der Isolatoren liegt. Bei den Leitern nimmt der Widerstand mit abnehmender Temperatur linear ab, bei den Halbleitern dagegen exponentiell zu, so daß diese bei sehr tiefen Temperaturen zu Isolatoren werden. Halbleiter wie Germanium und Silizium werden zur Herstellung von *Dioden* und *Transistoren* benutzt. Es gibt auch sog. intermetallische Halbleiter, wie Aluminium-, Indium- oder Galliumantimonid, Indiumphosphid oder Galliumarsenid. Intermetallische Halbleiter werden bereits für Sonnenbatterien, *Hall-Generatoren* und Hochtemperatur-Halbleitersysteme verwendet.

Hall-Generator. Seine Wirkung beruht auf dem 1879 von E. H. Hall (amerikanischer Physiker, 1855–1938) entdeckten und nach diesem benannten Effekt. Bringt man ein stromdurchflossenes Plättchen so in ein Magnetfeld, daß die magnetischen Kraftlinien senkrecht auf dessen Oberfläche treffen, kann man quer zum Stromfluß des Plättchens eine Spannung abgreifen, die durch die Ablenkung der Ladungsträger zustandekommt. Sie wird als Hall-Spannung bezeichnet. Mit *Halbleitern* werden sehr wirksame Hall-Generatoren gebaut. Sie dienen zum Messen magnetischer Felder, als kontaktlose Signalgeber, als Bauelemente von Rechnern und zum Messen hoher Gleichströme. Schaltzeichen s. Bild 5.22.

Heißleiter. Material, dessen Widerstand mit steigender Temperatur fällt. Wegen des negativen Temperaturkoeffizienten werden solche Widerstände als NTC-Widerstände, ferner auch als Thermistoren oder Heißleiter bezeichnet. Das Schaltzeichen enthält das Formelzeichen ϑ für Temperatur und ein Minuszeichen (Bild 5.23). Heißleiter werden in Schaltungen zum Ausgleich von temperaturbedingten Veränderungen anderer Bauelemente sowie zum Messen von Temperaturen benutzt.

Integrierte Schaltkreise. Neben *Transistoren* und *Dioden* kann man auch elektrische Widerstände und Kondensatoren als Diffusionszonen im *Halbleiter* erzeugen. Durch aufgedampfte Metallbahnen werden diese Bauelemente miteinander zu einer höheren Funktionseinheit verbunden (integriert). Vorteile: Höhere Zuverlässigkeit durch Wegfall von Lötstellen, geringes Gewicht und Volumen und höhere erzielbare Bauelementdichte. Großintegrierte Siliziumchips — insbesondere Mikroprozessoren — mit 100 000 und mehr ultraminiaturisierten Bauelementefunktionen sind im Begriff, die technische Umwelt zu revolutionieren. Siehe *LSI, VLSI*.

Intrinsic. Im Zusammenhang mit völlig reinen *Halbleitern* gebrauchte Bezeichnung. Sie ist der englischen Sprache entnommen und bedeutet „wirklich", „wahr" oder „innerlich". Ist „Intrinsic" einer anderen Bezeichnung vorgesetzt, so gilt diese Größe für den Fall der *Eigenleitfähigkeit*.

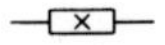

Bild 5.22. Schaltzeichen eines Hall-Generators

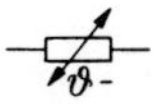

Bild 5.23. Schaltzeichen eines Heißleiters. Das Minuszeichen weist auf den negativen Temperaturkoeffizienten hin

Bild 5.24. Schaltzeichen eines Kaltleiters

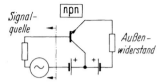

Bild 5.26. Kollektorschaltung eines Transistors

Bild 5.25. Schaltzeichen einer Kapazitätsdiode

Intrinsic-Transistor. Transistorbauart, bei der eine relativ dicke Schicht reinsten Germaniums zwischen Basis- und Kollektorschicht angeordnet ist. Dadurch kann die Basiszone sehr dünn gemacht und die Kollektorkapazität erheblich vermindert werden. Intrinsic-Transistoren besitzen eine bedeutend erhöhte Grenzfrequenz (über 100 MHz). Je nach Bauart unterscheidet man pnip- oder npin-Typen.

Ion. Atom bzw. Molekül mit elektrischer Ladung wegen fehlender oder zusätzlich aufgenommener Elektronen.

Kaltleiter. Materialien, die in kaltem Zustand einen niederen und in heißem Zustand einen höheren elektrischen Widerstand zeigen. Im Gegensatz zu gewöhnlichen Leitern besitzt ihre Kennlinie einen Bereich mit sehr starker Widerstandsänderung. Nach ihren positiven Temperaturkoeffizienten werden sie auch als PTC-Widerstände bezeichnet. Das Schaltzeichen enthält das Formelzeichen ϑ für Temperatur (Bild 5.24).
Das Verhalten der Kaltleiter wird beim Bau von Temperaturreglern ausgenutzt.

Kapazitätsdioden. Siliziumdioden mit n- und p-leitenden Zonen, deren *Sperrschicht* eine von der angelegten Spannung abhängige Kapazität bildet. Auch Varactor oder Varicap genannt. Das Schaltzeichen enthält zusätzlich zu dem einer Diode das eines veränderlichen Kondensators (Bild 5.25).

Kathode. *Elektrode*, die bei Stromfluß mit dem negativen Pol der Spannungsquelle verbunden ist.

Kation. Positiv geladenes *Ion*.

Kennlinie. Diagramm, das in graphischer Darstellung die Abhängigkeit verschiedener Größen, wie z.B. Strom und Spannung, voneinander erkennen läßt. Mehrere Kennlinien bilden zusammen ein Kennlinienfeld.

Kollektor. Elektrode eines *Transistors*, die *Ladungsträger* sammelt (collector, Sammler). Die Kollektor-Basis-Strecke wird in Sperrichtung betrieben, daher liegt beim pnp-Transistor der negative Pol der Spannungsquelle am Kollektor und der positive an der Basis und beim npn-Transistor umgekehrt. Im Schaltbild wird der Kollektoranschluß nach der englischen Schreibweise mit C gekennzeichnet.

Kollektorschaltung. Transistor-Betriebsschaltung, in der die Kollektor-Elektrode dem Eingangs- und Ausgangskreis gemeinsam angehört (Bild 5.26). Eigenschaften: Spannungsverstärkung etwa 1, hohe Stromverstärkung. Kleine Leistungsverstärkung. Hoher Eingangswiderstand, kleiner Ausgangswiderstand.

Kollektorstrom (I_C). Über den Kollektoranschluß fließender Strom. Die positive Zählrichtung geht zum *Kollektor* hin.

Komplementärtransistoren. Transistorpaare der Typen npn und pnp, die in ihren elektrischen Daten übereinstimmen. Ihre Kennlinien verlaufen dabei symmetrisch. Anwendung z.B. beim Gegentaktverstärker.

Ladungsträger. Träger einer elektrischen Elementarladung. In der Halbleitertechnik unterscheidet man Elektronen als negative und Defektelektronen oder Löcher als positive Ladungsträger.

LED (**L**ight **E**mitting **D**iode). Leuchtdiode, farbiges Licht ausstrahlender Halb-leiter (Ersatz für Lämpchen).

Leistungstransistoren. Transistoren für höhere Spannungen und Ströme (etwa Silizium-Transistoren in den Endstufen von Niederfrequenz-Verstärkern), die Leistungen im Bereich bis über 100 W abgeben können.

Leitfähigkeitstyp. Je nach Überwiegen der negativen oder positiven Ladungsträger unterscheidet man drei Typen:

  n-Leitfähigkeit (Überwiegen der negativen Ladungsträger),

  p-Leitfähigkeit (Überwiegen der positiven Ladungsträger) und

  i-Leitfähigkeit oder Intrinsic- oder Eigenleitfähigkeit (p- und n-Ladungsträger in gleicher Zahl beteiligt).

LSI (**L**arge **S**cale **I**ntegration). Hoher Integrationsgrad.

Majoritätsträger. Die im dotierten Halbleitermaterial in der Überzahl vorhan-denen *Ladungsträger*, also im n-Material die freien Elektronen und im p-Material die Löcher.

Mesa-Transistor. *Transistoren*, bei deren Herstellung die verschiedenen wirksamen Schichten durch Bedampfen mit Hilfe angrenzender Photo-Lackschichten auf-gebracht werden (Diffusionsverfahren). Dabei können bis zu 2000 Einzeltransi-storen auf einer einzigen Halbleiterscheibe gleichzeitig „gezüchtet" werden. Nach einem abschließenden Ätzprozeß bleiben sie wie Tafelberge (spanisch mesa) stehen und werden durch Ritzen und Brechen der Grundscheibe voneinander getrennt. Mesa-Transistoren eignen sich für Frequenzen bis zu 900 MHz.

Minoritätsträger. In einem dotierten *Halbleiter* in der Minderheit vorhandene Ladungsträger. Im n-dotierten Halbleiter sind die Löcher *(Defektelektronen)* und in einem p-dotierten Halbleiter die Elektronen Minoritätsträger.

MNOS (**M**etal **N**itride **O**xide **S**emiconductor). Im Entwicklungsstadium befind-liche MOS-Technologie, die Ladungsspeicherung über sehr lange Zeit ermöglicht. Interessant für nichtflüchtige RAMs.

MOS und MOSFET. Kurzbezeichnung für einen isolierten *Feldeffekt-Transistor*, dessen aktiver Teil aus einer Metallschicht, einer Oxidschicht als Isolator und einer Halbleiterschicht besteht. Die amerikanische Bezeichnung der einzelnen Schich-ten: metaloxide-semiconductor wird als MOS abgekürzt. Die Abkürzung FET bedeutet field-effect-transistor. Halbleitertechnologie, die sehr hohe Schaltungs-Eingangswiderstände ermöglicht (siehe auch *CMOS*).

MSI (**M**edium **S**cale **I**ntegration). Mittlerer Integrationsgrad (z. B. 4-bit-Zähler-Baustein).

npn-Transistor. *Transistor* mit Emitter- sowie Kollektor-Zone aus n-Material und Basiszone aus p-Material. Betriebsmäßig sind *Kollektor* und *Basis* positiv gegen *Emitter.*

NTC-Widerstand. Andere Bezeichnung für einen *Heißleiter.*

Peltier-Element. Auf der Umkehrung des Thermo-Effekts beruhendes Bauelement zur direkten Erzeugung von Kälte mit elektrischem Strom. Der französische Physiker Peltier (1785–1845) fand 1834 den nach ihm benannten Effekt an der Lötstelle eines Thermoelements: Fließt ein elektrischer Strom durch die Lötstelle, so tritt je nach Stromrichtung Abkühlung oder Erwärmung ein.

Photodiode. Die Photodiode besteht aus p- und n-leitendem Halbleitermaterial, das einen pn-Übergang bildet. Sie kann mit oder ohne Hilfsspannung betrieben werden. In Sperrichtung fließt ohne Belichtung nur der sehr geringe Sperr-, Dunkel- oder Durchlaßstrom. Bei Belichtung mit infrarotem, sichtbarem oder ultraviolettem Licht löst dessen Energie durch den inneren Photoeffekt neue Ladungsträgerpaare aus, wodurch ein Photostrom entsteht, der bei Lichtausfall wieder aufhört.

Bild 5.27. Schaltzeichen einer Photodiode (**a**) und eines Photoelements (**b**)

Bild 5.28. Schaltzeichen eines Phototransistors

Bild 5.29. Schaltzeichen eines Photowiderstandes

In geeigneter Bauart wirkt der pn-Übergang auch als Stromerzeuger, wobei die abgegebene Leistung mit der Größe der lichtempfindlichen Fläche wächst. In diesem Falle spricht man von einer Photozelle, einem Photoelement oder einer Solarzelle (Bild 5.27).

Phototransistor. In der Ausbildung als flächiger pnp- oder npn-Übergang wird das Halbleiterbauelement zum Phototransistor. Jeder in einem Glasgehäuse eingebaute *Transistor* wird zum Phototransistor, wenn man die gegen Lichteinfall schützende Lackierung entfernt. Der Phototransistor liefert einen verstärkten Photostrom und zeigt deshalb auch eine höhere Lichtempfindlichkeit (Bild 5.28).

Photowiderstand. *Halbleiter*, dessen Leitfähigkeit sich bei Bestrahlung erhöht. Beim Anlegen einer äußeren Spannung wächst die Stromstärke proportional mit der Beleuchtungsstärke. In einem handelsüblichen Photowiderstand aus Germanium liegt z.B. die Arbeitsspannung zwischen 1 und 10 V, und der Widerstand ändert sich zwischen Dunkelheit und 3200 lx um etwa 50% (Bild 5.29).

Piezoxide (PXE). Werkstoffe zur Ausnutzung des piezoelektrischen Effekts. Bei diesem zeigen einander gegenüberliegende Flächen bestimmter Kristalle (Quarz, Seignettesalz), die unter Zug oder Druck stehen, elektrische Ladungen, die eine der Kraft proportionale Spannung bewirken. Der Effekt ist auch umkehrbar: Unter dem Einfluß einer angelegten elektrischen Spannung ändern solche Kristalle ihre Abmessungen (Elektrostriktion).

Planar-Transistoren. *Transistoren* mit ebener (planer) Oberfläche.

pnp-Transistor. *Transistor* mit Emitter- sowie Kollektorzone aus p-Material und Basiszone aus n-Material. Betriebsmäßig sind *Kollektor* und *Basis* negativ gegen *Emitter.*

Schalttransistor. Spezieller *Transistor* als steuerbarer Schalter mit einem Durchlaßwiderstand im Bereich von 0,5 Ohm und einem Sperrwiderstand von einigen Megohm. Die Schaltzeit kann sehr kurz sein, z.B. eine Nanosekunde.

Sperrschicht. Schicht mit elektrischer Ventilwirkung, Raumladungszone eines pn-Überganges.

Sperrstrom. Der in Sperrichtung durch eine Halbleitersperrschicht noch fließende Strom.

SSI (Small Scale Integration). Niedriger Integrationsgrad (z.B. Gatterbausteine).

Thermoelement. Zwei verschiedene Leiter oder *Halbleiter*, die eine Kontaktstelle gemeinsam haben. Wird diese erwärmt, kann an den freien Enden eine elektrische Spannung abgenommen werden (Seebeck-Effekt).

Thyristor. Steuerbare Gleichrichterdiode. Es wird dabei die Gleichrichtung der Strecke *Emitter–Kollektor* eines Leistungstransistors durch eine entsprechende Steuerspannung gesperrt und geöffnet. Auf diese Weise können hohe Ströme mit äußerst geringen Strömen gesteuert werden, was zu vielseitigen Anwendungen in der Starkstromtechnik führt.

Steuerbare Gleichrichterröhren werden je nach Ausführung als Thyratron oder Ignitron bezeichnet. Gegenüber diesen haben die Thyristoren den Vorteil höherer Betriebssicherheit bei hohen Schaltströmen und kleinsten Abmessungen (Bild 5.30).

Transduktor. Magnetischer Verstärker. Der Wechselstromwiderstand einer Drossel wird durch Gleichstrom-Vormagnetisierung mittels einer zweiten Wicklung geändert.

Bild 5.31. Schaltzeichen eines Varistors

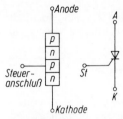

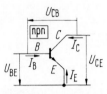

Bild 5.30. Schematischer Aufbau (**a**) und Schaltzeichen (**b**) eines Thyristors

Bild 5.32. Zählrichtungen für die Transistorströme und -spannungen

Transistor. Drei- oder mehrpoliges Halbleitersystem, bei dem eine Verstärkerwirkung durch die Steuerung frei beweglicher *Ladungsträger* positiver oder negativer Ladung zustandekommt. Im Gegensatz dazu werden bei der Elektronenröhre nur negative Ladungsträger (Elektronen) benutzt, die durch Erhitzung einer Elektrode (Kathode) freigesetzt werden und — mit Hilfe eines Gitters gesteuert — innerhalb einer Vakuumstrecke von der Kathode zur Anode fliegen. Es entsprechen einander: *Emitter* — Kathode, *Basis* — Gitter, *Kollektor* — Anode.

TRIAC. Als integrierte Schaltung aufgebaute Zweirichtungs- oder bidirektionale *Thyristoren.*

TTL (Transistor Transistor Logic). Mittelschnelle digitale Standardbausteinserie mit 5 V Versorgungsspannung.

Tunneldiode. Auch als Esaki-Diode bezeichnete Halbleiterdiode, die im Durchlaßgebiet nach dem Tunneleffekt ein Gebiet mit negativem Widerstand besitzt (fallende Stromstärke bei steigender Spannung). Sie kann zur Schwingungserzeugung oder Verstärkung benutzt werden.

Valenzelektronen. Elektronen in der Außenschale der Elektronenhülle eines Atoms. Sie bestimmen die chemische Wertigkeit.

Varistor. Spannungsabhängiger Widerstand, auch VDR-Widerstand (voltage dependent resistor) genannt. Sein Widerstand nimmt mit zunehmender Spannung nichtlinear ab. Im Schaltzeichen ist das Formelzeichen U für elektrische Spannung enthalten (Bild 5.31).

Verlustleistung. Die als unnütze Wärme in einem Bauelement umgesetzte elektrische Leistung.

VLSI (Very Large Scale Integration). In den 80er Jahren erzielter, sehr hoher Integrationsgrad (z. B. vollständiger Mikrocomputer auf 1 Chip).

Zählrichtungen für die Transistorströme und -spannungen. In Bild 5.32 sind die positiven Zählrichtungen mit Pfeilen eingetragen. U_{CE} bedeutet z. B. Kollektorspannung gegen Emitter.

$$I_C + I_E + I_B = 0 \; ; \quad U_{CE} = U_{CB} + U_{BE} \, .$$

5.7   Optische und verwandte elektromagnetische Strahlung

Größen[16] und Einheiten

Vorbemerkung: Man unterscheidet die Energiestrahlung (Index e) von der photometrisch bewerteten Strahlung (Index v). Die eine bezieht sich auf objektive, physikalische Messungen, die andere auf die Helligkeitsempfindung des menschlichen Auges.

Größe und Formelzeichen		Definition im rationalen Sechsersystem [17]
Fortpflanzungs- **geschwindigkeit** *(speed of propagation)*	v	Gemeint ist die *Phasengeschwindigkeit v*, mit der sich ein bestimmter Schwingungszustand fortpflanzt. Im materieerfüllten Raum sind davon zu unterscheiden die *Gruppengeschwindigkeit* (v_g), mit der sich die von der Welle transportierte Energie ausbreitet, und die *Frontgeschwindigkeit* v_f, mit der die vorderste Wellenfront fortschreitet.
Lichtgeschwindigkeit **im Vakuum** *(speed of light in* *empty space)*	c_0	Für alle elektromagnetischen Wellen gilt im Vakuum $v = v_g = v_f = c_0$. Keine Energie kann sich mit einer höheren Geschwindigkeit als c_0 fortpflanzen.
Wellenlänge *(wavelength)*	λ	Abstand zweier aufeinanderfolgender Stellen gleichen Schwingungszustandes.
Frequenz *(frequency)*	f, v	Anzahl der Schwingungen durch Zeit, am gleichen Ort beobachtet. Allgemein: $\lambda \cdot v = v$. Im Vakuum: $\lambda_0 \cdot v = c_0$; $\lambda_0 = \lambda \cdot n$. (*n* Brechzahl)
Strahlungsenergie *(radiant energy)*	Q_e, W, U	Die im Beobachtungszeitraum in Form von Strahlung abgegebene bzw. aufgenommene Energie.
Lichtmenge *(quantity of light)*	Q_v	Lichtstrom mal Zeit. $Q_v = \int \Phi_v \, dt$.
Strahlungsfluß, **Strahlungsleistung** *(radiant flux,* *radiant power)*	Φ_e, P	Strahlungsenergie durch Zeit. $\Phi_e = \dfrac{dQ_e}{dt}$.
Lichtstrom *(luminous flux)*	Φ_v	Lichtstärke mal Raumwinkel. $\Phi_v = \int I_v \, d\Omega_1$. Index 1: Sendeseite, Index 2: Empfangsseite.

16 Bis auf die Geschwindigkeit sind diese Größen Skalare.
17 *Sechs* Basisgrößen: Länge, Masse, Zeit, elektrische Stromstärke, thermodynamische Temperatur, Lichtstärke. Das System heißt rational, weil der Faktor 2π in den Definitionen nur dort erscheint, wo man ihn aus geometrischen Gründen erwartet.

SI-Einheit und Einheitenzeichen	Definition, Bemerkungen, andere Einheiten
Meter durch Sekunde $\dfrac{m}{s}$	1 Meter durch Sekunde ist gleich der Fortpflanzungs-geschwindigkeit einer Strahlung, in der sich ein be-stimmter Schwingungszustand in der Zeit 1 s gleich-mäßig um die Strecke 1 m in der Ausbreitungsrichtung verschiebt. $$c_0 = 2{,}997\ 924\ 58 \cdot 10^8\ \frac{m}{s}\,.$$
Meter m	Basiseinheit (siehe S. 279).
Hertz Hz $(= s^{-1})$	1 Hertz ist gleich der Frequenz einer Strahlung, in der man am gleichen Ort in der Zeit 1 s *eine* Schwingung beobachtet. Beispiel: Im Vakuum gehört zu der Wellenlänge $\lambda = 3$ cm die Frequenz $\nu \approx 10$ GHz.
Joule J	1 Joule ist gleich der Strahlungsenergie, die der mecha-nischen Energie 1 J gleich ist.
Lumensekunde lm · s $= cd \cdot sr \cdot s$	1 Lumensekunde ist gleich der Lichtmenge, welche bei dem Lichtstrom 1 lm in der Zeit 1 s abgegeben bzw. aufgenommen wird.
Watt W	1 Watt ist gleich dem Strahlungsfluß einer Strahlung, die in der Zeit 1 s gleichmäßig die Strahlungsenergie 1 J durch die betrachtete Querschnittsfläche befördert.
Lumen lm $= cd \cdot sr$	1 Lumen ist gleich dem Lichtstrom, den eine punkt-förmige Lichtquelle mit der Lichtstärke 1 cd gleich-mäßig nach allen Richtungen in den Raumwinkel 1 sr aussendet. Beispiel: Eine 60-W-Einfachwendel-Glühlampe für 220 V erzeugt insgesamt einen Lichtstrom von etwa 600 lm.

Größe und Formelzeichen	Definition im rationalen Sechsersystem
(Elektromagnetische) Strahlstärke I_e *(radiant intensity)*	Von der Strahlungsquelle in bestimmter Richtung ausgehender Strahlungsfluß durch Raumwinkel. $$I_e = \frac{d\Phi_e}{d\Omega_1}.$$
Lichtstärke I_v *(luminous intensity)*	**Basisgröße.** Das Vermögen einer Lichtquelle, eine senkrecht zu den Lichtstrahlen in bestimmter Entfernung befindliche Fläche zu beleuchten.
(Elektromagnetische) Strahldichte L_e *(radiance)*	Strahlstärke durch Projektion der strahlenden Fläche in Strahlrichtung. $$L_e = \frac{dI_e}{dS_1 \cdot \cos\vartheta_1} \; ; \quad \begin{array}{l} S_1 \quad \text{strahlende Fläche,} \\ \vartheta_1 \quad \text{Ausstrahlungswinkel gegen} \\ \quad\text{die Flächennormale.} \end{array}$$
Leuchtdichte L_v *(luminance)*	Lichtstärke durch Projektion der leuchtenden Fläche in Strahlrichtung. $$L_v = \frac{dI_v}{dS_1 \cdot \cos\vartheta_1}.$$
Spezifische Ausstrahlung M_e *(radiant emittance)*	Strahlungsfluß durch strahlende Fläche. $$M_e = \frac{d\Phi_e}{dS_1}.$$
Spezifische Lichtausstrahlung M_v *(luminous emittance)*	Lichtstrom durch leuchtende Fläche. $$M_v = \frac{d\Phi_v}{dS_1}.$$
(Elektromagnetische) Bestrahlungsstärke E_e *(irradiance)*	Auftreffender Strahlungsfluß durch bestrahlte Fläche. $$E_e = \frac{d\Phi_e}{dS_2}.$$
Beleuchtungsstärke E_v *(illuminance, illumination)*	Lichtstrom durch beleuchtete Fläche. $$E_v = \frac{d\Phi_v}{dS_2}.$$
Bestrahlung H_e *(radiant exposure)*	Bestrahlungsstärke mal Zeit. $$H_e = \int E_e \, dt = \frac{d\Phi_e}{dS_2}.$$
Belichtung H_v *(luminous exposure)*	Beleuchtungsstärke mal Zeit. $$H_v = \int E_v \, dt = \frac{dQ_v}{dS_2}.$$

SI-Einheit und Einheitenzeichen	Definition, Bemerkungen, andere Einheiten
Watt durch Steradiant $\dfrac{W}{sr}$	1 Watt durch Steradiant ist gleich der Strahlstärke einer Lichtquelle, die gleichmäßig in den Raumwinkel 1 sr den Strahlungsfluß 1 W aussendet.
Candela cd (Betonung auf der 2. Silbe)	**Basiseinheit** (siehe S. 280). (früher als Neue Kerze, NK, bezeichnet)
Watt durch Quadratmeter und durch Steradiant $\dfrac{W}{m^2 \cdot sr}$	1 Watt durch Meterquadrat und durch Steradiant ist gleich der Strahldichte einer Strahlung der Strahlstärke 1 W/sr, die senkrecht von der Fläche 1 m^2 ausgeht.
Candela durch Quadratmeter $\dfrac{cd}{m^2}$	1 Candela durch Quadratmeter ist gleich der Leuchtdichte einer Lichtquelle, die senkrecht zu der leuchtenden Fläche 1 m^2 die Lichtstärke 1 cd besitzt. Beispiel: Der Leuchtdraht einer Wolframglühlampe hat eine Leuchtdichte von 5 bis $35 \cdot 10^6$ cd/m^2.
Watt durch Quadratmeter $\dfrac{W}{m^2}$	1 Watt durch Quadratmeter ist gleich der spezifischen Ausstrahlung einer Strahlungsquelle mit dem Strahlungsfluß 1 W und der strahlenden Fläche 1 m^2.
Lumen durch Quadratmeter $\dfrac{lm}{m^2}$	1 Lumen durch Quadratmeter ist gleich der spezifischen Lichtausstrahlung einer Lichtquelle mit dem Lichtstrom 1 lm und der leuchtenden Fläche 1 m^2.
Watt durch Quadratmeter $\dfrac{W}{m^2}$	1 Watt durch Quadratmeter ist gleich der Bestrahlungsstärke der Fläche 1 m^2, auf die gleichmäßig der Strahlungsfluß 1 W einwirkt.
Lux lx $= \dfrac{lm}{m^2}$	1 Lux ist gleich der Beleuchtungsstärke auf der Fläche 1 m^2, auf die gleichmäßig verteilt der Lichtstrom 1 lm fällt. Beispiel: Zum Lesen und Schreiben ist eine Beleuchtungsstärke von 250 lx erforderlich.
Joule durch Quadratmeter $\dfrac{J}{m^2}$	1 Joule durch Quadratmeter ist gleich der Bestrahlung der Fläche 1 m^2, auf die gleichmäßig die Strahlungsenergie 1 J eingewirkt hat.
Luxsekunde lx · s $= \dfrac{lm \cdot s}{m^2}$	1 Luxsekunde ist gleich der Belichtung einer Oberfläche, auf die während der Zeit 1 s die Beleuchtungsstärke 1 lx eingewirkt hat. Oder: 1 Luxsekunde ist gleich der Belichtung der Fläche 1 m^2, auf die gleichmäßig die Lichtmenge 1 lm s gefallen ist.

Größe und Formelzeichen	Definition im rationalen Sechsersystem
Brechzahl, *n* **Brechungsindex** *(refractive index)*	*Größenverhältnis:* Lichtgeschwindigkeit im Vakuum durch Lichtgeschwindigkeit im betreffenden Material. Snelliussches Brechungsgesetz: $n_1 \cdot \sin\alpha_1 = n_2 \cdot \sin\alpha_2$; α Winkel gegen die Flächennormale. In der Radiometeorologie rechnet man mit dem Brechungsmodul $N = (n-1) \cdot 10^6$.
Brennweite *f* *(focal distance)*	Abstand des Brennpunktes von der zugehörigen Hauptebene; bei Sammellinsen positiv, bei Zerstreuungslinsen negativ gerechnet.
Brechkraft, *D* **Brechungsvermögen** *(refractive power)*	Kehrwert der Brennweite. $D = 1/f$. Bei Sammellinsen ist die Brechkraft positiv, bei Zerstreuungslinsen negativ.

5.8 Atom- und Kernphysik, Strahlenschutz

Größen[18] und Einheiten

Größe und Formelzeichen	Definition im rationalen Vierersystem [19]
Massenzahl *A* *(mass number)*	*Zählgröße:* Anzahl der Nukleonen (Kernteilchen).
Ordnungszahl *Z* *(atomic number)*	*Zählgröße:* Anzahl der Protonen im Kern.
Neutronenzahl *N* *(neutron number)*	*Zählgröße:* Anzahl der Neutronen im Kern. $N = A - Z$.
Elementarladung *e* *(elementary charge)*	*Naturkonstante:* Elektrische Ladung eines Protons (positiv). Die elektrische Ladung eines Elektrons hat den gleichen Betrag und ist negativ.
Bohr-Radius a_0 *(Bohr radius)*	*Naturkonstante:* Radius der inneren Elektronenbahn des Wasserstoffatoms im Bohrschen Atommodell.
Wirkungsquerschnitt σ *(cross section)*	Maß für die Reaktionswahrscheinlichkeit. Man denkt sich die aufgeschossenen Teilchen punktförmig und die getroffenen Kerne als kleine Scheibchen, welche auf der Richtung des auftreffenden Strahls senkrecht stehen. Sooft ein Scheibchen getroffen wird, soll eine Reaktion eintreten. Die aus den Beobachtungsdaten berechnete Fläche eines Scheibchens heißt der Wirkungsquerschnitt des Kerns für die betreffende Reaktion.

18 Diese Größen sind Skalare.
19 *Vier* Basisgrößen: Länge, Masse, Zeit, elektrische Stromstärke.

SI-Einheit und Einheitenzeichen	Definition, Bemerkungen, andere Einheiten
(1)	Ein Material hat die Brechzahl 1, wenn die Lichtgeschwindigkeit in ihm ebenso groß ist wie im Vakuum. Beispiel: Für Radarwellen ist in Bodennähe etwa $n = 1,0003$ und damit $N = 300$.
Meter m	Basiseinheit (siehe S. 279).
Reziprokes Meter m^{-1}	dpt Dioptrie $1\,dpt = 1\,m^{-1}$ (in der ophthalmologischen und technischen Optik). Die Dioptrie ist gleich der Brechkraft einer Linse mit der Brennweite 1 m.

SI-Einheit und Einheitenzeichen	Definition, Bemerkungen, andere Einheiten
(1)	
(1)	
(1)	
Coulomb C	Definition siehe Elektrizität und Magnetismus, S. 311. $e = 1,602\ 10 \cdot 10^{-19}\,C$.
Meter m	**Basiseinheit** (siehe S. 279). $a_0 = 5,291\ 67 \cdot 10^{-11}\,m$.
Quadratmeter m^2	b Barn $1\,b = 10^{-28}\,m^2$.

Größe und Formelzeichen		Definition im rationalen Vierersystem
Energie *(energy)*	E, W	Das Arbeitsvermögen eines Systems. Verschiedene Energieformen: Kinetische E. (E. der Bewegung), potentielle E. (Energie der Lage), Wärme, E. eines elektrischen oder magnetischen Feldes u. a. m. Insbesondere ist auch Materie eine Form der Energie: $E = m c^2$.
Aktivität *(activity)*	A	Anzahl der Kernzerfälle in einem gegebenen Radionuklid durch Zeit (ohne Folgenuklide). Über Art, Zahl und Energie der bei den Kernzerfällen emittierten Teilchen sagt die Aktivität zunächst nichts aus. Hierzu muß man das Zerfallsschema des betreffenden Radionuklids kennen.
Emissionsrate *(emission rate)*	R	Anzahl der emittierten Korpuskeln und Quanten durch Zeit.
Zerfallskonstante *(decay constant)*	λ	Anzahl der im (kurzen) Beobachtungszeitraum zerfallenden Atome durch Anzahl der vorhandenen Atome des betreffenden Nuklids und durch Zeit. $$\lambda = \frac{-\,\mathrm{d}n}{n\,\mathrm{d}t}; \quad n(t) = n_0\, \mathrm{e}^{-\lambda t}.$$ $1/\lambda$ ist die Zeit, nach der die Anzahl der anfangs vorhandenen Atome des betreffenden Nuklids auf den e-ten Teil (36,8%) gesunken ist. Jedes radioaktive Nuklid hat eine bestimmte Zerfallskonstante.
Halbwertszeit *(half life)*	$T_{1/2}$	Die Zeit, nach der die Hälfte der anfangs vorhandenen Atome des betreffenden Nuklids zerfallen ist. $$\lambda \cdot T_{1/2} = \ln 2; \quad T_{1/2} = \frac{0,693\,15}{\lambda}.$$ Jedes radioaktive Nuklid hat eine bestimmte Halbwertszeit.
Energiedosis *(absorbed dose)*	D	Durch Strahlung zugeführte Energie durch Masse des bestrahlten Körpers. $$D = \frac{\mathrm{d}W_D}{\mathrm{d}m}.$$
Äquivalentdosis *(equivalent dose)*	D_q	Energiedosis einer Therapie-Röntgenstrahlung, welche hinsichtlich der biologischen Wirkung der Energiedosis der betrachteten Strahlenart gleichwertig ist. $$D_q = q \cdot D.$$ q ist ein von der Strahlenart und -energie und anderen Bedingungen abhängiger Bewertungsfaktor.

SI-Einheit und Einheitenzeichen	Definition, Bemerkungen, andere Einheiten
Joule J	eV Elektronvolt $1 \text{ eV} = 1{,}602 \, 10 \cdot 10^{-19} \text{ J}$ (Definition siehe S. 280). Weitere Umrechnungen siehe S. 364). $1 \text{ kg} \cong 5{,}61 \cdot 10^{35} \text{ eV},$ $\phantom{1 \text{ kg} \cong} 2{,}50 \cdot 10^{10} \text{ kW h},$ $\phantom{1 \text{ kg} \cong} 8{,}99 \cdot 10^{16} \text{ J}.$
Becquerel Bq $= \text{s}^{-1}$	1 Becquerel ist gleich der Aktivität einer Menge eines radioaktiven Nuklids, in der der Quotient aus dem statistischen Erwartungswert für die Anzahl der Umwandlungen oder isomeren Übergänge und der Zeitspanne, in der diese Umwandlungen oder Übergänge stattfinden, dem Grenzwert 1/s bei abnehmender Zeitspanne zustrebt. Ci Curie $1 \text{ Ci} = 3{,}7 \cdot 10^{10} \text{ Bq} = 3{,}7 \cdot 10^{10} \text{ s}^{-1}.$
Reziproke Sekunde s^{-1}	
Reziproke Sekunde s^{-1}	
Sekunde s	Basiseinheit (siehe S. 280).
Gray Gy $= \dfrac{\text{J}}{\text{kg}}$	1 Gray ist gleich der Energiedosis, die bei der Übertragung der Energie 1 J auf homogene Materie der Masse 1 kg durch ionisierende Strahlung einer räumlich konstanten spektralen Energiefluenz entsteht. rd Rad $1 \text{ rd} = 100 \text{ erg/g} = 10^{-2} \text{ J/kg}$ (früher rad)
Sievert Sv $= \dfrac{\text{J}}{\text{kg}}$	1 Sievert ist gleich der Äquivalentdosis, die sich als Produkt aus der Energiedosis 1 Gray und dem Bewertungsfaktor 1 ergibt. rem Rem $1 \text{ rem} = 10^{-2} \text{ J/kg}.$

Größe und Formelzeichen	Definition im rationalen Vierersystem
Energiedosisrate, $\dot{D}$ **Energiedosisleistung** *(absorbed dose rate)*	Energiedosis durch Zeit. $$\dot{D} = \frac{\mathrm{d}D}{\mathrm{d}t}\,.$$
Äquivalentdosisrate, $\dot{D}_q$ **Äquivalentdosisleistung** *(equivalent dose rate)*	Äquivalentdosis durch Zeit. $$\dot{D}_q = \frac{\mathrm{d}D_q}{\mathrm{d}t}\,.$$
Ionendosis J *(radiation dose)*	Während der Bestrahlung von Luft durch Ionisierung erzeugte elektrische Ladung eines Vorzeichens durch Masse der Luft. $$J = \frac{\mathrm{d}Q}{\mathrm{d}m_\mathrm{L}}\,.$$
Ionendosisrate, J **Ionendosisleistung** *(radiation dose rate)*	Ionendosis durch Zeit. $$\dot{J} = \frac{\mathrm{d}J}{\mathrm{d}t}\,.$$

Der Bau der Atome[20]. Erst im Laufe der letzten 75 Jahre konnte man ein Bild vom Aufbau der Atome gewinnen, wobei sich insbesondere Rutherford[21] und Bohr[22] um die Klärung des Atombaues bemüht haben. Heisenberg[23] hat 1932 eine Theorie der Kernstruktur entwickelt, die die Anschauungen über den Aufbau des Atomkernes wesentlich erweiterte. Nach diesen Vorstellungen ist jedes Atom aufgebaut aus einem Kern und aus Elektronen. Der Kern besteht aus positiv geladenen Elementarteilchen *(Protonen)* und aus ungeladenen Teilchen *(Neutronen)*. Die Atome unterscheiden sich nicht in der Art, sondern nur durch die Zahl der Elementarteilchen. Der Atomkern des Wasserstoffs hat z. B. nur 1 Proton und kein Neutron, des Heliums: 2 Protonen und 2 Neutronen, des Sauerstoffs: 8 Protonen und 8 Neutronen, des Eisens: 26 Protonen und 30 Neutronen, des Urans: 92 Protonen und 146 Neutronen. Um jeden Atomkern kreisen in verschiedenen Abständen, ihn wie Schalen als Hülle umgebend, ebenso viele negativ geladene Elementarteilchen *(Elektronen)* wie der Kern Protonen hat, so daß das Gesamtatom nach außen neutral ist.

Das einfachste Atom ist das H-Atom, das nur aus 1 Proton im Kern und 1 kreisenden Elektron besteht, während z. B. die Hülle des O-Atoms aus 2 Elektronenschalen mit insgesamt 8 Elektronen — entsprechend der Zahl von 8 Protonen im Kern — gebildet wird, usw.

20 Siehe auch Teil Chemie in Bd. 3A, S. 260 ff., und D. Ebert: Chemie für Nautiker. Bremen: Arthur Geist Verlag 1969.
21 Rutherford, E., englischer Physikochemiker, 1871–1937.
22 Bohr, N., dänischer Physiker, 1885–1962.
23 Heisenberg, W., deutscher Physiker, 1901–1976.

SI-Einheit und Einheitenzeichen	Definition, Bemerkungen, andere Einheiten
Gray durch Sekunde $\dfrac{Gy}{s}$ $=\dfrac{W}{kg}$	1 Gray durch Sekunde ist gleich der Energiedosisrate, bei der durch eine ionisierende Strahlung zeitlich unveränderlicher Energieflußdichte in der Zeit 1 s gleichmäßig die Energiedosis 1 J/kg zugeführt wird.
Sievert durch Sekunde $\dfrac{Sv}{s}$ $=\dfrac{W}{kg}$	1 Sievert durch Sekunde ist gleich der Äquivalentdosisrate, bei der durch eine ionisierende Strahlung zeitlich unveränderlicher Energieflußdichte in der Zeit 1 s die Äquivalentdosis 1 J/kg entsteht.
Coulomb durch Kilogramm $\dfrac{C}{kg}$	1 Coulomb durch Kilogramm ist gleich der Ionendosis, die bei der Erzeugung von Ionen eines Vorzeichens mit der elektrischen Ladung 1 C in Luft der Masse 1 kg durch ionisierende Strahlung räumlich konstanter Energieflußdichte entsteht. R Röntgen 1 R = 2,58 · 10^{-4} C/kg.
Ampere durch Kilogramm $\dfrac{A}{kg}$	1 Ampere durch Kilogramm ist gleich der Ionendosisrate, bei der durch eine ionisierende Strahlung zeitlich unveränderlicher Energieflußdichte in der Zeit 1 s die Ionendosis 1 C/kg entsteht.

Die wägbare Masse eines Atoms (seine Atommasse) ist praktisch im Kern vereinigt, da die Masse des Elektrons 1837 mal so klein wie die des Protons ist. Sie hängt also von der Gesamtzahl der Kernbausteine (Protonen + Neutronen) ab, der sogenannten Massenzahl. Die Natur eines Elementes wird außerdem bestimmt durch die Zahl der Protonen im Kern, die sogenannte *Kernladungszahl;* oder da diese gleich der Zahl der Hüllenelektronen ist, so ist auch die schalenförmige Anordnung der Elektronen in der Hülle für das chemische und physikalische Verhalten der Atomart maßgebend. Der Durchmesser des Atoms besitzt die Größenordnung von 10^{-8} cm, der des Kerns von 10^{-12} cm.

Außer Protonen und Elektronen sind in fast allen Atomen als bindende Wechselkräfte noch ungeladene oder positiv geladene Elementarteilchen vorhanden: Positronen, Mesonen, Photonen (Lichtquanten) u. a.

Die Elemente werden nach steigender Kernladungszahl geordnet. Diese gibt gleichzeitig auch als „*Ordnungszahl*" oder Atomnummer die Stellung der Elemente im Periodischen System an. So ist die Ordnungszahl für H: 1; für He: 2; für O: 8; für S: 16. Das Uran-Atom (U) hat die Ordnungszahl 92 entsprechend seiner Kernladungszahl (92 Protonen), seine Massenzahl beträgt 238.

Isotope sind Formen eines Elements, dessen Kerne die gleiche Protonenzahl besitzen, sich aber durch die Zahl der Neutronen unterscheiden. Sie haben also die gleiche Kernladungszahl und gehören an die gleiche Stelle im Periodischen System, besitzen aber verschiedene Massenzahlen. Ein Isotop des Wasserstoffs ist der *schwere* Wasserstoff, auch Deuterium (D) genannt. Sein Kern besitzt außer 1 Proton noch 1 Neutron. Mit Sauerstoff zusammen bildet er das schwere Wasser (D_2O), das zu etwa 0,015% im natürlichen Wasser vorkommt. Die meisten chemischen Elemente sind in ihren natürlichen Vorkommen Gemische von Isotopen. So enthält natürliches Uran 99,3% U 238 und 0,7% des Uranisotops 235 mit der Massenzahl 235.

Bei allen *chemischen* Prozessen treten die Atome nur mit ihren äußersten Elektronenschalen in Wechselwirkung. Nur hier findet ein Austausch von Elektronen statt, der das Wesen der chemischen Reaktionen ist. Es kommt vor, daß Atome durch Einwirkung von außen einige ihrer Elektronen einbüßen oder aufnehmen. Ihr elektrisches Gleichgewicht ist dann gestört, und man nennt solche Atome dann *Ionen*. Aus dem Streben der Metalle, Elektronen der äußeren Schalen abzuspalten, und der Nichtmetalle, Elektronen aufzunehmen, erklärt sich die Verbindungsneigung der Elemente.

Die gewöhnliche Chemie kann keine Elementumwandlungen hervorrufen, weil sie die Atomkerne unverändert läßt. Gewinnt oder verliert der *Atomkern* einige Protonen und Neutronen, so geht ein Element in ein anderes über. Eine solche künstliche *Kernumwandlung* gelang Rutherford 1919 zum ersten Male mit radioaktiven Strahlen und später anderen Forschern, indem sie Kerne mit atomaren Geschossen (Neutronen, He-Kernen, Deuteronen) bombardierten und kleine Teilchen abspalteten oder anlagerten. Wenn auch diese Kernumwandlungsprozesse mengenmäßig wegen der verschwindend geringen Ausbeute praktisch bedeutungslos sind, so finden doch dabei außerordentlich große Energieumsätze statt. Doch erst die Entdeckung der Urankernspaltung von O. Hahn[24] (1938/39) — hier handelt es sich um eine echte Atomzertrümmerung — und ihre praktische Auswertung führten zur Nutzbarmachung der in den Atomkernen ruhenden großen Energien. Die weitere Entwicklung auf dem Gebiet der Kernphysik ist noch nicht abzusehen. Wissenschaft und Technik sind dabei, diese atomaren Energiequellen zu erschließen und die Energiewirtschaft und damit auch die Schiffahrt entscheidend zu beeinflussen.

Masse und Energie. Einstein[25] verallgemeinerte 1904 die Erkenntnis, daß sich elektromagnetische Strahlungsenergie wie ein stofflicher Körper verhält, dahingehend, daß jede Energie — Bewegungs-, Wärme-, Lichtenergie — eine Masse besitzt und deshalb träge und schwer ist. Die *Einsteinsche Energiegleichung* — auch experimentell nachgewiesen — lautet: Die Masse m eines Energiebetrages E ist $m = E/c^2$, wobei die Lichtgeschwindigkeit $c \approx 300\,000$ km/s ist. In die Form $E = m \cdot c^2$ umgeschrieben, besagt die Einsteinsche Gleichung, daß jede körperliche Masse m einer Substanz einen bestimmten Energiewert E darstellt und nur eine besondere Erscheinungsform der Energie ist.

Nach diesem Gesetz von der Gleichwertigkeit der Masse und Energie, das praktisch nur bei den Atomkernen eine Rolle spielt, wird es verständlich, woher die bei allen Atomkernprozessen freiwerdenden, riesigen Energiemengen kommen. Die Umwandlung von Materie in Energie bei atomaren Vorgängen ist die eigentliche Quelle der Atomenergie. Diese ist also im Atomkern aufgespeichert.

Es handelt sich dabei um 3 Arten von Kernumwandlungsprozessen:

1. Beim radikalsten Prozeß der *Zerstrahlung* wird die gesamte Masse (eines Atomkerns) in Strahlungsenergie aufgelöst. Der aus der Einsteinschen Gleichung errechnete Energiebetrag ist wegen des Faktors c^2 ungeheuer groß. Dieser Prozeß ist zur Zeit noch gänzlich undurchführbar.

2. Bei der *Kernbildung* leichter Elemente, d.h. beim Aufbau von Kernen (Fusion) der ersten Elemente des Periodischen Systems, wird ein geringer Bruchteil der Masse in Energie umgewandelt. Um einen solchen „*Massenverlust*" handelt es sich bei der Vereinigung von Protonen und Neutronen (Wasserstoffkernen) zu einem Heliumkern, indem diese beim Einbau in den Kernverband einen geringen Bruchteil (0,75%) ihrer Masse verlieren. Aus der

24 Hahn, O., deutscher Chemiker, 1879–1968.
25 Einstein, A., deutscher Physiker, Begründer der Relativitätstheorie, 1879–1955.

Gleichung $E = m \cdot c^2$ errechnet sich die dem Massenverlust gleichwertige, bei diesem Prozeß freiwerdende Bindungsenergie. Dieser große Energiebetrag ist andererseits nötig, um die Kernbausteine aus ihrem Kernverband zu lösen, woraus sich erklärt, daß ihr Zusammenhalt mit normalen chemischen und physikalischen Mitteln nicht gesprengt werden kann. Einer praktischen Verwertung dieser Atomverschmelzung leichter Elemente, wie ihn uns die Natur vormacht (Strahlungsenergie der Sonne), stellen sich große technische Schwierigkeiten entgegen, an deren Überwindung gearbeitet wird.

3. Bei der *Kernspaltung*, d.h. dem Kernabbau schwerer Elemente wie Uran und Plutonium, wird nur ein Bruchteil der bei der Kernbildung entstehenden Energie frei. Sie tritt als Bewegungsenergie der Kernbruchstücke in Erscheinung und wird in *Wärmeenergie* umgesetzt. Auch hier geht der Energiegewinn mit einem Massenverlust der beteiligten Teilchen parallel, indem die einzelnen Kernbausteine in den Spaltstücken eine kleinere Masse als im ursprünglichen Atomkern haben. In den *Kernreaktoren* werden als „Brennstoff" d.h. als spaltbares Material in natürlichem Uran angereichertes aktives U 235 und das künstlich erzeugte Transuran Plutonium verwendet.

Bei all diesen Kernumwandlungen entstehen unstabile Atomarten, die *radioaktive Strahlungen* aussenden. Das Vorhandensein und die Stärke radioaktiver Strahlung, die den lebenden Zellen des Organismus äußerst gefährlich werden kann, wird mit hochempfindlichen Strahlungsmeßgeräten überprüft.

In nachstehender Tabelle sind die Energiebeträge gegenübergestellt, die je Kilogramm an umgesetzter Masse in den 3 Kernprozessen frei werden bzw. theoretisch frei werden könnten. Zum Vergleich ist die Ausbeute beim Prozeß der Kohleverbrennung angegeben.

Ergiebigkeit von Kernprozessen

Prozeß	Energie je Kilogramm
Zerstrahlung	25 000 Millionen kWh
Kernbildung leichter Elemente	200 Millionen kWh
Kernspaltung von Uran-235 oder Plutonium	24 Millionen kWh
Verbrennung der Kohle	8 kWh

Die bei der Spaltung von 1 kg Uran 235 frei werdende Wärmeenergie entspricht danach — bei gleichem Wirkungsgrad — der Verbrennungsenergie von 3000 t Kohle.

In den *Kernreaktoranlagen* wird die Spaltungsenergie technisch nutzbar gemacht. Sie liefern nicht nur Wärmeenergie, die z. B. in elektrische Energie umgewandelt werden kann, sondern dienen auch zur Herstellung von Plutonium sowie kernphysikalischen Forschungszwecken. Ferner produzieren sie als Kernspaltungsprodukte die in der Medizin, Biologie und Technik wegen ihrer radioaktiven Strahlung wertvollen Radioisotope.

Atomenergie für Schiffsantriebe siehe Bd. 3B, S. 146 ff.

Radioaktivität und Strahlenschutz

Radioaktive Atomsorten (Radionuklide) senden „Strahlen" aus, die aus den Atomkernen stammen, und wandeln sich dabei in Isotope anderer Elemente um. (*Nuklid* ist die Bezeichnung für eine Atomsorte mit einer nach Protonen- und Neutronenzahl fest bestimmten Kernart. Der Begriff *Isotop* wird nur in Verbindung mit einem bestimmten Element gebraucht.) Die Folgeatome können selbst wieder radioaktiv sein. Es gibt radioaktive Stoffe natürlichen Ursprungs — sie kommen auf der Erde vor — und künstlich radioaktive Stoffe. Diese werden z. B. durch Bestrahlung eines vorher stabilen Stoffes in einem Kernreaktor erzeugt und haben meist geringere Lebensdauer.

Die einzelnen Isotope eines chemischen Elements werden durch ihre Massenzahl gekennzeichnet und haben chemisch zwar die gleichen, in bezug auf Radioaktivität jedoch sehr unterschiedliche Eigenschaften. In Übersichtstabellen werden meist außer der Zerfallsart auch die Halbwertszeit und die Quantenenergie bzw. die Maximalenergie in MeV angegeben [26].

Beispiele:

Natürlich radioaktive Stoffe

Radium: Ra 226 — α, γ — 1620 a — α 4,78 (94%),…; γ **0,19,** 0,26,…
Uran: U 238 — α, γ — 4,5 · 10^9 a — α 4,195 (77%),…; γ 0,048.

Künstlich radioaktive Stoffe

Tritium: H 3 — β — 12,26 a — β 0,018 (100%); kein γ.
Kobalt: Co 60 — β, γ — 5,24 a — β 0,31, 1,48; γ 1,33 (100%), 1,17 (100%).
Strontium: Sr 90 — β — 28 a — β 0,54; kein γ.
Cäsium: Cs 137 — β — 30 a — β 1,18 (4,8%), 0,52 (95%).

Die radioaktive Strahlung kann mit den menschlichen Sinnen nicht wahrgenommen werden; man braucht geeignete Nachweis- und Meßinstrumente. Eventuelle gesundheitliche Schäden machen sich erst nachträglich bemerkbar.

Das gemeinsame Kennzeichen der radioaktiven Strahlungen ist ihre ionisierende Wirkung. In anderen Stoffen wird das Ladungsgleichgewicht von Atomen oder Molekülen gestört, so daß sie zu Reaktionen angeregt werden, die im menschlichen Körper meist schädliche Folgen haben.

Strahlenarten. Im wesentlichen kommen an Bord nur Alpha- (α-), Beta- (β-), Gamma- (γ-) und u. U. Neutronenstrahlung (n) in Frage.

Alphastrahlen haben eine Reichweite von höchstens 10 cm in Luft; sie wirken jedoch auf den Körper stark ein, wenn sie mit ihm in direkten Kontakt gelangen (auf die Haut, in die Augen, in den Körper). Schon ein Blatt Papier genügt zur Abschirmung. α-Partikel bestehen aus je zwei Protonen und Neutronen (Heliumkerne), daher vermindert sich die Kernladungszahl eines α-Strahlers um 2 und die Massenzahl um 4. Die Energie der α-Teilchen hat nur einzelne, bestimmte Werte. α-Strahler sind z. B. U 238 und Ra 226.

Betastrahlen durchdringen die Luft etwa bis 10 m. Es handelt sich um schnelle Elektronen, die bei der Umwandlung eines Neutrons in ein Proton im Kern entstehen. β-Strahler erhöhen ihre Kernladungszahl um 1 und behalten ihre Massenzahl bei. Ein bekannter Betastrahler ist Sr 90.

β-Teilchen haben keine einheitlichen Energiewerte. Die durchschnittliche Energie liegt annähernd bei einem Drittel der für das betreffende Isotop charakteristischen Maximalenergie. Völlige Abschirmung ist z. B. mit Aluminium genügender Dicke möglich.

Gammastrahlen sind ihrer Natur nach Röntgenstrahlen, also elektromagnetische Wellen, besitzen jedoch wegen der höheren Frequenz viel größere Reichweite und

---

26 Eine nach Nukliden geordnete Übersicht der emittierten Kernstrahlen aller Nuklide mit einer längeren Halbwertszeit als eine Stunde findet man z. B. in den Radionuklid-Tabellen von W. Seelmann-Eggebert und G. Pfennig.

Durchdringungsfähigkeit. Sie sind u. U. selbst noch in einigen hundert Metern Entfernung nachweisbar. Sie entstehen gewöhnlich nur in Verbindung mit α- oder β-Strahlen und haben ganz bestimmte Energiewerte. Gammastrahler sind z. B. Ra 226, Ir 192, Cs 137, Co 60.

Selbst mit Blei ist auf kurze Entfernung nur eine Schwächung und keine völlige Abschirmung der Strahlung möglich. Daher läßt sich an der Oberfläche von Versandstücken, die γ-Strahler enthalten, eine gewisse γ-Strahlendosisleistung nicht vermeiden. Näheres über Verpackungsvorschriften siehe Verordnung über die Beförderung gefährlicher Güter mit Seeschiffen (GefahrgutVSee) vom 05. 07. 1978 (BGBl. I, S. 1017), die auf allen Schiffen, die gefährliche Güter an Bord haben, griffbereit sein muß. Siehe auch Bd. 3 A, S. 110 ff.

Neutronenstrahlen kommen außer im Kernreaktor in Strahlenquellen vor, in denen ein strahlendes und ein nichtstrahlendes Material kombiniert werden. So wird z. B. Berylliumpulver durch Ra 226 zur Aussendung von Neutronen veranlaßt. Neutronen sind ebenso durchdringend wie Gammastrahlen; ihre schädliche Wirkung auf den menschlichen Körper ist aber u. U. mehr als zehnmal so stark. Zur Abschirmung eignen sich leichte Elemente, die chemisch gebunden sein können, wie z. B. Wasserstoff in Wasser oder Paraffin.

Art der Gefährdung. Alle durchdringenden Strahlen können, wenn die Strahlendosis hoch genug ist, den Körper durch Bestrahlung *von außen* schädigen, wobei die gleichzeitige Bestrahlung des ganzen Körpers am gefährlichsten ist. Wenn radioaktives Material durch Einatmen, Essen, Trinken, Rauchen oder offene Wunden *in den Körper* aufgenommen wird, spricht man von *Inkorporation*. Diese Gefahr ist immer gegeben, wenn der radioaktive Stoff aus seiner Umhüllung und Verpackung frei wird, z. B. durch mechanische Beschädigung des Transportgutes, oder wenn er durch Brand als Gas oder Schwebstoff in die Luft gelangt. Die meist lange Verweilzeit des radioaktiven Materials im Körper und die unmittelbare Strahleneinwirkung auf die Organe und Gewebe können zu schweren, u. U. unheilbaren Schäden führen. Am gefährlichsten sind hierbei die alphastrahlenden Radionuklide.

Grundregeln für den Strahlenschutz [27]

1. **Abstand ist der beste Strahlenschutz!**
2. Sich nur möglichst *kurze Zeit* der Strahlung aussetzen!
3. Für *zusätzliche Abschirmung* sorgen! (Zum Beispiel Stauen von Ladegut zwischen Strahler und Aufenthaltsräumen.)
4. *Inkorporation verhindern!*
5. An der Oberfläche der Versandstücke mit radioaktivem Inhalt *Dosisleistung nachmessen!*

Bemerkung: Nur durch Neutronenstrahlung könnte Material in der Umgebung des Strahlers selbst radioaktiv werden. Nach dem Löschen radioaktiver Ladung darf daher, wenn die Umhüllung nicht undicht geworden ist, im Laderaum keine Radioaktivität mehr zu beobachten sein.

Gesetzliche Vorschriften. Die grundlegenden Bestimmungen über den Strahlenschutz sind in der Verordnung über den Schutz vor Schäden durch ionisierende Strahlen (Strahlenschutzverordnung — StrlSchV) vom 13. Oktober 1976 niedergelegt. Die Verordnung findet Anwendung auf den Umgang, die Beförderung, die Ein-

---

27 Eine allgemeinverständliche Darstellung findet man in der Broschüre Klost/Schmölling, Strahlenschutzfibel. Berlin: Verlag Wilhelm Kluge 1981.

und Ausfuhr und den Verkehr (Erwerb und Abgabe) radioaktiver Stoffe. Sie regelt demzufolge auch den Strahlschutz an Kernreaktoren. Unter der Bezeichnung „radioaktive Stoffe" werden solche Stoffe verstanden, die spontan, d. h. ohne Anregung von außen, ionisierende Strahlung aussenden.

Der Umgang mit und der Transport von radioaktiven Stoffen sind genehmigungspflichtig. Umgang und Transport bedürfen jedoch keiner Genehmigung, wenn die Gesamtaktivität des betrachteten radioaktiven Stoffes unterhalb der „Freigrenze" liegt. Der Umgang mit einer radioaktiven Quelle ist auch dann genehmigungsfrei, wenn ihre Aktivität zwar über der Freigrenze liegt, die „Bauart" aber zugelassen ist.

Die Beförderung radioaktiver Stoffe ist gem. § 9 StrlSchV genehmigungsfrei, wenn sie

a) *auf dem Landwege* nach den Vorschriften der Verordnung über die Beförderung gefährlicher Güter auf der Straße (Gefahrgutverordnung Straße — GGVS) vom 23. 08. 1979 (BGBl. I, S. 1509 und Anlagenband zum BGBl. I, Nr. 55 vom 31. 08. 1979) bzw. Neufassung 1977 der Anlagen A und B zum Europäischen Übereinkommen über die internationale Beförderung gefährlicher Güter auf der Straße (ADR) (Anlagenband zum BGBl. II, Nr. 44 vom 15. 11. 1977, Blatt 1 bis 4);

b) *auf dem Schienenwege* nach den Vorschriften der Verordnung über die Beförderung gefährlicher Güter mit der Eisenbahn (Gefahrgutverordnung Eisenbahn — GGVE) vom 23. 08. 1979 (BGBl. I, S. 1502 und Anlagenband zum BGBl. I, Nr. 54 vom 29. 08. 1979);

c) *auf dem Seewege* nach den Vorschriften der Verordnung über die Beförderung gefährlicher Güter mit Seeschiffen (GefahrgutVSee) vom 05. 07. 1978 (BGBl. I, S. 1017 und Anlagenband I zum BGBl. I, Nr. 39 vom 19. 07. 1978) erfolgt.

Das hat seinen Grund darin, daß die Verpackung jedes einzelnen Versandstückes nach den unter a) bis c) genannten Bestimmungen so beschaffen ist, daß die austretende Strahlung bis auf ein vertretbares Maß abgeschirmt ist. Wird von den Verpackungsvorschriften abgewichen, so ist eine Ausnahmegenehmigung des Bundesministers für Verkehr erforderlich.

Für die Beförderung von Kernbrennstoffen und „Großquellen" ist eine Genehmigung der Physikalisch-Technischen Bundesanstalt (PTB) erforderlich.

An Bord eines Seeschiffes sind folgende Fälle möglich:

1. *Das Schiff befördert radioaktive Stoffe.*

Es gelten die Verpackungs- und Verladevorschriften der GefahrgutVSee.

2. *Auf dem Schiff wird mit radioaktiven Stoffen umgegangen.*

Dabei kann es sich z. B. um radioaktives Material in den Kolbenringen eines Dieselmotors (Verschleißmessungen), um eine Füllstandsmeßanlage für die CO_2-Löschanlage oder für die Kühlmittelmenge oder ähnliches handeln.

Hierbei findet ein Umgang im Sinne der Strahlenschutzverordnung statt. Es ist eine Umgangsgenehmigung durch die zuständige Behörde des Heimathafens erforderlich. Das ist

in Bremen/Bremerhaven der Senator für Arbeit,
in Hamburg das Amt für Arbeitsschutz,
in Niedersachsen das jeweilige Gewerbeaufsichtsamt,
in Schleswig-Holstein das Ministerium für Arbeit, Soziales und Vertriebene,
in Nordrhein-Westfalen der Regierungspräsident.

Der Reeder ist Genehmigungsinhaber, verantwortlich für den Umgang ist der Kapitän. Er wird dabei einen oder mehrere *Strahlenschutzbeauftragte* an Bord bestellen lassen.

Ist um die Strahlenquelle ein Kontrollbereich vorhanden, so sind die in ihm tätigen Personen ärztlich und mit Film- und Füllhalterdosimetern zu überwachen. Ein Kontrollbereich ist ein Bereich, in dem die sich dort aufhaltenden Personen bei einem Aufenthalt von 40 Stunden je Woche eine höhere Äquivalentdosis als 15 mSv = 1,5 rem (siehe S. 341) im Jahr aufnehmen. Die Grenze des Kontrollbereiches ist also bei 50 Wochen Aufenthalt pro Jahr durch eine Äquivalentdosisleistung von 7,5 μSv/h = 0,75 mrem/h bestimmt. Ob ein Kontrollbereich vorhanden ist oder nicht sollte im Zweifel zusammen mit der Aufsichtsbehörde (in den Küstenländern die Gewerbeaufsichtsämter) oder der Genehmigungsbehörde festgestellt werden.

Bei Personen, die sich auf Grund ihrer Tätigkeit oder zu Ausbildungszwecken in Kontrollbereichen aufhalten, ohne mit radioaktiven Stoffen umzugehen oder ohne sonst darin tätig zu sein, darf die auf ein Jahr verteilte, tatsächlich aufgenommene Äquivalentdosis höchstens 15 mSv = 1,5 rem betragen. Diese Personen müssen demnach mit Film- und Füllhalterdosimetern überwacht werden.

3. *Auf dem Schiff werden Kernbrennstoffe befördert.*

„Kernbrennstoffe" im Sinne des Atomgesetzes sind ebenfalls radioaktive Stoffe und unterliegen hinsichtlich des Strahlenschutzes den Bestimmungen der Strahlenschutzverordnung bzw. den Verpackungsvorschriften der GefahrgutVSee (Genehmigung der PTB erforderlich). Hierbei ist es gleichgültig, ob die Kernbrennstoffe erst in einen Kernreaktor eingesetzt werden sollen oder ob sie bereits als „abgebrannte" Brennstäbe vom Reaktor zur Wiederaufbereitungsanlage befördert werden.

4. *Das Seeschiff besitzt eine Kernreaktoranlage als Dampferzeuger für die im übrigen Teil konventionelle Turbinenanlage* [28].

Die Genehmigung eines Reaktors schließt die Genehmigung des Umgangs mit radioaktiven Stoffen nach der 1. Strahlenschutzverordnung ein. Durch die Genehmigungsbehörde wird konkret ein Kontrollbereich festgelegt. Die dort tätigen Personen werden hinsichtlich der von ihnen aufgenommenen Strahlendosis überwacht und regelmäßig ärztlich untersucht. Wegen der Besonderheiten des Kernreaktorantriebes wird die Besatzung zusätzlich ausgebildet.

5.9 Allgemeine Prinzipien der Physik

Die Erhaltungssätze der Physik. In allen Gebieten der Physik gelten zehn Erhaltungssätze: Der Energiesatz, drei Impulssätze (für jede Raumkoordinate einer), drei Drehimpulssätze, drei Schwerpunktsätze. Wo noch nicht die Relativitätstheorie angewendet werden muß, gelten ferner der Satz von der Erhaltung der elektrischen Ladung und der Satz von der Erhaltung der Masse.

Der Energiesatz (Satz von der Erhaltung der Energie):

Energie wird bei keinem physikalischen Vorgang vernichtet oder erzeugt. Sie kann nur von einer Energieform [29] in eine andere umgewandelt werden. (R. Mayer, 1842, und H. Helmholtz, 1847.)

Der Impulssatz (Satz von der Erhaltung des Impulses):

Der Impuls eines freien materiellen Systems (eines Systems, an dem keine äußeren Kräfte angreifen) ändert weder Größe noch Richtung.

---

28 Kernenergieantrieb s. Bd. 3B, S. 146ff.
29 Siehe Formen der Energie im folgenden Abschnitt.

Der Drehimpulssatz (Satz von der Erhaltung des Drehimpulses):

Der Drehimpuls eines freien materiellen Systems (eines Systems, an dem keine äußeren Kraftmomente angreifen) ändert weder Größe noch Richtung.

Der Schwerpunktsatz:

Der Schwerpunkt eines materiellen Systems bewegt sich so, als sei die gesamte Masse im Schwerpunkt vereinigt und dort der Resultierenden aller äußeren Kräfte direkt unterworfen.

Der Satz von der Erhaltung der elektrischen Ladung:

In einem abgeschlossenen System bleibt, wenn noch nicht die Relativitätstheorie angewendet werden muß, jede einzelne Elementarladung erhalten.

Seitdem man Prozesse kennt, bei denen entgegengesetzt geladene Teilchen paarweise entstehen oder verschwinden, heißt der Satz allgemein:

In einem abgeschlossenen System bleibt der ursprünglich bestehende Überschuß der einen Ladungsart gegenüber der anderen bzw. ihr Gleichgewicht bei allen Prozessen erhalten.

Der Satz von der Erhaltung der Masse:

In einem abgeschlossenen System bleibt, wenn noch nicht die Relativitätstheorie angewendet werden muß, die Masse der Materie erhalten. Andernfalls gilt wegen der Äquivalenz von Masse und Energie der entsprechend erweiterte Energiesatz.

Formen der Energie

1. Mechanische Energie. Die Mechanik unterscheidet zwischen der potentiellen und der kinetischen Energie.

Potentielle Energie, Energie der Lage: Von der Lage des betrachteten Systems im Raum abhängige Energie oder elastische Formänderungsenergie. Sie ist gleich der Arbeit, die verrichtet werden muß, um das System aus einer vereinbarten Anfangslage in die tatsächlich eingenommene Lage zu bringen, z. B. um eine Last zu heben oder eine Feder zu spannen.

Kinetische Energie, Energie der Bewegung: Von der Bewegung des betrachteten Systems abhängige Energie. Sie ist gleich der Arbeit, die verrichtet werden muß, um das System aus dem Ruhezustand in den tatsächlich eingenommenen Bewegungszustand zu bringen. Die kinetische Energie eines starren Körpers setzt sich aus der Translationsenergie (Energie der Bahnbewegung) und der Rotationsenergie (Energie der Drehbewegung um den Schwerpunkt) zusammen.

Bei der Schallenergie (akustische Energie) handelt es sich um kinetische Energie, die bei der Ausbreitung der Schallwellen geordnet von Molekül zu Molekül übertragen wird. Die Wärmeenergie (kalorische oder thermische Energie) ist nach der mechanischen Wärmetheorie ungeordnete kinetische Energie der Moleküle bzw. Atome.

2. Elektrische und magnetische Energie

a) Energie des (ruhenden) elektrischen Feldes: Sie ist gleich der Arbeit, die verrichtet werden muß, um das elektrische Feld aufzubauen, wie z. B. bei der Aufladung eines Kondensators.

b) Energie des (ruhenden) magnetischen Feldes: Sie ist gleich der Arbeit, die verrichtet werden muß, um das magnetische Feld aufzubauen, wie z. B. bei der Magnetisierung eines Weicheisenkerns durch eine stromdurchflossene Spule.

c) Energie des (sich zeitlich verändernden) elektromagnetischen Feldes: Sie ist gleich der Arbeit, die verrichtet werden muß, um das elektromagnetische Feld in dem betrachteten Raumgebiet aufzubauen, z. B. durch einen Funksender oder eine Lichtquelle.

d) Energie des elektrischen Stromes: Die vom elektrischen Strom vom Generator zum Verbraucher beförderte Energie fließt im elektrischen und magnetischen Feld in der Umgebung der Leiter. Die *elektrische* Feldstärke richtet sich nach der elektrischen *Spannung zwischen* den Leitern, die *magnetische* Feldstärke nach der elektrischen *Stromstärke in* den Leitern.

3. Thermische Energie. Die kinetische Energie der im betrachteten Stoff enthaltenen Moleküle bzw. Atome. Wegen der ungeordneten Bewegung kann nur ein Teil dieser Energie in Form mechanischer Arbeit abgegeben werden (Freie Energie).

4. Chemische Energie. Die bei exothermen Prozessen in Form von Wärmeenergie frei werdende, bei endothermen Prozessen zur Ermöglichung der Reaktion zuzuführende Energie. Sie ist gleich der Bindungsenergie der beteiligten Atome.

5. Atomare Energie. Energie, die im Aufbau des Atoms aus Kern und Elektronenhülle eine Rolle spielt. Sie reicht von einigen Elektronvolt (Ionisierungsenergie der äußersten Elektronen) bis etwa $100000\,eV$ (Ionisierungsenergie der innersten Elektronen der schwersten Atome).

6. Masseenergie. Die Relativitätstheorie hat gezeigt, daß auch die Masse eine Erscheinungsform der Energie ist. Energie und Masse sind durch die Beziehung $E = m \cdot c_0^2$ verknüpft (c_0 Lichtgeschwindigkeit im Vakuum).

5.10   Umrechnung einiger Einheiten in SI-Einheiten

Zeichen	Name der Einheit	Größenart und Bemerkungen	Umrechnung
a	Jahr	Zeit (als Zeitspanne)	Unterschiedliche Definitionen im bürgerlichen Leben und in der Astronomie
a	Ar	Fläche	1 a = 100 m²
a	Atto-	*Vorsatz*	Faktor 10^{-18}
A	**Ampere** (SI-Einheit)	Elektrische Stromstärke	**Basiseinheit**
Å	Angström	Länge	1 Å = 100 pm = 10^{-10} m
acre	acre (U.S.)	Fläche	1 acre = 4840 sq yd = 4046,87 m²
acre	acre (U.K.)	Fläche	1 acre = 4840 sq.yd. = 4046,85 m²
asb	Apostilb	Leuchtdichte	$1\,\text{asb} = \dfrac{1}{\pi}\,\dfrac{\text{cd}}{\text{m}^2} = 0{,}318\,310\,\dfrac{\text{cd}}{\text{m}^2}$
at	Technische Atmospäre	Druck	1 at = 1 kp/m² = 98,0665 kPa
ata[a]	Absolute Atmosphäre	Druck (beim Bezugsdruck null)	→ at
atm	Physikalische Atmosphäre	Druck	1 atm = 760 Torr = 101,325 kPa
atu[a]	„Atmosphäre Unterdruck"	Druck (als Unterdruck)	→ at
atü[a]	„Atmosphäre Überdruck"	Druck (als Überdruck)	→ at
b	Barn	Fläche	$1\,\text{b} = 10^{-28}$ m²
b	Bar	Druck	→ bar
B	Bel	*Sondereinheit für den Zehnerlogarithmus eines Leistungsverhältnisses*	$M_{\mathrm{lg}} = \lg(P_2/P_1)$ B ist ein logarithmisches Verstärkungs- bzw. Dämpfungsmaß
bar	Bar	Druck	1 bar = 10^5 Pa
bbl	dry barrel (U.S.)	Volumen (Hohlmaß für Trockensubstanzen)	1 bbl = 7056 cu in = 115,628 dm³
Bd	Baud	*Sondereinheit für Schrittgeschwindigkeit (Nachrichtentechnik)*	$1\,\text{Bd} = 1\,\text{s}^{-1}$ (Kürzester Stromschritt dauert 1 s)
bit	Bit	*Sondereinheit für Anzahl von Binärentscheidungen*	
Bq	**Becquerel** (SI-Einheit)	Aktivität einer radioaktiven Substanz	$1\,\text{Bq} = 1\,\text{s}^{-1}$

[a] In Gleichungen ist die zusätzliche Kennzeichnung nicht am Einheitenzeichen, sondern am Formelzeichen anzubringen. Es soll nicht p = 3 atü, sondern $p_{\ddot{\text{u}}}$ = 3 at geschrieben werden.

Zeichen	Name der Einheit	Größenart und Bemerkungen	Umrechnung
BRT	Bruttoregistertonne	Volumen (Bruttoraumgehalt)	→ Reg.T.
Btu	British Thermal Unit	Arbeit, Energie (als Wärmemenge)	1 Btu = 1,055 06 kJ
bu	bushel (U.S.)	Volumen (Hohlmaß für Trockensubstanzen)	1 bu = 2150,42 cu in = 35,2393 dm^3
bushel	bushel (U.K.)	Volumen (Hohlmaß für flüssige und feste Substanzen)	1 bushel = 8 gal. = 36,3687 dm^3
Byte	Byte	*In der Datenverarbeitung übliche Bezeichnung für eine z. B. aus acht Bit bestehende Information*	1 Byte = 8 bit (systemabhängig)
c	Zenti-	*Vorsatz*	Faktor 10^{-2}
C	**Coulomb** (SI-Einheit)	Elektrische Ladung	1 C = 1 As
°C	Grad Celsius	*Besonderer Name für das Kelvin bei Angabe von Celsius-Temperaturen*	$\dfrac{T}{K} = \dfrac{t}{°C} + 273,16$
c	(dezimale) Neuminute	Winkel	1^c = 157,080 µrad
cc	(dezimale) Neusekunde	Winkel	1^{cc} = 1,570 80 µrad
cal	Kalorie	Arbeit, Energie (als Wärmemenge)	1 cal = 4,1868 J
cd	**Candela** (SI-Einheit) (Betonung auf der zweiten Silbe)	Lichtstärke	**Basiseinheit**
ch	chain (U.S.)	Länge	1 ch = 22 yd = 20,1168 m
Ci	Curie	Aktivität einer radioaktiven Substanz	1 Ci = 37 GBq
cord	cord (U.S.)	Volumen	1 cord = 128/27 cu yd = 3,624 58 m^3
c/s (cps)	cycle per second	Frequenz	1 c/s = 1 Hz = 1 s^{-1}
cu ft	cubic foot (U.S.)	Volumen	1 cu ft = 28,3170 dm^3
cu.ft.	cubic foot (U.K.)	Volumen	1 cu.ft. = 28,3168 dm^3
cu in	cubic inch (U.S.)	Volumen	1 cu in = 16,3872 cm^3
cu.in.	cubic inch (U.K.)	Volumen	1 cu.in. = 16,3870 cm^3
cu yd	cubic yard (U.S.)	Volumen	1 cu yd = 764,559 dm^3
cu.yd.	cubic yard (U.K.)	Volumen	1 cu.yd. = 764,553 dm^3
cwt	long hundredweight (U.S.)	Masse	1 cwt = 112 lb = 50,8023 kg
cwt.	hundredweight (U.K.)	Masse	1 cwt. = 112 lb. = 50,8023 kg
d	Dezi-	*Vorsatz*	Faktor 10^{-1}
d	Tag	Zeit (als Zeitspanne)	1 d = 24 h = 8,64 · 10^4 s

Zeichen	Name der Einheit	Größenart und Bemerkungen	Umrechnung
D	Deka- (bisher in Deutschland)	Vorsatz	→ da
da	Deka-	Vorsatz	Faktor 10^1
db	Dezibel (bisher in U.K. und U.S.)	→ dB	→ dB
dB	Dezibel	Sondereinheit für das Zehnfache des Zehner-logarithmus eines Leistungsverhältnisses	$M_{lg} = 10 \lg (P_2/P_1)$ dB ist ein logarithmisches Verstärkungs- bzw. Dämpfungsmaß. Für $R_1 = R_2$ darf $M_{lg} = 20 \lg U_2/U_1$ dB gesetzt werden und 1 dB = 0,1151 Np
dpm	desintegrations per minute (U.S.)	Aktivität einer radioaktiven Substanz	1 dpm = 1/60 Bq
dpt	Dioptrie	Reziproke Länge (Brechwert)	1 dpt = 1 m^{-1}
dravdp	(avoirdupois) dram (U.S.)	Masse	1 dravdp = 1/256 lb = 1,771 84 g
dr.	dram (U.K.)	Masse	1 dr. = 1/256 lb. = 1,771 84 g
drypt	dry pint (U.S.)	Volumen (Hohlmaß für Trockensubstanzen)	1 drypt = 1/64 bu = 550,614 cm^3
dryqt	dry quart (U.S.)	Volumen (Hohlmaß für Trockensubstanzen)	1 dryqt = 1/32 bu = 1,101 23 dm^3
dwt	pennyweight (U.S.)	Masse	1 dwt = 1,555 17 g
dyn	Dyn	Kraft	1 dyn = 10 μN = 10^{-5} N
E	Eötvös	Örtliche Änderung der Fallbeschleunigung	1 E = 10^{-9} Gal/cm = $10^{-9}\,s^{-2}$
E	Exa-	Vorsatz	Faktor 10^{18}
erg	Erg	Arbeit, Energie	1 erg = 100 nJ = 10^{-7} J
eV	Elektronvolt	Arbeit, Energie	1 eV = 1,602 19 · 10^{-19} J
f	Femto-	Vorsatz	Faktor 10^{-15}
F	**Farad** (SI-Einheit)	Elektrische Kapazität	1 F = 1 As/V
°F	Grad Fahrenheit	Fahrenheit-Temperatur	$\dfrac{t}{°C} = \dfrac{5}{9}\left(\dfrac{t}{°F} - 32\right)$; $\dfrac{t}{K} = 273,15 + \dfrac{t}{°C}$
fath	fathom (U.S.) *(Faden)*	Länge	1 fath = 2 yd = 6 ft = 1,828 80 m
fath.	fathom (U.K.) *(Faden)*	Länge	1 fath. = 2 yd. = 6 ft. = 1,828 80 m
fbm	board foot (U.S.)	Volumen	1 fbm = 1/324 cu yd = 2,359 75 dm^3
fldr	fluid dram (U.S.)	Volumen (Hohlmaß)	1 fldr = 1/1024 gal. = 3,696 71 cm^3
fl.dr.	fluid drachm (U.K.)	Volumen (Hohlmaß)	1 fl.dr. = 1/1280 gal. = 3,551 63 cm^3
fl oz	fluid ounce (U.S.)	Volumen (Hohlmaß)	1 fl oz = 1/128 gal = 29,5737 cm^3
fl.oz.	fluid ounce (U.K.)	Volumen (Hohlmaß)	1 fl.oz. = 1/160 gal. = 28,4131 cm^3
ft	foot (U.S.), *(Fuß)*	Länge	1 ft = 1/3 yd = 30,4801 cm } In der Technik
ft.	foot (U.K.), *(Fuß)*	Länge	1 ft. = 1/3 yd. = 30,4800 cm } 1 ft = 30,48 cm

Zeichen	Name der Einheit	Größenart und Bemerkungen	Umrechnung
Fm	Festmeter	Volumen (Holz)	$1 \, \text{Fm} = 1 \, \text{m}^3$
fur.	furlong (U.S.)	Länge	$1 \, \text{fur.} = 220 \, \text{yd} = 201{,}168 \, \text{m}$
fur.	furlong (U.K.)	Länge	$1 \, \text{fur.} = 220 \, \text{yd.} = 201{,}168 \, \text{m}$
g	Gramm	Masse	$1 \, \text{g} = 10^{-3} \, \text{kg}$
G	Giga-	*Vorsatz*	Faktor 10^9
G	Gauß (in Deutschland)	Magnetische Flußdichte	$\rightarrow$ Gs
g	Gon oder Neugrad	Winkel	$1^g = (\pi/200) \, \text{rad} = 15{,}708 \, 0 \, \text{mrad}$
Gal	Gal	Beschleunigung	$1 \, \text{Gal} = 1 \, \text{cm/s}^2 = 10^{-2} \, \text{m/s}^2$
gal	gallon (U.S.)	Volumen (Hohlmaß für Flüssigkeiten)	$1 \, \text{gal} = 231 \, \text{cu in} = 3{,}785 \, 43 \, \text{dm}^3$
gal.	gallon (U.K.)	Volumen (Hohlmaß für feste und flüssige Substanzen)	$1 \, \text{gal.} = 4{,}546 \, 09 \, \text{cm}^3$
Gb	Gilbert	Magnetische Spannung	$1 \, \text{Gb} = 1 \, \text{Oe} \cdot \text{cm} \cong (10/4\pi) \, \text{A} = 795{,}775 \, \text{mA}$
gi	gill (U.S.)	Volumen (Hohlmaß für Flüssigkeiten)	$1 \, \text{gi} = 1/32 \, \text{gal} = 118{,}295 \, \text{cm}^3$
gi.	gill (U.K.)	Volumen (Hohlmaß)	$1 \, \text{gi.} = 1/32 \, \text{gal.} = 142{,}065 \, \text{cm}^3$
gon	Gon	Winkel	$1 \, \text{gon} = (\pi/200) \, \text{rad}$
grd	Temperaturgrad (für Temperaturdifferenzen)	Thermodynamische Temperatur oder Celsius-Temperatur	$1 \, \text{grd} = 1 \, °\text{C} = 1 \, \text{K}$
Gs	Gauß (SI-Einheit)	Magnetische Flußdichte	$1 \, \text{Gs} \cong 100 \, \mu\text{T} = 10^{-4} \, \text{T}$
Gy	Gray (SI-Einheit)	Energiedosis	$1 \, \text{Gy} = 1 \, \text{J/kg}$
h	Hekto-	*Vorsatz*	Faktor 10^2
h	Stunde	Zeit (als Zeitspanne)	$1 \, \text{h} = 60 \, \text{min} = 3{,}6 \cdot 10^3 \, \text{s}$
H	Henry (SI-Einheit)	Elektromagnetische Induktivität	$1 \, \text{H} = 1 \, \text{Vs/A}$
hand	hand (U.S.)	Länge	$1 \, \text{hand} = 1/9 \, \text{yd} = 4 \, \text{in} = 10{,}1600 \, \text{cm}$
HK	Hefner-Kerze	Lichtstärke	$1 \, \text{HK} = 0{,}903 \, \text{cd}$
h.p.	horsepower (U.K.)	Leistung	$1 \, \text{h.p.} = 550 \, \text{ft Lb/s} = 745{,}700 \, \text{W}$
h.p.hr	horsepower-hour (U.K.)	Arbeit, Energie	$1 \, \text{h.p.hr} = 2{,}684 \, 52 \, \text{MJ}$
Hz	**Hertz** (SI-Einheit)	Frequenz	$1 \, \text{Hz} = 1 \, \text{s}^{-1}$
in.	inch (U.S.), *(Zoll)*	Länge	$1 \, \text{in.} = 1/36 \, \text{yd} = 2{,}540 \, 00 \, \text{cm}$ } In der Technik
in.	inch (U.K.), *(Zoll)*	Länge	$1 \, \text{in.} = 1/36 \, \text{yd.} = 2{,}540 \, 00 \, \text{cm}$ } $1 \, \text{in.} = 2{,}54 \, \text{cm}$
J	**Joule** (SI-Einheit)	Arbeit, Energie	$1 \, \text{J} = 1 \, \text{Ws} = 1 \, \text{N m}$
k	Kilo-	*Vorsatz*	Faktor 10^3
K	**Kelvin** (SI-Einheit)	Thermodynamische Temperatur, -differenz	**Basiseinheit**
kg	**Kilogramm** (SI-Einheit)	Masse	**Basiseinheit**

Zeichen	Name der Einheit	Größenart und Bemerkungen	Umrechnung
kgf	kilogramme-force	Kraft	1 kgf = 1 kp = 9,806 65 N
kn	Knoten	Geschwindigkeit	1 kn = 1 sm/h = 0,514 444 m/s
kp	Kilopond	Kraft	1 kp = 9,806 65 N
l, L	Liter	Volumen	1 l = 1 dm^3 = 10^{-3} m^3
lb	pound (U.S.)	Masse	1 lb = 16 oz = 0,453 592 kg
lb.	pound (U.K.)	Masse	1 lb. = 16 oz. = 0,453 592 kg
Lb (lbf)	pound-force	Kraft	1 Lb = 4,448 22 N
Lb/in^2	pound-force per square inch	Druck	1 Lb/in^2 = 6,894 76 kPa
l cwt	long hundredweight (U.K.)	Masse	1 cwt = 112 lb = 50,802 3 kg
li	link (U.S.)	Länge	1 li = 22/100 yd = 20,1168 cm
liq pt	liquid pint (U.S.)	Volumen (Hohlmaß für Flüssigkeiten)	1 liq pt = 1/8 gal = 0,473 179 dm^3
liqqt	liquid quart (U.S.)	Volumen (Hohlmaß für Flüssigkeiten)	1 liq qt = 1/4 gal = 0,946 359 dm^3
Lj.	Lichtjahr	Länge (Astronomie)	1 Lj. = 9,460 53 · 10^{15} m
lm	**Lumen** (SI-Einheit)	Lichtstrom	1 lm = 1 cd sr
lm h	Lumenstunde	Lichtmenge	1 lm h = **3,6** · 10^3 lm s
lm s	**Lumensekunde** (SI-Einheit)	Lichtmenge	1 lm s = 1 cd sr s
load	load	Volumen	1 load = **50** cu.ft. = 1,415 84 m^3
l tn	long ton (U.S.)	Masse	1 tn = 2240 lb = 1016,05 kg
lx	**Lux** (SI-Einheit)	Beleuchtungsstärke	1 lx = 1 lm/m^2
lx s	**Luxsekunde** (SI-Einheit)	Belichtung	1 lx s = 1 lm s/m^2
ly.	langley (U.K.)	Bestrahlung	1 ly. = 1 cal$_{15\,°C}$/cm^2 = 41,847 kJ/m^2
ly./min.	langley per minute (U.K.)	Bestrahlungsstärke	1 ly./min. = 0,697 45 kW/m^2
m	Milli-	*Vorsatz*	Faktor 10^{-3}
m	**Meter** (SI-Einheit)	Länge	**Basiseinheit**
M	Mega-	*Vorsatz*	Faktor 10^6
M	Maxwell (in Deutschland)	Magnetischer Fluß	→ Mx
mb.	Millibar	Druck (Meteorologie)	→ mbar
mbar	Millibar	Druck (Meteorologie)	1 mbar = 100 Pa = 1 hPa
mho	reziprokes Ohm (U.S.)	Elektrischer Leitwert	1 mho = 1 S
mi	statute mile (U.S.) (*Landmeile*)	Länge	1 mi = 1760 yd = 1,609 35 km
mile	mile (U.K.) (*Landmeile*)	Länge	1 mile = 1760 yd. = 1,609 34 km
min	(Zeit-)Minute	Zeit (als Zeitspanne)	1 min = 60 s
min	minim (U.S.)	Volumen (Hohlmaß für Flüssigkeiten)	1 min = 1/61440 gal = 61,611 9 mm^3

Zeichen	Name der Einheit	Größenart und Bemerkungen	Umrechnung
min.	minim (U.K.)	Volumen (Hohlmaß)	1 min. = 1/768 00 gal. = 59,193 9 mm^3
mmHg	Millimeter-Quecksilbersäule	Druck	1 mmHg = 1 Torr = 13,595 1 kp/m^2 = 133,322 Pa
mmH$_2$O	(neues) Millimeter Wassersäule	Druck	1 mmH$_2$O = 1 kp/m^2 = 9,806 65 Pa
mmWS	(altes) Millimeter Wassersäule	Druck	1 mmWS = 0,999 972 kp/m^2 = 9,806 37 Pa
mol	Mol (SI-Einheit)	Stoffmenge eines Systems	**Basiseinheit**
mph	miles per hour	Geschwindigkeit	1 mph = 1,609 km/h = 0,447 m/s
Mx	Maxwell	Magnetischer Fluß	1 Mx $\cong$ 10 nWb = 10^{-8} Wb
n	Nano-	*Vorsatz*	Faktor 10^{-9}
N	**Newton** (SI-Einheit)	Kraft	1 N = 1 kg m/s^2
n mile	(international) nautical mile	Länge	1 n mile = 1 sm = 1,852 km
nautical mile	nautical mile (U.K.)	Länge	1 UK nautical mile = 1,853 18 km
Np	Neper	*Sondereinheit für den natürlichen Logarithmus einer Verhältnisgröße*	$M_{ln} = \ln (U_1/U_2)$ Np ist ein logarithmisches Dämpfungsmaß; 1 Np = 8,686 dB (wenn $R_1 = R_2$)
NRT	Nettoregistertonne	Volumen (Nettoraumgehalt)	$\rightarrow$ Reg. T.
oceanton	oceanton	Volumen	1 oceanton = 40 cu.ft. = 1,132 68 m^3
Oe	Oersted	Magnetische Feldstärke	1 Oe = $\dfrac{1}{4\pi}\ \dfrac{kA}{m}$ = 79,577 5 $\dfrac{A}{m}$
oz avdp	(avoirdupois) ounce (U.S.)	Masse	1 oz avdp = 1/16 lb = 28,349 5 g
oz.	ounce (U.K.)	Masse	1 oz. = 1/16 lb. = 28,349 5 g
p	Piko-	*Vorsatz*	Faktor 10^{-12}
p	Pond	Kraft	1 p = 9,806 65 mN
P	Peta-	*Vorsatz*	Faktor 10^{15}
P	Poise	Dynamische Viskosität	1 P = 0,1 Pa s
Pa	**Pascal** (SI-Einheit)	Druck	1 Pa = 1 N/m^2
pc	Parsec	Länge (Astronomie)	1 pc = 3,26 Lj. = 3,0857 · 10^{16} m
pdl	poundal (U.K.)	Kraft	1 pdl = 1 lb ft/s^2 = 0,138 255 0 N
peck	peck (U.K.)	Volumen (Hohlmaß)	1 peck = 2 gal. = 9,092 18 dm^3
perch	perch (U.K.) (auch rod oder pole genannt)	Länge	1 perch = 11/2 yd. = 5,029 20 m

Zeichen	Name der Einheit	Größenart und Bemerkungen	Umrechnung
ph	Phot	Spezifische Lichtausstrahlung	1 ph = 10^4 lm/m^2
phon	Phon	Lautstärkepegel	1 phon = 1 dB
pint	pint (U.K.)	Volumen (Hohlmaß)	1 pint = 1/8 gal. = 0,568 261 dm^3
pk	peck (U.S.)	Volumen (Hohlmaß für Trocken-substanzen)	1 pk = 1/4 bu = 8,809 82 dm^3
ppm	part per million	*Bruchteil*	Faktor 10^{-6}
PS (ch, cv)	Pferdestärke (Cheval vapeur)	Leistung	1 PS = 75 kp m/s = 735,499 W
psf (ppsf)	pound per square foot (U.S.)	Druck	1 psf = 47,880 2 Pa
PS h	Pferdestärkenstunde	Arbeit, Energie	1 PS h = 2,647 80 MJ
psi (ppsi)	pound per square inch (U.S.)	Druck	1 psi = 6,894 76 kPa
qr.	quarter (U.K.)	Volumen (Hohlmaß)	1 qr. = 64 gal. = 290,950 dm^3
qr.	quarter (U.K.)	Masse	1 qr. = 28 lb. = 12,700 6 kg
qt.	quart (U.K.)	Volumen (Hohlmaß)	1 qt. = 1/4 gal. = 1,136 52 dm^3
R	Röntgen	Ionendosis	1 R = 2,58 · 10^{-4} C/kg in Luft $\cong$ 2,0822 · 10^{15} Ionenpaare/m^3 in Luft $\cong$ 8,69 mGy
rad	**Radiant** (SI-Einheit)	Winkel	1 rad = 1 m/m; 1 rad $\cong$ $(180/\pi)°$ $\approx$ 57,3°
rd	Rad	Energiedosis	1 rd = 100 erg/g = 10^{-2} Gy
rd	rod (U.S.)	Länge	1 rod = 11/2 yd = 5,029 21 m
Reg.T.	Registertonne	Volumen	1 Reg.T. = 100 cu.ft. = 2,831 68 m^3
rem	Rem	Äquivalentdosis	1 rem = 10^{-2} Sv
rev.	revolution	*Zählgröße*	1 rev. = 1 U = 1
s	**Sekunde** (SI-Einheit)	Zeit (als Zeitspanne)	**Basiseinheit**
S	**Siemens** (SI-Einheit)	Elektrischer Leitwert	1 S = 1 Ω^{-1} = 1 A/V
S	Stokes	Kinematische Viskosität	1 S = 10^{-4} m^2/s
sb	Stilb	Leuchtdichte	1 sb = 10 kcd/m^2
sh cwt	short hundredweight (U.S.)	Masse	1 sh cwt = 100 lb = 45,359 2 kg
sh tn	short ton (U.S.)	Masse	1 sh tn = 2 000 lb = 907,185 kg
shipping ton	shipping ton (U.S.)	Volumen	1 shipping ton = 40 cu.ft. = 1,132 68 m^3
sm	Seemeile	Länge	1 sm = 1852 m
span	span (U.S.)	Länge	1 span = 1/4 yd = 9 in = 22,860 0 cm
sq ch	square chain (U.S.)	Fläche	1 sq ch = 404,687 m^2

Zeichen	Name der Einheit	Größenart und Bemerkungen	Umrechnung
sq ft	square foot (U.S.)	Fläche	1 sq ft = 9,290 34 dm²
sq.ft.	square foot (U.K.)	Fläche	1 sq.ft. = 9,290 29 dm² } In der Technik = 9,290 30 dm²
sq in.	square inch (U.S.)	Fläche	1 sq in. = 6,451 63 cm²
sq.in.	square inch (U.K.)	Fläche	1 sq.in. = 6,451 59 cm² } In der Technik = 6,4516 cm²
sq li	square link (U.S.)	Fläche	1 sq li = 40,468 7 cm²
sq mi	square mile (U.S.)	Fläche	1 sq mi = 2,590 00 km²
sq.mi.	square mile (U.K.)	Fläche	1 sq.mi.= 2,589 98 km²
sq rd	square rod (U.S.)	Fläche	1 sq rd = 25,293 0 m²
sq.rd.	square rod (U.K.) (oder square pole oder square perch)	Fläche	1 sq.rd.= 25,292 8 m²
sq yd	square yard (U.S.)	Fläche	1 sq yd = 0,836 131 m²
sq.yd.	square yard (U.K.)	Fläche	1 sq.yd.= 0,836 127 m²
sr	Steradiant	Räumlicher Winkel	1 sr = 1 m²/m²
St	Stokes	Kinematische Viskosität	1 St = 10⁻⁴ m²/s
stone	stone (U.K.)	Masse	1 stone = 14 lb. = 6,350 29 kg
Sv	**Sievert** (SI-Einheit)	Äquivalentdosis	1 Sv = 1 J/kg
t	Tonne	Masse (!)	1 t = 10³ kg
T	Tera-	*Vorsatz*	Faktor 10¹²
T	**Tesla** (SI-Einheit)	Magnetische Flußdichte	1 T = 1 Wb/m² = 1 V s/m²
ton	ton (U.K.)	Masse	1 ton = 2 240 lb. = 1 016,05 kg
Ton	(long) ton-force (U.K.)	Kraft	1 Ton = 2 240 Lb. = 1 016,05 kp = 9,964 02 kN
Torr	Torr	Druck	1 Torr = 133,322 Pa
U	Umdrehung	*Zählgröße*	1 U = 1
u	Atomare Masseeinheit	Masse	1 u = 1,660 57 · 10⁻²⁷ kg
V	**Volt** (SI-Einheit)	Elektrische Spannung	1 V = 1 W/A
VA	Voltampere	Leistung (nur für elektrische Scheinleistung)	1 VA = 1 W
var	Var	Leistung (nur für elektrische Blindleistung)	1 var = 1 W
Vs	**Voltsekunde** (SI-Einheit)	Magnetischer Fluß	→ Wb
W	**Watt** (SI-Einheit)	Leistung	1 W = 1 J/s = 1 N m/s
Wb	**Weber** (SI-Einheit)	Magnetischer Fluß	1 Wb = 1 V s

Zeichen	Name der Einheit	Größenart und Bemerkungen	Umrechnung
yd	yard (U.S.)	Länge	1 yd $= 3$ ft $= 0{,}914\ 402$ m $\big\}$ In der Technik
yd.	yard (U.K.)	Länge	1 yd. $= 3$ ft. $= 0{,}914\ 398$ m $\big\}$ 1 yd $= 0{,}9144$ m
γ	Gamma	Magnetische Flußdichte	1 $\gamma = 10^{-5}$ Gs $\stackrel{\wedge}{=} 1$ nT
μ	Mikro-	*Vorsatz*	Faktor 10^{-6}
Ω	**Ohm** (SI-Einheit)	Elektrischer Widerstand	1 $\Omega = 1$ V/A
°	(Alt-)Grad	Winkel	$1° = (\pi/180)$ rad $= 17{,}453\ 3$ mrad
'	(sexagesimale) Winkelminute	Winkel	$1' = 290{,}888$ μrad
'	Fuß (veraltet)	Länge	$1' = 12'' = 30{,}48$ cm
''	(sexagesimale) Winkelsekunde	Winkel	$1'' = 4{,}848\ 14$ μrad
''	Zoll (veraltet)	Länge	$1'' = 25{,}4$ mm

Die folgenden Einheiten sind nach Persönlichkeiten benannt:

Ampere — André Marie Ampère (1775 bis 1836), französischer Physiker.

Ångström — Anders Jonas Ångström (1814 bis 1874), schwedischer Physiker.

Baud — Jean Maurice Emile Baudot (1845 bis 1903), französischer Ingenieur.

Becquerel — Antoine Henri Becquerel (1852 bis 1908), französischer Physiker.

Bel — Alexander Graham Bell (1847 bis 1922), anglo-amerikanischer Physiologe und Techniker.

Coulomb — Charles Augustin de Coulomb (1736–1806), französischer Physiker.

Curie — Marie Curie, geb. Sklodowska (1867–1934), in Polen geborene Chemikerin und Physikerin, und Pierre Curie (1859–1906), französischer Physiker.

Farad — Michael Faraday (1791–1867), englischer Physiker.

Gal — Galileo Galilei (1564–1642), italienischer Physiker und Astronom.

Gauß — Karl Friedrich Gauß (1777 bis 1855), deutscher Mathematiker und Physiker.

Gilbert — William Gilbert (1544 bis 1603), englischer Naturforscher und Arzt.

Grad Celsius — Anders Celsius (1701 bis 1744), schwedischer Physiker.

Grad Fahrenheit — Gabriel Daniel Fahrenheit (1686–1736), deutscher Physiker.

Gray — Louis Harold Gray (1905–1965), englischer Physiker.

Hefner-Kerze — Friedrich von Hefner-Alteneck (1845–1904), österreichischer Physiker.

Henry — Joseph Henry (1797–1878), amerikanischer Physiker.

Hertz — Heinrich Hertz (1857–1894), deutscher Physiker.

Joule — James Prescott Joule (1818–1889), französischer Physiker, der in England lebte. Wegen der französischen Herkunft lautet die Aussprache „dʒu:l".

Kelvin — William Thomson, später Lord Kelvin (1824–1907), englischer Physiker.

Maxwell — James Clerk Maxwell (1831 bis 1879), englischer Physiker.

Newton — Sir Isaac Newton (1643–1727), englischer Physiker.

Oersted — Hans Christian Ørsted (1777 bis 1851), dänischer Physiker.

Ohm — Georg Simon Ohm (1787–1854), deutscher Physiker.

Pascal — Blaise Pascal (1623–1662), französischer Mathematiker.

Poise — Jean-Louis Marie Poiseuille (1799 bis 1869), französischer Arzt und Physiker.

Röntgen — Wilhelm Conrad Röntgen (1845 bis 1923), deutscher Physiker.

Siemens — Werner von Siemens (1816 bis 1892), deutscher Physiker.

Sievert — Rolf Maximilian Sievert (1896 bis 1966), schwedischer Physiker.

Stokes — Sir George Gabriel Stokes (1819 bis 1903), englischer Physiker und Mathematiker.

Tesla — Nicola Tesla (1856–1943), kroatischer Physiker.

Volt — Graf Alessandro Volta (1745–1827), italienischer Physiker.

Watt — James Watt (1736–1819), englischer Ingenieur.

Weber — Wilhelm Weber (1804–1891), deutscher Physiker.

Umrechnung von Masse-Einheiten

	g	oz	lb	kg
1 Gramm	**1**	$35,2740 \cdot 10^{-3}$	$2,20462 \cdot 10^{-3}$	$\mathbf{1 \cdot 10^{-3}}$
1 ounce (U.S., U.K.)	28,3495	**1**	$62,5 \cdot 10^{-3}$	$28,3495 \cdot 10^{-3}$
1 pound (U.S., U.K.)	453,592	**16**	**1**	$453,592 \cdot 10^{-3}$
1 Kilogramm (SI)	$\mathbf{1 \cdot 10^3}$	35,2740	2,20462	**1**
1 stone (U.K.)	$6,35029 \cdot 10^3$	**224**	**14**	6,35029
1 quarter (U.K.)	$12,7006 \cdot 10^3$	**448**	**28**	12,7006
1 short hundredweight (U.S.) } 1 cental (U.K.) }	$45,3592 \cdot 10^3$	$\mathbf{1,6 \cdot 10^3}$	**100**	45,3592
1 long hundredweight (U.S.) } 1 hundredweight (U.K.) }	$50,8023 \cdot 10^3$	$1,792 \cdot 10^3$	**112**	50,8023
1 short ton (U.S.)	$907,185 \cdot 10^3$	$32 \cdot 10^3$	$\mathbf{2 \cdot 10^3}$	907,185
1 Tonne	$\mathbf{1 \cdot 10^6}$	$35,2740 \cdot 10^3$	$2,20462 \cdot 10^3$	$\mathbf{1 \cdot 10^3}$
1 long ton (U.S.) } 1 ton (U.K.) }	$1,01605 \cdot 10^6$	$35,840 \cdot 10^3$	$2,24 \cdot 10^3$	$1,01605 \cdot 10^3$

Umrechnung von Kraft-Einheiten

	dyn	p	pdl
1 Dyn	**1**	$1,01972 \cdot 10^{-3}$	$72,3301 \cdot 10^{-6}$
1 Pond	980,665	**1**	$70,9316 \cdot 10^{-3}$
1 poundal (U.K.)	$13,8255 \cdot 10^3$	14,0981	**1**
1 Newton (SI)	$100 \cdot 10^3$	101,972	7,23301
1 pound-force	$444,822 \cdot 10^3$	453,592	32,1740
1 Kilopond } 1 kilogramm-force }	$980,665 \cdot 10^3$	$1 \cdot 10^3$	70,9316
1 (long) ton-force (U.K.)	$996,402 \cdot 10^6$	$1,01605 \cdot 10^6$	$72,0699 \cdot 10^3$

Umrechnung von Druck-Einheiten

	Pa	mmWS	mmH$_2$O
1 Pascal (SI)	**1**	$101,974 \cdot 10^{-3}$	$101,972 \cdot 10^{-3}$
1 (altes) Millimeter Wassersäule	9,80637	**1**	$999,972 \cdot 10^{-3}$
1 (neues) Millimeter Wassersäule	9,80665	1,00003	**1**
1 pound-force per square foot	47,8802	4,88256	4,88242
1 Millimeter-Quecksilbersäule } 1 Torr }	133,322	13,5955	13,5951
1 pound-force per square inch	$6,89476 \cdot 10^3$	703,089	703,069
1 Technische Atmosphäre	$98,0665 \cdot 10^3$	$10,0003 \cdot 10^3$	$10 \cdot 10^3$
1 Bar	$\mathbf{100 \cdot 10^3}$	$10,1974 \cdot 10^3$	$10,1971 \cdot 10^3$
1 Physikalische Atmosphäre	$101,325 \cdot 10^3$	$10,3326 \cdot 10^3$	$10,3323 \cdot 10^3$

stone	qr.	short cwt	cwt	short tn	t	long tn, ton
$157{,}473 \cdot 10^{-6}$	$78{,}7365 \cdot 10^{-6}$	$22{,}0462 \cdot 10^{-6}$	$19{,}6841 \cdot 10^{-6}$	$1{,}10231 \cdot 10^{-6}$	$1 \cdot 10^{-6}$	$984{,}206 \cdot 10^{-9}$
$4{,}46428 \cdot 10^{-3}$	$2{,}23214 \cdot 10^{-3}$	$62{,}5 \cdot 10^{-6}$	$558{,}036 \cdot 10^{-6}$	$31{,}25 \cdot 10^{-6}$	$28{,}3495 \cdot 10^{-6}$	$27{,}9018 \cdot 10^{-6}$
$71{,}4286 \cdot 10^{-3}$	$35{,}7143 \cdot 10^{-3}$	$10 \cdot 10^{-3}$	$8{,}92857 \cdot 10^{-3}$	$500 \cdot 10^{-6}$	$453{,}592 \cdot 10^{-6}$	$446{,}428 \cdot 10^{-6}$
$157{,}473 \cdot 10^{-3}$	$78{,}7365 \cdot 10^{-3}$	$22{,}0462 \cdot 10^{-3}$	$19{,}6841 \cdot 10^{-3}$	$1{,}10231 \cdot 10^{-3}$	$1 \cdot 10^{-3}$	$984{,}206 \cdot 10^{-6}$
1	$0{,}5$	$140 \cdot 10^{-3}$	$125 \cdot 10^{-3}$	$7 \cdot 10^{-3}$	$6{,}35029 \cdot 10^{-3}$	$6{,}25 \cdot 10^{-3}$
2	1	$280 \cdot 10^{-3}$	$250 \cdot 10^{-3}$	$14 \cdot 10^{-3}$	$12{,}7006 \cdot 10^{-3}$	$12{,}5 \cdot 10^{-3}$
$7{,}14286$	$3{,}57143$	1	$892{,}857 \cdot 10^{-3}$	$50 \cdot 10^{-3}$	$45{,}3592 \cdot 10^{-3}$	$44{,}6428 \cdot 10^{-3}$
8	4	$1{,}12$	1	$56 \cdot 10^{-3}$	$50{,}8023 \cdot 10^{-3}$	$50 \cdot 10^{-3}$
$142{,}857$	$71{,}4286$	20	$17{,}8571$	1	$907{,}185 \cdot 10^{-3}$	$892{,}857 \cdot 10^{-3}$
$157{,}473$	$78{,}7365$	$22{,}0462$	$19{,}6841$	$1{,}10231$	1	$984{,}206 \cdot 10^{-3}$
160	80	$22{,}4$	20	$1{,}12$	$1{,}01605$	1

N	Lb (lbf)	kp / kgf	Ton
$10 \cdot 10^{-6}$	$2{,}24809 \cdot 10^{-6}$	$1{,}01972 \cdot 10^{-6}$	$1{,}00361 \cdot 10^{-9}$
$9{,}80665 \cdot 10^{-3}$	$2{,}20462 \cdot 10^{-3}$	$1 \cdot 10^{-3}$	$984{,}206 \cdot 10^{-9}$
$138{,}255 \cdot 10^{-3}$	$31{,}0809 \cdot 10^{-3}$	$14{,}0981 \cdot 10^{-3}$	$13{,}8754 \cdot 10^{-6}$
1	$244{,}809 \cdot 10^{-3}$	$101{,}972 \cdot 10^{-3}$	$100{,}361 \cdot 10^{-6}$
$4{,}44822$	1	$435{,}592 \cdot 10^{-3}$	$446{,}428 \cdot 10^{-6}$
$9{,}80665$	$2{,}20462$	1	$984{,}206 \cdot 10^{-6}$
$9{,}96402 \cdot 10^{3}$	$2{,}24 \cdot 10^{3}$	$1{,}01605 \cdot 10^{3}$	1

Lb/ft² psf	mmHg Torr	Lb/in² psi	kp/cm² at	bar	atm
$20{,}8854 \cdot 10^{-3}$	$7{,}50062 \cdot 10^{-3}$	$145{,}038 \cdot 10^{-6}$	$10{,}1972 \cdot 10^{-6}$	$10 \cdot 10^{-6}$	$9{,}86923 \cdot 10^{-6}$
$204{,}810 \cdot 10^{-3}$	$73{,}5539 \cdot 10^{-3}$	$1{,}42229 \cdot 10^{-3}$	$99{,}9972 \cdot 10^{-6}$	$98{,}0637 \cdot 10^{-6}$	$96{,}7814 \cdot 10^{-6}$
$204{,}816 \cdot 10^{-3}$	$73{,}5559 \cdot 10^{-3}$	$1{,}42233 \cdot 10^{-3}$	$100 \cdot 10^{-6}$	$98{,}0665 \cdot 10^{-6}$	$96{,}7841 \cdot 10^{-6}$
1	$359{,}131 \cdot 10^{-3}$	$6{,}94444 \cdot 10^{-3}$	$488{,}243 \cdot 10^{-6}$	$478{,}802 \cdot 10^{-6}$	$472{,}541 \cdot 10^{-6}$
$2{,}78450$	1	$19{,}3368 \cdot 10^{-3}$	$1{,}35951 \cdot 10^{-3}$	$1{,}33322 \cdot 10^{-3}$	$1{,}31579 \cdot 10^{-3}$
144	$51{,}7149$	1	$70{,}3069 \cdot 10^{-3}$	$68{,}9476 \cdot 10^{-3}$	$68{,}0460 \cdot 10^{-3}$
$2{,}04816 \cdot 10^{-3}$	$735{,}559$	$14{,}2233$	1	$980{,}665 \cdot 10^{-3}$	$967{,}841 \cdot 10^{-3}$
$2{,}08854 \cdot 10^{3}$	$750{,}062$	$14{,}5038$	$1{,}01972$	1	$986{,}923 \cdot 10^{-3}$
$2{,}11622 \cdot 10^{3}$	760	$14{,}6959$	$1{,}03323$	$1{,}01325$	1

Umrechnung von Arbeits- bzw. Energie-Einheiten

	eV	erg	J N m W s	kp m
1 Elektronvolt	**1**	$1,60210 \cdot 10^{-12}$	$160,219 \cdot 10^{-21}$	$16,3369 \cdot 10^{-21}$
1 Erg	$624,181 \cdot 10^{9}$	**1**	$100 \cdot 10^{-9}$	$10,1972 \cdot 10^{-9}$
1 Joule (SI)	$6,24181 \cdot 10^{18}$	$10 \cdot 10^{6}$	**1**	$101,972 \cdot 10^{-3}$
1 Kilopondmeter	$61,2112 \cdot 10^{18}$	$98,0665 \cdot 10^{6}$	$9,80665$	**1**
1 British Thermal Unit	$6,58545 \cdot 10^{21}$	$10,5506 \cdot 10^{9}$	$1,05506 \cdot 10^{3}$	$107,586$
1 (alte) Kilokalorie („15°-Kalorie")	$26,125 \cdot 10^{21}$	$41,855 \cdot 10^{9}$	$4,1855 \cdot 10^{3}$	$426,80$
1 (neue) Kilokalorie („Internationale Tafel-kalorie")	$26,1332 \cdot 10^{21}$	$41,868 \cdot 10^{9}$	$4,1868 \cdot 10^{3}$	$426,935$
1 Pferdestärkenstunde	$16,5270 \cdot 10^{24}$	$26,4780 \cdot 10^{12}$	$2,64780 \cdot 10^{6}$	$270 \cdot 10^{3}$
1 horse-power hour	$16,7562 \cdot 10^{24}$	$26,8452 \cdot 10^{12}$	$2,68452 \cdot 10^{6}$	$273,745 \cdot 10^{3}$
1 Kilowattstunde	$22,4705 \cdot 10^{24}$	$36 \cdot 10^{12}$	$3,6 \cdot 10^{6}$	$367,098 \cdot 10^{3}$

Umrechnung von Leistungseinheiten

	erg/s	W J/s N m/s
1 Erg durch Sekunde	**1**	$100 \cdot 10^{-9}$
1 Watt (SI)	$10 \quad 10^{6}$	**1**
1 Kilopondmeter durch Sekunde	$98,0665 \cdot 10^{6}$	$9,80665$
1 Pferdestärke	$7,35499 \cdot 10^{9}$	$735,499$
1 horse-power	$7,45700 \cdot 10^{9}$	$745,700$
1 Kilowatt	$10 \cdot 10^{9}$	$\mathbf{1} \cdot 10^{3}$

Btu	$kcal_{15°C}$	kcal	PS h ch. h.	h. p. hr.	kW h
$151{,}850\cdot10^{-24}$	$38{,}277\cdot10^{-24}$	$38{,}2655\cdot10^{-24}$	$60{,}5010\cdot10^{-27}$	$59{,}6792\cdot10^{-27}$	$44{,}4984\cdot10^{-27}$
$94{,}7817\cdot10^{-12}$	$23{,}892\cdot10^{-12}$	$23{,}8846\cdot10^{-12}$	$37{,}7673\cdot10^{-15}$	$37{,}2506\cdot10^{-15}$	$27{,}7778\cdot10^{-15}$
$947{,}817\cdot10^{-6}$	$238{,}92\cdot10^{-6}$	$238{,}846\cdot10^{-6}$	$377{,}673\cdot10^{-9}$	$372{,}506\cdot10^{-9}$	$277{,}778\cdot10^{-9}$
$9{,}29491\cdot10^{-3}$	$2{,}3430\cdot10^{-3}$	$2{,}34228\cdot10^{-3}$	$3{,}70370\cdot10^{-6}$	$3{,}65304\cdot10^{-6}$	$2{,}72407\cdot10^{-6}$
1	$252{,}07\cdot10^{-3}$	$251{,}996\cdot10^{-3}$	$398{,}466\cdot10^{-6}$	$393{,}014\cdot10^{-6}$	$293{,}071\cdot10^{-6}$
3,9671	**1**	$999{,}69\ \cdot10^{-3}$	$1{,}5807\ \cdot10^{-3}$	$1{,}5591\ \cdot10^{-3}$	$1{,}1626\ \cdot10^{-3}$
3,96832	1,0003	**1**	$1{,}58124\cdot10^{-3}$	$1{,}55961\cdot10^{-3}$	$1{,}163\ \ \cdot10^{-3}$
$2{,}50962\cdot10^{3}$	632,61	632,415	**1**	$986{,}632\cdot10^{-3}$	$735{,}499\cdot10^{-3}$
$2{,}54443\cdot10^{3}$	641,38	641,186	1,01387	**1**	$745{,}699\cdot10^{-3}$
$3{,}41214\cdot10^{3}$	860,11	859,845	1,35962	1,34102	**1**

kp m/s	PS ch	h. p.	kW
$10{,}1972\cdot10^{-9}$	$135{,}962\cdot10^{-12}$	$134{,}102\cdot10^{-12}$	$100\cdot10^{-12}$
$101{,}972\cdot10^{-3}$	$1{,}35962\cdot10^{-3}$	$1{,}34102\cdot10^{-3}$	$1\cdot10^{-3}$
1	$13{,}3333\cdot10^{-3}$	$13{,}1509\cdot10^{-3}$	$9{,}80665\cdot10^{-3}$
75	**1**	$986{,}320\cdot10^{-3}$	$735{,}499\cdot10^{-3}$
76,0402	1,01387	**1**	$745{,}700\cdot10^{-3}$
101,972	1,35962	1,34102	**1**

6 Datenverarbeitung

Zusammenstellung einiger Begriffe
(Die schräg gesetzten Bezeichnungen sind hier auch als eigene Begriffe zu finden.)

ACIA (Asynchronous Communications Interface Adapter). Siehe *UART*

Adresse (address). Ein bestimmtes Wort zur Kennzeichnung eines Speicherplatzes oder eines zusammenhängenden Speicherbereiches oder einer Funktionseinheit.

Akkumulator (accumulator). In einem *Rechenwerk* ein *Speicher*element, das für Rechenoperationen benutzt wird, wobei es ursprünglich einen Operanden und nach durchgeführter Operation das Ergebnis enthält.

ALGOL (ALGOrithmic Language). *Problemorientierte Programmiersprache*, hauptsächlich für wissenschaftliche Anwendungen (siehe DIN 66 026).

Algorithmus (algorithm). Gesamtheit der Regeln, durch deren schematische Befolgung man eine bestimmte Aufgabe lösen kann.

Alphabet (alphabet). Ein geordneter Zeichenvorrat.

alphanumerisch (alphanumeric). Sich auf einen *Zeichen*vorrat beziehend, der mindestens aus den Dezimalziffern und den Buchstaben des gewöhnlichen Alphabets besteht.

ALU (Arithmetic Logic Unit). Eine Funktionseinheit innerhalb eines *digitalen Rechensystems*, die Rechenoperationen und logische Operationen ausführt.

Analogrechner (analog computer). Ein Rechner, welcher hauptsächlich mit analoger Darstellung arbeitet. Dabei werden Größen oder Zahlen z. B. durch kontinuierlich veränderliche elektrische Spannungen ersetzt, deren Beträge den Eingangs- bzw. Ausgangsgrößen entsprechen.

Anisochron (anisochronous). Nicht *isochron*.

Anweisung (statement). Eine in einer beliebigen Sprache abgefaßte Arbeitsvorschrift, die im gegebenen Zusammenhang wie auch im Sinne der benutzten Sprache abgeschlossen ist.

AOS (Algebraic Operating System). Im Gegensatz zur *UPN* wird die Rechenvorschrift in der üblichen Reihenfolge der Operanden und Operatoren bis zum Gleichheitszeichen einschließlich eingegeben.

ASCII (American Standard Code for Information Interchange). Ein Zeichenvorrat, der Groß- und Kleinbuchstaben, *Ziffern*, Sonderzeichen und 32 Steuerzeichen enthält. Jedes *Zeichen* umfaßt 7 *bit*. (7-bit-Code siehe DIN 66 003.)

Assemblierer (assembler). Ein *Übersetzer*, der in einer maschinenorientierten Programmiersprache abgefaßte Quell*anweisungen* in Ziel*anweisungen* der zugehörigen *Maschinensprache* umwandelt (assembliert).

Ausgabeeinheit (output unit). Eine Funktionseinheit innerhalb eines *digitalen Rechensystems*, mit der das System *Daten*, z. B. Rechenergebnisse, nach außen hin abgibt.

Ausgabegerät (output device). In der *Ausgabeeinheit* eine Baueinheit, durch die *Daten* aus einer *Rechenanlage* ausgegeben werden können.

Ausgabewerk. Eine Funktionseinheit innerhalb eines *digitalen Rechensystems*, die das Übertragen von *Daten* von der *Zentraleinheit* in *Ausgabeeinheiten* oder periphere *Speicher* steuert und dabei die *Daten* gegebenenfalls reduziert.

BASIC (Beginner's All-purpose Symbolic Instruction Code). Eine *problemorientierte Programmiersprache*, die besonders für die Lösung technisch-wissenschaftlicher Probleme geeignet ist.

Baud[1]. Einheit der *Schrittgeschwindigkeit*.

BCD (Binary-Coded Decimal). Eine Methode, Dezimalziffern als 4-bit-Zeichen darzustellen.

Befehl (instruction). Eine *Anweisung*, die sich in der benutzten Sprache nicht mehr in Teile zerlegen läßt, die selbst *Anweisungen* sind.

Befehlsregister (instruction register). In einem *Leitwerk* ein *Speicher*element, aus dem der gerade auszuführende *Befehl* gewonnen wird.

Befehlszähler (instruction counter). In einem Leitwerk ein *Speicher*element, aus dem die *Adresse* des nächsten auszuführenden *Befehls* gewonnen wird.

Betriebssystem (operating system). Die *Programme* eines *digitalen Rechensystems*, die zusammen mit den Eigenschaften der *Rechenanlage* die Grundlage der möglichen Betriebsarten des *digitalen Rechensystems* bilden und insbesondere die Abwicklung von *Programmen* steuern und überwachen.

Bigfon. Breitbandig integriertes Glasfaser-Fernmeldeortsnetz der Bundespost.

Bildschirmtext, Btx (interactive videotex service). Kommunikationsform zur Verbreitung von Informationen (Text und Daten), die dem Benutzer in einer über ein Fernmeldenetz erreichbaren Bildschirmtext-Zentrale zur Verfügung stehen und von denen er die gewünschten Informationen zur Darstellung auf einem Bildschirm im Dialog mit dieser Zentrale auswählt.

---

1 Nach Jean Maurice Emile Baudot, französischer Telegrapheningenieur, 1845–1903.

binär (binary). Genau zweier Werte fähig; die Eigenschaft bezeichnend, eines von zwei Binärzeichen als Wert anzunehmen, die z. B. mit 0 und L bezeichnet werden.

Binärelement, Binärzeichen (binary digit). *Binäres Codeelement,* meistens kurz als *Bit* bezeichnet, dem man die Werte 0 und 1 (oder L) zuschreiben kann; in der Praxis (als Signalelement) beispielsweise durch einen von zwei Spannungswerten dargestellt.

Binärsignal (binary signal). Ein *Digitalsignal,* bei dem die *Signal*elemente *binär* sind.

Bit (bit). 1. Kurzform für Binärzeichen; auch für Dualziffer, wenn es auf den Unterschied nicht ankommt (das Bit, die Bits). 2. Sondereinheit für die Anzahl der Binärentscheidungen (Kurzzeichen: bit).
Anmerkung: Alle logarithmisch definierten Größen der Informationstheorie, wie *Entscheidungsgehalt, Informationsgehalt, Redundanz* usw., erhält man in bit, wenn der Logarithmus zur Basis Zwei genommen wird (1 bit, 2 bit, . . .).

Bitrate, Bitfolgefrequenz (bit rate). Die *Schrittgeschwindigkeit* eines *isochronen Binärsignals.* Einheit: bit/s.

Block (block, data block, physical record). Eine physikalische Einheit von Daten auf einem äußeren Speicher, die mit einem gemeinsamen Ein- bzw. Ausgabebefehl behandelt wird.

boolesch (Boolean). *Binär,* überdies darauf hinweisend, daß über *binären* Schaltvariablen die Schaltfunktionen der Booleschen Algebra[2] ausgeführt werden. Siehe Tab. 6.1 und 6.2.

Bus. System von Verbindungsleitungen in Mikro- und Minicomputern, das die wechselseitige Übertragung von *Signalen* (Datensammelschiene) zwischen Baueinheiten ermöglicht. Man verwendet gewöhnlich getrennte Busse für Daten, Adressen und Steuersignale.

Tabelle 6.1. Einstellige boolesche Verknüpfungen (Auszug aus DIN 44300, Ausgabe 3.72)*

Benennung der Verknüpfung	Definition durch Funktionswert $y = f(a)$		Schreibweise nach DIN 66000
	für $a =$	0	L	
Negation negation	L	0	$\neg a$ oder $\bar{a}$

---

2 Nach George Boole, englischer Mathematiker, 1815–1864.

* Wiedergegeben mit Erlaubnis des DIN Deutsches Institut für Normung e.V. Maßgebend für das Anwenden der Norm ist deren Fassung mit dem neuesten Ausgabedatum, die bei der Beuth Verlag GmbH, Burggrafenstraße 4–10, 1000 Berlin 30, erhältlich ist.

Tabelle 6.2. Zweistellige boolesche Verknüpfungen (Auszug aus DIN 44 300, Ausgabe 3.72) *

Benennung der Verknüpfung	Definition durch Funktionswert $y = f(a,b)$				Schreibweise nach DIN 66000	Schreibweise mit den Zeichen $\wedge \vee\ ^-$	Bemerkungen
	für $a =$ $b =$	0 0	L 0	0 L	L L		
UND-Verknüpfung, Konjunktion AND operation	0	0	0	L	$a \wedge b$	$a \wedge b$	
ODER-Verknüpfung, Disjunktion OR operation	0	L	L	L	$a \vee b$	$a \vee b$	Auch als „inklusives Oder" bekannt
NAND-Verknüpfung NAND-operation	L	L	L	0	$\overline{a \wedge b}$	$\overline{a \wedge b}$	Auch als „Sheffer-Funktion" bekannt
NOR-Verknüpfung NOR operation	L	0	0	0	$\overline{a \vee b}$	$\overline{a \vee b}$	Auch als „Peirce-Funktion" bekannt
Inhibition exclusion	0 0	0 L	L 0	0 0	—	$\bar{a} \wedge b$ $a \wedge \bar{b}$	
Implikation inclusion	L L	0 L	L 0	L L	$a \supset b$ $b \supset a$	$\bar{a} \vee b$ $a \vee \bar{b}$	
Äquivalenz equivalence	L	0	0	L	$a = b$	$(a \wedge b) \vee (\bar{a} \wedge \bar{b})$	
Antivalenz non-equivalence	0	L	L	0	$a \neq b$	$(a \wedge \bar{b}) \vee (\bar{a} \wedge b)$	Auch als „exklusives Oder" bekannt

Byte. Bisher: Eine Gruppe von 8 *Bit*, die als Einheit betrachtet wird. Die Kombination der verschiedenen Bit-Werte gibt 2 hoch 8 gleich 256 Möglichkeiten. Mit einem Byte läßt sich ein Zeichen z. B. im ASCII-Code darstellen. Heute wird der Begriff *Byte* nicht mehr auf 8 Bit beschränkt.

CCITT-Alphabet Nr. 2. 5-Bit-Code. Die 2 hoch 5 gleich 32 Möglichkeiten reichen nicht aus, alle *Symbole* einer Schrift aufzunehmen. Man verwendet deshalb zwei Bit-Kombinationen für die Operationen „Umschaltung Buchstaben auf Ziffern" und „Umschaltung von Ziffern auf Buchstaben" und gewinnt dadurch genügend Möglichkeiten für Buchstaben, *Ziffern*, Satzzeichen sowie für *Befehle* wie „Zeilenvorschub" und „Wagenrücklauf".

---

* Wiedergegeben mit Erlaubnis des DIN Deutsches Institut für Normung e.V. Maßgebend für das Anwenden der Norm ist deren Fassung mit dem neuesten Ausgabedatum, die bei der Beuth Verlag GmbH, Burggrafenstraße 4–10, 1000 Berlin 30, erhältlich ist.

COBOL (COmmon Business-Oriented Language). Eine *problemorientierte Programmiersprache*, hauptsächlich für geschäftliche Anwendungen (siehe DIN 66028).

Code (code). Eine Vorschrift für die (nicht notwendigerweise umkehrbar) eindeutige Zuordnung („Codierung") der *Zeichen* eines Zeichenvorrats zu denjenigen eines anderen Zeichenvorrats (Bildmenge).

Codec (codec). Zusammenfassung von *Codierer* und *Decodierer* in einem Gerät (der Codec).

Codeelement (digit). Kleinste Einheit zur Bildung eines *Codeworts*. Ein Codeelement kann zwei oder mehr verschiedene Werte annehmen.

Code-Umsetzer (code translator). Ein *Umsetzer*, in dem den *Zeichen* eines *Code* A *Zeichen* eines *Code* B zugeordnet werden.

Codewort (code word, character signal). Eine Folge mehrerer *Codeelemente*, die in einem bestimmten Zusammenhang als Einheit betrachtet wird. Ein *Codewort* aus *m* *Codeelementen* heißt *m*-stellig. Mit einer *m*-stelligen Folge aus *binären Codeelementen* kann man 2 hoch *m* verschiedene Codewörter bilden.

Codierer (coder). Eine Einrichtung, welche die *Codierung* ausführt.

Codierung (encoding, coding). Allgemein die Umsetzung eines *Zeichens* oder eines Analogsignalwertes, der in einen bestimmten Wertebereich fällt, in eine verabredete Folge von Codeelementen.

CPU (Central Processing Unit). Siehe *Zentraleinheit.*

Cursor (engl.). Marke für den Platz des nächsten *Zeichens* auf dem Bildschirm.

Datei (file, data file). Sammlung gleichartiger Datensätze. Abschnitt der Datenbank mit einem eigenen Ordnungskriterium.

Dateldienste. Aus dem Begriff „Data Telecommunication Service" abgeleiteter Sammelbegriff für alle Dienste zur Übermittlung von Daten auf Fernmeldewegen.

Daten (data). *Zeichen* oder kontinuierliche Funktionen, die zum Zweck der Verarbeitung Information auf Grund bekannter oder unterstellter Abmachungen darstellen.

Digitale Daten (digital data, discrete data). Daten, die nur aus *Zeichen* bestehen.

Analoge Daten (analog data). Daten, die nur aus kontinuierlichen Funktionen bestehen.

Datenbank (data bank, data base). Basis für ein Informationssystem. Die Datenbank besteht aus Dateien oder Datenbeständen mit meist gemeinsamen Hauptordnungsbegriffen. Dateiteile, die in mehreren Dateien auftreten, sind nur einmal gespeichert.

Datenendeinrichtung, DEE (data terminal equipment, DTE). Gesamtheit einer Datenquelle und/oder Datensenke und einer Fernbetriebseinheit; die DEE ist im allgemeinen über eine genormte *Schnittstelle* (mit Daten-, Takt-, Steuer- und Meldeleitungen) mit einer *Datenübertragungseinrichtung* (DÜE) verbunden. Beispiele: Datensichtgerät, Datenverarbeitungsanlage.

Datenfluß (data flow). Die Folge zusammengehöriger Vorgänge an Daten und Datenträgern.

Datenflußplan (data flowchart). Die Darstellung des *Datenflusses,* die im wesentlichen aus Sinnbildern mit zugehörigem Text und orientierten Verbindungslinien besteht (Sinnbilder siehe DIN 66001).

Datensatz, Satz (data record, record). Eine sachliche und logische Einheit von Daten, die unter einem Ordnungsbegriff zusammengefaßt sind. Ein Satz besteht aus mehreren Datenfeldern. Einer oder mehrere Sätze können einen Block bilden.

Datenträger (data medium). Ein Mittel, auf dem *Daten* aufbewahrt werden können.

Datenübertragungseinrichtung, DÜE (data circuit terminating equipment, DCE). Im wesentlichen ein Signalumsetzer, der *Digitalsignale,* die z.B. von einer *Datenendeinrichtung* über eine genormte *Schnittstelle* angeboten werden, in eine Form bringt, die für den Übertragungsweg und das Netz geeignet ist, und/oder die umgekehrte Funktion ausführt.

Datenverarbeitung (data processing). Sonderform der *Nachrichtenverarbeitung,* bei der von eindeutig beschriebenen *Daten* ausgegangen wird und bei der die Anzahl der Schaltfunktionen relativ klein gegenüber der Menge der aufgenommenen *Daten* ist.

Datexdienst. Aus dem Begriff „Data Exchange Service" abgeleitete Bezeichnung für Dienst zur Übermittlung von Daten in einem besonderen öffentlichen (Wähl-)Netz, dem sog. Datexnetz. Man unterscheidet DATEX-L (Leitungsvermittlung) und DATEX-P (Paketvermittlung), *Übertragungsgeschwindigkeit:* 110 bis 48000 bit/s, später bis 64000 bit/s.

Decodierer (decoder). Eine Einrichtung, welche die *Decodierung* ausführt.

Decodierung (decoding). Umkehrung des Vorgangs der *Codierung.*

Deltamodulation (delta modulation). Eine *Differenz-Pulscodemodulation,* bei der das *Codewort* nur aus einem *Bit* besteht.

Dialogbetrieb (conversational mode). Ein Betrieb eines *Rechensystems,* bei dem zur Abwicklung einer Aufgabe Wechsel zwischen dem Stellen von Teilaufgaben und den Antworten darauf stattfinden können.

Differenz-Pulscodemodulation, DPCM (differential pulse code modulation). Eine Pulsmodulation, bei der die Differenz zwischen einem Vorhersagewert und dem tatsächlichen Abtastwert durch ein PCM-*Codewort* übertragen wird.

Digitale Rechenanlage, digitale Datenverarbeitungsanlage (digital computer). Die Gesamtheit der Baueinheiten, aus denen ein *digitales Rechensystem* aufgebaut ist.

Digitales Rechensystem, digitales Datenverarbeitungssystem (digital data processing system). Ein *Rechenwerk*, das, als Funktionseinheit betrachtet, ein Schaltwerk ist.

Digitalsignal (digital signal). Zeit- oder ortsdiskretes *Signal,* dessen Signalparameter auf diskrete Werte beschränkt ist.

Diskette (floppy disk). Biegsame Platte zur magnetischen Aufzeichnung *digitaler Daten.*

DOS (Disk Operating System). Ein Systemprogramm, das ein *Disketten*-System steuert.

Duplexbetrieb (duplex operation, full duplex operation). Betrieb mit der Möglichkeit des gleichzeitigen Übertragens von Nachrichten in beiden Richtungen.

EA-Werk. Eine Funktionseinheit, welche die Funktionen von *Eingabewerk* und *Ausgabewerk* in sich vereinigt.

EBCDIC (Extended Binary Coded Decimal Interchange Code). Ein 8-Bit-Code, der hauptsächlich in IBM-Anlagen verwendet wird.

Editor (editor). Hilfsprogramm zur Änderung, Berichtigung und Ausgabe von Anwenderprogrammen.

Eingabeeinheit (input unit). Eine Funktionseinheit innerhalb eines *digitalen Rechensystems,* mit der das System *Daten* von außen her aufnimmt.

Eingabegerät (input device). In der *Eingabeeinheit* eine Baueinheit, durch die *Daten* in eine *Rechenanlage* eingegeben werden können.

Eingabewerk. Eine Funktionseinheit innerhalb eines *digitalen Rechensystems,* die das Übertragen von *Daten* von *Eingabeeinheiten* oder peripheren *Speichern* in die *Zentraleinheit* steuert und dabei die *Daten* gegebenenfalls modifiziert.

ELAN (Elementary Language). Eine anwendungsorientierte Programmiersprache besonders für den Ausbildungsbereich, vorwiegend in der Bundesrepublik Deutschland im Hochschulbereich und an Schulen verbreitet.

EROM (Erasable Read-Only Memory). Ein *ROM,* das gelöscht und neu programmiert werden kann. Auch EPROM genannt.

Fernsehtext, Videotext (broadcast videotex service). Kommunikationsform zur Verarbeitung von Informationen (Text und Daten), die − regelmäßig wiederholt − mit dem Fernsehsignal ausgestrahlt werden und aus denen der Benutzer die gewünschten Informationen zur Darstellung auf dem Bildschirm eines Fernsehgeräts auswählen kann.

Festspeicher (read-only storage). Ein *Speicher,* dessen Inhalt betriebsmäßig nur gelesen werden kann. Er ist frei adressierbar.

FIFO (First-In, First-Out). Eine Folge gleichartiger *Speicher*elemente, aus der das zuerst gespeicherte *Wort* auch zuerst abgerufen wird.

File (engl.). Eine geordnete Sammlung zusammengehöriger *Daten.*

Firmware (engl.). Mit der Hardware fest verbundene, z. B. in *ROM* gespeicherte *Software.*

Flipflop (flipflop). Ein *Speicher*glied mit zwei stabilen Zuständen, das aus jedem der beiden Zustände durch eine geeignete Ansteuerung in den anderen Zustand übergeht (bistabiles *Kippglied*).

Floppy disk (engl.). Siehe *Diskette.*

FORTRAN (FORmula TRANslator). Eine *problemorientierte Programmiersprache* vorzugsweise für mathematische und andere wissenschaftliche Anwendungen (siehe DIN 66027).

FSK (frequency shift keying). Frequenzumtastung zur Übertragung *digitaler Signale* über analoge Kanäle.

Gatter. Siehe *Verknüpfungsglied.*

Halbduplexbetrieb (halfduplex operation). Betrieb mit der Möglichkeit des Übertragens von Nachrichten in beiden Richtungen, jedoch nicht gleichzeitig.

Handshaking (engl.). Siehe *Quittungsbetrieb.*

Hardware (engl.). Maschinenausrüstung. Sammelbegriff für die Baueinheiten einer *Datenverarbeitungsanlage,* z. B. (unveränderbare) elektronische Schaltung, Drucker, Plattenspeicher.

IC (Integrated Circuit). Integrierter Schaltkreis (siehe S. 329).

IDN (Integrated Digital Network). Integriertes Text- und Datennetz der Bundespost. *Übertragungsgeschwindigkeit* im Weitverkehr: 2 Mbit/s.

Impuls (pulse, impulsion). Ein einmaliger, stoßartiger Vorgang endlicher Dauer.

Indexregister (index register). Ein *Speicher*element, das vorwiegend zum Modifizieren von *Adressen,* zum Durchführen von Zähloperationen an *Adressen* und zum Einleiten einer *Verzweigung* dient.

Informationsgehalt (information content). Der Informationsgehalt I_i eines Ereignisses x_i (z. B. das Auftreten eines Zeichens x_i) ist der Logarithmus des Kehrwertes der Wahrscheinlichkeit $p(x_i)$ für sein Eintreten, also $I_i = \log 1/p(x_i)$. (Siehe Anmerkung bei *Bit.*)

Mittler Informationsgehalt, Entropie (average information content, entropy).

Der mittlere Informationsgehalt H — auch Entropie genannt — einer Menge von N Ereignissen $x_1 \ldots x_N$ mit den Wahrscheinlichkeiten $p(x_i)$ ist der Erwartungswert (Mittelwert) des *Informationsgehaltes* der einzelnen Ereignisse

$$H = \sum_{i=1}^{N} p(x_i)\, I_i = \sum_{i=1}^{N} p(x_i) \log \frac{1}{p(x_i)}.$$

Entscheidungsgehalt (decision content).

Der Entscheidungsgehalt H_0 einer Menge von N einander ausschließenden Ereignissen (z. B. eines *Zeichenvorrats* von N *Zeichen*) ist gegeben durch $H_0 = \log N$. (Siehe Anmerkung bei *Bit*.)

Redundanz (redundancy).

Die Differenz von *Entscheidungsgehalt* und *Entropie, $R = H_0 - H$*. Allgemein gebraucht im Sinne von Weitschweifigkeit, überflüssiger Übermittlung.

Interface (engl.). Eine Baueinheit, die zwei andere Baueinheiten verbindet. Sie setzt die Signale der einen so um, daß sie von der anderen verarbeitet werden können. Siehe auch *Schnittstelle*.

Interpretierer (interpreter). Ein *Programm*, das es ermöglicht, auf einer bestimmten *digitalen Rechenanlage Anweisungen*, die in einer von der *Maschinensprache* dieser Anlage verschiedenen Sprache abgefaßt sind, ausführen (interpretieren) zu lassen.

Interrupt (engl.). Zu einem beliebigen Zeitpunkt mögliche Unterbrechung des laufenden Hauptprogramms zur vorübergehenden Abarbeitung eines Unterprogramms.

ISDN (Integrated Services Digital Network). Dienstintegriertes digitales Fernmeldenetz.

Isochron (isochronous). Ein *Digitalsignal* ist isochron, wenn seine Kennzeitpunkte (d. h. Zeitpunkte des Übergangs von einem Signalelement zum nächsten) äquidistant sind, d. h. in einem festen Zeitraster liegen.

K. Kurzzeichen für 1024 (2 hoch 10).

Kabeltext (cable text). Kommunikationsform zur Verbreitung von Informationen (Text und Daten), die — regelmäßig wiederholt — über ein Kabelnetz ausgesendet werden und aus denen der Benutzer die gewünschten Informationen zur Darstellung auf einem Bildschirm auswählen kann.

Kanal (channel). Allgemeine Bezeichnung eines Signal-Übertragungsweges in einem Übertragungssystem.

Kellerspeicher (stack). Eine Folge gleichartiger *Speicher*elemente, von denen nur das erste aufgerufen wird. Bei der Eingabe in den Kellerspeicher wird der Inhalt jedes *Speicher*elements in das nächstfolgende übertragen und das zu speichernde *Wort* in das erste *Speicher*element geschrieben. Bei der Ausgabe wird der Inhalt des ersten *Speicher*elements gelesen und der Inhalt jedes übrigen *Speicher*elements an das vorhergehende übertragen. Oft wird nicht der Inhalt der *Speicher*elemente übertragen, sondern die Adresse des ersten Speicherelements bei jedem Zugriff verändert.

Kippglied. Speicherglied, dessen Ausgangssignal sich sprunghaft oder nach einer bestimmten Zeitfunktion zwischen zwei Amplitudenwerten ändert, wobei der jeweilige Zustand von Eigenschaften des Speichergliedes selbst oder von einem Steuersignal an einem Eingang abhängig ist.

Astabiles Kippglied, Kippschwinger.

Kippglied ohne stabilen Zustand, das ein zeitabhängiges Ausgangssignal erzeugt, das ausschließlich von Eigenschaften des Kippglieds selbst bestimmt wird. Beispiele: Multivibrator, freilaufender Sperrschwinger, freilaufender Sägezahngenerator.

Bistabiles Kippglied, siehe *Flipflop.*

Monostabiles Kippglied.

Kippglied mit nur einem stabilen Zustand, das immer dann ein von äußeren oder von Eigenschaften des Kippgliedes abhängiges Ausgangssignal erzeugt, wenn es durch ein äußeres Signal dazu veranlaßt wird, und schließlich wieder von selbst in seinen ursprünglichen Zustand zurückkehrt. Beispiele: Monoflop, monostabiler Sperrschwinger.

Kompilierer (compiler). Ein *Übersetzer,* der in einer *problemorientierten Programmiersprache* abgefaßte Quellanweisungen in Zielanweisungen einer *maschinenorientierten Programmiersprache* umwandelt (kompiliert).

Leitwerk (control unit). Eine Funktionseinheit innerhalb eines *digitalen Rechensystems,*

die die Reihenfolge steuert, in der die *Befehle* eines *Programms* ausgeführt werden,
die diese *Befehle* entschlüsselt und dabei gegebenenfalls modifiziert und
die die für ihre Ausführung erforderlichen *digitalen Signale* abgibt.

LIFO (Last-In, First-Out). Eine Folge gleichartiger *Speicher*elemente, aus der das zuletzt eingelesene *Wort* zuerst abgerufen wird.

Merker (flag). Ein *Speicher*glied, das durch seinen Zustand den späteren *Programm*ablauf an *Verzweigungen* und Aufspaltungen zu beeinflussen ermöglicht.

Mikrocomputer (microcomputer). *Digitale Rechenanlage,* die hauptsächlich aus hoch integrierten Bausteinen aufgebaut ist. Zu einem *Mikroprozessor* als *Zentraleinheit* (CPU) treten *Speicher* (*ROM, RAM*) und *Ein-* und *Ausgabewerk.* Als *periphere Einheiten* stehen meist Bildschirm, Tastatur, Kassettenrekorder oder Diskettengerät zur Verfügung. *Programmiersprache* ist z. B. *BASIC.* Grundsätzlicher Aufbau siehe Bild 6.1.

Mikroprozessor (microprocessor). Aus einem oder zwei integrierten Bausteinen bestehende *Zentraleinheit* eines *Mikrocomputers.* Blockschaltbild siehe Bild 6.2.

Minicomputer (engl.). *Digitales Rechensystem* mit meist 16 bit Wortlänge, geeignet zur Bearbeitung wenig bis mittelmäßig komplexer Probleme.

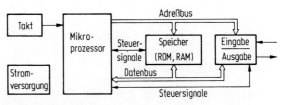

Bild 6.1. Grundsätzlicher Aufbau eines Mikrocomputers

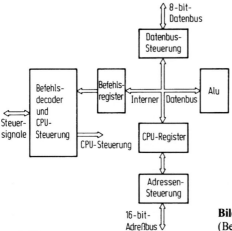

8-bit-
Datenbus

Datenbus-
Steuerung

Befehls-
decoder
und
CPU-
Steuerung

Befehls-
register

Interner Datenbus

Alu

Steuer-
signale

CPU-Steuerung

CPU-Register

Adressen-
Steuerung

16-bit-
Adreßbus

Bild 6.2. Blockschaltbild eines Mikroprozessors (Beispiel)

Mnemonischer Code (mnemonic code). Leicht zu merkende, *alphanumerische* Kürzel für *Befehle* (anstelle des Zahlen-*Codes*).

Modem (modem). Der Modem ist eine *Datenübertragungseinrichtung,* die aus Modulator und Demodulator besteht. Modems werden zur Übertragung *digitaler Signale* über analoge *Kanäle* eingesetzt, wie z. B. über Telefonleitungen.

Modulation (modulation). Die Veränderung des Signalparameters eines Modulations-Trägers durch ein modulierendes Eingangssignal. Der Signalparameter kann z. B. die Amplitude, die Frequenz oder die Phase sein. Ist der Modulationsträger ein Puls, so spricht man von Pulsmodulation.

MPU (Micro Processor Unit). Siehe *Mikroprozessor.*

Multiplexbetrieb (time-sharing). Eine Funktionseinheit bearbeitet mehrere Aufgaben. Bei der Informationsverarbeitung sind sie abwechselnd in Zeitabschnitten verzahnt.

Multiplexer (multiplexer). Eine Funktionseinheit, die *Nachrichten* von Nachrichtenkanälen *einer* Anzahl an Nachrichtenkanäle *anderer* Anzahl übergibt.

Nachricht (message). *Zeichen* oder kontinuierliche Funktionen, die zum Zweck der Weitergabe Information auf Grund bekannter oder unterstellter Abmachungen darstellen.

Nachrichtenverarbeitung, Informationsverarbeitung (information processing). Die Nachrichtenverarbeitung umfaßt Erkenntnisse, Verfahren und Anordnungen, welche hauptsächlich der Verknüpfung von *Nachrichten* nach rationalen Gesetzen dienen. Die Verknüpfung kann mit elektrischen, mechanischen, optischen und sonstigen Verfahren geschehen.

Numerisch (numeric). Sich auf einen *Zeichen*vorrat beziehend, der aus *Ziffern* oder aus *Ziffern* und Sonderzeichen zur Darstellung von Zahlen besteht.

Off-line (engl.). Eine Baueinheit, die nicht unmittelbar mit dem Rechner verbunden ist. Der Verkehr wird über Datenträger abgewickelt.

Oktett (Octet). Gruppe von acht zusammengehörigen *Bits* (siehe auch *Byte*).

On-line (engl.). Eine Baueinheit, die unmittelbar mit dem Rechner verbunden ist.

Parallelbetrieb (parallel mode). Mehrere Funktionseinheiten eines *Rechensystems* arbeiten gleichzeitig an mehreren (unabhängigen) Aufgaben oder an Teilaufgaben derselben Aufgabe.

Parallel-Serien-Umsetzer (parallel-serial converter, dynamiciser). Ein *Umsetzer*, in dem parallel dargestellte *digitale Daten* in zeitlich sequentiell dargestellte *digitale Daten* umgewandelt werden.

PASCAL. Eine *problemorientierte Programmiersprache* mit strukturiertem Aufbau, vorzugsweise für mathematische und andere wissenschaftliche Anwendungen.

Periphere Einheit (peripheral unit). Eine Funktionseinheit innerhalb eines *digitalen Rechensystems*, die nicht zur *Zentraleinheit* gehört. Periphere Einheiten vermitteln Kontakt zur Außenwelt.

PIA (Peripheral Interface Adapter). Eine Baueinheit, die den Ein- und Ausgabeverkehr zwischen *Zentraleinheit* und Peripherie abwickelt.

PL/1 (Programming Language No. 1). Eine problemorientierte Programmiersprache für kaufmännische und technisch-wissenschaftliche Anwendungen (siehe DIN 66 255).

Plotter (engl.). Eine Baueinheit, die Linearzeichnungen erzeugt, z. B. in einem X/Y-Koordinatensystem. Die Koordinaten der zu zeichnenden Punkte oder Linien werden gewöhnlich vom Rechner geliefert.

Programm (program). Eine zur Lösung einer Aufgabe vollständige *Anweisung* zusammen mit allen erforderlichen Vereinbarungen. Schematische Übersicht siehe Bild 6.3.

Programmablauf (program flow). Die zeitlichen Beziehungen zwischen den Teilvorgängen, aus denen sich die folgerichtige Ausführung eines *Programms* zusammensetzt.

Programmablaufplan (program flowchart). Die Darstellung der Gesamtheit aller beim *Programmablauf* möglichen Wege (Sinnbilder siehe DIN 66001).

Programmiersprache (programming language). Eine zum Abfassen von *Programmen* geschaffene Sprache.

Problemorientierte Programmiersprache (problem oriented language). Eine *Programmiersprache*, die dazu dient, *Programme* aus einem bestimmten Anwendungsbereich unabhängig von einer bestimmten *digitalen Rechenanlage* abzufassen, und die diesem Anwendungsbereich besonders angemessen ist. Solche Sprachen sind z. B. *ALGOL, BASIC, COBOL, FORTRAN, PASCAL.*

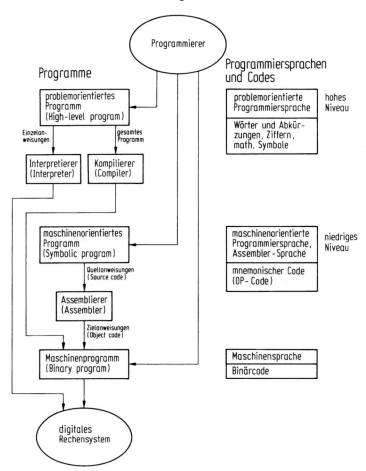

Bild 6.3. Programme und Programmiersprachen, eine schematische Übersicht

Maschinenorientierte Programmiersprache (computer oriented language). Eine *Programmiersprache*, deren *Anweisungen* die gleiche oder eine ähnliche Struktur wie die *Befehle* einer bestimmten *digitalen Rechenanlage* haben.

Maschinensprache (machine language, computer language). Eine *maschinenorientierte Programmiersprache*, die zum Abfassen von Arbeitsvorschriften nur *Befehle* zuläßt, und zwar solche, die Befehlswörter einer bestimmten *digitalen Rechenanlage* sind.

PROM (Programmable Read-Only Memory). Ein *ROM*, der vom Anwender dauerhaft programmiert werden kann.

Prozessor (processor). Eine Funktionseinheit innerhalb eines *digitalen Rechensystems*, die *Rechenwerk* und *Leitwerk* umfaßt.

Puffer (buffer). Ein *Speicher*, der *Daten* vorübergehend aufnimmt, die von einer Funktionseinheit zu einer anderen übertragen werden.

Pulscode (pulse code). Bei *PCM* das System der Zuordnung zwischen den Quantisierungsintervallen und den *Codewörtern*, deren Elemente durch Impulse dargestellt werden. Ein *m*-stelliger *Code* enthält nur *m*-stellige *Codewörter*.

Pulscodemodulation, PCM (pulse code modulation). Eine Pulsmodulation, bei der aus einem modulierenden Signal durch Abtastung und Quantisierung ein *Digitalsignal* gewonnen wird, das durch einen *Pulscode* dargestellt wird. Hierbei entspricht in der Regel ein Abtastwert einem *Codewort*.

Quittungsbetrieb (handshaking). Datenverkehr zwischen verschiedenen Funktionseinheiten, der durch gegenseitige Rückmeldungen gesteuert wird. Bei dieser Betriebsart sind Geräte mit beliebiger Reaktionsgeschwindigkeit anschließbar.

RAM (Random Access Memory). Schreib-Lese-*Speicher*.

Realzeitbetrieb (real time processing). Ein Betrieb eines *Rechensystems*, bei dem *Programme* zur Verarbeitung anfallender *Daten* ständig betriebsbereit sind derart, daß die Verarbeitungsergebnisse innerhalb einer vorgegebenen Zeitspanne verfügbar sind. Die *Daten* können je nach Anwendungsfall nach einer zeitlich zufälligen Verteilung oder zu vorbestimmten Zeitpunkten anfallen.

Rechenanlage, Datenverarbeitungsanlage (computer). Die Gesamtheit der Baueinheiten, aus denen ein *Rechensystem* aufgebaut ist.

Rechensystem, Datenverarbeitungssystem (data processing system). Eine Funktionseinheit zur Verarbeitung von *Daten*, nämlich zur Durchführung mathematischer, umformender, übertragender und speichernder Operationen. Siehe auch *Rechenanlage*.

Rechenwerk (arithmetic unit). Eine Funktionseinheit innerhalb eines *digitalen Rechensystems*, die Rechenoperationen ausführt. Zu den Rechenoperationen gehören auch vergleichen, umformen, verschieben, runden usw.

Redundanz. Siehe unter *Informationsgehalt*.

Regeln, Regelung. Das Regeln ist ein Vorgang, bei dem eine physikalische Größe — die zu regelnde Größe (Regelgröße) — fortlaufend erfaßt und durch Vergleich mit einer anderen Größe (Führungsgröße) im Sinne einer Angleichung an diese beeinflußt wird.

Bei der Regelung sind also zwei miteinander verknüpfte Vorgänge zu verwirklichen: Vergleichen und Stellen. Der hierzu notwendige Wirkungsablauf vollzieht sich in einem geschlossenen Kreis, dem „Regelkreis".

Register (fast register). Eine Anordnung zur vorübergehenden *Speicherung* kleiner Einheiten digitaler Information.

Schieberegister (shift register).

Ein Register, innerhalb dessen die gespeicherte Information von einem *Speicher* zum nächsten verschoben werden kann.

ROM (Read-Only Memory). Siehe *Festspeicher*.

RPN (reverse polish notation). Siehe *UPN*.

Schleife (loop). Ein Paar von *Zusammenführung* und *Verzweigung* und ein Paar von abgeschlossenen Zweigen, von denen der eine von der *Zusammenführung* zur *Verzweigung* und der andere von der *Verzweigung* zurück zur *Zusammenführung* führt.

Schnittstelle (interface). Trennstelle zwischen Einrichtungen, an der *Signale* mit definierten einheitlichen Eigenschaften übergeben werden, z. B. *Digitalsignale* mit festgelegtem Übertragungscode, festgelegter Impulsform usw. Auch die Eigenschaften der Schnittstellenleitungen sind definiert.

Schritt (signal element). Ein *Signal* von definierter Dauer, dem eindeutig ein Wertebereich des Signalparameters unter endlich vielen vereinbarten Wertebereichen, bei binärer Übertragung unter zwei Wertebereichen des Signalparameters zugeordnet ist. Der Sollwert der Schrittdauer ist gleich dem vereinbarten kürzesten Abstand zwischen aufeinanderfolgenden Übergängen des Signalparameters von einem in einen anderen Wertebereich.

Schrittgeschwindigkeit (symbol rate, bit rate). Der Kehrwert des Sollwertes der Schrittdauer. Einheit der Schrittgeschwindigkeit: Baud (1 Baud = 1/s).

Serieller Betrieb (serial mode). Eine Funktionseinheit bearbeitet mehrere Aufgaben, eine nach der anderen.

Serien-Parallel-Umsetzer (serial-parallel converter, staticiser). Ein *Umsetzer*, in dem zeitlich sequentiell dargestellte *digitale Daten* in parallel dargestellte *Daten* umgewandelt werden.

Sichtgerät (display device). Ein *Ausgabegerät* in der Funktion, dem Benutzer *Daten* vorübergehend für das Auge erkennbar zu machen.

Signal (signal). Die physikalische Darstellung von *Nachrichten* oder *Daten*.

Simplexbetrieb (one-way operation, simplex operation). Betrieb mit der Möglichkeit des Übertragens von Nachrichten in nur einer Richtung; eine Übertragung in entgegengesetzter Richtung ist nicht möglich.

Simulator (simulator). Ein *Programm*, das die Gesetze eines Prozesses auf einer *Rechenanlage* nachbildet und damit die Anlage als Modell auffassen läßt.

Simulieren (simulator program). Ein *Interpretierer*, bei dem das zu interpretierende *Programm* in einer *maschinenorientierten Programmiersprache* abgefaßt ist.

Software (engl.). Programmausrüstung. Sammelbegriff für Programme, Verfahren und Anweisungen — einschließlich aller zugehörigen Unterlagen —, die mit dem Betrieb einer Datenverarbeitungsanlage zu tun haben. Die Software läßt sich aufteilen in die Systemsoftware (Betriebssysteme) und die Anwendersoftware.

Speicher (storage). Eine Funktionseinheit innerhalb eines *digitalen Rechensystems*, die *digitale Daten* aufnimmt, aufbewahrt und abgibt.

Stack (engl.). Siehe *Kellerspeicher*.

Stapelbetrieb (batch processing). Ein Betrieb eines *Rechensystems,* bei dem eine Aufgabe aus einer Menge von Aufgaben vollständig gestellt sein muß, bevor mit ihrer Abwicklung begonnen werden kann.

Stellenwertigkeit (significance). Jener Wert, den ein bestimmtes *Codeelement* auf Grund seiner Stelle in einem *Codewort* repräsentiert. Beispiel: 8-4-2-1 beim Dualzahlencode.

Steuern, Steuerung. Das Steuern ist der Vorgang in einem abgegrenzten System, bei dem eine oder mehrere Größen als Eingangsgrößen andere Größen als Ausgangsgrößen auf Grund der dem abgegrenzten System eigentümlichen Gesetzmäßigkeit beeinflussen. Kennzeichen für den Vorgang des Steuerns in seiner elementaren Form ist der offene Wirkungsablauf im einzelnen Übertragungsglied oder in der Steuerkette.

Symbol (symbol). Ein *Zeichen* oder *Wort,* dem eine Bedeutung beigemessen wird.

synchron (synchronous). Zwei *Digitalsignale* oder Takte sind synchron, wenn ihre Kennzeitpunkte (siehe *isochron*) übereinstimmen oder eine beabsichtigte konstante Zeitverschiebung zueinander haben.

Synchronisierung (synchronization). Vorgang, durch den zwei oder mehrere *Digitalsignale* oder Takte zueinander *synchron* gemacht werden.

Taktgeber (clock). Ein Pulsgenerator zur *Synchronisierung* von Operationen.

Telefaxdienst. Faksimile-Bildübertragung.

Teletexdienst. Bürofernschreiben. Über das öffentliche Fernschreib- bzw. Fernsprechnetz abgewickelter Dienst zur Übertragung von Text- bzw. Bildinformationen, wobei eine Papierkopie entsteht.
  Vorteile gegenüber Telex: Gesicherte Textübertragung, Schriftbild wie das einer Schreibmaschine, höhere Übertragungsgeschwindigkeit. Für eine Textseite DIN A4 werden etwa 10 s benötigt. *Übertragungsgeschwindigkeit:* 2400 bit/s.

Telexdienst. Aus dem Begriff „Teleprinter Exchange Service" abgeleitete Bezeichnung für öffentlichen Teilnehmer-(Wähl-)Fernschreibdienst. *Übertragungsgeschwindigkeit:* 50 bit/s.

Terminal (engl.). Eine Baueinheit zum Zwecke des Verkehrs mit einem Rechner.

Time-sharing (engl.). Siehe *Multiplexbetrieb.*

Trigger, Triggerimpuls, Auslöseimpuls (trigger). Vorgang, der einen anderen Vorgang zu einem gewünschten Zeitpunkt auslöst.

UART (Universal Asynchronous Receiver-Transmitter). Eine integrierte Schaltung, die parallel eintreffende *Signale* in serielle *Signale* umwandelt und umgekehrt.

Übersetzer (translator). Ein *Programm,* das in einer *Programmiersprache* A (Quellsprache) abgefaßte *Anweisungen* ohne Veränderung der Arbeitsvorschriften in *Anweisungen* einer *Programmiersprache* B (Zielsprache) umwandelt (übersetzt). Die

in der Quellsprache abgefaßte *Anweisung* wird Quellanweisung oder Quellpro-
gramm, die in der Zielsprache entstandene *Anweisung* wird Zielanweisung bzw.
Zielprogramm genannt.

Übertragungsgeschwindigkeit (transmission rate). Anzahl der übertragenen Binärzeichen geteilt durch Zeit. Einheit der Übertragungsgeschwindigkeit: bit/s.

Die Übertragungsgeschwindigkeit ist abhängig von der *Schrittgeschwindigkeit*
und der Anzahl der vereinbarten Wertebereiche des Signalparameters. Sie ist darstellbar durch das Produkt aus *Schrittgeschwindigkeit* und Zahl der Binärzeichen,
die je *Schritt* übertragen werden.

Umsetzer (converter). Eine Funktionseinheit zum Ändern der Darstellung von
Daten.

UPN. Umgekehrte polnische Notation. Eine mathematische Schreibweise, bei
welcher der Operator hinter die Operanden gesetzt wird; z. B. würde der Ausdruck
„2 + 3 =" im Gegensatz zum *AOS* eingegeben als „$\boxed{2}\boxed{\text{ENTER}}\boxed{3}\boxed{+}$ ".

Verknüpfungsglied (switching element, gate). Ein Bestandteil eines Schaltwerks, der
eine Verknüpfung von Schaltvariablen bewirkt.

Spezielle Verknüpfungsglieder sind:

NICHT-Glied (NOT element), UND-Glied (AND element), ODER-Glied (OR
element), NAND-Glied (NAND element), NOR-Glied (NOR element). Siehe
Tab. 1 und 2.

Verzweigung (branch). Eine Stelle im *Programmablaufplan,* an der im *Programmablauf* einer und nur einer von mehreren möglichen Zweigen eingeschlagen wird.

Wort (word). Eine Folge von Zeichen, die in einem bestimmten Zusammenhang als
eine Einheit betrachtet wird. Plural: Wörter.

Anmerkung: Pluralbildung nach Duden: Soll eine Zusammengehörigkeit ausgedrückt werden, dann heißt es „Worte", z. B. drei zusammenhängende Worte. Liegt
kein Zusammenhang vor, dann heißt es „Wörter", z. B. Wörterbuch.

Videotext. Siehe *Fernsehtext.*

Zeichen (character). Ein Element aus einer vereinbarten endlichen Menge von
Elementen. Die Menge wird „Zeichenvorrat" (character set) genannt.

Zeitmultiplex (Time Division Multiplex, TDM). Ein Verfahren zur zeitlich versetzten Übertragung mehrerer Eingangssignale in einem gemeinsamen *Signal*
(Zeitmultiplexsignal), wobei für die einzelnen *Signale* verschiedene Zeitkanäle
benutzt werden.

Zentraleinheit, Rechner (CPU). Eine Funktionseinheit innerhalb eines *digitalen
Rechensystems,* die *Prozessoren, Eingabewerke, Ausgabewerke* und Zentralspeicher
umfaßt.

Ziffer (digit). Ein Zeichen aus einem Zeichenvorrat von N Zeichen, denen als
Zahlenwerte die ganzen Zahlen $0, 1, 2, \ldots, N - 1$ umkehrbar eindeutig zugeordnet
sind.

Je nach der Anzahl N nennt man die zugrunde liegenden Ziffern „Dualziffern" (binary digits, $N = 2$), „Oktalziffern" ($N = 8$), „Dezimalziffern" (decimal digits, $N = 10$), „Duodezimalziffern" ($N = 12$), „Sedezimalziffern" ($N = 16$).

Zugriffszeit (access time). Bei einer Funktionseinheit die Zeitspanne zwischen dem Zeitpunkt, zu dem von einem *Leitwerk* die Übertragung bestimmter *Daten* nach oder von der Funktionseinheit gefordert wird, und dem Zeitpunkt, zu dem die Übertragung beendet ist.

Zusammenführung (junction). Eine Stelle im *Programmablaufplan*, an der mehrere Zweige zusammenlaufen.

7 Formelsammlung[1] für die Funknavigation

7.1 Allgemeine Erläuterungen

7.1.1 Anwendung der Formeln

Die Schreibweise der Formeln wurde so gewählt, daß die Rechnung nach ihnen mit einem handelsüblichen elektronischen Taschenrechner erleichtert wird; bei mehrfachen Divisionen enthalten die Formeln Klammern, die im allgemeinen bei den elektronischen Taschenrechnern nicht berücksichtigt zu werden brauchen. Es werden die Formelzeichen, Indizes und vereinzelt Abkürzungen nach DIN 13312 — Navigation — verwendet.

Gleichungen sollen keine Abkürzungen, sondern nur Formelzeichen enthalten, die durch Indizes spezifiziert werden können; vgl. auch DIN 1304 — Allgemeine Formelzeichen. Abweichend von dieser Norm wurden bisher in Fach- und Lehrbüchern für die Navigation und in der Praxis vor allem bei den Kurs- und Peilungsumwandlungen in den Formeln Abkürzungen verwendet. Diese Gepflogenheit ist in dieser Sammlung bei den zusätzlich in Klammern verzeichneten Formeln beibehalten und bei den anderen Formeln dann verwendet worden, wenn für eine Größe noch kein Formelzeichen angegeben ist; in diesem Falle sind sie durch Abkürzungen ausgedrückt, wenn solche in DIN 13312 — Navigation — verzeichnet sind.

Formeln, die den Rechentafeln in den Nautischen Tafeln[2] (NT) zugrunde liegen, sind mit der betreffenden Nummer der NT versehen, z.B. **NT 3** (Gradtafel).

In dieser Formelsammlung sind die geographische Breite und Länge nach ihrem Namen vorzeichengerecht (N und E positiv, S und W negativ) einzusetzen.

Bei Anwendung der Koordinatentransformation zwischen Polar- und kartesischen Koordinaten gilt folgende Zuordnung und Schreibweise:

$$\text{POL}(r; \Theta) \Leftrightarrow \text{REC}(x; y)$$

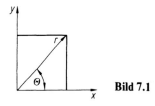

Bild 7.1

---

1 Zusammengestellt von H. Cepok und K. Terheyden.
2 Fulst: Nautische Tafeln, 25. Aufl. Bremen: Arthur Geist Verlag 1981.

Es sind auch andere Schreibweisen gebräuchlich. Die Reihenfolge der Ein- und Ausgabe der Koordinaten ist bei verschiedenen elektronischen Taschenrechnern unterschiedlich und muß berücksichtigt werden.

Allgemein ist für das Formelzeichen die betreffende Größe mit Zahlenwert und Einheit einzusetzen. In den „zugeschnittenen Größengleichungen" ist das Einheitenzeichen direkt am Formelzeichen unter einem schrägen Bruchstrich angegeben, z. B. stehen v/kn für Geschwindigkeit in Knoten und $\alpha/1'$ für einen Winkel in Winkelminuten; vgl. auch Größengleichung, zugeschnittene Größengleichung und Zahlenwertgleichung im Kap. 5 (Physik).

Diese Formelsammlung enthält wegen des einfacheren Aufsuchens Wiederholungen aus den Formelsammlungen in den Teilbänden 1 A und 1 B.

7.1.2 Alphabetisches Verzeichnis der in der Formelsammlung verwendeten Formelzeichen, Abkürzungen und Indizes

Die Formelzeichen sind *kursiv* und die Abkürzungen steil gesetzt, die Indizes sind mit einem vorangesetzten Schrägstrich kenntlich gemacht, z. B. bezeichnet \b bei φ_b die beobachtete geographische Breite (vgl. auch DIN 13312).

a	Abweitung (+/−)
\A oder A	Abfahrtsort
A	Funkbeschickungskoeffizient
Abl oder δ_{Mg}	Magnetkompaßablenkung, Magnetkompaßdeviation
α	halbkreisiger Innenwinkel im terrestrisch-sphärischen Dreieck bei A
α oder ... K	Kurs oder Richtung, im allgemeinen vollkreisig
α_{AzGl}	vollkreisige Richtung der Azimutgleiche in einem Leitpunkt
α_G oder KüG	Kurs über Grund
α_{GK}	orthodromischer Kurs oder Richtung eines Großkreises in einem Leitpunkt
α_{Kr} oder KrK	Kreiselkompaßkurs
α_{Lox} oder LR	loxodromischer Kurs oder Richtung der Loxodrome in einem Leitpunkt
α_{Mg} oder MgK	Magnetkompaßkurs
α_{rw} oder rwK	rechtweisender Kurs
b	Breitendistanz (+/−)
\b	beobachtet
\B	Bestimmungsort
B	Funkbeschickungskoeffizient
\BV	Besteckversetzung in Polarkoordinaten
BWS oder β	Beschickung für Wind und Strom (+/−)
\C	Rechenort auf dem Großkreis
C	Funkbeschickungskoeffizient
c	Seite im sphärischen Dreieck
d	Distanz (allgemein der vom Schiff zurückgelegte Weg)
d	Abstand, Entfernung
D	Funkbeschickungskoeffizient
δ_{Kr} oder Ff	Kreiselkompaßdeviation, Fahrtfehlerberichtigung (+/−)
δ_{Mg} oder Abl	Magnetkompaßdeviation, Magnetkompaßablenkung
$\Delta\lambda$	Längenunterschied (+/−)
$\Delta\varphi$	Breitenunterschied (+/−)
$\Delta\Phi$	vergrößerter Breitenunterschied (+/−)
e	Entfernung
E	Funkbeschickungskoeffizient
\E	Erde oder Radarecho
f	Funkbeschickung, Funkdeviation (+/−)
Ff oder δ_{Kr}	Fahrtfehlerberichtigung, Kreiselkompaßdeviation (+/−)
... Fw	... Fehlweisung (+/−)

\G	über Grund
\GK oder GK	Großkreis
h_{Ob}	Höhe des Objektes über dem Wasserspiegel
h_{Ra}	Radarantennenhöhe über dem Wasserspiegel
\k	gekoppelt
K	Funkbeschickungskoeffizient
... K oder α	Kurs
\Kr oder Kr ...	Kreiselkompaß ...
KrA	Kreisel-A (+/−), Mittelwert des KrR (zur Vorausberechnung der KrFw)
KrR	Kreisel-R (+/−) (beobachtete KrFw abzüglich Ff)
KüG oder α_G	Kurs über Grund
l	Äquatormeridiandistanz (+/−)
l*	Meridianabstandsverhältnis (+/−)
\Lox	Loxodrome, loxodromisch
λ oder \λ	geographische Länge (+/−)
Mg ...	Magnetkompaß
Mw	Mißweisung
n	Brechzahl
p	beschickte Funkseitenpeilung
... P oder α	Peilung
POL (...)	Rechner-Ein- oder Ausgabe in **POL**arkoordinaten
q	abgelesene Funkseitenpeilung
\r	rechnerisch, Referenzort (schließt gegebenenfalls \k ein)
\rw oder rw ...	rechtweisend
rwFuP	rechtweisende Funkpeilung
REC (...)	Rechner-Ein- oder Ausgabe in **REC**htwinkligen Koordinaten
\RC	Kreisfunkfeuer (Radiophare circulaire)
\RG	Funkpeilstelle (Radio Gonio)
SP	Seitenpeilung
t oder FZ	Zeitspanne, Fahrzeit
u	Loxodrombeschickung (+/−)
v oder F ...	Fahrt, Geschwindigkeit
v_G	Fahrt über Grund
φ oder \φ	geographische Breite (+/−)
Φ	vergrößerte Breite (+/−)
Φ	horizontale Halbwertsbreite (Radarantenne)

7.2 Kurs- und Peilungsbeschickungen

7.2.1 Kursbeschickungen

$$\alpha_G = \alpha_{rw} + \beta \qquad\qquad (\text{KüG} = \text{rwK} + \text{BWS})$$

Magnetkompaß

$$\alpha_{rw} = \alpha_{Mg} + \text{MgFw} \qquad (\text{rwK} = \text{MgK} + \text{MgFw})$$

$$\text{MgFw} = \delta_{Mg} + \text{Mw} \qquad (\text{MgFw} = \text{Abl} + \text{Mw})$$

Kreiselkompaß

$$\alpha_{rw} = \alpha_{Kr} + \text{KrFw} \qquad (\text{rwK} = \text{KrK} + \text{KrFw})$$

$$\text{KrFw}_r = \delta_{Kr} + \text{KrA} \qquad (\text{KrFw}_r = \text{Ff} + \text{KrA})$$

$$\text{KrR} = \text{KrFw}_b - \delta_{Kr} \qquad (\text{KrR} = \text{KrFw}_b - \text{Ff})$$

$$\text{KrA} = \overline{\text{KrR}} \quad (\text{Mittelwert})$$

Fahrtfehlerberichtigung (Kreiselkompaßdeviation) des Kreiselkompasses

für den Kreiselkompaßkurs (α_{Kr})

$$\sin \delta_{Kr} = -\,[(v_G/kn) \cdot \cos \alpha_{Kr} : 902{,}46] : \cos \varphi \qquad \textbf{(NT 7)}$$

für den Kurs über Grund (α_G)

$$\tan \delta_{Kr} = -\,(v_G/kn) \cdot (\cos \alpha_G) : [902{,}46 \cdot \cos \varphi + (v_G/kn) \cdot \sin \alpha_G] \qquad \textbf{(NT S.X)}$$

als Näherungsformel

$$\delta_{Kr}/1\,° \approx -\,[(v_G/kn) \cdot (\cos \alpha) : 15{,}8] : \cos \varphi; \qquad \alpha \text{ steht für } \alpha_{Kr} \text{ oder } \alpha_G$$

7.2.2 Peilungsbeschickungen

Kompaßpeilung

Magnetkompaß

$$rwP = MgP + MgFw$$

Kreiselkompaß

$$rwP = KrP + KrFw$$

Seitenpeilung

$$rwP = \alpha_{rw} + SP_b$$

$$SP_b = SP_r + \beta$$

$$(rwP = rwK + SP_b)$$

$$(SP_b = SP_r + BWS)$$

Funkpeilung

$$p = q + f$$

$$rwFuP = p + \alpha_{rw}$$

Funkeigenpeilung

$$\alpha_{Lox} = rwFuP + u$$

$$\alpha_{AzGl} = \alpha_{Lox} + u$$

Funkfremdpeilung

$$\alpha_{Lox} = rwFuP - u$$

$$\alpha_{GK} = \alpha_{Lox} - u$$

$$u \approx (\Delta\lambda : 2) \cdot \sin \varphi_m \qquad \textbf{(NT 8)}$$

$$\Delta\lambda = \lambda_{RC} - \lambda_r$$

$$\varphi_m = (\varphi_{RC} + \varphi_r) : 2$$

$$\Delta\lambda = \lambda_{RG} - \lambda_r$$

$$\varphi_m = (\varphi_{RG} + \varphi_r) : 2$$

7.3 Besteckrechnung

7.3.1 Besteckrechnung nach Mittelbreite

Radius der Erdkugel

$$r_E = 10\,800 \text{ sm} : \pi = 3437{,}747 \text{ sm}$$

Kurs und Distanz, Abweitung und Breitendistanz

$$a = d \cdot \sin \alpha; \quad b = d \cdot \cos \alpha; \quad \tan \alpha = a : b$$

$$d = |b : \cos \alpha| \quad \text{oder} \quad d = |a : \sin \alpha|$$

(NT 3) Die Tafel gibt nur den Kurs quadrantal und die absoluten Werte für a und b an.

oder mit Hilfe der Koordinatentransformation

$$POL(d; \alpha) \Leftrightarrow REC(b; a)$$

$\alpha = \alpha_{Lox} = \alpha_G$

Äquatormeridiandistanz

$$l \approx a : \cos \varphi_m; \quad a \approx l \cdot \cos \varphi_m \quad \text{(NT 4)}$$

Breiten- und Längenunterschied

$$\Delta\varphi = \varphi_B - \varphi_A; \quad \Delta\varphi/1° = (b/\text{sm}) : 60$$

$$\Delta\lambda = \lambda_B - \lambda_A; \quad \Delta\lambda/1° = (l/\text{sm}) : 60$$

7.3.2 Besteckrechnung nach vergrößerter Breite

Vergrößerte Breite

$$\Phi = (10\,800 : \pi) \cdot \ln\tan(45° + \varphi : 2)$$

$$\varphi = 2 \cdot \arctan e^x - 90° \quad \text{für} \quad x = \Phi \cdot \pi : 10\,800$$

(NT 5)

Vergrößerter Breitenunterschied, Meridianabstandsverhältnis und Kurs

$$\Delta\Phi = (10\,800 : \pi) \cdot \ln[\tan(45° + \varphi_B : 2) : \tan(45° + \varphi_A : 2)]$$

$$\Delta\Phi = \Phi_B - \Phi_A; \quad \tan \alpha = l^* : \Delta\Phi$$

$$d = |b : \cos \alpha|$$

$l^* = l/\text{sm} = (\Delta\lambda/1°) : 60$

$\alpha = \alpha_{Lox} = \alpha_G$

7.3.3 Fahrt, Fahrzeit und Distanz

$$v = d : t; \quad t = d : v; \quad d = v \cdot t$$

$$v = 60 \cdot d : t; \quad t = 60 \cdot d : v; \quad d = v \cdot t : 60$$

$\dfrac{v}{\text{kn}}$	$\dfrac{d}{\text{sm}}$	$\dfrac{t}{\text{h}}$
kn	sm	min

(NT 2 und 2 a)

7.4 Ausbreitung elektrischer Wellen

7.4.1 Lichtgeschwindigkeit

im Vakuum[3] $c_0 = 299\,792\,458$ m/s

gerundet $c_0 \approx 3 \cdot 10^8$ m/s $= 300$ m/µs

Im materieerfüllten Raum ist die Lichtgeschwindigkeit immer kleiner als im Vakuum.

7.4.2 Fortpflanzungsgeschwindigkeit

im Vakuum $v = v_g = v_f = c_0$

Zu Phasengeschwindigkeit v, Gruppengeschwindigkeit v_g und Frontgeschwindigkeit v_f aller elektromagnetischen Wellen siehe Kap. 5.7, Größen und Einheiten.

Wellenlänge im Vakuum

$$\lambda_0 = c_0 : f$$
$$\lambda_0/\text{m} \approx 300\,000 : (f/\text{kHz}) = 300 : (f/\text{MHz})$$

Wellenlänge im materieerfüllten Raum

$$\lambda = \lambda_0 : n$$

7.5 Funkpeilwesen

7.5.1 Funkbeschickung

$$f = p - q$$
$$f = A + B \cdot \sin q + C \cdot \cos q + D \cdot \sin 2q + E \cdot \cos 2q + K \cdot \sin 4q$$

7.5.2 Koeffizienten[4] der Funkbeschickungsformel

$$A = (f_0 + f_{90} + f_{180} + f_{270}) : 4; \quad B = (f_{90} - f_{270}) : 2; \quad C = (f_0 - f_{180}) : 2$$
$$D = (f_{45} - f_{135} + f_{225} - f_{315}) : 4; \quad E = (f_0 - f_{90} + f_{180} - f_{270}) : 4$$
$$\sin K \approx (\sin^2 D) : 2 \quad \text{oder} \quad K \approx D^2 : (2 \cdot 57{,}3^\circ) \approx 0{,}009 \cdot D^2$$

---

3 Die noch in Kap. 4.20 des Bandes 1 B für die Lichtgeschwindigkeit im Vakuum angegebene Unsicherheit von $\pm$ 1,2 m/s entfällt auf Grund internationaler Vereinbarung nach Drucklegung des Bandes 1 B durch die Festlegung von c_0 in Verbindung mit der neuen Definition der Basiseinheit Meter (vgl. „Das Internationale Einheitensystem, Definition der 7 Basiseinheiten des SI-Systems" in Kap. 5.1).

4 Koeffizient nennt man in der Mathematik den konstanten Faktor einer veränderlichen Größe. In Wortzusammensetzungen bezeichnet Faktor eine Zahl, die das Verhältnis einer Größe zu einer Ausgangsgröße gleicher Art kennzeichnet (vgl. DIN 5485).

oder auch nach der Formel:

$$K = (f_{22,5} - f_{67,5} + f_{112,5} - f_{157,5} + f_{202,5} - f_{247,5} + f_{292,5} - f_{337,5}) : 8$$

In diesen Formeln bezeichnen die Zahlenindizes an f die abzulesenden Funk-seitenpeilungen q, für die die Funkbeschickungen f gelten.

7.5.3   Eigenpeilungen über große Distanzen

Leitpunktberechnung der Funkstandlinie (Tangente an die Azimutgleiche) mit Hilfe der Besteckrechnung nach vergrößerter Breite siehe 7.3.2 und S. 40 ff.

Konstruktion der Funkstandlinie mit Hilfe der Peilungsdifferenz

$$\Delta\alpha = \mathrm{rwFuP_b} - \mathrm{rwFuP_r}$$

$$\Delta s/\mathrm{sm} \approx 60 \cdot (\Delta\alpha/1°) \cdot \sin[1° \cdot (d_{GK}/\mathrm{sm}):60]$$

$$\gamma = \alpha_{AzGl} - 90°; \quad \alpha_{AzGl} = \mathrm{rwFuP_b} + 2 \cdot u; \text{ vgl. Kap. 7.2.2}$$

Lt. terrestrisch-sphärischem Grunddreieck (vgl. Bd. 1 A, 6.2.12) gilt:

$$\cos c = \sin\varphi_k \cdot \sin\varphi_{RC} + \cos\varphi_k \cdot \cos\varphi_{RC} \cdot \cos(\lambda_{RC} - \lambda_k); \quad d_{GK}/\mathrm{sm} = 60 \cdot c/1°$$

$$\cos\alpha = [(\sin\varphi_{RC} - \sin\varphi_k \cdot \cos c):\cos\varphi_k]:\sin c; \quad c/1° = (d_{GK}/\mathrm{sm}):60$$

$$\mathrm{rwFuP_r} = \alpha \text{ für } (\lambda_{RC} - \lambda_k) > 0; \quad \mathrm{rwFuP_r} = 360° - \alpha \text{ für } (\lambda_{RC} - \lambda_k) < 0$$

(An Stelle des Koppelortes kann auch ein anderer Referenzort gewählt werden.)

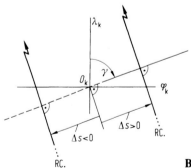

Bild 7.2. Konstruktion der Funkstandlinie

Ort aus zwei Eigenpeilungen und Besteckversetzung

$$b/\mathrm{sm} = [(\Delta s_1/\mathrm{sm}) \cdot \sin\gamma_2 - (\Delta s_2/\mathrm{sm}) \cdot \sin\gamma_1]:\sin(\gamma_2 - \gamma_1)$$

$$a/\mathrm{sm} = [(\Delta s_2/\mathrm{sm}) \cdot \cos\gamma_1 - (\Delta s_1/\mathrm{sm}) \cdot \cos\gamma_2]:\sin(\gamma_2 - \gamma_1); \quad \text{vgl. Bild 7.2}$$

$$\mathrm{REC}(b;a) \Rightarrow \mathrm{POL}(d_{BV}; \alpha_{BV})$$

7.5.4 Drehfunkfeuer

Meterwellenbereich (1984 in der Erprobung)

$$\text{rwFuP} = \text{FuP}_r + 2° \cdot (n - 5) \quad \text{oder} \quad \text{rwFuP} = \text{FuP}_r + 4° \cdot t_5/s$$

FuP_r für die Funkstation festgelegte Referenzpeilung; bei ihr beginnt die Drehung des Leitstrahls mit dem 5. Zählpunkt,

n gezählte Punktezahl beim Leitstrahldurchgang im Aufpunkt,

t_5 gestoppte Zeit vom Beginn der Drehung des Leitstrahls an (5. Zählpunkt) bis zum Leitstrahldurchgang im Aufpunkt.

Langwellenbereich (Consolfunkfeuer)

$$\sin \alpha = (n + N : 60) : (2 \cdot p); \quad p = e : \lambda$$

$$\Delta\widehat{\alpha} \approx 1 : (120 \cdot p \cdot \cos \alpha); \quad \Delta s/\text{sm} \approx (d/\text{sm}) \cdot \Delta\widehat{\alpha}$$

e Abstand der beiden Außenantennen von der Mittelantenne,

λ Wellenlänge der Senderausstrahlung,

α Orientierungswinkel des am Hauptleitstrahl orientierten Leitstrahls,

n Nummer des den Sektor nach unten begrenzenden Leitstrahls (Hauptleitstrahl $n = 0$),

N Zählwert des Tastzyklus,

$\Delta\widehat{\alpha}$ Winkelbreite der getasteten Standlinie,

Δs Standlinienbreite im Aufpunkt,

d Abstand des Aufpunktes vom Mittelsender.

7.6 Satellitennavigation

Umlaufzeit (T_S) des Navigationssatelliten

$$T_S^2 = (2 \cdot \pi)^2 \cdot a_S^3 : \mu \quad \text{für} \quad a_S = h_S + a_{RE} \quad \text{oder}$$

$$T_S/\text{min} \approx 84,49 \cdot (1 + h_S : a_{RE})^{3/2}$$

Bahngeschwindigkeit (v_S) des Navigationssatelliten

$$v_S/(\text{m/s}) \approx 7905,4 : (1 + h_S : a_{RE})^{1/2}$$

Sichtbarkeitshalbbogen (α_S) des Navigationssatelliten

$$\cos \alpha_S = 1 : (1 + h_S : a_{RE})$$

Winkelgeschwindigkeit (ω_S) des Navigationssatelliten

$$\omega_S/(\text{rad/s}) \approx 1,2395 \cdot 10^{-3} : (1 + h_S : a_{RE})^{3/2}$$

a_S große Halbachse der elliptischen Bahn des Navigationssatelliten,

h_S Höhe des Navigationssatelliten über dem Referenzellipsoid,

$a_{RE} = 6,378\,135 \cdot 10^6$ m;   große Halbachse des Referenzellipsoids,

$\mu \quad = 3,986\,008 \cdot 10^{14}$ m^3/s^2;   Gravitationsparameter,

(a_{RE} und μ nach Referenzellipsoid WGS 72 (vgl. Bd. 1A, Kap. 2.2)).

7.7 Radar

Echolaufzeit (t_E Echozeit für Hin- und Rückweg zu einem in der Entfernung e gelegenen Radarziel)

$$t_E = 2 \cdot e : c \quad \text{oder}$$

$$t_E/\mu s \approx 12{,}35 \cdot e/\text{sm} \quad \text{für} \quad c \approx 300 \text{ m}/\mu s$$

Impulsfolgefrequenz (f_{IF}) und Impulswiederkehr (T_W)

$$f_{IF} = 1 : T_W; \quad T_W = 1 : f_{IF}$$

Impulslänge (l)

$$l = c \cdot \tau \quad (\tau \text{ Impulsdauer})$$

Horizontale Halbwertsbreite (Φ)

$$\Phi/1° \approx 70 \cdot (\lambda/\text{cm}) : (B/\text{cm}); \quad B \text{ Breite der Antenne}, \ \lambda \text{ Wellenlänge}$$

Länge (e_{rad}) und Breite (e_{Az}) einer Echoanzeige

$$e_{rad} = c \cdot \tau : 2 = l : 2$$

$$e_{Az} = e \cdot \tan \Phi$$

Radarreichweite (e)

$$e/\text{sm} \approx 2{,}23 \cdot (\sqrt{h_{Ra}/\text{m}} + \sqrt{h_{Ob}/\text{m}})$$

Zweitauslenkungsechoanzeigen

$$e_0 \leqq e \leqq e_0 + e_B \quad \text{für} \quad e_0 = 0{,}5 \cdot c \cdot T_W$$

$$e = e_0 + e_2$$

e tatsächliche Entfernung des beobachteten Radarziels,
e_B eingestellter Bereich,
e_0 Mindestentfernung des Radarziels,
e_2 angezeigte Entfernung des auf der 2. Ablenkspur beobachteten Radarziels.

Auflösung des Radarbildes

Nahauflösung (a_{nah})

$$(l : 2) < a_{nah} < l$$

Radiale Entfernungsauflösung (a_{rad})

$$a_{rad} \approx l : 2$$

Winkelauflösung (a_{Az})

$$a_{Az} \approx \Phi$$

Sachverzeichnis

W. F. Schmidt

Astronomische Navigation

Ein Lehr- und Handbuch für Studenten und Praktiker

1983. 118 Abbildungen. XIV, 226 Seiten
Broschiert DM 48,–
ISBN 3-540-11909-4

Inhaltsübersicht: Sphärische Trigonometrie. – Geographische Anwendungen der sphärischen Trigonometrie. – Astronomische Anwendungen der sphärischen Trigonometrie. – Messung von Gestirnskoordinaten für Navigationszwecke. – Astronomische Standlinien- und Standortbestimmungen. – Anhang. – Literaturverzeichnis. – Personen-und Sachverzeichnis.

Es werden in praxisnaher Form die wichtigsten Zusammenhänge der astronomischen Navigation und ihrer Randgebiete zur Standlinien- und Standortbestimmung auf See oder in der Luft dargestellt.
Ausgehend von den Grundlagen der sphärischen Trigonometrie werden zuerst geographische Anwendungen behandelt. Es folgen nach Einführung in die wichtigsten astronomischen Koordinatensysteme und ihre Beziehungen untereinander die Bewegungen der Himmelskörper unseres Sonnensystems. Neben bürgerlichen und wissenschaftlichen Zeitbegriffen werden die Kenngrößen von Uhren, die Kulminations-, Dämmerungs-und Auf- oder Untergangszeiten der Gestirne besprochen.
Darin schließt sich die Behandlung der Messung der Gestirnskoordinaten Höhe und Azimut an, wobei die Handhabung des Sextanten und die astronomische Kontrolle des Kompasses eine wichtige Rolle spielen. Schließlich werden die wichtigsten Methoden der astronomischen Standlinien-und Standortbestimmung dargestellt.
Zahlreiche Übungsaufgaben mit Lösungsanleitungen geben dem Leser Gelegenheit zu prüfen, ob er den Stoff verstanden hat.

Springer-Verlag
Berlin Heidelberg New York Tokyo

Krauß/Meldau

Wetter- und Meereskunde für Seefahrer

Fortgeführt von W. Stein und R. Höhn

7., verbesserte Auflage. 1983. 121 Abbildungen und 3 Tafeln. XII, 312 Seiten
Gebunden DM 98,–
ISBN 3-540-11763-6

Inhaltsübersicht: Einleitung. – Die Grundgrößen des Wettergeschehens und ihre Beobachtung. – Die Grundgesetze des Wettergeschehens. – Das Meer und die Meeresströmungen. – Wetterberatung. – Zeichnen und Auswerten von Wetterkarten und Wetterbeobachtungen an Bord. – Meteorologische Navigation. – Lösung der Übungsaufgaben auf S. 71/72. – Entschlüsselungen zu den Beispielen auf S. 72. – Literatur. – Anhang: Tabelle 1: Beaufort-Skala, Windstärke und Windsee. – Tabelle 2: Tafel zur Bestimmung der relativen Feuchte und des Taupunktes (Psychrometertafel). – Sachverzeichnis. – Tafeln (in Tasche am Schluß des Buches): – Tiefe und mittelhohe Wolken. Mittelhohe und hohe Wolken. Meeresströmungen im Nordwinter.

Dieses Werk hat bereits Generationen von Berufsseeleuten und Sportschiffern während der Ausbildung und in der Praxis gute Dienste geleistet. In dieser Auflage wurden besonders die Ausführungen über die Verschlüsselung von Wetterbeobachtungen, über praktische Wetterberatung sowie Eisbeobachtungen und Eisdienst völlig neu bearbeitet. Das Buch vermittelt auf der Grundlage der physikalischen Zusammenhänge die Grundzüge der maritimen Meteorologie, der Meereskunde und des praktischen Wetterdienstes. Es stellt die Wetterbeobachtung der verschiedenen Wetterelemente als notwendige Voraussetzung für die Wetterbeurteilung dar und informiert über das Zusammenspiel der verschiedenen Wetterelemente zum Wettergeschehen. Das Buch wendet sich an Seeleute in Ausbildung und Beruf ebenso wie an Sportschiffer und alle am Wettergeschehen interessierten Menschen.

Springer

Müller/Krauß

Handbuch für die Schiffsführung

Fortgeführt von M. Berger, W. Helmers,
K. Terheyden, G. Zickwolff

8., neubearbeitete und erweiterte Auflage
in 3 Bänden

Band 1

Navigation

**Teil A: Richtlinien für den Schiffsdienst, Gestalt der Erde,
Seekarten und nautische Bücher, terrestrische Navigation,
Wetterkunde**

Herausgeber: K. Terheyden, G. Zickwolff

Unter Mitarbeit von K.H. Cepok, C. Marcus, G. Olbrück

1983. 122 Abbildungen. XIII, 268 Seiten
Gebunden DM 98,-. ISBN 3-540-10889-5

Die Weiterentwicklung und die vielen Innovationen auf allen
Gebieten der navigatorischen Schiffsführung machten die Erweiterung und völlige Neubearbeitung von Band 1 notwendig; auch
mußten zusätzliche Wissensgebiete aufgenommen werden.
Daher erscheint Band 1 der 8. Auflage in drei Teilbänden.

Das Werk befindet sich auf dem neuesten Stand des Wissens,
der Technik sowie der Gesetze, Verordnungen und Verträge.
Erstmalig wurden die Benennungen, Abkürzungen, Formelzeichen und graphische Symbole verwendet, die für die Navigation in See- und Luftfahrt nach DIN 13312 vorgesehen sind.

Das Buch soll sowohl der Bordpraxis in allen Fahrtbereichen
dienen als auch besonders Dozenten und Studenten an den
nautischen Ausbildungsstätten sowie den Reederei-Inspektoren,
den Mitarbeitern der Schiffahrtsbehörden und sonstigen Schiffahrtsinstitutionen.

Springer-Verlag
Berlin Heidelberg
New York Tokyo

Springer

Printed by Books on Demand, Germany